Évolution systèmes éducatifs
Cas RCA & contribution inspirée baha'ie

Clément Thyrrell FEIZOURE

Éditeur: Upway Books

Auteur: Clément Thyrrell FEIZOURE

Titre: Évolution systèmes éducatifs
Cas RCA & contribution inspirée baha'ie

ISBN: 978-1-917916-13-4

Couverture réalisée sur: www.canva.com

TABLE DES SIGLES & ACRONYMES

ACP : Afrique Caraïbes et Pacifiques
AEF : Afrique Equatoriale Française
AFD : Agence Française de Développement
AID : Association Internationale de Développement
ANOM : Archives Nationales d'Outre-Mer
AOF : Afrique Occidentale Française
APC : Approche Par Compétence
APD : Aide Publique au Développement
APE : Association des Parents d'Elèves
APPR : Accord Politique pour la Paix et la Réconciliation
ASS : Afrique Sub-Saharienne
BAC : Baccalauréat
BAD: Banque Africaine de Développement
BC : Brevet des Collèges
BE : Budget Education
BEAC : Banque des Etats de l'Afrique Centrale
BEPC ou BE : Brevet d'Etude du Premier Cycle (ou Brevet d'Etude)
BEPC ou BC : Brevet d'Etude du Premier Cycle (ou Brevet des Collèges)
BET : Brevet d'Etudes Technique
BG : Budget Général
BIRD : Banque Internationale de Reconstruction et de Développement
BM : Banque Mondiale
BO : Budget Ordinaire
BPT : Brevet Professionnel Technique
BP : Brevet Professionnel
CAB : Cabinet (ministériel)
CAF : CentrAfrique
CAMES : Conseil Africain et Malgache pour l'Enseignement Supérieur
CAP : Certificat d'Aptitude Professionnelle
CAPCET : Certificat d'Aptitudes Professorales pour le Collège d'Enseignement Technique
CAPEF1 : Certificats d'Aptitudes Pédagogiques à l'Enseignement Fondamental1
CAPES : Certificat d'Aptitudes Professorales à l'Enseignement Secondaire
CAPET : Certificat d'Aptitudes Professorales à l'Enseignement Technique
CAPPC : Certificats d'Aptitudes Professorales au Premier Cycle
CEDEP : Centre d'Étude et de Défence de l'École Publique
CEF1 : Certificat d'Etudes du Fondamental 1
CEG : Collège d'Enseignement Général
CEMAC : Communauté Economique et Monétaire en Afrique Centrale

CEP ou CEPE : Certificat d'Etude Primaire ou Certificat d'Etude Primaire
    Élémentaire
CEPI : Certificat d'Etude Primaire Indigène
CES : Collège d'Enseignement Supérieur
CETA : Collège d'Enseignement Technique et Agricole
CETF : Collège d'Enseignement Technique Féminin
CFA : Communauté Financière d'Afrique
CFEFPN : Certificat de Fin d'Études Fondamentales Premier Niveau
CFIA : Centre de Formation et d'Insertion par l'Apprentissage
CFPA : Centres de Formation Professionnelle et d'Alphabétisation
$CFPP_1$: Centres de Formation Pédagogique et Professionnelle
$CFPP_2$: Centres de Formation Professionnelle et Pratique
CI : Cours d'Initiation
CP : Cours Préparatoire
CM1 : Cours Moyen 1
CM2 : Cours Moyen 2
CMRN : Comité Militaire de Redressement National
CNFC : Centre National de Formation Continue
CNFPA : Centre National de Formation Pratique Professionnelle et Artisanale
CNRSIT : Conseil National de la Recherche Scientifique et de l'Innovation
Technologique
CONFEMEN : Conférence des ministres de l'éducation des États et
gouvernements de la francophonie
CPFE : Centre Préfectoral de Formation des Enseignants
CPI : Collège Préparatoire International
CPR : Centre Pédagogique Régional
CR-RCA : Cadre de Résultats RCA
CREDEF : Centre de Recherche, de Documentation et d'Etudes Francophone
CREF : Centre Rural d'Éducation et de Formation
CURDHACA : Centre Universitaire de Recherche et de Documentation en
    Histoire et Archéologies Centrafricaines
DFEF : Diplôme de Fin d'Études Fondamentales
DGESP : Direction Générale des Etudes, des Statistiques et de la Planification
DP : Dépenses Publique
DSP : Direction des Statistiques et de la Planification (/Population)
DVA : Départ Volontaire Assisté
ECAC : Enseignement Catholique en CentrAfrique
EEPC : Enseignant-Equivalent Professeur de Collège
EGRA : Early Grade Reading Assessment
EHA : Eau, Hygiène et Assainissement
ENAM : Ecole Nationale de l'Administration et de la Magistrature
ENF : École Normale du Fondamental
ENI : Ecole Normale des Instituteurs
ENS : Ecole Normale Supérieure

EPS₁ : Ecole Primaire Supérieure

EPS$_1$: Ecole Primaire Supérieure
EPS$_2$: Education Phusique et Sportive
ESIGAPE : Étude sur le Système d'Information, de Gestion Administrative et Pédagogique des Enseignants
ESPIG : Education Sector Program Implementation Grant
ESR : Enseignement Supérieur et de Recherche
ETA-FP-A : Enseignement Technique et Agricole, Formation Professionnelle et Alphabétisation
ETAPE : Espace Temporaire d'Apprentissage et des Programmes d'Education alternative.
ETP : Enseignement Technique et Professionnel
F1 : Fondamental 1
F2 : Fondamental 2
FAC : Fonds d'Action et de Coopértion
FACEJ : Formation Axée sur les Compétences et Employabilité des Jeunes
FACSS : Faculté des Sciences et de la Santé
FAE : Fonctionnaires et Agents de l'État
FATEB : Faculté de Théologie Evangélique et Biblique
FCFA : Franc de la Communauté Financière d'Afrique
FDSE : Faculté des Droits et des Sciences Economiques
FED : Fonds Européens et de Développement
FESAC : Fondation de l'Enseignement Supérieur en Afrique Centrale
FIDES : Fonds d'Investissement pour le Développement Economique et Social
FLSH : Faculté des Lettres et Sciences Humaines
FMI : Fonds Monétaire International
FoNaHA : Fondation Nahid et Hushang AHDIEH
FST : Faculté des Sciences et Technologie

GLPE : Groupe Local des Partenaires de l'Éducation

IA : Inspection d'Académie
ICASEES : Institut Centrafricain des Statistiques, et des Études Économiques et Sociales
Idem : le même
Ibidem : au même endroit
IDH : Indicateur de Développement Humain
IDM : Indicateur du Développement dans le Monde
IEF1 : Inspection de l'Enseignement Fondamental 1
IGEN : Inspection Générale de l'Education Nationale
INRJS : Institut National de la Jeunesse et des Sports
INRAP : Institut National de Recherche et d'Animation Pédagogique
IP : Institut Polytechnique
IPN : Institut Pédagogique National
ISDR : Institut Supérieur de Développement Rural
IUGE : Institut Universitaire de Gestion des Entreprises
IUT : Institut Universitaire de Technologie

IUT MGC : Institut Universitaire de Technologie des Mines, Géologie et Construction

JAC : Jeunes Agriculteurs Chrétiens

JPN : Jeunesse Pionnière Nationale

LMD : Licence, Master, Doctorat

MEDAC : Mouvement d'Evolution Démocratique de l'Afrique Centrale

MEN : Ministère de l'Education Nationale

MEPC : Ministère de l'Économie, du Plan et de la Coopération

MEPS : Ministère de l'Enseignement Primaire et Secondaire

MES : Ministère de l'Enseignement Supérieur

META : Ministère de l'Enseignement Technique et de l'Alphabétisation

MPFFPE : Ministère de la Promotion de la Femme de la Famille et de la Protection de l'Enfant

MRSIT : Ministère de la Recherche Scientifique et de l'Innovation Technologique

MS-RCA : Modèle de Simulaton (du PSE) RCA

ONG : Organisation Non-Gouvernemental

ONIFOP : Office National pour l'Intégration et la Formation Professionnelle

OSED : Office of Social and Economic Development

PA-RCA : Plan d'Action RCA

PAM : Programme Alimentaire Mondial

PAROU : Programme d'Action pour le Recentrage et l'Opérationnalité de l'Université

PAS : Plan d'Ajustement Structurel

PASEC : Programme d'analyse des systèmes éducatifs de la CONFEMEN

PASECA : Projet d'Appui au Secteur Educatif Centrafricain

PIB : Produit Intérieur Brut

PISA : Programme International de l'OCDE pour le Suivi des Acquis des élèves

PME : Partenariat Mondial pour l'Éducation

PNEDU: Projet d'Appui au secteur de l'Éducation

PNA : Programme National d'Action

PNAEPT : Plan National d'Action de l'Education Pour Tous

PNDE : Plan National de Développement de l'Education

PNUD : Programme des Nations Unies pour le Développement

PPA : Parité de Pouvoir d'achat

PPM : Perspectives de la Population dans le Monde

PPS : Professeur Polyvalent du Secondaire

PSE : Plan Sectoriel de l'Éducation

PTF : Partenaires Techniques et Financiers

PUF : Presse Universitaire de France

PUSEB : Projet d'Urgence de Soutien à l'Éducation de Base

RCA : République Centrafricaine

RCPCA : Plan national de relèvement et de Consolidation de la Paix en CentrAfrique

RDC : République Démocratique du Congo
REE : Ratio Élèves/Enseignant
RES : Ratio Élèves/Salle de classe
RESEN : Rapport d'Etat sur le Système Educatif National
RGPH : Récensement Général de la Population et de l'Habitation
SIGE : Système d'Information de Gestion de l'Éducation
SIGRH : Système d'Information de Gestion des Ressources Humaines
SNETFP : Stratégie Nationale de l'Enseignement Technique et Formation
Professionnelle
TA : Taux d'Abandon
TAS : Taux d'Alphabétisation Scolaire
TBS : Taux Brut de Scolarisation
TIC : Technologie de l'Information et de la Communication
TNS : Taux Net de Scolarisation
TP : Taux de Promotion
TR : Taux de Redoublement
UDEAC : Union Douanière des Etats de l'Afrique Centrale
UE : Union Européenne
UNESCO : Organisation des Nations Unies pour l'Education, la Science et la
Culture
UNICEF : Fonds des Nations Unies pour l'Enfance
USD : US Dollar ou Dollar américain
VIH-SIDA : Virus de l'Immunodéficience Humaine -Syndrome Immuno
Déficient Acquis

LISTE DES TABLEAUX

9

LISTE DES FIGURES

LISTE DES GRAPHIQUES

RESUME

Fort d'une expérience de vingt (20) ans dont seize (16) ans en tant que centre de formation pour les ressources humaines des pays francophones, la Fondation Nahid & Hushang Ahdieh (FoNaHA) paticipe ainsi à l'éducation et à la formation de la jeunesse centrafricaine en particulier, et de l'Afrique francophone en général. Par conséquent, elle est aussi en quête de solution à la problématique d'un système éducatif répondant aux aspirations socio-économiques et culturelles locales, préoccupations en RCA et dans d'autres pays de l'Afrique francophone. Ainsi, notre objectif de promouvoir un programme d'éducation à la fois spirituelle, humaine et matérielle, répond à la nécessité d'un système éducatif qui embrasse les considérations socio-économiques et culturelles locales. L'approche utilisée est la méthode historique, avec les résultats suivants.

D'abord, un système éducatif traditionel, illustré par les rites initiatiques, s'appuie sur des valeurs morales ancrées dans les croyances traditionnelles et culturelles, et prend aussi en compte les préoccupations socio-économiques. Ensuite, le système éducatif de la période coloniale où, d'un côté, il y a l'approche des missions chrétiennes où la religion chrétienne s'est substituée aux croyances traditionnelles par un processus d'évangilisation et de scolarisation, avec la promotion d'une culture occidentale plutôt ; néanmoins les considérations socio-économiques ont été présentes à travers les œuvres sociales. Par contre, d'un autre côté, les autorités coloniales ont non seulement laïciser l'école, mais surtout l'ont orienté vers vers le développement de ressources humaines pour leurs besoins en main d'œuvre locale ainsi que ceux des sociétés commerciales coloniales. Enfin, pendant la période d'indépendance, l'idéologie éducative coloniale s'est subtilement perpétuée malgré la volonté des nouvelles autorités africaines de l'adapter à leurs réalités socio-économiques, mais fautes de moyens matériels et financiers, elles se contentent de la massification de l'éducation et de la formation. Ainsi, l'expérience des écoles communautiares d'inspiration baha'ie est une alternative.

Mots clés : RCA, Système éducatif, écoles communautaires.

ABSTRACT

With twenty (20) years' experience, including sixteen (16) years as a training centre for human resources in French-speaking countries, the Nahid & Hushang Ahdieh Foundation (FoNaHA) is contributing to the education and training of Central African youth in particular, and of French-speaking Africa in general. As a result, it is also seeking a solution to the problem of an education system that meets local socio-economic and cultural aspirations, a concern in CAR and other countries in French-speaking Africa. Our aim, therefore, is to promote a spiritual, human and material education programme that meets the need for an education system that embraces local socio-economic and cultural considerations. The approach used is the historical method, with the following results.

Firstly, a traditional education system, illustrated by initiation rites, based on moral values rooted in traditional and cultural beliefs, and also taking account of socio-economic concerns. Then there is the education system of the colonial period, where, on the one hand, there is the approach of the Christian missions, where the Christian religion replaced traditional beliefs through a process of evangelisation and schooling, with the promotion of a more Western culture; nevertheless socio-economic considerations were present through social works. On the other hand, the colonial authorities not only secularised the school, but above all directed it towards the development of human resources for their local labour needs and those of the colonial trading companies. Finally, during the period of independence, the colonial educational ideology was subtly perpetuated despite the desire of the new African authorities to adapt it to their socio-economic realities, but for lack of material and financial resources, they were content to massify education and training. The experience of Baha'i-inspired community schools offers an alternative.

Key words: CAR, education system, community schools.

INTRODUCTION

La Fondation Nahid & Hushang AHDIEH (FoNaHA) est une Organisation Non Gouvernementale d'inspiration baha'ie à but non lucratif créée en 2003, qui a pour vocation de participer au développement durable du pays par la promotion d'une éducation tant spirituelle, intellectuelle que matérielle ; en formant des enseignants et en suscitant la création des écoles communautaires au sein de la population elle-même. Par ailleurs, la FoNaHA participe à la promotion de l'utilisation et de l'adaptation de matériels développés dans la communauté internationale baha'ie, notamment ceux de l'ONG Nosrat du Mali ; ces matériels se conforment au programme du système éducatif CURRICULA promu par l'Unesco et adopté par le Gouvernement malien et récemment par le Gouvernement centrafricain. Depuis l'An 2007, la FoNaHA a reçu mandat du Centre mondial Baha'i de la mise en place en son sein d'un Centre de Formation des Personnes Ressources des Ecoles Communautaires pour les pays africains francophones. Ce Centre est devenu opérationnel depuis Janvier 2008 et accompagne les neuf (9) Fondations sœurs suivantes dans sept (7) pays : en RDC les Fondations Erfan-Connaissance du Sud-Kivu, La Graine au Katanga et Tahirih au Kasaï Occidental ; au Tchad, la Fondation Ilm-Connaissance ; au Congo République, la Fondation Varqa ; en Côte d'Ivoire, la Fondation Muhajir ; au Togo, la Fondation Arc-En-Ciel ; au Mali, la Fondation Nosrat ; et au Burkina Faso, la Fondation Azamat. En vue d'assurer la soutenabilité et la durabilité des écoles communautaires et surtout des enseignants, principalement en milieu rural, la nécessité d'avoir d'autres programmes autour de l'école s'impose. Ainsi le programme « Recherche-Action » en Agriculture fut introduit en 2010, le programme de Préparation a l'Action Sociale (PAS) en 2012. De même, depuis 2011 la FoNaHA a commencé à collaborer avec le Groupe de travail mis en place par l'OSED (actuel BIDO) pour l'amélioration des infrastructures scolaires. Et enfin, à partir de 2012 un programme systématique de santé s'est naturellement installé au sein des écoles communautaires.

Au sein de cette institution et en collaboration avec l'université de Bangui, nos précédents travaux ont porté sur plusieurs aspects d'un système éducatif en lien avec les conceptions et principes pratiqués au sein des écoles communautaires d'inspiration baha'ie, en général dans certains pays francophones. Alors nous avons jugé utile de faire le point ici sur l'évolution des systèmes éducatifs dans ces pays francophones depuis la période traditionnelle dite aussi précoloniale jusqu'à lors. Il faut noter que ces pays ont eu des passés presque similaire, du point de vue traditionnelle que du point de vue coloniale, du moins colonies françaises (dans les cadres de l'AEF et l'AOF); exception faire de la RDC, ayant néanmoins la langue française en commun. Et d'une manière similaire aux travaux antérieurs, cette revue avec analyse des systèmes éducatifs qui se sont succédés a intégré également de la contribution des écoles communautaires d'inspiration baha'ie pour alimenter les réflexions en vue d'un système éducatif, non seulement performant, mais surtout répondant aux besoins socio-économiques et culturels particuliers de chaque peuple.

Réflexions en vue d'un système éducatif plus performant pour tous les enfants

Nous tenons, dans un premier temps, introduire cet ouvrage par les réflexions menées par le Centre d'Étude et de Défence de l'École Publique (CEDEP), en vue d'un système éducatif plus performant pour tous les enfants. En effet, c'est depuis un certain temps que le CEDEP réfléchit à l'avenir de l'enseignement public en Communauté française. Cette réflexion est menée en commun par ses onze associations membres, sur l'état actuel du système éducatif en Communauté française et une série de principes non exhaustifs à mettre en œuvre afin de le rendre plus égalitaire et plus performant. Ainsi, une base est définie pour promouvoir d'éventuelles réformes nécessaires.

Tout travail prospectif se fait en fonction d'objectifs qui relèvent en partie de l'utopie. Tout progrès pédagogique a toujours fonctionné sur ce modèle, car « L'utopie est le principe de tout progrès » (Anatole France).

Les méthodes pédagogiques doivent être radicalement transformées pour remédier efficacement aux difficultés d'apprentissage des élèves, éviter les redoublements et viser l'excellence pour tous, tout en renforçant le rôle global de socialisation de l'école. Il s'agit notamment de remplacer l'esprit de compétition et de sélection par un esprit de coopération entre élèves, enseignants, écoles et réseaux, en vue d'atteindre réellement les objectifs éducatifs qu'un service public d'enseignement doit se fixer pour tous les élèves.

L'organisation concrète de cette coopération ne peut se faire en ordre dispersé : elle nécessite une vision claire des objectifs à atteindre et la collaboration de tous les acteurs pour y parvenir.

La mise en commun des ressources humaines et matérielles dans le cadre d'un service public unifié regroupant tout le système éducatif permettrait de dégager les moyens nécessaires pour répondre concrètement aux problèmes inventoriés.

La réforme globale voulue ne pourra pas se faire du jour au lendemain : elle nécessitera un travail préalable de préparation, d'appui et de formation des enseignants, de réorganisation du système éducatif, une transformation progressive des réseaux et un travail de longue haleine dans toutes les écoles qu'il faudra commencer aussi tôt que possible, dans un maximum d'écoles volontaires, afin d'expérimenter et d'évaluer en vue de généraliser.

Pour réussir, la réforme devra être construite sur le long terme, mobiliser toutes les énergies et les bonnes volontés disponibles, et être conduite dans la continuité, sur la base d'un accord politique stable résultant d'un large débat démocratique en Communauté française, au sein non seulement de ses milieux politiques, mais aussi de la société tout entière.

La mission de l'école est avant tout de former des citoyens et des citoyennes, bien dans leur tête et dans leur corps, épanouis, prêts à voir leur avenir avec confiance et détermination et maîtrisant un certain nombre de concepts, de savoirs et de méthodes de travail. Des citoyens capables de construire cette société que nous voulons plus juste et plus solidaire. Des citoyens libres, autonomes, émancipés.

Pour ce faire, l'école doit leur donner les outils qui leur permettront de développer leur capacité d'analyse, leur esprit critique, leur volonté d'apprendre, d'échanger et de s'investir dans des projets individuels et collectifs. Cette école dont rêvent les laïques ne doit pas être le seul lieu éducatif ; la famille, les copains, les lieux de loisirs... façonnent aussi le jeune en devenir. C'est de la pluralité des espaces d'éducation que peut naître une vision globale d'un monde où chacun et chacune aura sa place à part entière. L'école se doit donc de prendre en compte tous les lieux et réalités de vie et de " rassembler " tous ces savoirs que l'enfant et le jeune auront glanés ci et là. D'où l'importance de la reconnaissance par les équipes éducatives de l'ensemble des formes de culture.

Cette école humaniste n'a donc pas pour unique mission de former des « travailleurs », mais des femmes et des hommes dotés d'une culture générale, et d'une solide maîtrise des connaissances de base tant en mathématique, qu'en français, en science qu'en technologie. Il s'agit davantage d'apporter des méthodes d'apprentissage et le goût de la découverte que d'aligner des savoirs qui ne feraient pas sens dans l'environnement du jeune. Il faut former des hommes et des femmes curieux du monde, de l'autre et animés par le désir de progresser.

Les employeurs tant des secteurs publics que privés ont de leur côté pour mission d'assurer le suivi de la formation initiale pour doter ces travailleurs des compétences complémentaires techniques, scientifiques ou autres, spécifiques à leur métier, sachant que l'individu peut être amené aujourd'hui à changer radicalement d'orientation professionnelle à plusieurs reprises au cours de sa vie. Néanmoins, il est envisagé qu'au-delà d'un tronc commun les jeunes soient formés ultérieurement pour atteindre les compétences nécessaires au métier ou aux études supérieures qu'ils auront choisis.

L'école doit tout mettre en œuvre pour permettre à tous les enfants d'avancer à leur rythme tout en atteignant les objectifs les plus ambitieux. Ce faisant, l'école ne contribuera plus à l'exclusion et ni à l'élitisme social. Pour réussir cette mission, il faut d'abord axer la formation des maîtres sur cet objectif et donc anticiper à ce niveau la réforme de l'éducation que nous souhaitons. A nouveau, « l'être » doit précéder le « savoir » et « l'avoir ». Les enseignants doivent encore davantage être capables de déceler la richesse que recèle chaque enfant et de disposer des moyens de la valoriser, non seulement pour lui permettre de s'épanouir individuellement, mais également de favoriser l'épanouissement collectif, dans sa classe comme dans son entourage.

Les chemins possibles pour arriver à cette école où les plaisirs d'apprendre et de grandir seraient les priorités, sont nombreux. Ainsi, trois principes fondamentaux sont formulés par le CEDEP comme la base d'une refonte du système scolaire dont chaque axe pourra, devra faire l'objet d'échanges importants pour dégager des pistes opérationnelles.

Voici résumés ci-après ces trois principes avec leur contenu ainsi que ces « chemins possibles » :

1. Réorienter : remplacer la peur de l'échec par la soif d'apprendre

- *un enseignement adapté aux élèves*
- *un dépistage précoce des difficultés*
- *tendre vers la suppression du redoublement*
- *une remédiation personnalisée*
- *un soutien spécifique aux élèves qui maîtrisent insuffisamment le français*
- *une évaluation positive*
- *un véritable tronc commun jusqu'à la fin du 1er degré, prolongé progressivement jusqu'à la fin du 2e degré*
- *un enseignement efficace d'une 2e langue*
- *une valorisation de l'enseignement professionnel*

2. Unifier : rassembler toutes les écoles dans un réseau unique de service public

- *une gratuité totale*
- *une large autonomie des écoles et des enseignants*
- *un enseignement neutre*
- *un réseau unifié de service public*
- *des pouvoirs organisateurs élus*
- *une vraie mixité sociale*

3. Transformer : une formation de niveau universitaire pour tous les enseignants

- *inciter les bonnes personnes à devenir enseignants*
- *renforcer la formation pédagogique des enseignants*
- *développer au maximum les potentialités de chaque élève*

Ces réflexions menées par le Centre d'Étude et de Défence de l'École Publique (CEDEP) en France suggèrent des réflexions qui se mènent églement dans d'autres pays francophones dont la RCA. Ainsi, son Plan Sectoriel de l'Éducation (PSE), 2020-2029, mène et adresse ces réflexions sur son système éducatif à son étape actuelle.

Alors, par la même occasion il nous semble important ici de placer l'ouvrage dans les différents aspects de son contexte-pays actuel.

Situation géographique et administrative de la République Centrafricaine

Un pays enclavé

La République centrafricaine (RCA) est située juste au nord de l'équateur, entre le 2° et le 11° de latitude, et entre le 14° et le 28° degré de longitude Est. Elle est entourée par le Cameroun à l'ouest, le Tchad au nord, le Congo-Brazzaville et la République Démocratique du Congo (RDC) au sud, et le Soudan et le Soudan du Sud à l'est. Sa capitale, Bangui, est à l'ouest sur la rive droite de l'Oubangui, la rivière qui marque la frontière entre la RCA et la RDC. La population de l'agglomération de Bangui représenterait environ le quart de celle du pays[1]. La RCA a une superficie de 623 000 km2 – soit presque un tiers de plus que celle du Cameroun (475 000 km2) et près du double de celle de la République du Congo (342 000 km2)[2] – avec une faible densité de population (environ 7,5 hab./km2).

Comme son nom l'indique, la RCA est un pays enclavé au cœur de l'Afrique centrale. Depuis Bangui, les voies les plus courtes vers l'océan sont celles qui passent par le Cameroun (voie routière jusqu'au port de Douala, 1 520 km) ou les deux Congo (voie fluviale transéquatoriale jusqu'aux ports de Pointe-Noire ou de Matadi, 1 700 km). A l'enclavement du pays s'ajoute celui de ses régions, en raison de leur éloignement de Bangui, d'un réseau routier en mauvais état[3] et des conditions d'insécurité. La préfecture de la Vakaga au Nord-Est, en est un exemple : elle est régulièrement « coupée du monde par les eaux des rivières en crue » et a connu une crise humanitaire aiguë à la fin de l'année 2019[4] ; elle est plus facilement approvisionnée par le Soudan, auquel elle a un accès plus simple (Birao est à 300 km de la grande ville soudanaise de Nyala) qu'à Bangui (1 000

---

[1] *L'agglomération de Bangui ne correspond pas seulement à la commune autonome de Bangui. Elle s'étend dans la préfecture voisine de l'Ombella–M'Poko (communes de Bimbo et Begoua).*
[2] *Mais environ la moi□é de la superficie du Tchad (1 284 000 km2) et le □ers de celle du Soudan (1 861 484 km2).*
[3] *Moins de 2,5% des routes sont asphaltées, et « en saison des pluies, près du tiers du territoire national n'est plus accessible depuis Bangui. » (BCAH, 2019 ; p.13).*
[4] *« L'enclavement de la région empêche son développement. Six mois dans l'année, le temps de la saison des pluies, la préfecture de la Vakaga est une île, livrée à elle-même et coupée du monde par les eaux des rivières en crue. » https://www.voaafrique.com/a/centrafrique-birao-capitale-a-la-derive-du--nord-abandonne-/4180810.html, VOA Afrique, 27 décembre 2017). [remplacer par les dernières newsletters d'OCHA sur la situation de Birao]*

km de routes difficiles et dangereuses). De même, la région du Haut-Mbomou à l'extrême sud-est du pays, connait souvent des difficultés de ravitaillement[5].

Un potentiel naturel important

La République centrafricaine a un potentiel minier important : 470 indices miniers y ont été répertoriés, dont des diamants alluvionnaires de bonne qualité, de l'or, de l'uranium, du minerai de fer, du phosphate, du nickel, du cobalt, du cuivre, du coltan, de l'étain et du tungstène[6].

Cependant, en 2020, seuls les diamants et l'or sont exploités, de manière artisanale et semi-mécanisée[7]. La RCA dispose, aussi, de ressources forestières partiellement exploitées[8] et de ressources pétrolières et hydroélectriques encore inexploitées. Le bois et le diamant sont les principaux biens d'exportation de la RCA : en 2017, ils ont constitué respectivement 40% et 35% des recettes d'exportations du pays[9].

Enfin, la RCA bénéficie de conditions climatiques variées[10] favorables à des cultures diversifiées (coton, arachide, palmier à huile, hévéa, café, thé, etc.) et à l'élevage, et d'un riche réseau hydrographique favorable à la pêche.

Une organisation administrative centralisée, un État peu présent

La RCA est subdivisée en sept régions (voir carte à la page suivante), 16 préfectures, 72 sous-préfectures, 179 communes et près de 9 000 villages ou quartiers. Cette organisation administrative est marquée à la fois par une forte

---

[5] « Les deux principaux axes de ravitaillement des villes de Zemio et de Obo sont coupés. La frontière avec le Soudan du Sud est fermée, bloquant la route de ravitaillement de Kampala en Ouganda et la route de Bangui est aussi bloquée à cause d'un bac cassé. Dans ces conditions, Obo et Zemio ne sont pas ravitaillées depuis deux mois. » (« RCA : les localités d'Obo et Zemio sont difficilement approvisionnées », RFI, 18 avril 2019]

[6] Ministère des Mines, du Pétrole, de l'Energie et de l'Hydraulique de la République centrafricaine. s.d. Aperçu sur le potentiel minier de la République Centrafricaine, Direction Générale des Mines.

[7] « L'enclavement du pays a toujours conduit à rechercher en premier lieu les minerais présentant un faible encombrement et une forte valeur marchande pour l'exportation. En outre, ce potentiel minier économiquement fiable est resté inexploité en raison des effets combinés des risques politiques et du faible niveau des infrastructures (mauvais état des routes, l'insuffisance d'électricité). ». République centrafricaine. 2018. http://documents.worldbank.org/curated/en/789181549619579625/pdf/PGRN-M-F-PGES.pdf . Décembre 2018.

[8] « Les forêts en RCA représente environ 9% de la superficie du territoire sois environ 5,3 millions d'hectares dont 3,7 millions d'hectares traités en forêt de production, ce qui peut sembler modeste mais reste très productif. » (Référence identique à la note précédente).

[9] Groupe de la Banque Africaine de Développement. 2019. Perspectives économiques en Afrique (PEA) ; p.159.

[10] Zones climatiques soudano sahélienne au nord et équatoriale au sud.

centralisation[11] et par une faible présence de l'État en dehors de Bangui[12]. Ce dernier phénomène a été renforcé, depuis 2012, par l'insécurité et les obstacles posés par les groupes armés au retour de l'état de droit et au redéploiement des fonctionnaires. « Une étude réalisée au dernier trimestre 2018 a constaté que seuls 3 418 des 6 500 fonctionnaires affectés étaient présents à leurs postes » (BCAH, 2019a).

D'après les données recueillies auprès du ministère des Finances et du Budget, l'administration centrafricaine comptait, en novembre 2019, 27 159 Fonctionnaires et Agents de l'État (FAE) parmi lesquels 23,5% étaient des femmes[13]. Le déploiement de l'administration déconcentrée et le maintien en poste des FAE constituent un défi majeur pour la restauration des services publics[14]. Depuis juin 2019, des contrôles de suivi de la situation des FAE sont réalisés par une équipe des ministères des Finances et du Budget et de la Fonction Publique, dans le cadre des conditions de déclenchement de l'appui budgétaire de la Banque mondiale[15].

---

[11] *« En dépit de la priorité accordée à la décentralisation par les pouvoirs publics, l'organisation administrative centrafricaine est marquée par une forte centralisation, une répartition inégale des services publics sur l'ensemble du territoire et une inefficacité dans son fonctionnement. » (Commission de Consolidation de la Paix. Configuration République Centrafricaine. Document de fond sur l'État de droit et la bonne gouvernance en République Centrafricaine, point 16, p.4).*

[12] *« L'extension de l'autorité de l'État en dehors de Bangui reste minime et inégalement répartie à travers le territoire » (Bureau de la coordination des affaires humanitaires des Nations Unies (BCAH/OCHA). 2019a. Aperçu des besoins humanitaires - République Centrafricaine. Cycle de programme humanitaire 2020, Octobre 2019 ; p.7).*

[13] *La majorité des FAE travaillent pour le compte du ministère de la Défense Nationale et de la Restructuration de l'Armée (35% de l'effectif total des FAE, soit 9 508 FAE) ; des quatre ministères en charge de l'Education (24,4% de l'effectif total, soit 6 640 FAE) ; du ministère de la Sécurité, de l'Immigration et de l'Ordre Public (6,8% de l'effectif total, soit 1 840 FAE) et du ministère de la Santé et de la Population (6,6% de l'effectif total, soit 1 789 FAE).*

[14] *« L'insécurité affecte fortement le maintien en poste des agents et leur motivation à aller travailler en province. S'ajoute à cela les difficultés liées au versement des salaires, dans des régions dépourvues d'infrastructures bancaires, et la faiblesse des incitations financières et matérielles. » (Aide-mémoire de la mission de l'équipe Gouvernance de l'AFD qui s'est tenue en novembre 2017).*

[15] *« Une première vague de contrôles a eu lieu en juin et juillet 2019, dans 28 localités. Des conclusions du rapport, il ressort que 2 561 Fonctionnaires et Agents de l'État (FAE) sur les 2 857 contrôlés étaient en poste, soit un taux de présence effective de 89,64% – nettement supérieur à la cible de 60% visé au terme de la mise en œuvre cette réforme. Après validation des données, des mesures, telles que la suspension du paiement des salaires, seront prises à l'endroit des FAE absents à leur poste. Une seconde vague de contrôles de présence physique était prévue en novembre 2019 et devait inclure les localités non-couvertes lors de la phase précédente, de même que les effectifs de la police. Il convient de noter que la Décision institue un contrôle sur l'ensemble du territoire du pays (selon les conditions de déclenchement de l'appui budgétaire) » (Aide- mémoire de la mission de l'équipe Gouvernance de la Banque mondiale qui s'est tenue en septembre 2019).*

Figure 1 : Carte des régions et préfectures de la République Centrafricaine

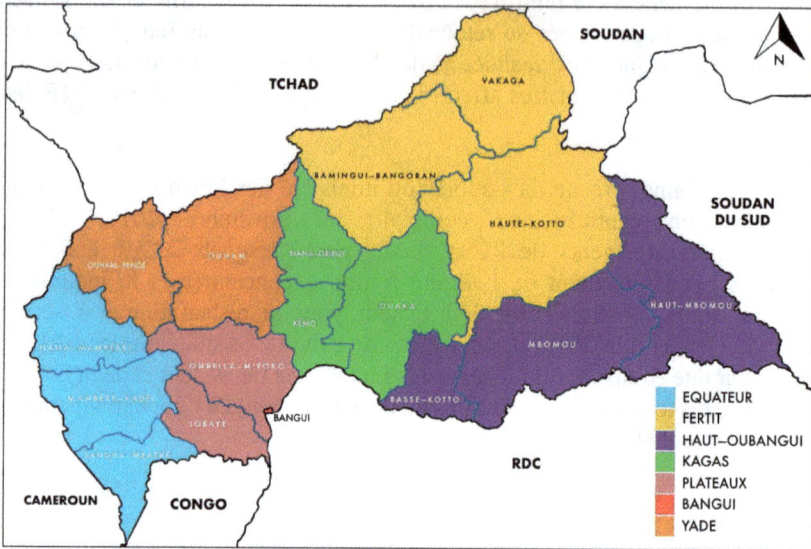

Plan sectoriel de l'éducation 2020-2029 de la République Cebtrafricaine

Développement humain et économique

Un niveau de développement faible

Graphique 1 : Évoluion de l'IDH, 1990-2018

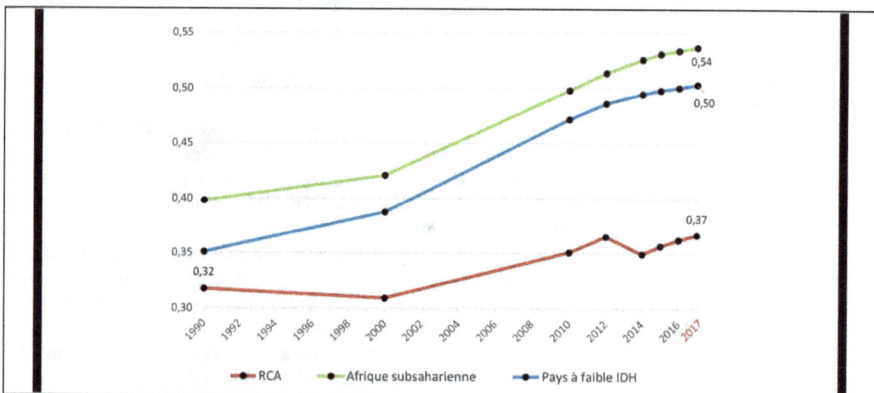

Source : Base de donnees du PNUD, revision de 2018

La République centrafricaine (RCA) apparait en avant-dernière position (188ème sur 189) dans le dernier classement selon de l'Indice de Développement Humain

(IDH) du Programme des Nations Unies pour le Développement[16]. La RCA est donc un pays dont le niveau de développement est faible pour toutes les composantes de cet indice[17] : l'éducation, la santé et le niveau de vie. L'IDH de la RCA n'a cru que de 0,71 pourcent par an en moyenne sur la période 1990-2018, passant de 0,317 à 0,381 tandis que sur la même période les IDH pour l'Afrique subsaharienne et pour le groupe des pays à développement humain faible se sont accrus de respectivement 1,28 % et 1,59 % par an.

Un niveau de vie en baisse

Graphique 2 : PIB réel par habitant en PPA en RCA, CEMAC et ASS (base 100 en 1990)

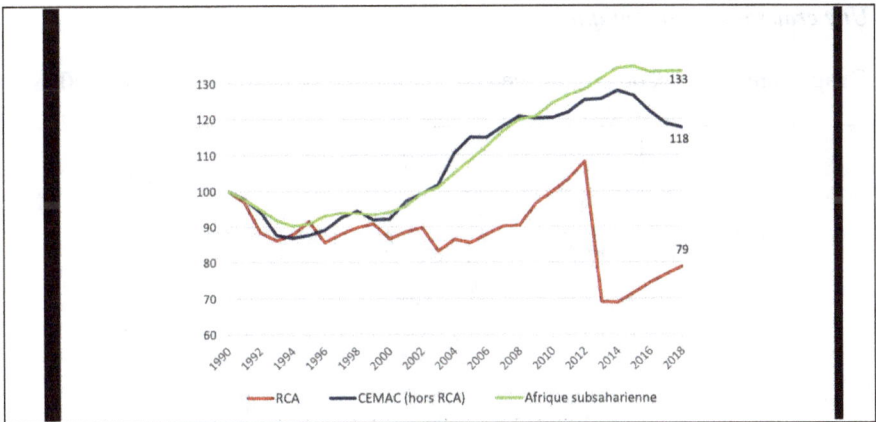

Source : Base des Indicateurs de Développement dans le Monde (WDI) ; 10/2019

Le niveau de vie des Centrafricains en 2018 est inférieur de 21 % à celui de 1990 : le PIB réel par habitant en parité de pouvoir d'achat (PPA) a baissé jusqu'en 2003 (83 % du niveau de 1990), puis est monté jusqu'à un point haut en 2012 (108 % du niveau de 1990), avant de connaitre une chute dramatique en 2013 (prise du pouvoir par les groupes rebelles de la Séléka). Sur la même période, le niveau de vie des habitants de la CEMAC et celui pour l'ensemble de l'Afrique subsaharienne[18] se sont accrus de respectivement 18 % et 33 %.

---

[16] *PNUD 2019. http://hdr.undp.org/sites/default/files/hdr_2019_overview_-_french.pdf*

[17] *Cet indice est compris entre 0 et 1. Ses composantes synthétisent les conditions de vie (revenu national brut par habitant), les conditions sanitaires (espérance de vie à la naissance) et l'accès au savoir (durées moyenne et attendue de scolarisation).*

[18] *Hors pays à haut revenu.*

La proportion de la population centrafricaine vivant en dessous du seuil de pauvreté international[19] a été estimé sur la base d'une enquête auprès des ménages à 66% en 2008 (respectivement 50 % et 69% dans les zones urbaines et rurales)[20]. Selon une nouvelle estimation basée sur les évolutions récentes du PIB, c'est environ 71% de la population centrafricaine qui vivrait en dessous du seuil de pauvreté international en 2018[21].

Notons aussi que seulement 30% de la population avait accès à l'électricité en 2017 ; ce qui est inférieur à la moyenne des pays de l'Afrique subsaharienne (45 %)[22]. L'accès à l'eau potable est aussi très limité : 46,3% de la population en 2016 (33,7 % de la population rurale et 64,7 % de la population urbaine), contre 60,0% en moyenne pour l'Afrique subsaharienne[23].

Une croissance économique erratique

Graphique 3 : Taux de croissance annuel du PIB réel de la RCA, 1960 – 2018

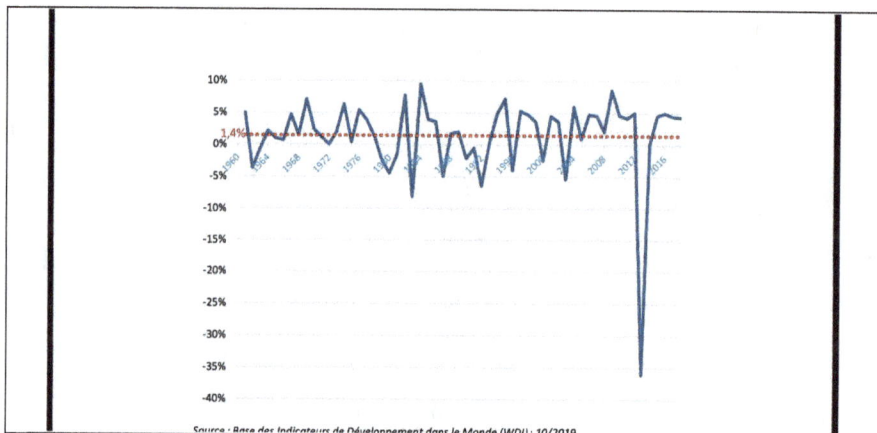

Source : Base des Indicateurs de Développement dans le Monde (WDI) ; 10/2019

Source : Base des Indicateurs de Développement dans le Monde (WDI) ; 10/2019

---

[19] *1,90 USD par jour, en parité de pouvoir d'achat de 2011 (Base des Indicateurs du développement dans le monde (IDM/WDI) de la Banque Mondiale, consultée en 10/2019).*
[20] *Base des Indicateurs du développement dans le monde (IDM/WDI) de la Banque Mondiale, consultée en 10/2019*
[21] *Voir S. Coulibaly & W. Kouame (2019).*
[22] *Base des Indicateurs du développement dans le monde (IDM/WDI) de la Banque Mondiale, consultée en 03/2020*
[23] *Base de données du Programme Conjoint de monitoring en Eau, d'Assainissement et d'Hygiène de l'Organisation Mondiale de la Santé/Fonds des Nations Unies pour l'enfance, consultée en 03/2020. L'indicateur considéré est : « Basic Drinking water / eau potable basique » : provenant d'une source améliorée, à condition que le temps de collecte ne dépasse pas 30 minutes pour un aller-retour, y compris les files d'attente.*

Depuis l'obtention de son indépendance, la RCA n'a pas connu de période de croissance économique durable. Celle-ci a été freinée par une succession de récessions dues à des conflits armés et à l'instabilité politique. Le taux de croissance moyen du Produit Intérieur Brut (PIB) réel a été d'à peine de 1,4 % depuis 1960[24]. Aussi la RCA reste un pays à faible revenu[25], l'un des plus fragiles et pauvres du monde.

La récession la plus importante a eu lieu en 2013, le PIB s'est alors contracté de plus d'un tiers (environ 36 %). Le taux de croissance s'est ensuite rapidement redressé, pour culminer à 4,8 % en 2016, puis a ralenti progressivement (4,5% en 2017, et 3,8% en 2018[26]). Depuis 2015, la croissance économique de la RCA a été supérieure à celle des autres pays de la Communauté Économique et Monétaire de l'Afrique Centrale (CEMAC) et à celle de l'ensemble de l'Afrique subsaharienne (voir Graphique 4 ci-après). Cependant, la RCA n'est pas encore parvenu à égaler le rythme de croissance de pays pairs structurels[27] tels que le Burkina Faso et le Rwanda.

---

[24] *Notons aussi que le taux d'inflation a été en moyenne de 4,7 % par an pour la période 2010-2018 (calcul basé sur les données des perspectives de l'économie mondiale du Fonds monétaire international, octobre 2019), ce qui est supérieur au critère de convergence (3 %) de la CEMAC.*

[25] *Selon la classification de la Banque mondiale, pour l'année fiscale 2020, les pays à faible revenu sont ceux dont le revenu par habitant est inférieur ou égal à 1 025 USD.*

[26] *La baisse de la croissance en 2018 est le « fait d'une forte chute de la production officielle de diamants après le départ du dernier bureau d'achat et d'une augmentation plus faible que prévu de la production de bois en raison d'un arrêt temporaire de la production en novembre et décembre en réaction à une hausse des impôts. ». Fonds Monétaire International. 2019. République Centrafricaine. Sixième revue de l'accord au titre de la facilité élargie de crédit, demande de dérogations pour le non-respect de critères de réalisation et revue des assurances de financement—communiqué de presse, rapport des services. Rapport du FMI n° 19/216.*

[27] *Les pairs structurels de la RCA sont définis par S. Coulibaly et W. Kouame (2019) comme des pays qui présentent des similitudes pour les caractéristiques socioéconomiques clés (exportation de produits de base, pays enclavé, nombre d'habitants, PIB réel par habitant au début de la période d'analyse) mais une évolution différente du taux de croissance économique (taux de croissance médian qui ne dépasse pas celui de la RCA de plus de 2 % sur une période initiale mais augmente ensuite beaucoup plus rapidement). Les pairs structurels de la RCA qui ont ainsi été identifiés sont le Burkina Faso, le Mali, le Malawi, le Niger, le Rwanda et l'Ouganda. (S. Coulibaly & Kouame, W. 2019. Cahiers Économiques de la République Centrafricaine : Renforcer la Mobilisation des Recettes Intérieures pour Soutenir la Croissance dans un Etat Fragile. Washington, D.C. : Groupe de la Banque mondiale).*

Graphique 4 : Taux de croissance annuels du PIB réel, 2008-2018

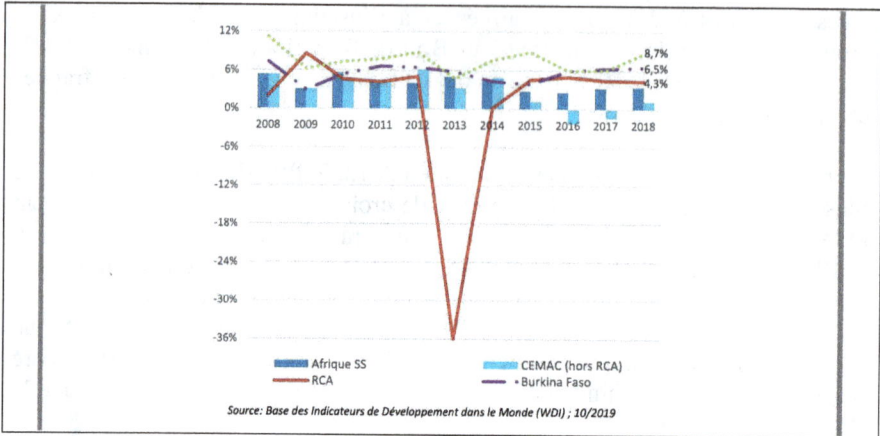

Source: Base des Indicateurs de Développement dans le Monde (WDI) ; 10/2019

Bien que la reprise économique soit fragile, les perspectives économiques de la RCA sont favorables grâce à la signature de l'*Accord Politique pour la Paix et la Réconciliation* (APPR) en février 2019. Le *Fonds Monétaire International* (FMI) estime que la RCA devrait connaître une croissance de 4,5 % du PIB en 2019 et de 5 % pour la période 2020-2024[28].

L'économie de la RCA repose beaucoup sur le secteur agricole dont la valeur ajoutée en pourcentage du PIB a été en moyenne de 34,7% au cours de la période 2010-2018, et a représenté environ 72,3% des emplois. Sur la même période, la valeur ajoutée du secteur industriel, qui comprend la transformation du bois, est de seulement à 22,7% en moyenne. Ce secteur emploie seulement 9,7% de la population active (voir Tableau 1 ci-après).

---

[28] *Fonds Monétaire International. 2019. République Centrafricaine. Sixième revue de l'accord au titre de la facilité élargie de crédit, demande de dérogations pour le non-respect de critères de réalisation et revue des assurances de financement— communiqué de presse, rapport des services. Rapport du FMI n° 19/216*

Tableau 1 : Variables macroéconomiques clés pour la période 2010-2018 (valeurs moyennes)

Croissance et budget	
Taux de croissance annuel du PIB reel	-0,4%
taux de croissance du PIB réel/habitant	-1,4%
Taux d'inflation	4,7%
Recettes fiscales (% du PIB)	7,5%
Composition sectorielle du PIB	
Agriculture	34,7%
Industrie	22,7%
Services	30,1%
Composition sectorielle de l'emploi	
Agriculture	72,3%
Industrie	9,7%
Services	18,0%

Source: Base des IDM (Banque mondiale) et Perspectives Economiques Mondiales (FMI) ; 10/2019

Contexte socio-démographique

Les projections de population utilisées dans ce rapport (dénominateurs des taux de scolarisation ; population scolarisable du modèle de simulation, etc.) sont celles de la *Division de la population du Département des affaires économiques et sociales des Nations Unies* (révision de 2019 des *Perspectives de la population dans le monde – PPM*). Elles ont été préférées aux projections réalisées directement à la suite du dernier recensement général de la population et de l'habitat (RGPH) de 2003 et toujours utilisées par l'*Institut Centrafricain des Statistiques, et des Études Économiques et Sociales* (ICASEES). Notons que tous les indicateurs et simulations basées sur ces données devront être recalculés et actualisés dès que les données du nouveau recensement qui était en préparation au moment de la rédaction du PSE seront disponibles.

Une population jeune, une espérance de vie faible

Tableau 2 : Projections de la population scolarisable de la RCA (en milliers)

	2019	2029	Δ2019-2029 N	Δ2019-2029 %
Population totale	4 745	5 817	1 072	23%
3-5 ans	428	490	62	14%
6-11 ans	824	885	61	7%
12-15 ans	512	551	39	8%
16-18 ans	349	404	55	16%
6-18 ans	1 685	1 840	156	9%
6-18 ans *(% pop. tot.)*	35%	32%		
19-23 ans	489	640	151	31%
3-23 ans	2 602	2 971	369	14%
3-23 ans *(% pop. tot.)*	55%	51%		

Source: Perspectives de la Population Mondiale des N-U - Révision 2019 - Variante moyenne
Note: Population en milliers ('000)

Selon les projections de la révision de 2019 des PPM, la RCA compterait 4,745 millions d'habitants en 2019[29] et devrait atteindre 5,817 millions d'habitants en 2029 (+23%). La population centrafricaine est jeune et la population en âge d'être scolarisée dans l'enseignement primaire et secondaire (6 à 18 ans) représenterait un peu plus du tiers de la population totale en 2019 (35 %). Cette proportion devrait légèrement baisser jusqu'en 2029 (32 %), car le taux de fécondité (nombre total d'enfants par femme) aurait chuté de 5,3 pour la période 2005-2010 à 4,75 pour 2015-2020 et attendrait 4,0 pour la période 2025-2030. Cependant le nombre de jeunes de 6 à 18 ans continuera de s'accroitre sur la période (+156.000, soit +9 %). En prenant en compte les jeunes en âge d'être scolarisés en préscolaire (3 à 5 ans) et à l'université (19 à 23 ans), la population scolarisable (3 à 23 ans) représente alors 55 % de la population totale en 2019 et en représentera encore plus de la moitié en 2029 (51 %) ; il y aura alors 369 000 jeunes supplémentaires (+14%) pour cette classe d'âge.

L'espérance de vie à la naissance en RCA est estimée à 52 ans pour 2018 (IDM[30]), soit un gain de 8 ans par rapport au point bas atteint au tout début du millénaire (44 ans), mais à peine plus qu'au milieu des années 80 (50 ans). Cette amélioration récente s'explique en partie par les progrès de la couverture du traitement et la prévention du virus de l'immunodéficience humaine (VIH). Le taux de prévalence du VIH parmi les 15-49 ans a baissé de 7,5 % en 1998 à 3,6 % en 2018, tandis que le taux d'incidence (nouvelles infections) pour 1 000 personnes de 15-49 ans non-infectées a chuté de 14,3 en 1990 à 2 en 2018 (IDM). Un peu plus du tiers de la population vivant avec le VIH (36 % en 2018) aurait accès à une thérapie antirétrovirale[31].

Un pays plurilingue avec une langue vernaculaire quasi-universelle

La RCA est, comme les autres pays d'Afrique subsaharienne (ASS), un pays plurilingue : 72 langues y seraient utilisées selon l'ouvrage et site de référence *Ethnologue, Languages of the World*[32]. La langue de l'ancienne puissance coloniale, le français, fut la première langue officielle du pays, et reste la langue de référence de l'administration et de l'éducation[33]. Cependant le français n'est

---

[29] *En comparaison, la population à cette date serait de 5,360 millions selon les projections de l'ICASEES, soit 13% de plus que selon les projections des Nations-Unies.*

[30] *Base des Indicateurs du développement dans le monde (IDM/WDI) de la Banque Mondiale, consultée en 10/2019.*

[31] *À titre de comparaison, les valeurs de ces trois indicateurs pour l'ensemble de l'Afrique sub-saharienne hors pays à hauts revenus sont, en 2018, respectivement de 3,9 % (prévalence), 1,8 pour 1000 (incidence), et 63,5 % (antirétroviraux).*

[32] *Eberhard, David M., Gary F. Simons, and Charles D. Fennig (eds.). 2020. Ethnologue: Languages of the World. 93ème édition. Dallas, Texas: SIL International. Accès en ligne en 10/2019.*

[33] *L'usage du français « est limité à certains contextes : le milieu scolaire et scientifique, l'administration, les activités et discours politiques officiels et les médias. En réalité, même dans ces contextes, le français n'est utilisé comme support communicationnel qu'avec un interlocuteur non sängöphone. » (OIF, 2014 ; p.113-114).*

parlé que par environ un quart de la population centrafricaine[34] et il n'est la langue maternelle que de quelques milliers de centrafricains[35].

La RCA se distingue de la plupart des autres pays d'ASS par l'utilisation quasi-généralisée d'une langue vernaculaire nationale, le sango[36]. Il s'agit d'une langue créolisée, dérivée du ngbandi et qui fait usage de nombreux mots français. Il a acquis le titre de langue officielle en 1991. Il est la langue maternelle d'environ 10% de la population, mais presque tous les centrafricains peuvent l'utiliser comme langue vernaculaire[37]. Les principales autres langues nationales sont, selon les données d'*Ethnologue*, les différentes variantes du gbaya[38] (plus de 850 000 locuteurs), les langues banda[39] (plus de 650 000 locuteurs), le mandja (220 000), le peul (*fulfulde*) bagirmi (156 000), le yakoma (100 000).

Après avoir placer l'ouvrage dans les différents aspects de son contexte-pays actuel, précisons maintenant la problématique posée et la méthodologie d'étude utilisées.

Problématique

Pour arriver à ce Plan Sectoriel de l'Éducation de dix ans qui présente une dernière réforme du système éducatif centrafricain pour les années 2020 à 2029, la RCA, tout comme beaucoup d'autres pays africains francophones, a eu à appliquer plusieurs systèmes, objet de réformes de la période coloniale jusqu'à lors, qui ne se révèlent toujours pas adéquats à ses réalités socio-économique et culturelles. Alors existe-t-il un système idéal à cet effet ? Telle est la problématique qui se pose. Comme ci-haut évoqué, c'est depuis une période d'un peu plus de vingt ans que la FoNaHA mène des activités de promotion d'écoles communautaires d'inspiration baha'ie en RCA et dans d'autres pays africains francophones ; et aussi en réponse aux recommandations[40] des États Généraux de l'Éducation et de la Formation de 1994 en Centrafrique. Les hypothèses sur lesquelles ces expériences ont été construites, sont proposées ici dans cette quête de recherche d'un système éducatif approprié aux réalités socio-économiques et culturelles.

---

[34] *27,5% en 2016 selon Ethnologue ; 21% selon une enquête de 2012 dirigée par Robert Beyom (OIF, 2014) ; 29% selon l'estimation de l'Observatoire de la langue française de l'OIF (2014).*

[35] *9 000 selon Ethnologue (1996).*

[36] *Cette situation est proche de celle du kirundi au Burundi et du kinyarwanda au Rwanda.*

[37] *Près de 100% selon Ethnologue ; 93% selon l'enquête de 2012 dirigée par Robert Beyom (OIF, 2014).*

[38] *Le gbaya est un macrolanguage qui regroupe le bhogoto, le gbaya-bossangoa, le gbaya-bozoum, le gbaya-mbodomo, le gbaya du Nord-Ouest et le gbaya du Sud-Ouest.*

[39] *Le banda du Sud, le banda du Centre-Sud, le banda de Bambari, le banda-banda, etc.*

[40] *Aux confessions religieuses en général, il est recommandé « d'accepter de créer des écoles privées et de faire agir les communautés de base confessionnelle pour la création d'écoles, leur entretien, et l'extension de la sensibilisation en matière éducative ».*

En effet, partant du constat sur le sujet en question, 'Abdu'l-Baha, une des Figures de référence de la Foi Baha'ie, déclare : « Parmi ces questions nécessitant une entière révision et une réforme profonde, se trouvent la méthode d'étude des diverses branches du savoir et l'organisation du programme académique. »[41] Car d'après les enseignements baha'is : « L'homme est doté d'une réalité extérieure ou physique. ... d'une deuxième réalité, la réalité rationnelle ou intellectuelle; ... (et) une troisième réalité, la réalité spirituelle. ...». D'où les trois types conséquents d'éducation suivante : « l'éducation matérielle, l'éducation humaine, l'éducation spirituelle. »

Ainsi, cette éducation de l'homme a un double objectif, celui de la transformation de l'homme (son éducation spirituelle) et celui de la transformation de la société (son éducation humaine et son éducation matérielle).

Alors toute idéologie éducative ou théorie pédagogique doit prendre en considération ces trois réalités de l'homme. La maison universelle de justice, instance suprême de la Foi, donne ses précisions :

« L'éducation est un domaine vaste et les théories pédagogiques ne manquent pas. Beaucoup d'entre elles ont sûrement des mérites considérables, mais il faut se rappeler qu'aucune n'est affranchie de présomptions sur la nature de l'être humain et de la société. Un processus éducatif devrait, par exemple, créer chez l'enfant une prise de conscience de ses potentialités, mais le culte du moi doit être scrupuleusement évité. Trop souvent, au nom du développement de la confiance en soi, c'est l'ego qui est renforcé. De même, le jeu a sa place dans l'éducation des jeunes. Toutefois, enfants et pré-jeunes ont prouvé à maintes reprises leur capacité à s'engager dans des discussions sur des sujets abstraits, menées à un niveau approprié à leur âge, et retirent une grande joie de la recherche sérieuse de la connaissance. Un processus éducatif qui dilue le contenu dans un océan envoûtant de divertissements ne leur rend pas service. »[42]

Et aussi :

« On peut voir comment les peuples de la terre, provenant d'horizons divergents, se rapprochent de plus en plus les uns des autres, propulsés par des forces générées à la fois à l'intérieur et à l'extérieur de la communauté bahá'íe, vers ce qui sera une civilisation mondiale au caractère si prodigieux qu'il serait vain pour nous de tenter de l'imaginer aujourd'hui. À mesure que ce mouvement centripète des populations s'accélère partout dans le monde, certains éléments de chaque culture, qui ne sont pas en accord avec les enseignements de la Foi, disparaîtront progressivement, tandis que d'autres seront renforcés. De la même façon, de

---

[41] *Abdu'l-Baha, Le secret de la Civilisation Divine Chap. XIII*
[42] *Maison universelle de justice, message à toutes les Assemblées spirituelles nationales, 12 décembre 2011, para. 18*

nouveaux éléments culturels évolueront au fil du temps à mesure que des gens venant de tous les groupes humains, inspirés par la Révélation de Bahá'u'lláh, donnent une expression aux modèles de pensée et d'action engendrés par ses enseignements, en partie par des œuvres artistiques et littéraires. C'est avec ces considérations à l'esprit que nous saluons la décision de l'Institut Ruhi de laisser, dans la formulation de ses cours, les amis aborder localement les questions liées à l'activité artistique. … Nous aspirons à voir, par exemple, l'émergence de chansons captivantes de tous les coins du monde, dans toutes les langues, qui graveront dans la conscience des jeunes les concepts profonds enchâssés dans les enseignements bahá'ís. Cependant, une telle efflorescence de pensée créative échouera à se matérialiser si les amis, même par inadvertance, succombent aux modèles répandus dans le monde qui permettent à ceux qui ont des ressources financières d'imposer leur point de vue culturel aux autres, les submergeant de matériels et de produits promus agressivement. En outre, tous les efforts doivent être faits pour protéger l'éducation spirituelle des périls de la commercialisation. »[43]

Et cette éducation doit commencer au niveau de la famille avant l'école :

« Cultiver un nouveau modèle de vie familiale permet également de contrer les forces de désintégration qui sont une caractéristique indissociable d'une époque en transition. Ces forces qui assaillent la société ont particulièrement affecté la famille, rompant ses liens et faisant payer un lourd tribut à ses membres, en particulier aux enfants. Ils peuvent exposer les membres de la famille à certaines des pathologies sociales les plus destructrices : l'absence d'amour et d'affection, la négligence des choses de l'esprit, la déshumanisation, la pauvreté, l'insécurité et la violence. Les individus sont tentés de s'abandonner à une vie de distractions matérielles ou de gratifications personnelles, devenant ainsi de simples objets à manipuler par ceux qui cherchent à imposer leurs desseins à la société. Des idéologies et des identités opposées, incompatibles avec les idéaux de l'unicité de l'humanité et d'un monde pacifique, se disputent l'allégeance des masses et luttent pour la supériorité les unes par rapport aux autres. Certains de ces mouvements plantent les graines des préjugés et du fanatisme qui finissent par produire l'aliénation, les conflits et la discorde entre les peuples du monde. D'autres peuvent sembler se conformer à un certain aspect des enseignements, seulement pour détourner subtilement les amis du droit sentier de Bahá'u'lláh. Les forces associées au processus de désintégration affectent différentes populations de différentes manières. La famille, et la communauté dans son ensemble, devront apprendre à examiner les circonstances existantes, à saisir la nature et l'impact de ces forces et, en s'en remettant pleinement à l'assistance divine, à élaborer des mesures préventives et correctives pour surmonter les tempêtes tumultueuses d'une époque périlleuse. »[44]

---

[43] *Ibid., para. 19*
[44] *Maison universelle de justice, message aux Baha'is du monde, 19.03.2025 para. 15*

Quant à l'école, sa mission est bien définie ci-après :

« Les écoles doivent d'abord instruire les enfants dans les principes de la religion pour que la promesse et la menace inscrites dans les livres de Dieu les empêchent de faire les choses interdites et les parent du manteau des commandements; mais dans une mesure telle que cela ne puisse nuire aux enfants en se transformant en fanatisme ignorant et en bigoterie. »[45] Et : « Ces centres d'études académiques doivent en même temps être des centres de formation pour le comportement et la conduite de l'individu, et ils doivent donner la priorité au caractère et à la conduite, avant les sciences et les arts. »[46]

Quant à l'école des filles particulièrement :

« Dédiez une attention particulière à l'école de filles car la grandeur de cet âge prodigieux sera manifestée comme le résultat du progrès du monde des femmes. Pour ce motif, on observe que, dans tous les pays le statut de la femme évolue. Ceci est dû à l'impact de la plus grande Manifestation et à la puissance des enseignements de Dieu. »[47] Et : « Il incombe aux amis de prévoir une école pour filles bahá'íes dont les enseignantes éduqueront leurs élèves selon les enseignements de Dieu. On doit y enseigner aux filles l'éthique spirituelle et une manière sainte de vivre. »[48]

Quant à la responsabilité éducative :

D'abord les parents

« Dans les textes divins du Plus Saint Livre ainsi que dans d'autres tablettes, il est dit: Il incombe au père et à la mère d'apprendre à leurs enfants à bien se conduire et à étudier; autrement dit, l'étude doit atteindre le minimum requis pour qu'aucun enfant - garçon ou fille - ne demeure illettré. ... un enfant ne doit, en aucun cas, être privé d'éducation. C'est là un des commandements rigoureux et inéluctables, dont la désobéissance provoquerait l'indignation courroucée de Dieu Tout-Puissant. »[49]

---

[45] Baha'u'llah, The Eighth Leaf of Paradise, Bahá'í World Faith, cité dans Compilation sur l'éducation baha'ie n° 15

[46] 'Abd'ul-Baha, Extraits des Ecrits de Abd'ul-Baha, cité dans Compilation sur l'éducation baha'ie n°72

[47] 'Abd'ul-Baha, Extraits des Ecrits de 'Abd'ul-Baha, cité dans Compilation sur l'éducation baha'ie n°68

[48] 'Abd'ul-Baha, Extraits des Ecrits de 'Abd'ul-Baha, cité dans Compilation sur l'éducation baha'ie n°86

[49] 'Abdu'l-Bahá, Sélection des écrits d'Abdu'l-Bahá, Chapitre: 101

Et particulière la mère pour les enfants en bas-âge

« La mère est le premier professeur de l'enfant. Car au début de leur vie ils sont malléables et tendres comme un jeune rameau et peuvent être formés de la manière qu'on désire. Si on élève l'enfant à être droit, il grandira droit en parfaite harmonie. Il est clair que la mère est le premier professeur et que c'est elle qui établit le caractère et la conduite de l'enfant." ... "Pour cela, sachez, ô mères affectueuses, qu'aux yeux de Dieu, la meilleure façon de L'adorer est d'éduquer les enfants et de les former pour avoir toutes les perfections humaines et l'on ne peut imaginer d'action plus noble..." »[50]

A défaut des parents, la communauté

« Chaque enfant doit être autant que cela lui est nécessaire, instruit dans les sciences. Si les parents peuvent assumer les dépenses de cette éducation, c'est bien, sinon la communauté doit procurer les fonds pour l'instruction de cet enfant. »[51]

La problématique étant posée, passons maintenant à la méthodologie d'études.

Méthodologie d'études

Vladimir Illich disait que « dans toutes questions relevant de la science sociale, la méthode la plus sûre, la plus indispensable pour acquérir effectivement l'habitude d'examiner correctement le problème ... la condition la plus importante d'une étude scientifique, c'est de ne pas oublier l'enchaînement ; c'est de considérer chaque question du point de vue suivant : comment tel phénomène est apparu dans l'histoire, quelles sont les principales étapes de son développement et d'envisager sous l'angle de ce développement, ce que ce phénomène est devenu aujourd'hui »[52].

Ainsi, l'analyse de l'éducation appliquée au développement sous l'angle de l'histoire permet de cerner le champ des structures sociales aussi bien passées que présentes en vue de dégager ce que Wright Mills appelle « les différences entre les types humains et entre les institutions sociales »[53]. Pour lui, les sociologues devraient nécessairement utiliser la documentation historique pour mieux analyser les phénomènes inhérents à l'évolution d'une société ; car « toute société doit se comprendre en fonction de la période spécifique où elle s'inscrit ».

---

[50] *'Abd'ul-Baha, Extraits des Ecrits de Abd'ul-Baha, cité dans Compilation sur l'éducation baha'ie n°89*
[51] *'Abdu'l-Bahá, From a letter written by 'Abdu'l-Bahá, cité dans Compilation sur l'éducation baha'ie n°43*
[52] *Illich Vladimir cité dans la revue « L'école du peuple », Brazzaville 1965.*
[53] *Wright Mills : L'imagination sociologique, éd. Maspéro, Paris 1977.*

En fait la méthode historique nous conduit à identifier certains évènements survenus en RCA, notamment pendant la période précoloniale, puis et surtout la période coloniale avec ses courants idéologiques caractérisées par des faits qui ont fécondé la dépendance du pays et occasionné son appauvrissement (Banyombo, 1990). Cependant, la situation historique de la Centrafrique n'offre pas les mêmes possibilités sur l'ensemble du territoire, notamment la capitale Bangui et les Provinces. C'est pourquoi, l'adoption en plus d'une démarche comparative va aider à apprécier les différences structurelles au niveau économique et de l'organisation de l'enseignement.

Le recensement des faits liés au fonctionnement du système scolaire en RCA nécessite une investigation multidimensionnelle en vue d'établir une corrélation entre ces différents faits. Les situations et les valeurs qui conditionnent l'évolution d'une société doivent faire l'objet d'une comparaison si l'on veut saisir les mécanismes de transformations historiques qui s'imbriquent plus ou moins.

A ce sujet, Wright Mills ajoute que « les comparaisons permettent de comprendre les conditions fondamentales de la moindre enquête »[54]. C'est en accord avec ce principe qu'est faite la comparaison entre les structures d'éducation et les structures socio-économiques à Bangui et dans les provinces du pays.

La situation historique de la RCA engendre des faits multidimensionnels dont la comparaison pourrait révéler des contradictions au plan organisationnel et fonctionnel. Dès lors, la méthode la plus appropriée pour appréhender et comprendre les contradictions relatives aux faits sociaux est la méthode dialectique.

Nous avons souligné plus haut que deux types d'investigation vont caractériser cette étude. Ainsi, la méthode dialectique nous autorise à établir une distinction, au niveau de l'éducation entre les différents changements, c'est-à-dire les changements de nature et de degré. Autrement dit, l'approche dialectique tend à discerner les fondements, le sens, la nature des activités pédagogiques et leurs manifestations.

La nature des activités pédagogiques est liée aux institutions mises en place, tandis que les manifestations sont le reflet des conditions d'existence. C'est pourquoi la méthode dialectique est utilisée pour tenter de comprendre l'inter-relation entre la nature de l'école et ses manifestions. Mais il faut dire que l'analyse théorique ne peut être alimentée que grâce aux données fournies par les techniques d'investigation qui sont, du reste, complémentaires.

---

[54] *Wright Mills : Op. Cit P. 150.*

Technique de recherche ou d'investigation

La technique documentaire a fourni une documentation théorique et analytique de base se rapportant aux différents aspects de l'objet d'étude. A noter que cet objet d'étude étant complexe, ce qui nécessite en conséquence une documentation variée. Dans cette optique, celle-ci comprend trois catégories : la première se rapporte aux documents de méthodologie qui définissent les démarches à entreprendre pour étudier et comprendre les faits sociaux tel que l'éducation ; la deuxième catégorie concerne les grandes perspectives théoriques sur le phénomène éducatif et sur les faits historiques, en lien avec les hypothèses d'étude ; et la troisième catégorie ayant trait aux résultats des travaux de recherche, aux documents statistiques sur la situation et l'évolution du système scolaire en Oubangui-Chari puis en RCA.

Plan d'études

Ainsi, la rédaction de cet ouvrage s'articule en cinq chapitres. Le chapitre premier aborde les systèmes éducatifs traditionnels en RCA pendant la période précoloniale. Ainsi le contexte traditionnel et actuel du leadership est rappelé chez différents peuples des trois principaux écosystèmes du pays (forêt, fleuve et savane), car ce sont les principaux acteurs de l'éducation traditionnelle qui, notamment élaborent la "politique éducative" définissant et organisant les "systèmes éducatifs". Ensuite chacun des systèmes éducatifs de ces peuples est rappelé avec ces caractéristiques. Enfin le parallélisme de Desalmand est revu pour que soit visible la nécessité d'une complémentarité pour des interactions entre les systèmes éducatifs traditionnels et modernes.

Le deuxième chapitre a trait aux systèmes éducatifs de la période coloniale où la RCA était connue Oubangui-Chari. En effet, les premières écoles dites "modernes" ont été créées sur base d'idéologie liée à la colonisation dans l'espace de l'Afrique Équatoriale Française (AEF). Le système éducatif était ainsi doté d'un "esprit", d'une "forme" et d'une "substance"; cependant ces premières écoles faisaient partie des œuvres des missionnaires crétiens catholiques et, dans une moindre mesure, protestants. Les écoles publiques ont fait leur apparition un peu plus tard avec une politique éducative consistant en une organisation et des objectifs, des programmes pédagoggiques et un véritable mécanisme de "reproduction sociale".

Le troisième chapitre aborde les systèmes éducatifs après l'indépendance dans l'espace République Centrafricaine. Les acquis de la colonisation sont rappelés, ainsi que leurs perpétuations au-delà de l'indépendance. Il y a maintenant de nouvelles structures d'éducation et de formation aux niveaux primaire, secondaire, supérieure et aussi une préoccupation pour l'Enseignement technique et la Formation professionnelle. Une synthèse des différentes politiques éducatives et certaines causes de leurs échecs, est faite, de 1960 à 1992 et un peu au-delà, par régime politique. Puis suite aux États Généraux de l'Éducation et de la Formation en 1994, une réforme est amorcée par la Loi No 97.014 du 10 Décembre 1997 pour le retour de l'enseignement privé avec de nouvelles structures d'éducation et de formation aux différents niveaux d'enseignement. Parallèlement, vu son importance, la situation de la formation des enseignants est faite de 1960 à 2009 avec les données disponibles. Enfin en 2000, une Analyse et un Diagnostic du fonctionnement du système éducatif centrafricain, ainsi qu'un Rapport d'Etat sur le Systéme Educatif National (RESEN) en 2017.

Après avoir considéré les systèmes éducatifs depuis la période précoloniale jusqu'en 2019, le chapitre quatre se tourne plutôt vers l'avenir de 2020 à 2029 en abordant la planification de l'éducation durant cette période. Néanmoins la situation est faite en 2020 avant ce PSE en considérant l'organisation même du système éducatif ainsi que son financement. Il s'agit ici d'aborder les principaux éléments de ce Plan, notamment : Accroitre l'accès à l'éducation et à la formation et le rendre plus équitable ; Former, recruter et affecter des enseignants sur l'ensemble du territoire ; Améliorer la qualité de l'enseignement ; Réformer la gouvernance et accroitre le financement du système éducatif. Enfin, des considérations sont prises pour la mise en oeure et le financement de ce PSE.

Enfin, le cinquième chapitre présente la contribution des écoles communautaires d'inspiration baha'ie au processus éducatif, en guise de principes à but de bâtir des référentiels, car ils ont été présentés comme hypothèses pour solutionner la problématique de systèmes éducatifs non appropriés aux réalités socio-économiques et culturelles. Ainsi, le premier aspect abordé est d'ordre philosophique car on doit s'interroger sur « Qui est l'Educateur en réalité pour cette époque ? », puis un aspect plutôt anthropologique considére « l'homme et son éducation » ; en suite des conseils tirés des Écrits baha'is sont adressés aux enseignants et promoteurs des écoles relatifs à une harmonisation entre leur « être » et leur « faire ». Et enfin, en guise de principes ci-haut évoqués : la responsabilité première des parents dans l'éducation de leurs enfants ; ce que doit être la mission de l'école ; et enfin ce que doit aussi un contenu éducatif.

Néanmoins, ces considérations et principes ont déjà fait l'objet de tests de vérification, à travers les activités de la FoNaHA et publiés dans divers ouvrages ; il s'agit de ces aspects importants d'un système éducatif : les Conceptions et pratiques éducatives et de développement (Feizouré C.T., 2024b) ; la Formation des enseignants et autres ressources des écoles (Feizouré C.T., 2023a) ; l'Accompagnement pédagogique des enseignants et écoles (Feizouré C.T., 2024) ; et le Processus d'expansion des écoles communautaires en Afrique francophone (Feizouré C.T., 2025) (voir aussi Annexe 3 pour les résumés de ces ouvrages). Ceci s'insère dans le contexte globale de la contribution de la Foi Baha'ie à l'évolution de l'humanité :

« Le Plan de neuf ans (2022-2031) repose sur un processus d'apprentissage vaste et mondial qui est aussi efficace dans les montagnes de Bolivie que dans les banlieues de Sydney. Ce processus d'apprentissage a donné naissance à des stratégies et à des actions adaptables à tous les contextes. Il est systématique, il est organique, il est universel. Il crée des liens qui fleurissent en des relations dynamiques entre les familles, entre les voisins, entre les jeunes et entre tous ceux qui sont prêts à être les protagonistes de cette glorieuse entreprise. Il fait émerger des communautés qui débordent de potentiel. Il permet la réalisation d'aspirations élevées partagées par des peuples qui avaient été séparés par la géographie, la langue, la culture ou le conditionnement, mais qui ont maintenant entendu et répondu à l'appel universel de Bahá'u'lláh à « s'évertuer sans relâche à améliorer la vie de leur prochain ». Et il se fie entièrement au pouvoir revigorant de la parole de Dieu, cette « force unifiante », « l'élément moteur des âmes, le liant et le régulateur du monde de l'humanité », et sur l'action soutenue qu'elle inspire. »[55]

---

[55] *Maison universelle de justice, Message aux baha'is du monde, Ridvan 2025 par. 4*

Chapitre 1 : Les systèmes éducatifs traditionnels en RCA : période pré-coloniale

Des systèmes éducatifs existaient avant la colonisation et des organisations dédiées comme le Gaza, le Ngarangué, le Labi et le Gombanda[56] en Oubangui-Chari veillaient sur l'encadrement et la formation des enfants. Le système éducatif occidental tel que nous le connaissons aujourd'hui en Afrique en général et en Oubangui-Chari est connu comme « l'école des blancs [57]», parce que différent de ce que l'Afrique traditionnelle a connu.

Cette école moderne pour l'Afrique est venue se substituer et déstabiliser toute la pratique, la méthode et la riche tradition ancestrale qu'ont connues les sociétés africaines dans le domaine de l'éducation. La colonisation, fondée sur l'idée de la mission civilisatrice, fit de la question éducative un enjeu politique, idéologique et culturel majeur. (Yérima Banga, 2017)

Il est ici question de l'éducation traditionnelle africaine telle qu'elle a existé avant le temps de la colonisation. L'approche éducative africaine avant l'arrivée des Occidentaux était essentiellement fondée sur le socle de l'oralité et orientée vers la transformation de la vie en société. Son organisation tournait autour des stages initiatiques que devaient évaluer et valider les rites de passage avant que les jeunes ne bénéficient de l'estime des anciens et d'être reconnus membres de la classe des adultes. Ces stages initiatiques et ces rites de passage donnaient l'occasion aux anciens d'introduire les plus jeunes dans la société et de leur transmettre les savoirs nécessaires et indispensables capables de les rendre autonomes dans la vie. Ils acquéraient par ces stages et ces rites les comportements sociaux, les connaissances traditionnelles, les aptitudes humaines et les sciences qui les ouvrent sur le surnaturel et le domaine religieux. (idem)

D'où le leaderships incontesté de ces anciens dans le processus de l'éducation précoloniale.

---

[56] *Ce sont les différentes sociétés secrètes qui jouaient le rôle des écoles de formation et d'éducation de la jeunesse avant la colonisation en Oubangui-Chari.*
[57] *Appellation de M'BOKOLO, E., op. cit. p. 397.*

1.1- Contexte traditionnel et actuel du leaderships en RCA[58]

***

*« On peut comprendre facilement **l'État éducateur dans son rôle et ses droits en matière d'éducation**. Normalement l'implication de l'État dans l'éducation en société, permet de voir « dans les hommes qu'il forme des êtres vigoureux, attachés à la règle, possédant toutes les qualités qui peuvent servir la nation* [59]. *Donc, **l'école a un rôle hautement stratégique pour le développement de la société** et occupe une place importante en son sein. » (Yérima Banga, 2017)*

***

1.1.1- Résumé partiel

Disposant de 90 ethnies et 10 groupes ethniques, la RCA est un pays avec une diversité cultures énormes à explorer. Le leadership traditionnel varie d'une ethnie à l'autre tout comme d'un groupe ethnique à l'autre, malgré l'identité commune autour de la langue parlée par tous « le Sango ». Les structures de leadership dans le passé partent d'une société acéphale plus égalitaire chez les (Aka et Ngbaka) à une Organisation étatique bien structurée chez les Nzakara-Zandé, passant par des sociétés autour d'un chef chez des groupes ethniques (Banda, Gbaya, Mandja, Gula etc ;), des sociétés au pouvoir centralisé (mono Céphale) chez les Mboum et (bicéphale) chez les Pana, des sociétés hiérarchisées chez les Sara, Haoussa et M'bororo et les sociétés égalitaires chez les Bantous. Dans tous les cas, les femmes ont soit une place officielle dans l'exercice du pouvoir comme chez les Sara, les Mandja, les Gula et les Banda, soit des places confidentielles et discrètes chez les Mbati, les Peulhs et les Ngbandi et Gbaya. Il convient de noter que la considération envers les femmes viennent soit de la culture soit de l'imposition faite par l'État.

De nos jours, l'administration a modifié la structure de la chefferie changeant certains éléments culturels et coutumiers. Le Maire prend la tête de la majeure structure actuelle et les autres personnages comme le sultan et les chefs de Terre ne sont que honorifiques malgré qu'ils ont une grande influence sur l'avis de leur peuple respectif. Bien que les chefs nommés et voulus par l'État soient actuellement en place, les peuples continuent de donner respect et considération aux leaders traditionnels. Malgré une influence pareille dans leurs clan et ethnie,

---

[58] *D'après l'« Étude anthropologique de l'Organisation sociale et politique des communautés en Centrafrique et des Organisations à assise communautaire » (UNICEF-MENDIGUREN 2012)*

[59] *OZOUF, M., (1982), L'École, l'Église et la République 1871-1914, Éditions Cana/Jean Offredo, p. 82. Ce livre souligne le rapport très conflictuel entre l'État et l'Église pour le contrôle de l'école dans la société. C'est « une tragédie à trois personnes : l'Église, la République et, entre elles, comme enjeu, l'École ou si l'on préfère la jeunesse française » (p.5).*

la constitution du pays ne dispose d'aucune place bien définie pour le leadership traditionnel, à part les chefs de quartier reconnus par l'État. Les responsabilités et le rôle joués par les leaders traditionnels restent les mêmes dans le passé comme actuellement, même si une partie est prise par l'administration du territoire et une partie des aspects culturels supprimée.

Les Maires sont nommés ainsi que les Chefs de groupe, mais les Chefs de Terre, les Chefs de quartiers et villages sont élus par la population pour 10 ans pour les derniers. Bien que certains aspects des leaders ne soient pas clairs dans la constitution du pays, ceux-ci jouent encore un rôle déterminant dans les activités des peuples, dans la résolution des conflits et la perpétuation des bonnes mœurs. Leurs relations avec les Chefs religieux sont relatives aux comportements et la vision de ces derniers pour les peuples ; parfois la relation est tendue, parfois elle est amicale et collaborative.

Les autres personnages restent, même si certains aspects de leur responsabilité ont changé tels que les Conseils des Sages, des Notables, et les forgerons, les guérisseurs et le juge traditionnel. Certains aspects culturels et sacrés conférés aux leaders dans le passé sont en train de disparaitre dans certains cas. On peut ainsi noter que certains leaders gardent leur influence vis-à-vis de leurs clan et ethnie.

Il est à noter que le gouvernement ne met en place qu'une formation et un renforcement des capacités pour les entités reconnues par l'état (Chef de village et quartier, chef de groupe, le Maire). Ainsi les chefs de Terre, les Sultans, les Chefs de clan ainsi que les autres personnages-cléss ne sont pas considérés dans ce renforcement des capacités. Il y a de nos jours, des Conseils des Sages, Notables, des chefs de Terre, de Clan, des Sultans, les Ardo et Lamido et autres personnages qui sont des leaders traditionnels. Quels sont les modèles de leadership traditionnel et leurs responsabilités ?

1.1.2- Quelques modèles de leadership traditionnel

Les tribus s'organisent en espace restreint (Village en milieu rural et quartier en milieu urbain, ou des groupes de villages et quartiers ; parfois, on peut les retrouver dans tout un groupement). Donc ils sont dirigés par un chef de village ou de quartier selon les contextes ou encore un chef de groupe. Avant, la chefferie était héréditaire et c'est qui continue dans certains contextes, mais un caractère électif est attribué à la chefferie depuis quelques temps par la constitution du pays.

Il convient de noter qu'il y a un caractère nominatif aussi pour la désignation de certains leaders traditionnels, soit par le pouvoir en place, soit par le Maire de la ville. En se référant par exemple au système de sultanat, il y a des familles à la base suivies par les sous-chefs et leurs adjoints ; ceux-ci sont sous la supervision des chefs des villages qui travaillent avec les sages ; un chef de Canton travaillant avec les chefs des tribus rend compte au sultanat. Un classement des peuples s'est fait par leur localisation spatiale pour la présentation de leur structure de leadership tout en énumérant leurs responsabilités.

1.1.2.1- Les peuples de la forêt

(a)- Groupes ethniques : les Pygmées – Ethnie considérée : les Aka

(i) L'exercice du pouvoir

Il s'agit d'une société égalitaire traditionnellement acéphale, exigeant un consensus dans le groupe autour des décisions qui concernent la vie du groupe (rapports à entretenir avec les villageoises, choix du terrain de chasse,), où chacun se sent tributaire de ses pairs. Les responsabilités dans le campement se partagent en fonction des capacités de chaque individu[60].

On trouve :

M'BAI / CHEF DE CLAN : Le plus ancien du lignage

C'est l'homme le plus respecté. Il doit être un exemple des valeurs AKA et maitriser la chasse. Conseiller, il règle les différends avec l'aide des autres aînés du groupe. Mais il renvoie devant les villageois maîtres des pygmées pour les conflits les plus graves (adultère, crimes) même s'il n'est pas obligé dans sa coutume[61].

CHEF DE CAMPEMENT : L'aîné accompagné de son adjoint. Autorité incontestée, Si dissension il y a séparation. Il conseille.

(ii) Autres Personnages-cléss

Mais sans aucun pouvoir. Ils agissent par persuasion :

---

[60] *KOULANINGA 2009 :31*
[61] *Ibid. :30*

TUMBA : le chasseur d'éléphant, initié par son père, détient la connaissance d'un véritable corpus de rituels magiques. « Maitre chasseur garant de l'efficacité des chasses. Seul capable de manipuler des objets chargés de pouvoirs surnaturels. Fonction liée à la grande chasse. C'est l'homme le plus habile, le plus courageux, expérimenté et sage dans ses jugements et dans ses actes. Chasse à la sagaie. Il décide des battues et des secteurs. Mais d'abord, il faut l'autorisation des plus âgés et des jeunes compétents. »[62].

N'GANGA : Exorciste, devin Guérisseur, répond de la vie des malades et des malchanceux. Il démasque les actes de sorcellerie, recourant à l'ordalie, preuve censée manifester le jugement des puissances surnaturelles. Il est le maitre des rapports avec le monde surnaturel et connaît les remèdes naturels ou magiques. Son autorité est parallèle à celle des autres et n'interfère pas avec le devin guérisseur. Chaque pygmée a la possibilité d'entrer en communication avec les Dieux et avec les intermédiaires des hommes, les Esprits. Comme guérisseur : le diagnostic est posé après consultation des esprits. Il parle un code mystique.

Sans oublier les autres personnages tels que :

- CHEFS DE GUERRE
- CHEFS DE CHANT
- CHEFS DE DANSE ou KONZE EBOKA

(iii) Évolution actuelle de la structure du système (exemple de cas : groupement de Mbaïki, village Tomoki (campement) – Région des Plateaux)

L'évolution de la structure peut se représenter comme ce qui suit :

Le Maire
Le Chef de Groupement
Le Chef de Clan
Le Chef de Campement
Assisté par le Conseil des Notables

Malgré l'évolution, la structure de base n'a pas changé, même si la tête est prise par l'autorité étatique, symbole de marginalisation du pouvoir moderne selon les Pygmées. Dans cette évolution, à la tête de la structure se trouve le Maire, une

---

[62] *Idem*

autorité étatique toujours occupée par un (Bantou). Il convient de noter que **la structure traditionnelle est maintenue, malgré l'évolution de l'écosystème et des mœurs.** Le chef de Clan est toujours le M'BAI (Aka), le Chef de Campement demeure un ~~(Aka)~~ et sont assistés par un Conseil des Notables choisis par les villageois.

(iii)1 Le Conseil des Notables

Critère de sélection : Sagesse. « Quelqu'un de posé dans tous ses actes et qui connaît bien le milieu naturel ». Pas besoin d'être alphabétisé.
Composition : 2 hommes et 1 femme.
Réunions **:** Chaque jeudi et à la demande.

Fonctions :
- S'occuper des relations avec les agents extérieurs
- La scolarité des enfants : suivi, responsabilisation des parents, prise en charge des frais scolaires,
- Veiller sur le bon fonctionnement des groupements et leurs activités,
- Si quelqu'un malade ou accouchement : Si le traitement traditionnel ne marche pas, on cotise pour payer un pousse-pousse pour amener à Mbaïki ou SCAD.
- S'il ne pleut pas : on coupe un arbre spécifique connu par les plus anciens et nécessairement il va pleuvoir. Pas besoin d'entrer en brousse.

Prise de décisions : Par consensus après avis des membres du Conseil de Notables.

(iii)2 Pour les autres personnages-clés

Par rapport aux AUTRES PERSONNAGES CLES, dans le campement étudié, le Chef de Guerre et le Chef de Chasse à l'éléphant (N'Tuma) ont perdu leur importance du fait de l'évolution sociale (plus de guerre) et de l'écosystème (plus de chasse à l'éléphant). Le chef de Danse continue à exercer ainsi que le Nganga.

(iii)3 Gestion des conflits au niveau intra et intercommunautaire

Si conflit entre quartiers, on fait d'abord intervenir le Chef de Campement. Si ça ne marche pas, on fait appel au Chef de Groupe (Mbati) C'est lui qui règle toutes sortes de litiges. Si crime, on en réfère directement au Chef de Groupe, pas d'intervention du Chef de village.

(b)- Groupes ethniques : Les Bantous – Ethnie considérée : les Ngando ou Bagandou

(i) L'exercice du pouvoir

Société égalitaire. Autorité répartie entre les différents chefs de clan, un aspect différent d'une autorité centralisée.

On trouve :

Le chef de Guerre nommé (Mokané)
Les Chefs des clans

La condition pour être le Chef de guerre est d'être un guerrier renommé. Il est le seul après avoir écouté les chefs des clans à prendre le top pour une déclaration de guerre ou de riposte à une attaque. Il assure la sécurité de son terroir et défend son peuple des attaques d'autres ethnies. Il règle aussi les problèmes qui dépassent les compétences des chefs des clans.

Les chefs des clans aussi doivent être des guerriers. Ils règlent des problèmes familiaux et intracommunautaires. Ils assurent l'alimentation, la protection et les soins des vieillards.

(ii) Les autres personnages-cléss

- Féticheurs : un pouvoir de régler les problèmes sont les sources métaphysiques
- Guérisseurs : un pouvoir de soigner la population
- Chasseurs : Orienter les activités de chasse pour l'alimentation des clans
- Le collecteur de vin de palm : approvisionner la communauté en vin de palm
- Le forgeron : un personnage très respecté qui livre tous les outils que ~~dont~~ les Ngando utilisent
- Juge coutumier : Trancher des problèmes de grande ampleur comme l'assassinat

44

(iii) L'évolution de la structure du système (exemple de cas : groupement de Bagandou, ville de Bagandou, Région de Plateaux

Avec l'évolution de la structure, le Maire prend la tête de la chefferie et continue à travailler avec les chefs de clans, même si la voix de ceux-ci ne porte pas comme avant.

Le Maire Le chef de groupement Les chefs de villages assistés des Conseils des Notables

(iv) Le Conseil des Notables

Dans l'évolution de la structure du système, aujourd'hui où la tête est prise par le Maire et le Chef guerrier (MOKANE) n'existe plus ; le seul aspect gardé est le collège des Chefs des clans qui est transformé en Conseils des Notables. Il est bien entendu occupé par les plus âgés des clans. Même si leur voix ne porte pas comme avant, les Notables continuent d'aider le Chef élu dans l'exercice de sa fonction.

(v) Les responsabilités du Conseil des Notables

- Éclairer les situations au Chef pour des prises de décisions
- Régler des problèmes d'ordre culturel
- Régler les conflits surtout familiaux et intracommunautaires

(vi) Gestion des conflits au niveau intra et intercommunautaire

En cas de conflit familiaux et intracommunautaire, voire clanique, le Conseil des Notables commence la résolution à partir des personnes plus âgées de la communauté en suivant la logique avec laquelle dans le passé, c'était le chef de clan qui traitait ce problème. Quand il y a toujours mésentente, c'est le Chef de village qui intervient avec le soutien de ce Conseil des Notables. Le Maire n'intervient que si le problème prend de l'ampleur. Le conflit intercommunautaire qui était traité par MOKANE, chef de guerre à l'époque, est traité par le Maire aujourd'hui.

(c)- Groupes ethniques : Les Bantous - Ethnie considérée : les Mbati

(i) L'exercice du pouvoir

La société des Mbati comme la plupart des ethnies en Centrafrique est organisée en clan. Il convient de noter que c'est la seconde ethnie Bantoues qui était en lutte perpétuelle avec les Ngbaka. De ce fait, dans ces ethnies, la tête de la structure est prise par un Guerrier. Ainsi la structure comprend :

Chef guerrier
Chef de Clan
Chef de famille

Le Chef Guerrier : c'est lui qui est à la tête de la structure avec un pouvoir que respecte tous les chefs de clan. Il est le seul à déclarer la guerre ou à donner un feu vert pour une attaque ou riposte. Il doit être renommé en guerre et en chasse.

Le Chef de Clan : celui-ci doit aussi être un guerrier avec une influence considérable sur son clan et qui mérite le respect des habitants de son clan. Dans la société Mbati, l'une des conditions dans le passé pour être Chef était d'être un polygame. Il prépare son clan à répondre à l'appel du Chef guerrier ou à la décision qu'il prendra.

(ii) Autres personnages-cléss

Bien qu'il y ait la structure liée à la prise de décision et à l'exercice direct du pouvoir, il y a d'autres personnages qui ont des responsabilités indispensables dans la société. On trouve :

Chef de danse : L'organisation et l'animation des festivités et des jours importants du clan

Forgeron : ce personnage est réservé à un clan spécifique dont les renommées sont reconnues en guerre, en chasse, en pêche et en cueillette.

(iii) Évolution actuelle de la structure du système (exemple de cas : groupement de M'baïki, village Entée M'baïki – Région des Plateaux)

Le Maire
Le chef de groupement
Les chefs de villages assistés des Conseils des Notables
Le chef de Clan

Le chef de guerre a disparu aujourd'hui et seuls les Chefs de Clans sont dans le Conseils des Notables pour aider les Chefs nommés par l'État ou élus par la population. Mais il convient de noter que le chef de clan demeure dans la société Mbati, même s'il ne dispose pas de pouvoir reconnu par l'État. Mais le clan le reconnait et lui accorde le respect qu'il faut. Le Chef de Clan est élu de nos jours chez les Mbatis en tenant compte de certains critères.

La Prise de décision : Avant cela était fait par le Chef Guerrier après consultation avec les Chefs de Clans. Maintenant c'est le chef de groupe qui décide après consultation avec les chefs de quartier qui à leur tour consultent avec les Conseils des Notables. Un disfonctionnement se fait voir aujourd'hui avec des décisions unilatérales.

Les femmes sont discrètement consultées pour certains problèmes du village, déjà dans le passé et encore de nos jours. Celles qui sont consultées doivent avoir une « réputation en sagesse et connaissance de la culture, des coutumes et des pratiques du clan).

(iv) Le Conseil des Notables

Critères : Être chef de clan, être sage et responsable.
Les réunions se font à la demande.
Fonctions : ce Conseil a pour fonction de :

- Régler les problèmes conflictuels de petite envergure
- Aider le chef dans la lecture de la situation avant la prise de décision
- Conseiller la population en général sur les décisions à appliquer

(v) Gestion des conflits au niveau intra et intercommunautaire

Comme mentionné dans certains cas, les problèmes familiaux sont pour la plupart réglés par les Chefs de clan. Ce n'est qu'une fois que cela atteint le clan que cela pourra aller au niveau du Chef de village élu par la population et reconnu par l'État.

1.1.2.2- Les peuples de fleuve

(a)- Groupes ethniques : les Oubanguiens – Ethnie considérée : les Ngbaka

(i) L'exercice du pouvoir

Société égalitaire. Autorité répartie entre les différents chefs de famille qui s'opposent à tout essai d'autorité centralisée.

On trouve :

UNITE DE BASE, le LIGNAGE : avant, chaque lignage avait son habitat dispersé par familles domestiques.

CONSEIL DE CHEFS DE FAMILLE : les problèmes de la communauté sont débattus par les chefs de famille en commun. Les décisions sont collectives et unanimes. Divergence grave provoque exclusion du lignage[63]. Présidé par le CHEF DE LIGNAGE, le plus âgé et surtout le plus estimé, prestige, honorabilité.

CHEFS DE FAMILLE : autorité et responsabilités se trouvent réparties entre les divers membres, les plus capables supportant les plus forts. Anciennement il existait un Culte Aux Ancêtres dont le chef de famille était le prêtre, gardien de la morale et de la justice [64].

(ii) Les autres personnages

Ils ont un pouvoir mais dans des circonstances rigoureuses, dans un cadre avec des limites [65]:

---

[63] *THOMAS, 1963 :13*
[64] *Ibid. :114*
[65] *SEVY 1972 :41*

- Avec pouvoir militaire : CHEFS de GUERRE et CHEFS de CHASSE. Pouvoir temporaire qui ne dure que pendant les expéditions et s'exerce en dehors du domaine villageois ;
- Avec pouvoir religieux : les WAMA féticheurs, intermédiaires avec les puissances surnaturelles. Ils étaient des gens très importants avec une grande influence. Défenseurs du village. Mais comme chez les AKA, chaque NGBAKA peut avoir des contacts avec le surnaturel et pratiquer magie et médecine.

Avec les intérêts du système colonial, les chefs de guerre ont disparu et l'autorité de chef de famille et lignage se sont vu atténués par l'instauration d'une ORGANISATION DE CHEFFERIES VILLAGEOISES. C'est le cas ci-dessous.

Le rôle de la femme dans l'exercice du pouvoir chez les Ngbaka : la femme est mise à l'écart s'il s'agit de prendre une décision. Par contre, elle est consultée obligatoirement s'il s'agit d'aller en guerre et en cas de famine dans le village. Leur avis est prépondérant dans ces deux contextes. **MONGBON** est la pratique dont les femmes sont reconnues pour préparer les hommes à la guerre.

(iii) Évolution actuelle de la structure du système (exemple de cas : groupement de Pissa, village Bobua – Région des Plateaux)

Avec l'évolution de la structure, le Maire prend la tête de la chefferie et continue à travailler avec le Conseil des Chefs de Familles avec un appui indispensable du Conseil des Sages.

M. LE MAIRE
Assisté du CONSEIL DE CHEFS DE FAMILLES
CONSEIL DE SAGES
(*avec les 3 CLANS-LIGNAGES du village représenté*)

(iii)1 Le Conseil des Chefs de Familles

Critère de sélection : Sagesse.

Composition :
- 1 Président du Tribunal Coutumier (homme)
- 1 Secrétaire (homme)
- 8 conseillers :

- 5 hommes (inclus 1 président des jeunes et 1 président d'autodéfense)
- Et 3 femmes (2 conseillères et la 1ère femme notable).

Remarque : Si on doit discuter un problème qui concerne les femmes, la 1ère femme notable se réunit avec les autres femmes. Elle a été choisie par la communauté. Pareil pour les jeunes.

Réunions : À la demande.

Fonctions :
- S'occuper des relations avec les agents extérieurs,
- Veiller sur le bon fonctionnement des **groupements** et leurs activités,

Prise de décisions :

Comme traditionnellement : Les problèmes de la communauté débattus par les Chefs de familles en commun. Décisions collectives et unanimes. Divergence grave provoque exclusion du lignage.

Importance de la présence et opinion des femmes : selon les enquêtés : « c'est venu avec la démocratie, avant ce n'était pas comme ça. Mais on a compris que c'est la femme qui nous donne à manger, donc on ne peut pas tolérer, permettre, consentir, accepter ? qu'elle ne participe pas aux décisions ».

(iii)2 Le Conseil des Sages

Critère de sélection : Âge et Sagesse. Si tu es un ancien fonctionnaire retourné au village, on peut t'inviter à participer, selon ton expérience et bien que tu ne sois pas Chef de clan.

Composition :
3 hommes : les 3 Chefs de clan, car il y a 3 clans-lignages dans le village.

Réunions : À la demande.

Fonctions : Tous types de problèmes des groupes de familles qui composent le Clan. Ils interviennent avant de faire intervenir le Chef de Village et son Conseil de Notables.

Par exemple :

- Si problème de couple, ils vont très tôt le matin chez le couple pour essayer l'entente.
- À propos de la scolarité des enfants : ils peuvent intervenir pour responsabilisation des parents. Un exemple : il y a une semaine, ils ont dressé une liste des parents qui n'ont pas payé les droits de scolarité et on les a convoqués au Conseil d'école.
- S'il ne pleut pas : les sages en union avec les conseillers se réunissent et on prie les ancêtres. Avant on faisait des rituels animistes, actuellement on prie à l'Église.

(iii)3 Les Autres Personnages-Clés

Par rapport aux AUTRES PERSONNAGES-CLES : Les Chefs de guerre ont disparu et c'est le président d'autodéfense, la figure la plus proche. Les Chefs de chasse et Chef religieux-WAMA ont subsisté.[66].

Une nouvelle figure est apparue : le prêtre et le pasteur.

(iii)4 Gestion des conflits au niveau intra et intercommunautaire

Il s'agit d'une population « aux mœurs austères, ils fuient la querelle. Ils discutent les problèmes au pied de l'arbre à palabres » [67].

Il existe des mécanismes de prévention et de maintien de la paix, contrant les agressions :

- Soit on tisse un important réseau d'alliances, à travers un système exogamique.
- Soit c'est la parenté à plaisanterie entre lignages des constellations qui n'ont pas de liens d'alliance.

Si conflit, malgré ses systèmes de prévention : ils font appel au président du Tribunal coutumier. Il y existe au niveau du village enquêté et fait partie du Conseil de Notables. Si conflit intracommunautaire très grave, peut entraîner

---

[66] *AROM, THOMAS 1974 :26*
[67] *BURSSENS 1958 :28*

l'exclusion du village. Un exemple : le village de Bobassi situé à 16 km de Bangui et fondé en 1850 par 40 Chefs de famille venus du village de KPOLO situé au Congo. Ils ont fondé aussi Bobassa. Raison : mésentente dans la distribution de la viande de chasse.

Si conflit entre clans on amène l'affaire au Chef de village. Si conflit au niveau de la Terre et que les adversaires appartiennent à des villages différents, on fait appel au juge traditionnel de Terre, et sinon à la Justice. Traités de paix entre constellations Par traités de sang. Dans le passé consacré par sacrifice d'un esclave. Cette Paix peut durer pour une génération mais elle peut se renforcer par alliance. [68]

(b)- Les NGBANDI - ethnie considérées : Yakoma-Sango

(i) L'exercice du pouvoir

Il s'agit d'un vaste ensemble de lignages qui n'a pas connu d'Organisation centrale mais qui se sont constitués comme des unités indépendantes ou KODORO (BOYELDIEU, DIKI- KIDIRI 1982). L'exercice du pouvoir est régi par les principes hiérarchiques de : droit d'aînesse et de masculinité. Ce sont les ancêtres qui veillent à son respect[69].

La CHEFFERIE-KODORO est organisée comme suit :

- Chef de Terre-GBYA.
- Composé de plusieurs LIGNAGES/NGBA avec son propre chef/ KUDU
- QUARTIER- YA KODORO
  Lié à un lignage. Règle exogamie.

À la tête de cette société se trouve un chef de Terre appelé GBYA qui est suivi par les Chefs de chaque lignage (NGBA) ayant nommé KUDU. Le GBYA est le titre donné aux souverains NGANDI, signifiant monarque, dynaste souverain.

La population les distingue des MAKONZI, Chefs de canton et de village imposés par les colons en destituant les GBYA, mais ces derniers ont gardé tout le respect et obéissance.

---

[68] *SEVY 1972 :47*
[69] *MOLLET 1971 : 65*

(ii) Les autres Personnages-Clés

GUERRIERS D'ÉLITE : qui souvent se constituent en corporation nommée LOMBE. Ils doivent faire preuve de courage. Autrefois ils étaient des gens très importants avec une grande influence.

FORGERONS : ils font les scarifications ainsi que la circoncision. Ils sont guérisseurs en même temps.

FÉTICHEURS-DEVINS : hommes et femmes, disciples de BENDO. Ils détiennent des pouvoirs surnaturels et constituent le lien entre morts et vivants.

(iii) Évolution actuelle de la structure du système (exemple de cas : groupement de Loungougba, village Loungougba – Région de Haut-Oubangui)

MR LE MAIRE	**CHEF DE TERRE**
8 villages sous autorité du Maire	
Chaque village a:	
CHEF DE VILLAGE	
CONSEIL DE NOTABLES	
BUREAU DE LA JEUNESSE	

LOUGOUGBA, est le siège de la Mairie de 8 villages au total. Le CHEF DE TERRE Yakoma-GBYA, est à Bema comme dans le passé.

(iii)1 Conseil de Notables

Composé de : 4 hommes, 2 femmes et des représentants du Bureau de la jeunesse : 2 jeunes.
Réunions : Ils ne se réunissent que quand il y a un problème. Le président emploie le crieur pour faire appel aux membres.

Fonctions :

- S'occuper des relations avec les agents extérieurs,
- Veiller sur le bon fonctionnement des groupements et leurs activités,
- Problèmes d'adultère.

Prise de décisions : Elles sont prises par consensus avec la participation des femmes et des jeunes. La présence des femmes a été, selon les enquêtés, imposée par les autorités mais maintenant ils sont conscients des avantages « Traditionnellement dans le Conseil de Village il n'y avait que des hommes. C'est une affaire secrète, et les femmes normalement ne savent pas garder les informations (...) Mais finalement on a choisi une femme digne, qui est respectée et qui sait garder les secrets (...) Et de leur côté, les femmes peuvent venir se plaindre au Conseil par exemple si l'homme néglige son foyer ».

Il y aussi au Conseil de Village le BUREAU DE LA JEUNESSE avec 2 garçons à sa tête

(iii)2 Pour les autres Personnages-Clés

Par rapport aux AUTRES PERSONNAGES-CLES : il n'y a plus de guerriers d'élite. Les forgerons ont perdu une grande partie de leurs pouvoirs, car on ne fait presque plus les scarifications, et la circoncision est faite à l'Hôpital. Le féticheur-devin continue à intervenir malgré la pression des pasteurs et des prêtres. Le pasteur et prêtres ont un poids croissant. Par exemple à LOUGOUGBA, la réunion a eu lieu à l'Église protestante, en haut de la colline, sur la route principale.

(iii)3- Gestion des conflits au niveau intra et intercommunautaire

En cas de conflit dans la famille ou le lignage, on demande l'intercession d'un membre aîné ou de la génération précédente, voire une tante paternelle.

(c)- Groupes ethniques : les "Haut-Oubanguiens" – Ethnies considérées : les Nzakara et Zandé

(i)- L'exercice du pouvoir

Hiérarchisation très accentuée. Les Sultanats NZAKARA de BANGASSOU, ZANDE de RAFAI et ZEMIO constituent le 1er exemple en RCA d'un ÉTAT avec un pouvoir central et des institutions féodales (Fin du 19ème on verra naitre au Nord, à NDELE le Sultanat de Senoussi). Le fondement de ces états est basé sur : le trafic des esclaves et de l'ivoire, ainsi que le mouvement des femmes. RAFAI et ZEMIO ont également d'importantes quantités de fusils, poudres et bœufs.

Il faut signaler comment chez les NZAKARA, le Processus d'hiérarchisation du pouvoir a eu lieu progressivement :

- Avant 1780 : société lignagère des VOU-KPATA sans pouvoir centralisé.
- Après 1780 (Ce sont les visiteurs étrangers qui vont qualifier le royaume de Sultanat) : Sultanat solidement organisé

Le pouvoir s'exerce comme suit :

NZAKARA	ZANDE
ROI-SULTAN Chef du lignage majeur du clan BANDIA **Une ARMEE** Une JUSTICE, Une COUR, Des **MINISTRES** PROVINCE-BINIA **GOUVERNEURS DE PROVINCE/MBIA** + **Conseillers MBAFOUKA:** Les Parents du roi qui paient un tribut annuel au Roi **CHEFS DE CANTON Juges Coutumiers** **CHEFS DE VILLAGE GBENGUE-NGUINZA :** Choisis dans le lignage Vou-Ngbandi du Roi	ROI-SULTAN Chef du lignage majeur du clan BANDIA/AVOUNGOURA **Une ARMEE** Une JUSTICE, Une COUR, Des **MINISTRES** PROVINCE-BINIA **GOUVERNEURS DE PROVINCE/MBIA** + **Conseillers MBAFOUKA** **(assurer défense, collecté des impôts** **et justice** **DISTRICT-BANIQUI** **CHEFS DE DISTRICT** **CHEFS DE VILLAGE**

Chez les NZAKARA, le Pouvoir est dans les mains des CLANS BANDIA composés d'une trentaine de lignages nobles issus de l'ancêtre NDOUNGA. Les NZAKARA constituent l'ensemble de la population administrée.

Chez les ZANDE, il se trouve dans les mains des clans BANDIA à RAFAI et des Clans AVOUNGURA à Zemio.

(i)1 Le Roi/Sultan

Chef du lignage majeur du Clan royal. La royauté est fondée sur un système de « prestige » à renouveler plutôt que de « sacraliser ». Le Roi/Sultan est maître des terres et de ses habitants. La légitimité du Sultan est directement liée à :

- Le triomphe des guerres. C'est lui-même qui mène les campagnes, et
- La redistribution des butins de guerre. Il y a toute une politique de circulation de marchandises, d'informations et des hommes.

Tous les niveaux du pouvoir se basent également sur des relations de clientélisme : « Le patron protège, fait justice, donne des femmes et de la nourriture. Le sujet travaille pour le patron, amène des vivres et est obligé d'aller à la guerre »

(MARTINELLI ?). Le Roi prépare même son successeur qu'il choisit généralement parmi sa descendance. Il va occuper des postes militaires et de commandement des territoires proches de la Cour Royale en attendant le pouvoir central. Mais les conspirations dans la cour sont multiples. C'est le cas du Sultan Bangassou qui justement va renverser son cousin KPAKOULOU « rival redoutable du fait que son rang du lignage lui donnait priorité sur Bangassou, qui n'avait succédé à M'BALI qu'à cause de l'extrême jeunesse du prétendant légal »[70]. Et c'est justement son arrière-petit-fils qui est le chef du village de KPOKORO ou KPAKOULOU.

Les Princesses peuvent occuper des postes politiques importants, à la tête de villages et des cantons. Elles n'ont pas le droit de chanter.

(i)2 L'Armée

Bangassou par exemple était renommée pour pouvoir mobiliser « environ 4.000 guerriers munis de fusils, de couteaux de jet, des arcs, et des flèches. Ces fusils avaient été donnés par les Belges. Le Roi a à son service une garde personnelle pour sa défense, composée d'environ 100 guerriers NZAKARA et ZANDE »[71].

L'armée est constituée de jeunes hommes. « Ceux-ci demandent à rentrer dans l'armée car ils veulent une renommée avant de rentrer au village, munis d'une épouse en prime de démobilisation (...) C'est pendant la saison sèche, quand les greniers sont vides, et que les troupes au repos sont énervées, que le Roi fait la guerre contre les voisins de la haute Kotto, chez les BANDA, LANGBA, YAKPA : On va capturer des captifs qui sont vendus comme esclaves aux marchands arabes et amenés à Khartoum ainsi que des femmes qui porteront progéniture ou seront accordées postérieurement aux guerriers »[72].

RAFAI et ZEMIO ont également d'importantes quantités de fusils, poudres et bœufs.

(i)3 La Cour royale

Le Sultan habitait la GRANDE CASE carrée avec ses épouses préférées, elles pouvaient être une dizaine, mais on trouvait rarement des enfants. Si le Sultan

---

[70] *RETEL-LAURENTIN 1979 : 34-35*
[71] *CONTE 1895 : 10*
[72] *DAMPIERRE 1983 : 13-14*

avait des enfants avec une esclave, ils pouvaient devenir princes, mais pas chez les ZANDE.

De chaque côté de l'enceinte, deux groupes également enclos : les femmes et l'armée. À l'entrée des camps des soldats, les serviteurs enfants-GODO sont les intermédiaires de choix pour les amours interdits (BAÏNILAGO). Il y a en continu des visites et des audiences avec une notable présence de poètes et de musiciens. Il fallait aussi nourrir tout ce monde : la fonction du chef, c'était aussi de donner à manger.

Selon DAMPIERRE (1995 : 74) : Toutes les cours NZAKARA-ZANDE répondent aux mêmes caractéristiques suivantes :

- Un lieu d'exercice de l'autorité,
- Une source de communication. À la parole publique s'ajoute la parole secrète, le message envoyé ou reçu, et l'art du messager (écouter, répéter exactement la parole d'autrui, la conserver pour son seul destinataire) s'apprend lentement, ...
- Le lieu où la justice était rendue (...) Chaque matin le chef sort : L'audience commence, ce qui ne veut pas dire que la justice soit expéditive ; l'instruction d'une affaire peut durer des mois. Chacun doit être entendu, chaque signe, chaque preuve doit être pesée.
- Le lieu d'éducation de la jeunesse : un jeune garçon (ou une jeune fille) n'est pas élevé par son père ou sa mère, chez lui, mais par un oncle maternel ou une tante qui réside dans la cour du chef.

(i)4 Un Système de justice

Le Sultan rendait justice lui-même « deux fois par semaine sur la place publique sous l'arbre, accompagné de ses Ministres, dont l'un d'eux était le DEVIN »[73]. ORACLES et ORDALIES faisaient partie de l'appareil judiciaire du Roi et des chefs.

Il y avait deux types d'Oracles :

- Ceux du roi et des chefs. Par exemple si le sultan ou le chef, tombe malade, on accuse 2 esclaves de vouloir l'empoisonner.

---

[73] *CONTE 1895 : 11*

- Ceux des hommes libres, pour les affaires personnelles.

Le poison–BENGE était chez les NZAKARA et ZANDE, l'instrument de la justice coutumière. Avec le système colonial et après l'indépendance, l'État est venu imposer son système judicaire en complément de la justice coutumière mais « La compétence du tribunal coutumier avait beau se limiter officiellement aux affaires de dot, d'adultère, ou d'héritage, les NZAKARA y incluaient spontanément les meurtres ou menaces de mort par voie surnaturelle, mystique » (RETEL-LAURENTIN 1979).

(ii)- Autres personnages-clé (chez les Nzakara, Dampierre 1983)

Le SORCIER : Il est dépositaire du MANGU, la substance capable d'ensorceler, et dont ses descendants mâles vont hériter. Redouté mais neutralisé par le DEVIN,

- Le DEVIN : C'est un Contre-Sorcier avec rang de Ministre.
- Le GARDIEN DES ORACLES
- Les CHEFS DE GUERRE
- Les GARDES DU ROI
- Le POETE : c'est toujours un homme. Il chante des chants qu'il accompagne avec son harpe à cinq cordes. L'art de la parole a un grand prestige chez les NZAKARA et ZANDE.

(iii)- Évolution actuelle de la structure du système (exemple de cas : groupement de Bangassou, villages Kpakoulou & Niakari – Région de Haut-Oubangui)

Le système de leadership a connu l'évolution avec l'implication du pouvoir des colons et de l'état centrafricain. On peut le représenter comme ce qui suit :

KPAKOULOU	NIAKARI
MR LE MAIRE	MR LE MAIRE
CHEF DE VILLAGE	
	CHEF DE VILLAGE
	CHEFS DE QUARTIERS
CONSEIL DE NOTABLES	CONSEIL DE NOTABLES x quartier

(iii)1 Conseil de notables

Critère de sélection : *Sagesse*.
Composition :

KPAKOULOU
- 5 hommes dont 1 chargé de l'agriculture
- 2 femmes : 1 vieille et 1 jeune
- 1 président de la jeunesse

NIAKARI
- 3 Quartiers.
- Dans chaque quartier : (2) hommes, 1 jeune, 1 femme

Fonctions :
- S'occuper des relations avec les agents extérieurs,
- Veiller sur le bon fonctionnement des groupements et leurs activités,
- Se réunir quand il y a un problème, comme le manque de pluie

Tant à KPAKOULOU qu'à NIAKARI, à la tête des femmes se trouve une femme, pas forcément la femme du chef, sinon une femme bien assise. À NIAKARI, malgré le mélange ZANDE, NZAKARA, YAKOMA-SANGO, avant il y avait un homme responsable des hommes ZANDE, un des NZAKARA, un des YAKOMA-SANGO par respect des coutumes, et pour passer le message sur la culture et les coutumes ZANDE.

(iii)2 Gestion des conflits au niveau intra et intercommunautaire

Les conflits se gèrent traditionnellement à travers le système de Justice Coutumière décrite ci-dessus (voir le Sultan, le Chef du Village) et en s'appuyant sur les Ordalies. La Justice coutumière fait appel également à des consultations DEVINS à qui « les hommes font remonter des désordres d'ordre physique ou biologique, un conflit familial ou social. »[74]. On consulte le Devin même en cas de suspicion ou menace comme par exemple des cas de jalousie, de rivalité entre coépouses.

À l'heure actuelle, à KPAKOULOU, le système ancien est en vigueur. Le chef de village, descendant du fondateur (cousin du Sultan de Bangassou) rend justice s'il

---

[74] *RETEL-LAURENTIN, 1969 :8*

y a un problème à l'intérieur du village.

À NIAKARI, s'il survient un conflit entre quartiers, on demande quelqu'un du village d'une ethnie différente pour de faire la médiation.

Mais si la population estime que le Chef du village a tort, on va voir le pasteur qui habite au village, pour intervenir. Dans certains cas, c'est le Maire qui est sollicité ou le Tribunal.

Actuellement, il n'existe pas de rivalités inter-villageoises, ni intercommunautaires, par contre les villages NZAKARA et ZANDE de la zone sont victimes d'exactions commises par la LRA qui, depuis 2008, se trouve en territoire centrafricain. Selon les enquêtes de KPAKOULOU : « On souffre, on se soutient par la prière. Les parents ne sont pas tranquilles, quand l'heure du retour des jeunes filles de l'école, ou des champs s'approche ».

1.1.2.3- Les « peuples de la savane »

(a)- Groupes ethniques : les "Peuples du centre" – Ethnies considérées : les Gbaya, Mandja et Bandas

(i) Cas des Gbaya

(i)1- Exercice du pouvoir

Hiérarchisation très réduite excepté les chefs imposés par l'administration coloniale, et les catéchistes par les missionnaires. Société acéphale, pouvoir politique non-centralisé. Pas réunis sous une autorité politique dépassant la parenté, moins sous un État.
Décisions collectives, fruit du consensus.
On trouve :

```
CLAN PATRIARCAL
Chef de CLAN ou de TERRE ou MATA
AUTORITE LIGNAGERE OU NAM
Chef de LIGNAGE- NGAA WI TE YE
Chefs de VILLAGE
(ou de groupement en cas d'association de plusieurs villages) -MAKUNDI
```

UN CLAN : un même ancêtre, un même Totem. Il comprend environ une douzaine de villages et couvre des étendues considérables.

CHEF DE CLAN-CHEF DE TERRE : il règle la vie intérieure de la parenté et il est administrateur des biens. Appartenant au 1er lignage installé dans le territoire.

L'AUTORITÉ LIGNAGÈRE-NAM était détenue par les représentants les plus âgés de tous les différents lignages. Les décisions sont prises par les chefs de NAM, appelés NGAA WI TE YE. Elle est partagée par des hommes et des femmes reconnus pour leur sagesse.

Le CHEF DE VILLAGE : Autorité politique récente nommée par l'administration. Il a une maison pour les réceptions mais ne dort pas dans celle-ci.

(i)2 Autres personnages-clés

JUGES : quelqu'un dont la sagesse et la pondération sont reconnues. La sanction du juge est sociale car on a peur des ancêtres, mais ils n'ont pas de pouvoir exécutoire. Il y a des ordalies mais c'est le supposé coupable qui demande, pas le groupe qui impose, il arrive même que le groupe le dissuade de le faire.

- FORGERON,
- FÉTICHEUR-SORCIER,
- DEVINS GUÉRISSEUR, CONTRE-SORCIER, maitre du rituel, lien avec ancêtres.

(i)3 Évolution actuelle de la structure du système (exemple de cas : groupement de Bossangoa, quartiers Gbaya I & II à Bossangoa – Région de Yadé)

L'évolution du système de leadership dans les communautés GBAYA place toujours le Maire en tête de la structure, démontrant la mainmise de l'état sur le leadership.

M. le Maire
M. LE CHEF DE QUARTIER I et M. LE CHEF DE QUARTIER II
Ce sont les MAKUNDI nommés par l'administration
Assistés de CONSEIL DE NOTABLES

> De CONSEIL DE SAGES
> Et des JUGES TRADITIONNELS

Avant il y avait un CHEF DE CLAN (de TERRE) et DE LIGNAGE nommé parmi les siens mais l'administration a imposé ce système. Dans le cas du village GBAYA I : « après la retraite des blancs, le Père Ngombé, chef de canton à l'époque, a imposé le Chef de quartier ». Dans le cas du village GBAYA II, il est décédé au quartier même, il n'y a pas longtemps. Le quartier GBAYA II conserve beaucoup plus les traditions. La preuve en est que, après le décès de l'ancien chef de village, son fils lui avait succédé, mais il a finalement été remplacé à cause de son comportement. Et ceci sans attendre de nouvelles élections.

Par contre à Bangui, par exemple, le Chef de Terre Gbaya continue à avoir un réel pouvoir. C'est le cas dans le quartier Gbafio.

(i)3.1 Conseil de notables

Critère de sélection : Sagesse.

Composition :

GBAYA I
3 hommes :
- 1 Conseiller.
- 1 Capita : c'est l'adjoint au chef. Il est crieur public et assure la sécurité (considéré comme jeune). Si le chef est absent, c'est lui qui gère le village. C'est lui qui transmet les messages, qui convoque les gens.
- 1 Secrétaire (considéré comme jeune)

2 femmes :
- 2 Conseillères. Rôle : prodiguer des conseils aux femmes. Elles participent au Conseil de Village. Dans le discours on ne les inclut pas

GBAYA II
4 hommes :
- 2 Secrétaires (1 du ZU YE, 1 du NDAYA YE)
- 2 Capitas (1 du ZU YE, 1 du NDAYA YE)

2 Femmes :
- 2 Conseillères (1 ZU YE, 1 NDAYA YE)

Fonctions :
- S'occuper des relations avec les agents extérieurs,
- Veiller sur le bon fonctionnement des groupements et leurs activités.

Prise de décisions : Par consensus. Les femmes n'ont pas de voix réelle au Conseil de Village « c'est seulement sur le papier » disent-elles, même si les hommes disent que oui. Pas de femmes leaders.

(i)3.2- Conseil de sages

Composition :

VILLAGE GBAYA	COMPOSITION
GBAYA I	5 vieux
GBAYA II	6 vieux

Fonctions :
- S'il se présente un cas de force majeure que le chef de village n'arrive pas à résoudre, on fait appel au Conseil.
- Médiation conjugale : on va sanctionner le mari et on lui donne un délai.
- S'il ne pleut pas (la saison des pluies doit commencer au mois d'avril) : ils vont chercher des feuilles et racines, et qu'ils apportent au bord de la rivière. Attention : il faut retirer les racines sinon inondation et la personne qui les a apportées risque de mourir,
- Si accident grave, voire mortel : ils appellent la population et ils dirigent les rituels pour sanctifier le lieu.
- Si pas d'enfants ou beaucoup de fausses-couches ; le Conseil intervient pour donner des conseils. Mais le mari peut expulser la femme.
- Problème de partage d'argent, de partage de la récolte.
- Problème d'héritage.

En aucun cas une femme âgée ne peut être membre car tout le monde a peur des vieilles. On accuse les vieilles d'être des sorcières, d'avoir fait un pacte avec le diable pour mourir le plus tard possible.

(i)3.3- Les Juges Traditionnels

À GBAYA I, ils se réunissent 1 fois par semaine (samedi) et à GBAYA II, 2 fois par semaine. 1 fois pour le quartier d'en haut ZU YE, 1 fois pour en bas NDAYA YE. En cas d'affaire criminelle on transfert à la Gendarmerie.

Ils donnent des conseils aux plaignants et aux accusés. Tout membre du quartier peut demander des conseils auprès des Juges Traditionnels. Si le juge voit une culpabilité, il peut ordonner une amende. Par exemple le nettoyage du quartier. S'il est incapable de trancher, on amène l'accusé à la Gendarmerie ou au Tribunal.

Cas le plus fréquent : Lokundu ou sorcellerie, cas d'envoûtement. La plupart du temps c'est mystique et on ne peut pas trancher, donc on amène en justice, car on ne peut pas savoir si la personne est sorcière ou non. Souvent ce sont des vieux ou des vieilles. Par ex : si un vieux ou une vieille passe devant ta porte et te demande à manger, tu lui donnes, et si après il y a des enfants qui tombent malades, on va accuser le vieux. On va dire qu'il est sorcier. On peut aussi l'amener chez un féticheur.

Rituel Bayoro

Il existe encore un Rituel associé à la gestion de la justice traditionnelle, le BAYORO « Si tu es accusé de quelque chose, vol, adultère, sorcellerie et que tu es innocent, on te demande de te justifier. Il y a des gens qui détiennent des secrets. Tu prononces le nom du gardien des fétiches. Si tu refuses d'aller le voir, tu es coupable et tu risques de mourir. C'est la dernière puissance des GBAYA ».

À Bangui, par exemple, dans le quartier Gbafio, le descendant du Chef de Terre est le président du Tribunal coutumier chargé des : litiges concernant la terre, rapports entre époux, querelles de voisinage, cas d'empoisonnement, ...

(i)3.4- Pour les autres personnages-clés

DEVINS GUÉRISSEUR, CONTRE-SORCIER : Selon les enquêtes : « Il y en avait avant mais ils sont décédés sans avoir transmis leurs savoirs. Les gens du village vont loin (à 30 km) pour consulter des devins GBAYA. Ils utilisent des morceaux de bois pour savoir qui est sorcier ou pas, ou bien ils jettent des cauris. Ça coûte 505 FCFA (chiffre mystique) la consultation. Pour le traitement ultérieur, le prix varie selon la gravité ».

(i)3.5- Gestion des conflits au niveau intra et intercommunautaire

Si un membre est perturbateur : on le convoque devant le Conseil de sages. S'il persiste il y a une sanction : « des corvées au village. Et s'il persiste encore, on l'expulse ».

S'il y a conflit entre femmes : le chef de quartier, ou bien une autre femme, intervient comme médiateur. L'arbre sóré Annona senegalensis symbolise l'arbre de paix [75].

(ii) Cas des Mandja

(ii)1 Exercice du pouvoir

Gérontocratie. C'est une communauté de vivants dont la vie sociale est régie par les conseils et directives donnés par des ancêtres au Chef de Clan et aux anciens. À la tête des MANDJA on trouve le Clan BOGERDU, descendant direct de l'ancêtre mythologique des MANDJAS. Le Clan BUMANDJA aurait donné son nom à toute l'ethnie [76]. Dans le passé, le pouvoir est organisé comme ce qui suit :

> CHEF DE CLAN (BOGERDU)
> CHEFS DES AUTRES LIGNAGES
> CONSEIL DE NOTABLES (SENAT)

Le chef de clan a une voix prépondérante dans le Conseil de Notables, auquel appartiennent de droit, deux vieilles femmes dont le rôle était de maintenir les esprits dans une juste raison.[77].

La 1ère femme du chef de clan, GASA KO-BA. WANTUA a droit à certains privilèges : « elle est chef des femmes et s'il y a une réunion où l'on boit de la de bière, elle boit en premier » [78].

- LIGNAGE : Pas de chef de lignage. Le plus ancien détient le pouvoir politique et religieux.
- CONSEIL DES ANCIENS : Le CONSEIL DES ANCIENS est composé

---

[75] *ROULON-DOKO 1987 :195*
[76] *VERGIAT 1981 :19*
[77] *Ibid. :196*
[78] *Ibid. :32*

des vieux du lignage dépositaires des ancêtres. Il préside les cérémonies devant l'autel des offrandes NGO aux mânes des ancêtres, autel installé près de la case du plus ancien. La femme peut s'exprimer dans le Conseil des Anciens quand elle est âgée, et même plus jeune, elle réussit souvent à faire entendre son point de vue par son époux. [79]

- CHEF DE VILLAGE : Pouvoir souvent non reconnu ; son pouvoir ne vient pas de la tradition mais de l'administration ; dans bien des cas, ce pouvoir n'est pas reconnu par les villageois, même si on nomme quelqu'un de la communauté.

(ii)2 Autres personnages-clés

LE FÉTICHEUR : il pratique des excisions sur la poitrine, la nuque et les poignets des nouveau-nés. Il exerce comme médecin.

(ii)3 Évolution actuelle de la structure du système (exemple de cas : groupement de Sibut, village Bombé III – Région des Kagas ; groupement de Kaga-Bandoro, village Doukoumbé – Région de Fertit)

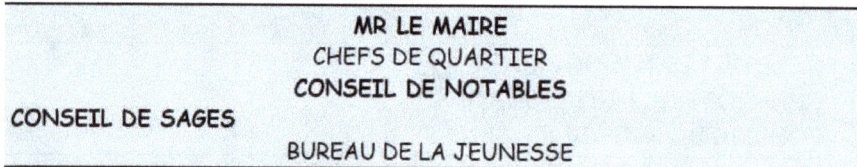

| MR LE MAIRE |
| CHEFS DE QUARTIER |
| CONSEIL DE NOTABLES |
| CONSEIL DE SAGES |
| BUREAU DE LA JEUNESSE |

Comme les autres systèmes étudiés dans les autres ethnies, celui des Mandjas a aussi subi des modifications sous l'effet de la colonisation et de la modernisation de l'état centrafricain. Bien qu'ayant le Maire à la tête du système, certaines structures de base sont maintenues et jouent leur rôle. Il n'y a plus de CHEF DE TERRE dans aucun des 2 cas. Le chef de village est élu par l'ensemble des habitants. Après, lui-même désigne les membres du Conseil de Notables par consensus avec la population. Il est à noter la présence dans cette communauté du Conseil des Sages un garant de la sauvegarde des mœurs et des coutumes de l'ethnie.

---

[79] *Ibid. :43*

(ii)3.1 Conseil de notables

Critère de sélection : Sagesse.

Composition :

VILLAGE MANDJAS	COMPOSITION
BOMBEE II	5 hommes, 1 femme, les jeunes ont 1 Conseiller et 1 secrétaire
DOUKOUMBE	4 hommes, 3 femmes, (1 par quartier) les jeunes ont 1 Conseiller

Fonctions :

- S'occuper des relations avec les agents extérieurs,
- Veiller sur le bon fonctionnement des groupements et leurs activités.

Prises de décisions :

Par consensus. À propos de l'importance de la participation des femmes dans le Conseil de Notables, les femmes intérrogées des 2 villages le confirment : « oui, oui, maintenant c'est le concept genre. Elle va vraiment pouvoir répondre aux problèmes de femmes. » Mais alors que les femmes du BOMBE III interrogées affirment avoir une vraie audience au Conseil de Notables, celles du DOUKOUMBE, et les jeunes disent même n'être jamais entendus, même pas invités par les hommes adultes.

(ii)3.2 Conseil de sages

Critère de sélection : Sagesse et âge.

Composition :

VILLAGE MANDJA	COMPOSITION
BOMBEE II	8 hommes, 4 femmes
DOUKOUMBE	Dans chacun des 3 quartiers : 4 hommes et 2 femmes

Fonctions :

- S'il ne pleut pas. Ils partent en brousse pour ramasser certaines feuilles, des œufs et ils font un rituel hors du village. Si malgré ça il ne pleut toujours pas, on s'en remet à Dieu.
- En cas d'épidémie : ils vont à l'extrémité du village avec certains éléments secrets et font un rituel.
- En cas de conflits récurrents dans le village, avec blessures. Les sages se concertent, ils font des décoctions pour faire boire aux jeunes qui se bagarrent. Et ceux-ci vont retrouver la raison.
- En cas de conflit de couple. Il y a des limites à la présence des femmes dans le Conseil de Sages. Elles conseillent les femmes et sont gardiennes des normes de la société. Il y a certains domaines dans lesquels elles ne peuvent pas agir comme :
- Blessure grave pendant le travail, on isole la personne et les hommes se concertent pour le traitement à suivre,
- Blessure d'un chasseur par un animal sauvage.

(ii)3.3 Le Bureau de la jeunesse

À BOMBE III il y a un Bureau de la Jeunesse mais les jeunes accusent les jeunes filles de ne pas vouloir participer. Elles disent que ce n'est pas vrai « nous ne sommes pas informées ». C'est une femme d'âge mûr qui participe « car elles sont timides et elles n'ont pas le courage de s'exprimer comme celles qui sont allées à l'école et connaissent le concept de genre ». (MENDIGUREN B., 2012)

(ii)3.4 Pour les autres personnages-clés

Par rapport aux AUTRES PERSONNAGES-CLÉS : Il y un pouvoir croissant des autorités religieuses, spécialement celui du PASTEUR ; il y a même un Centre de formation théologique Baptiste à côté de DOUKOUMBE. Les autres autorités religieuses comme les prêtres, prennent aussi de plus en plus d'ascendance sur la population.

(ii)3.5 Gestion des conflits au niveau intra et intercommunautaire

Si un membre de la communauté a commis une faute, ils ont un système traditionnel de justice. On soumet le supposé coupable à l'épreuve du poison, en général une décoction d'écorce de mana [80]. S'il s'agit d'un conflit entre familles, on demande Conseil aux Sages, ou bien à l'église et, si ça ne marche pas, au chef de village.

(iii) Cas des Banda

(iii)1 Exercice du pouvoir

Les BANDA constituaient une SOCIETE ACEPHALE. Pouvoir politique non centralisé. Pas réunis sous une autorité politique dépassant la parenté, moins sous un État.

Traditionnellement il y avait :

> CHEF DE TERRE
> CHEF DE VILLAGE (MAKOUNDJI)
> LES CHEFS DE FAMILLES
> ASSISTÉ DU PALABRE-CONSEIL DE SAGES : HOMMES À PARTIR DE 15 ANS

Il est nommé par la population mais confirmé par l'administration. Les décisions internes sont prises par consensus. Convocation : Après Tam Tam et invitation au Bil-Bil (boisson de mil).

Réunions : 1 ou 2 par lune.

(iii)2 Autres personnages-clés

FORGERON : Comme le système social BANDA est égalitaire, le forgeron, en dépit de son importance, ne jouit pas d'un statut politiquement privilégié dans ce système. Il représentait une autorité et une force réelle grâce à son travail qui était considéré comme un art et une science divine. Sur le plan économique, le forgeron était considéré comme le père de la révolution agricole car il fabriquait des outils indispensables à l'essor de l'agriculture [81].

---

[80] *Ibid. :74*
[81] *MURAMIRA 2006 : 73*

69

(iii)3 Évolution actuelle de la structure du système (exemple de cas : groupement de Sibut, village Kpangou – Région des Kagas ; groupement de Kaga-Bandoro, village Kotangombé – Région de Fertit)

LE PREFET
LE SOUS-PREFET
LE MAIRE
LE CHEF DE TERRE
LE CHEF DE VILLAGE
Assisté du CONSEIL DE NOTABLES et du CONSEIL DE SAGES

On maintient les CHEFS DE TERRE mais dans les cas enquêtés ils n'habitent pas au village. Par exemple, à KOTANGOMBE, c'est M. BABA Kasala, mais il vit à KAGA-BANDORO. Il convient de noter que lors des interviews, une personne a affirmé que bien que l'accès au chef est fait par voie élective, les potentiels candidats restent dans la ligné des anciens chefs ou des ancêtres, comme c'est le cas chez les Banda de Ippy et ses environs. Dans ce clan, on note la participation des femmes dans la vie politique du clan.

Son rôle : On fait appel à lui en cas de conflit armé comme on l'a fait lors des événements à KAGA-BANDORO.

(iii)3.1- Conseil de notables

Critère de sélection : Sagesse.

Composition :

VILLAGE	COMPOSITION
BANDA	
KPANGOU	5 hommes y compris le Président de la jeunesse, 3 femmes
KOTANGOMBE	4 hommes (2 Juges et 2 capita), 1 femme (Maman Makoundji) et 20 autodéfenses.

Réunions : Si besoin.

Fonctions :
- S'occuper des relations avec les agents extérieurs,
- Veiller sur le bon fonctionnement des **groupements** et leurs activités, ☐
- Intervenir en cas de :
    - o Mésentente liée à la polygamie,

- o Infidélité, viol,
- o Problèmes entre les jeunes,
- o Problème de partage de récoltes.

Prise de décisions : Participation et consultation réelles des femmes. Selon les enquêté/es :
« si une femme parle à une femme, c'est mieux. Homme à homme, femme à femme, jeune à jeune ». Les jeunes voudraient plus de prise en compte de leur voix au Conseil, même si on les écoute déjà quand ils posent un problème.

(iii)3.2- Conseil de sages

Critère de sélection : Sagesse, comportement, âge avancé et avoir vécu beaucoup d'expériences. Il y a une *transmission vers les jeunes, mais les femmes sont exclues.*

Fonctions :
- Intervenir pour des événements dont on n'arrive pas à déterminer la nature,
- Au cas où il ne pleut pas : le Conseil part en brousse à un endroit précis, fait un rituel avec un poulet et ça marche.
- S'il y a des animaux qui meurent en brousse, en particulier le singe et le rat palmiste : le Conseil doit récupérer le cadavre car souvent c'est l'esprit d'un mort qui est dedans. C'est dangereux pour les femmes, car si une femme enceinte s'en approche, l'enfant peut mourir.
- Intervenir dans le cas où une femme a souvent des fausses-couches : il existe un arbre fruitier dont le fruit provoque malchance et des fausses-couches si une femme le consomme. Pour combattre cela, le Conseil de sages prend les branches d'un autre arbre et confectionne « un bébé » qu'on remet à la femme enceinte. On prépare une huile et après l'accouchement, on fait la toilette de l'enfant avec cette huile ainsi que la toilette de l'enfant arbre. À la sortie de l'enfance, on récupère l'enfant arbre et on l'attache dans un arbre. Ainsi, l'enfant survivra.

(iii)3.3- Pour les autres personnages-clés

Par rapport aux AUTRES PERSONNAGES-CLÉS
Le forgeron maintient son rôle mais affaibli.

(iii)3.4- Gestion des conflits au niveau intra et intercommunautaire

Si conflit à l'intérieur du village : Traditionnellement, « le forgeron joue un rôle de médiateur, il a un pouvoir symbolique majeur de pacification des conflits entre des individus, des familles, etc. (...) Sa présence rappelle aux participants qu'ils se doivent la vérité et qu'ils doivent reformuler les arguments en un sens positif. Si on refuse la conciliation, ceci est considéré comme un manquement grave au respect dû au forgeron. La forge étant un lieu sacré et hautement symbolique, on ne doit ni s'y battre, ni s'y insulter. Ce lieu était si sacré que même les criminels qui trouvaient refuge au sein de la forge ne pouvaient pas être poursuivis sans l'accord du forgeron principal ou chef [82].

Si conflit entre 2 femmes : on identifie des mamans qu'on estime sages.

Dans les cas interrogés, si conflit chronique entre 2 villages, on fait appel au Conseil des Sages des 2 villages et souvent on arrive à un pacte.

À Kotagombe (Kaga Bandoro), les villageois dénoncent des sérieux problèmes d'insécurité.

(b)- Groupes ethniques : les "Peuples du nord" – Ethnies considérées : les Mbum-Pana, Sara, Runga-Akaî et Gula

(i) Cas des Mbum-Pana

(i)1 Exercice du pouvoir

Ils ont une conception originale du pouvoir par rapport aux autres ethnies de la RCA, c'est un pouvoir centralisé. Ce sont des chefferies, pas des royaumes. C'est un pouvoir au-delà du cadre de la parenté sur un territoire délimité où une autorité centrale est reconnue.

On trouve :

MBOUM	PANA
CHEFFERIE MONOCEPHALE	*CHEFFERIE BICEPHALE*
CHEF DE TERRE ET DES	CHEF DE TERRE GANGKWE+ CHEF

---

[82] *MARTINELLI 1992 : 9*

AFFAIRES TEMPORELLES-BELAKA	DES AFFAIRES TEMPORELLES-BELAKA
CONSEIL DE NOTABLES des villages *(Le village : cadre de la coopération économique et d'initiation)* LES CHEFS DE FAMILLE	

(i)1.1 Les systèmes politiques spécifiques

CHEZ LES MBOUM

Les MBOUM ont des chefs sacrés, les BELAKA. Il s'agit des Chefferies sacrées Monocéphales, structure politique minimale (qui peut aller du village au royaume) déterminant les droits de l'ainé par rapport aux cadets, elle englobe dans un territoire donné une population aux frontières bien définies. Ceci est clair dans le Mbum de l'Adamaoua « même si en RCA, leur organisation politique ne dépasse pas souvent le « niveau villageois (village : soit, provisoirement, l'ensemble des groupes familiaux qui migrent ensemble) » [83].

Le nom BELAKA fait référence aux souverains MBOUM suivi toujours du nom du lieu. Le plus important des BELAKA est le BELAKA MBOUM. Selon FARAUT (1972 : 140) : « Les chefferies MBOUM sont d'abord les 6 grandes chefferies dont les chefs, ou BELAKA, sont les héritiers des 6 frères venus de l'Est s'établir dans un pays, l'Adamaoua, qu'ils assurent avoir trouvé, voici plusieurs siècles, vide d'habitants : BELAKA PANA, BELAKA KUMAN, BELAKA MBERE, BELAKA MBUSA, BELAKA MANN, BELAKA MBOUM. À ces chefferies s'ajoutent, d'origine plus récente, celles des BELAKA MBAY, BELAKA MBERE MAGWENA, BELAKA JUI.

Chez les MBOUM, *la personne du BELAKA accumule les fonctions non seulement de chef politique chargé des affaires temporelles*, mais aussi celle du CHEF DE TERRE chargé des affaires religieuses. Roi sacré et maître de la terre, il a une fonction rituelle, c'est le lien mystique entre peuple et souverain et il doit rendre culte aux ancêtres dans une montagne sacrée avec des grottes où résident les fétiches. Il détient le fétiche suprême qui garantit la vie, qui contient tous les principes du mil. C'est l'essence du pouvoir MBOUM. Il garde également des objets symboliques de la royauté (regalias) comme des calebasses et des couteaux

---

[83] *FARAUT 1972 :140*

73

de jet sacrés. Il porte un couvre-chef mais contrairement au PANA, il ne peut jamais l'enlever.

Il peut y avoir la mort sacrée du Belaka (pas chez les PANA) en cas de dégradation du pouvoir royal, comme c'est le cas de la maladie grave du Belaka, disette, sécheresse. C'est le CONSEIL DE NOTABLES qui décide de celle-ci. À sa mort, son fils, ça ne lui suffit pas la primogéniture pour assurer le pouvoir, il faut certaines qualités morales.

CHEZ LES PANA

Dans le cas concret des PANA, il s'agit aussi d'une chefferie sacrée mais Bicéphale avec un pouvoir sacré indissociable du pouvoir politique. On distingue les 2 figures : CHEF DE TERRE et CHEF DES AFFAIRES TEMPORELLES.

Le CHEF DE TERRE, DE CULTE-GANGKWE ou GANGPANA ; Il est « l'esclave des ancêtres ». Il est le plus vieux descendant du Clan fondateur LEGBAO ; le Clan LEGBAO est le propriétaire du Mont Pana, ses premiers occupants. Ils habitent même, à l'heure actuelle, le quartier PANA de NGAOUNDAY. Son totem est la panthère [84]. Son rôle est *d'assurer la cohésion religieuse*. Chef spirituel et représentant de l'essence du groupe. *Il est prêtre avant tout*. Il participe à la vie profane mais de façon indirecte à travers le BELAKA. *Sa fonction est irrévocable*. Il n'a pas de nom. Il ne trouve pas sa place comme les gens ordinaires par son nom et son âge, mais seulement par sa haute et unique fonction sacrée. *Il ne peut pas quitter la Terre PANA*. Sa résidence est sacrée et il a des pouvoirs magiques. C'est la seule personne qui a le droit d'aller sur la Montagne Sacrée (le Mont Pana) pour communiquer avec les ancêtres. Il sert de *courroie de transmission des messages, des ancêtres aux villageois* et conduit les rituels nécessaires. Il s'occupe du culte des ancêtres et il fait des sacrifices dans les autels villageois. *Il calme les ancêtres en cas de violation des normes, c'est lui le responsable, même si ce n'est pas lui qui a commis la faute*. Il préside les rituels agraires (semences en avril, prémices en novembre, ouverture des greniers, ...). Il peut se faire accompagner d'un CONSEIL DES ANCIENS, mais *cela n'est pas obligatoire*. À sa mort *c'est son cadet qui prend le pouvoir* s'il réunit certaines qualités : être doux, avoir le sens de l'équité, être monogame, et connaître les rapports avec les ancêtres. Il doit désigner son successeur avant de mourir. Il est *responsable des décisions* sur :

---

[84] *NOZATI 2001 : 56*

- Les rapports avec la nature avec laquelle il faut être en harmonie : chasse, rites agraires, présentation des récoltes, initiations,
- En cas d'épidémie, de catastrophe naturelle dont on soupçonne souvent que la cause est la colère des ancêtres.
- L'intronisation du chef des affaires temporelles et des notables. *Il est un chef de paix car il doit fuir les querelles.* Toute dispute doit cesser en sa présence.

Il *ne doit pas faire des dons à la population, mais* c'est lui-même qui reçoit des offrandes pour les sacrifices et pour lui-même et il doit renoncer à la polygamie. Son épouse a un rôle rituel.

Il est *soumis à certains interdits*, spécialement au niveau alimentaire, et possède des privilèges (c'est le seul à pouvoir manger le cœur et le foie de la panthère).

Il n'a pas de *relations avec les étrangers.* Il ne serre pas la main. Il porte une cloche pour signifier sa présence et un couvre-chef en paille mais sans épingle pour le distinguer des notables.

(i)1.2 Le chef des affaires temporelles-Belaka

Les PANA emploient aussi le nom GANGMBAY. Il est le plus vieux descendant d'un des clans PANA sauf du Clan fondateur LEGBAO. Selon NOZATI (2001 :69) : « depuis 1911 les BELAKA et les maires ont été choisis dans le même clan : le clan MBAMA, originaire de MBERE au Cameroun » ; Habitant même à l'heure actuelle le quartier TOUKOL de NGAOUNDAY [85].

Il porte le même chapeau que les notables mais le sien est un peu plus grand. Il est choisi par les hommes et par les ancêtres. La primogéniture n'est pas suffisante pour assurer le pouvoir, même un étranger peut devenir chef.

Il s'occupe des besoins temporels et ne prend aucune décision importante sans s'en référer aux GANGKWE et aux ancêtres. C'est d'eux que provient son autorité. Il doit être intronisé sur la Montagne Sacrée et doit être digne de cela. Il reçoit l'aval des ancêtres au Mont Pana, symbolisé par une substance nommée les « excréments de la Lune » qu'il doit casser et manger ; Ce fétiche assure l'abondance du mil comme le fétiche du premier Belaka MBUM. Il doit passer

---

[85] *Ibid. : 69*

une ordalie : il faut franchir une rivière sur un tronc sans tomber.

Il est *choisi par les hommes et par les ancêtres.* La primogéniture n'est pas suffisante pour assurer le pouvoir, *même un étranger peut devenir chef.* Il peut *démissionner et être enlevé.* Par exemple dans les années 50, le Belaka PANA, bien que reconnu comme tel, n'avait pas été digne du rituel suite à sa défaite face aux colons pendant la Rébellion du Kongo-Wara qui finira avec la Guerre de Grottes (1928-1933).

Fonctions :
- Diriger le pays,
- Régler des conflits, des cas d'adultère, de sorcellerie et des disputes de ?
- Avec le GANGKWE, déclencher l'initiation et présider les cérémonies des rites agraires,
- Accueillir les étrangers,
- Nourrir et donner de la bière de mil s'il y a Conseil de Notables et pendant les festivités
- Détenir les provisions pour son peuple,
- Organiser les gens et faire face à l'ennemi (mais il n'est pas un chef de guerre car sa fonction est permanente)
- Nommer le CONSEIL DE NOTABLES

Il *y a une femme dans chaque village.* Le reste de la communauté, sauf le chef de culte, doit travailler dans les champs du BELAKA et doit lui donner une partie des produits de la chasse et de la pêche. Il doit être respectueux, il ne doit pas insulter, pas taper et être un bon orateur.

Avec l'implantation des colons dans la région et selon NOZATI (2001 :248-9) : « contrairement à ce qui s'est passé dans d'autres régions, *le choix du chef n'a pas été imposé à la population et (...) la population lui reste attachée.* (...) Mais les maires, ne pouvant plus participer de la dimension sacrée du pouvoir tirent leur légitimité de leur rôle de protecteur du GANGPANA (...) *Tant qu'il y aura un GANGPANA, il y aura des PANA*, et tout doit être mis en œuvre pour le protéger physiquement et lui assurer les conditions indispensables à l'exercice de son sacerdoce ».

La pratique jusqu'à nos jours a été que le Maire soit presque toujours un descendant du Clan MBAMA. Quand le maire n'a pas été du clan MBAMA, ça a suscité des tensions. *Mais le chef temporel a perdu ses attributs sacerdotaux* (il ne co-préside plus les fêtes rituelles ni ne déclenche plus l'initiation) *et le Chef de Terre a vu renforcer les siens*. En effet « dorénavant les maires, ne pouvant plus participer de la dimension sacrée du pouvoir, tirent leur légitimité de leur rôle protecteur du GangPana. C'est Gangpani seul qui est le pôle de cohésion. Tant qu'il y aura un GangPana, il y aura des Pana [86].

(i)1.3 Conseil des notables/Gangri

Ses membres portent un chapeau à épingle. Pour être ancien notable ce n'est pas une question d'âge : il faut avoir un comportement digne, au moins 3 enfants et avoir été initié. Les décisions sont collectives et en cas d'affaire grave, on convoque toute la population. Dans l'actualité, les MAIRES ont l'obligation de rester en contact avec la diaspora, tant ceux de Bouar, Bangui, Cameroun ou Paris, il doit les mettre au courant des affaires importantes et les visiter lors de son passage.

(i)1.4 Les chefs de famille

Ils sont responsables des naissances, des mariages, des funérailles. Ils règlent les conflits familiaux et gèrent le grenier familial.

(i)1.5- Autres personnages-clés

TRADITHÉRAPEUTES : ils ont eu leurs connaissances des ancêtres dans le Haut de la Montagne.

DES CHEFS DE GUERRE : Ils communiquent par langage sifflé, c'est une figure temporelle qui a presque disparu.

(i)1.6- Gestion des conflits au niveau intra et intercommunautaire

S'il y a une *affaire grave comme un homicide*, une attaque ennemie, on fait appel au *Conseil des Anciens*. Il faut une sanction et des sacrifices aux ancêtres.

S'il y a *un conflit de voisinage ou vol*, c'est le *chef du village* qui doit trancher le litige. S'il y a une *affaire insignifiante, on amène celle-ci chez le juge imposé par l'administration*.

---

[86] *Ibid. : 249*

Noter comme *la feuille de Pohon, sorte de corossolier, joue un rôle symboliqu*[87]. Il s'agit d'un arbre qui a la réputation d'apaiser les conflits. Dans le cas des PANA, les anciens le mettent sur le chemin et les guerriers doivent sauter dessus pour avoir la force sur le champ de bataille.

Dans le cas de la ville de NGAOUNDAY, il y a également un *arbre vénéré*, celui sur lequel le GangPana a obtenu la permission pour l'installation des PANA à Ngaounday. C'est également le lieu où les français et les PANA ont signé un pacte de non-agression après la Guerre de Grottes.

(ii) Cas des Sara

(ii)1 Exercice du pouvoir

L'ordre politique, social et spirituel est indissociable. Il s'agit d'une société gérontocratique (régime patriarcal, droit d'aînesse et d'ancienneté). On privilégie une personne adulte à une jeune et une vieille génération à une plus jeune.
On trouve :

LE CHEF DE TERRE-NGE BE
LE CONSEIL des ANCIENS
LE CHEF DU VILLAGE-MBAY

(ii)1.1- Le chef de terre

Le CHEF DE TERRE est le plus âgé du lignage fondateur du village. En plus de commander il coordonne toutes les activités du village. C'est lui qui donne le droit de s'installer dans le village. Il préside au même titre que les prêtres, le culte aux ancêtres sur l'autel du lignage fondateur. C'est lui qui ouvre les festivités du début de la saison des pluies. Il existe un culte par village, même s'il y a plusieurs lignages. Le culte est voué aux génies de la communauté avec lesquels le lignage fondateur a établi une alliance.

(ii)1.2- Le Conseil des anciens

Il est constitué de représentants de tous les lignages du village. Chaque lignage défend sa parcelle du pouvoir mais il existe une suprématie des lignages

---

[87] *Ibid. : 63*

fondateurs et des forgerons. Le lignage est l'unité politique et économique de base, c'est le plus âgé des grands-pères qui dirige [88]. Le CONSEIL DES ANCIENS se charge des problèmes et prend les décisions d'ordre :

- Politique,
- Économique : Organisation des travaux agricoles, chasse, pêche, gestion des réserves,
- Juridique : conciliation entre voisins,
- Social : alliances matrimoniales, accueil des étrangers.

La bénédiction du CHEF DE TERRE est indispensable pour toute décision prise et cela avant son exécution par les responsables de chaque lignage.

Après la colonisation française, les villages se sont regroupés en cantons, sous l'autorité des CHEFS DE CANTON, qui généralement ne sont pas issus des autorités pré coloniales mais plutôt choisis par les colons parmi les personnes qui leur servaient d'interprètes. Leur autorité n'est pas reconnue par les villageois.

(ii)1.3- Le chef de village

Le village continue d'être l'unité de base. Mais à sa tête se trouve désormais un CHEF DE VILLAGE nommé par l'administration et dans certains cas, ce chef est descendant des anciennes autorités locales. Selon JAEGER (1973 : 367) le CHEF DE VILLAGE : « est le représentant du village auprès des autorités préfectorales. Il est aussi chargé, par ces dernières, de collecter et d'apporter à la ville (avec son fusil, marque du « capita ») les impôts et répond personnellement de la production annuelle de coton imposée au village par le gouvernement.

Avec la colonisation le CONSEIL DES ANCIENS s'est transformé, les vieux représentants des lignages sont devenus RESPONSABLES DE QUARTIER avec le regroupement en habitat puis en carrés. Ils n'ont plus qu'un rôle consultatif sauf pour :

- Le choix de sites à cultiver, et les modalités de mise en œuvre des décisions des autorités supérieures.

---

[88] *MAGNANT 1986 : 30*

(ii)1.4- Autres personnages-clés

Dans la société des Sara, ce ne sont pas seulement les Chefs qui méritent le respect et la révérence ; il y a comme dans les autres ethnies, les grand prêtres ou Maîtres de l'initiation, le Chef de l'eau, les Forgerons. En plus de cela, il y a aussi certains membres de la communauté qui, par leur sagesse, sont reconnus et à qui l'on donne également le titre de MBAY et de BAR KOS.

Rôle des Femmes

Elles sont consultées régulièrement pour toutes les affaires importantes qui concernent la vie de village, mais *pas pour celles qui concernent les activités politiques et religieuses.*

(ii)1.5- Gestion des conflits au niveau intra et intercommunautaire

En cas de conflit intracommunautaire : les procédures de conciliation sont préférées aux solutions conflictuelles. Toutefois la responsabilité individuelle n'est pas exclue. En cas de conflit avec des étrangers : chaque membre de la communauté est tenu de prendre fait et cause pour tout frère, tant au niveau judiciaire que militaire ou politique, lorsque sa cause est juste. Il faut mériter de toute-manière l'aide de son lignage.

(iii) Cas des Runga-Akaï

(iii)1 Exercice du pouvoir

Société HIERARCHISÉE ayant à la tête le Chef de Terre (de Village), lui-même soumis au représentant de l'autorité centrale : M. le Maire, lui-même choisi par la population.

(iii)1.1- Autres personnages-clés

Le MARABOUT : représentant du savoir musulman, il a un rôle religieux et intervient comme guérisseur.

(iii)1.2- Évolution actuelle de la structure du système (exemple de cas : groupement de Ndélé-Tiri, villages Akursulbak & Yangulaly – Région de Fertit)

LE MAIRE
Le CHEF DE VILLAGE
LE CONSEIL DE NOTABLES
Les Chefs de Quartier, Les Chefs des Femmes, Les Chefs des Jeunes

(iii)1.3- Le Conseil des notables

Critère de sélection : Sagesse.

Selon les enquêtées après la guerre : « nous avons commencé à travailler de nouveau la terre et *nous avons élu des femmes sages* dans chaque quartier pour nous représenter au Conseil de Notables. »

Composition :

Village AKOULSURBAR : Composé de 6 quartiers avec :
    6 chefs de quartier
    6 femmes
    6 jeunes

Concrètement, il y a à AKOULSURBAR, 6 femmes leaders : Zara Sale, Khadija Ali, Alima Asa, Awa Sale, Aicha Abak et une 6ème (identité inconnue).

Fonctions :
- S'occuper des relations avec les agents extérieurs,
- Veiller sur le bon fonctionnement des groupements et leurs activités,

Prises de décisions :

Il y a traditionnellement pour les femmes et les jeunes, 1 chef des femmes et 1 chef des jeunes dans chaque quartier et sa présence est nécessaire selon les enquêtés car : « le travail de l'homme, une femme peut le faire, ils doivent le faire ensemble. »

Par rapport aux AUTRES PERSONNAGES-CLÉS : grande importance de l'Imam et des Marabouts.

Village d'AKURSULBAK (Au niveau du Campement CPJP)

La hiérarchie suit les normes internes au pouvoir militaire. Les personnes-clés sont :

> Le Président
> Le Conseiller
> Le Directeur de la sécurité de M. le Président
> Le D^r adjoint de sécurité de M. le président et responsable du service santé.

(iv) Cas des Gula

(iv)1 Exercice du pouvoir

Il s'agit d'une société gérontocratique. Régime patriarcal, droit d'aînesse et d'ancienneté. On privilégie une personne adulte à une jeune et une vieille génération à une plus jeune. On trouve généralement :

> UN MAITRE DE LA TERRE et/ou UN MAITRE DE L'EAU
> UN CHEF DU VILLAGE (ÑAIÑ)
> Assisté par UN CONSEIL DE SAGES et
> D'un JUGE TRADITIONNEL

(iv)1.1 Le Maître de la terre et/ou le Maître de l'eau

C'est le plus ancien du lignage qui est arrivé le premier sur le territoire ou le Lac, fleuve, etc., Il a le droit de possession, de maitrise et de transmission héréditaire soit sur la terre, soit sur l'eau. Il jouit également d'un pouvoir symbolique, même si tous les villageois ont la possibilité d'occuper des terrains.

(iv)1.2 Le Chef de village-ÑAIÑ

Il commande tout le village. C'est un poste héréditaire mais qui doit être reconnu par la communauté à travers le CONSEIL DE SAGES. Il peut arriver que le Chef de Village soit écarté par le Conseil de Sages pour mauvais comportement. Il y a une intronisation avec une fête qui dure des semaines.

Ses fonctions :

- Assurer le culte des génies, et la chefferie, selon des modalités bien définies.
- Il doit veiller au bonheur du village, être généreux et avoir des cases pour accueillir les étrangers. Souvent il arrive que des cotisations soient demandées pour faire face à ses dépenses, mais cela est souvent très critiqué [89].
- Il s'assure qu'on donne une part des gains de la chasse au MAITRE de la TERRE ou de l'EAU et reçoit toujours une offrande avant chaque partie de chasse.

(iv)1.3 Le Conseil de sages

Composé uniquement par des hommes qui ont le plus souvent un lien de parenté avec le Chef du Village, ils ont le droit de l'écarter de son poste, vu qu'ils sont responsables du sanctuaire dédié aux Génies de son lignage.

Fonctions :

- Le Conseil de Sages est convoqué :
- En cas d'épidémie, de maladie ou d'un fait similaire.
- En cas de conflit, de dispute pour une terre à cultiver ou d'un partage de biens donnés,
- En cas d'absence prolongée de pluie, ou d'une menace de disette. Ainsi on convoque des prêtres animistes (même ceux de villages avoisinants) et ils font des rituels en honneur des génies. Le chef de la terre est également convoqué.

(iv)1.4 Autres personnages-clés

LE JUGE TRADITIONNEL

Si une personne est soupçonnée d'être coupable d'un délit donné, on l'amène voir le Juge et on fait une ordalie : on lui fait recueillir du miel en plein jour et sans feu. S'il s'en sort indemne, il est innocent, dans le cas contraire il est reconnu coupable et paie une amende ou répare son forfait.

---

[89] *PAIRAULT 1994 : 56*

(iv)1.5- Gestion des conflits au niveau intra et intercommunautaire

En cas de conflits entre des personnes d'un même village ou d'un village voisin, le chef de village convoque les différentes parties devant le Juge traditionnel. *Une fois le conflit tranché, on procède à des rituels de conciliations consistant donc à des prononciations* de paroles spécifiques accompagnées par une libation d'eau.

(c)- Groupes ethniques : les "Peuples dit islamisés" – Ethnies considérées : les Peuls-Mbororo et Haoussa

(i) Cas des Peuls-Mbororo

(i)1 Exercice du pouvoir

Il faut distinguer les populations sédentaires des nomades.

Chez les sédentaires PEUL-FULBE : Société hiérarchisée en fonction de l'âge et du sexe. Comme l'a bien signalé KOSSOU (1986 : 6) la société est de type féodal et le chef passe avant tout.

> LAMIDATS,
> Le LAAMIDO ou CHEF TRADITIONNEL
> LA COUR

(i)1.1- Le Laamido et la Cour

Le Laamido, au terme d'un long apprentissage, détient un pouvoir occulte et politique et préside les cérémonies religieuses RAMADAN, TABASKI, ... Sous sa responsabilité, un homme de confiance garde le tambour de guerre. Autour du Laamido, il y a une cour avec des ministères : de culte, justice, cultures, impôts, le gardien du miel, le maitre des bœufs, chef de la viande, maitre des achats.

(i)1.2 Le Chef de Village JOMWURO

On trouve également au niveau des Villages :

Le Chef de Village JOMWURO ou MAITRE DE LA TERRE,

Issu de la 1ère famille implantée dans les lieux. Aujourd'hui responsable administratif, de l'agriculture, des habitations et des forages. C'est à partir de la phase historique des LAMIDATS présentée, que des PEULS sédentaires, vont s'engager dans la voie d'une hiérarchisation sociale marquée. Les principes qui président la stratification sont : le savoir, l'âge et la liberté.

On a d'un côté :

- Les Nobles RIMDE, descendants des guerriers ou marabouts, propriétaires des troupeaux et pasteurs. Ils ne pratiquent pas l'artisanat, sauf les femmes qui font de la vannerie et tissent des nattes.
- Les Gens de Caste. Artisans, griots, artistes.
- Les RIMADIE, serviteurs.

Chez les populations nomades PEUL-MBORORO :

Par contre chez les Nomades, majoritaires en RCA, la structure sociale est plus égalitaire.

```
LE CHEF DE CLAN ou ARDO
Assisté de son CONSEIL DE NOTABLES
CONSEIL DE SAGES
```

Les Clans n'ont pas d'ancrage territorial.

(i)1.3 Le Chef de Clan ou ARDO

Le CHEF de CLAN ou ARDO est le guide de la famille, qui la représente à l'extérieur ; le terme veut dire "celui qui marche devant". C'est lui qui récolte les impôts, la Zakat musulmane, et qui rend justice à l'intérieur de son campement. Il est assisté par le CONSEIL DE NOTABLES et LE CONSEIL DE SAGES. Ses conseillers sont appelés ALKAALI. En RCA, « la plupart des ARDO centrafricains disposent de 2 à 6 conseillers, dépendant de la taille de leur communauté, auxquels il est fait appel lorsqu'un cas leur est soumis ».

Il n'a pas de pouvoir de coercition et « l'application de ses décisions *dépend de sa capacité de persuasion ainsi que de la pression sociale qui le soutient.* Un ARDO peut être déchu et remplacé sous le poids de la pression sociale. Plus souvent, il peut être délaissé, car si l'on ne peut changer de lignage, chacun peut, à titre individuel ou pour le compte de sa famille restreinte, décider son attachement à un autre Ardo ou même à un chef non-Peuhl ».

C'est un poste héréditaire : « le plus souvent, les aînés de ses descendants mâles en ligne directe. Toutefois, les qualités personnelles des prétendants (en général les fils, éventuellement les frères et parfois des prétendants extérieurs à la famille proche) sont examinées par les anciens du lignage. Ainsi, le fils aîné ne succède pas obligatoirement à son père. Discernement et sagesse sont les principales qualités requises, et un prétendant peut être évincé pour cause d'inconséquence intellectuelle ou inconduite morale (2004 : 11-12).

Entre les ARDO, il n'y a pas de véritables rapports hiérarchiques « mais des différences de prestige et de protocole existent, dues d'une part à leur personnalité, et d'autre part à l'ancienneté de la « chefferie » et au nombre de gens qui la composent. Il est celui qui indique quelle est la route à prendre pour le troupeau. Il décide après consultation du CONSEIL DE NOTABLES. C'est aussi lui qui envoie le troupeau au bain dès qu'il a trouvé quelques tiques sur des animaux. Même si l'ARDO décide de s'installer, les notables, en transhumance, reviennent chaque année à proximité du bain « détiqueur » où réside l'ARDO de son clan. On trouve des bains en RCA entre autres :

- À l'Ouest : Bouar, Niem, Bocaranga, Sarki,
- Au centre-Est : Bambari, Bokolobo, Dahouya-Kerela (Ippy), Tambia (Alindao), Langandi (Mobaye).

PEUHL-FOULBE et PEUHL-MBORORO, deux populations avec une origine commune mais une Organisation tout à fait distincte, liée à deux modes de vie : sédentarisme et nomadisme.

(i)2 Autres personnages-clés

Le MOODIBO (MARABOUT) : représentant du savoir musulman. Il a un rôle religieux et comme guérisseur. Il connaît le Coran et a des pouvoirs divinatoires et thérapeutiques.

(i)3 Évolution actuelle de la structure du système (exemple de cas : groupement de Bossangoa, villages (campements) Sembé V & Sembé I – Région de Yadé)

M. LE MAIRE de BOSSANGOA ETHNIE : GBAYA
M. LE CHEF DE QUARTIER : ETHNIE : GBAYA
CHEF DE CAMPEMENT OU ARDO
CONSEIL DE NOTABLES
CONSEIL DE SAGES

1 seul pour les 2 campements

(i)3.1 Le Chef de campement ou Ardo

Dans les 2 cas, c'est le même ARDO, résidant à SEMBE V. Selon les enquêtes : « Nous avons un seul chef. Les PEULHS et les MBORORO, nous sommes de la même famille, nous avons la même origine, nous nous sommes toujours entendus. ». Et cela malgré le fait que dans le passé " soit par connivence, soit par ignorance, les administrations coloniales vont couvrir une domination des MBORORO par les chefs islamisés, notamment les FOULBE (...) Un rapport administratif note simplement : Il faut tenir compte de l'animosité qui règne entre les FOULBE et les MBORORO, ces derniers étant fréquemment exploités" [90].

L'ARDO : est un vieux qui est alphabétisé. Lui seul prend les décisions après consultations. Il décide du chemin en brousse comme traditionnellement ». Au campement SEMBE I, il y a un vieux notable qui participe au Conseil de Notables et le représente.

(i)3.2 Conseil des notables

Critères de sélection :

« Être capable de défendre les intérêts du campement. En fonction de son degré de sagesse et de ses compétences ».

---

[90] *BOUTRAIS 1990 : 78*

87

Composition :

CAMPEMENTS MBORORO	COMPOSITION
Commun à SEMBE V et SEMBE I	6 hommes adultes 1 femme adulte : ALIMA 4 jeunes (2 jeunes filles et 2 jeunes garçons)

Réunions : à la demande.

Fonctions :
- S'occuper des relations avec les agents extérieurs,
- Veiller sur le bon fonctionnement des groupements et leurs activités,
- Choix liés à la transhumance,

Prise de décisions : Pour les enquêtées, la présence d'une femme dans le lieu de prise de décisions est très importante pour défendre et pouvoir transmettre les besoins et problèmes des femmes. Mais il y a une discipline à suivre, les femmes ne peuvent pas discuter directement avec les hommes.

Les hommes aussi doivent garder les formes : chacun doit être à sa place. Les jeunes entre eux, les aînés également. Les hommes mûrs ne s'assoient pas à côté des vieillards. Les jeunes apportent à manger et ils enlèvent leurs chaussures.

(i)3.3 Conseil des sages

Critère de sélection : Sagesse, et âge avancé, présidé par le plus vieux notable du campement.

Réunions : à la demande.

Fonctions :
- Si problème interne au campement c'est eux qui tranchent. Voir procédure de résolution des conflits.
- Problèmes de couple,
- Problèmes en famille, entre frères.

Même ceux qui sont en brousse viennent voir le Conseil de Sages de SEMBE V.

(i)3.4 Pour les autres personnages-clés

Par rapport aux AUTRES PERSONNAGES-CLÉS : Il existe plusieurs Modibo-Marabouts de prestige dans les 2 campements. Ils ont des medersas et il y a des gens qui viennent de loin pour leur consulter.

(i)3.5 Gestion des conflits au niveau intra et intercommunautaire

Si un membre du campement est déviant : Le Conseil des Sages isole l'individu déviant et on procède à la cérémonie du Kola : « on ne lui parle plus, on ne le salue plus, on ne mange plus avec lui. On achète des noix de kola, on fait publiquement une distribution mais on ne lui en donne pas. C'est à lui de revenir demander pardon. S'il demande pardon, le Conseil achète de la kola et refait une distribution publique en partageant avec lui. C'est le signe qu'il est revenu dans la communauté ». Les conflits graves relèvent de la police ou de la gendarmerie.

Si problème entre campements PEULHS : « Traditionnellement nous réglons les conflits sous l'arbre BARKHEHI ; déjà tu prononces son nom et c'est la paix. Il symbolise l'identité peulh (...) BARKEHI (BAUHINA RETICULATA. La maison de l'ARDO est entourée à SEMBE V de 3 arbres de Barheki.) : la simple évocation de cette feuille suffit à apaiser les esprits «je suis fils de, fils du barheki, j'ai été rasé au lait, c'est la base de notre identité ».

Actuellement la communauté vit certains disfonctionnements , car avant il n'y avait que le système de justice traditionnelle. Maintenant une bonne partie des règlements de conflits se passe au niveau du Tribunal et les décisions ne sont pas opérantes. De plus ils ne tiennent pas compte des rituels de réintégration.

Si problème avec d'AUTRES ETHNIES :

Ils ont été victimes de groupes rebelles comme celui de BABALADE ainsi que des dites Zarguina : « Ils ont pris notre moyen d'existence et notre identité : les bœufs. »

Avec les autorités, ils ont eu beaucoup de problèmes. « À l'époque du FNEC, ils étaient en harmonie avec les services de l'ÉTAT. Le FNEC a disparu et ça a entraîné plus de problèmes. On leur donne des amendes, s'il y a réunion, on les évite et s'il y a un don, ils ne bénéficient de rien. »

(ii) Cas des Houassa

(ii)1 Exercice du pouvoir

Au sein de la société centrafricaine, où sont des populations minoritaires et allochtones, ils continuent à garder certains éléments de son Organisation politique traditionnelle, qu'il faut connaitre pour mieux comprendre sa situation actuelle.

Société traditionnellement fortement Hiérarchisée et Gérontocratique. Un premier clivage est fait entre les Clans animistes (ANNA, AZNA ou MAGUZAWA) présents surtout en milieu rural, et les Clans musulmans. Un deuxième principe de stratification est la liberté.

On trouve :
- Les hommes libres (nobles et gens du commun),
- Les captifs « descendants d'autochtones soumis ou d'esclaves achetés" [91]. On estime que vers la fin du XIXème siècle, la moitié de la population HAOUSSA était composée d'esclaves. BOUTRAIS (1984).

Dans tous les cas, la présence des femmes au sein du pouvoir était reconnue car « très tôt en pays HAOUSSA, les femmes pouvaient et détenaient des rôles institutionnalisés avec pouvoir politique et religieux » [92].

(ii)1.1- Clans animistes

CHEZ LES ANNA :

CLAN
Chef de Clan : MAGAJI

Le clan est dirigé par le MAGAJI, chef politique, prêtre et gardien des traditions. À l'intérieur, le clan est régi selon le principe des séniorités par classes d'âge.

---

[91] *Ibid. 1984 : 256*
[92] *AYESHA 1991 : 1*

(ii)1.2- Clans musulmans

CHEZ LES MUSULMANS :

CHEFFERIE HAOUSSA-SARAUTA
CHEF DE LA CITÉ : SARKI
HAUT DIGNITAIRE
CONSEIL DE NOTABLES
CHEFS DE QUARTIERS
MAITRES DE MAISON

Ils se sont organisés principalement en capitales fortifiées, des cités-États (BIRNI), qui avaient besoin des razzias pour obtenir des armes, des esclaves, des chevaux... Une des sources des esclaves étaient les populations de la RCA.

(i) CHEF DE LA CITE : SARKI

À la tête de la cité, le SARKI, Haut dignitaire s'occupait de l'administration directe caractérisée par des rapports de clientèle et de loyauté entre les individus. En son absence le SARKI peut déléguer le pouvoir à une de ses sœurs. Il est élu par tirage au sort par le CONSEIL DE NOTABLES entre les hommes d'une Dynastie donnée. L'accession au pouvoir fait l'objet d'une cérémonie d'intronisation. Les cités se divisent en quartiers qui rassemblent les populations d'une même origine, exerçant un même métier. Chaque quartier a son chef.

(ii) LES MAITRES DE MAISON-MAIGUIDA

Les familles occupent des concessions qui sont des unités de production et reproduction, composées « de frères germains, de demi-frères et/ou cousins paternels parallèles, ainsi que des familles de leurs fils. L'homme le plus âgé est le chef de l'enclos, mais il n'a pas nécessairement autorité sur tous les membres, car souvent, surtout dans le cas de frères de mères différentes, le chef de la famille nucléaire peut être indépendant juridiquement du chef d'enclos [93].

Le "Maiguida" doit subvenir aux besoins de tous les membres de la famille : nourriture, vêtements, logement. Il arrange les mariages et choisit les noms des enfants. Pouvoir qui se maintient, même à l'extérieur du pays HAOUSSA, comme chez les HAOUSSA installés en RCA.

---

[93] *RIESMAN 1966 : 84*

(ii)2 Autres personnages-clés

- MARABOUTS : représentant du savoir musulman il a un rôle religieux et intervient comme guérisseur.
- SARKI BORI : prêtre rituel et chef de la confrérie qui détient le culte de BORI. Les INVULNÉRABLES: «
- Les INVULNÉRABLES : « À l'origine, les "Invulnérables" étaient les boucliers vivants du souverain. Ils affirment détenir un secret qui les protège des armes blanches et des cornes des animaux. De nos jours, ils sont un peu comme une police de village, qui se sert de ses pouvoirs pour aider à retrouver les voleurs (...) On les trouve souvent sur les marchés ou dans les grands rassemblements, où ils se produisent pour de l'argent. Leurs apparitions font l'objet de toute une mise en scène. Ils gardent jalousement leurs secrets, qui ne se transmettent souvent que de père en fils. Les femmes peuvent toutefois également être initiées.

(ii)3 Gestion des conflits au niveau intra et intercommunautaire

Le marabout ou l'imam joue un rôle de médiateur en cas de conflit, vu sa respectabilité.

1.2- Les systèmes éducatifs dans le contexte traditionnel et leur situation actuelle

***

*« Le but poursuivi par l'éducation (traditionnelle) est de parvenir à un équilibre naturel en faveur de la société, **en préparant l'homme à prendre soin de lui et à se prendre en charge pour sa survie, de créer la paix et la prospérité dans l'existence du clan et de l'ethnie.** C'est donc dans ce sens qu'est orientée l'éducation traditionnelle chez les peuples de la société centrafricaine avant l'arrivée de l'éducation moderne, laquelle éducation traditionnelle n'a pu résister face à l'introduction de l'enseignement colonial. » (Yérime Banga, 2017)*

***

*« « **toute société n'existe et ne survit que grâce à l'éducation, c'est-à-dire à travers la transmission d'une tradition, d'une culture** » et « qu'il n'existe pas de société qui puisse se passer de l'éducation de sa jeunesse[94] ». Chez tous les peuples de la terre, **l'éducation est un fait culturel qui s'impose.** » (idem)*

***

*« Et **du point de vue culturel, l'éducation et la socialisation de l'enfant restent le domaine où se fait l'unité culturelle du monde négro-africain,** puisque partout se trouve la même conception de l'enfant et de l'approche pour son intégration en société. » (idem)*

***

---

[94] *NDONGMO, M., (2007), Éducation scolaire et lien social en Afrique noire : Perspectives éthiques et théologiques de la mise en place d'une nouvelle philosophie de l'éducation, Paris, L'Harmattan, p. 147.*

1.2.1- Le poids de la communauté dans l'éducation

***

« À travers l'éducation, l'homme acquiert donc des qualités purement humaines qui l'inscrivent dans un registre de disciplines, d'ordre et d'autorité préconisés par la société. C'est pour cela que **l'éducation est pensée et planifiée par la société et qu'elle est mise en œuvre par les adultes (éducateurs) qui sont la représentation symbolique de l'ordre et de l'autorité de la société** *auprès des jeunes générations. » (Yérime Banga, 2017)*

***

Le poids de la communauté villageoise dans l'éducation des enfants et des jeunes dans le passé était très important et se maintient encore chez les AKA. Mais cette éducation est regrettée et en voie de disparition chez les NGBAKA, les MANDJA ou les BANDA.

Dans certaines communautés, les groupes d'âge continuent d'avoir un poids spécifique dans l'éducation des enfants comme chez les MBORORO, ou les AKA. Les jeunes se réunissent, font des causeries. Et ceci peut bien être repris par les agents de développement communautaire. Les valeurs de solidarité, le respect des aînés, la politesse sont communs à tous les groupes ethniques. Certains comme les GBAYA et le YAKOMA-SANGO prônent une forte dépendance du sujet. Les autres comme les PEUL MBORORO et les NGBAKA préfèrent la patience et la non violence.

Les enfants prennent des responsabilités depuis qu'ils sont petits et en accompagnant l'adulte ils apprennent leur rôle au sein de la famille et de la communauté villageoise. On apprend en regardant, sans questionner l'adulte. Mais la scolarisation des enfants est parfois vécue comme un frein pour l'apprentissage des activités économiques traditionnelles de chaque communauté.

Les rituels d'initiation, si riches dans le passé, ont perdu le protagonisme dans certains groupes comme les GBAYA. Par contre chez les MANDJA, les GULA, les SARA, ils sont maintenus. Chez les PEUL MBORORO rencontrés, malgré leur volonté de continuer avec ceux-ci, le manque de bœufs a disloqué tout leur système. C'est ainsi que ces rituels ne jouent presque plus le rôle d'encadrement des jeunes, de transmission de l'identité du groupe et de lieu d'apprentissage, des savoirs techniques à l'éducation à la vie sexuelle et au mariage. Ceci aurait déjà une expression dans le comportement « déviant » de jeunes. Dans certains cas, comme chez les BANDA interrogés, l'Église est en train de prendre le relais. Mais cette vie rituelle peut être un atout pour l'agent de développement communautaire, tant que son contenu ne constitue pas une atteinte contre les droits de l'homme, comme c'est le cas chez les MANDJA ou l'on pratique encore l'excision des jeunes filles. Il ne s'agirait pas d'enlever le contenu culturel du rituel, mais la violence du contenu. Des expériences similaires sont connues à ce propos, par exemple en Gambie et ceci, avec l'appui de l'UNICEF.

1.2.2- Synthèse des éléments des Systèmes éducatifs traditionnels

***

« L'éducation traditionnelle africaine relève d'abord d'une conception cosmogonique[95], c'est-à-dire comment l'homme se situe dans l'univers par rapport aux créatures existantes. Il convient de partir d'une approche socio-anthropologique pour saisir toute la dimension dynamique de cette réalité. »
(Yérima Banga, 2017)

***

1.2.2.1- Éducation familiale et communautaire

***

« … la fixation des tranches d'âges en catégories qui correspondent aux différentes périodes de l'évolution de l'enfant et de l'adolescent et qui appellent l'adaptation des niveaux de formation conséquents (méthodologie et pédagogie), comme on en trouve dans l'organisation éducative occidentale. *La première catégorie va **de la naissance à six ans où l'enfant est confié essentiellement à la charge de la mère en famille**. La deuxième est celle qui comprend **les enfants âgés de six à dix ans, et qui sépare les garçons des filles. Les enfants formant cette catégorie sont impliqués dans le travail domestique. Ils s'adonnent également à des activités ludiques. Mais les filles sont toujours séparées des garçons.** La troisième catégorie englobe **les enfants ayant entre dix et quinze ans. Ils vont s'intégrer dans l'intimité des hommes ou des femmes selon leur sexe respectif. Ils prennent de plus en plus part aux travaux « genrés » et suivis de près par les adultes.** Les manifestations publiques réservées aux adultes leur sont ouvertes pour qu'ils voient, entendent, découvrent et cherchent à comprendre ce qui se vit en société. C'est la période de l'apprentissage par excellence auprès des adultes et des professionnels reconnus comme tels par la communauté et qui forment les corporations professionnelles. Enfin, il y a la dernière catégorie **qui commence à partir de quinze ans qui est l'âge marqué par le passage initiatique rituel*** avant de devenir pleinement responsable et autonome en société. »*
(Abdou Moumouni cité par Yérima Banga, 2017)

***

*« On remarque même de nos jours **chez les pygmées**[96], qui sont restés très primaires dans leur mode de vie et qui ne sont pas touchés par les préoccupations de la vie moderne à l'occidentale **un profond ancrage à la tradition séculaire de leurs ancêtres dont l'éducation se perpétue.** Pourtant ils sont manifestement autonomes et épanouis dans leur milieu de vie et ne connaissent pas le chômage parce que **leur système d'éducation est conçu pour préparer les jeunes au travail, et les inviter à être productifs en économie domestique pour l'intérêt de leur communauté.** Leur éducation les prépare à être responsables dans la vie, à mener leur existence de façon autonome, sans être à la charge des autres. C'est donc le côté pragmatique de l'éducation traditionnelle africaine à laquelle toute la société ancestrale était soumise. » (Yérima Banga, 2017)*

***

- Rôle du père (cas de Gbaya): celui qui doit éduquer les garçons, en spécial à partir de l'âge de 7 ans.

---

[95] *A ce propos, se référer aux travaux du Père Willy EGGEN qui présente la dimension cosmogonique de l'éducation dans la société traditionnelle de Centrafrique*
[96] *Cf. KOULANINGA, A., (2009), L'éducation chez les pygmées de Centrafrique, Paris, L'Harmattan.*

- Rôle partagé avec le chef du village (cas de Gbaya).[SEP]
- Rôle de la mère : éduquer les filles (cas de Gbaya).
- Les 2 parents sont responsables (cas de Mandja). IL y a une transversalité même si léger accent du père sur l'éducation des garçons et de la maman sur les filles.[SEP]Mais il arrive qu'il n'y ait pas entente entre mari et femme et le mari vient contester la décision de la maman: «Et c'est comme ça que les enfants en profitent et deviennent têtus» Et la femme ne peut pas contrarier le mari car femme et enfant lui «appartiennent»: «Il a dépensé son argent pour la dot, il a droit sur nous».
- Education Communautaire (cas de Mandja): ne se pratique plus, De temps en temps, les vieux rassemblent les enfants sous un arbre comme avant pour les éduquer ou bien au moment de la circoncision.

Il n'y a plus l'éducation communautaire à travers des rituels comme la circoncision ou on profite du groupe pour donner des conseils, le respect, comment on le fait à la chasse.

1.2.2.2- Valeurs à transmettre

***

*« … l'objectif de l'éducation consiste à **préparer les jeunes à respecter la tradition et les classes pour conférer à l'existence de la société, cohérence, paix, prospérité et bonheur** afin de perpétuer l'existence du clan et de l'ethnie. » (Yérima Banga, 2017)*

***

*« Ainsi, l'éducation traditionnelle répondait à une logique interne bien pensée par la société traditionnelle qui **prenait en compte les besoins personnels de l'enfant dans son développement, sa maturation et les besoins de la société dans ses attentes**. Il existait bien un curriculum[97], bien que non écrit, qui était pris en compte par les adultes dans ce travail de formation et d'éducation que la société accréditait d'une manière ou d'une autre. » (idem)*

***

*« … **c'est la société qui détermine et organise un corpus de savoirs à transmettre aux jeunes générations** pour les besoins et le développement harmonieux de la communauté. Toute société établit aussi un ordre pour sa propre survie, ordre pour lequel repose l'autorité à travers les éducateurs. » (idem)*

***

Cas Sango-Yakoma :

- L'indépendance, L'entente,La solidarité,La Recherche de vérité,

---

[97] *On définit le curriculum comme «la conception, l'organisation et la programmation des activités d'enseignement/apprentissage selon un parcours éducatif. Il regroupe l'énoncé des finalités, les contenus, les activités et les démarches d'apprentissage, ainsi que les modalités et moyens d'évaluation des acquis des élèves ». Cf. MILED, M., (2005), Un cadre conceptuel pour l'élaboration d'un curriculum selon l'approche par les compétences, La refonte de la pédagogie en Algérie - Défis et enjeux d'une société en mutation, Alger : UNESCO-ONPS, pp. 125-136. Voir en ligne http://www.bief.be/docs/divers/elaboration_de_cv_070110.pdf et lu le 22/05/2016.*

L'exaltation de l'innocence, La recherche de la qualité

- Le Sens de l'humour et de l'ironie, Le discernement,
- Le respect du droit d'aînesse
- il y a une forte hiérarchie dans la fratrie :
- il existe la notion du droit d'aînesse avec une incessante remise de cadeaux des cadets aux aînés, des plus jeunes aux plus âgés, d'une génération à la précédente.
- De plus le jeune frère doit un respect obligatoire à son grand frère. Le petit frère ne peut pas s'assoir avec la femme du grand frère.

Cas des Mandja

- Respect de l'autorité,
- Solidarité,
- La faute d'un des membres du groupe entraine la responsabilité de tous,
- Ne pas mentir.

Obéissance envers les adultes (cas des Sango-Yakoma)

Les enfants doivent obéir sans condition aucune. Actuellement et du point de vue des enquêtés, les enfants n'obéissent plus à leurs parents comme cela se devrait. Les raisons données sont:

- « l'éducation moderne se substitue à l'éducation traditionnelle. Avant on écoutait plus, quand on allait aux champs, à la chasse, à la pêche, pendant la circoncision, la communauté et les parent y enseignaient les enfants. Maintenant c'est seulement le père seul qui le fait sinon elle n'a plus lieu»
- « A l'ancienne époque il n'y avait pas le vagabondage. Les parents veillaient. Maintenant avec les nouveaux canaux de communication les enfants oublient certaines notions importantes comme l'obéissance ».
- « Les enfants dans certains cas consomme précocement de l'alcool et certaines drogues, c'est pourquoi beaucoup de parents enquêtés demande de l'aide à certaines organismes et ONG pour permettre la vulgarisation de l'interdiction de vente de l'alcool aux mineurs et aussi l'accès à certains film ».
Mais selon les JEUNES:
- « leurs parents ne leur paient pas les études, les habits et se sentent comme abandonnés. Ils perdent la notion du respect qui leur est dû puisque les parents ne font rien pour eux ». Les adultes durant l'enquête ont demandé l'appui pour la

création d'un centre pour les jeunes non scolarisés. Pour les former, les occuper et aussi pour leurs loisirs.

1.2.2.3- Moyens de transmission des valeurs et savoirs

***

*« ... la scolarisation n'est pas le seul mode de socialisation et de formation des nouvelles générations, car d'autres sociétés ne l'ont pas connu dans leur histoire culturelle et l'école n'était pas leur apanage. Par conséquent, **l'école n'est pas le seul lieu de formation et de transmission des savoirs et des savoir-faire, des connaissances intellectuelles, techniques, humaines et morales, etc.**, même dans les sociétés hautement scolarisées, ce processus ne se réalise pas entièrement par l'école, celle-ci n'est qu'un mode parmi d'autres. **Il en était de même pour l'éducation avant l'arrivée de l'Occident en Oubangui-Chari où la scolarisation n'était pas une forme connue dans la société traditionnelle.** Mais elle avait sa forme spécifique pour socialiser et éduquer les jeunes générations. »* (Yérima Banga, 2017)

***

*« Le système éducatif traditionnel avant la colonisation a été profondément perturbé par l'introduction de **l'école moderne en Afrique**. **Celle-ci a fini par évincer les structures autochtones[98] de formation** qui consistait à introduire le jeune dans son processus de maturation humaine et d'intégration sociale. En bouleversant les fondements sociétaux de la vie précoloniale, **elle a déstructuré tout le paysage culturel qui pendant longtemps a porté les sociétés africaines dans leur existence et dans leur mode de vie**. »* (idem)

- Accompagnement des adultes,
- Jeux (très importants chez les adolescents et les adultes),
- Contes,
- Danses et Rituels.
- Le soir les grands parents leur racontent l'histoire du village, de la famille et des MANDJA.
- Les NGBANDI ont des chants et danses traditionnelles comme le :
- Gbaduma : « danse très "saccadée" et physique, elle se danse en agitant son dos de manière convulsive et le bassin aussi ».
- et le Lengué : beaucoup moins physique. Sa particularité est qu'il se danse avec des hochements de tête et des épaules en avançant avec des petits pas en avant et en arrière et puis à gauche et à droite.

Remarque : L'Eglise a pris en grande partie le relais dans la transmission des valeurs avec des sorties, des groupes de scouts.

1.2.2.4- Transmission savoirs techniques

***

---

[98] *Se rapporter ci-dessous aux différents groupes initiatiques ou sociétés secrètes qui avaient mission d'assurer l'éducation de la jeunesse selon les rites traditionnels*

*« Les travaux de Zoctizoum YARISSE (1983) sur le rôle de l'éducation traditionnelle en Centrafrique font ressortir que **le système reposait essentiellement sur des sociétés secrètes ou initiatiques** et il donne les principales sociétés dont **le Gaza, le Ngarangué, le Labi et le Gombanda.** Les jeunes étaient séparés de leurs familles et amenés à partir de dix à douze ans dans ces sociétés pour y être initiés et … » (Yérima Banga, 2017)*

***

«… Celles-ci se chargeaient de leur éducation pendant plusieurs années. Le nombre d'années était réduit pour les jeunes filles. La conception philosophique et sociale de ces sociétés reposait essentiellement sur l'ascétisme, l'honneur et la croyance au culte des ancêtres. La plupart des dirigeants des révoltes paysannes anticoloniales étaient formés dans ces sociétés ancestrales (par exemple Karinou) » (Zoctizoum, 1983) »[99].

***

- L'enfant doit apprendre les compétences des adultes.

Objectifs de l'éducation technique

- Education purement fonctionnelle,
- Adaptation,

Contenu de l'éducation technique des garçons

- Voir Rituels chez les Gbaya, Mandja
- Voir Rituel de la Circoncision et Ngakola (cas Mandja).

Contenu de l'éducation technique des filles

- Voir Rituels chez les Gbaya, Mandja
- En accompagnant sa maman depuis petite (cas Mandja).

1.2.2.5- Etapes de l'éducation traditionnelle

***

*« … la fixation des tranches d'âges en catégories qui correspondent aux différentes périodes de l'évolution de l'enfant et de l'adolescent et qui appellent l'adaptation des niveaux de formation conséquents (méthodologie et pédagogie), comme on en trouve dans l'organisation éducative occidentale. La première catégorie va **de la naissance à six ans** où l'enfant est confié essentiellement à la charge de la mère en famille. La deuxième est celle qui comprend **les enfants âgés de six à dix ans**, et qui sépare les garçons des filles. Les enfants formant cette catégorie sont impliqués dans le travail domestique. Ils s'adonnent également à des activités ludiques. Mais les filles sont toujours séparées des garçons. La troisième catégorie englobe **les enfants ayant entre dix et quinze ans**. Ils vont s'intégrer dans l'intimité des hommes ou des femmes selon leur sexe respectif. Ils prennent de plus en plus part aux travaux « genrés » et suivis de près par les adultes. Les manifestations publiques réservées aux adultes leur sont ouvertes pour qu'ils voient, entendent, découvrent et cherchent à comprendre ce qui se vit en société.*

---

[99] *ZOCTIZOUM YARISSE, op. cit., 1983, p. 33.*

*C'est la période de l'apprentissage par excellence auprès des adultes et des professionnels reconnus comme tels par la communauté et qui forment les corporations professionnelles. Enfin, il y a la dernière catégorie **qui commence à partir de quinze ans qui est l'âge marqué par le passage initiatique rituel** avant de devenir pleinement responsable et autonome en société. »*

(Abdou Moumouni cité par Yérima Banga, 2017)

***

« Aussi, l'enseignement initiatique vient comme pour assumer la totalité du processus éducatif. En effet, se plongeant dans certains rites traditionnels du Congo, Pierre ERNY reconnaît le rôle de l'enseignement initiatique qui est « d'instruire sur les techniques traditionnelles, les mystères de la vie et les forces bienveillantes, sur l'éloquence et la langue secrète, le rituel, la sagesse, le formulaire protocolaire, la hiérarchie sociale. Ils enseignent l'amour (dans tous les sens) et la solidarité clanique, les valeurs admises dans le groupe, les droits politiques et individuels » [100]*. Cet enseignement est donc appelé à être holistique, car il prend en compte les dimensions religieuse et civique, juridique et littéraire, économique et sociale pour permettre à la jeunesse de participer activement à la vie du groupe. Les thèmes de la cosmologie et de l'étiologie y sont abordés, les notions de valeurs de la société soulignées, les concepts de la femme idéale et de l'homme idéal sont exposés. Enfin pour être complet, l'instruction sur le plan technique, artisanal et agricole n'est pas mise de côté. » (idem)*

***

L'éducation traditionnelle se réalise principalement à travers des rituels.

(a) Cas des Gbaya:

- La prime enfance jusqu'à ce que le bébé marche et parle : La vie de la fille jusqu'à ce qu'elle sache marcher ne diffère pas de celle du garçon. Seule une parure la distingue car à partir du 3eme mois elle porte une ceinture sur les hanches qui marque plus que tout autre chose le sexe de l'enfant.
- Jusqu'à la circoncision (5 ans) : l'enfant est intégré dans sa famille,
- De 5 ans à l'âge de 10–11ans :
  - Pour les garçons, époque de liberté presque complète. Seule contrainte: rentrer le soir à la case. Après, reprise en main autoritaire.
  - Pour les filles : elle est obligée de suivre sa mère.

(b) Cas des Mandja:

(i) Rituel de la circoncition des garçons : à 5 ans aucun rite pratiqué.

On le fait par hygiène. Elle est faite de case en case par un spécialiste. Elle marque l'âge à laquelle l'enfant se sépare de sa maman. Selon les enquêtés: «avant on

---

[100] *ERNY, P., (1987, 180).*

faisait des regroupements, maintenant ça se fait à l'hôpital dès que les enfants ont 4-5 ans. Dans les villages on continue à faire parfois traditionnellement, parfois on appelle l'infirmier.

(ii) Rituel de l'initiation des garçons - Lagbi : à 7 ans

LAGBI veut dire cœur, courage. Facteur de lien extrafamilial dans une société acéphale. Ils reçoivent une formation physique, morale et religieuse. Immersion traditionnelle dans la forêt. Jour de départ inconnu. Le séjour en foret peut durer jusqu'á 10 ans. Il y a un bain de purification pour favoriser la communication de l'enfant avec la nature. Le bain se déroule en présence du FETICHEUR SORCIER, qui invoque les forces de la nature: «Toi dieu LAGBI, seigneur des arbres, dieu de nos aïeux, je t'implore () purifie cet enfant et par ta puissance donne lui le pouvoir de communiquer avec ses ancêtres ; que dans ses actes d'enfant, il renonce à tout vandalisme de la nature comme le feu de brousse, la pollution, car dans le livre sacré des LAGBI il est écrit ceci : qui détruit la nature, la nature le détruira. Préserve la nature car elle symbolise et résume ton passé, tes ancêtres, ton dieu» (PETIT FUTE 2007: 50).

On apprend une langue secrète, la langue Lagbi : «destiné à légitimer le statut des initiés en tant que groupe social solidaire mais temporaire (il n'est plus utilisé après l'initiation, sinon comme marqueur d'appartenance sur le mode de l'évocation), est un argot dont seul le lexique diffère de la langue maternelle. Les termes de base, non motivés, sont peu nombreux, la majorité du vocabulaire étant formée par composition, dérivation et sur tout jeu sur les mots (charades, homonymies et synonymies traduisant des termes gbaya). Une telle organisation linguistique garantit la non-compréhension par les profanes, et facilite l'apprentissage par le caractère motivé des associations d'idées délibérément mises en œuvre pour la formation des mots » (MONINO 1987:220).

(iii) Rituel de l'initiation des filles à l'adolescence : excision

Selon les enquêtées : «Avant on faisait maintenant seulement en brousse. A l'âge de 14-15 ans, parfois même à 20 ans, on amène les jeunes filles en brousse, pendant 1 ou 2 mois, Dès qu'une fille a des seins il faut la circoncire. Même après le mariage tu dois le faire. Sinon tu auras les injures des autres. C'est la coutume C'est comme ça. On frappe la fille. On montre comment faire l'amour avec le mari»

(iv) Rituel mixte de préparation à l'âge de 10 ans : Dogoé

Ce rituel d'une phase pour les enfants à partir de l'âge de 10 ans. Initiation qui mêle sexes et catégories d'âges. On mélange avec hommes et femmes de moins de 30 ans. Danses préparatoires durant plusieurs jours, intronisations dans un cours d'eau, marque par une scarification, danse publique. Retraite de quelques jours dans une case aménagée hors du village, enfin sortie d'initiation avec cérémonie publique quelques mois ou une année après.

(c) Cas des Banda:

(i) Maturité sociale de l'homme

Cas des Banda :
Il y avait un autre rituel : on prenait les enfants circoncis et on les amène en brousse pendant 3 mois. La bas, on leur apprenait un langage codé, le comportement des animaux, comment faire en cas de danger. Cette langue sécrète est encore parlé. Il existe des Sociétés d'initiation: NGAKOLA.

(ii) Maturité sociale de la femme

A ses premières règles. (cas des Banda)

(d) Cas des Peuls-Mbororo:

Débute avec le **baptême et finit à l'âge de 63 ans** : 3 séquences de 21 ans

De 0 à 21 ans:

Enfance : apprentissage, liberté de mouvement et scolarité.
Jeunesse: passage aux contraintes de l'âge adulte. Très préoccupé par la beauté et la liberté de mouvement. Ils/elles vont sur les marchés vendre du lait. Liberté de relations sexuelles.

21 ans de pratique,

21 ans d'enseignement,

(e) Cas de diverses ethnies :

(i) Rituel de l'initiation des jeunes garçons Ngbati : à 11- 12 ans

A lieu une fois tous les 5 ans. Il s'agit tout autant d'une épreuve de coercition éducative destinée à faire réfléchir les jeunes garçons. On le persuade que c'est dangereux d'agir seul contre les siens. Contenu éducatif avec tout ce qui est nocif pour la société (VIDAL 1976: 104).

(ii) Passage à l'adolescence

On taille les incisives des jeunes garçons et des jeunes filles (cas des Sara et Aka). Pour les Peul-Mbororo, il y a un grand rassemblement des jeunes. Ce sont les jeunes garçons qui doivent se montrer pour que les filles choisissent. On est très préoccupé par l'image, par l'esthétique. Hommes et femmes portent des colliers, des bracelets, du maquillage depuis très jeunes. Spécialement entre 13 et 20 ans. Un homme coupe ses tresses à la base du crâne pour symboliser la fin de l'adolescence.

(iii) Passage de l'adolescence à l'âge adulte (cas des Sara)
***
*« L'enseignement initiatique vient comme pour assumer la totalité du processus éducatif. En effet, se plongeant dans certains rites traditionnels du Congo, Pierre ERNY reconnaît le rôle de l'enseignement initiatique qui est « **d'instruire sur les techniques traditionnelles, les mystères de la vie et les forces bienveillantes, sur l'éloquence et la langue secrète, le rituel, la sagesse, le formulaire protocolaire, la hiérarchie sociale. Ils enseignent l'amour (dans tous les sens) et la solidarité clanique, les valeurs admises dans le groupe, les droits politiques et individuels »*** [101]*. Cet enseignement est donc appelé à être holistique, car **il prend en compte les dimensions religieuse et civique, juridique et littéraire, économique et sociale** pour permettre à la jeunesse de participer activement à la vie du groupe. **Les thèmes de la cosmologie et de l'étiologie y sont abordés**, les notions de valeurs de la société soulignées, les concepts de la femme idéale et de l'homme idéal sont exposés. Enfin pour être complet, **l'instruction sur le plan technique, artisanal et agricole** n'est pas mise de côté. » (Yérima Banga, 2017)*
***

---

[101] *ERNY, P., (1987, 180).*

LA GRANDE INITIATION YONDO ou HYONDO (Les GULA, en contact avec les SARA, ont emprunté ce rituel des le milieu du XIXè siècle)

Elle marque la fin de l'adolescence et le début de l'âge adulte. La période d'isolement et des mortifications varie entre 1 mois et 1 an. Ce rituel a un caractère ésotérique. C'est la société secrète des HYONDOS. Sont concernées les classes d'âge des grands adolescents entre 13 et 20 ans, en spécial celles qui posent des problèmes. Pendant l'initiation ils ne vont pas à école et sont confiés à un maitre agriculteur. Elle a lieu chaque 7 ans avec une retraite de plusieurs mois en brousse. On y apprend des valeurs philosophiques, des chants, des danses (comme le Yondoola sous la conduite d'un escorteur) et une langue secrète. Le langage est hermétique, les femmes y sont exclues. On y apprend la hiérarchie et l'obéissance. Son objectif: transmission du savoir faire et des valeurs, conjuration des mauvais esprits et apprentissage des poisons maléfiques.

Les jeunes sont peints en rouge dans la brousse et par un vieillard. Les hommes SARA portent sur leurs visages les cicatrices de l'initiation aux HYONDOS.

Selon les enquêtés ces rituels sont en voie de disparition par pression des religions. Les rituels encore très présents sont, appart la circoncision et l'excision (en brousse): Rituel NGarague.

(vi) Rituel NGarague (cas des Gbaya)

Les jeunes garçons partent en brousse habiter dans une Case en paille et restent 3 mois en brousse. On forme le garçon en tant qu'homme. A la fin du séjour, ils vont à la chasse et rapportent leurs prises au village ; c'est la fête. Il y a une danse propre, le Ngarage, qu'on fête le samedi soir.

(vii) Rituel Sumali (cas des Suma) **et rituel Gonbana** (cas des Gbaya) : La différence, ce sont les danses.

C'est une formation secrète. Concerne les hommes pour les rendre capables de résister pendant la guerre, ou si un serpent les pique. « On ne peut pas dévoiler le secret de son contenu à un non Gbaya ».

(vii) Rituel d'excision ou **Ndobagne** (cas des Sara) :

On procède à l'ablation de petites lèvres et du clitoris vers l'âge de 15 ans. Une vielle femme opère le même jour un groupe d'adolescentes. Elles vont dans son village et l'opération est faite en brousse ou elles vont rester environ 1 mois. Elles rentrent au village jettent leur coiffure et se font belles. Elles reçoivent un 2ème nom. On leur fait des scarifications sur le visage.

(viii) Education sexuelle

Cas des Sara : `

- C'est la maman qui informe la fille dès l'âge de 11 ans à la maison.
- Le papa pour le garçon.
- Selon les enquêtés : « Maintenant les filles ne veulent plus écouter les conseils de la maman : Avant les vielles femme faisaient l'éducation sexuelle mais les filles ne veulent plus rester avec elles ».

Cas des Peul-Mbororo :

- Liberté de relations sexuelles. Liberté mais ils/elles doivent faire attention pour ne pas tomber enceinte. La jeune fille doit utiliser des moyens traditionnels car l'avortement n'est pas toléré. Avoir une relation privilégiée entre garçon-fille ne veut pas dire toujours avoir une relation sexuelle. Ils se font des caresses avec maîtrise de soi : cela fait partie de la poularou.

1.2.2.6- Education spécialisée : à la demande

À l'âge de 15 à 17 ans on peut commencer à apprendre le métier de forgeron (cas Mandja).

A partir de l'âge de 14 ans et jusqu'à 21 ans le garçon doit faucher l'herbe contre 1 salaire. On lui montre comment faire avec les bœufs. «On l'envoie chez un maître berger ou un grand patron, généralement des HAOUSSAS. Il va aussi vendre en ville les bœufs » (cas Peul-Mbororo).

1.3- Généralités sur le parallélisme entre l'éducation traditionnelle africaine et l'éducation occidentale

***

*« La perspicacité du travail de DESALMAND vient du parallélisme qu'il élabore et dresse entre les deux types d'éducation précoloniale et occidentale pour mieux poser le problème des **perspectives***

destinées à l'éducation traditionnelle dans une démarche de complémentarité pour le bien du système éducatif africain et de l'école occidentale de nos jours, l'un pouvant tirer chez l'autre ce qui lui manque. » (Yérima Banga, 2017)

***

« *Telle est la **préoccupation développée par Jean-Claude QUENUM** dans son ouvrage intitulé Interactions des systèmes éducatifs traditionnels et modernes en Afrique[102]. Il reconnaît que « du point de vue de leur méthode, les deux ne sont pas comparables. Mais prenant racine, chacune dans une culture donnée, elles s'intéressent toutes deux, simultanément, à la seule et même personne »[103].* »

(idem)

***

Enfin, nous terminons cette analyse consacrée à l'éducation traditionnelle en abordant l'étude de Paul DESALMAND[104] (2008). Pendant longtemps enseignant en Côte d'Ivoire (19 ans), il aborde la question de l'histoire de l'éducation en Afrique francophone en deux parties distinctes : « Des origines à la Conférence de Brazzaville » et « De la Conférence de Brazzaville à 1984 ». Il s'est surtout intéressé au développement des systèmes d'éducation en Afrique pour reconstruire l'histoire de ces systèmes et des pratiques pédagogiques. Et il présente les rapports entre l'enseignement traditionnel et l'enseignement colonial.

1.3.1- Parallélisme de DESALMAND entre les deux types d'éducation précoloniale et occidentale

La perspicacité du travail de DESALMAND vient du parallélisme qu'il élabore et dresse entre les deux types d'éducation précoloniale et occidentale pour mieux poser le problème des perspectives destinées à l'éducation traditionnelle dans une démarche de complémentarité pour le bien du système éducatif africain et de l'école occidentale de nos jours, l'un pouvant tirer chez l'autre ce qui lui manque. Il fait ressortir 17 caractéristiques des systèmes d'éducation traditionnelle qu'il met en lumière face à l'éducation classique occidentale sous forme de tableau récapitulatif.

---

[102] *QUENUM, J-C., (1988), Interactions des systèmes éducatifs traditionnels et modernes en Afrique, Paris, L'Harmattan. Cet ouvrage est initialement la thèse de doctorat que l'auteur avait soutenue en Sociologie de l'Éducation à l'Université de Paris 1 – Panthéon Sorbonne sous la supervision du Professeur Ettore GELPI.*

[103] *Cf. le dos de la couverture de son ouvrage.*

[104] *DESALMAND Paul a été enseignant en Côte d'Ivoire de 1965 à 1984. Il a consacré deux livres d'une grande qualité sur l'histoire de l'éducation en Côte d'Ivoire avec un survol général sur l'enseignement et l'éducation en Afrique francophone coloniale et post-coloniale (voire bibliographie).*

Tableau 3 : Comparaison éducation traditionnelle et enseignement occidental classique

	Éducation traditionnelle	Enseignement occidental classique
1	L'éducation se donne partout	*Un lieu spécialisé* Ce lieu, par le type de construction, sa décoration, son emplacement, tend à se démarquer nettement du milieu ambiant
2	L'éducation se donne tout le temps	*Un temps spécialisé* Séparation dans la vie de l'individu entre scolarité et vie active. Séparation dans l'année entre la période scolaire et les vacances. Séparation dans la journée entre le temps scolaire et le temps passé hors de l'école.
3	L'éducation est donnée par tous	*Un personnel spécialisé* Personnel qui par son statut et souvent par son comportement est très différent de la population concernée.
4	L'éducation est étroitement liée au milieu	*Tendance à se couper de la vie* En dépit de nombreux efforts pour que l'école ne soit pas un corps étranger, un phénomène de coupure évident.
5	L'éducation est directement axée sur les besoins de la société	*Inadéquation avec les besoins de la société* Il y a le drame de tous ceux qui sont rejetés par le système : les *déscolarisés*. Presque aussi dramatique, la difficulté d'accès à l'emploi de ceux qui sont arrivés au terme de leurs études.
6	L'intégration à la production se fait très tôt	*Coupure avec la production* Particulièrement nette dans les établissements techniques non rattachés au système de production.
7	La formation insiste sur l'esprit communautaire. Esprit de coopération	*Fort accent mis sur l'individu* Esprit de compétition
8	L'éducation concerne tout le monde	*Enseignement élitiste* On peut considérer la situation actuelle comme provisoire, mais même dans le cas d'une scolarisation à 100%, le système fonctionne comme un ensemble de filtres.
9	L'éducation à un caractère global	*Fort accent mis sur l'aspect intellectuel* L'éducation physique et l'éducation morale sont négligées. À noter aussi la faible part du travail manuel ou le discrédit jeté sur lui.
10	La société est tournée vers le maintien d'un équilibre. Des sociétés dont la préoccupation majeure est de subsister. Donc, tendance à bloquer l'innovation.	*Société tournée vers la conquête, la transformation du monde.* Une société dont la préoccupation majeure est de progresser. La tendance à innover et à créer est encouragée dans le monde des affaires. Mais l'école n'a suivi qu'avec beaucoup de retard.
11	L'esprit magique joue un rôle fondamental.	*Primauté donnée à l'esprit scientifique*
12	La religion, le sacré sont présents dans tous les actes de la vie. L'éducation, en particulier, participe souvent du sacré.	*Tendance à la laïcisation des institutions et particulièrement des institutions scolaires* Le religieux devient un domaine à part, réservé.
13	Les parents prennent une part importante à l'éducation des enfants	*Les parents restent assez en dehors de l'action de l'école* Les parents prennent peu de part à l'instruction, mais ils continuent de jouer un rôle important dans le domaine de l'éducation.
14	La vieillesse est perçue comme une valeur positive. Rôle important, en particulier sur le plan pédagogique.	*Vision péjorative de la vieillesse*
15	Les rapports entre les êtres sont des rapports personnels	*Tendance à donner la primauté aux « rapports de marchandise »* Cette tendance explique la dépréciation de la vieillesse : le vieux n'est pas « productif », « rentable ».
16	Les modèles sont élaborés par le groupe concerné, ils émanent de lui. Langue populaire.	*Les modèles et systèmes d'éducation sont importés*, imposés de l'extérieur. *Langue étrangère*
17	Les connaissances sont transmises oralement.	*Enseignement oral et écrit* avec une tendance à privilégier l'écrit.

Source : DESALMAND Paul, pp. 34-35

L'intérêt de ce tableau vient du fait qu'il met en lumière la spécificité et la particularité de chaque système tout en soulignant leurs différences et leurs lacunes respectives. De leur spécificité et de leurs différences ressortent aussi la nécessité d'une complémentarité cordiale en vue de parvenir à des interactions entre les systèmes éducatifs traditionnels et modernes, surtout dans le cadre du système éducatif centrafricain en proie à des difficultés multiformes quand bien même on ne voit pas comment ce serait possible.

1.3.2- Nécessité d'une complémentarité pour des interactions entre les systèmes éducatifs traditionnels et modernes

Telle est la préoccupation développée par Jean-Claude QUENUM dans son ouvrage intitulé Interactions des systèmes éducatifs traditionnels et modernes en Afrique[105]. Il reconnaît que « du point de vue de leur méthode, les deux ne sont pas comparables. Mais prenant racine, chacune dans une culture donnée, elles s'intéressent toutes deux, simultanément, à la seule et même personne »[106]. On remarque même de nos jours chez les pygmées[107], qui sont restés très primaires dans leur mode de vie et qui ne sont pas touchés par les préoccupations de la vie moderne à l'occidentale un profond ancrage à la tradition séculaire de leurs ancêtres dont l'éducation se perpétue. Pourtant ils sont manifestement autonomes et épanouis dans leur milieu de vie et ne connaissent pas le chômage parce que leur système d'éducation est conçu pour préparer les jeunes au travail, et les inviter à être productifs en économie domestique pour l'intérêt de leur communauté. Leur éducation les prépare à être responsables dans la vie, à mener leur existence de façon autonome, sans être à la charge des autres. C'est donc le côté pragmatique de l'éducation traditionnelle africaine à laquelle toute la société ancestrale était soumise. Ces modèles mériteraient d'être approfondis en ce qu'ils pourraient apporter pour améliorer les systèmes éducatifs de nos jours, surtout quand on se réfère au cas des jeunes formés, mais qui restent des chômeurs, faute d'emplois. D'où la nécessité de mobiliser les interactions des deux systèmes au profit de l'éducation de la jeunesse. Pourquoi ne pas reconnaître les valeurs contenues dans le système de l'éducation traditionnelle, et qui ont été mises au rebut par le système colonial qui s'est installé en Afrique avec la domination occidentale ? Ce système éducatif était plein de réalisme quand bien même on ne peut pas le mettre à égalité avec le système occidental, chacun ayant sa spécificité. Or, la mise en place du système éducatif colonial dit occidental ne s'y est pas intéressée. Il fallait donc attirer l'attention sur le fait que l'école n'est pas une invention de l'Occident et que les colons n'ont pas trouvé à leur arrivée en Afrique

---

[105] QUENUM, J-C., (1988), Interactions des systèmes éducatifs traditionnels et modernes en Afrique, Paris, L'Harmattan. Cet ouvrage est initialement la thèse de doctorat que l'auteur avait soutenue en Sociologie de l'Éducation à l'Université de Paris 1 – Panthéon Sorbonne sous la supervision du Professeur Ettore GELPI.
[106] Cf. le dos de la couverture de son ouvrage.
[107] Cf. KOULANINGA, A., (2009), L'éducation chez les pygmées de Centrafrique, Paris, L'Harmattan.

une situation de « tabula rasa » dans ce domaine. Avant eux et pendant de nombreuses années avant leur arrivée, des peuples se sont évertués sur leur terre à élaborer des modes d'existence et des cultures variées qui sont autant de réponses pour la survie de leur société en transmettant de génération en génération ce qu'ils avaient de précieux pour la construction des hommes et le développement de leur communauté.

Cependant, l'étude de ce passé précolonial en matière d'éducation traditionnelle reste lettre morte dans la mesure où nous sommes désormais dans des sociétés post-industrielles où la réappropriation des modalités anciennes, aussi brillantes soient-elles, semble inexorablement s'éloigner de nous aujourd'hui dans un monde marqué par un fort mouvement d'évolution. On ne saurait revenir en arrière pour promouvoir ce qui serait déjà caduc ou pour ressusciter des éléments historiques en voie de fossilisation. Les réalités sont toutes autres de nos jours même si on ne doit pas ignorer ce riche passé de notre histoire éducative.

Ceci expliquant cela, nous pouvons alors maintenant évoquer la question de l'introduction de l'enseignement colonial en Oubangui-Chari connu comme système d'éducation moderne dans le contexte politique de l'époque.

Chapitre 2 : Les systèmes éducatifs de la période coloniale : Oubangui-Chari

2.1- Contextes de création des premières écoles

***

« La réalité historique montre que l'effort de scolarisation demeura très limité et que la politique éducative mal prise en compte, pour autant que la population indigène fût victime de restriction volontaire ou involontaire à l'enseignement colonial. Sur le terrain, les réalisations scolaires sont souvent bien en deçà des déclarations officielles. D'ailleurs, n'est-ce pas qu'une croyance affichée poussait les Européens à craindre que l'école ne devienne un outil de sédition et permettant aux Noirs de s'émanciper socialement et politiquement puis devenir source de contestation de l'ordre politique établi ? Beaucoup de monographies[108] de l'époque ainsi que celles les plus récentes affirment de manière patente que la question de l'éducation avait étéminorée[109]. » (Yérima Banga, 2017)

***

« Cependant, l'éducation a pu être à un certain moment donné, source d'intérêt pour la consolidation et le renforcement de la stratégie culturelle coloniale. C'est ce que montre l'analyse de Elikia M'BOKOLO, fin connaisseur de la situation :

« Souvent noyée dans des considérations humanitaires, la politique éducative coloniale avait pour objet principal, voire unique, le maintien et le développement du système colonial. L'enseignement devait permettre à l' 'indigène' d'assimiler les fondements de la culture occidentale, de les respecter et d'en reconnaître la supériorité. Il devait également permettre de fournir à l'économie les hommes dont elle avait besoin: techniciens, employés, auxiliaires, contremaîtres... » »[110] (idem)

***

2.1.1- Les bases idéologiques de la colonisation

***

*« L'apparition des premières écoles justifie le processus par lequel les colonisateurs acquièrent les bases idéologiques de leur implantation, alors **quel est le contenu du discours idéologique ?** Les incursions occidentales sont **inhérentes à l'idéologie et à la politique colonialistes qui ont servi de base au système éducatif et qui se veulent un moyen de domination.** » (Banyombo F., 1990)*

***

*« De fait, **l'idéologie considérée comme système cohérent de représentation, de jugement ou d'idée a deux fonctions essentielles : soit qu'elle justifie et légitime la situation coloniale ; soit qu'elle remet en cause l'ordre social traditionnel.** Dans tous les cas, l'idéologie se donne toujours pour objectif d'orienter l'action historique dans un sens donné. Ainsi, **les colons et les missionnaires ont proposé et imposé le futur schéma de la société oubanguienne selon leurs besoins en définissant et en assurant par ailleurs l'orientation du système éducatif conformément au changement souhaité.** » (idem)*

***

D'où l'hypothèse suivante : le système éducatif en RCA continue de fonctionner selon la logique et le schéma du système colonial en dépit des réformes entreprises (Banyombo F., 1990). Et d'où, l'historique du système éducatif en RCA est inséparable de celle de la colonisation en Afrique Équatoriale Française (AEF),

---

[108] *Cf. Jean SURET-CANALE (1964), Yarisse ZOCTIZOUM (1983), Pierre KALCK (1992), Abdou MOUMOUNI (1998), Célestin DOYARI DONGOMBÉ (2012), Jean-Jacques BREGEON (1998), etc.*

[109] *L'enseignement ne faisait pas parti des priorité politiques coloniales à l'époque quand bien même la justification de l'expansion coloniale était basée sur le besoin de civilisation.*

[110] *M'BOKOLO, E., (2008), Afrique noire, Histoire et civilisations, du XIXe siècle à nos jours, tome 2, Paris, Hatier, p. 397.*

109

comprenant les territoires suivants : le Gabon, le Moyen-Congo (République actuelle du Congo), l'Oubangui-Chari (RCA actuelle), et le Tchad (idem).

La carte ci-dessous situe géographiquement la RCA actuelle.

Figure 2 : Situation géographique de la RCA

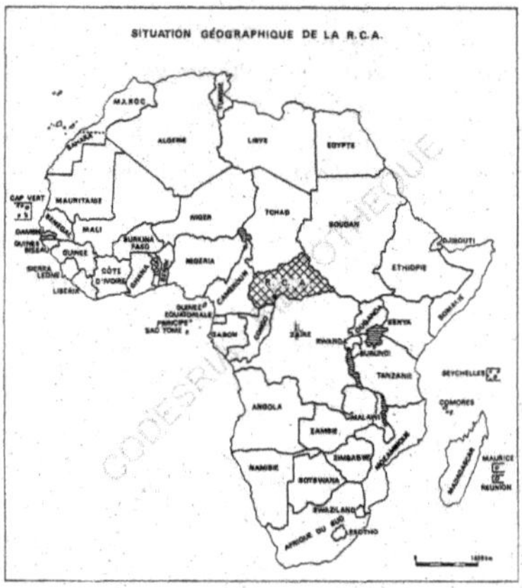

Source : Les Missions catholiques de l'Oubangui-Chari. Par N'Gorpia F.

2.1.2- Brève historique de la colonisation de l'AEF

2.1.2.1- Contexte globale

L'histoire et le destin de la République Centrafricaine[111] se confondent avec ceux de l'Afrique Équatoriale Française (AEF) en lien très étroit avec l'épopée coloniale. Jusqu'à la fin du XIXe siècle, l'Oubangui-Chari devenu République Centrafricaine à l'indépendance[112], était une région peu connue[113] des Occidentaux. À la fin de cette période n'existaient pas de documents écrits (culture orale oblige), présentant de manière suffisante pour les colonisateurs les réalités politiques, culturelles et sociales de ce pays, car il fut tardivement découvert par les esclavagistes arabes, puis visité par des Européens dans leur conquête expansionniste.

---

[111] *République Centrafricaine en abrégée R.C.A. aussi appelée Centrafrique.*

[112] *L'Oubangui-Chari est devenu République Centrafricaine le 1er décembre 1958 à la proclamation de l'indépendance.*

[113] *La méconnaissance de cette région s'explique par l'absence de documentations sur la période avant le XIXe siècle.*

De nombreuses études existent aujourd'hui présentant tant l'histoire de cette région sur le plan archéologique, préhistorique, sociologique, anthropologique, que politique et démographique, etc[114].

Comme les autres territoires du continent africain, le pays avait connu la colonisation occidentale. Il faisait partie du grand ensemble de la fédération de l'Afrique Équatoriale Française[115] (AEF) dès les débuts et était érigé en colonie d'exploitation[116]. Ce vaste territoire était partagé entre différentes sociétés commerciales occidentales pour leur mise en valeur. Ces sociétés existèrent jusqu'aux années 1920, puis disparurent pour la plupart faute de capitaux. Progressivement, à partir de ces années, l'administration coloniale mit en place des méthodes de domination et d'exploitation plus rationnelles[117]. Sur le terrain social, elle était en étroite collaboration avec les confessions religieuses, surtout avec l'Église catholique qui avait trouvé en elle aussi une aide précieuse pour son évangélisation.

Après les conquêtes étrangères, les Européens se sont durablement installés en créant la colonie pour administrer et exploiter politiquement et économiquement le pays.

En effet, l'aventure coloniale dans ce territoire a commencé grâce aux explorateurs européens venus par le Nil, puis par le Congo. La partie orientale du pays fut visitée par des explorateurs européens pour des missions scientifiques à partir du Nil. Le plus connu et le premier est Georg SCHWEINFURTH (1836 - 1925) qui fut à la foi botaniste, ethnographe, géographe et même économiste. On y compte aussi le docteur Wilhelm JUNKER. Au sud, on retient le nom du pasteur missionnaire Georges GRENFELL[118] arrivé de Kinshasa par le fleuve Oubangui jusqu'à Bangui, l'actuelle capitale de la République Centrafricaine depuis février 1884. D'autres feront leur entrée par l'Ouest, c'est le cas de Édouard-Robert

---

[114] Depuis trente ans émergent des études postcoloniales autour d'une réflexion sur les héritages coloniaux dans les sociétés contemporaines, ex-colonies et ex-métropoles. En Centrafrique, il existe depuis quelques années une bonne littérature sur la problématique coloniale dans différents domaines.

[115] *La France avait partagé ses possessions d'Afrique noire en deux fédérations : l'Afrique Occidentale Française (AOF), organisée en 1895 et composée de 8 pays, puis de l'Afrique Équatoriale Française (AEF), créée officiellement en 1910 comprenant le Congo-Brazzaville, le Gabon, l'Oubangui-Chari et le Tchad.*

[116] *La colonie d'exploitation implique la conquête militaire d'un territoire en vue d'en exploiter les avantages (richesses naturelles, matière première, main-d'œuvre, position stratégique et militaire, espace vital, etc.) dans l'intérêt de la métropole. Elle se distingue de la colonie de peuplement qui vise à établir une population originaire de la métropole sur un territoire dont elle n'est pas issue.*

[117] *On peut se référer ici au Code de l'indigénat adopté en 1881 et imposé à tout l'ensemble des colonies françaises. Ce code assujettissait les autochtones aux travaux forcés, à l'interdiction de circuler la nuit, aux réquisitions, aux impôts de capitation (taxes) sur les réserves et à un ensemble d'autres mesures tout aussi dégradantes. Il s'agissait d'un recueil de mesures discrétionnaires et discriminatoires destinées à faire régner le «bon ordre colonial», celui-ci étant basé sur l'institutionnalisation de l'inégalité et de la justice. Il fut finalement aboli seulement en 1946.*

[118] *George GRENFELL était missionnaire de la Baptist Missionnary Church*

FLEGEL, et par le Nord, c'est le cas de NACHTIGAL. Mais il faudra attendre les années 1889-1890 pour voir les conquérants français arrivés par le sud (Congo) achever l'œuvre de conquête et s'installer politiquement, militairement et administrativement[119].

2.1.2.2- Les étapes de la pénétration et l'implantation des français en Oubangui-Chari

La carte de localisation suivante (page 69) nous situe sur la pénétration et l'implantation des français dans le bassin de Congo et sur le territoire de l'Oubangui-Chari.

Figure 3 : Localisation de la Pénétration et l'Implantation des français dans le bassin de Congo et sur le territoire de l'Oubangui-Chari.

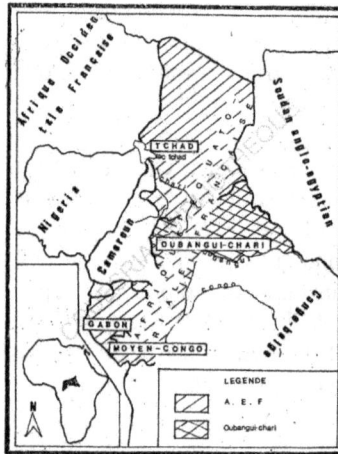

Source : Les Missions catholiques de l'Oubangui-Chari. Par N'Gorpia F.

La colonisation effective de l'AEF a commencé en 1880 avec la signature d'un traité d'« amitié » avec le Roi Mokoko au Congo, signature rendue possible grâce à De Brazza, administrateur français.

---

[119] Ceci faisait suite au Traité de Berlin (1885) : article 34 : « La Puissance qui, dorénavant, prendra possession d'un territoire sur les côtes du Continent africain situé en dehors de ses possessions actuelles, ou qui, n'en ayant pas eu jusque-là, viendrait à en acquérir, et de même la Puissance qui y assumera un protectorat, accompagnera l'acte respectif d'une notification adressée aux autres Puissances signataires du présent Acte, afin de les mettre à même de faire valoir, s'il y a lieu, leurs réclamations » ; article 35 : « Les Puissances signataires du présent Acte reconnaissent l'obligation d'assurer, dans les territoires occupés par elles, sur les côtes du continent africain, l'existence d'une autorité suffisante pour faire respecter les droits acquis et, le cas échéant, la liberté du commerce et du transit dans les conditions où elle serait stipulée ».

Figure 4 : Pénétration française en Afrique Centrale

Source : Les Missions catholiques de l'Oubangui-Chari. Par N'Gorpia F.

Bien que **la première Mission** fut lancée en 1875 de Port Gentil le long de l'Ogoué jusqu'à Franceville, puis de là, en 1879, le long de la Léfini, du fleuve Congo et arrivée à Brazzaville. De là, en 1880, le long de la Niari puis du Kouilou jusqu'à Pointe Noire.

La deuxième Mission fut lancée en 1883 de Brazzaville le long du Congo vers la confluence Congo-Sangha. De là, en 1887, la Sangha fut remontée d'une part, et le Congo d'autre part jusqu'à la confluence Congo-Oubangui.

Enfin, **la troisième Mission** fut la remontée de l'Oubangui en 1889. Les initiatives tendant à créer les conditions d'échange entre les africains et les français offusquent des projets assimilationnistes étant donné que les traités d' « amitié » constituent des moyens savamment élaborés pour dissuader les autochtones (Banyombo F., 1990).

En ce qui concerne le territoire de l'Oubangui-Chari, c'est en 1903 que l'administration coloniale créa ce pays avec trois grandes régions : Krébédjé-Gribingui, Bangui et Haut-Oubangui. L'Oubangui fut ensuite transformé en colonie en 1906 avec Bangui décrété capitale. L'implantation des colons fut accompagnée d'un système répressif austère que définit le Code de l'indigénat, un corollaire jugé utile voire indispensable pour la réussite de l'entreprise coloniale. Or ce code instaure un climat d'insécurité sur l'ensemble du territoire (Banyombo F., 1990).

Ce code de l'indigénat fut institué par un Arrêté du Gouverneur Général en date du 31 décembre 1925. Ce code permet aux chefs de circonscription de jeter les autochtones en prison, sans passer par la procédure des tribunaux pour une série de délits tels que : acte de désordre, vagabondage, pratiques de sorcellerie, outrages à l'égard d'un représentant qualifié de l'autorité, propos séditieux, bruits mensongers de nature à troubler la tranquillité publique, etc… (Source : N'Gorpia Faustin, *Les missions catholiques de l'Oubangui-Chari* (1894-1940), octobre 1982, p.50). Ainsi, longtemps soumises à de nombreuses exactions, les populations n'ont pu rester passives. De nombreuses révoltes ont été enregistrées de même que des insurrections dont la plus importante est celle qu'on a dénommé « La guerre de Kongo Wara ». Cette insurrection éclata pour protester contre la brutalité des méthodes mises en œuvre pour l'exploitation du pays.

La « guerre de Kongo Wara » ou la « guerre du manche de houe » a duré de 1928 à 1931. C'est une guerre populaire et anticolonialiste animé par Karinou, originaire de l'Ouest de l'Oubangui. Cette guerre a dépassé le cadre oubanguien pour s'étendre au Cameroun, au Moyen-Congo et au Tchad. (Source : Kalck P., *Histoire de la RCA*, Ed. Berger Levrault, Paris 1974)

Cette exploitation du pays a constitué le motif décisif de l'implantation des sociétés concessionnaires sur le territoire de l'Oubangui. Leur présence répond certes à une justification économique de la politique coloniale. Mais l'explication économique ne saurait rendre compte d'un phénomène global qui a combiné plusieurs causes et facteurs. C'est pourquoi la justification économique est fondamentalement le corolaire des dimensions idéologiques et politiques de la colonisation ; la dimension idéologique étant destinée à conditionner le comportement des oubanguiens.

Il faut noter l'implantation des sociétés concessionnaires a fait l'objet de nombreuses transactions dans le sens de l'appropriation des terres. Les terres à l'époque appartenaient à l'État français. L'article I du décret du 28 mars 1899 précise que « *les terres vacantes et sans maitre dans le Congo (y compris l'Oubangui-Chari) font parti du domaine de l'État* ». Les tentatives de mise en valeur de l'Oubangui-Chari commencent à se dessiner à partir de ce décret qui donne la possiblité à tout exploitant de se manifester.

Ainsi, l'objectif principal est bien l'exploitation économique, mais le vrai problème est qu'il n'y a pas d'espace social requis sur lequel l'administration coloniale puisse s'appuyer pour organiser son influence. A ce propos, le Ministre des Colonies Albert Serraut[120] précise ce qui suit : « instruire vos indigènes est assurément notre devoir … mais ce devoir fondamental s'accorde de surcroit avec nos intérêts économiques, administratifs, militaires et politiques les plus évidents. » La politique coloniale française va être orientée fidèlement suivant cette tendance.

Les missionnaires vont, de leur côté, prendre en compte les aspirations des colonisateurs. Par cette voie, les objectifs fondamentaux des missionnaires se

---

[120] *Serrauy A. Cité par Surel – Canale in l'Afrique Noire 1045-1960, Éditions sociales, Paris 19 12.*

dessinent à partir du constat fait par le père Bouchard J. qui affirme en substance que « L'évangélisation de l'Afrique a marché de pair avec la colonisation. La pénétration du continent africain par les puissances européennes, la pacification, l'ordre et le développement économique qu'elles apportèrent ont favorisé l'installation et le développement des missions. Le dévouement des missionnaires et le travail qu'ils accomplissent en faveur des indigènes ont contribué au prestige de leur patrie d'origine... Colonisation et évangélisation avancèrent simultanément tantôt s'épaulant, tantôt se contrariant. »[121]

La carte ci-dessous témoigne de la création de la Préfecture Apostolique de l'Oubangui-Chari (1894-1914) dont l'influence commence déjà à se faire sentir en 1894.

Figure 5 : Préfecture Apostolique de l'Oubangui-Chari (1894-1914)

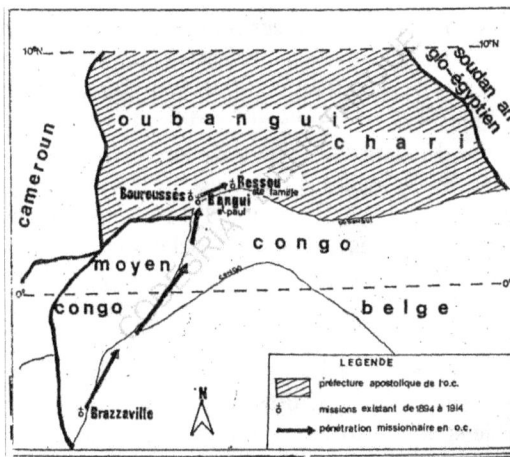

Source : Les Missions catholiques de l'Oubangui-Chari. Par N'Gorpia F.

Ainsi, les Missions existantes, de 1894 à 1914, dans ce territoire sont : celle de Bangui (Saint-Paul), celle de Borossé et celle de Bessou (Saint-Famille). En dehors de l'Oubangui ils existent également dans la même période les Missions de Brazzaville et celle du Gabon.

Alors, des contradictions cependant dans les activités des Français. En effet, « la religion chrétienne a été souvent offerte non comme un levain dans une pâte nouvelle, mais comme un pâte toute faite ... Résultat : le christianisme tendait à devenir un épiphénomène par rapport à la réalité négro-africaine »[122] autrement dit, en Oubangui, les conditions sociales n'étaient pas favorables à la, mise en

---

[121] *Père Bouchard J. : Histoire universelle des Missions catholiques – Tome III, Paris 1957, pa. 299.*
[122] *Ki-Zerbo : Le Monde Africain – Hatier – Paris, 1952 – PP. 70-71.*

place du nouveau système économique et social préconisé à la fois par les sociétés concessionnaires et les missionnaires.

Au plan économique, les sociétés concessionnaires préparaient l'esprit au travail forcé en argumentant ce qui suit : « Indolents, imprévoyants, nos indigènes de l'Afrique Centrale Française, sans l'action de l'autorité administrative sont dans de nombreuses régions incapables de pourvoir par un travail spontané à leur alimentation. Par indolence, ils déplient le moindre effort dans leurs cultures d'étendue insuffisante ; par imprévoyance, ils consomment gloutonnement les aliments au moment où ils les cueillent et possèdent plus rien en attendant la récolte. »[123]

Au-delà de la dimension économique, il y a lieu d'explorer d'autres domaines qui semblent imperceptibles. Jules Ferry a introduit l'idée de l'inégalité des races[124]. « Je pense que les races supérieures, c'est-à-dire les Occidentaux ont à la fois des droits et des devoirs à l'égard des « races inférieurs » c'est-à-dire des colonisés. Il a insisté par ailleurs sur l'idée d'une civilisation unique et supérieure relevant de quelques peuples privilégiés (Banyombo, 1990). C'est dans cette optique que le Révérend Père Muller apporte cette justification : « L'humanité ne doit pas, ne peut pas souffrir, que l'incapacité, l'incurie, la paresse des peuples sauvages laissent indéfiniment sans emploi les richesses que Dieu leur a confiées avec la mission de les faire servir au bien de tous. S'il se trouve des territoires encore gérés par leurs propriétaires, c'est le droit des sociétés lésées par cette défectueuse administration de incapables et prendre la place de es régisseurs et d'exploiter au profit de tous les biens dont ils ne savent pas tirer profit. »[125]

Ainsi, en référence à la puissance de l'idéologie occidentale ci déjà évoquée, le clergé dont la tâche principale est de diffuser une autre vision de l'homme, de sa liberté et de son rôle social, justifie son intervention comme « l'aveuglement et l'esprit de Satan sont trop enracinés dans ce peuple et la malédiction de son père repose encore sur lui. Il faut qu'il soit racheté des douleurs unies à celles de Jésus-Christ, capables d'expier ses péchés abrutissants … afin de le laver de la malédiction de Dieu »[126]. C'est la raison pour laquelle l'évangile ordonnait ceci : « Allez enseigner toutes les nations. Nul ne peut légitimement faire obstacle à la prédiction religieuse »[127].

Il en découle que les colonisateurs et les missionnaires ont une même visée expansionniste dans la mesure où ils ont appliqué fidèlement la doctrine de Napoléon qui déclara au Conseil d'État en 1804 que « Mon intention est de

---

[123] *Père Daigre : Oubangui-Chari – Témoignage sur son évolution. Issoudum – Dellum et Compagne 1947 – P. 113.*
[124] *Source : Journal Officiel – Séance de la Chambre des Députés du 28 Juillet 1985.*
[125] *R. Père Muller cité/ou Zoctizoum – Tome I Op.- Cité P. 98.*
[126] *Bouchard ; cité par Suret-Canale in Afriqiue Noire, l'ère coloniale. Ed. Sociale – Paris P. 99.*
[127] *Joseph Folliet ; Le droit de colonisation – Paris et Gay 1930, P. 264.*

rétablir la maison des missions étrangères ; ces religieux me seront très utiles... je les enverrais prendre des renseignements sur l'état du pays. Leur rôle les protège et sert à couvrir des desseins politiques et commerciaux. Ils coûtent peu et sont respectés des barbares... le zèle religieux qui anime les prêtres leur fait entreprendre des travaux et braver des périls qui seraient au-dessus des forces d'un agent civil »[128].

L'une des missions de clergé était de renforcer l'économie de l'Église en métropole en assurant par ailleurs la formation des auxiliaires dociles pour l'administration coloniale. Partant des principes idéologiques de base évoqués plus haut, le clergé a initié des méthodes raffinées visant à ériger en règle d'action le payement de la divine qui est une forme d'impôt. Dans cette optique, le R.P. Bouchard écrit : « Il n'est pas moins vrai que les missionnaires ont insisté avec force sur le travail : c'est qu'ils concevaient cette insistance comme une forme d'apostolat et le travail lui-même comme la preuve de la garantie d'une conversion sincère et durable »[129].

Tous ces faits qui expliquent et justifient l'implantation des Français en Oubangui-Chari sur la base de l'idéologie dominante, traduisent la violence exercée par ces derniers. Ceux-ci ont créés des structures de l'appareil idéologique en initiant des écoles et des centres d'évangélisation. L'évangélisation et la scolarisation ont été conçues pour justifier la constance des valeurs imposées. Mais cela ne peut être possible en partie sans la participation bienveillante de certains chefs coutûmiers. (Banyombo, 1990).

2.2- Le système éducatif en Oubangui

***

« La première école en AEF fut ouverte en 1844 par la Mission catholique au Gabon[130]. Manquant de motivation réelle, le gouvernement colonial n'avait pas un agenda pour le développement scolaire en Afrique Équatoriale Française en général, et en Oubangui-Chari en particulier, seul le volet économique et politique mobilisait toutes les énergies. Pour preuve, la dotation budgétaire pour l'année 1911 consacrée à l'enseignement en AEF est nulle en termes de crédit pour l'Oubangui-Chari. Sur les 45.000 francs alloués à cette fédération coloniale, seuls le Gabon et le Congo-Brazzaville sont bénéficiaires : 25.000 francs pour le premier et 20.000 francs pour le second[131]. »
(Yérima Banga, 2017)

***

« Concrètement, où en est la situation scolaire en cette année en ce qui concerne le territoire d'Oubangui-Chari à côté des autres territoires ? Le résultat est un manque d'impact : à Bangui, un cours est organisé sous la maîtrise d'un agent d'administration qui perçoit à cet effet une rétribution conséquente, et il est ouvert à un bon nombre d'indigènes. À Mobaye[132], une école professionnelle créée par le capitaine Jacquier fonctionne à merveille, ce qui a permis de construire un poste et ses

---

[128] *Cité par Suret-Canale Po.Cit P. 128.*
[129] *Bouchard cité par Suret-Canale OP Cit. P. 46.*
[130] *Archives privées, Archevêché de Bangui (AP. Arch. Bgui) : Notice sur les œuvres d'enseignement dans les Missions Catholiques du Moyen-Congo, 2 décembre 1949.*
[131] *Cf. SURET-CANALE, J., 1964,468).*
[132] *Mobaye est une ville située au sud-est de la République Centrafricaine.*

dépendances en peu de temps et sans beaucoup de crédits par les élèves.[133] Enfin, des directives ont été données aux chefs de poste de circonscriptions et de subdivisions administratives et militaires d'ouvrir des cours pour que la langue française soit enseignée aux indigènes. L'année 1911 devait être une année d'action en faveur de la scolarisation : il fallait doter les chefs-lieux d'une école primaire à cycle complet, y organiser un enseignement professionnel, développer l'école primaire en faisant usage du budget d'emprunt et des budgets locaux. La construction d'une école primaire à cycle complet à Bangui commencée depuis 1910 sera terminée vers la fin du 1er trimestre de 1911 et un instituteur de carrière[134] va la diriger. Le Gouverneur général va veiller personnellement au fonctionnement régulier des écoles primaires dans chaque circonscription en dotant davantage les chefs-lieux de personnel militaire et civil afin d'y prendre part. Le texte annonce autorise de doter Bangui d'un groupe scolaire et de mettre à disposition un instituteur privé pour la région de la Haute-Sangha[135] pour l'année 1911. On apprend dans ce texte que l'AEF jusque-là n'est pas encore dotée d'un programme d'enseignement ébauché et adopté et qu'un projet de décret sera bien soumis au Département pour créer un cadre du personnel enseignant avec 5 enseignants pour toute l'AEF[136]. »

(idem)

***

2.2.1- Le concept de système éducatif

***

« C'est donc le 4 avril 1911 qu'un arrêté va voir le jour, organisant le service de l'enseignement dans toute l'AEF avec un programme d'école primaire à deux degrés d'une part et d'un enseignement professionnel d'autre part, comme l'atteste un document d'archives[137]. Ce document a le mérite de souligner déjà l'orientation politique de l'éducation telle que perçue par les autorités coloniales de l'époque et reste très révélateur du type d'éducation réservé aux Africains à l'époque. On retient surtout qu'il ne doit pas avoir de visées pédagogiques ambitieuses, il faut envisager uniquement la solution pratique d'un problème plus modeste d'apparence, donner la plus large diffusion possible aux notions élémentaires d'instruction et de former une main-d'œuvre commerciale et industrielle nombreuse et bien préparée. Le Français doit donc être adopté comme langue de relation et de communication sociale et d'échange[138]. Le but d'imposer le Français comme langue d'enseignement n'est pas neutre, car elle permettra aux indigènes de « transmettre ou d'exécuter correctement un ordre reçu, de lire et de copier une lettre, de manier un outil, de faire un employé ou un artisan connaissant bien sa tâche restreinte ». » (Yérima Banga, 2017)

***

Il est souvent mis l'accent sur le mauvais fonctionnement du système éducatif, c'est-à-dire sur l'inadaptation des structures scolaires, rarement, il est fait mention des mécanismes qui entravent leur efficacité. C'est pourquoi nous avons choisi le thème : « Le Système éducatif en RCA : Bilan et Perspectives » pour étudier les mécanismes qui sont à l'origine de l'échec des programmes, méthodes et contenus pédagogiques de ce pays (Banyombo, 1990).

---

[133] *Idem*

[134] *Le texte n'indique pas sa provenance, mais à cette époque-là, on suppose qu'il serait venu de la métropole.*

[135] *La Haute-Sangha fut une des régions située au sud-ouest de l'actuelle République Centrafricaine. Elle été divisée en deux pour donner naissance à deux autres régions : la Mambéré-Kadéi à l'Ouest et la Sangha- Mbaéré à l'extrême sud-ouest.*

[136] *Idem. Jean SURET-CANALE, atteste aussi que de 1910 à 1920 seulement 5 instituteurs furent recrutés pour toute l'Afrique Équatoriale Française (p. 473).*

[137] *ANOM, F.M. 65, Carton 652, dossier 1 : enseignement public et privé : Situation de l'enseignement en AEF (document non daté, mais l'année 1913 figure dessus en crayon et pas de signataire non plus).*

[138] *Idem*

L'étude porte sur le système éducatif en RCA défini dans un sens large de façon à comprendre non seulement le système scolaire, c'est-à-dire les cycles primaire, secondaire, supérieur, et l'enseignement technique et la formation professionnelle, mais aussi, dans une moindre mesure, l'influence des autres systèmes sociaux. Les autres systèmes éducatifs étant : éducation préscolaire, les centre d'alphabétisation, …(idem)

2.2.2- L'analyse du concept « système » dans le contexte de l'Oubangui-Chari
***

« Les instructions du 15 novembre 1911 relatives à l'arrêté du 4 avril 1911 permettent de déployer le programme d'enseignement primaire dans les écoles de circonscription et les écoles urbaines[139]. À ce stade, peut-on se permettre de questionner la finalité du programme scolaire colonial ? À ne point en douter, telles que ressortent dans les dispositions officielles, l'indigène doit être confiné aux travaux subalternes et de basse besogne, puisque le programme de scolarisation devrait être dépouillé de toutes grandes ambitions pédagogiques et rester modeste, son niveau de qualification doit le mettre dans une situation d'infériorité à tel point qu'il ne doit attendre que des ordres et des directives à exécuter de la part des colons. » (Yérima Banga, 2017)
***

Tout système peut être défini par trois séries d'éléments dont la combinaison produit un fait spécifique. Ce fait spécifique est celui qui situe le territoire oubanguien dans la trajectoire de l'histoire de la colonisation et du système capitaliste. Ces éléments sont :

- L'esprit, c'est-à-dire les mobiles dominants ;
- La forme, c'est-à-dire l'ensembles des règles juridiques et institutionnelles ;
- La substance, c'est-à-dire les techniques utilisées.

2.2.2.1- La composante « esprit » du système

En ce qui concerne le premier élément, la prise en compte de l'ensemble des manœuvres occidentales laisse entrevoir les motifs décisifs qui sont en général d'ordre politique, psychologique, économique, stratégique et culturel.

L'annexion de larges espaces en Oubangui-Chari symbolise le sentiment de puissance et de supériorité. Dans cette optique, la France fonde son argument principal pour légitimer sa préoccupation sur son « avance technique, culturelle, morale et philosophique ». l'on comprend dès lors que très souvent que « Le monde a été à l'école l'Europe. Pas toujours de son plein gré, souvent par la force,

---

[139] *ANOM, F.M. 65, Dans les écoles de circonscription, le programme est réduit au minimum : apprendre à parler français, inculquer les premiers éléments de lecture, d'écriture et calcul sans préoccupation d'aucun genre. Dans les écoles urbaines, l'instruction est destinée à former le personnel des moniteurs et des employés dont la Colonie a besoin pour son administration et son commerce.*

mais il n'en reste pas moins que tous les peuples ont eu l'Europe pour modèle, au moins temporairement, et l'ont imitée »[140]. C'est dire que « L'irruption de la culture européenne a eu pour effet de dénationaliser les cadres sociaux, politiques et intellectuels des colonies et de superposer aux peuples une élite occidentalisée, elle-même écartelée entre la culture traditionnelle, qui faute de moyens perd sa vitalité, et une culture étrangère importée »[141].

L'aliénation des cadres est du reste le fait de l'école imposée par les missionnaires et l'administration coloniale. Ceux-ci ont orienté l'enseignement dans un sens bien défini. Le Gouverneur Général Augagneur précise ici les objectifs assignés à l'enseignement : « L'enseignement des indigènes est un des problèmes les plus importants imposés à l'attention des administrations coloniales. Sa diffusion est une obligation dictée par les droits de l'humanité et les lois de la civilisation, non moins que par l'intérêt bien entendu de toutes les entreprises coloniales dont l'avenir est lié au développement intellectuel, à l'habilité professionnelle des indigènes »[142]. Il est ainsi défini les modalités de la « dénationalisation » des Oubanguiens par le truchement de l'enseignement (Banyombo F., 1990).

Il faut noter que l'esprit qui a guidé les manœuvres coloniales ne peut se comprendre que par rapport à la forme qui leur a été donnée.

2.2.2.2- La composante « forme » du système

Pour la forme, c'est-à-dire l'ensemble des règles juridiques et institutionnelles, les colonisateurs ont initié le code de l'indigénat qui définit la procédure des tribunaux. L'idéal des français serait de faire des autres des occidentaux en universalisant leur civilisation. Le code de l'indigénat définit les procédures à respecter pour que ce dessein soit réalisé. C'est l'application de ce code qui a conduit Victor Augagneur[143] à faire ce triste constat : « Les indigènes ont été, par les tournées de police violemment conduites, malmenés. Les villages abandonnés sur le passage de la colonie étaient incendiés, les cultures détruites. On tirait sur le groupe en fuite, frappant au hasard. Votre devoir, recommandait-il au Lieutenant-Gouverneur, est de protéger cette population, de lutter contre les causes de sa diminution partout constatée et dont la rapidité dans quelques régions est menaçante pour l'avenir de la race et de la civilisation ».

De fait, pour indispensables qu'elles soient, les règles juridiques et institutionnelles ainsi conçues ne peuvent réaliser le bien-être social des

---

[140] *Rémond R. : Introduction à l'histoire de notre temps : le XIXè siècle 1814-1915, Ed. du Seuil – Paris 1974 – P. 242.*
[141] *Rémond R. : Op. Cit P. 244.*
[142] *Circulaire du 8 Février 1921 définissant les modalités de l'enseignement des « indigènes » adressé aux Gouverneurs du Moyen-Congo, du Gabon, de l'Oubangui-Chari et du Tchad in Journal Officiel de l'A.E.F. du 15 Février 1921 – P. 113.*
[143] *Augagneur V. : Gouverneur Général de l'A.E.F. de 1920 à 1924.*

autochtones pour des raisons qui relèvent même de la nature du code de l'indigénat, puisque la substance, c'est-à-dire les techniques utilisées devraient répondre nécessairement aux besoins de la société.

2.2.2.3- La composante « substance » du système

La substance des œuvres coloniales semble dénaturer le milieu de vie des populations. Il en découle que les relations d'ordre politique, économique, culturel et intellectuel établies par les colonisateurs ont un point commun : l'inégalité qui constitue le fondement réel de la domination coloniale. Les arguments avancés pour justifier l'œuvre coloniale sont multiples ; arguments qui sous-tendent la possibilité d'un miracle que les techniques modernes pourraient accomplir en faveur des pays pauvres, arguments axés autour d'une idéologie selon laquelle les africains ne possèdent pas la raison, mais une mentalité mystique et prélogique, selon les termes de Levy Bruhl. Ce sont des raisonnements essentiellement théoriques qui nourrissent des raisonnement politiques et stratégiques et qui fécondent l'inégalité. Ainsi, le régime juridique auquel sont assujettis les populations oubanguiennes est différent de celui des citoyens français.

Si l'inégalité juridique et politique constitue l'une des facettes de la domination coloniale, il n'en demeure pas moins que l'inégalité culturelle détermine et renforce la soumission du peuple oubanguien au niveau des différentes valeurs à l'aube de la colonisation. Ainsi la France a une mission à remplir, celle d'apporter la « civilisation » aux peuples « arriérés ». Elle a pour mission d'inculquer ces idées et d'imposer ses valeurs aux oubanguiens par le biais de son système éducatif. Cette falsification de l'histoire de l'homme noir met en cause, à priori, l'existence d'une logique de structuration de la pensée des oubanguiens et de leurs idées. C'est la raison pour laquelle Sékou Touré fait remarquer que « Ce n'est pas un fait du hasard si le colonialisme français a pris son essor à l'époque de la fameuse et désuète théorie de « la mentalité primitive » et prélogique développée par Levy-Bruhl (Banyombo F., 1990).

Mais, cette détermination des occidentaux, principalement des Français ne doit pas occulter les forces endogènes qui ont favorisées les manœuvres coloniales. La politique mise en place a entrainé l'anéantissement de l'autorité des chefs traditionnels au profil de la nouvelle administration coloniale, c'est-à-dire du système de l'administration directe, plus conforme aux objectifs de la France. Ces chefs sont formés pour être des interprètes, des gardes, des secrétaires du fait de leur dévouement à la cause des colons. Ils ont une influence politique en vue de la subordination des oubanguiens et de la sauvegarde des intérêts étrangers. Ces intérêts qui sont, dans une moindre mesure les leurs, les attachent à l'administration coloniale.

Les objectifs assignés à l'enseignement par le Gouverneur Général Augagneur, précise l'intention de celui-ci de donner un schéma au système éducatif. Mais il apparait que ce seul fait est insuffisant pour nous permettre de confirmer définitivement notre hypothèse (Banyombo F., 1990). C'est-à-dire que, outre les prédications, les missionnaires ont défini des méthodes spécifiques pour assoir leur autorité en créant des œuvres de toute sorte et pour étendre leur influence sur l'ensemble du territoire de l'Oubangui-Chari : œuvres sanitaires, œuvres d'enseignement, etc... conformément aux objectifs suivants de départ : rachat des esclaves, formation de la femme oubanguienne, et surtout création des écoles.

2.2.3- Les œuvres réalisées par la Préfecture apostolique de l'Oubangui-Chari
***

*« Initialement, ..., **la question de l'éducation** était totalement ignorée de l'administration coloniale, puisqu'elle avait été abandonnée **aux mains de l'Église**[144]. L'étude de l'histoire de la période coloniale nous montre que l'autorité coloniale de l'époque s'est approprié progressivement cette question en développant une politique éducative. »*
(Yérima Banga, 2017)
***

« L'enseignement confessionnel a longtemps dominé le champ privé de l'éducation (Suzie GUTH, Éric LANOUE, Annie VINOKUR, Marc PILON. L'école à ses débuts fut d'abord l'œuvre de l'Église pour les besoins de sa cause, au point de servir de matrice à l'enseignement public. Ignorée par l'administration, l'école fut totalement abandonnée aux mains des missionnaires (cf. SURET-CANALE, J.). Dès leur arrivée, les missionnaires se sont intéressés à l'éducation des Noirs. » (idem)
***

« À une métropole d'un laïcisme anticlérical, aurait-on dû croire et s'attendre aussi à une logique correspondante d'un colonialisme non moins laïc et anticlérical. Comme partout dans les territoires occupés, les œuvres sociales étant généralement gérées par les missionnaires français, le temps que les administrateurs coloniaux s'adonnent tranquillement à l'exploitation économique et administrative et à pacifier les indigènes récalcitrants, les congrégations religieuses françaises devaient ainsi s'occuper de la diffusion de la culture et de la langue françaises. Ainsi, tous les gouvernements de la IIIe République, quelles que soient leurs orientations politiques, ne pouvaient qu'encourager et soutenir les missionnaires dans leurs œuvres visant à accroître dans les territoires conquis, l'influence français[145]. Il est révélateur que GAMBETTA, partisan bien connu de la France Coloniale, ait bien déclaré que l'anticléricalisme n'était pas un article d'exportation. Comme il y en sera pour la loi de 1905 qui consacra la séparation entre l'Église et l'État, l'ouragan ne soufflera pas avec la même violence dans les colonies, la séparation ne sera ni totale ni rigide, des passerelles seront trouvées entre l'État et l'Église avec une neutralité bienveillante. Le choix persistant de la collaboration paradoxale entre colonisation et mission chrétienne est devenu alors manifeste. Bien qu'il y ait eu séparation juridique entre l'État et l'Église en France, il n'y a jamais eu de rupture structurelle entre les deux institutions, c'est ce qui pourrait expliquer le compagnonnage entre elles en dehors de la métropole. » (idem)
***

La période de tâtonnement et de piétinement qui a longtemps caractérisé la fondation des missions en Oubangui-Chari a abouti à une période décisive, celle de la mise en application des programmes d'action en vue de réaliser les objectifs missionnaires préalablement définis.

---

[144] *Cf. SURET-CANALE, J., (1964), op. cit., p. 468.*
[145] *TACHJIAN VAHE, (2004), La France en Cilicie et en Haute-Mésopotamie. Aux confins de la Turquie, de la Syrie et de l'Irak (1919-1933), Paris, éditions Karthala.*

Quoique les rivalités entre catholiques et protestants aient quelque peu retardé le développement du christianisme sur le territoire oubanguien, les missionnaires ont accompli cependant des œuvres immenses à travers le pays. C'est l'aboutissement de leur démarche qui consiste à prendre directement contact avec les populations. Il faut examiner brièvement les actions menées par les missionnaires pour comprendre le contexte de leur implantation en Oubangui-Chari. Un examen rapide de la lutte anti-esclavagiste, des œuvres au profit des femmes pourrait éclairer les circonstances socio-historiques de la création de la première école.

2.2.3.1- La lutte anti-esclavagiste

Les populations oubanguiennes ont été décimées par les entreprises déshumanisantes des colonisateurs et des esclavagistes, les oubanguiens à l'instar des autres africains ont été déportés par les arabes et les européens. Aussi, le travail du caoutchouc qui a mobilisé la population active a fait de nombreuses victimes parmi les enfants. « Les malades et les enfants abandonnés au village y mourraient de faim. De pauvres petits, squelettiques, fouillaient des amas de détritus à la recherche de fourmis et autres insectes qu'ils mangeaient crus »[146].

Les retombées démographiques de cette situation ne sont pas négligeables. Mauvais traitement qui aboutit à la dispersion de la population, à sa faiblesse numérique et surtout à la mutilation des enfants en âge de scolarisation. Face à cette situation les missionnaires vont prendre leurs responsabilités lorsqu'ils se sont donnés pour objectifs de racheter les esclaves. La révolution industrielle que l'Europe avait connue créa de nouveaux besoins aussi bien en Occident qu'en Afrique. Il n'est donc pas possible de dépeupler le continent noir. C'est la raison pour laquelle les chrétiens donnent les fonds pour racheter les esclaves.

Monseigneur Augouard s'est particulièrement illustré dans cette entreprise lorsqu'en 1895, il ramène de Brazzaville de nombreux enfants en âge de scolarisation et bien d'autres qu'il confie aux religieux. La monnaie d'échange qui a servi au rachat des esclaves était constituée de perles et d'étoffes en 1897[147]. Les enfants ainsi rachetés sont d'abord regroupés à la Mission, puis dans des « villages de liberté » où ils reçoivent le baptême, ensuite ils partagent leur temps entre l'école, le catéchisme et le travail des plantations.

La lutte anti-esclavagiste a assaini le terrain pour que se réalisent les œuvres d'évangélisation et de scolarisation. Le travail entrepris par les missionnaires est certes bénéfique, mais si la lutte anti-esclavagiste détermine les conditions des manœuvres des Français en Oubangui-Chari nous pouvons dire qu'elle constitue l'un des présupposés qui orientent le processus de domination et d'assimilation

---

[146] *Père Daigre : Op. Cit. P. 142.*
[147] *In Journal de la Sainte-Famille – Cahier n°1 1894-1897, 16 Avril 1897.*

des oubanguiens. Hormis les avantages qu'on peut en tirer, ce processus de domination et d'assimilation se consolide grâce à la dépravation des mœurs occasionnée par la scolarisation et grâce à la réorganisation de la famille à travers les œuvres au profit des femmes (Banyombo F., 1990).

2.2.3.2- Œuvres au profit des femmes

La femme africaine joue un rôle essentiel, celui d'assurer l'éducation de la famille, en particulier celle des enfants. C'est la raison pour laquelle les missionnaires de l'Oubangui-Chari, demandent aux administrateurs d'entreprendre des réformes du statut de la femme. A ce propos Monseigneur Le Roy écrit : « il est triste d'avoir constaté qu'elle (administration coloniale) paraît s'être jamais préoccupée de l'éducation morale des Noirs et de l'organisation de la famille. Cela sous prétexte de respecter la coutume indigène que nous avons commencé nous-même par bouleverser »[148]. Ainsi, pour que l'action des missionnaires ait un impact sérieux sur le comportement des oubanguiens, le noyau central de l'organisation de la société, c'est-à-dire la famille, est fortement transformé. Le système scolaire institué par les missionnaires trouve là un appui précieux pour faciliter l'assimilation de l'oubanguien (Banyombo F., 1990).

Concrètement, sur l'initiative des missionnaires, le Gouvernement français a pris des mesures officielles pour « améliorer » le statut de la femme. Ces mesures se structurent en partie de la manière suivante :

- « Art 1er. En AEF, la femme avant quatorze ans, l'homme avant treize ans révolus ne peut contracter de mariage.
- Art 2. Le consentement des futurs époux est indispensable à la validité du mariage. Il sera nul de plein droit sans que la partie qui se dirait lésée par la prononciation de la nulleté du mariage puisse de ce fait réclamer aucune indemnité »[149].

L'éducation de la famille en Oubangui-Chari trouve là un cadre préfabriqué pour sa réalisation. La question essentielle qui se dégage de cette situation à trait à la nature même des mentalités que préconisent les missionnaires. Les valeurs relatives à la famille monogame sont difficilement transposables puisse qu'elles ne correspondent pas au contexte de leur émergence et de leur évolution. L'observation des réalités du pays révèle qu'il s'agit d'un simple blackage en dépit des investigations menées par certains spécialistes en sciences humaines et sociales.

---

[148] *Cité par Goyau G. dans la congrégation du Saint-Esprit P. 272.*
[149] *Journal Officiel de l'AEF du 15 Juin 1939.*

2.2.3.3- Investigations intellectuelles

Sans ce domaine, le Directoire Général des Missions recommande ceci : « Connaitre la langue, le pays, la tribu évangélisée, la religion et les superstitions locales, les coutumes familiales est essentiel »[150]. Pour la maitrise des institutions sociales et familiales afin d'assoir un processus efficace de changement des mentalités dont le rôle est attribué en dernier ressort à l'école. L'école ainsi créée, est appelée à fournir l'instrument nécessaire pour réaliser l'objectif colonial. **L'interdépendance qui se dégage de la lutte anti-esclavagiste, des œuvres au profit des femmes, et des investigations intellectuelles, détermine le contexte de la création et le fonctionnement de l'école en Oubangui-Chari.**

La connaissance du pays, des habitants et leurs langues est un fait marquant puisqu'elle est à la base de toute entreprise de transformation. Cette étude a autorisé les missionnaires à décrire, à recueillir les informations relatives au mode de vie des populations et à codifier les règles linguistiques. Elle a aussi constitué les conditions pour la maitrise des institutions sociales et familiales, des structures claniques pour assoir un processus efficace de changement des mentalités.

La mission se présente donc comme un moyen d'ascension sociale puisque l'évangélisation qui va de pair avec la scolarisation est considérée comme une garante d'avantages sociaux et comme l'assurance d'une formation à l'occidentale. L'école est appelée à cet effet à réaliser certains de ces objectifs. Il convient à présent d'examiner les modalités et le contexte de la formation des élèves considérés comme futurs auxiliaires de l'administration coloniale (Banyombo F., 1990).

2.2.3.4- Les Missions et la création des premières écoles
***

« En 1898, on comptait déjà 10 écoles des missions catholiques avec 640 élèves en Oubangui-Chari, alors qu'il faudra attendre l'année 1901 pour voir l'apparition de quelques écoles publiques[151]. Jusqu'en 1930, on comptait 1403[152] élèves des établissements publics contre 1091[153] chez les missionnaires catholiques. Les premiers centres d'alphabétisation et de scolarisation en Centrafrique sont surtout des initiatives des missionnaires. Il faudra attendre 15 ans plus tard, c'est-à-dire en 1904, pour voir l'administration poser pour la première fois la question de l'éducation. » (Yérima Banga, 2017)
***

« Mais cette question est posée en termes de guerre de leadership, et de querelles idéologiques entre l'État et l'Église en métropole. Nous sommes-là à une période très importante de l'histoire française qui voit les républicains au pouvoir. Il est inutile de rappeler que les relations entre le pouvoir politique et l'Église étaient à l'époque exécrables.

---

[150] *Directoire Général des Missions, P. 119.*

[151] *Archives privées, Archevêché de Bangui (AP. Arch. Bgui) : Notice sur les œuvres d'enseignement dans les Missions Catholiques du Moyen-Congo, 2 décembre 1949, p. 2.*

[152] *Idem.*

[153] *AG.CPSE, 5J1.2a7 : Rapport moral et financier à l'Œuvre de la Sainte Enfance par Mgr GRANDIN, Préfet Apostolique de l'Oubangui-Chari, 1er septembre 1930.*

En effet, le 7 juillet 1904, Émile COMBES, Président du Conseil, avait fait adopter une loi qui interdisait à toutes les congrégations religieuses d'enseigner. Plus de 2500[154] écoles appartenant à l'Église sont contraintes de fermer leurs portes et doivent disparaître du paysage scolaire en France. Mais déjà, la loi du 1er juillet 1901 avait décidé en son article 13 qu'aucune congrégation religieuse ne pourrait se former sans une autorisation préalable donnée par une loi et en son article 14, elle a interdit l'enseignement aux membres des congrégations religieuses non autorisées. La loi du 7 juillet 1904 est venue juste verrouiller davantage les dispositions de celle du 1er juillet 1901. » (idem)

***

« *Les conséquences de ces lois vont se faire sentir non seulement dans l'œuvre coloniale, mais aussi dans l'œuvre missionnaire. Mais elles vont poser des questions d'ordre stratégique pour la vie coloniale, et donc pour l'intérêt de la Métropole. Faut-il appliquer ces lois aussi en terre coloniale où les missionnaires appartenant à des congrégations religieuses sont les principaux partenaires de l'État ? L'État a besoin de l'Église comme l'Église a besoin de l'État réciproquement, et le tout à l'avantage surtout de l'État pour asseoir son autorité et son hégémonie sur les peuples dominés, et pour assurer son prestige diplomatique auprès d'autres nations prises dans la fièvre expansionniste. La mise en œuvre de cette loi s'avère donc problématique et les républicains en sont bien conscients. Il leur faut trouver une forme d'accommodement et accepter une forme de cohabitation plus ou moins aisée[155].* » (idem)

***

« *L'article 2 de la loi du 7 juin 1904 établit que « les noviciats des congrégations exclusivement enseignantes seront dissous de plein droit, à l'exception de ceux qui sont destinés à former le personnel des écoles françaises à l'étranger, dans les colonies et les pays de protectorat ». On voit que tout est fait pour sauvegarder les intérêts des congrégations religieuses impliquées dans l'enseignement dans les colonies et les écoles en colonies vont bénéficier des avantages de cette disposition.* » (idem)

***

La date de l'apparition de la première école en Oubangui-Chari est liée à celle de la création de la première mission catholique. En effet, c'est en 1984 que fut fondée la Mission Saint-Paul à Bangui, en amont du fleuve Oubangui par Monseigneur Augouard et par le Révérant-Père Jule Rémy. Dans le même temps, l'école Sainte-Famille de Ouada au centre du pays fut créée. La carte ci-dessous présente les différentes écoles créées par les Catholiques.

---

[154] *Chiffre donné par DOYARI DONGOMBÉ, C., op. cit., 2012, p. 225.*

[155] *Cf. Claude PRUDHOMME, in « Philippe DELISLE (sous la direction de), L'Anticléricalisme dans les colonies françaises sous la Troisième République, Paris, Les Indes savantes, 2009, 244 p. », Chrétiens et sociétés [En ligne], 16 | 2009, mis en ligne le 17 mai 2010, consulté le 29 juillet 2013. URL : http://chretienssocietes.revues.org/2409*

Figure 6 : Les Missions catholiques en Oubangui-Chari : de 1894 à 1939

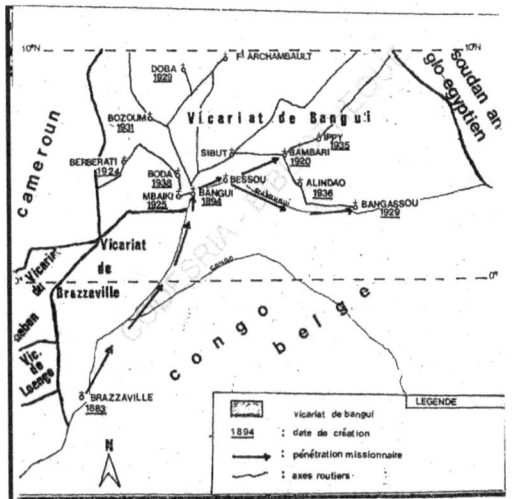

Source : Les Missions catholiques de l'Oubangui-Chari. Par N'Gorpia F.

Ainsi, les écoles furent créer au :

- Vicariat du Gabon
- Vicariat de Loango
- Vicariat de Brazzaville :
  - Mission de Brazzaville en 1883.
- Vicariat de Bangui :
  - Mission de Bangui en 1894 ;
  - Mission de Borossé (?)
  - Mission de (Ouada ?) en 1894 ;
  - Mission de Bessou – Sibut - en 1894 (?) – école Sainte-Famille ;
  - Mission de Bambari en 1920 ;
  - Mission de Berbérati en 1924 ;
  - Mission de Mbaïki en 1925 ;
  - Mission de Bangassou en 1929 ;
  - Mission de Bozoum en 1931 ;
  - Mission de Ippy en 1935 ;
  - Mission de Alindao en 1936 ;
  - Mission de Boda en 1938 ;
  - Mission de Fort Archambault en (?).

En se référant aux objectifs premiers des missionnaires, on note que ces écoles ont été implantées sur le territoire de l'Oubangui-Chari pour accomplir une mission ? c'est pourquoi Monseigneur Augouard affirme que : « Dans nos stations, le premier souci du missionnaire est d'ouvrir une école française, car c'est le principal et je dirai le seul moyen de nous concilier les populations et les amener à l'amour de la France. Toutes ces populations qui parleront notre langue se rapprocheront des Européens, tandis que les autres s'éloigneront de nous »[156].

Dans tous les cas, les idées avancées par Monseigneur Augouard ont commencé à avoir un impact lorsque les difficultés naturelles dues à la densité de la forêt ont entrainé la succession des missionnaires. C'est ainsi que le Père Cotel venu de la Mission Sainte Famille aux environs de Fort-Sibut prendra la direction de la Mission Saint-Paul pour la laisser ensuite au Père Calloch nommé Préfet Apostolique en 1912. C'est sous sa supervision que furent achevées les installations du bâtiment de la Mission qui comprenait : une maison en briques cuites avec cinq pièces et une véranda, une chapelle, un atelier de menuiserie et des magasins pour les réserves, un dortoir et bien entendu une école qui accueille les enfants, tous internes.

Ceux-ci, outre leurs occupations scolaires, pratiquaient l'agriculture. Ainsi, les missionnaires sont les premiers à réunir les toutes premières classes enfantines en usant de l'évangélisation pour passer du catéchisme au langage, puis à la lecture, enfin à l'écriture. L'ouverture d'une mission correspondait à la création d'une école où était assurée la formation des enfants. C'est dans cette perspective que Goddot J.C. citant les « Guides bleus de l'Afrique Centrale » souligne que les Pères allaient dans les villages , enseignaient des enfants entre l'école et les plantations (…) La mission ravitaillait Bangui en fruits et légumes appréciés des européens[157]. Les objectifs assignés à l'école se dessinent et de réalisent dans tout le pays.

Nous constatons à partir de là que se développe le schéma de scolarisation qui relève de la logique même du système colonial. Ce schéma fournit des moyens d'intégrer l'Oubangui-Chari dans le vaste circuit du système capitaliste. L'école en fournit les vecteurs dynamisant et associe le milieu oubanguien au développement du capitalisme car elle présuppose la structuration de la société oubanguienne selon les principes de la formation des structures sociales occidentales (Banyombo F., 1990).

Les missionnaires se référant à la circulaire du 08 Février 1921 créèrent des écoles[158] à :

1. Bambari en 1921 ;
2. Berbérati en 1924 ;

---

[156] *Lettre de Monseigneur Augouard adressée le 5 Février (?) au Directeur de la 4Dépêche coloniale »*
dans « vingt huit années au Congo » - Tome III, P. 364.
[157] *Goddot J.C : In document du Ministère de l'éducation Nationale – Bangui, 1985.*
[158] *Kalck P. : idem.*

3. MbaÏki en 1937 ;
4. Bangui (école Saint-Louis) en 1929 ;
5. Bozoum en 1920 ;
6. Bangassou en 1920 ;
7. Bangui, une école de fille (Notre-Dame) en 1923.

Les missionnaires catholiques et protestants se sont illustrés dans cette entreprise. Mais leurs actions ont été favorisées et soutenues par les élites locaux, c'est-à-dire par certains chefs coutumiers et par les premiers intellectuels tels que Boganda, Dacko, et… qui se sont convertis très tôt au christianisme. Cela présuppose l'émergence d'un conflit entre l'élite traditionnelle et l'élite instruite. Cette dernière s'est toujours considérée comme l'intermédiaire qualifié entre les colons et les oubanguiens. L'administration coloniale trouve là un terrain propice pour assurer l'expansion du christianisme. Étant donné que les chefs coutumiers sont des analphabètes, l'élite intellectuelle a très vite fait de les convaincre de la nécessité d'envoyer leurs enfants à l'école.

Convaincu en effet que l'école seule peut favoriser l'évolution des Oubanguiens en amenant ces derniers en amenant ces derniers à s'adapter aux conditions nouvelles d'existence, l'élite instruite entérine ainsi son adhésion à l'implantation de l'école sur le territoire et à l'assimilation des populations. L'implantation des écoles et l'assimilation des populations se sont faites aussi bien chez les catholiques que chez les protestants. Il est nécessaire maintenant de situer la détermination de la mission catholique et de la mission protestante.

(a)- Mission catholique

En 1939, on dénombrait 1400 élèves dans les écoles catholiques et en 1968, ces écolles comptaient 30.000 élèves. Ces effectifs attestent qu'après la deuxième guerre mondiale, l'éducation scolaire en Oubangui-Chari commence véritablement à prendre de l'ampleur.

Aussi les dépenses relatives à l'éducation atteignaient-elles 129 millions et en 1958, et le chiffre s'élevait à 231 millions de FCFA[159]. L'ensemble des dépenses effectuées témoigne de l'ampleur des œuvres éducatives. Comme l'indique le tableau suivant, la croissance des dépenses relatives aux activités éducatives est évidente :

Années	1946	1947	1948	1949	1950	1951
Montant	488.490	610.490	1.932.770	7.647.800	10.222.000	29.200.000

---

[159] *Archives de l'Archevêché de Bangui – Octobre 1960.*

L'arrêté du 04 Avril 1911 place les établissements scolaires sous le contrôle permanent des autorités locales en stipulant que « Les écoles catholiques instituées en Oubangui-Chari doivent appliquer les mêmes méthodes d'instruction »[160]. Il est fait obligation aux missionnaires catholiques de communiquer au pouvoir publiques le programme et les manuels mis à leur disposition, de même qu'ils doivent se soumettre aux visites des inspecteurs des affaires administratives. L'évidence veut qu'aucun enseignement ne se fasse sans formation. A cet égard, la formation des formateurs se faisait grâce à la mission catholique qui ouvrit en 1940 un cours normal à Notre-Dame de Bangui. Ce cours normal fut transféré successivement à la Mission Saint-Paul en 1947 et au Collège des Rapides en 1956. Pour la formation des moniteurs, un second cours normal fut créé à Bangassou en 1957 et un troisième à Berbérati en 1958.

Le bilan s'établit comme suit en 1940 :

Écoles	Nombre	Élèves	Nombre
Écoles primaires Garçons	16	Internes	591
		Externes	669
Écoles primaires Filles	6	Internes	257
		Externes	250
Écoles professionnelles	5	Menuisiers-Maçons	52
		Scieurs-Artisans	122

Il faut mentionner que malgré le caractère confessionnel de l'enseignement colonial, celui-ci a réussi à fournir à l'administration les hommes de main qui lui étaient indispensables.

(b)- Œuvre des Protestants

La date précise de l'arrivée des Protestants en Oubangui-Chari est encore très mal connue. L'histoire des Missions est marquée en Oubangui-Chari par des années de piétinement. Ces missions ne se sont accrues que quelques années après la deuxième guerre mondiale. Toutefois, on note dans quelques régions du territoire de l'Oubangui-Chari, l'implantation de certaines missions protestantes avec la création des écoles à :

- Yaloké (à l'Ouest),
- Paoua (Nord-Ouest),
- Bossangoa (Nord),
- Berbérati (Ouest), et à
- Bangui (Sud).

---

[160] Op. Cit. – Bangui 1940.

Ces missions protestantes sont le prolongement de l'Église Presbytérienne Américaine à laquelle succèdera la Société des Missions Protestantes de Paris. Elles sont introduites en Oubangui-Chari par le Gabon en 1844. Aussi, quelques-unes de ces missions semblent venir du Cameroun ; ce qui explique leur concentration dans le Nord-Ouest du pays.

Les missions protestantes, à l'instar des missions catholiques ont travaillé pour former les catéchistes qui sont appelés à leur tour à apprendre aux enfants les rudiments de la lecture (de la Bible) et du calcul.

Depuis les années 60, les protestants forment :

- A Yaloké (Ouest) des séminaristes appels à servir les églises protestantes ;
- A Paoua (Nord-Ouest) les pasteurs ;
- A Bozoum (Nord-Ouest) aussi les pasteurs.

Le manque de données disponibles ne permet pas d'examiner en détails l'apport des protestants.

2.2.4- Les débuts de l'enseignement public

***

« Ainsi, a-t-on vu des congrégations quitter la France et se replier en Afrique et dans d'autres parties du monde sous l'effet de cette loi du 7 juillet 1904. Dans les faits, cette loi par son effet a contribué à renforcer le rôle de l'Église en pays coloniaux. Cependant, comme le montrent les articles 5 à 9, on constate combien l'État reste au contrôle et voudrait que tout se fasse avec son autorisation et sous sa supervision. C'est donc cette réalité que l'on va retrouver aussi en Oubangui-Chari en matière de politique scolaire. Les missionnaires ayant été les pionniers dans l'œuvre d'éducation dès le départ de l'établissement de l'empire colonial français sur ce territoire, quand l'administration coloniale avait d'autres priorités, il faudra attendre l'année 1911 pour trouver un texte officiel faisant état des préoccupations de l'administration centrale sur la question scolaire. En effet, l'intérêt de l'administration coloniale pour l'enseignement reste vraiment timide et ceci pour toute l'Afrique Équatoriale Française. Déjà, la création du Service de l'Inspection de l'Enseignement en colonie date de l'année 1904 pour les pays colonisés[161]. Malgré la création de ce service, l'Oubangui-Chari fut très négligé et des opérations d'envergure dans ce domaine restent faibles et n'ont réellement pas été lancées. » (Yérima Banga, 2017)

***

« ... il était prévu un crédit de 900.000 francs pour les créations des écoles en AEF dans la loi d'emprunt de 1909 ... Mais en 1911, la dotation budgétaire consacrée à l'enseignement a considérablement diminué et se chiffrait seulement à 45.000 francs pour toute l'AEF. On comprend donc pourquoi l'Oubangui-Chari et le Tchad n'avaient rien reçu, seuls le Gabon et le Moyen-Congo en sont bénéficiaires : 25.000 francs pour le premier et 20.000 francs pour le second[162]. Il faudra attendre l'année 1913 pour voir accorder la somme de 26.525 francs à l'Oubangui-Chari (sur un budget total de 119.485 francs pour l'enseignement à toute l'AEF) comme crédit pour l'enseignement inscrit au budget local et réparti comme suit : Personnel 19.225 francs, Matériel 7. 300 francs. Le Gabon a reçu 27.000 francs, le Moyen-Congo 45.270 francs et le Tchad 20.700 francs[163] respectivement. » (idem)

---

[161] *Cf. SURET-CANALE, J, (1964), idem, p. 467.*
[162] *Cf. SURET-CANALE, J., op. cit., 1964, p. 468.*
[163] *Idem*

« Ainsi, avons-nous une petite idée de l'organisation de l'enseignement en Oubangui-Chari à ses débuts qui est toutefois modeste au regard de l'effort budgétaire consenti par le Gouvernement colonial, l'essentiel étant dès le départ entre les mains des congrégations religieuses[164] qui ont su allier nécessité d'évangélisation et besoin d'éducation et de scolarisation. Jusqu'à ce stade, on ne saurait parler du développement de l'enseignement, quand bien même on sent un début de tâtonnement comme effort fébrile réalisé. » (idem)

Les débuts de l'enseignement public correspondent à l'intervention de l'administration coloniale dans la supervision des œuvres scolaires. Tout a commencé avec des essais de cours d'adultes et de cours d'enseignement du soir dont les textes ont été signé par Émile Merwart, Lieutenant-Gouverneur de l'Oubangui-Chari[165].

Par décision n° 58 du 26 Janvier 1907, Mr Émile Merwart prescrit les mesures fixant l'organisation d'un cours à titre d'essai pour les adultes indigènes. Il est dès lors de remarque de constater que l'organisation centralisée des cours et la possibilité qu'avait les individus de profiter des avantages conférés par l'institution scolaire moderne ont joué dans le sens de l'affermissement de la position stratégique de la France. Ainsi, le succès de l'opération du cours pour les adultes a permis d'étendre le cours en fonction d'une organisation permanente par arrêté pris en conseil d'administration.

La deuxième décision n° 81 du 26 Janvier 1907 porte sur l'organisation à Bangui d'un enseignement du soir.

L'article premier stipule que l'enseignement primaire gratuit à l'usage des indigènes fera l'objet à Bangui d'un cours du soir qui aura lieu les lundi, mercredi et vendredi, dans un local fourni par l'administration. La fréquentation des cours sera obligatoire pour les indigènes au service de l'administration locale, sauf dispenses individuelles accordées par le chef de la colonie sur demande des chefs de service.

L'article 3 précise que « Le chargé de cours sera assisté de deux Moniteurs choisis au concours parmi les commis et les écrivains auxiliaires indigènes en service à Bangui. Le chargé de cours dirigera la première classe et surveillera les deux autres qui seront dirigés par les moniteurs. »

En son article 5, la décision met l'accent sur le point suivant : « Des récompenses seront accordées, sur autorisation du chef de la colonie, aux élèves de chaque

---

[164] *Nous ne parlons que des missionnaires catholiques, car nous n'avons pas d'éléments d'analyse sur les réalisations des missionnaires protestants.*

[165] *Document inédit dépouillé à la Mission Saint-Paul de Bangui situant le contexte ayant inspiré la création de la première école en Oubangui-Chari (voir annexe 1)*

classe proposée à cet effet par la Commission d'inspection dans les conditions ci-après :

1) Trimestriellement aux élèves les mieux notés dans la dernière inspection trimestrielle ;
2) Annuellement, le 14 Juillet, aux élèves qui auront obtenu, dans l'ensemble des quatre derniers trimestres les moyennes les plus élevés.

Les récompenses consisteront en versement à la caisse locale de prévoyance, en livres et objets utiles.

S'il est admis que l'œuvre de scolarisation prend de plus en plus de l'ampleur, il n'est pas étonnant de voir qu'à l'instar de Bangui, des décisions ont été prises (n°186 du 24 Juillet 1907 et n° 162 du 23 Mai 1907) poue prescrire un essai de cours d'enseignement du soir à Fort-Possel (au Centre) et à Krébédjé (au Centre). Cependant, les structures scolaires créées par l'arrêté du 4 Avril 1911 sur l'ensemble de l'AEF étaient longtemps attachées aux Affaires Politiques.

L'école officielle qui était ainsi réglementée en 1911 fournissait des hommes où des cadres subalternes nécessaires à l'administration coloniale :

- Commis de bureau,
- Infirmiers,
- Moniteurs,
- Agents des finances,
- Vétérinaires …

Le tableau suivant permet d'apprécier les effectifs des écoles officielles (qui était très dispersées) de l'Oubangui-Chari en 1912[166] :

Lieux	Nombre d'élèves
Mobaye	78
Bria	25
Fort-Sibut	26
Bouca	25
Ouango	14
Rafaï	32
Bangassou	14
Bozoum	16
Fort-Campel	24

---

[166] *Kalck P. : Op. Cit P. 216.*

Zémio	15
Total	**269**

L'arrêté dont mention est faite a permis à l'administration coloniale d'accroître son intervention pour la réglementation et la subvention des œuvres scolaires.

Mais, l'accession du pays à l'indépendance politique en 1960 entrainera la centrafricanisassion des structures scolaires, tout au moins dans le primaire. En effet, en application de la **loi n° 62/316 du 9 Mai 1962**, il a été institué en Oubangui-Chari l'unification de l'enseignement, c'est-à-dire l'enseignement d'État. Cependant, l'article 2 du **décret d'application n° 63/071 du 15 Février 1963** précise que : « Dans les établissements scolaires, une éducation religieuse facultative peut être dispensée en dehors des heures réglementaires d'enseignement ». les responsables du culte dispensent l'éducation religieuse soit personnellement, soit par l'intermédiaires des maitres qui acceptent librement de la faire.

Selon le Père Lemahou, les bâtiments scolaires de l'enseignement libre sont restés propriétés des missions mais leur entretien est désormais à la charge de l'État (qui hélas n'a guère les moyens de faire les travaux nécessaires d'ajustement structurel) et le personnel des écoles des missions est pris en charge par les finances publiques. Les religieux ont gardé la direction des établissements qu'ils dirigeaient déjà au paravent et certains établissement scolaires ont gardé leurs noms : Lycée Pie XII, École Sainte-Thérèse, Lycée d'État des Rapides, etc… la prise en charge de ces établissements scolaires par l'État a entrainé néanmoins une amélioration relative dans le traitement des enseignants qui ne recevaient pas des missionnaires un salaire convenable.

Si les lois n° 62/316 du 9 Mai 1962 et n° 63/071 du 15 Février 1963 ont apporté des changements au niveau du fonctionnement du système scolaire, il ne faut pas perdre de vue que ces changements sont essentiellement formels. Les structures scolaires n'ont pas subi des modifications dans leur nature propre. Les mécanismes qui ont structuré le système scolaire depuis sa création ont presque demeurés tels ou ils se sont consolidés suivant les options qui leur ont été imprimées. Ces mécanismes apparaissent en dernier ressort comme des constances de la domination culturelle en RCA. Parler de la modification du système scolaire, sans considérer sa nature propre ne peut résoudre le problème crucial de la domination (Banyombo F., 1990).

L'examen des textes officiels relatifs à l'école en Oubangui-Chari fait ressortir certaines idées fondamentales. En effet, l'enseignement est lié à la formation du système capitaliste puisque, d'après Sarrault : « l'instruction (…) a d'abord pour résultat d'améliorer la valeur de la production coloniale en multipliant dans la foule des travailleurs indigènes, la qualité des intelligences et le nombre des capacités ; elle doit en outre, parmi la masse laborieuse dégager et dresser les élites de collaborateurs qui, comme agents techniques, contremaitres, surveillants, commis de direction , suppléeront à l'insuffisance numériques des européens et satisferont à la demande croissante des entreprises agricoles, industrielles ou commerciales de la colonisation »[167]. Il poursuit : « … l'appareil d'exploitation économique, d'oppression administrative et politique ne peut fonctionner sans un minimum de cadres subalternes autochtones, courroie de transmission et agents d'exécution entre l'encadrement européen et les masse … »[168]. Ainsi, la participation des élites autochtones à l'implantation et au maintien du système scolaire se présente comme le fondement du système capitaliste dans ce pays (idem).

Si l'école semble offrir de meilleures conditions de vie, il faut cependant préciser avec Snyders que : « l'école comme univers préservé, îlot de pureté et à sa porte s'arrêteraient les disparités et les luttes sociales, ce miracle n'existe pas : l'école fait partie du monde »[169]. Autrement dit, telle qu'elle est conçue, l'école crée et renforce les inégalités sociales. Cette inégalité sociale met en évidencele contraste entre la prégnance matérielle des lettrés et le poids de la misère des masses qui n'ont pu connaitre l'école (idem).

L'examen des caractéristiques précises de l'école coloniale pourrait révéler les canons définis par les initiateurs de l'institution scolaire.

2.2.5- Les caractères de l'éducation scolaire pendant la colonisation

***

« Des hommes d'État comme le Gouverneur général de l'AEF, Félix ÉBOUÉ (1939-1944), avaient compris le service que les missions rendaient tant à l'influence française qu'à l'évolution des populations autochtones et n'hésitaient pas à chercher leur collaboration et à les encourager à faire mieux et davantage. Ainsi déclarait-il : « Ainsi, en sommes-nous venus à considérer que l'enseignement des écoles publiques et celui des écoles chrétiennes doivent être l'un et l'autre l'objet d'une égale sollicitude de la part du Gouvernement. Aux moyens financiers qui seront définitivement attribués à l'enseignement chrétien, correspondra de sa part une activité scolaire plus grande. Ennemi de tout ce qui bride l'initiative, je n'entends pas étatiser les écoles des missions... Nous créons l'entraide et l'harmonie dans l'effort libéralement donné»[170]. Mais en sera-t-il ainsi de la période après 1958 qui ouvre sur l'indépendance du pays où les Africains seront désormais amenés à donner leur avis et à définir les politiques et à résoudre les questions de l'enseignement qui concernent le devenir de leur pays ? » (Yérima Banga, 2017)

***

L'institution scolaire repose sur des mécanismes divers qui tendent certes à la reproduction de la société mais qui renforcent surtout le processus de dépendance

---

[167] *Sarraut A. : Op. cit P. 475.*
[168] *Ibid. P. 476.*
[169] *Snyders G. : École – Classe et lutte des classes, PUF, Paris 1976, P. 19.*
[170] *AP. Arch. Bgui : Notice sur les œuvres d'enseignement dans les Missions Catholiques du Moyen-Congo (2 décembre 1949), p. 3.*

135

du pays. Ces mécanismes se manifestent tant dans l'organisation et l'objectif de l'enseignement que dans les programmes et les méthodes pédagogiques.

2.2.5.1- *Organisation et objectifs*

Comme mentionne ci-haut, dans ces débuts, l'éducation était purement religieuse et les établissements scolaires étaient en général aux environs des églises. La classe débutait par une courte prière d'introduction et d'illumination. Les bénéficiaires de cette éducation sont en général choisis parmi les fils des chefs, des notables et des employés. En Oubangui-Chari, l'élite intellectuelle et/ou bureaucratique formée pendant la colonisation, évolue selon les pratiques façonnées par la France ; ces mêmes pratiques s'imposent, selon leur logique propre, aux enfants issus de ce milieu d'intellectuels. Les comportements socio-culturels de ces enfants se traduisent purement et simplement par une forme d'adaptation scolaire.

L'école est ainsi considérée comme le lieu privilégié de la transformation de l'homme noir pour que l'âme du jeune centrafricain soit une âme blanche dans un corps noir (Banyombo F., 1990). Cet objectif est la résultante des résolutions de la Conférence de Brazzaville en 1944 qui ont prescrit l'institutionnalisation de la langue française comme la seule langue d'enseignement et l'interdiction dans toutes les colonies de faire usage des langues locales dans les situations pédagogiques. Si les objectifs et l'organisation du système scolaire donne lieu aux facteurs décisifs de la dépendance du pays, il faut toutefois reconnaitre que l'œuvre remarquable d'instruction entreprise par les missionnaires a été salutaire dans la mesure où l'apprentissage est considéré comme condition du progrès social. Savoir lire et écrire, savoir s'exprimer d'une certaine manière ont pour corollaire la maitrise de l'orientation des activités de production.

Mais telle qu'elle a été conçus en Oubangui-Chari, l'école apparait comme un élément répressif qui exclut toute possibilité d'expression libre des aptitudes qui sommeillent au niveau de chaque enfant. De même on estime que si l'école fonctionnait, évoluait en tenant compte de son milieu social, le comportement socio-culturel du jeune oubanguien serait orienté selon la dialectique de l'évolution de toute société. Malheureusement, on sait que tout ce qui a trait à l'éducation véhicule une certaine idéologie. Celle que véhicule l'école oubanguienne est celle des colonisateurs qui a entrainé la disparition progressive des valeurs propres aux oubanguiens. Ce fait s'exprime de manière systématique dans les programmes pédagogiques institués (Banyombo F., 1990).

2.2.5.2- Programmes pédagogiques

L'observation de l'emploi du temps (voir page suivante) indique que l'usage de la langue française, la lecture, l'écriture et les premiers éléments du calcul constituent l'essentiel du programme.

Heures	Lundi	Mardi	Mercredi	Jeudi ou Vendredi	Vendredi ou Samedi
8h	Morale	Récitation	Morale	Récitation	Compte-rendu lecture
8h15	LECTURE EXPLIQUEE (40 mn)				
8h50					
8h55	Préparation de la dictée	Corrigé du	Grammaire : analyse	Vocabulaire –	Lecture expliquée
9h30	du Mardi. Grammaire : exercice de conjugaison Sur la base de la dictée	compte-rendu De lecture du Samedi précédent	Grammaticale et logique	Education – Imitation d'une phrase travail collectif	Morale
9h45	RECREATION 15 Mn				
10h	Géométrie	Système métrique	Arithmétique	Système métrique	Arithmétique
	INTER - CLASSE				

L'application des programmes d'enseignement reflète les tendances quelque peu encyclopédiques que l'enseignement colonial a adoptées. Cet enseignement contrôle l'acquisition d'un savoir relativement étendu. Son objectif est de permettre aux enfants d'acquérir les mécanismes de base en français. Par le compte-rendu de lecture, on s'attache à discerner à la fois si l'élève est capable de comprendre et s'il possède une maitrise pratique suffisante de la langue. Cet exercice présente à bien des égards une valeur fondamentale, car bien plus que la rédaction, il peut permettre de se rendre compte si les enfants sont capables d'assimiler l'essentiel d'un récit ou de maitriser la langue parlée.

EMPLOI DU TEMPS AU CM2
(Classe Préparatoire à la 6ème)

MATIN

APRES-MIDI

Heures	Lundi	Mardi	Mercredi	Jeudi ou Vendredi	Vendredi ou Samedi
14 h	Récitation 15mn	Lecture courante 20 mn	Récitation 15 mn	Lecture courante 20 mn	Récitation 15 mn
14 h15	Ecriture 15 mn	Dictée préparée la veille et correction individuelle 55 mn Correction des questions en commun	Ecriture 15 mn	Dictée de contrôle	Ecriture 15 mn
14h30	Grammaire : règles d'accord en utilisant la lecture du matin 45 mn		Hygiène 30 mn	Correction immédiate des questions 1h10mn	Correction dictée de contrôle
			Géographie 30 mn		
15h	Histoire 30 mn	Agriculture 30 mn	Chant 15 mn	Chant 15 mn	Leçons de chose 45 mn
15h15	RECREATION 15 mn				
15h45	Dessin en se référant à la leçon de géométrie du matin	Leçons de choses 45 mn	Travail manuel	Dessin	Travail manuel : • Jardinage • Nettoyage
16h					
17h		Chant 15 mn			

Source : circulaire du Gouverneur Général en AEF du 26 Aout 1954 sur la préparation à l'examen d'entrée dans les collèges. Archives de la Mission Saint-Paul de Bangui.

Tout compte fait, l'observation de l'emploi du temps ci-dessus montre qu'il présente un programme d'enseignement visant à préparer les élèves à l'entrée en 6ème. Comme l'a souligné Lemahou, les instituteurs africains chargés de la préparation à cet examen, ne perçoivent pas nettement son caractère propre. Accoutumés à l'enseignement primaire habituel dont la vocation est, par définition, la préparation du certificat d'Étude, ils be voient dans l'examen de 6ème qu'une variante mineure du C.E.P. Le CEP, dans sa vraie forme, est un examen de fin d'études ; il marque l'achèvement d'un cycle d'enseignement reflétant les objectifs en vigueur. Tout a été mis en œuvre pour encourager la fréquentation scolaire. L'examen de l'évolution des effectifs scolaires ne manque pas d'intérêt.

2.2.5.3- Un véritable mécanisme de « reproduction sociale »

Notons que l'enseignement à l'école coloniale était plus ou moins discriminatoire : l'instruction était prioritairement réservée aux fils et neveux des chefs traditionnels que l'église a alors christianisés même si dans quelques régions certains chefs étaient réticents d'y envoyer leurs enfants, potentiels successeurs aux trônes. L'intention était de se baser et se constituer sur une élite liée au rang social traditionnel existant. Au clair l'instruction de cette période procédait déjà à une « reproduction sociale» des élites pour renforcer la base autochtone tout en remplaçant mécaniquement les mœurs locales comme le souligne le gouverneur général de l'A.O.F :«...*Considérant l'instruction comme une chose précieuse qu'on ne distribue qu'à bon escient et limitons-en le bienfait à des bénéficiaires qualifiés. Choisissons nos élèves tout d'abord parmi les fils de chefs et de notables, la société indigène est très hiérarchisée. Les classes sont nettement déterminées par l'hérédité et la coutume. C'est sur elles que s'appuie notre autorité dans l'administration de ce pays, c'est avec elles surtout que nous avons un rapport de service. Le prestige qui s'attache à la naissance doit se renforcer par le respect que confère le savoir »[171]*.

Cet état d'esprit « transférable » dans les colonies est le reflet du mécanisme de reproduction sociale mis en place en métropole avant la Révolution : « *Avant 1789, le critère de naissance était fondamental pour le rôle que pouvait jouer des individus dans leur société. On naissait donc avec des chances de devenir marquis, de Comte ou alors roi parce qu'on était d'une lignée de marquis, de Comte ou d'une lignée royale. Dans le cas contraire, on naissait paysan sans trop grand espoir socioprofessionnelle parce que le destin l'avait décidé ainsi (...) l'avenir et le rôle des individus dans leur société étaient prédestinés, parce que liés à leur naissance »[172]*

Cette pratique avait canalisé pendant longtemps le recrutement des élèves. De là on peut estimer que le phénomène de « non fréquentation scolaire », peut déjà être observable de manière involontaire durant cette période coloniale. Car, ne peut être scolarisé que l'enfant de chef coutumier, du catéchiste ou à la rigueur celui qui est converti au christianisme. Les enfants des animistes n'accédèrent pas à la scolarisation d'où un faible taux de scolarisation : « *Le taux de scolarisation en 1939 n'atteignait que 1,5% et en 1950, il restait encore inférieur à 8 %»[173]* A ce

---

[171] *Gouverneur général Roume de l'Afrique Occidentale Française (A.O.F) :J.O /A.O.F N° 1024 du 10 mai 1924 in MOUMOUNI Education en Afrique, Paris, Maspero, 2ème édition, 1967 pp. 119.*
[172] *AMAYE, M, Les missions catholiques et la formation de l'élite administrative et politique de l'Oubangui-Chari de 1920-1958, Doctorat 3ème cycle, Histoire, Aix-Marseille1, 1984, Tom1 pp16*
[173] *KALCK, P, La République Centrafricaine, Editions Berger-Levrault, Paris pp. 1971, 15*

facteur discriminatoire dans la scolarisation, il faut ajouter que l'enseignement dispensé aux élèves était essentiellement en français et fonctionnait pendant un temps limité dans la journée et de courtes périodes dans l'année. Ces élèves ayant quitté le milieu scolaire se retrouve naturellement dans leur communauté et vivent de façon purement africaine, différente de ce qu'ils ont appris à l'école[174].

2.2.6- Évolution et répartition des effectifs scolaires

L'observation des tableaux marquant l'évolution des effectifs scolaires pendant la colonisation atteste qu'il y a croissance progressive des élèves en dépit des exactions commises par les colons. Cela est dû à l'effort de scolarisation fourni par les missionnaires, comme le témoigne la lettre suivante adressée au R.P. Feraille, directeur de l'enseignement du Vicariat Apostolique de Bangui à l'occasion de l'ouverture à Grimari d'une école (Les écoles de la Mission Catholique dans la Ouaka).

A.E.F Oubangui-Chari   Grimari, le 19 Avril 1950
Région OUAKA-KOTTO.   Le chef de District de Grimari
District de Grimari.   Au R.P. Ferraille, directeur
de l'enseignement
   n° 117/G.   du Vicariat Apostolique de Bangui.

      Mon Révérend Père,

     J'ai l'honneur de vous faire connaitre que les derniers recensements effectués dans le District de Grimari permettent d'évaluer à 810 le nombre des enfants, garçons et filles, habitant dans un rayon de cinq kilomètres autour du poste administratif.

     De ce chiffre on doit distraire 104 enfants inscrits à l'École officielle.

     Je ne verrai que des avantages que la Mission Catholique ouvre à Grimari une école fonctionnant régulièrement. Il pourrait se créer une émulation entre les maitres dont les effets ne pourraient être que souhaitable. Il reste bien entendu qu'aucune pression ne devrait être exercée auprès des familles au détriment de l'école de village.
     Veuillez agréer, Mon Révérend Père, l'assurance de ma considération très distinguée.

                Signé : Lemercier
                Chef de district de Grimari.

---

[174] *BEVARRAH, L, Ethnocide Bantou (Gbaya) et la politique de rééducation, Doctorat 3ème cycle, Sciences de l'Education, Paris5, 1985, pp.406*

2.2.6.1- Évolution de l'enseignement du 1ᵉʳ degré de 1940 à 1952

Tableau 4 : L'enseignement du 1er degré de 1940 à 1952[175]

Années	Nombre d'écoles	Nombre de classe	Effectifs		
			Garçons	Filles	Total
1940	4	10	379	134	*513*
...					
1945	9	27	1 519	160	*1 679*
1946	11	37	1 583	240	*1 823*
1947	13	49	1 908	203	*2 111*
1948			2 099	556	*2 655*
1949	25		3 602	664	*4 266*
1950	36		5 873	818	*6 691*
1951	45		7 345	1 040	*8 385*
1952	56		8 505	1 193	*9 698*
Total*	199	123	32 813	5 008	37 821

) Total partiel

Ainsi, au cours de la période 1940-1952, il y a une accélération remarquable du nombre des écoles et des effectifs des élèves. Il semble (Banyombo F., 1990) que les résultats au CEP sont aussi remarquables, aussi bien dans les écoles catholique, protestante, officielle et autres. Néanmoins, le tableau suivant peut aider à apprécier les effectifs scolaires dans toutes les écoles suite aux épreuves du CEP en 1959[176].

Tableau 5 : Les effectifs scolaires aux épreuves du CEP en 1959

Type d'école	Garçons	Filles	Total
Enseignement officiel	504	37	*541*
Enseignement catholique	315	40	*355*
Enseignement protestant	19	0	*19*
Candidats libres	49	7	*56*
Total	887	84	971

On note que la scolarisation des filles était insuffisante pour des raisons que justifient les pesanteurs sociologiques dans la mesure où l'école constituait un obstacle aux activités féminines. Dans le milieu traditionnel, la femme est surtout destinée à procréer pour agrandir le cercle de la famille qui constitue une grande richesse en Afrique. Or, une éducation visant au développement national ne peut

---

[175] *Article anonyme de l'Archevêché de Bangui – 1966 (complété)*
[176] *Ibid. en 1960.*

pas accorder à la formation des filles l'importance qu'elle mérite tout en retrempant aux sources vives de la tradition oubanguienne.

Mais le problème qui se pose est celui de la valeur pratique de ces études. En tenant compte de l'enseignement dispensé, on peut déduire que le but essentiel des œuvres scolaires visait surtout à instruire les jeunes plutôt qu'à les éduquer. Il s'agissait de l'application des techniques d'apprentissage. Cette instruction dont le véhicule principal est la langue française propage un discours idéologique qui « ne leur (enfants) parle ni d'eux, ni des conditions matérielles d'existence qui sont les leurs, ni de leur expérience concrète de tous les jours ... »[177].

Cet état de chose justifie et explique les déperditions scolaires. Les meilleurs élèves ont effectivement une tendance à se considérer comme faisant partie de l'élite et à exercer des fonctions dans le secteur tertiaire. Sans y être spécialement préparés, c'est pour ces fonctions qu'ils ont été formés. Malheureusement, ni la structure de l'emploi en Oubangui-Chari, ni les perspectives qu'ouvrent en ce domaine le souci de répondre aux besoins de développement socio-économique ne permettent de répondre à ces aspirations. Il est évident que cela n'est pas condamnable en soi. Mais il convient de bien juger de l'importance de cette élite dont les activités doivent être en accord avec la nécessité de développement national (Banyombo F., 1990).

2.2.6.2- Mesures préventives à l'avènement de l'indépendance

Quoi qu'il en soit, pendant la période coloniale, un effort important a été entrepris aussi bien par les écoles officielles que les écoles privées (catholiques et protestantes) pour l'instruction des jeunes.

Nous savons qu'après l'indépendance, en application de la loi du 16 Mai 1962, les autorités de la RCA ont décidé de l'unification et de la nationalisation des structures de l'enseignement privé. Mais déjà des mesures ont été prises pour assurer la stabilité du pays afin de préparer le terrain à l'application de cette loi.

Barthélémy Boganda, Président-Fondateur du pays déclarait à ce propos que : « Nous serons sans pitié pour les politiciens agitateurs et colporteurs d'idées étrangères à l'intérêt oubanguien ... »[178]. De cette déclaration de Boganda en 1958, découlent les implications idéologiques ci-haut ébauchées et qui témoignent de sa haine contre le communisme, car on sait que le communisme est hostile au système colonial et à toute forme de religion qui serait « l'opium du peuple ». Boganda a mis tout en œuvre, à partir de 1959 pour mobiliser l'opinion contre les prétendus dangers que représente le communisme en rapportant que « La

---

[177] *Baudelot et Establet, cités par Touré A. in La civilisation quotidienne en Côte d'Ivoire – Abidjan, 1974 P. 78.*
[178] *Boganda cité par P. Kalck P.*

décolonisation risque de donner lieu à une nouvelle colonisation pire que la première si nous prêtons garde. Car en effet, trois menaces très graves planent sur nos têtes, le péril jaune qui déjà à atteint Madagascar et l'Afrique Orientale ne tardera pas à se manifester en Afrique Centrale. Le communisme et le panarabisme, parfois solidairement, souvent séparément se sont installés dans nos murs »[179].

Ainsi, l'attitude ferme de la nouvelle administration apparait clairement dans cette déclaration qui justifie la nationalisation des établissements scolaires privés afin d'éviter la propagation d'autres formes d'idéologie contraire à celle prônée jusqu'ici. La loi du 16 Mai 1962, appliquée avec bienveillance en RCA va entrainer le renouveau des structures d'éducation scolaire. Si les établissements catholiques et protestants ont été nationalisés, toutes les classes ne sont pas fermées pour autant. Certes les enseignements préscolaires et primaires ont été récupérés par l'État. Mais certaines structures de l'enseignement secondaire, précisément les séminaires sont restés sous la responsabilité du clergé. Celui-ci s'est particulièrement illustré dans la formation d'un clergé indigène. Les protestants quant à eux, vont assurer la formation des pasteurs à Paoua, Yaloké et à Bangui. Les écoles protestantes reçoivent les élèves de la 6è à la 3è et comptent environ 20 à 40 élèves par classe.

En ce qui concerne les catholiques, la formation des prêtres se font dans trois types de séminaires : Petit, Moyen et Grand séminaires. En RCA, on peut dénombrer après l'indépendance 5 Diocèses et l'Archevêché de Bangui. Ces Diocèses sont répartis à Berbérati, Bouar, Bangassou, Bambari et Bossangoa. Chaque Diocèse est doté d'un Petit Séminaire qui reçoit les élèves de la 6è à la 3è. Le Moyen et le Grand Séminaires de Bangui reçoivent les élèves de catégorie supérieure. Il faut préciser que dans certains séminaires, par exemple celui de Bouar, une structure de formation de Jeunes Agriculteurs Chrétien (J.A.C.). c'est dire que depuis 1962, l'entreprise des missionnaires est réduite à la fois à l'éducation religieuse des jeunes et à l'apprentissage des techniques agricoles. C'est pourquoi pendant la période 1962-1967, l'expansion de l'éducation missionnaire a été en général moins rapide que celle de l'éducation scolaire publique. Par ailleurs, on note la diminution des effectifs dans les séminaires, ce qui est particulièrement notable lorsqu'on tient compte du cursus scolaire, alors que dans le même temps, ces effectifs s'accroissent de façon spectaculaire dans les établissements publics. L'église se mobilise alors pour maintenir et accroître son influence en décidant par ailleurs de hâter l'implantation des paroisses sur l'ensemble du territoire.

---

[179] *Ibid. cité par J. De Dreux Breze in – Le problème de regroupement en Afrique centrale – Presses Universitaires de Droit - Paris P. 73.*

2.2.7-Volet formation des enseignants

La formation pendant la période coloniale de 1920-1959

En s'appuyant sur les rapports du colon Monsieur DAVESNE paru dans le premier bulletin de nos écoles de l'AEF en 1937 et l'extrait du discours du Général LARMINAT en date du 1ᵉʳ Janvier 1940 et l'article de CHILLON inséré dans le revue pédagogique n° 1 page3, datant de Janvier 1940. Il ressort de la lecture de ces deux documents que le souci de former les enseignants en Oubangui-Chari s'est observé dès la création des écoles. Il a été l'œuvre des missionnaires protestants et catholiques qui ont été les premiers à répandre la scolarisation et pour se faire à édifier les premières institutions chargées de former les maîtres catéchistes en vue de l'évangélisation.

Ensuite, la plupart des maîtres étaient des compagnons des premiers explorateurs recrutés au hasard. Ils étaient parfois anciens cuisiniers, anciens miliciens qui savaient à peine lire, écrire, calculer et parler Français. Ces maîtres recrutés bon gré, mal gré, ne pouvaient que bâcler leur tâche par voie de conséquence.

Les institutions métropolitaines débarquent en AEF, plus particulièrement en Oubangui-Chari remplissaient une double mission : diriger les écoles indigènes d'une part, instruire et former les moniteurs indigènes placés sous leur contrôle d'autre part. A partir de 1930, un souffle nouveau améliora les critères du recrutement des maîtres, les éventuels candidats au métier d'instituteurs devaient désormais être titulaires du Certificat d'Etude Primaire Indigène avant d'exercer cette carrière ainsi que le recommande l'arrêté du Lieutenant-gouverneur en date du 16 Novembre 1932 : « tout candidat à l'emploi de moniteur doit posséder son CEPI et satisfaire à un examen pratique et d'aptitude professionnelle consistant en une classe d'une heure et demi sous la surveillance du jury ».1 La première promotion des maîtres formés avec le CEPI vit le jour en Septembre 1930 par décision n°314 du Lieutenant-gouverneur P.PROUTEAUX.

Pour valoriser la fonction enseignante, le gouverneur général Edouard RENARD créa à Brazzaville par arrêté du 23 Février 1935, une école primaire supérieure (EPS) dont l'une des sections formait des candidats du CEPI au métier d'enseignant. Cette école commença à fonctionner à partir du 1ᵉʳ Mai 1935. Bangui ferma sa section et envoya ses candidats à l'EPS de Brazzaville pour y être formés. Soucieux également de former les cadres compétents à la fois en nombre et en qualité, l'Oubangui-Chari créa à Bambari, une école normale d'instituteurs-adjoints. Les candidats de cette école étaient titulaires du BEPC ou BE.

Durant cette période, on note parallèlement la participation effective des missionnaires catholiques à la formation des moniteurs. La mission catholique avait en effet un cours normal à Notre Dame de Bangui en 1940. Il fut transféré à la mission Saint-Paul en 1947, puis au Collège des rapides en 1956. Pour les monitrices, un cours fut également créé à Bangui, en 1943, à Notre Dame. Il fut muté au Collège Pie XII en 1957.

Un second cours normal pour moniteurs fut ouvert à Bangassou en 1957 et un troisième à Berbérati en 1958. Ces enseignants formés pendant la période coloniale bénéficiaient d'un privilège car ils constituaient à l'époque une élite restreinte d'éducateurs exemplaires sur le plan moral et social. A cette époque, la mission protestante évangélique implanta en Oubangui-Chari le 9 Novembre 1921 les mêmes objectifs de formation des maîtres à Bassaï dans la préfecture de l'Ouham-Péndé, à Belle vue (Bossangoa) en 1924, puis à Yaloké en 1925. Plus encore, c'est l'ouverture d'un cours normal à Bassaï en 1953, lequel fut transféré en 1956.

2.3- Synthèse de la politique éducative de la période de pré-indépendance

***

« La période de 1920 à 1960 est une période charnière très chargée en histoire de l'éducation coloniale en Afrique Équatoriale Française en général, et en Oubangui-Chari en particulier. ... comment à travers les textes réglementaires, l'administration coloniale décidait de l'orientation à donner à l'éducation et portait in fine les réformes scolaires engagées à partir de 1920 jusqu'en 1958 qui est l'année de l'Indépendance. » (Yérima Banga, 2017)

***

« La politique éducative pendant la période de 1920 à 1958 est marquée par le souci de l'administration coloniale de tracer un cadre institutionnel officiel dans le paysage scolaire à travers la régulation de l'exercice de l'enseignement et de la scolarisation. On a vu à plusieurs reprises les textes officiels qui ont été initiés pour imposer ce cadre à l'enseignement public et privé. Le souci a été de ne pas créer un enseignement exclusivement privé à côté de l'enseignement public, mais d'étendre le contrôle de l'État sur tout ce qui relève de l'éducation en Oubangui-Chari. L'administration coloniale s'intéressait donc à toute question relative à l'éducation, à travers les conditions d'existence des écoles, les conditions imposées aux moniteurs et enseignants pour être opérationnels en classe, les préoccupations de rendre l'éducation effective aux élèves indigènes par le contrat de scolarité, la définition des programmes scolaires et des directives pédagogiques à suivre, l'aide à assurer aux écoles qui relèvent du privé à travers les subventions à accorder et une attention particulière aux initiatives scolaires des missions religieuses. » (idem)

2.3.1- Bref rappel du cadre politique

Depuis la création du poste de Bangui, la colonie de l'Oubangui-Chari a connu un régime particulièrement dur, qui fut constamment dénoncé par Barthélemy BOGANDA, dès que ce dernier s'est engagé dans l'action politique. Les révoltes incessantes des populations africaines et surtout les conséquences de la Seconde Guerre mondiale (revendication d'indépendance) ont favorisé une mutation politique qui conduit à des réformes introduites par la Loi-cadre en 1956 et la communauté Française en 1958. Il y eut ainsi, entre 1957 et 1960, une période de transition entre le régime colonial et la Communauté.

2.3.2- Les objectifs de l'éducation

Le 2 Janvier 1937, un Arrêté portant organisation générale de l'enseignement en Afrique Équatoriale Française (AEF) était pris à Brazzaville par le Gouvernement Général. Le but visé par cet enseignement était de préparer les fonctionnaires indigènes des cadres secondaires de l'AEF et les Agents du commerce, et également de procurer aux meilleurs élèves des écoles, le moyen de poursuivre leurs études au-delà du degré primaire élémentaire.

Ces objectifs furent clarifiés en 1955 par un arrêté qui stipulait que l'enseignement en AEF avait pour but essentiel d'enseigner la langue française, de donner aux élèves des éléments d'instruction générale et pratique, d'affirmer les qualités de caractère et de développer le patriotisme de l'Union Française.

Ainsi, pendant la période coloniale, la politique en matière d'éducation dans notre pays, se résumait à la diffusion de la culture française et à la formation de cadres indigènes sachant lire, écrire et compter, capable de seconder le personnel métropolitain dans l'administration de l'époque.

2.3.3- Les moyens

Ressources Budgétaires

Les difficultés de trouver des documents d'archives datant d'avant l'indépendance font que les informations sur les ressources budgétaires sont fragmentaires. En outre, la nouvelle Organisation politique des États de la Communauté a entrainé de profondes modifications dans la présentation des dépenses publiques et il n'est pas toujours possible de comparer les dépenses propres à chaque service jusqu'en 1959 avec celles des Ministères à partir de

1960. Les nombreux changements d'imputation des dépenses entre l'ex-budget fédéral puis le général, le budget local, le budget métropolitain et le FIDES, ne sont pas de nature à clarifier la situation.

On retiendra néanmoins qu'à partir de 1958, les services du groupe de territoires ont été progressivement transférés aux États. Les dépenses budgétaires de l'État, pour la période 1956-1959, sont représentées dans le tableau 7 ci-après. La plupart des différentes parties prenantes ont également varié sur cette période. L'augmentation des dépenses est beaucoup plus nette pour les ''services sociaux'', qui sont ceux dont les moyens d'action se sont les plus développés depuis 1956. Ainsi le budget de l'enseignement est passé de 174 millions de F CFA en 1956 à 365 millions de F CFA en 1959. Soit un pourcentage (BE) de 11,50 % à 16, 50 %. Ce qui traduit un effort réel en faveur de l'éducation.

Ressources humaines et matérielles

L'enseignement relevait à cette époque, du Ministère de l'Instruction publique et du Travail.

L'inspection d'académie de Bangui dirigeait :

- L'enseignement primaire ;
- L'enseignement du second degré ;
- L'enseignement technique.
  Il n'y avait pas d'enseignement supérieur en République centrafricaine à cette époque.

À l'orée de l'indépendance, l'ensemble du service aura : 111 fonctionnaires de l'Assistance Techniques, 793 fonctionnaires locaux et 161 Agents journaliers.

L'Enseignement primaire
Il absorbe une part importante du budget local et des effectifs de fonctionnaires, et c'est le secteur qui a connu le plus d'extension. Par exemple, pour l'année scolaire 1959-1960, il coûtera 380 millions de F CFA (bourses et subventions à l'enseignement privé comprises).

Le pays était divisé en zones secteurs scolaires, correspondant aux régions administratives, les districts autonomes de N'DELE, BIRAO et ZANDE étant rattachés aux régions voisines.

Pendant l'année scolaire 1958-1959, 299 écoles ont fonctionné ; 854 classes étaient ouvertes ; 54.950 élèves les ont fréquentées, dont 22.000 pour les écoles privées, catholiques et protestantes. À la rentrée d'octobre 1959, 130 nouvelles classes ont été installées, permettant d'accueillir 10.000 élèves supplémentaires. Le taux de scolarisation (1) est ainsi passé de 31,4 % à 36, 2 % soit une progression de 5 points.

(1) le taux est calculé ainsi : population totale de la RCA : 1.777.000 habitants. Population scolarisable : 15 % de la Population totale. Taux de scolarisation : nombre d'élèves population scolarisable.

L'Enseignement du second degré et l'Enseignement technique

L'Enseignement secondaire

Pendant l'année scolaire 58-59, le collège Émile Gentil a fonctionné comme un établissement mixte avec :

- 445 garçons dont 396 africains
- 47 filles dont 4 africaines
Parallèlement le nouveau Collège de filles recevait 67 élèves dont 61 africaines. Enfin les collèges d'enseignement privé à Bangui comptaient 106 garçons et 46 filles.

Il y avait donc 711 élèves dans l'enseignement secondaire. Ce nombre a augmenté à la rentrée 1959-1960 avec l'ouverture d'un nouveau Collège à Berberati.

L'Enseignement Normal
Il comptait au total 639 élèves, pour l'enseignement normal de formation du personnel, répartis dans des établissements officiels et privés.

L'Enseignement Technique
Il comprend au total 1107 élèves dont 1000 ne recevant qu'une formation rudimentaire.

2.3.4- Les réalisations

Dans le secteur de l'éducation, les réalisations peuvent être appréciées à travers les indicateurs suivants :

- Taux d'alphabétisation ;
- Taux de scolarisation ;
- Taux de réussite aux examens ;
- Taux de redoublement ;

et les projets éducatifs réalisés.

On prend également en compte le rendement externe du système éducatif (taux de placement et l'installation des diplômés sur le marché de l'emploi). Pour la période pré-indépendance, les données statistiques sont fragmentaires.

2.3.5- Le constat

À l'orée de l'indépendance, la population centrafricaine était en grande partie analphabète. Il urgeait donc de former des cadres nationaux, non seulement sachant lire et écrire, mais capables de prendre la relève administrative. C'est l'époque des **''MUNZU VUKO''**. Le système éducatif calqué sur celui de la métropole, va lutter très efficacement contre l'analphabétisme en faisant passer le taux de scolarisation d'une valeur proche de zéro au début de la colonisation, à 36, 2 % en 1959. En 1960, c'est le début de la démocratisation de l'Enseignement. Cet enseignement formel va ouvrir ses portes à toutes les couches sociales du pays.

Chapitre 3 : Les systèmes éducatifs après l'indépendance : République Centrafricaine

***

« … telle qu'elle a été conçus en Oubangui-Chari, l'école apparait comme un élément répressif qui exclut toute possibilité d'expression libre des aptitudes qui sommeillent au niveau de chaque enfant. De même on estime que si l'école fonctionnait, évoluait en tenant compte de son milieu social, le comportement socio-culturel du jeune oubanguien serait orienté selon la dialectique de l'évolution de toute société. Malheureusement, on sait que tout ce qui a trait à l'éducation véhicule une certaine idéologie. Celle que véhicule l'école oubanguienne est celle des colonisateurs qui a entrainé la disparition progressive des valeurs propres aux oubanguiens. Ce fait s'exprime de manière systématique dans les programmes pédagogiques institués (Banyombo F., 1990). »

***

« … le problème qui se pose est celui de la valeur pratique de ces études. En tenant compte de l'enseignement dispensé, on peut déduire que le but essentiel des œuvres scolaires visait surtout à instruire les jeunes plutôt qu'à les éduquer. Il s'agissait de l'application des techniques d'apprentissage. Cette instruction dont le véhicule principal est la langue française propage un discours idéologique qui « ne leur (enfants) parle ni d'eux, ni des conditions matérielles d'existence qui sont les leurs, ni de leur expérience concrète de tous les jours … »[180]. » (ibid.)

***

« A l'heure actuelle, de nombreuses stratégies ont été élaborées pour tenter, selon les discours politiques, d'écarter l'école de l'idéologie colonialiste en définissant de nouvelles approches pour intégrer le système d'enseignement hérité de la colonisation aux réalités du pays ». (ibid.)

***

3.1- Les acquis de la colonisation et leurs perpétuations au-delà de l'indépendance

***

« À partir de 1920 jusqu'à l'indépendance (1958), une série de textes officiels vont ponctuer la pratique scolaire, tentant toujours de la contrôler davantage, de favoriser et d'encourager des initiatives, d'organiser la collaboration, d'établir des programmes d'orientation et d'enseignement, etc. Des mesures seront prises au niveau de l'AEF de manière générale que vont mettre en œuvre les services locaux de chaque territoire. Les premiers textes en la matière remontent à fin décembre 1920[181]. » (Yérima Banga, 2017)

***

« Le Gouverneur Général Victor AUGAGNEUR sera le premier à s'y intéresser comme en témoignent les arrêtés qu'il prit à cet effet. Trois arrêtés fondateurs seront adoptés à cet effet, le premier réglementant « l'enseignement privé des indigènes »[182], le deuxième réglementant « l'octroi de subventions à ces établissements privés des indigènes» et le troisième concédant une subvention à Mgr Prosper AUGOUARD pour les écoles indigènes pour l'année 1921. » (idem)

***

---

[180] Baudelot et Establet, cités par Touré A. in *La civilisation quotidienne en Côte d'Ivoire* – Abidjan, 1974 P. 78.

[181] Cf. le Journal Officiel du 15 janvier 1921 où trois Arrêtés sont publiés, tous concernant l'enseignement privé.

[182] On a pour la première fois l'expression de « enseignement privé indigène » dans un document officiel. Avant on parlait de « l'école des missions »

« « entre 1894 et 1920, des centaines d'enfants oubanguiens étaient formés par les paroisses de Saint-Paul de Bangui et Sainte-Famille de Ndjoukou. C'est donc grâce au Christianisme que l'Oubangui-Chari va avoir ses premiers lettrés et ses premiers cadres, dont certains étaient techniquement compétents et politiquement conscients, à l'instar de Barthélemy Boganda, Fondateur de la République centrafricaine »[183]. » (idem)

***

« On sait que sur les 4.656.000 habitants recensés dans la colonie, on comptait 1.098.000 habitants pour l'Oubangui-Chari, 2.448.000 pour le Tchad, et seulement 723.000 pour le Congo puis 387.000 pour le Gabon[184] ... le Congo abritait le siège du Gouvernorat général de l'AEF et le Gabon constituait le premier pays d'installation de la population coloniale. » (idem)

***

Les retombées de la politique coloniale en matière d'éducation scolaire définie lors de la conférence de Brazzaville en 1944 et de l'application de l'idéologie dominante ont constitué un facteur décisif dans l'orientation des rapports entre l'Oubangui-Chari devenu RCA et les puissances occidentales et dans la rupture de l'équilibre social traditionnel. Le prolongement de cette politique s'est manifesté dans la constitution de la Quatrième République (française) lorsqu'il a été créé en 1946 l'Union Française dont la vocation était de considérer toutes les colonies comme partie intégrante de la France. Le système éducatif mis en œuvre a servi de tremplin pour assure cette intégration et surtout pour la formation d'un certain nombre de cadres autochtones susceptibles de répondre aux besoins de l'emploi du secteur colonial. La formation reçue ne correspondait pas à la culture centrafricaine mais elle exprimait des besoins immédiats relatifs à la logique du système capitaliste (Banyombo F., 1990).

Mais depuis l'accession du pays à l'indépendance politique, la croissance du taux de scolarisation apparait comme un objectif prioritaire visant à répondre aux exigences du développement. La loi du 16 Mai 1962 vient renforcer cette option. Cela laisse supposer que de nouveaux changements vont être opérés. Si pendant la colonisation, il n'a pas été question de l'éducation mais d'instruction d'une minorité, c'est-à-dire de l'inculcation aux oubanguiens des connaissances de base (calcul, lecture et écriture) permettant l'accès à la culture occidentale, on se demande si cette loi a un impact. Cette loi semblait modifier profondément l'ensemble des moyens d'éducation car il a été défini à plusieurs reprises « la réforme du système socio-éducatif dans le sens de la démocratisation de la scolarité et de son adaptation à l'environnement »[185].

Mais l'observation des structures scolaires en RCA révèle les caractéristiques d'un système scolaire qui se trouverait dans l'impasse. Même si certaines

---

[183] *SAULET SURUNGBA, C., op.cit. Il faut noter que les paroisses de Saint-Paul à Bangui et Sainte-Famille de Ndjoukou étaient les deux principales stations missionnaires à partir desquelles sera assuré le rayonnement de l'évangélisation dans tout le pays à ses débuts.*
[184] *Ces chiffres nous sont donnés par Robert DELAVIGNETTE (1957, 19). Les plus gros peuplements viennent, d'après les chiffres de l'Oubangui-Chari et du Tchad.*
[185] *Afrique-Industrie n° 230 du 1er Mai 1981.*

modifications ont été enregistrés au niveau du contenu des programmes, il n'en demeure pas moins que le problème fondamental demeure ; celui-ci semble constituer la toile de fond de l'échec de la politique éducative en RCA, d'où l'hypothèse vérifiée de Mr Banyombo F.[186] « L'échec de la politique éducative en RCA résulte essentiellement des implications des ressources économiques et financières ; c'est-à-dire du manque de ressources économiques et financières ». Ce manque semble placer ce pays sous la dépendance des pays occidentaux (Banyombo F., 1990).

Le tableau ci-dessous donne une parfaite image de la situation de scolarisation entre le public et le privé, dans l'exposé des motifs du projet de loi portant unification de l'Enseignement en Centrafrique présenté à l'Assemblée Nationale en 1962.

Tableau 6 : Tableau comparatif entre Public et Privé en 1962[187]

1er Degré			2nd Degré		
Public	45.260 élèves	60 %	**Public**	1.515 élèves	75 %
Privé	19.387 élèves	40 %	**Privé**	507 élèves	25 %

Source : Yérima Banga, 2017

3.2- Situation des structures d'éducation et de formation

***

« La loi du 16 mai 1962 portant l'unification du système éducatif, nationalise tous les établissements scolaires confiés au ministère de l'Education nationale, de la Jeunesse, des Sports, des Arts et de la Culture au détriment de la direction politique, administrative et pédagogique de l'enseignement. Et l'organisation de l'enseignement se présentera désormais comme suit : un enseignement pré-scolaire ; un enseignement primaire ;et un enseignement secondaire classique, moderne et technique. » (Namyouïssé, 2007)

***

« La volonté d'accroissement du rôle de l'État dans l'éducation et son souhait de mettre un terme au partage de compétences en matière d'éducation entre l'État et l'Église se vérifient davantage dans les principes et dispositions de la loi de l'unification. Ces principes et dispositions du législateur imprègneront la politique scolaire pendant plusieurs années et changeront radicalement la forme de la gestion partenariale de l'école. ... Dans un esprit de véritable monopole, les dispositions envisagées visent à l'unité du corps enseignant désormais recruté par l'État ; l'unité des établissements scolaires; l'unité des programmes scolaires arrêtés par le Gouvernement – ce qui se

---

[186] *Thèse de doctorat de 3ème cycle à l'Université Nationale de Côte d'Ivoire, 1990.*
[187] *Cf. Exposé des Motifs du projet de loi portant unification de l'Enseignement en Centrafrique présenté par le Président DACKO.*

faisait déjà depuis longtemps – conformément au plan de développement économique et social de la nation[188]. » (Yérima Banga, 2017)
***

De plus en plus nombreux sont les parents qui admettent l'utilité de la scolarisation. Son évolution présente des contradictions entre ses aspects qualitatifs et quantitatifs. Ces contradictions sont imputables à un certain nombre de facteurs. L'examen des différents niveaux d'enseignement pourrait favoriser la compréhension de ces facteurs.

3.2.1- Niveau primaire

***

« La cession par l'Église de toutes ces infrastructures scolaires a permis aux pouvoirs publics d'augmenter le parc des établissements éducatifs et l'offre scolaire étatique publique sans que l'État ait à investir dans la construction de nouveaux bâtiments. Pendant longtemps, les écoles catholiques et autres vont disparaître de la carte scolaire centrafricaine. » (Yérima Banga, 2017)
***

3.2.1.1- Analyse de l'efficacité scolaire

L'enseignement primaire s'est développé très rapidement depuis 1960 en dépit de l'exiguïté et du nombre limité des locaux. Les cartes scolaires suivantes (Figures 7 et 8) concernant l'enseignement primaire permettent d'évaluer le nombre des établissements scolaires sur le territoire de la RCA. Si en 1965, 6 garçons sur 10 ont été scolarisé, il faut dire en revanche que ce nombre n'est pas le même au niveau des filles. Cette faiblesse numérique des filles pourrait s'expliquer par le poids de la coutume qui leur assignait la fonction sociale de ménagère.

---

[188] *Cf. AG.CPSE, 5J1.5a9 : Rapport sur le projet de loi portant unification de l'enseignement déposé par le député BOUAKA au nom de la 4è Commission de l'Assemblée nationale et appelant à voter pour celle-ci. Session ordinaire 1962. Document non daté.*

Figure 7 : Infrastructures scolaires – Enseignement primaire.

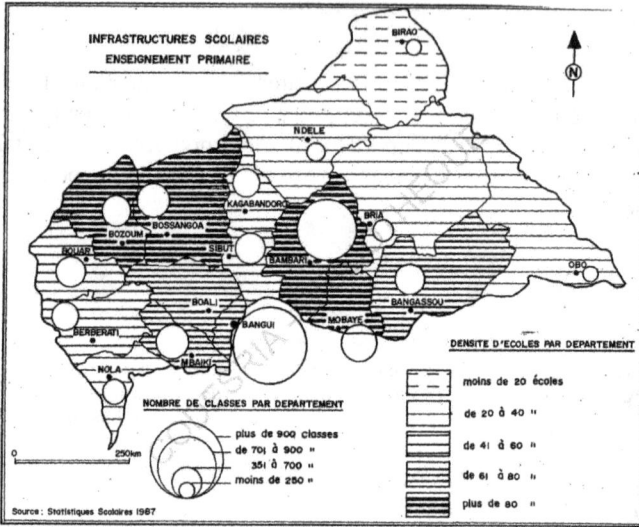

Figure 8 : Enseignement primaire – Répartition des enseignants et élèves

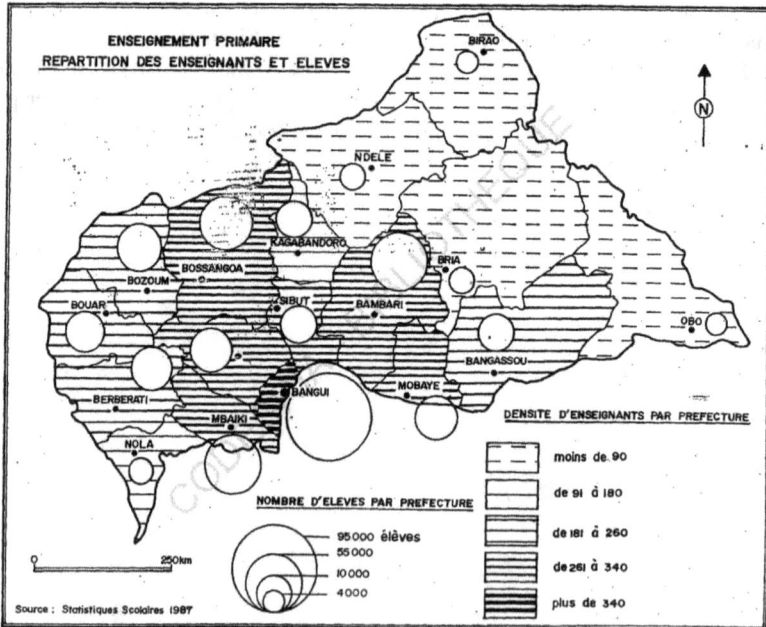

Toutefois, depuis 1960, le nombre d'élèves du primaire a quadruplé, le nombre de CEPE délivrés et le nombre d'admis au concours d'entrée en 6ème a augmenté considérablement. Le tableau suivant illustre cette croissance numérique.

Tableau 7 : Évolution des résultats des examens du Primaire : 1960-61 à 1986-1987

Année	C.E.P.E.			Entrée en 6ème		
	Présentés	Admis	Pourcentage	Présentés	Admis	Pourcentage
1960-1961	3054	1870	61,2%	3917	317	8,1%
1961-1962	3568	1752	49,1%	4658	494	10,6%
1962-1963	4756	2929	61,6%	6082	934	15,4%
1963-1964	6030	2406	39,9%	7272	1215	16,7%
1964-1965	7229	3583	49,6%	6305	1193	18,9%
1965-1966	7363	2992	40,6%	7773	1320	17,0%
1966-1967	7936	3802	47,9%	11143	1477	13,3%
1967-1968	8910	3763	42,2%	10773	1591	14,8%
1968-1969	9869	3543	35,9%	11277	2332	20,7%
1969-1970	11072	4603	41,6%	12502	4259	34,1%
1970-1971	12302	5387	43,8%	14724	3474	23,6%
1971-1972	14165	6073	42,9%	17082	3518	20,6%
1972-1973	15489	6086	39,3%	18917	2973	15,7%
1973-1974	16838	6859	40,7%	20127	3297	16,4%
1974-1975	16996	6433	37,9%	21252	3441	16,2%
1975-1976		8124		24945	3383	13,6%
1976-1977	18402	9007	48,9%	26337	6148	23,3%
1977-1978	18540	8903	48,0%	27050	5300	19,6%
1978-1979	17574	9679	55,1%		4806	
1979-1980	18392	8220	44,7%		6095	
1980-1981	19790	9318	47,1%	27804	6779	24,4%
1981-1982	19523	8723	44,7%	27800	4468	16,1%
1982-1983	19850	9303	46,9%	28541	6569	23,0%
1983-1984	19539	9767	50,0%	25002	5201	20,8%
1984-1985	19545	9502	48,6%	25050	5510	22,0%
1985-1986	19615	9613	49,0%	24003	5002	20,8%
1986-1987	19520	9403	48,2%	24102	6104	25,3%

Sources :

- Annuaire statistique du Ministère de l'Éducation Nationale – Bangui 1980 ;
- Aperçu statistique du Ministère de l'Éducation Nationale – Bangui 1987.

Mais cette réduction du taux d'analphétisme n'a toutefois pas été suffisante pour compenser les effets de la croissance démographique et n'a pas empêché le nombre d'analphabètes de s'accroître du fait de la pression démographique et de l'insuffisance de moyens d'investissement. L'évolution des effectifs de l'enseignement primaire est aussi dû à l'acceptation par la population centrafricaine de la voie nouvelle de la promotion sociale que représente l'école. La plupart des parents y voient un moyen d'épargner à leur progéniture les difficultés que connaissent les travailleurs de la terre en milieu rural.

D'après l'annuaire statistique de 1980, la réduction du taux d'analphabétisme de 1970 à 1980 est de 84,5%, 76% en 1975 et 67% en 1980.[189] Elle avoisine 50% en 1987.[190] En réalité, en dépit de ce progrès, la capacité des structures d'accueil ne suffit à scolariser théoriquement, dans des conditions précaires que 6 sur 10 des enfants officiellement en âge d'être scolarisés. Cependant, la croissance du taux de scolarisation a été la plus spectaculaire dans la capitale Bangui où le taux est 85% tandis que la moyenne nationale est d'environ 50%.[191] Ce contraste ne peut que contribuer à attirer les jeunes vers Bangui où presque toutes les structures scolaires sont concentrées.

Si le taux de scolarisation est plus élevé à Bangui que dans les provinces du pays, il faut dire que cela est sans rapport avec les besoins réels de la population. Car depuis une vingtaine d'années, un nombre croissant de jeunes ont fréquenté une école primaire conçue en fonction des besoins du secteur moderne de l'économie. Tandis ceux du monde rural ne sont pas toujours pris en compte. Ainsi à Bangui, à l'heure actuelle (1990), on estime que près de 70% des jeunes scolarisés sont sans travail et ils acceptent mal l'idée d'un retour en milieu rural où ils auraient l'impression que leur scolarité leur a servi à rien.

Si nous admettons que l'école devient de plus en plus importante, il faut toutefois dire que des obstacles se dressent entre le désir de l'élève et la réalité. Ces obstacles concernent aussi bien les objectifs assignés à l'école que la mise en place des structures adéquates. Les retombées de ces obstacles semblent expliquer les rendements scolaires. A propos de rendement , au niveau du primaire celui-ci est plutôt faible. Le taux de redoublement tournent autour de 25% pour les cinq premières années, il monte à 45% pour la 6ème année[192].

Cela veut dire que certains facteurs se conjuguent pour aboutir aux déficits scolaires. Entre autres, les conditions matérielles dans lesquelles vivent les élèves et leurs parents, les moyens mis à leur disposition, tant à l'école que dans leur famille ou leur communauté, au village ou à la ville, ne s'accordent pas à l'environnement scolaire des enfants. En dépit de quelques efforts d'adaptation entrepris ça et là, toujours partiels et isolés, l'esprit, la forme et le contenu de l'enseignement sont loin d'être en harmonie avec le milieu familial et social de l'élève. Au niveau du primaire, l'absence d'une définition claire des finalités de l'école, les effets de l'instabilité financière des parents et les mauvaises conditions d'existence se répercutent sur le rendement scolaire de l'élève. Il en résulte des abandons importants.

---

[189] Annuaire statistique du Ministère de l'Éducation Nationale en 1980.
[190] Annuaire statistique : Ibid.
[191] Ibid.
[192] Aperçu statistique : ibid.

Il est prouvé que l'essor de la scolarisation en RCA est étroitement lié à l'urbanisation ; il en résulte une augmentation sensible du nombre d'enfants scolarisables dans les principaux centres urbains. Mais cette liaison scolarisation/urbanisation ne débouchent pas sur des effets positifs pour favoriser l'évolution sociale. Liu Alfred B. estime à juste titre que « Les pays qui sont les moins avancés dans le domaine de l'enseignement ont des taux d'accroissement démographiques les plus élevés »[193]. Il faut dire que les valeurs que diffusent l'école sont le corolaire de celles que véhicule l'urbanisation ; l'école offre un nouveau mode de vie conforme à la vie urbaine. Le processus d'urbanisation est souvent associé au phénomène d'occidentalisation. L'école qui véhicule les valeurs occidentales semble se manifester mieux dans un cadre urbain.

La médiocrité du rendement scolaire au niveau du primaire est étroitement liée à l'inégale répartition des efforts de scolarisation qui a abouti à la dispersion des enfants susceptibles dêtre scolarisés. Ces derniers sont contraints d'abandonner la cellule familiale pour s'orienter vers les centres urbains dotés de structures scolaires. La capacité de formation d'instituteurs par les deux ENI (à Bangui et à Bambari) est satisfaisante aux besoins (1990). La résolution du problème de la pénurie d'enseignants du primaire n'est possible que si les deux ENI sont utilisées à pleine capacité pour accroitre le nombre d'instituteurs afin de couvrir les besoins du pays. Les mauvaises conditions d'existence dans les zones de province font que certains instituteurs ne mettent pas à la disposition des élèves les compétences ou le savoir dont ils ont besoin.

3.2.1.2- Analyse de quelques ratios

L'analyse du tableau ci-dessous révèle des contradictions :

Tableau 8 : Évolution des Salles de classes, des Élèves et des Enseignants

Années	Écoles	Salles de classes	Élèves			Enseignants		
			Masculin	Féminin	Total	Masculin	Féminin	Total
1975-1976	733	2 405	141 878	79 554	*221 432*	2 582	543	*3 125*
1976-1977	732	2 618	151 351	83 131	*234 482*	2 858	661	*3 519*
1977-1978	797	2 832	154 519	84 086	*238 605*	2 987	703	*3 690*
1978-1979	817	3 620	154 732	85 988	*240 720*	3 075	817	*3 892*
1979-1980	812	3 117	153 040	90 379	*243 419*	3 163	847	*4 010*
1980-1981	825	3 134	159 706	90 486	*250 192*	3 114	1 016	*4 130*
1981-1982	833	3 126	164 641	94 884	*259 525*	3 275	1 009	*4 284*
1982-1983	894	3 311	175 999	95 118	*271 117*	3 235	1 129	*4 364*
1983-1984	935	3 593	185 541	105 903	*291 444*	3 137	1 131	*4 268*
1984-1985	960	4 099	196 271	111 751	*308 022*	2 912	1 257	*4 169*
1985-1986	964	4 150	207 273	117 653	*324 926*	2 902	1 250	*4 152*
1986-1987	967	4 203	221 433	125 045	*346 478*	2 895	1 252	*4 147*

Sources :

---

[193] *Liu B. A. : in Problèmes de population. Tendances actuelles, Philadelphie 1969, P. 129.*

- Annuaire statistique du Ministère de l'Éducation Nationale – Bangui 1986 ;
- Aperçu statistique du Ministère de l'Éducation Nationale – Bangui 1987.

D'une part, nous assistons à une croissance rapide des effectifs scolaires au niveau des élèves, d'autre part, en dépit de l'augmentation du nombre des élèves, l'effectif des enseignants semble décroitre. Cette décroissance est imputable à la réduction du nombre des fonctionnaires. Depuis près de cinq ans, certains enseignants ont et gardent toujours le statut de stagiaires. Les raisons de cette situation sont de plusieurs ordres au niveau des élèves.

En effet, les élèves ne maitrisent pas la langue d'enseignement. Toute langue doit refléter les valeurs propres à un groupe social. C'est elle qui est le véhicule des idées qui reflètent les activités du groupe social, c'est elle qui façonne la mentalité d'un peuple ; une mentalité bien définie constitue la condition sine qua none de la mobilisation des individus pour une action d'envergure.

Les élèves méconnaissent dans une certaine mesure les institutions qui régissaient le cadre de vie de leurs parents puisse que celles-ci sont supplées en grande partie par les valeurs occidentales. Dans certains cas on assiste à une juxtaposition des valeurs africaines et occidentales. Cette juxtaposition ne peut que constituer une entrave à l'édifice d'une société bien structurée et à l'émergence de la conscience nationale.

3.2.1.3- Nécessité d'une réforme du système éducatif

Constatant que l'enseignement primaire manque d'efficacité et est malade depuis quelques années, les responsables de l'éducation ont perçu la nécessité de rendre opératoire l'école pour favoriser le développement des secteurs prioritaires : l'agriculture, l'industrie, la technologie. C'est la raison pour laquelle **l'Ordonnance N° 84/031 du 14 Mars portant organisation de l'enseignement en RCA**, définit une nouvelle politique éducative. L'articulation de cette nouvelle politique est une formation à la fois générale et professionnelle. L'une des innovations qui découlent de cette réforme est la création des structures de l'enseignement fondamental qui semble remplacer le cycle primaire et le premier cycle secondaire.

Tout en estimant que l'enseignement fondamental pourrait être l'élément moteur de la réforme du système éducatif, l'ordonnance lui propose une durée de neuf ans avec deux niveaux :

1) Le **Niveau 1** d'une durée de cinq ans remplace l'ancienne école primaire. Il assure une instruction de base à tous ; instruction suffisamment pratique

et tournée vers les réalités socio-économiques du pays. Pour ce faire, il semble être enraciné dans l'environnement immédiat, lié au travail manuel et à la production. La fin de ce Niveau 1 sera sanctionnée par le Certificat de Fin d'Études Fondamentales Premier Niveau (CFEFPN). Ce sera l'appellation du CEPE.

2) Le Niveau 2 semble correspondre au premier cycle de l'enseignement secondaire actuel. Il sera une étape décisive de diversification des filières. C'est qu'à la fin du Niveau 1, les élèves pourront être orientés dans trois filières suivantes :

- Formation générale ;
- Formation technique et professionnelle ;
- Formation agricole et artisanale.

La fin de ce Niveau 2 sera sanctionnée par le Diplôme de Fin d'Études Fondamentales (DFEF). Ça sera la nouvelle appellation du BEPC. Les élèves subiront de nouveau un test d'intelligence et de connaissance pour leur orientation. Ceux d'entre eux, à dominante agricole et artisanale iront dans la production pendant que les meilleurs pourront continuer dans l'enseignement secondaire, technique et professionnel ; puis d'autres dans les centres de formation accélérée et à l'ONIFOP (Organisation Nationale Interprofessionnelle de Formation et de Perfectionnement). Les élèves sortant du cycle Fondamental et ayant les aptitudes requises pourront poursuivre des études secondaires dans deux directions :

- Enseignement secondaire général ;
- Enseignement technique et professionnel autrement structuré.

Le tableau ci-dessous présente les structures de l'éducation préscolaire et fondamentale :

Graphique 5 : Structures de l'éducation préscolaire et fondamentale.

Niveaux	Nb années							Durée	Âge
Niveau 2	4							4	14
	3							3	13
	2							2	12
	1							1	11
Niveau 1	5							5	10
	4							4	9
	3							3	8
	2							2	7
	1							1	6
Préscolaire	2							2	5
	1							1	4

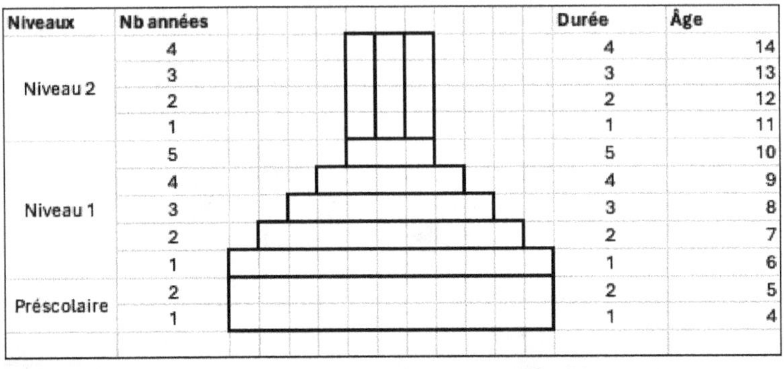

Précisons que les informations concernant les modes de fonctionnement et d'évaluation, et la structuration du Fondamental 1 et Fondamental 2 sur l'ensemble du pays ne sont pas encore disponibles puisqu'il s'agit d'une réforme qui n'est pas encore appliquée faute de moyens matériels et financiers.

3.2.2- Niveau secondaire générale

***

« Avec la loi du 9 mai 1962, tous les établissements scolaires des missions vont tomber sous la loi qui proclame l'unité de l'enseignement en Centrafrique. Ils seront dirigés et contrôlés par le Ministère de l'Éducation Nationale et, par lui seul, les Missions n'ont plus la haute direction ni l'inspection des écoles qu'elles ont créées. ... dans le second degré et le technique, il y avait deux cours normaux dirigés par les Frères Maristes à Berbérati et par les Frères de Saint Gabriel à Bangassou (ils vont cesser en juillet 1966), un collège technique féminin à Bangui dirigé par les Sœurs du Saint-Esprit (elles vont l'abandonner en octobre 1969) ; un collège de jeunes filles à Bangui, le lycée Pie XII (qui survivra jusqu'à la reprise de l'enseignement Catholique Associé de Centrafrique en 1996) dirigé par les Sœurs du Saint- Esprit ; deux collèges de garçons dirigés par les Frères Maristes à Bangui (le lycée d'État des Rapides à Saint-Paul) et à Berbérati. La direction de ces deux établissements sera rendue en 1969 à l'État et les Frères vont se retirer définitivement pour d'autres types d'apostolat dans le pays. Seuls les séminaires, institutions scolaires pour la formation du clergé, n'ont pas été touchés par ces réformes[194]. » (Yérima Banga, 2017)

***

Copié selon le modèle français, ce niveau d'éducation a fonctionné jusqu'en 1984 selon les principes du système français. La carte (Figure 9) ci-après situe la répartition des établissements d'enseignement public sur l'ensemble du territoire.

---

[194] *Cf. AP. Arch. Bgui : L'état des écoles privées après la loi d'unification du 9 mai 1962 et la situation des missionnaires enseignants dans l'éducation. Évaluation au 1er janvier 1970.*

Figure 9 : Infrastructures scolaires – Enseignement secondaire, supérieur et technique

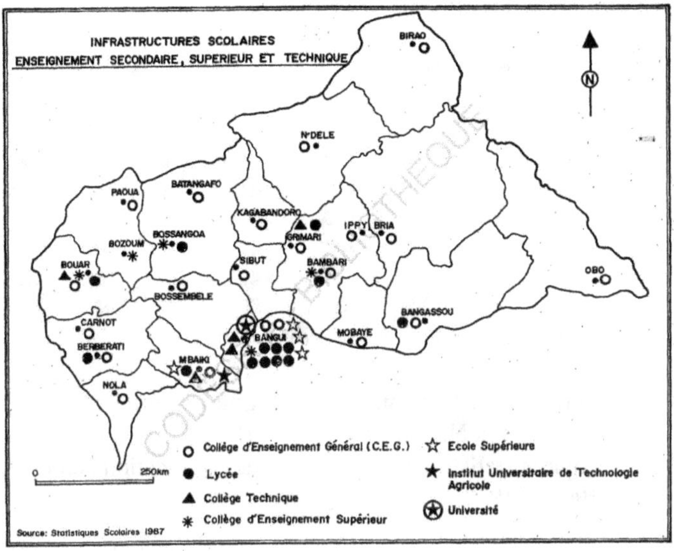

Ainsi, on a la situation suivante :

- 14 Lycées : 7 à Bangui et 7 en province ;
- 5 CES : 1 à Bangui et 4 en province ;
- 21 CEG et EMPT : dans 14 des 16 Préfectures du pays.

Jusqu'à présent (1990), on n'a pas relevé l'existence d'établissements secondaires privés dans les provinces du pays, pour deux raisons principales : le facteur rentabilité économique, et les caractéristiques de la ville de Bangui qui draine la plupart des jeunes en âge de scolarisation.

Cependant, par rapport à la population scolaire galopante, le nombre d'établissements est très insuffisant pour absorber les jeunes. Cela s'observe au niveau du nombre des salles de classes qui est d'environ 560 en 1985 pour un taux d'urbanisation de 28,6%. Le nombre de salles de classes n'ayant pas augmenté au même niveau que la croissance des effectifs scolaires, le ration salle de classe/élèves se dégrade considérablement et constamment passant de 1/75 à 1/83 en 1982-83 et à 1/93 en 1983-84. A l'heure actuelle (1990), on estime qu'il est de 1/102 environ.

Le bond en avant des effectifs scolaires ne va pas de pair avec la création de nouveaux établissements ou l'aménagement de ceux existant déjà. Il en résulte que l'encadrement pédagogique s'en trouve affecté et l'évolution des effectifs scolaires est irrégulière. Le tableau suivant en témoigne car il permet de suivre l'évolution de ces effectifs de 1980-81 à 1986-87

Tableau 9 : Évolution des effectifs Secondaire 1980-1987.

Classes/ Années	6ème	5ème	4ème	3ème	Total 1er Cycle	2nd	1ère	Terminale	Total 2è Cycle	Ensemble
1980-1981	12 463	8 612	7 123	5 076	*33 274*	3 513	2 321	2 203	*8 037*	41 311
1981-1982	14 443	10 232	7 898	7 059	*39 632*	4 025	2 589	2 781	*9 395*	49 027
1982-1983	14 327	10 997	8 867	7 110	*41 301*	4 661	3 179	3 014	*10 854*	52 155
1983-1984	14 938	11 021	8 740	7 260	*41 959*	4 607	3 471	3 200	*11 278*	53 237
1984-1985	14 573	11 300	9 525	8 743	*44 141*	4 420	3 729	3 770	*11 919*	56 060
1985-1986	14 830	11 480	9 630	8 905	*44 845*	4 405	3 790	3 905	*12 100*	56 945
1986-1987	14 120	11 905	9 895	9 004	*44 924*	4 395	3 778	3 896	*12 069*	56 993

Établissements privés : données non disponibles.

Sources :

- Direction de la planification et carte scolaire : Ministère de l'Éducation Nationale – Bangui 1985 ;
- Aperçu statistique du Ministère de l'Éducation Nationale – Bangui 1987.

On note une surcharge des effectifs au niveau du rapport professeurs-élèves dans les différents cycles. Les établissements scolaires implantés à Bangui sont plus touchés que ceux de l'intérieur du pays du fait de l'attrait que la capitale exerce sur les élèves et du fait de l'insuffisance des établissements scolaires dans les provinces. Signalons à ce propos que Bangui regroupait :

- 40% des effectifs de l'enseignement secondaire en 1981-82 ;
- Le ratio professeur-élève était de :
  - 1/68 en 1979-80 ;
  - 1/80 en 1980-81 ;
  - 1/83 en 1981-82 ;
  - + 1/95 en 1987.

Comment, dans ces conditions, peut-on espérer obtenir une optimisation appréciable du rendement scolaire et favoriser sa contribution effective au développement socio-économique du pays ?

Les facteurs qui devraient concourir à l'édification d'un enseignement adéquat ont subis la dégradation croissante de la situation scolaire du pays. Autrement dit, on observe d'une part une croissance rapide du taux de redoublement et d'autre part une baisse croissante du taux de promotion.

- En 1975-80, le taux de promotion dans le premier cycle qui était de 80% tombe ces dernières années à 65%, alors que
- Le taux de redoublement qui était de 15% atteint maintenant 30% dans les deux premières années[195].

Mais ce taux de redoublement dépasse 30% en classe de 3ème. Cela s'explique par le fait qu'n fin du 1er cycle, les élèves subissent les épreuves de l'examen du BEPC dont le contrôle s'avèrent de plus en plus sévère. ; ce qui occasionne l'accroissement du taux de redoublement et d'abandon.

La situation est le même au second cycle du secondaire général :

- Le taux de redoublement est de l'ordre de 27% et atteint environ 30% en classe terminale comme le 1er cycle.
- Le taux moyen de promotion est de l'ordre de 53% en 1987 contre 65% pour le 1er cycle.

Le taux de réussite au baccalauréat est moins élevé, il est de l'ordre de 21% entre 1979 et 1987[196]. En revanche, le taux des sortants est plus élevé en classe terminale qu'en classe de première. Pour le moment l'examen probatoire est proscrit en RCA. Le barrage exercé par le baccalauréat constitue l'une des causes de la sélection que subissent les élèves. Il faut préciser que l'organisation du baccalauréat en RCA n'a commencé effectivement qu'en 1961-62. Avant cette date, les candidats au Baccalauréat subissaient ls épreuves à l'étranger, principalement en France.

Les résultats satisfaisants enregistrés dans les années 60 donne la mesure de l'intérêt accordé à l'enseignement pour fournir à l'administration les agents dont elle a besoin. Ainsi :

- En 1961-62 sur 14 candidats, 12 était admis soit 85,7% de réussite, alors
- Qu'en 1970-71 sur 225 candidats enregistrés, 142 étaient admis soit 63,1% de réussite[197].

Les pourcentages de réussite décroissent au fur et à mesure que les difficultés liées à l'enseignement s'intensifient. Ainsi, la Direction des Concours et Examens aurait enregistré 5% de réussite au Baccalauréat en 1988. En conséquence, les difficultés sont de tous ordres : matériel, économique, politique, moral,… La conjugaison de ces difficultés a entrainé la dégradation du système scolaire et

---

[195] *Sources : Direction de la Planification et carte scolaire : Ministère de l'Éducation Nationale – Bangui 1985.*
[196] *Ibid.*
[197] *Annuaire statistique : ibid.*

système social. Le tableau des résultats du Baccalauréat de 1981 à 1987 permet d'illustrer ces faits.

Tableau 10 : Résultats du Baccalauréat de 1981 à 1987.

Années	Inscrits	Présents	Admis	Pourcentage
1981	2 828	2 686	675	25,13%
1982	3 201	3 121	332	10,64%
1983	3 991	3 940	470	11,93%
1984	4 416	4 298	491	11,42%
1985	4 572	4 442	482	10,85%
1986	4 615	4 503	492	10,93%
1987	4 861	4 752	380	8,00%

Sources :
- Direction de la planification et carte scolaire : Ministère de l'Éducation Nationale – Bangui 1985 ;
- Aperçu statistique : Ibid.

Il faut noter que le résultat est médiocre dans les séries scientifiques par rapport aux séries littéraires sauf en 1982 où l'on a enregistré un taux appréciable de réussite au Baccalauréat scientifique.

Par ailleurs, il faut aussi noter que l'ajustement de la politique scolaire conformément aux intérêts en présence débouche sur des déséquilibres qui affectent les structures de formation des formateurs. Ainsi, l'École Normale Supérieure de Bangui ne pourvoyait qu'aux besoins du premier cycle, et ceux du deuxième cycle étaient en général formés à l'extérieur du pays.

3.2.3- Niveau supérieur

***

« Selon la loi de 1962 relative au système éducatif, l'enseignement ne se limitait qu'au secondaire général classique, moderne et technique en RCA ... Comme la plupart des pays francophones, l'enseignement supérieur était inexistant dans presque tous les pays africains francophones avant 1960 et plus longtemps après cette date. A part le Congo-Belge (devenu ZAÏRE puis Congo Démocratique) ayant un statut particulier[198], avait au moins trois universités de formation supérieure avant 1960 : Institut agronomique créé en 1933-1934, Université de Lovanium en 1956 devenue l'Université de Kinshasa, Université d'Elisabethville en 1956 devenue l'Université de Lubumbashi. A cela il faut tenir compte des séminaires qui donnaient une formation de type universitaire mais orientée exclusivement vers la théologie et la philosophie - séminaire de Kisantu »
(Namyouïssé, 2007)

***

---

[198] *Le Congo dont on parle ici est celui du Congo-Belge différent de Congo-Brazzaville. Au delà du développement et de l'intervention des langues locales dans l'enseignement, le français est la langue officielle dans ce pays.*

L'Ordonnance N° 69/063 du 12 Novembre 1969 créa l'Université de Bangui qui ouvrit ses portes en 1971 avec quatre Facultés et quelques instituts. Mais, sur le plan du rendement, il est fonction de l'évolution des effectifs, des résultats aux examens et surtout des conditions de travail.

En ce qui concerne l'évolution des effectifs de l'enseignement supérieur, on peut noter une augmentation sensible du nombre des étudiants au cours des dix dernières années. Ainsi, on est passé de :

- 571 étudiants en 1973 à 2.436 en 1982 pour atteindre 2.723 ;
- En 1987, le nombre des étudiants de l'Université de Bangui y compris ceux de l'ENS, s'élève à 4.250.

Le taux d'accroissement annuel moyen est d'environ 21,5% dans l'enseignement supérieur. De plus, la répartition de ces effectifs dans les différentes filières présente un réel déséquilibre, comme le montre le tableau qui suit :

Tableau 11 : Effectif des étudiants par filière en 1987

Faculté	Effectif	Pourcentage
Lettres et Sciences humaines	1 010	24%
Droit et Sciences économiques	1 235	29%
Sciences	260	6%
Médecine	330	8%
Sous-total	*2 835*	*67%*
Instituts	Effectif	Pourcentage
Para-médical	501	12%
Polytechnique		
Développement rural	400	9%
Gestion des entreprises		
Ecole Normale Supérieure	514	12%
Sous-total	*1 415*	*33%*
Total	4 250	100%

Source : Direction des Études, de la planification et des Relations Extérieures – Ibid.

Ce déséquilibre est le reflet de l'adoption de la formule de l'université classique et de la volonté des dirigeants de chercher, non pas, à planifier l'enseignement supérieur en fonction des besoins de développement, mais à chercher des solutions provisoires en répondant aux besoins de l'orientation des étudiants. L'étude des débouchés n'offre pas la possibilité aux étudiants en fin de cycle de trouver du travail puisque la capacité d'absorption de la Fonction Publique et des Entreprises de l'État est saturée, le secteur privé étant presque inexistant.

L'évolution des effectifs à l'Université s'accompagne d'un pourcentage élevé d'échec, surtout dans les deux premières années d'études. Les élèves qui viennent du cycle secondaire n'ont pas, compte tenu de la dégradation de la situation scolaire et sociale, reçu une formation adéquate. Ainsi, les étudiants de première année éprouvent d'énormes difficultés pour s'adapter aux nouvelles conditions d'études. Il faut préciser que l'Université ne dispose pas de structures de recherche sérieusement élaborées et de centres de documentation fournie pour permettre aux étudiants de se doter d'outils de travail appropriés. De plus, une seule librairie fonctionne à Bangui, mais celle-ci n'offre pas toujours aux étudiants les documents nécessaires pour les études universitaires.

Cependant, quelques productions se réalisent dans le cadre de la soutenance de mémoire de fin de cycle ou de la publication de certains travaux. Mais ces productions sont parcellaires et ne concernent pas souvent des domaines prioritaires pour constituer des données de base pouvant orienter des travaux de recherche. De nombreux programmes de recherche ont été conçus, mais les moyens de financement font défaut si bien que la systématisation de quelques productions n'a pu être réalisée. Les retombées de cette situation sur le rendement sont considérables. Le rendement étant apprécié en fonction des résultats aux examens de chaque année, on relève dans toutes les filières de formation, un pourcentage assez élevé d'échecs (environ 55% et 65%) en première et deuxième années.

Mais, en dépit de ces limites de l'Université de Bangui et des difficultés liées à son fonctionnement, certains étudiants parviennent à sortir du lot et réalisent de bons résultats à la fin de chaque année universitaire. C'est ainsi qu'en 1987, le taux de réussite pour l'ensemble s'établit autour de 20% :

- Ce pourcentage tend à décroitre pour atteindre 13% pour les études de gestion ;
- 4% pour la première année de Médecine ;
- 30% en Lettres Modernes et ;
- 40% en Mathématiques-Physiques.

Après la première année où un barrage s'est établi, les effectifs se trouvent réduits et les taux de réussite commencent à augmenter pour atteindre par exemple :

- 78% en troisième année de Droit ;
- 83% en troisième année de Sciences Économiques et ;
- Près de 90% en Gestion et en Agronomie. [199]

L'effectif de l'enseignement supérieur est de 370 professeurs dont 239 permanents et 104 cadres et agents administratifs. On dénombre 119 professeurs nationaux et 120 professeurs expatriés. Sur les 370 personnes que constitue

---

[199] *Source : Annuaire statistique du Ministère de l'Éducation Nationale – Bangui Novembre 1987.*

l'effectif de l'Université de Bangui, 121 (soit près du 1/3) sont des vacataires[200]. Il faut préciser que l'effectif des enseignants est insignifiant par rapport aux besoins de l'Université. Mais, l'Ordonnance du 9 Décembre 1983 suspend l'intégration systématique des diplômés de l'enseignement supérieur dans la fonction publique, alors que l'Université fonctionne avec une proportion importante de professeurs expatriés et avec un appoint considérable d'enseignants vacataires.

Par ailleurs, la Direction de l'Université de Bangui a été centrafricanisée ; ce qui laisserait supposer qu'elle fonctionne avec un budget national. Il n'en est rien. De surcroit, ce budget est très réduit et couvre à peine le fonctionnement du Rectorat avec 10 millions FCFA en 1984 et 4 millions en 1987. La réduction très marquée de ce budget semble être permanente si l'on considère l'accroissement des déficits budgétaires du pays. Il en résulte que cette réduction ne pourrait pas permettre aux différentes facultés de remplir efficacement leur mission de formation et de recherche.

Cependant, les Facultés et les Instituts vivent sur des crédits extérieurs en provenance surtout de la Mission Française d'Aide et Coopération qui finance non seulement certains travaux de recherche mais également attribue des bourses d'études à certains étudiants.

Au sujet des bourses d'études, l'enseignement supérieur comptait en 1983-84 :

- 1.928 boursiers à l'Université de Bangui, et
- 757 dans les boursiers étrangères[201].
- Mais, à l'heure actuelle, ce nombre tend à décroître de 0,43% dans les deux cas[202].

Il se manifeste alors une tendance à la baisse si l'on tient compte de la situation catastrophique de l'économie du pays. Si les déficits budgétaires ne s'améliorent pas dans les prochaines années, on risque d'atteindre 1,5% de la réduction du nombre des boursiers. Ceux-ci ont absorbé :

- En 1982, 16% du budget de l'Éducation Nationale qui a représenté 1,298 millions de FCFA et
- 14% en 1983 (1,147 millions de FCFA).

A l'heure actuelle le montant des dépenses pour l'entretien des étudiants a atteint 5,220 millions de FCFA en 1987. Si l'on tient compte de l'ensemble des dépenses

---

[200] *Aperçu statistique du Service de la Planification et de la carte scolaire – Bangui Novembre 1987.*
[201] *Direction des Études, de la Planification et des Relations Extérieures - Ministère de l'Éducation Nationale – Bangui Novembre 1985.*
[202] *Statistiques scolaires - Ministère de l'Éducation Nationale – Bangui Novembre 1987.*

relatives aux boursiers y compris les frais de transport des étudiants, c'est alors environ 18% du budget qui sont consacrés au financement des bourses en 1987[203].

Par ailleurs, les dépenses faites ne sont pas compensées au niveau des débouchés qui font défaut. Tous les étudiants à l'origine se voyaient garantir un emploi dans la fonction publique et quelques entreprises étatiques qui sont seules à pouvoir absorber les sortants de l'enseignement supérieur. Il faut rappeler que cette garantie s'est estompée pour des raisons financières par l'Ordonnance du 9 Décembre 1983. Même les diplômés de l'École Normale Supérieure n'ont pu être intégrés à la Fonction Publique depuis 1981 et pourtant certains établissements scolaires manquent d'enseignants.

L'extrême faiblesse du niveau de la formation, l'inflation des effectifs qui n'a aucune adéquation avec les structures mises en place, les conditions matérielles déficientes , le déséquilibre dramatique entre les filières scientifiques et littéraires, sont responsables de la dérive d'une partie des étudiants qui sont de plus en plus conscients de l'inefficacité des études universitaires. Et quel que soit l'intérêt des discours politiques, il n'y a pas une inter-relation entre la volonté et les réalités concrètes de développement.

3.2.4- Enseignement technique et Formation professionnelle

Le développement économique et la promotion de la société centrafricaine passe nécessairement par la formation de la main-d'œuvre qualifiée et des cadres techniques dont la tache est confiée à l'enseignement technique et la formation professionnelle qui sont placés sous la tutelle des Ministères de l'Éducation Nationale et de l'Agriculture. Il faut noter que la formation professionnelle relève surtout du Ministère du Travail, des autres Ministères, des organismes nationaux et régionaux et de certains services. Cela suppose que l'enseignement technique et la formation professionnelle manques de structures adéquates pour coordonner et centraliser les mesures et actions à mener pour dynamiser la formation des agents techniques.

En ce qui concerne le Ministère de l'Éducation Nationale, l'enseignement technique et la formation professionnelle sont assurés par les établissements suivants :

1) Le Lycée technique de Bangui prépare aux Baccalauréats des techniciens :

- Bac G1 : Économique, Technique, Administratif ;
- Bac G2 : Économique, techniques quantitatives de gestion ;
- Bac F3 : Industrie, électronique ;

---

[203] *Ibid.*

- Bac F4 : Industrie, génie civil.

Le Lycée technique prépare aussi aux différents CAP techniques.

2) Le Collège d'Enseignement Technique Féminin (CETF) prépare aux CAP Couture, aux Brevêts d'Études Techniques.
3) L'École des Métiers d'Art prépare aux CAP artisanaux.

Le tableau suivant donne la situation de cet enseignement technique.

Tableau 12 : Enseignement technique : effectif des élèves - Nombres de salles et Professeurs à Bangui.

Établissements	Nombre Professeur	Nombre salles	Effectif des élèves		
			Garçons	Filles	Total
Lycée technique	70	38	925	480	*1 405*
Collège technique féminin	40	18	0	575	*575*
École des Métiers d'Art	32	4	180	68	*248*
Total	142	60	1 105	1 123	*2 228*

Source : Statistiques scolaires - Ministère de l'Éducation Nationale –
Bangui 1987

Les autres centres de formation sont dispersés dans les différents Ministères et dans des organismes de toutes sortes.

D'une manière générale, le coût de l'enseignement technique et de la formation professionnelle est très élevé du fait des installations techniques nécessaires à la formation. Compte tenu de la situation économique du pays, le budget alloué à l'enseignement technique est dérisoire, environ 31 millions de FCA en 1986-87, ce qui suppose que les dépenses d'entretien, de maintenance et de fonctionnement sont dérisoires.

3.3- Rappel des différentes politiques éducatives et certaines causes de leurs échecs

***

« Le développement de la politique publique de scolarisation a été étroitement lié à l'essor des missions catholiques et protestantes dans le pays depuis la période coloniale jusque dans les premières années de l'indépendance. Alors que les missions protestantes étaient limitées dans leur effort de scolarisation, les missionnaires catholiques développèrent davantage les écoles afin de participer à l'effort de développement de l'administration et du pays. Dans les écoles ils créaient aussi des mouvements comme des structures de formation de la jeunesse (Scouts) dont beaucoup de leurs moniteurs furent des vaillants membres et ressortissants. Beaucoup d'entre eux d'ailleurs s'engageront dans le mouvement politique le MESAN (Mouvement de l'Évolution Sociale de l'Afrique

Noire) de BOGANDA et en seront même des militants incontestés, tel Etienne NGOUNION[204] qui deviendra le premier président de l'Assemblée Nationale à la veille de l'indépendance, puis sénateur et président du MESAN[205]. Pour cela, le gouvernement du nouveau régime continuait à subventionner les écoles privées pour leur contribution effective à l'éducation et au développement de la scolarisation des futurs cadres nationaux, sur la base des textes réglementaires existant étudiés jusque-là. L'État et l'Église continueront à collaborer normalement malgré quelques difficultés dans l'octroi effectif des subventions conformément aux dispositions des textes en vigueur. Le dernier texte officiel en date (4 octobre 1958) est celui de M. BORDIER qui fixait les conditions de présentation des demandes de subvention aux écoles privées confessionnelles. » (Yérima Banga, 2017)
***

« De manière générale, les luttes politiques ayant conduit à l'indépendance eurent comme argument la démocratisation de l'enseignement ; il fallait vulgariser la scolarisation à l'ensemble de la population. Les premiers dirigeants de l'époque avaient foi en l'importance de l'éducation scolaire dans le processus de développement de leur nation nouvellement indépendante. En 1961, les ministres de l'Éducation nationale des pays africains vont se réunir à Addis-Abeba en Éthiopie pour adopter de nouvelles orientations scolaires avec l'ambition de revoir leur système éducatif respectif pour mieux les adapter aux besoins économiques, politiques et sociaux. Cela peut être interprété comme une volonté de rompre avec le système colonial et affirmer une nouvelle ère qui commence. Mais pour le cas de la République Centrafricaine, les nouveaux responsables avaient-ils les moyens de leurs politiques, notamment les moyens humains et économiques ? Tout laisse entrevoir plutôt des obstacles aux conséquences directement néfastes qui seront comme sources d'échec : pas de personnels suffisamment formés au niveau supérieur ; le budget de l'État en 1960 « accuse un déficit apparent de 619 millions de francs cfa (pour 2381 milliards de recettes et 3 milliards de dépenses), et réel de 1500 milliards si l'on inclut les personnes employées par l'État et rémunérées sur d'autres fonds [206]. La politique éducative post-indépendance sera à jamais marquée par ces situations de déficit et induira négativement les orientations retenues à Addis-Abeba : la démocratisation de la scolarisation et la qualité de l'enseignement en seront atteintes. » (idem)
***

3.3.1- Synthèse des politiques éducatives de la période de l'indépendance
***

« … les différents contextes politiques qui ont influencé et façonné le système éducatif et consacré le profil de l'école en Centrafrique. Autrement dit, comment a évolué l'action publique dans le cadre de l'expression « État Éducateur »[207] pendant la période retenue en matière d'éducation quand on sait que « l'État, traditionnellement envisagé comme une entité qui domine, façonne et transcende la société, est engagé dans un processus de transformation »[208]. » (Yérima Banga, 2017)
***

« … le chapitre … expose les continuités et les ruptures survenues après l'indépendance en faisant ressortir les figures des personnages publics et politiques qui ont façonné d'une manière ou d'une autre le visage de l'école centrafricaine. » (idem)
***

« Finalement, c'est le 9 mai 1962 que la loi n° 62/316 fut adoptée portant unification de l'enseignement sur tout le territoire national, infirmant par le même fait le prodigieux travail de collaboration patiemment mis en place depuis les premières années de la colonisation jusque-là. En

---

[204] *Cf.* KALCK, P., *op. cit.*, 1992, p. 294.

[205] KALCK, P., *Idem*, p. 304.

[206] NAMYOUISSÉ, J-M., (2007), *Le système éducatif et les abandons scolaires en Centrafrique : cas de la région de l'Ouham*, Lille, ANRT (Atelier National de Reproduction des Thèses), p. 37.

[207] Cette expression est très fréquemment employée dans les débats éducatifs, à la fois par ceux qui condamnent la restriction de liberté qu'elle implique et par ceux qui au contraire veulent un rôle de l'État plus important en matière d'éducation.

[208] LAPOSTOLLE, G., MABILLON-BONFILS, B., (2010), *Fiche de Sciences de l'éducation*, Paris, Ellipses, p. 178.

France, la loi Debré avait trouvé en 1959 une parade juridique pour associer les établissements confessionnels et les autres institutions qui relèvent du droit privé au service public de l'éducation sous le terme de contrat d'association, permettant encore à l'État un droit de contrôle. En Centrafrique, la rupture a été radicale et unilatérale, elle était ainsi donc consommée entre l'État et l'Église et désormais les choses ne seront plus comme avant. Désormais, on ne peut que constater le véritable monopole de l'État sur l'enseignement et l'éducation attestant ainsi une volonté politique de laïcisation scolaire allant plus loin que celle connue en France de la part des nouvelles autorités. Une nouvelle manière d'envisager l'école impactera désormais la vie nationale en Centrafrique. (Yérima Banga, 2017)

***

L'édifice d'une Nation est l'affaire de tous ses membres. Les différents pouvoirs politiques qui ont dirigé le pays, constituent les maillons de son histoire. Chaque pouvoir a certainement obtenu des succès et enregistré des échecs, dans l'exercice de ses fonctions politiques.

Afin de mettre en relief de manière objective la contribution de chacun des régimes qu'a connus la République centrafricaine, à la construction du système éducatif national, il parait ici judicieux de prendre comme repères, les étapes liées à la succession des différents Chefs d'État à la tête du pays. Par la conjonction des facteurs nationaux et l'environnement international du moment, chacune des périodes correspondantes possède des caractéristiques spécifiques sur le plan socio-politique.

3.3.1.1- La première période du Président David DACKO : de 1960 à 1966

***

« C'est sur cette base qu'on peut comprendre que les premières années de l'indépendance ont été marquées par la rupture de collaboration entre l'État et l'Église avec l'adoption par l'Assemblée Nationale de la loi d'unification n° 62/316 (cf. Annexe 34) promulguée par le Président David DACKO le 9 mai 1962 concernant l'enseignement et l'éducation. Le jeune gouvernement était confronté au problème de la coexistence d'un enseignement officiel et d'un enseignement confessionnel bien enraciné et prenant trop d'importance sur le plan social. » (Yérima Banga, 2017)

***

« La volonté d'accroissement du rôle de l'État dans l'éducation et son souhait de mettre un terme au partage de compétences en matière d'éducation entre l'État et l'Église se vérifient davantage dans les principes et dispositions de la loi de l'unification. Ces principes et dispositions du législateur imprègneront la politique scolaire pendant plusieurs années et changeront radicalement la forme de la gestion partenariale de l'école. Concrètement, la loi du 9 mai 1962 formulée en un texte très court tranche totalement par son caractère austère et impérial et marque par son ton déclamatoire. La volonté d'accroissement du rôle de l'État dans l'éducation et son souhait de mettre un terme au partage de compétences en matière d'éducation entre l'État et l'Église se vérifient davantage dans les principes et dispositions de la loi de l'unification. Ces principes et dispositions du législateur imprègneront la politique scolaire pendant plusieurs années et changeront radicalement la forme de la gestion partenariale de l'école. ... L'interprétation de ces dispositions est claire et simple, il n'existe plus sur le territoire national aucune institution scolaire autre que celle de l'État qui désormais prend en charge totalement le processus de scolarisation de tous les enfants, ou encore, seul l'État a désormais le monopole et la mainmise sur la responsabilité et la gestion de l'appareil éducatif sur le plan national, ... » (idem)

***

« Une autre loi n° 62 360 du 14 décembre 1962 réaffirme en son article 6 que c'est l'État qui de manière unilatérale pourvoit à un enseignement primaire, secondaire, technique et supérieur dans le pays, Loi fixant les principes généraux d'organisation de l'enseignement en République Centrafricaine » (idem)

***

3.3.1.1.1- Bref rappel du cadre politique

La République Centrafricaine est en crise politique et ce, dès 1958 avec la disparition tragique de son « père fondateur », Barthélemy Boganda. Le 1er décembre 1958, après des luttes politiques des premières élites oubanguiennes, l'Oubangui-Chari devient la République Centrafricaine. Rappelons que initialement la République Centrafricaine ne se limitait pas au seul territoire de l'Oubangui-Chari. C'est un projet panafricain sous régional qui regroupait les pays de l'Afrique Equatoriale Française (Le Congo-Brazzaville, le Gabon, l'Oubangui-Chari et le Tchad) et devrait s'étendre au Congo-Belge et aux colonies portugaises. Ce projet n'a pu aboutir pour des raisons encore non élucidées liées également à la disparition tragique de son initiateur l'Oubanguien Barthélemy Boganda le 29 mars 1959 dans un accident d'avion. De cette disparition, va naître la lutte de succession au profit d'un jeune Instituteur David Dacko qui proclamera l'indépendance « nominale » de la République Centrafricaine aux côtés d'André Malraux représentant la France, le 13 août 1960. David Dacko en devient le premier président.

Mais que signifie Etat indépendant avec la « privation des instruments de souveraineté » ? Cette situation de privation des instruments de souveraineté est caractérisée par l'absence de : cadres nationaux compétents et en nombre suffisant, idéologie politique affirmée, armée nationale, monnaie, souveraineté économique, industries, infrastructures sociales..., technologie, etc.

D'ailleurs, au lendemain de l'indépendance, visionnaire à l'époque déjà, Abel Goumba s'était élevé, le 14 Août 1960 en ces termes, devant l'Assemblée nationale : *"L'indépendance ne nous permettra pas de résoudre les problèmes complexes que pose l'évolution des territoires africains, surtout lorsqu'il s'agit d'une indépendance nominale, surtout lorsqu'il s'agit d'une indépendance qui ne repose sur aucun développement économique viable, sur aucune structure administrative et technique issue du pays."*

Cette situation a maintenu la jeune République entre les mains des puissances étrangères notamment coloniales et les institutions internationales à travers les dettes au nom de la coopération à la place de colonisation et ce, jusqu'à nos jours. Cette même situation n'a fait qu'ouvrir des voies aux troubles socio politiques au niveau « interne »[209] qui continue de jalonner la vie politique en Afrique et particulièrement en Centrafrique (Namyouïssé, 2007).

3.3.1.1.2- Le contexte

Au moment de l'indépendance il n'existait, en République Centrafricaine, que très peu d'éléments susceptibles d'occuper des postes de responsabilités. Ils ont été immédiatement employés et l'on a été obligé de procéder à une africanisation rapide des cadres supérieurs sans disposer du personnel ayant la qualification requise.

Les années qui ont suivi l'indépendance ont été marquées en Centrafrique, comme la plus part des pays africains au Sud du Sahara par l'accroissement spectaculaire des effectifs des élèves de l'enseignement primaire, puis de l'enseignement secondaire. Cet accroissement est non seulement lié à une démographie galopante, mais est aussi le résultat d'une politique de démocratisation de l'enseignement. Jusqu'à l'indépendance, il y avait cohabitation de l'enseignement privé. Mais un changement radical se produit avec l'adoption le 28 Avril 1962 par l'Assemblée Nationale de la Loi n°62/316 portant unification de l'enseignement.

Les principes énoncés par cette Loi furent les suivants :

- Est proclamée solennellement l'unité de l'enseignement sur tout le territoire de la République Centrafricaine ;
- L'Enseignement est prodigué par du personnel recruté ou agréé par l'Etat ;
- L'Enseignement est dispensé dans des écoles publiques, créées et entretenues par l'Etat ;
- Le programme des Etablissements scolaires est arrêté par le Gouvernement conformément au plan de développement économique et social de la nation ;
- Dans les dispositions transitoires de cette Loi, les Etablissements privés, régis par l'ancienne Loi n°61.223 qui réglementait l'enseignement privé en République Centrafricaine, étaient autorisés à fonctionner à la charge exclusive et intégrale de leur fondateur jusqu'au retrait des autorisations d'ouverture.
Le personnel de ces établissements privés fut ensuite intégré dans les cadres de la Fonction Publique au fur et à mesure de la fermeture des établissements. Après l'unification de l'enseignement dans notre pays, l'Assemblée adopte le 14

---

[209] *Les troubles politiques et les coups d'Etat en Afrique sont souvent commandités et dirigés de l'extérieur du pays.*

Décembre 1962, la Loi n°62.360, fixant les principes généraux d'organisation de l'enseignement en République Centrafricaine.

L'Enseignement d'Etat avait pour objectifs généraux :

- De contribuer, par l'étendue et l'uniformité de son action à la réalisation de l'unité nationale ;
- De favoriser le plein épanouissement de la personnalité ;
- D'inculquer des connaissances pratiques et utiles compte tenu des besoins de la population ;
- De former un peuple sain, épris de vérité et de justice, respectueux des valeurs humaines, honorant le travail, ayant un sens profond du devoir, pénétré de l'esprit de l'indépendance, capable d'édifier un état et une société pacifiques et démocratique.

3.3.1.1.3- Les objectifs et politiques

Programme politique de développement économique et social

Le plan intérimaire biennal 1965-1966 proclamait d'une part, que l'éducation du peuple constituait le point de départ de toutes les activités relatives au développent harmonieux d'un pays et d'autres part, que la formation des cadres devait également être une préoccupation majeur des responsables de l'évolution de Nation. En matière d'Education Nationale, le plan intérimaire stipule à la page 76: « … l'Etat a besoin d'hommes réalistes et pratiques dans la phase de construction nationale. Les poètes, les chercheurs, les savants viendront plus tard. Dans les 10 années à avenir, nos besoins en cadres supérieurs-tant techniques qu'administratifs-seront de mille éléments au maximums ».

Il faut donc instruire et reclasser dans la vie traditionnelle, dont la base est l'économie rurale, 120.000 à 150.000 enfants par an. C'est donc une impérieuse nécessité de ruraliser l'enseignement.

Objectifs à atteindre

Le but essentiel est de parvenir en 1980, à l'instruction complète de la jeunesse d'âge scolaire, de 5 à 16 ans. Pendant la période concernée, 53% de cette population était scolarisée. L'application de ce plan nécessite l'ouverture de 6.000 classes en 16 ans. Pour les années 1965 et 1966, il sera créé 550 classes.

Les 250 instituteurs adjoints et agents formés annuellement par les cours normaux représentaient le maximum des possibilités. Parallèlement à cet effort, dans le primaire, le plan intérimaire envisage à long terme la scolarisation progressive dans le second degré et la technique d'environ 12 à 20% des effectifs des classes terminales du 1er degré.

S'agissant de l'enseignement supérieur, la République Centrafricaine comptait à cette époque 100 jeunes gens à ce niveau et essentiellement à l'étranger. Il y'aurait lieu, d'après le plan intérimaire, de conduire à l'entrée dans cet ordre d'enseignement en 1980, 1,5% du groupe d'âge correspondant, c'est-à-dire environ 200 à 250 étudiants. En raison des prévisions d'augmentation du nombre de bacheliers, le plan intérimaire envisageait déjà à cette époque, l'ouverture d'une Université à Bangui. On envisageait même de consacrer un budget de 20 millions de FCFA aux études préliminaires.

3.3.1.1.4- Les Moyens

Ressources budgétaires

Le financement de l'éducation pour la période 1960-1966 est mieux représenté, ci-après :

Tableau13 : Evolution du budget ordinaire de l'Etat et du budget de l'Education

ANNEES	BUDGET ORDINAIRE (B.O.)	BUDGET EDUCATION (B.E)	% B.E.
1960	2. 797. 500. 000	409. 606. 000	14, 64
1961	3. 694. 548. 000	440. 175. 000	11, 91
1962	4. 718. 425. 000	611.269. 000	12, 95
1963	5. 316. 531. 000	774. 810. 000	14, 57
1964	5. 790. 200. 000	855. 976. 000	14, 78
1965	7. 244. 000. 000	1. 146. 074. 000	15, 82
POURCENTAGE (B.E) MOYEN			14, 11

A travers ce tableau, on s'aperçoit que l'effort budgétaire en faveur de l'éducation est encore timide.

Ressource humanitaire et matérielles

De 1960 à 1965, au niveau de l'enseignement primaire, l'effectif des élèves est passé de 61. 428 à 119.565. Dans le même temps l'encadrement pédagogique passe de 1048 enseignants à 2169 enseignants. Cependant le nombre des salles de classe n'a pas bougé : 840 salles en 1960, 846 en 1965.

3.3.1.1.5- Les réalisations

Les réalisations physiques sont difficiles à comptabiliser en raison de la rareté des sources fiables d'informations statistique et administratives. Néanmoins un effort important a été fait dans la construction des écoles, dont le nombre a presque doublé, passant de 343 en 1960 à 655 en 1965. Les moyennes des principaux indicateurs de l'éducation pour cette période, sont présentées dans le tableau ci-après :

Tableau 14 : Moyenne des principaux indicateurs de l'éducation pour la période 1960-1966

Période 1960-1966		
Taux	Alphabétisation	5,5 %
Taux	Scolarisation (brut)	36,2 %
	Scolarisation (net)	?
Taux	Réussite au CEPE	?
	Réussite à l'entrée en 6ᵉ	17,33 % (*)
	Réussite au BEPC	49 %
	Réussite au BAC	68, 1 % (*)
Taux	Redoublement	?
RATIO	Elève / Salle	107
	Elève / Livre	?
	Elève / Table	?
(*)	Valeur ponctuelle de 1965	

Selon l'UNESCO, la norme requise pour un bon encadrement des élèves est de 50. Non seulement on n'en est pas très loin (ratio pays de l'UDEAC en 1965, la RCA occupe la troisième place.

Tableau 15 : Ration élèves/maitre en 1965 des pays de l'UDEAC

N° D'ORDRE	PAYS	RATIO ELEVES/MAITRE POUR 1965

1	GABON	39
2	CAMEROUN	47
3	RCA	54
4	CONGO	60
5	TCHAD	83

SOURCE : Rapport sur le Développement dans le monde 1990. Banque Mondiale.

3.3.1.1.6- Le constat

Face aux importants besoins en formation des cadres nationaux, il y a eu incontestablement un effort qui a été déployé durant la période 1960-1966 en matière d'Education. On peut affirmer sans grand risque de se tromper que le système éducatif a rendu efficacement aux besoins du pays.

3.3.1.2- La période du Président Jean-Bédel BOKASSA : de 1966 à 1979

***

*« Dix ans après la loi d'unification, c'est le Président Jean-Bédel BOKASSA qui, par ordonnance du 12 mai 1972, va abroger la loi du 9 mai 1962 ainsi que le décret d'application du 15 février 1963, **ouvrant la voie de nouveau à la création d'établissements privés d'enseignement.** Cette décision est motivée par le rythme d'accroissement de la population scolaire dans les différents ordres d'enseignement en Centrafrique. Selon ces données, la population a presque triplé entre 1960 et 1970 dans le primaire, passant de 60.903 à 170.048 élèves, ce qui peut justifier l'avènement de l'Ordonnance de 1972. » (Yérima Banga, 2017)*

***

*« **La nouveauté de cette Ordonnance qui tranche avec le passé est l'introduction du terme « laïc ».** Ces écoles d'enseignement privé ne sont plus « confessionnelles », mais elles deviennent « laïques » et ouvertes au 1er, 2ème degré et technique, réservant l'enseignement supérieur à l'État seul (cf. article 5). Il affirme qu' « outre les écoles d'établissements scolaires d'État, peuvent être créées des écoles ou établissements privés d'enseignement laïc... » (article 2). Par établissement d'enseignement laïc[210], car c'est une nouveauté, il faut entendre un établissement créé par toute personne morale ou physique ayant obtenu l'autorisation d'ouvrir un ou plusieurs établissements privés pour dispenser le programme de l'enseignement officiel, à savoir l'enseignement primaire, secondaire et technique (articles 3 et 4). **Jusque-là, l'enseignement privé était essentiellement confessionnel,** c'est-à-dire entre les mains des missionnaires (catholiques comme protestants). L'introduction du terme « laïc » fait alors évoluer les mentalités pour dire **qu'il faut désormais ouvrir l'enseignement privé à d'autres partenaires ou promoteurs potentiels de l'éducation** que ceux traditionnellement connus jusque-là. Comme par le passé, tout établissement privé doit être autorisé par un décret pris en Conseil des Ministres après examen du dossier de demande introduit par son promoteur. Le personnel enseignant est aussi autorisé par l'autorité compétente après étude du dossier. L'autorité administrative étend son contrôle sur tout l'établissement dans les domaines pédagogiques, législation scolaire, inspection, formalités de recrutement du personnel, aux installations matérielles, à l'organisation des examens et collation des diplômes. Les promoteurs ont l'entière responsabilité financière pour la construction des locaux, l'acquisition des équipements scolaires et leur entretien et bien sûr la rémunération du personnel enseignant. Alors vu sous cet angle, on ne voit pas comment, sans soutien financier et*

---

[210] *Jusque-là, l'enseignement privé était essentiellement confessionnel, c'est-à-dire entre les mains des missionnaires (catholiques comme protestants). L'introduction du terme « laïc » fait alors évoluer les mentalités pour dire qu'il faut désormais ouvrir l'enseignement privé à d'autres partenaires ou promoteurs potentiels de l'éducation.*

matériel de l'État, des personnes morales et physiques seront encouragées à prendre des initiatives pour des créations d'écoles privées laïques. » (idem)
***
« Le décret d'application fait ressortir en détail les modalités et les conditions de demandes d'ouverture, les conditions de fonctionnement et de recrutement d'enseignants, les conditions et profils des directeurs d'établissement et leurs devoirs, etc. » (idem)
***

3.3.1.2.1- Bref rappel du cadre politique

Le 1er janvier 1966 un coup d'Etat militaire dirigé par un officier de l'armée française... le colonel Jean-Bedel Bokassa renverse le président David Dacko. Une fois au pouvoir, Jean-Bedel Bokassa, après avoir eu tous les grades de l'armée et de président à vie, se fait couronner empereur de Centrafrique le 4 décembre 1977, alors que la République Centrafricaine est devenue un an plus tôt l'Empire Centrafricain.

3.3.1.2.2- Les Objectifs et politiques

Programme politique de développement économique et social

Jusqu'en 1971, les principes généraux d'organisation de l'enseignement en République Centrafricaine étaient régis par la loi n°62.360 du 14 décembre 1962 adoptée par l'Assemblée Nationale. L'ordonnance n°71.076 du 15 juillet 1971 apportera quelques modifications importantes à ces principes.

Les caractéristiques essentielles du nouveau texte de base en matière d'Enseignement étaient les suivantes :

- Restriction de l'accès aux sources du savoir.
  A la différence de la Loi de 1962 qui disposait en son article 1ER que tout enfant vivant sur le territoire de la RCA avait droit à l'Enseignement. L'ordonnance de 1971 stipule en son article 1er que tout enfant de nationalité Centrafricaine a droit d'accéder aux sources du savoir.
- Abrogation de la gratuité de l'enseignement pour certaines catégories d'enfant vivant sur le territoire national.
  C'est une conséquence de la restriction dont il était question plus haut. A la différence de la Loi de 1962 qui marque le principe de la gratuité totale de l'enseignement dispensé à tous les degrés, l'ordonnance de 1971 Reserve à trois catégories d'élèves, l'accès gratuit aux différents établissements d'enseignement. Ce sont :

- Les élèves de nationalité Centrafricaine ;
- Les enfants des diplomates ;
- Les enfants des fonctionnaires et agents de l'assistance technique étrangère.

Toute admission d'élève de nationalité étrangère n'entrant pas dans les catégories dessus visées, est subordonnée non seulement à l'accord du Conseil des Ministres mais aussi au paiement d'une redevance. Les enfants des diplomates ne bénéficieront de la gratuité de l'enseignement que dans la mesure où il y a réciprocité de la part de leur gouvernement.

- Absence d'article précisant la langue d'enseignement.

Il convient de remarquer que l'ordonnance de 1971 de la Loi de 1962. En effet beaucoup d'étrangers ont fait leurs études grâce aux moyens fournis par la République Centrafricaine. Une fois leurs études terminées ils regagnent leurs pays.

3.3.1.2.3- Les Moyens

Ressources budgétaires

Cette période est caractérisée par une légère progression de la part du budget de l'Etat alloué à l'éducation (19,03 % en moyenne de 1966 à 1979). Par contre en matière d'investissement dans la formation, un effort réel a été fait. La part du budget d'investissement réservée à la formation (4, 41%) est l'une des plus élevée depuis l'indépendance.

Ressources humaines et matérielles

Au niveau de l'enseignement fondamental

L'évolution rétrospective des ressources humaines et matérielles est présentée dans le tableau ci-après :

Tableau 16 : Evolution rétrospective quinquelale des ressources humaines et matérielles au niveau de l'enseignement fondamental de 1965 à 1980

ANNEE	RESSOURCES HUMAINES		RESSOURCES MATERIELLES			
	Elèves	Enseignants	Ecoles	Salles	Tables	Livres
1965	119.565	2169	655	846	-	-
1970	170.048	2693	778	1164	-	-
1975	215.500	3164	735	2181	-	-
1980	243.419	4010	812	3117	-	-

Les ratios élèves/maître (62) et élèves/salle (116) indiquent une dégradation des conditions d'enseignement pendant cette période. Le taux moyen de redoublement, de près de 45% est le plus élevé qu'ait connu la RCA à nos jours. Ce qui donne une efficacité interne très médiocre.

Au niveau de l'Enseignement Secondaire

Les données fragmentaires et peu fiables qui existent, ne permettent pas de tirer des conclusions.

3.3.1.2.4- Les Réalisations

Les principales réalisations de cette période, sont issues des projets du plan de développement (1971-1975). Il s'agit en grande partie des projets financés par AID-BIRD-PNUD-FAC-UNICEF et PAM.

Les réalisations en 1976

Projet AID/BIRD

Le projet de construction et extension et extension des établissements scolaires ainsi que leur équipement (cf 308 – CAF du 28/5/1972) n'est entré dans sa phase opérationnelle qu'en 1976 avec 4 ans de retard.

Projet PNUD/UNICEF/CAF/77/001 et 225 FAC

Le projet assistance à l'institut Pédagogique National (IPN) n'a pas atteint pleinement ses objectifs en 1976. 102 millions de FCFA (PNUD : 98 millions – FAC : 4 millions de FCFA) ont été effectivement réalisés. L'UNESCO a fourni du matériel et des bourses. Le Gouvernement a assuré le fonctionnement courant.

Les réalisations en 1977

Projet ECA/AID/BIRD : constructions scolaires

Le projet a connu en 1977 de nouvelles difficultés financières en ce qui concerne la contrepartie du Gouvernement Centrafricain (179, 2 millions de FCFA). Après les révisions de l'accord de crédit en Juillet 1977, cette somme a été finalement imputée sur le budget national au titre de l'année 1978. L'extension des six lycées qui devait être terminée en octobre 1977, ne l'était toujours pas à la rentrée suivante.

Toutefois nous manquons d'informations sur la réalisation définitive.

- La construction des collèges d'enseignement général de Bambari et Berberati est abandonnée faute de crédit :
- L'extension et l'équipement du CEG de Sibut :
- La construction et l'équipement de l'ENS, du CEG de Bimbo.

Projet PNUD/UNESCO/FAC

- L'assistance à l'institut Pédagogique National a été réalisée partiellement ;
- Construction de 164 classes primaires, 108 logements d'enseignants, 5 centres de recyclages et le creusement de 5 puits sur crédit AID et 55 puits sur budget national.

Autres réalisations

- Création au sein de l'Université de Bangui d'une faculté des Sciences et de la Santé (FACSS) qui a ouvert ses portes le 1ER octobre 1977 avec 25 étudiants en 1ère année et 21 étudiants en 2ème année ;

- Ouverture de l'Institut Universitaire de Technologie de Gestion (IUT Gestion) en octobre 1977 avec 30 étudiants en 1ère promotion ;
- L'Institut Universitaire de Technologie des Mines et Géologie s'est vue adjoindre une nouvelle section, celle de la ''construction'' devenue opérationnelle depuis le 1er octobre 1977 (IUT MGC) ;
- Un complexe scolaire à cycle complet a été construit à Bérengo. Ce complexe comprenait un cycle primaire complet et un cycle secondaire complet.

3.3.1.2.5- Le Constat

Cette période a connu quelques réalisations sociales importantes telle que la création de l'Université de la République Centrafricaine par Ordonnance n° 69/063 du 12 Novembre 1969. Un effort important a également été fourni en matière d'investissement.

Le taux d'alphabétisation est monté à 23, 2 % contre 10% à la période précédente dans la formation. Cependant à partir de 1970 l'efficacité interne de l'enseignement fondamental est devenue très médiocre avec un taux de redoublement de 46%. Cette période enregistre en outre un ratio élève/ salle assez défavorable (116 contre 80 actuellement). C'est cette période que date la pléthore de nos classes.

Les méthodes autoritaires font intrusions dans le secteur si sensible de l'Education. En effet, une ordonnance fixant des prescriptions en matière d'éducation est prise le 5 Juillet 1976 par BOKASSA. Elle stipule en son article premier : « Désormais, les résultats attendus à la fin des examens de chaque année scolaire dans tous les cycles de l'enseignement : primaire, secondaire et supérieur, ne sauraient être inférieurs, par préfecture, à une certaine proportion à déterminer par Décret, compte tenu de la densité de la population et du nombre d'élève. » L'article deux de ce texte devient franchement menaçant : « Tout résultat contraire au précédent article sera considéré comme action à caractère politique visant à fomenter des troubles dans le pays. »

Cela est très grave sur le plan de la déontologie du métier de l'enseignant. Car le succès d'un élève est le résultat de son effort personnel et non d'une quelconque densité de la population. C'est incontestablement vers le milieu de la période BOKASSA, que le système Educatif centrafricain a commencé par se détériorer ; les différents taux et ratios le démontrent clairement.

Enfin l'ambiance politique de l'époque n'a pas été étrangère, comme nous l'avons par la prise de l'ordonnance mentionnée précédemment, à cette dégradation.

3.3.1.3- La deuxième période du Président David DACKO : de 1979 à 1981

***

« L'Ordonnance du Président BOKASSA, du 12 mai 1972 abrogant la loi du 9 mai 1962 ainsi que le décret d'application du 15 février 1963, n'a pas porté effet, car on ne vit aucune initiative dans ce sens comme par le passé dans la multiplication des écoles dans l'ensemble du pays. L'Église, gardant encore un très mauvais souvenir, ne se hasarda même pas à prendre des initiatives, elle qui s'intéresse bien à la question éducative auprès de la jeunesse. Le statu quo demeurera ainsi et traversera tous les autres gouvernements successifs jusqu'en 1994. On comptera seulement vers les années 1985 un établissement privé de niveau supérieur (Cours Préparatoire International = CPI), mais comme entreprise commerciale demandant les frais de scolarité assez élevés aux élèves et étudiants. »
(Yérima Banga, 2017)

***

3.3.1.3.1- Bref rappel du cadre politique

Le 20 septembre 1979, David Dacko en séjour en France est ramené au pouvoir par la France sous les «Opération Caban» et «Opération Barracuda» renversant ainsi Jean-Bedel Bokassa, il abolit l'Empire et proclame la République. Il restaure en même temps le multipartisme qu'il avait alors lui-même interdit par les réformes constitutionnelles de 1962 et 1964 dans l'euphorie de la guerre de succession qui l'opposait au compagnon de lutte de Boganda, le Professeur Abel Goumba, président du MEDAC (Mouvement d'évolution démocratique de l'Afrique Centrale). David Dacko organise les élections législatives et présidentielles le 15 mars 1981et remporte les présidentielles. Les résultats seront contestés occasionnant des troubles sociopolitiques (attentats, grèves, manifestations).

3.3.1.3.2- Les Objectifs et Politiques

Objectifs à atteindre

Dans le domaine de l'éducation, le plan de redressement économique et social définit des objectifs à long et à court terme.

A long terme

Education de base

• Généralisation de l'enseignement primaire avec amélioration du rendement par l'introduction d'un système de promotion automatique contrôlée ;
• Etablissement d'une carte scolaire détaillée ;

- Adaptation des programmes aux besoins locaux par l'intégration des activités scolaires et des activités de développement communautaire ;
- Utilisation intensifiée de la radio et des supports écrits pour donner des connaissances de base à une plus large tranche de la population, accélérer l'alphabétisation et l'accession de tous à un minimum de savoir et de compétences.

Enseignement secondaire général

- Maintenir des taux de scolarisation en fonction de la progression démographique et amélioration du rendement ;
- Réforme des programmes grâce à une approche pratique de l'enseignement.

Enseignement technique

- Réforme de l'enseignement technique en fonction des besoins quantitatifs et qualificatifs du marché du travail ;
- Ouverture d'un cours industriel polyvalent qui permette de faire face aux demandes imprévues de mains-d'œuvre en donnant les connaissances de base nécessaires à une ultérieure spécialisation sur le tas.

Enseignement professionnel

- Développement et diversification de l'enseignement professionnel court ;
- Adaptation des structures et des programmes de l'enseignement universitaire aux conditions nationales, modulation de son expansion en fonction des besoins en ressources humaines et des besoins de la recherche appliquée, compte tenu des activités de production.

Mesures diverse

- Formation et perfectionnement des enseignements
- Création d'un programme de formation conjoint de l'université et l'ENS, pour assurer la relève du personnel du personnel expatrié dans le domaine technique
- Création d'un ''Comité Interministériel de la Réforme Educative et de la formation''

A court terme

L'accent est mis sur l'enseignement primaire et l'enseignement technique et professionnel.

3.3.1.3.3- Les Moyens

Ressources budgétaires

La part du budget de l'Etat allouée à l'Education atteint 26% en moyenne pendant cette période.

Ressources humaines et matérielles

L'évolution de ces ressources est présentée dans les tableaux ci-après :

- Enseignement Fondamental

Tableau 17 : Evolution des Ressources humaines et matérielles de l'Enseignement Fondamental de 1980 et 1981

Années	Ressources humaines		Ressources matérielles	
	Elèves	Enseignants	Ecoles	Salles
1980	243.419	4010	812	3117
1981	246.174	4130	825	3134

- Enseignement Secondaire

Tableau 18 : Evolution des Ressources humaines et matérielles de l'Enseignement Secondaire de 1980 et 1981

	Ressources humaines	Ressources matérielles

Années	Elèves	Enseignants	Etablissements	Salles
1980	33. 444	662	?	?
1981	42. 311	510	34	416

En raison de la brièveté de cette période l'évolution des ressources n'est pas significative. On constate toutefois au niveau du secondaire une baisse importante du nombre d'enseignants alors que celui des élèves croit dans le même temps. Le ratio élèves/professeur passe ainsi de 50 en 1980 à 81 en 1981 : ce qui équivaut à une détérioration des conditions de travail.

3.3.1.3.4- Les Réalisations

Faute de temps, le plan de redressement 1980-1981 n'est qu'un catalogue de projets et une liste de mesures à prendre.

3.3.1.3.5- Le Constat

En matière d'Education la part du budget de fonctionnement de département dans le budget ordinaire de l'Etat, qui est de 26%, atteint un niveau supérieur à la moyenne sur trente ans. Toutefois, la part du budget d'investissement allouée à la formation ne représente que 2, 43% contre 4, 41% à la période précédente qui est plus longue (14 ans). Le taux de redoublement (44%) est sensiblement le même que celui de la période BOKASSA (45%). Cette période a été trop courte pour qu'on puisse porter un jugement valable en termes de bilan.

3.3.1.4- La période du Président André KOLINGBA : de 1981 à 1992

***

« L'Ordonnance du Président BOKASSA, du 12 mai 1972 abrogant la loi du 9 mai 1962 ainsi que le décret d'application du 15 février 1963, n'a pas porté effet, car on ne vit aucune initiative dans ce sens comme par le passé dans la multiplication des écoles dans l'ensemble du pays. L'Église, gardant encore un très mauvais souvenir, ne se hasarda même pas à prendre des initiatives, elle qui s'intéresse bien à la question éducative auprès de la jeunesse. Le statu quo demeurera ainsi et traversera tous les autres gouvernements successifs jusqu'en 1994. On comptera seulement vers les années 1985 un établissement privé de niveau supérieur (Cours Préparatoire International = CPI), mais comme entreprise commerciale demandant les frais de scolarité assez élevés aux élèves et étudiants. »
(Yérima Banga, 2017)

***

« En matière d'Éducation et formation, le programme National d'Action (PNA) relève que la structure du système éducatif centrafricain n'a pas été modifiée depuis l'indépendance. Héritée de l'époque coloniale, elle se trouve peu adaptée aux besoins de la population centrafricaine. ... Cette situation

alarmante a conduit le Gouvernement à organiser un séminaire national de réflexion au mois de
Mars-Avril 1982 au cours duquel plusieurs recommandations ont été prises et dont un grand nombre
a été inscrit dans le PNA 1982-1985. L'ordonnance n°84.031 du 14 Mai 1984 constitue le véritable
acte légal dudit séminaire. Cet acte aura pour caractéristique essentielle, en plus des principes
généraux qui conduisent tous les enfants aux sources du savoir, de proposer une nouvelle
organisation de l'enseignement en République Centrafricaine ... » (idem)
***

3.3.1.4.1- Bref rappel du cadre politique

Profitant de la période trouble, suite aux élections législatives et présidentielles du 15 mars 1981organisées par David Dacko, le général André Kolingba va contraindre David Dacko à lui remettre le pouvoir en septembre 1981 où il mettra en place le Comité Militaire de Redressement National (CMRN) jusqu'en 1985, date à laquelle la société civile peut désormais faire son entrée dans le gouvernement. Le Général André Kolingba a du quitter le pouvoir en 1993 après avoir été contraint d'accepter la démocratie pour l'une des raisons suivantes : le constat des échecs des différents régimes dans les pays d'Afrique Noire, surtout a amené les pays occidentaux notamment la France et certains organismes internationaux à conditionner toute aide au développement par l'instauration du multipartisme et de la démocratie dans ces pays. Cette « nouvelle forme » de gestion de la vie socio politique qu'est la démocratie a été initiée et soumis par la France aux représentants africains sous les vocables thématiques de « démocratie et développement » au XVIème Sommet France-Afrique du 19 au 21 juin 1990 à la Baule (France). Ce thème de « démocratie et développement » était abordé et discuté par l'ensemble des participants et le principe de démocratisation des pays concernés était acquis. Et ce, malgré la réticence de certains pays, habitués depuis leur indépendance soit : au système de parti d'Etat (parti unique) sans démocratie, à l'autoritarisme, à une idéologie communiste qui vient de s'effondrer.

Aussi c'est l'occasion de faire le mini bilan du modèle dit « des indépendances nationales »[211] qui s'était fixé comme objectifs : l'éducation de masse, promotion des cadres nationaux, rompre avec l'économie de rente, transformation des matières premières et de substitution des importations, etc. Mais la déception est à la hauteur de l'espoir suscité par ces tentatives et ce, depuis les indépendances de ces Etats. Alors, il fallait essayer autre chose : la démocratie.

De là, le général président André Kolingba ne peut que s'incliner devant la pression nationale et internationale en acceptant la démocratie et le retour des exilés politiques.

---

[211] *BLAMANGIN, O, Contestation altermondialiste In Manière de voir, Le monde diplomatique n° 79,*
2005, pp.10-11

3.3.1.4.2- Le Objectifs et Politiques

Le PNA 1982-1985 - Education et formation

En matière d'Education et formation, le programme National d'Action (PNA) relève que la structure du système éducatif centrafricain n'a pas été modifiée depuis l'indépendance. Héritée de l'époque coloniale, elle se trouve peu adaptée aux besoins de la population centrafricaine. Elle se caractérise par trois maux essentiels.

- Inadéquation quant à la finalité assignée à l'enseignement (système de formation classique débouchant sur la production de chômeurs diplômés) ;
- Inadéquation quant au contenu de l'enseignement (ratio/coût/efficacité/rentabilité du système actuel négatif) ;
- Inadéquation infrastructurelle (insuffisance à tous les niveaux).

Cette situation alarmante a conduit le Gouvernement à organiser un séminaire national de réflexion au mois de Mars-Avril 1982 au cours duquel plusieurs recommandations ont été prises et dont un grand nombre a été inscrit dans le PNA 1982-1985. L'ordonnance n°84.031 du 14 Mai 1984 constitue le véritable acte légal dudit séminaire. Cet acte aura pour caractéristique essentielle, en plus des principes généraux qui conduisent tous les enfants aux sources du savoir, de proposer une nouvelle organisation de l'enseignement en République Centrafricaine, lequel enseignement est organisé ainsi qu'il suit :

- L'enseignement préscolaire ;
- L'Enseignement Fondamental niveau 1 et 2 ;
- L'Enseignement Secondaire Technique et professionnel ;
- L'Enseignement supérieure.

Le plan de développement économique et social 1986-1990 avait orienté ses efforts vers :

- Le relèvement du niveau de l'enseignement fondamental niveau 1 ;
- La réhabilitation des enseignements secondaires général et technique

Concrètement, ces derniers devaient se traduire par la rénovation des programmes d'études, leur adaptation aux réalités du milieu dans un souci de revalorisation du travail manuel, de limitation de l'exode rural et acquisition d'habilité pratique pour la résolution des problèmes.

Des actions concertées devraient ainsi être intensifiées pour :

- Lutter contre l'insuffisance des locaux, le mauvais état des bâtiments scolaires, la pénurie des équipements pédagogiques et du matériel didactique ;
- Remobiliser les instituteurs et renforcer leur encadrement pédagogique ;
- Restructurer l'administration et la gestion de l'éducation national ;
- Rénover les programmes d'enseignement et produire des matériels didactiques en privilégiant :
- L'apprentissage de la langue, les formations mathématiques, scientifiques et technologiques,
- Le travail productif et l'éducation pour la santé ;
- L'instruction civique et le devoir du citoyen.

Toutes ces actions devaient être mises en œuvre par 4 projets d'un coût total initial de 11. 066 millions de FCFA.

Les objectifs de la réforme du système éducatif

L'ordonnance du 14 Mai 1984 fixe le cadre institutionnel dans lequel s'inscrit la réforme du système éducatif. Elle en fixe les orientations, les objectifs et la nouvelle organisation des filières d'enseignement.

L'enseignement fondamental

L'objectif général de la réforme :

Le développement de l'aptitude à la créativité, à la responsabilité, au travail et à l'initiative personnelle en faisant de l'école fondamentale un lieu de préparation à la vie active et d'apprentissage d'un métier.

Les orientations

Assurer une éducation de base et pratique pour tous. Promouvoir une éducation intégrée au milieu et permettant de fixer les populations dans leur lieu de vie.

Les nouveaux programmes doivent, en conséquence, privilégier :

- La maitrise des apprentissages de base.
- L'initiation à la technologie.
- L'étude de la matière.
- Le travail productif.
- La formation morale et civique.

Il en résulte un nouveau profil d'enseignant qui doit devenir un agent actif de développement au plan local un animateur de la communauté scolaire et villageoise en recherchant la participation de la population à l'action active.

L'enseignement secondaire général et technique (Lycées)

L'objectif général de la réforme

Il ne s'inscrit plus systématiquement dans la perspective de la poursuite des études au-delà de l'enseignement Fondamental. En conséquence, son accès devient sélectif et limitatif avec pour objectif l'approfondissement des connaissances théoriques tout en assurant des savoirs pratiques en vue de permettre aux élèves ne se destinant pas à l'enseignement supérieur, de s'intégrer aisément et directement dans le monde du travail à l'issue de leurs études secondaires.

L'objectif est de veiller en permanence à l'adéquation la meilleure entre la formation dispensée et la vie active. Ce qui implique que les contenus d'enseignements :

- Revalorisent la culture nationale par école.
- Renforcent l'enseignement mathématique, scientifique et technologique.

Les orientations

Elles définissent une nouvelle stratégie s'articulant autour des priorités suivantes :

- Priorité des efforts en faveur de l'enseignement Fondamental 1 (école) ;
- Orientation et sélection pour l'accès à l'Enseignement secondaire ;
- Promotion des filières scientifiques et techniques et, consécutivement, diversification des filières de formation ;

- Restructuration de l'Administration de l'enseignement primaire, Secondaire et technique.

  Ces deux dernières priorités ont fait l'objet du décret n°86. 010 fixant les principes directeurs de cette restructuration administrative, à savoir :

a) Séparation des fonctions politiques et techniques ;
b) Déconcentration de l'administration ;
c) Responsabilisation des cadres ;
d) Contrôle permanent du système éducatif ;
e) Amélioration de la gestion du personnel, du budget et du patrimoine scolaire.
   L'effort en faveur de l'enseignement Fondamental doit viser :
f) La réhabilitation matérielle des infrastructures ;
g) La régularisation et normalisation des effectifs scolaires ;
h) La fourniture d'équipements adaptés aux besoins des élèves et à la nouvelle politique de rénovation pédagogique ;
i) Une gestion améliorée des établissements scolaires ;
j) L'amélioration du niveau de compétence des enseignants par un recyclage partiel et une formation initiale plus conforme aux exigences de l'école nouvelle intégrée au plan national de développement du pays.

L'effort du Gouvernement en faveur de l'Enseignement Secondaire doit se traduire par :

k) La fourniture de matériel didactique ;
l) La création d'établissement à vocation scientifique.

L'Enseignement supérieur

L'objectif général :

Préparer les cadres supérieurs de la nation à s'insérer dans le nouveau contexte socio-économique.

Les Orientations

- Réorientation et professionnalisation des filières ;
- Efforts accru en faveur des filières scientifiques et techniques.

L'Education non formelle

L'objectif général

- Préparer ou compléter les missions du secteur scolaire ;
- Soutien aux activités d'alphabétisation fonctionnelle intégrée ;
- Encadrement des jeunes exclus du système éducatif.

L'Administration de l'Education Nationale

L'Objectif général

- Responsabilisation des cadres et corps d'inspection.

Les orientations :

- Restructuration et rationalisation de l'organisation de l'Administration Centrale.
- Modernisation des équipements et information des procédures de gestion.
- Déconcentration administrative.
- Création et développement des inspections académiques.
- Renforcement de l'Inspection.
- Effort d'équipement des Inspections du Fondamental.

L'ensemble des orientations, des objectifs, des moyens et des projets de réhabilitation du système éducatif pour le plan de développement 1986-1990, figurent schématiquement dans le tableau ci-après.

3.3.1.4.3- Les Moyens

Ressources budgétaires

Pendant la période du plan quinquennal 1986-1990, la part de l'investissement des infrastructures sociales s'est élevées à 42, 6 milliards de FCFA soit 23% du montant global qui fut de 182, 3 milliards de FCFA. Il faut noter que bien qu'on y ait alloué une part qui semble relativement importante, les secteurs sociaux ne constituent pas encore la priorité des priorités pour le Gouvernement.

Tableau 19 : Ventilation du budget d'investissement par secteur 1986/1989

SECTEURS	Milliards 1986/1990		Réalisation 1986/1990	
	Milliards	%	Milliards	%
Infrastructures Economique	135, 9	52	78, 4	43
Développement Rural	67, 3	25	46, 8	26
Infrastructures sociales (dont l'Education)	40,4	16	42, 6	23
Industries	15, 9	6	15, 5	8
TOTAL	259, 5	100	182, 3	100

SOURCES : Secrétariat d'Etat au Plan, aux statistiques et à la Coopération Internationale, Cellule des Méthodes et de la programmation.

Selon les prévisions budgétaires de 1982 à 1989, la moyenne sur cette période, de la part annuelle du budget de l'Etat allouée à l'éducation, représente 23 %. Ce qui traduit un effort important en faveur de l'Education. Quels que soient les besoins de ce secteur, en termes d'investissement à moyen et long termes, l'impératif du décollage économique ne peut faire négliger d'autres secteurs d'activité (développement rural, infrastructures économiques…) qui participent directement, et sur le court terme, au développement du pays.

Le Financement de l'Education (1986-1988) :

Tableau 20 : Evolution du budget général et budget de l'Education de 1986 à 1988

Evolution budgétaire	1986	1987	1988
Budget général (B.G)	36, 438	36,500	37, 979
Budget Educatif (B.E)	8, 560	8, 561	8, 227
Pourcentage (B.E)	23, 50%	23, 50%	21,70%
Taux de croissance (B.G)	8,40%	0,10%	4,00%
(B.E)	5,50%	0,10%	4,00%

L'exercice budgétaire 1988, qui intègre les accordée au développement et à la réhabilitation du niveau fondamental 1 (plus de 50% du budget). Les dépenses de personnel constituent, comme à l'ordinaire, le chapitre le plus important de ce budget de fonctionnement : 6, 440 milliards de FCFA sur 8, 305 milliards au total.

Tableau 21 : Dépense de fonctionnement du Budget de l'Education

Dépense de fonctionnement Budget	Personnel	Dépense	bourses	Total
Fondamental 1	4,151	96	0	4,247
Secondaire général	1,143	20	84	1,247
Secondaire technique	-	8	86	94
Formation E.N.I.	-	16	47	63
Enseignement E.N.S	62	1	-	63
Enseignement Supérieur	269	257	0	1718
Administration centrale	796	77	0	876

En matière d'investissement dans le secteur de l'Education, le Fondamental 1 absorbe la plus grande part du budget, conformément à l'objectif de réhabilitation et de développement de ce niveau.

Tableau 22 : Dépenses d'investissement inscrites au budget de l'Education (1988)

Niveau d'investissement	destination des dépenses		dépense
Fondamental 1	Equipement	Construction	200.000
Fond.1 et Second. Gén.	Equipement		0
Secondaire technique	Equipement	Construction	18.000
Ecole normale d'Instit.	Equipement		30.000
enseignement Supérieur	Equipement		30.000
Tous niveau confondus	Equipement		278.000

L'examen de l'origine des ressources financières montre que la réalisation des investissements, dans le domaine de l'Education, est fortement tributaire de l'aide extérieure (plus de 90%).

Ressources humaines et matérielles

Le pays est actuellement subdivisé en :

- 16 Préfecture ;
- 56 sous-Préfectures ;
- Et 171 Communes.
A cette organisation administrative se superpose une organisation pédagogique du pays qui comprend :

- 6 inspections académiques
- 19 inspections du Fondamental 1
- 1 inspection maternelle
- 17 secteurs scolaires.

Enseignement préscolaire

Il n'existe actuellement qu'une école maternelle en République Centrafricaine, placée sous la tutelle du Ministère de l'enseignement Fondamental, secondaire et Technique, Chargé de la jeunesse et des Sports. Les jardins d'enfants, 156 environ répartis dans tout le pays, sont par contre gérés par le Ministère de la Santé Publique et des Affaires Sociales. Pour mémoire, il est bon de relever la différence entre les écoles maternelles et les jardins d'enfants. Les premières sont des centres organisés, avec des activités pédagogiques bien précises pour le développement harmonieux des enfants et leur préparation à l'entrée à l'enseignement Fondamental, tandis que les jardins d'enfants sont de simples garderies où il n'y a pas un programme type de formation.

En vue d'une harmonisation des activités dans l'enseignement préscolaire, le Séminaire National sur l'Education et la Formation, avait, dans ses recommandations, demandé le reversement de tous les jardins d'enfants au département de l'Education Nationale. Ces recommandations ont été entérinées par l'ordonnance n°84. 031 du 14 Mai 1984. Des efforts sont en train d'être faits pour l'application de ce texte.

Structure et fonctionnement

L'école maternelle dure 2 ans et accueille les enfants à partir de 4 ans.

195

La première année : C'est une année de socialisation. L'enfant y apprend à découvrir les autres, ce qui l'aide à sortir progressivement de son égocentrisme. Le graphisme et le préapprentissage sont introduits comme prélude d'un apprentissage proprement dit.

La deuxième année : La socialisation, le graphisme et le préapprentissage se poursuivent mais avec la prédominance du préapprentissage.

Encadrement

Seule l'école maternelle de Bangui, bénéficie d'un encadrement pédagogique sérieux. Les jardins sont placés sous la surveillance des Chefs de Secteurs Sociaux, qui comme les monitrices sociales, n'ont pas reçu de formation pédagogiques de base. Au sortir du jardin d'Enfants ou de l'école maternelle, l'enfant est autorisé à montrer dans le fondamental.

Données statistiques

Tableau 23 : Evolution des effectifs de 1983 à 1990 à l'école maternelle de Bangui

Année	83-84	84-85	85-86	86-87	87-88	88-89	89-90
G	279	266	239	229	254	251	249
F	282	266	272	277	247	251	235
TOTAL	261	532	611	506	501	502	484

G= Garçon   F= Fille   T= Total
Source : Annuaire statistique 1989-1990 (Ministère de l'Enseignement
Primaire, Secondaire et Technique

Enseignement fondamental

L'esprit de rénovation du système avait poussé les séminaristes à proposer une nouvelle structure à cette catégorie d'enseignement qui comprend désormais le cycle primaire actuel et premier cycle du secondaire.

- L'Enseignement Fondamental Niveau I
- L'Enseignement Fondamental Niveau II

Structure

L'Enseignement Fondamental Niveau I se décompose comme suit :

- 1ère année Fondamentale ;
- 2ème année Fondamentale ;
- 3ème année Fondamentale ;
- 4ème année Fondamentale
- 5ème année Fondamentale

Cette réduction des années d'apprentissage, 5 au lieu de 6 comme par le passé, résulte du fait que tous les enfants ayant accès à ce cycle sont tous passés par l'école maternelle par conséquent admis d'office au cours préparatoire.

L'Enseignement Fondamental niveau II comprend quant à lui, la :

- 6ème année Fondamentale ;
- 7ème année Fondamentale ;
- 8ème année Fondamentale ;
- 9ème année Fondamentale.

Que dire de toutes ces structures ?

Depuis 1982, les actes du séminaire National ont été entérinés par un texte officiel dont la mise en application semble rencontrer quelques réticences, par conséquent l'ancien système n'est pas basculé. Toutefois des efforts se font sentir dans le domaine des infrastructures par augmentation des salles de classes, dans le domaine matériel didactique par la confection des manuels de lecture en quantité et qualité.

En dehors de cela, le système fonctionne toujours comme par le passé avec les mêmes structures, c'est-à-dire 6 années d'études au niveau fondamental 1 et 2 au niveau secondaire premier cycle ; le système d'évaluation restant identique à lui-même (compositions mensuelles ; trimestrielles, examens de passage) pour le primaire et au niveau secondaire, ce sont les devoirs écrits, les compositions trimestrielles. Les difficultés en ressources se font sans cesse grandissantes.

La volonté politique en ce qui concerne la réforme du système éducatif est indéniable mais la lenteur ressentie pour la traduction de ces objectifs dans les faits est tout simplement due aux énormes difficultés économiques auxquelles se heurte la République Centrafricaine, ainsi qu'à la grande inertie du système éducatif.

Données statistiques

Tableau 24 : Fondamental niveau I - Evolution rétrospective des ressources humaines et matérielles de 1981 à 1990

ANNEES	Ressources Humaines		Ressources Matérielles	
	Elèves	**Enseignant**	**Ecoles**	**Salles**
1981	246. 174	4130	825	3134
1982	259. 525	4284	853	3126
1983	271. 117	4364	894	3311
1984	291. 444	4268	935	3593
1985	308. 022	3669	960	4099
1986	309. 656	4718	961	4018
1987	274. 179	4544	1004	3410
1988	286. 422	4563	1014	3665
1989	297. 457	4226	1040	3779
1990	323. 661	3581	986	3899

REMARQUE : En 1990, il a été comptabilisé 36. 428 tables et 93.873 Livres.
SOURCES : Annuaire statistiques du Ministère de l'Education Nationale.

Tableau 25 : Enseignement Fondamental 2, Public (Collège) - Evolution des effectifs des élèves par niveau d'études et par sexe de 1986 à 1989

année	Sexe	6ème	5ème	4ème	3ème	Total
86/87	G	66984	6387	5174	4865	23410
	F	3741	2983	1944	1589	10257
	T	10725	9370	7118	6454	33667
87/88	G	72705	5723	5026	4341	22295
	F	3322	2512	1762	1439	9034
	T	10527	8235	6788	5779	31329
88/89	G	8176	5553	4988	4334	22951

	F	4062	2352	1965	1637	10016
	T	12238	7905	6853	5971	32967
Evolution	G	1192	834	286	531	459
	F	321	631	21	48	241
	T	1513	1465	265	483	700

G : Garçon ; F : Fille ; T : Total

Remarque :

• Pour l'ensemble du cycle et sur les 3 années scolaires de référence, il convient de noter un léger abaissement des effectifs (-700 élèves), soit -2, 37% en valeur tendancielle.

• La répartition des élèves par sexe révèle un taux de scolarisation dans le Fondamental 2 plus important chez les garçons que chez les filles : environ 2/3 de l'effectif est masculin, 1/3 de l'effectif est féminin.

• A noter la déperdition d'effectif en cours de scolarité : en 1988-1989, pour 12.238 élèves inscrits en 6ème on n'en retrouve que 5. 971 en fin de cycle (classe de 3ème), soit un taux de déperdition d'environ 51%.

Plus de la moitié des élèves ne parviennent pas au terme du cycle Fondamental2.

Tableau 26 : Effectif des élèves et pourcentage des promus redoublant et abandons par niveau d'étude et par sexe dans le Fondamental 2 (Année scolaire 1988-1989)

Origine	Sexe	6ème effectifs	%	5ème	%	4ème EF.	%	3ème EF.	%	Total EF.	%
Inscrits	G	8176	100	5553	100	4888	100	4334	100	22951	100
	F	4062	100	2352	100	1965	100	1637	100	10016	100
	T	12238	100	7905	100	6853	100	5971	100	32927	100
Promus	G	6511	80	4447	80	3876	79	3250	75	18084	79
	F	2837	70	1719	74	1468	75	1123	69	7177	72
	T	9348	76	6195	78	5344	78	4373	73	25261	77
Redoublants	G	1517	19	1002	18	893	18	969	22	4381	19
	F	1096	27	542	23	440	22	451	28	2529	25
	T	2613	21	1544	20	1333	19	1420	24	6910	21
Abandons	G	148	1	104	2	119	3	115	3	486	2
	F	129	3	61	3	57	3	63	3	310	3
	T	227	3	165	2	176	3	178	3	796	2

G : Garçon ; F : Fille ; T : Total

Remarque :

• Le taux moyen de redoublement sur la durée du cycle est de 21%. Ajouté au taux moyen d'abandon de 2%, c'est près du quart des élèves qui accusent des difficultés scolaires importantes.
• Les filles redoublent un peu plus que les garçons (25 % contre 21 %) abandonnant également leurs études un peu plus qu'eux (3 % contre 2 %).

Enseignement secondaire général public

Il vise à approfondir les connaissances générales, techniques humaines, sciences expérimentales et exactes ainsi que dans les domaines de l'industrie, du commerce, de l'économie rurale et de l'artisanat. Il dure 3 ans et se décompose comme suit :

• Seconde
• Première
• Terminale

Données statistiques

Tableau 27 : Evolution des effectifs des élèves par niveau d'études et par sexe (de 1986-1989)

Nature	Sexe	2ème	1ère	Terminale	Total	Ensemble
86/87	G	2921	2658	3598	9177	32587
	F	694	568	698	1960	12217
	T	3615	3226	4296	11137	44804
87/88	G	2479	2348	2601	7428	29723
	F	588	501	544	1633	10667
	T	3067	2849	3145	9061	40390
88/89	G	2528	2012	2591	7131	30082
	F	703	494	654	1851	11867
	T	3231	2506	3245	8982	41949
EVOLUTION	G	393	646	1007	2046	2505
	F	9	74	44	109	350
	T	384	720	1051	2155	2855

G : Garçon ; F : Fille ; T : Total

<u>Remarque</u>

- Baisse sensible des effectifs du Secondaire Général pour les 3 années de références :
- 2. 855 élèves, sont -6, 37% en valeur tendancielle.
- Les garçons sont nettement plus scolarisés que les filles à ce niveau d'enseignement :
- o Plus de 71% de garçons, en moyenne, sur l'ensemble des effectifs du cycle.
- Par niveau, on remarque une déperdition sensible de l'effectif entre la seconde et la première :
- 22, 43% pour l'année scolaire 1988-1989.
- La remontée des effectifs en Terminale correspond aux redoublements importants à l'issue du cycle après un échec au baccalauréat.

Tableau 28 : Âge moyen des élèves par niveau d'étude (Ensemble Filles + Garçons)

2nde	1ère	Terminale	Moyenne
19 ans	20 ans	21 ans	20 ans

Remarque : Les élèves ont moyenne deux années de retard pour chaque niveau du cycle

Le tableau précédent ne concerne que la période 1986-1989. En outre il ne tient compte que des élèves. La colonne ''ENSEMBLE'' représente nombre total d'élèves fondamental 2 et du secondaire.

Le tableau ci-après prend en compte les ressources humaines et matérielles. Il a été établi selon l'ancienne organisation pédagogique d'avant la réforme.

ENSEIGNEMENT SECONDAIRE GENERAL (de la 6e en terminale)

Tableau 29 : Evolution rétrospective des ressources humaines et matérielles de 1981 à 1990

ANNEES	RESOURCES HUMAINES		RESSOURCES MATERIELLES	
	ELEVES	ENSEIGNANTS	ETABLISSEMENTS	SALLE
1981	42.311	510	834	416
1982	49.028	616	853	419
1983	52. 155	635	894	431
1984	53. 237	664	935	437
1985	55. 787	675	960	451
1986	56. 941	769	961	508
1987	44. 804	743	1004	535
1988	43.390	838	1014	564
1989	41.969	870	1040	577
1990	43. 653	1048	986	581

Remarque : En 1990, il a été comptabilisé 11.135 tables bancs et 30.872 livres.
Sources : Annuaires statistiques du Ministère de l'Education Nationale

Enseignement Secondaire Technique Public

Les effectifs mentionnés ci-après, ne concernent que les seuls trois établissements secondaires techniques publics implantés à Bangui, à savoir :

- Le Lycée Technique (second cycle)
- Le Collège Technique (premier cycle)
- Le Collège d'Enseignement Technique Féminin (CETF).

Les effectifs des centres de formation Pratique Professionnelle et Artisanale (CNFPA) ne sont donc pas pris en compte. Outre qu'ils ne font pas partie du second degré, il convient de noter la faiblesse de leurs effectifs (une centaine environ) qui ne modifie donc pas notoirement la valeur indicative des données ci-dessous.

Tableau 30 : Effectifs 1988-1989 des Centres de formation Pratique Professionnelle et Artisanale (CNFPA)

Etablissement	Filières	Garçons	Filles	Total
Lycée Technique de Bangui	Commerciale	383	245	628
	industrielle	190	8	192
	ensemble	573	247	820
Collège Technique de Bangui	Commerciale	42	226	268
	Industrielle	193	3	196
	Bâtiment	157	3	160
	Ensemble	392	232	624
Collège d'Enseignement Technique Féminin de Bangui C.E.T.F	Tronc commun		241	241
	Agent.Ens.Tech		64	64
	TechnicienneEco.		69	69
	Familiale et Sociale			
			374	374
	Ensemble			
TOTAL GENERAL		965	853	1818

Source : Annuaire des statistiques 1988-1989 Ministère de l'Education Nationale.

L'Enseignement secondaire technique public est très peu développé en RCA. Ses 1818 élèves rapportés aux 43. 787 élèves que compte l'Enseignement secondaire (Général + Technique) ne représentent que 4, 15% de l'effectif scolaire. On notera également la faiblesse scolarisation des filles dans les secteurs industriels et du bâtiment de l'Enseignement Technique.

Enseignement Supérieur Public

Historique

L'Université de Bangui, superstructure de l'Enseignement Supérieur en République Centrafricaine est née depuis l'éclatement de la Fondation de l'Enseignement Supérieur en Afrique Centrale (F.E.S.A.C.) à Brazzaville (République du Congo). Conçue initialement pour n'accueillir que trois cent étudiants, l'Université de Bangui vient de franchir au cours des deux dernières années, le cap de trois mille cinq cents inscrits par an. Cette tendance à la hausse est liée à des facteurs non encore bien maîtrisées.

Le premier séminaire national ou Etats Généraux de l'Enseignement Supérieur ayant eu pour thème : ''Rôle de l'Université de Bangui dans le développement national-Bangui, 20-26 Mai 1987'' a jeté les bases d'une réforme de l'Enseignement Supérieur. En effet cinq recommandations capitales sont les fruits d'une réflexion née des thèmes ci-après énoncés :

Thème 1 : Adaptation de la formation au développement
Thème 2 : Adaptation de la recherche au développement
Thème 3 : Université, Culture et développement
Thème 4 : Structures et moyens.

Ces assises s'inscrivaient dans le prolongement du séminaire national de 1982 sur l'éducation et la formation qu'elles étaient appelées à parachever afin de finaliser la reforme en matière d'enseignement. Le but principal était de faire de l'université nationale une université de développement. A la suite des Etats généraux et sur la base de ses recommandations, un programme d'action pour le recentrage et l'opérationnalité de l'université centrafricaine (PAROU) a été arrêté, couvrant la période 1989-1993. Le PAROU fixe les priorités pour un développement harmonieux de l'université centrafricaine. Ce programme comporte quatre sous-programmes prioritaires : la formation, la recherche, la culture et les structures et moyens.

En matière de formation, il s'agit principalement d'adapter la formation universitaire au développement national et mettre l'accent sur la formation des cadres moyens.

Dans le domaine de la recherche, l'objectif est de promouvoir les capacités de l'institution universitaire en matière de recherche et de documentation, de contribuer au développement de la recherche appliquée et des services technologiques au sein de l'université et de renforcer la coopération sous régionale en matière de recherche.

Dans le domaine de la culture, l'université devra désormais contribuer à la promotion de l'inventaire, de la collecte de l'étude des traditions orales et en favoriser la diffusion. Elle devra également contribuer à mobiliser la solidarité nationale et internationale en faveur de projets de préservation et de mise en œuvre du patrimoine culturel, et encourager la prise de conscience par les Centrafricains de leur identité culturelle en développant l'étude des valeurs traditionnelles et de la langue internationale.

Le quatrième sous-programme est un programme d'appui qui est destiné à renforcer les capacités et les moyens de l'université afin que celle-ci puisse accomplir ses nouvelles misions.

Structures

Il est à noter que certains établissements tels que l'Ecole Normale Supérieur ont rallié assez tardivement l'institution universitaire. C'est ainsi qu'avant les Etats Généraux, l'université de Bangui comptait quatre facultés, une Ecole Normale Supérieure, trois instituts de formation et deux instituts de recherche. Depuis la rentrée académique 1988-1989, une mise à jour des actes du séminaire évoqué ci-haut a entrainé la fusion de la faculté des Sciences et l'Institut Polytechnique donnant lieu et place en une Faculté des Sciences et Technologie et en un Institut annexe intitulé Institut Facultaire de Technologie. L'Institut de Recherche en Mathématique va disparaître et faire place à un département de recherche sur l'enseignement des sciences en Centrafrique.

Pour l'heure, l'Université de Bangui compte :

- Quatre Facultés :
    o La Faculté de Droit et des sciences Economiques ;
    o La Faculté des Lettres et Sciences Humaines ;
    o La Faculté des Sciences set de technologie ;
    o La Faculté des Sciences de la Santé.
- Une école :
    o L'Ecole Normale Supérieure.
- Deux Instituts
    o L'Institut Universitaire de Gestion d'Entreprises ;
    o L'Institut Supérieur de Développement Rural.

Le Gouvernement français, outre l'apport d'une assistance technique nombreuse et des aides financières continues, a pris en charge la création de deux nouveaux centres de recherche. Le CURDHACA (Centre Universitaire de Recherche et de documentation en histoire et archéologies Centrafricaines) a pour mission l'exploration et la collecte des données archéologiques en vue d'éclairer l'histoire du peuple Centrafricain. Le CREDEF (Centre de Recherche, de Documentation et d'études francophone) est chargé de l'étude et de la vulgarisation de la culture francophone.

Données statistiques

L'étude présente porte sur une période allant de 1983 à 1990 (Sept années au total), elle prend en compte les effectifs étudiants, les effectifs du corps enseignant et l'évolution des admis toutes sections confondues.

1) Evolution des effectifs étudiants de 1983 à 1990.

Tableau 31: Effectifs Etudiants et admis par établissement de 1983 à 1989

Etablissement	1983-1984		1984-1985		1985-1986		1986-1987		1987-1988		1988-1989	
	Inscrits	Admis	Inscrits	Admis	Inscrits	Admis	Inscrits	Admis	Inscrits	Admis	Inscrits	Admis
ENS	293	93	280	120	226	130	171	129	190	88	123	85
FAC.SS	469	262	432	354	405	239	466	265	538	390	676	363
FDSE	869	456	812	381	904	374	949	427	1084	567	1247	516
FLSH	581	400	695	409	587	379	662	359	666	321	635	388
FST	145	45	192	58	99	43	81	20	90	34	127	56
IP	59	35	103	45	75	45	65	55	60	47	50	34
ISDR	116	61	134	57	100	56	105	54	122	66	114	63
IUGE	164	61	134	57	100	56	105	54	122	66	114	63
Total	2696	1413	2782	1481	2496	1322	2604	1363	2872	1579	3086	1568

ENS:Ecole Normale Supérieure; FAC.SS:Faculté des Sciences de la Santé; FDSE:Faculté des Droits et Sciences Economiques; FLSH:Faculté des Lettres et Sciences Humaines; FST:Faculté des Sciences et Technologie; IP:Institut Polytechnique; ISDR: Institut Supérieur de Développement Rural; IUGE: Institut Universitaire de Gestion des Entreprises

Si la tendance est à la hausse pour les deux établissements littéraire et juridique ainsi que la Faculté des Sciences de la Santé avec ses Instituts annexes, une certaine constance s'observe au sein de l'Institut Universitaire de Gestion des Entreprises (IUGE), une nette régression pour I.S.D.R et l'ENS du fait de la disparition de certaines filières. Dans l'ensemble, de 1983 à 1990, il y a hausse de 830 étudiants, soit une moyenne annuelle de 118 étudiants. Deux établissements (FACSS et F.D.S.E) enregistrent à eux seuls des écarts de 456 et 562 étudiants sur les sept années. Seul la Faculté des Sciences de la Santé présente le meilleur taux de couverture des étudiants par l'ensemble des Professeurs (voir tableau 2).

Tableau 32: Effectifs Enseignants de 1985 à 1990

Enseignants	1985-1986				1986-1987				1987-1988				1988-1989				1989-1990			
	PN	PE	PV	Total	PN	PE	PV	Total	PN	PE	PV	Total	PN	PE	PV	Total	PN	PE	PV	Total
ENS	15	14	13	42	13	10	9	32	9	14	15	38	9	15	14	38	7	15	25	47
FAC.SS	9	7	139	155	9	8	75	92	11	9	127	147	11	9	125	145	15	7	96	118
FDSE	5	12	37	54	5	10	14	29	7	10	37	54	7	10	32	49	9	7	33	49
FLSH	21	10	40	71	24	10	36	70	29	11	37	77	29	10	44	83	34	8	25	67
FST	8	19	37	64	7	15	32	54	11	10	14	35	9	15	51	75	10	13	45	68
ISDR	4	8	23	35	1	5	29	35	2	1	35	38	3	1	29	33	4	1	34	39
IUGE	0	5	10	15	0	5	13	18	0	5	19	24	0	5	35	40	0	6	15	21
Total	62	13	33	50	1	10	42	53	2	6	54	62	3	6	64	73	4	7	49	60

ENS:Ecole Normale Supérieure; FAC.SS:Faculté des Sciences de la Santé; FDSE:Faculté des Droits et Sciences Economiques; FLSH:Faculté des Lettres et Sciences Humaines; FST:Faculté des Sciences et Technologie; IP:Institut Polytechnique; ISDR: Institut Supérieur de Développement Rural; IUGE: Institut Universitaire de Gestion des Entreprises ; PN:Personnels nationaux; PE:Personnels expatriés; Personnels volontaires.

Dans l'enseignement supérieur seule la faculté de droit et sciences économiques a connu une augmentation relative de l'effectif de ses étudiants de 31 à 42%. Cette baisse générale du niveau de scolarisation s'explique par le fait que la population scolarisable croit plus vite que l'effectif des scolarisés. L'autre raison explicative est l'insuffisance des capacités d'accueil dans les établissements scolaires qui limitent déjà l'entrée des nouveaux élèves.

2) Evolution du corps enseignants

Une étude portant sur cinq ans à compter de 1985 montre que le poids en Professeurs Vacataires est énorme par opposition à celui des permanents (expatriés et nationaux). Seuls l'Ecole Normale Supérieure affiche un pourcentage de Professeurs Vacataires moyen de l'ordre de 5, 4%. Pour toute l'Institution, le rapport moyen des permanents sur Vacataires est de 48, 5%. Pour une meilleure qualité de l'enseignement Supérieur, il serait souhaitable que la tendance soit à la hausse en faveur des professeurs permanents. En se référant au tableau 2 (effectif enseignants) on constate que le nombre global des étudiants augmente d'année constant, d'où le besoin en formation des formateurs ou recrutement de permanents au détriment des Vacataires.

Enseignement privé

L'enseignement privé demeure encore très réservé quant à la circulation des informations. Il est toujours très difficile de recueillir les données statistiques. Toutefois quelques renseignements existent et peuvent jeter les bases d'une planification des ressources.

Le Préscolaire et le fondamental 1

Le Préscolaire : Représenté par quatre établissements, il est à l'état embryonnaire et prépare les enfants pour le Fondamental I.

Tableau 33 : Les établissements du Préscolaire

Nom de l'Etablissement	Lieu
Emmanuel & Emmanuela	200 Villas
Prinpenelle	Avenue de l'Indépendance (M.D.R)
Saint Charles	Lakouanga
Sainte Thérèse	Cathédrale

Le Fondamental I : Pour la seule rentrée 1990-1991, un seul établissement, le collège Préparatoire a dispensé ce type d'enseignement et a enregistré 338 scolaires pour onze enseignements permanents et deux Vacataires.

Le secondaire général et technique

Quatorze établissements ont été répertoriés dont huit seulement sont fondamental. Le tout premier est la Fondation Lamine (06 Novembre 1978) et le dernier né est le Lycée Wa'MBESSO en 1990. La plupart des établissements font de l'enseignement général, de l'enseignement technique et de l'enseignement professionnel (voir le tableau n°26) Il est assez difficile de recueillir les données sur le taux de réussite dans ces établissements.

Tableau 34 : Enseignement secondaire et technique privé 1990-1991

Etablissement	Etudiants	Enseignants	Administrateurs
LPHA-Rombault	55	4	5
Collège La Fraternité	273	8	6
Collège Le Bon Samaritain	63	6	4
Collège Préparatoire International	154	19	14
Etablissements Bantou	99	6	6
Fondation Eliazar	232	7	4
Fondation Lamine	1 200		
Lycée Jean-Marie	831	42	11
Lycée Wa-M'Besso	56	12	6
Total	**2 963**	**104**	**56**

L'enseignement supérieur privé

L'enseignement supérieur privé est dispensé dans trois établissements (voir tableaux n°27 & 28) :

- Le Grand Séminaire Saint Marc ;
- La Faculté de Théologie Evangélique et Biblique (FATEB)
- Le Collège Préparatoire International (CPI)

Pour la rentrée 1987-1988, 317 élèves sont scolarisés dont 81 au Grand Séminaire Saint-Marc, 52 à la FATEB et 184 au CPI. Les données ci-après se rapportent à l'année 1988-1989 (les effectifs du CPI ne sont pas disponibles).

Tableau 35 : Enseignement supérieur privé - Effectifs Etudiants

Etablissement	Années d'études						Ensemble
	1ère Année	2ème Année	3ème Année	4ème Année	5ème Année	6ème Année	
FATEB	10	6	7	13	16	0	*52*
Autres	22	10	12	11	22	4	*81*
Total	32	16	19	24	38	4	133

FATEB: Faculté Théologique Evangilique Baptiste

Tableau 36 : Enseignement supérieur privé - Effectifs Enseignants & Administratifs

Répartition :	du Personnel Enseignant par nationalité			du Personnel Administratif par nationalité		
Etablissement	Personnel Enseignant		Ensemble	Personnel Enseignant		Ensemble
	Centrafricains	Expatriés		Centrafricains	Expatriés	
FATEB	1	14	*15*	1	6	*7*
Grand Séminaire	5	9	*14*	1	6	*7*
Total	6	23	*29*	2	12	14

FATEB: Faculté Théologique Evangilique Baptiste

L'éducation non Formelle

Historique de l'Alphabétisation

L'alphabétisation fonctionnelle est introduite en RCA en 1974. Avant cette date, c'était une alphabétisation de type traditionnel organisée de manière plus ou moins formelle par des institutions religieuses. Parallèlement à l'action menée par les confessions religieuses, le Service Public a organisé pendant la période coloniale l'alphabétisation des adultes en français dans différentes localités de manière plus ou moins systématique. Plus tard en 1968, l'alphabétisation renaît et devient l'une des préoccupations du Gouvernement qui lui donne une forme bien organisée. C'est ainsi que par Décret n° 68/245 du 4/0/1968, il a été créé le Service de l'Alphabétisation, rattaché à l'Institut Pédagogique National (I.P.N). L'introduction de l'alphabétisation fonctionnelle a nécessité la restructuration de l'ancien Service. Ainsi, par arrêté n°501/MEN/CAB du 11/10/1983, le Service est érigé en Direction de l'Alphabétisation fonctionnelle et d'Education Permanente, puis trois ans plus tard et par décret n° 86/016 du 21/1/1986, elle prend la dénomination de Direction de l'Education Non Formelle, et est rattachée au Secrétariat Général du Ministère de l'Enseignement Fondamental, Secondaire et Technique, Chargé de la Jeunesse et des Sports.

Structure de la Direction

Cette Direction comprend 3 Services avec à leur tête un Chef de Service. Ce sont :

- Le Service de l'Education Permanente ;
- Le Service de l'Alphabétisation ;
- Le Service des Activités Extra-Scolaire et Multimédia

Ces services ont sous leur autorité plusieurs sections :

a) Formation ;
b) Illustration ;
c) Coordination ;
d) Conception ;
e) Evaluation ;
f) Radio et Presse rurale ;
g) Economie familiale.

Il existe actuellement 8 zones de supervisions : 3 à Bangui et 5 à l'extérieur du pays.

Les activités d'alphabétisation

Pour la période quinquennale 1986-1990, les responsables des Organismes de Développement, des Organisations Gouvernementales et non Gouvernementales se sont réunis dans le cadre du Comité ad hoc de lutte contre l'analphabétisation afin de proposer au Gouvernement les stratégies novatrices en matière d'éliminatoire de l'analphabétisation. C'est ainsi qu'il a été confié à la Direction de l'Education non Formelle l'élaboration et l'exécution d'un programme national d'alphabétisation des jeunes et des adultes.

Ce programme amandé et adapté par le Comité ad hoc s'articule de la manière suivante :

- Sensibilisation des populations, des organismes de développement et autres institutions impliquées dans la lutte contre l'analphabétisation.
- Formation des cadres relevant aussi bien de la Direction de l'Education non formelle que des autres structures.
- Production des documents didactiques d'alphabétisation et post-alphabétisation en collaboration avec les Organismes de développement. Ces documents concernent la formation professionnelle.

D'importants travaux linguistiques et pédagogiques ont été ainsi réalisés :

- Le syllabaire standard ;
- Le lexique sango
- Le calendrier sango-français ;
- La terminologie du calcul en sango ;
- Le mécanisme des 4 opérations ;
- Les journaux ruraux (linga et nzoni kodé) ;
- Brochures de lecture écriture ;
- Brochure de calcul professionnel ;
- Affiches et fiches de formation professionnelle et sociale économique ;
- Emissions radio-éducatives.

Tous ces travaux ont été exécutés grâce à l'aide extérieure et, depuis la fin du projet en 1980, la Direction de l'Education non formelle, par manque de moyens matériels, financier, logistiques est bloquée dans ses activités.

L'Education permanente

Dans ce cadre précis, la Direction de l'Education non Formelle s'efforce de poursuivre la formation des adultes des deux sexes déjà scolarisés ou non, en vue de les aider soit à élever leur niveau d'instruction, soit à obtenir le CEPE ou le BEPC pour améliorer leur situation sociale.

1ᵉ *Organisation*

Les adultes et jeunes volontaires sont inscrits et, après un test de niveau, sont repartis par classe. Ils subissent deux heures de cours par jours soit par jour soit en tout dix heures par semaine.

2ᵉ *Programme*

Les programmes sont ceux appliqués dans l'enseignement formel. Les cours se déroulent dans les salles de classe des établissements du fondamental I. Etant donné une plus scolarisation des filles, on aurait pu s'attendre à ce que les niveaux déjà atteints pour ce sexe ne diminue pas ; il n'en est rien du tout car on descend de 35 à 31% pour l'enseignement primaire. En matière d'enseignement, le plan de développement social 1986-1990 n'a donc pas réussi.

Analyse du système éducatif

Le rendement du système d'enseignement :

L'efficacité d'un système éducatif peut s'apprécier par la réussite aux examens qui sont sanctionnés par un diplôme. Il convient de préciser qu'à partir des statistiques scolaires et de l'enseignement supérieur, il est très difficile d'évaluer de manière exhaustive tous les diplômes délivrés chaque année en république Centrafricaine, puisque celles-ci ne prennent en compte les autres établissements de formation professionnelle pour exemple l'ONIFOP.

De 1986 à 1988 le pourcentage des admis au C.E.P.E dans l'enseignement primaire est passé de 44% à 56% soit un accroissement annuel de 3%. Il y a donc eu une nette amélioration pour cette période. Dans l'enseignement secondaire, le résultat n'est pas satisfaisant pour le baccalauréat général puisque 14% seulement des élèves ont le BAC soit près d'un élève sur sept. On constate, par ailleurs, que, durant la période quinquennale, l'effectif des admis au baccalauréat technique est très faible car ceux-ci représentent moins de 30% soit, sur 4 élèves présentés, un seul réussit à l'examen.

Les statistiques sur les diplômes de l'enseignement supérieur montrent que la faculté des Lettres et Sciences Humaines fournit une grande partie des effectifs des diplômes de l'Université de Bangui. Cette faculté est suivie de celle de Droit et Sciences Economiques. Hormis l'école normale supérieure et le département de Droit, le pourcentage des diplômes des autres départements universitaires a baissé.

Encadrement et infrastructure scolaire :

La situation financière difficile que connait le pays s'est aussi fait ressentir sur le système éducatif. La part relative du budget de l'éducation nationale dans le budget total a évolué à la baisse de 25% en 1986 à 21% en 1989, ce qui a eu pour conséquence la détérioration du nombre moyen d'élèves par maître dans l'enseignement primaire. Selon l'UNESCO, la norme requise pour assurer un bon encadrement des élèves est de 50, mais compte tenu des difficultés du système éducatif centrafricain, le département de tutelle admet 60 élèves par maître. Malgré cette norme de 60, le nombre moyen des élèves par maître est passé de 66 à 70 de 1989, tandis que celui des élèves par classe a varié de 77 à 79.

Au niveau de l'enseignement secondaire, il y'a une amélioration du ratio élèves/professeur même si ce ratio n'a pas atteint la norme requise (30), il est passé de 74 à 48. Au niveau de l'enseignement supérieur il se pose aussi, avec acuité, le problème d'accueil des étudiants dans les salles de cours, puisqu'il y a deux étudiants pour une place. De toutes ces analyses, il appartient que les objectifs généraux fixés par plan de développement économique et social 1986-1990 n'ont pas été atteints pour le secondaire et qu'au niveau primaire, la situation s'est dégradée. Les efforts amorcés sont donc à poursuivre.

Dans l'enseignement supérieur seule la faculté de l'effectif de ses étudiants de 31 à 42%. Cette baisse générale du niveau de scolarisation s'explique par le fait que la population scolarisable croît plus vite que l'effectif des scolarisés. L'autre raison explicative est l'insuffisance des capacités d'accueil dans les établissements scolaires qui limitent déjà l'entrée des nouveaux élèves.

3.3.1.5- Les autres périodes présidentielles après 1992

Les premières élections de 1993 furent remportées par Ange Félix Patassé qui doublera son mandat en 1999 avant d'être renversé par le général François Bozizé depuis le 15 mars 2003 et se faire élire en mai 2005.

Les autres caractéristiques de la politique éducative des périodes présidentielles de l'indépendance après 1992 sont régies par :

- Les États Généraux de l'Éducation et de la Formation de 1994 : Pour le retour de l'Enseignement Privé ;
- La Loi No 97.014 du 10 Décembre 1997 portant orientation de l'Education en RCA.

3.3.2- Les États Généraux de l'Éducation et de la Formation de 1994 : Pour le retour de l'Enseignement Privé[212]

***

« La loi d'unification de 1962 avait plongé la jeunesse centrafricaine dans une situation de récession intellectuelle, culturelle et éducative et les États Généraux de l'Éducation et de la Formation de 1994 ont permis de l'en sortir par l'appel aux partenaires sociaux qui ont l'expertise de mettre la main à la patte. Des recommandations avaient été lancées à l'endroit de seize entités en passant par l'État, l'Assemblée Nationale, les syndicats et les médias etc. Aux confessions religieuses en général, il est recommandé « d'accepter de créer des écoles privées et de faire agir les communautés de base confessionnelles pour la création d'écoles, leur entretien, et l'extension de la sensibilisation en matière éducative ». Et à l'État, une des recommandations fortes l'obligera à «négocier avec les confessions religieuses, et particulièrement l'Église Catholique les conditions de reprise et de création des écoles privées » (Yérima Banga, 2017)

***

3.3.2.1- Bilan des états de l'Éducation et de la Formation

3.3.2.1.1- Bilan du point de vue quantitatif

La loi de 1962 n'a pas vraiment amélioré qualitativement la situation de l'école centrafricaine. Malgré la nécessité ressentie par le nouvel et jeune État de prendre en main l'ensemble du système éducatif, il n'y eut guère de changements dans l'organisation et le contenu de l'école héritée de la colonisation. Le système éducatif était durablement orienté vers la production des auxiliaires administratifs de la nouvelle administration. L'accent fut mis à partir de 1960, non sur la qualité de l'enseignement, mais sur l'expansion de l'enseignement dans le cadre de la politique de la scolarisation primaire universelle d'une part et le développement du niveau secondaire, puis du supérieur d'autre part. Le tableau et le graphique ci-dessous prouvent à suffisance l'évolution quantitative de cet effort jusqu'en 1989.

Tableau 37 : Effectifs d'élèves du primaire de 1960 à 1989

---

[212] *Extrait des travaux de thèse de M. Yérima Banga Jean Louis : « L'État, l'Église et l'éducation : le partenariat comme nouveau paradigme axiologique face aux défis de l'éducation en Centrafrique et ses enjeux »*

Année	Effectifs		Total
	Garçons	Filles	
1960	50,475	10,428	60,903
1965	92,593	26,972	119,565
1970	115,842	54,206	170,048
1975	142,31	73,202	215,512
1980	153,04	90,379	243,419
1985	196,271	111,751	308,022
1989	183,661	113,796	297,457

Source : Annuaire de l'UNESCO, 1990 et Annuaire des statistiques du MEN, 1988.

Graphique 6 : Évolution de l'effectif des élèves du primaire de 1960 à 1989

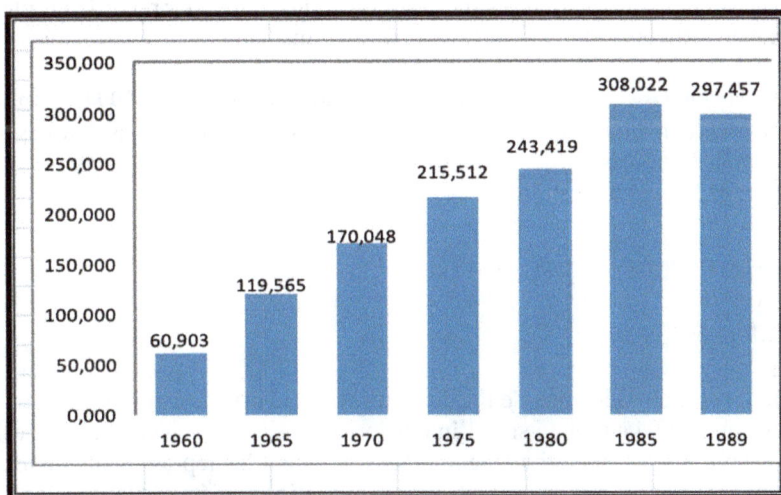

Source : Graphique créé par Yérima Banga (2017) sur la base des données du tableau ci-dessus.

3.3.2.1.2- Bilan du point de vue qualitatif

Cependant, le résultat est négatif en ce qui concerne la qualité et la performance du système, on a assisté à une déliquescence graduelle du système éducatif depuis cette année, avec la baisse de niveau d'études, la perte d'estime pour la fonction enseignante, la décrépitude des infrastructures scolaires, la stagnation, voire la régression de l'ampleur scolaire sur toute l'étendue du pays, etc. Tous les indicateurs mesurant les rendements scolaires signalaient négatifs, les comparaisons internationales des résultats avec les autres pays de la sous-région et de la région africaines sont catastrophiques. L'école centrafricaine a traversé des moments très difficiles avec des grèves à longueur d'années, tantôt de la part des enseignants, tantôt de la part des élèves et étudiants pour cause de salaires et de bourses impayés etc., des années «blanches[213]» successives jusqu'au déséquilibre du rythme scolaire. Plusieurs études scientifiques commandées par l'Unesco, des analyses internes et des recherches universitaires ont mis en évidence le dysfonctionnement du système éducatif en Centrafrique[214]. On peut relever ici la «dévalorisation du métier d'enseignant, le dysfonctionnement du système éducatif, des classes surpeuplées, des salaires impayés aux enseignants, des grève multiples de la part des enseignants et des élèves, des années blanches (1991, 1992, 1993), la dévalorisation de l'éducation et de l'enseignement à travers les calendriers scolaires non respectés, médiocrité dans la pratique scolaire touchant à la fois les enseignants et les élèves se traduisant par la tricherie, la corruption, l'achat des notes etc... Tout cela a entraîné la démotivation au niveau de l'État, des parents, des enseignants, des élèves et de toute la communauté nationale et internationale. Il fallait donc trouver un cadre pour poser le problème de manière officielle afin que des solutions de remédiation y soient trouvées »[215].

Le tout amènera à une prise de conscience nationale quand en 1994, un grand forum sera convoqué et tenu pour déboucher sur des décisions hardies qui marqueront le processus de scolarisation sur le plan national en regard avec le contexte de la mondialisation.

3.3.2.2- Les attentes des États généraux

3.3.2.2.1- La problématique

En effet, ces États Généraux de l'Éducation et de la Formation furent tenus du 30 mai au 8 juin 1994 à Bangui sous l'impulsion du Président Ange Félix PATASSE qui venait d'être démocratiquement élu. Ils réunirent les représentants de toutes les couches sociales sans exception: pouvoirs publics, société civile, enseignants, parents, étudiants, élèves, confessions religieuses et organisations internationales présentes en Centrafrique. L'ampleur de la crise éducative était énorme et il fallait s'investir totalement dans la recherche d'une voie de sortie. Cela devait être un travail fait par consensus pour trouver des solutions heureuses aux difficultés du système éducatif centrafricain. Deux objectifs majeurs furent donc assignés à ces assises sous forme de question par le Ministre de l'Éducation, M. Etienne

---

[213] *Les années 1991, 1992 et 1993 ont été successivement déclarées années blanches car les multiples grèves successives des enseignants et des élèves et étudiants n'ont pas permis à l'État de valider les acquis académiques de ces périodes troubles et très instables sur le plan politique et social, le volume horaire des enseignements préconisé par l'Unesco n'étant pas atteint*

[214] *Cf. GOUNEBANA, J-C., (2006), MOSSOA, L., (2013), MOUSSAPITI, S., (1989), NAMYOUISSÉ, J-M., (2007), YERIMA BANGA, J-L., (2006 et 2011).*

[215] *YERIMA BANGA, J-M., (2006), op. cit., p. 69.*

GOYÉMIDÉ, à savoir : quel est l'état du système éducatif centrafricain et que faut-il attendre de ces États Généraux. Pour lui, « le système éducatif centrafricain est devenu obsolète, non adapté aux temps actuels, miné par de nombreuses insuffisances : il faut donc le transformer profondément pour en faire un outil performant au service du développement »[216]. Par un diagnostic partagé et discuté et une analyse sans complaisance, le système éducatif a été mis à nu sur tous les plans. Les résultats des travaux ont tous milité en faveur d'un renouvellement du système en profondeur et étaient présentés comme des urgences afin de mettre le pays en concert avec les autres pays du monde. Des orientations fermes et courageuses ont été adoptées, de nombreuses recommandations à court, moyen et long termes ont été formulées en termes d'actions concrètes à mettre en œuvre[217]. L'Église sera interpellée et invitée de manière spéciale par une recommandation forte, sous la pression des représentants des parents[218] à revenir aux côtés de l'État pour l'œuvre d'éducation des enfants. Entre temps, devant la dégradation du système scolaire, surtout avec les trois années blanches successives de 1991-1992-1993 consécutives aux interminables grèves, des parents désemparés face à la situation des enfants abandonnés, vont s'engouffrer entre les mains des volontaires qui ont essayé de mettre en place des petits cours appelés « cours de soutien » ou « cours privés » dans les paroisses, les communautés religieuses, etc[219]...et quelques autres privés[220]. Il est clair que le fait de retirer les enfants des écoles publiques moribondes pour les inscrire dans ces privés informels à leurs propres frais a été considéré comme une prise de la part des parents à s'engager pour l'éducation de leurs enfants, mais aussi comme un signal fort à l'endroit de l'État pour le contraindre à faire une place importante au privé. Ce qui conduira le Ministre Etienne GOYÉMIDÉ à reconnaître à l'Association des parents d'Élèves le caractère de « Partenaire privilégié de l'Éducation »[221].

---

[216] *Ministère des Enseignements, de la Coordination des Recherches et de la Technologie (1994), Les États Généraux de l'Éducation et de la Formation, p. 2, Bangui.*

[217] *Cf. YERIMA BANGA, J-L., (2011), idem, 98.*

[218] *Parmi les parents, beaucoup étaient ceux qui avaient bénéficié de l'éducation et de la formation reçue dans les établissements scolaires jadis dirigés par l'Église que nous avons mentionnés ci-dessus. Avec nostalgie et amertume, ils ont commencé à regretter ces temps immémoriaux qui les ont vus se façonner une personnalité entre les mains de l'Église à travers les écoles catholiques et dont n'en bénéficient plus leurs progénitures abandonnées à l'incurie du système éducatif du moment. Tous se sont mobilisés pour exiger à l'État de négocier avec l'Église pour qu'elle revienne reprendre les écoles.*

[219] *Signalons en passant quelques lieux où avaient lieu ces cours de soutien : Centre Jean XIII, Communauté des Frères Maristes aux Rapides, Salles Saint Louis à la Cathédrale, Paroisse Notre Dame de Fatima, Paroisse Saint Jacques de Kpetenè, Paroisse Saint Michel, Paroisse Saint Joseph Mukassa au Foyer de Charité, etc.*

[220] *On peut citer le Centre Protestant pour la Jeunesse (CPJ), le Cours Préparatoire International (CPI), École Jean-Marie, École Libanaise, etc...*

[221] *Ce terme a été utilisé par le Ministre dans le discours qu'il a tenu le 16 novembre 1994 à l'occasion du premier Conseil National de la Fédération Nationale des Associations des Parents d'Élèves de Centrafrique. Terme cité dans « Document préparatoire pour les négociations en vue du rétablissement de l'Enseignement Privé Catholique en Centrafrique », p. 3 (Document de la Conférence Épiscopale de Centrafrique, Commission de l'enseignement Catholique.*

3.3.2.2.2- La prise de conscience de la nécessité du partenariat

Nous reconnaissons donc clairement que les parents ont joué un rôle capital pour la prise de conscience de la nécessité d'établir le partenariat éducatif par la mise en place des établissements scolaires privés et par ricochet la nécessité de cerner l'Église catholique comme partenaire incontournable susceptible de jouer encore un rôle important comme par le passé dans l'éducation de la jeunesse centrafricaine.

Bref, la loi d'unification de 1962 avait plongé la jeunesse centrafricaine dans une situation de récession intellectuelle, culturelle et éducative et les États Généraux de l'Éducation et de la Formation de 1994 ont permis de l'en sortir par l'appel aux partenaires sociaux qui ont l'expertise de mettre la main à la patte. Des recommandations avaient été lancées à l'endroit de seize entités en passant par l'État, l'Assemblée Nationale, les syndicats et les médias etc.

Aux confessions religieuses en général, il est recommandé « d'accepter de créer des écoles privées et de faire agir les communautés de base confessionnelles pour la création d'écoles, leur entretien, et l'extension de la sensibilisation en matière éducative ». Et à l'État, une des recommandations fortes l'obligera à «négocier avec les confessions religieuses, et particulièrement l'Église Catholique les conditions de reprise et de création des écoles privées»[222]. Fort de ces recommandations, le Ministre Etienne GOYÉMIDÉ va se rapprocher de l'Assemblée des Évêques de Centrafrique pour présenter ces sollicitations de l'État. Plus tard enfin, les États Généraux déboucheront sur l'adoption et la promulgation d'une loi d'orientation en 1997 pour donner une forme juridique aux conclusions élaborées, consacrant ainsi un cadre législatif aux réformes scolaires à mettre en place afin de piloter le système éducatif pour l'avenir.

3.3.3- La Loi No 97.014 du 10 Décembre 1997 portant orientation de l'Education en République Centrafricaine

***

D'après la Loi No 97.014 du 10 Décembre 1997, portant orientation de l'Éducation en République Centrafricaine, le système éducatif centrafricain est organisé en quatre cycles principaux : un enseignement préscolaire délivré dans des jardins d'enfants ou des écoles maternelles et accueillant des enfants âgés entre 3 et 5 ans ; un enseignement primaire, le Fondamental 1, constitué de 6 années d'études et accueillant les élèves âgés théoriquement de 6 à 11 ans. La fin du cycle est sanctionnée par l'obtention du Certificat d'études du fondamental 1 (CEF1) ; un enseignement secondaire composé de deux cycles. Le premier cycle, le Fondamental 2 (F2), qui correspond au niveau collège, dure 4 ans et accueille des élèves âgés théoriquement de 12 à 15 ans ; il est sanctionné par le Brevet des Collèges (BC). Le second cycle, le Secondaire Général (SG) est de 3 ans ; il est sanctionné par le baccalauréat. L'enseignement secondaire est réparti en deux branches : la formation générale et la

---

[222] Cf. Le Bulletin Spécial « KURU GO », n° 21 de septembre 1994, p. 2. Reportage spécial sur les États Généraux de l'Éducation et de la Formation de 1994.

formation technique. L'enseignement technique est dispensé dans les collèges techniques pour une formation de 3 ans sanctionnée par le Certificat d'aptitude professionnelle (CAP) et dans les lycées techniques pour une formation également de 3 ans sanctionnée par le baccalauréat technique ; un enseignement supérieur dont la durée d'étude varie de 2 ans à 7 ans (pour les études de médecine).

***

L'éducation non formelle est réalisée en grande partie en Centrafrique sous formes de projet par des ONG, des opérateurs privés, souvent confessionnels, ou des organismes de coopération. Malheureusement, les informations concernant ces projets ne sont pas centralisées et par conséquent difficiles à recenser. Une partie de ces projets est sous la tutelle de l'Etat et plus précisément du Ministère de l'Education lorsqu'ils concernent les adultes en général et du Ministère des Affaires Sociales lorsque la population visée est celle des femmes et des enfants de la rue. Cependant, en dehors des projets, l'Etat a créé deux structures visant à l'alphabétisation des adultes centrafricains, les Centres d'Alphabétisation Fonctionnelle et les Centres d'Education Permanente.

***

Le Plan National de Développement de l'Education (PNDE) 2000-2010 a modifié le système éducatif en introduisant la réforme selon laquelle la 1ère année du Fondamental 1, le CI, ne fasse plus partie du F1 mais du préscolaire. Cependant, si les textes actuels définissent le F1 comme un cycle de 5 ans, ces derniers n'ont jamais pu être mis en application.

***

Pour le cas spécifique de la formation des enseignants, leur formation initiale dans les écoles normales (ENI et ENS), le Centre National de Formation Continue (CNFC), les recyclages, les animations pédagogiques organisés par les Centres Pédagogiques Régionaux (CPR) et les responsables pédagogiques semblent nécessaires pour donner une aptitude à l'enseignant afin de renforcer sa capacité de production de bons résultats scolaire. Depuis plus d'une vingtaine d'années, le système éducatif centrafricain connait de sérieux problèmes de personnel enseignant au niveau du Fondamental I, tant à Bangui que dans les provinces. On peut avoir un ou deux titulaires pour un cycle complet. Les horaires, les programmes et leurs contenus sont ainsi modifiés par rapport à ce manque. Face à ces difficultés compromettantes, les Associations des Parents d'Elèves (APE), vue la charge matérielle et financière du Gouvernement, ont pris la décision d'engager des maître-parents ou encore maîtres-d'enseignement afin d'instruire leurs enfants. Ces maître-parents, quelque soit leur niveau d'étude et n'ayant aucune notion pédagogique initiale sont appelés des enseignants non formés. Ceux-ci accomplissent cette lourde tâche selon leur souvenir d'enfance dans des manuels scolaires de différentes disciplines. Cependant, certains parents n'accordent pas totalement du crédit à l'instruction de leurs enfants par ces enseignants non formés. Une telle situation ne peut continuer de nous laisser indifférent.

***

3.3.3.1- Organisation et administration des enseignements

D'après la Loi No 97.014 du 10 Décembre 1997, portant orientation de l'Education en République Centrafricaine, le système éducatif centrafricain est organisé en quatre cycles principaux :

i) un enseignement préscolaire délivré dans des jardins d'enfants ou des écoles maternelles et accueillant des enfants âgés entre 3 et 5 ans ;

ii) un enseignement primaire, le Fondamental 1, constitué de 6 années d'études et accueillant les élèves âgés théoriquement de 6 à 11 ans. La fin du cycle est sanctionnée par l'obtention du Certificat d'études du fondamental 1 (CEF1)

iii) un enseignement secondaire composé de deux cycles. Le premier cycle, le Fondamental 2 (F2), qui correspond au niveau collège, dure 4 ans et accueille des élèves âgés théoriquement de 12 à 15 ans ; il est sanctionné par le Brevet des Collèges (BC). Le second cycle, le Secondaire Général (SG) est de 3 ans ; il est sanctionné par le baccalauréat. L'enseignement secondaire est réparti en deux branches : la formation générale et la formation technique. L'enseignement technique est dispensé dans les collèges techniques pour une formation de 3 ans sanctionnée par le Certificat d'aptitude professionnelle (CAP) et dans les lycées techniques pour une formation également de 3 ans sanctionnée par le baccalauréat technique ;

iv) un enseignement supérieur dont la durée d'étude varie de 2 ans à 7 ans (pour les études de médecine).

Le Plan National de Développement de l'Education (PNDE) 2000-2010 a modifié le système éducatif en introduisant la réforme selon laquelle la 1ère année du Fondamental 1, le CI, ne fasse plus partie du F1 mais du préscolaire. Cependant, si les textes actuels définissent le F1 comme un cycle de 5 ans, ces derniers n'ont jamais pu être mis en application. C'est pourquoi nous présentons ici le système tel qu'il est actuellement et non comme il devrait être d'après les textes.

L'observation des données brutes (i.e. répartition des effectifs d'élèves sur les différents ordres d'enseignement) est la première étape de l'analyse du fonctionnement d'un système éducatif. Dans cette étude, un accent particulier est mis sur la dynamique des flux pour apprécier les résultats des politiques éducatives antérieures. Cette partie présente et analyse l'évolution des effectifs d'élèves par niveau d'enseignement et type de structures, sur la période 1970-2005.

Tableau 38 : Evolution des effectifs d'élèves par niveau d'enseignement et type de structures sur la période 1970-2005

Niveaux scolaires	Nombre d'enfants			
	Scolarisables	Scolarisés	TBS (%)	% Redoublants
Préscolaires	400.000	16.000	4	---
Fondamental1	666.670	500.000	75	30
Fondamental2	375.000	60.000	16	21
Secondaire général	257.200	18.000	7	20
Technique et professionnel (TP)		2.000	---	---
TP hors collèges et lycées		700	---	---
Supérieur		9.000	---	---

TBS:Taux bruts de scolarisation

L'administration des enseignements en RCA se fait selon le découpage du pays en huit (8) Inspections d'Académie (IA), à l'échelon des régions : Bangui, Centre, Centre-Est, Centre-Sud, Nord, Nord-Est, Ouest et Sud-Est. Chaque inspection d'académie est divisée en circonscriptions scolaires, à l'échelon des préfectures, elles mêmes subdivisées en secteurs scolaires, à l'échelon des sous-préfectures.

Les huit (8) Inspections d'Académie sont divisées en vingt et un (21) circonscriptions scolaires ainsi composées :

- IA Bangui : Bangui 1, Bangui 2, Bangui 3 et Bangui application ;
- IA Centre : Kémo et Nana Grébizi ;
- IA Centre-Est : Bambari Application, Haute-Kotto et Ouaka ;
- IA Centre-Sud : Lobaye et Ombella-Mpoko ;
- IA Nord : Ouham et Ouham-Pendé ;
- IA Nord-Est : Bamingui-Bangoran et Vakaga ;
- IA Ouest : Mambéré-Kadéi, Nana-Mambéré et Sangha-Mbaéré ;
- IA Sud-Est : Basse-Kotto, Haut-Mbomou et Mbomou.

3.3.3.2- L'enseignement préscolaire

L'information concernant ce niveau est difficile à mobiliser et loin d'être exhaustive. En effet, ce cycle est dispensé soit par des écoles maternelles publiques et privées, sous la tutelle du ministère de l'éducation, soit par des jardins d'enfants publics et privés, sous la tutelle du ministère des affaires sociales. Les jardins d'enfants accueillent la majorité des enfants dans le préscolaire mais ne sont pas recensés régulièrement et de façon exhaustive. Les effectifs présentés dans le tableau 1 sont donc des estimations sur la base des données scolaires du

Ministère de l'éducation et de celles des Affaires Sociales.

Tableau 39 : Evolution estimée des effectifs du préscolaire sur la période 1984 à 2006

1972/73	1972/73	1983/84	1990/91	2002/03	2003/04	2004/05	2005/06
Effectifs estimés	8496	9029	14725	12392	13488	15695	14284
Jardins d'enfants	8174	8468	14285		8313	7720	8495
Ecoles maternelles	322	561	440		5175	7975	5788
Part du privé					43%	39%	35%

Source : DSP du Ministère de l'Education et Ministère des Affaires sociales

La première constatation est le très faible développement de l'enseignement préscolaire qui reste encore à l'état embryonnaire. Entre 1990 et 2005, les effectifs scolarisés n'ont pas augmenté, alors que la population en âge de suivre des enseignements préscolaires s'est quant à elle fortement accrue (elle est passée de 265 419 en 1990 à 402 458 en 2005 soit un accroissement de 52%).

De plus, l'enseignement préscolaire est très fortement concentré à Bangui puisque 45% de ses effectifs se situent dans la capitale, alors que les enfants de Bangui âgés entre 3 et 6 ans ne représentent que 14% de la population en âge de suivre le préscolaire. En revanche, les filles bénéficient de la même façon que les garçons de cet enseignement.

Enfin, l'enseignement préscolaire est majoritairement public (les établissements privés accueillent ces dernières années autour de 40% des effectifs) et l'engagement du privé dans ce secteur semble reculer ces dernières années.

Les écoles maternelles sont très largement concentrées à Bangui (les écoles maternelles de Bangui rassemblent plus de 80% des effectifs des écoles maternelles), alors que les jardins d'enfants se trouvent majoritairement en province (les jardins d'enfants de Bangui ne comprennent qu'un quart des effectifs).

3.3.3.3.1- Le cycle du Primaire

L'évolutions des effectifs observés dans le Fondamental 1 de 1964 à 2004 montre qu'à l'inverse de ce qu'on observe dans la plupart des pays subsahariens, les effectifs d'élèves du Fondamental 1 ont connu une croissance très faible dans les années 1980 et 1990, avec un taux de croissance annuel moyen de 2,4% entre 1981/82 et 1990/91 et de 1,7% entre 1993/94 et 2001/02 (Les années 1991/92 et 1992/93 ont été des années fortement perturbées par des évènements sociopolitiques). L'année scolaire 2002/03 a été très fortement perturbée par des troubles politiques ce qui s'est traduit par une chute des effectifs. En revanche, les années récentes (2002/03 à 2004/05) ont connu une accélération de la croissance des effectifs, qui ont cru à un rythme annuel moyen de 13%. Il a été observé dans plusieurs pays africains ayant souffert d'un conflit (Rwanda, Burundi, Congo-Brazzaville, Sierra Leone) que le rythme de progression des effectifs au cycle primaire, après l'épisode de crise, est plus important que celui qui aurait prévalu si la crise n'avait pas eu lieu. C'est également le cas de la RCA puisqu'on peut estimer que les effectifs de 2004/05 sont de 15% supérieurs à ceux que l'on aurait pu observer si le conflit n'avait pas eu lieu (En suivant la tendance des 6 années précédant le conflit).

On note également un recul de la part des effectifs des établissements publics puisque ces derniers n'accueillent plus que 90% des élèves en 2004/05 alors que 1998/99 cette proportion s'élevait à 98%. Le développement du secteur privé, composé d'établissements privés religieux et laïcs mais aussi d'établissements communaux et villageois, est principalement imputable au nombre croissant d'élèves accueillis dans ce premier type d'établissements. En revanche, la part des effectifs dans les établissements communaux ou villageois est restée très faible sur la période, passant de 0,2% à 1,4%20.

3.3.3.3.2- Le cycle du collège

L'analyse de l'évolution des effectifs du collège entre les années scolaires 1964/65 et 2004/05 montre que depuis l'indépendance jusqu'aux années 1980, la croissance des effectifs du Fondamental 2 a été considérable : ils ont plus que triplé pendant les années 1970, avec un taux de croissance annuel moyen de 12,5% entre 1972 et 1981. En revanche, les effectifs ont décru de 1981 au milieu des années 1990 (*Taux de croissance annuel moyen de -1,2% entre 1981 et 1993*). La croissance a repris, de façon irrégulière, au milieu des années 1990, avec un taux de croissance de 4,5% entre 1993/94 et 2001/02. Cette croissance a été brutalement interrompue par les évènements politiques ayant marqué l'année 2002/03. Le retour des collégiens après le conflit n'a réellement eu lieu qu'en 2004/05.

Par ailleurs, la part des établissements publics dans les effectifs du F2 est relativement stable dans le temps : elle oscille autour de 90% dans les dernières années. Ce faible taux s'explique par le fait que les écoles construites par les villages et les communes sont reprises par l'Etat dès lors que la demande est faite d'avoir un enseignant titulaire.

3.3.3.4- L'enseignement Fondamental 2

3.3.3.4.1- L'enseignement secondaire général

L'analyse de l'évolution des effectifs du secondaire général montre qu'après une forte croissance dans les années 1970, les effectifs du secondaire général n'ont quasiment pas progressé pendant les années 1980 et 1990. Lors des années les plus récentes en revanche, la croissance a été très importante, avec un taux de croissance annuel moyen de 23% entre 2002/03 et 2004/05.

Comme pour le fondamental 2, l'Etat assume pratiquement l'ensemble de l'enseignement du secondaire général, puisque les établissements publics accueillent 92% des effectifs. Cependant, la part du privé n'a cessé de croître ces dernières années : elle a doublé entre 2002/03 et 2004/05 passant de 4 à 8%.

3.3.3.4.2- L'enseignement technique et professionnel

Comme rappelé plus haut, l'enseignement technique est dispensé dans les collèges techniques à travers une formation de 3 ans, sanctionnée par le Certificat d'Aptitude Professionnelle (CAP) et dans les lycées techniques à travers une formation, également de 3 années, sanctionnée par le bac technique.

L'analyse de l'évolution des effectifs dans ce sous-secteur du système éducatif distingue les deux niveaux d'enseignement technique. Elle met en valeur les différentes évolutions des effectifs du technique : - une faible croissance dans les années 1970 et 1980 (avec même une décroissance dans les années 1980), -

une croissance très rapide dans les années 1990 avec un taux de croissance annuel moyen de 9% entre 1990 et 2000 et des effectifs qui ont plus que doublé, aussi bien au collège qu'au lycée - une décroissance sur la période la plus récente : le taux de croissance annuel moyen est de -2% sur la période 1998-2004 et de -3% pour la période la plus récente 2002-2004. Cette décroissance s'explique principalement par la chute des effectifs du lycée technique (en moyenne -8% par an depuis 2002).

Outre les collèges et lycées techniques, des organismes délivrent des formations professionnelles : les CFPP et les centres de formation professionnelle qui ne dépendent pas du ministère de l'éducation. Ils n'ont pas été comptabilisés avec les autres car on ne dispose pas pour ces organismes de données chronologiques. Le tableau 2 en présente les effectifs pour les années les plus récentes.

Tableau 40 : Effectifs des établissements techniques et professionnels hors collèges et lycées techniques

	Effectifs		
	2003/04	2004/05	2005/06
CFPP			49
Ecole de police	200	139	0
SCNPJ	122	101	104
CTE			55
CTDR	134	68	43
Centre de formation de Ben-Zvi	10	15	9
Centre de formation de Damara	36	41	43
Ecole de la Gendarmerie	174	229	259
Centre de formation de Bambari (assistant de santé)	33	56	47
Centre de formation de Bimbo (assistant d'hygiène)	21	19	21
Centre de formation de Bouar (assistante accoucheuse)	61	28	28
Ensemble	**791**	**696**	**658**

Source : Direction Enseignement technique Formation professionnelle, DGAF du Ministère de l'Education

L'enseignement dans les collèges techniques est presque exclusivement à la charge de l'Etat puisque le privé représente moins de 10% des effectifs (7% en 2001/2002, 5% en 2000/2001, 8% en 1999/2000.) jusqu'en 2001/2002. La part du privé s'est cependant accrue ces dernières années puisqu'en 2004/05, elle représente 16% des effectifs des collèges techniques. L'enseignement technique au niveau du lycée est délivré par un seul établissement qui est public.

3.3.3.5- L'enseignement supérieur

L'enseignement supérieur est délivré en premier lieu par l'université de Bangui, qui accueille la majorité des jeunes faisant des études supérieures (plus de 60% des effectifs du supérieur en général et 80% du public). En second lieu se trouvent des grandes écoles publiques et des instituts privés. L'analyse de l'évolution des effectifs du supérieur, distingue les établissements publics des établissements privés, et exclue les effectifs de l'Ecole Normale Supérieure, qui seront présentés dans la partie suivante, sur la formation des enseignants.

Depuis les années 1970, les effectifs du supérieur n'ont cessé de croître mais à un rythme relativement modeste, en particulier depuis les années 1990 : pour l'enseignement public (hors ENS), le taux de croissance annuel moyen a été de 6% dans les années 1970, de 10% dans les années 1980 pour n'être plus que de 3% entre 1990 et 1999 et entre 1999 et 2004. On notera cependant que sur la tendance actuelle (depuis 2002) l'accroissement des effectifs dans le public s'est accéléré, avec un taux annuel moyen de 6%. Si la croissance des effectifs du supérieur dans le public a été faible ces dernières années, celle dans le secteur privé a été de forte ampleur : les effectifs entre 1999 et 2004 s'y sont accrus en moyenne de 20% par an.

En plus de ces effectifs, il nous faut mentionner ceux de l'Ecole Nationale de l'Administration et de la Magistrature, dont on ne connaît les effectifs que pour les années les plus récentes :

Tableau 41 : Effectifs de l'Ecole Nationale de l'Administration et de la Magistrature (ENAM)

Effectifs	2003/04	2004/05	2005/06
ENAM	281	142	548

Le tableau 34 présente la part du privé dans les effectifs du supérieur et met en avant la montée en puissance dans les dernières années du privé : alors qu'en 1999/2000, seuls 12% des étudiants du supérieur étaient inscrits dans des structures privées, ils sont 26% en 2004/05, ce qui représentent respectivement 780 et 2306 étudiants.

Tableau 42 : Evolution de la part du privé dans les effectifs du supérieur (%)

	1999-2000	2000-2001	2001-2002	2002-2003	2003-2004	2004-2005
Part du privé	12,4	15,6	18,8	21,6	23	26,4

Source : Université de Bangui

3.3.3.6- Synthèse de l'évolution des éléments du système

3.3.3.6.1- Synthèse sur l'évolution des effectifs aux différents niveaux
       d'enseignement

Afin d'avoir une vision plus synthétique des résultats présentés dans cette partie sur les effectifs scolaires, nous présentons dans le tableau 5 les taux d'accroissement annuel moyen entre 1990 et 1999 et entre 1999 et 2004, à chaque cycle d'enseignement.

Tableau 43 : Taux d'accroissement annuels moyens à chaque cycle entre 1990 et 1998, 1998 et 2004 et 2002 à 2004

	1990-1998	1998-2004	2002-2004
Préscolaire*	-1,3a		0
Fondamental 1	2,7	2,3	0
Fondamental 2	1,5	3,8	6,6
Secondaire général	1,8	0	0
Technique et professionnel	0	0	0
Supérieur public	3,7b	2,6c	6
Formation des enseignants (ENI+CPR+ENS)	2,6c	1,7c	-0,1

Accroissement entre1990 et 2002, b) entre 1990 et 1999, c) entre 1999 et 2004
Source : Tableau A.II.1 (annexe II.1)

Ce tableau met en avant la faible progression des effectifs du Fondamental 1, du Fondamental 2, du supérieur et des formations pour les enseignants au cours des 15 dernières années, même si pour le Fondamental 1 et le supérieur, la tendance récente est à l'accélération de la croissance. Le Secondaire Général a connu en revanche un relatif essor pendant les 6 dernières années, alors que l'enseignement technique et professionnel a vu ses effectifs chuter au cours de cette même période.

3.3.3.6.2- Synthèse de l'évolution du système éducatif : les pyramides éducatives

Les pyramides éducatives de 1991/92 et 2004/05 donnent une vision synthétique de l'évolution du système éducatif centrafricain et de son état actuel. La forme générale de la pyramide n'a que peu évolué en 15 ans, en dehors d'un léger élargissement pour l'ensemble des cycles, en particulier le Fondamental 1.

Figure 10 : Les pyramides éducatives de 1991/92 et 2004/05

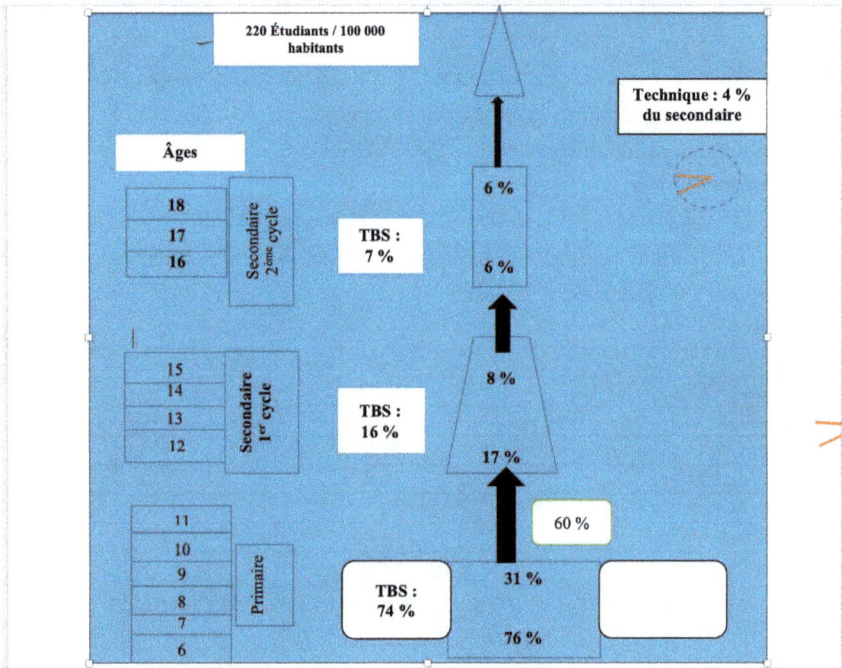

3.3.3.7- L'éducation non formelle

L'éducation non formelle est réalisée en grande partie en Centrafrique sous formes de projet par des ONG, des opérateurs privés, souvent confessionnels, ou des organismes de coopération. Malheureusement, les informations concernant ces projets ne sont pas centralisées et par conséquent difficiles à recenser. Une partie de ces projets est sous la tutelle de l'Etat et plus précisément du Ministère de l'Education lorsqu'ils concernent les adultes en général et du Ministère des Affaires Sociales lorsque la population visée est celle des femmes et des enfants de la rue.

Cependant, en dehors des projets, l'Etat a créé deux structures visant à l'alphabétisation des adultes centrafricains, les Centres d'Alphabétisation Fonctionnelle et les Centres d'Education Permanente. Le nombre exact de Centres d'Alphabétisation Fonctionnelle, leurs effectifs d'apprenants et de formateurs ne sont pas connus (C'est seulement depuis l'année 2006/07 qu'il existe dans chaque préfecture un chef de centre chargé d'envoyer un rapport annuel. A ce jour, seuls 6 chefs ont envoyé leur rapport (au total, 80 centres pour ces 6 préfectures) et ces rapports sont très incomplets.). Les animateurs de ces centres sont des bénévoles. Quant aux Centres d'Education Permanente, ils délivrent un enseignement en français dont le programme suit celui du fondamental 1 (Un enseignement suivant le programme du F2 y est également délivré mais son statut est sujet à polémique du fait de sa frontière floue avec un établissement du F2, si ce n'est la prise en charge des enseignants faites par les apprenants.). Jusqu'à la fin 2007, l'enseignement est d'une durée de 6 ans et permet de se présenter au certificat d'études du fondamental 1. Il est cependant prévu que la durée soit réduite à 3 ans. Les instituteurs qui y enseignent sont souvent des instituteurs en instance d'intégration. Ils perçoivent une motivation, collectée à partir des cotisations des apprenants. On estime que ces centres accueillent à ce jour 1083 apprenants à Bangui et 580 en province (Estimation faite à partir des 10 préfectures sur les 16 pour lesquelles on dispose de l'information).

3.3.4- Cas spécifique de la formation des enseignants[223]

3.3.4.1- Introduction générale

La formation des Enseignants constitue de nos jours un problème fondamental partout dans le monde. Depuis lors, cette question fait couler beaucoup d'encre : elle a donné lieu à de multiples recherches et réflexions, en suscitant beaucoup d'intérêt aussi bien chez les spécialistes en science de l'Education que chez d'autres. Des colloques, des journées d'études, des congrès, des ateliers, des comités de liaison pour la formation des enseignants, des réunions des spécialistes organisées par des organismes nationaux et internationaux, témoignent de l'intérêt porté à la question au cours de cette dernière décennie.

L'intérêt que suscite ce problème provient du fait que la variable enseignante est une des variables les plus importantes de la situation éducative et qu'aucune réforme du système éducatif ne peut aboutir aux résultats escomptés sans une

---

[223] *D'après MAKANVE BEDOUA Materne (Mr), Le processus de la formation des enseignants et le mécanisme de suivi-évaluation en République Centrafricaine, Actes de conférence Bangui Avril 2012*

formation préalable. Mais sous l'influence des efforts accomplis dans le domaine de la Science et de la Technologie, la fonction enseignante a subi une profonde mutation. **L'enseignant a cessé d'être la source des connaissances et des informations ; il a perdu son autorité de dépositaire de savoir.** Des fonctions nouvelles et variées dont Debesse, dans son ouvrage intitulé « Une fonction remise en question » aux éditions PUF, 1978, P. 13 a fait l'inventaire, attendent ceux qui s'engagent dans la profession. Le statut de l'enseignant aussi est mis en cause en tant que moyen associé à une fonction détestée parce qu'elle reproduit la hiérarchie sociale. Cet état de chose qui découle de la mutation de la fonction fait que les enseignants de tous ordres, vivent dans un malaise ressenti à plusieurs niveaux : sur le plan personnel dans leur relation avec l'élève, au niveau de leur situation par rapport à l'institution scolaire, de leur position dans la société et au sein de la hiérarchie sociale.

Le malaise ressenti se perçoit tout d'abord lors de la sélection des enseignants, au moment où l'on procède au recrutement des futurs enseignants. Les responsables de l'entreprise scolaire signalent que les candidats à la fonction ne satisfont pas leurs attentes comme autrefois ; ils constatent, non sans regret, que les jeunes se détournent de la profession ; ceux qui l'embrassent, le font par faute de mieux faire, c'est-à-dire par nécessité et fournissent souvent de mauvais résultats scolaires. Notre pays, la République Centrafricaine, ne fait pas exception à ce problème. Mais, là où le phénomène se traduit avec une acuité particulière et prends une allure propre, c'est dans le domaine du choix de la formation des Enseignants du Fondamental I, qui va servir d'exemple pour mieux illustrer cette question.

Aussi, disons-nous que la formation initiale des enseignants dans les écoles normales (ENI et ENS), le Centre National de Formation Continue (CNFC), les recyclages, les animations pédagogiques organisés par les Centres Pédagogiques Régionaux (CPR) et les responsables pédagogiques semblent nécessaires pour donner une aptitude à l'enseignant afin de renforcer sa capacité de production de bons résultats scolaire. « Car peut enseigner un ignorant à son disciple ». Le goût de l'enseignement ne suffit pas à faire un bon éducateur. Il faut avoir des aptitudes, des qualités physiques, intellectuelles, morales et affectives. A partir du moment où le métier d'éducateur s'apprend, il est évident que cet apprentissage ne se limite pas à la théorie et à la pratique pédagogique, mais il vise également à éveiller chez les enseignants le sens des devoirs propres à leur profession.

En général, l'exercice de toute profession est soumis à des proscriptions qui lui sont propres en particulier, mais il implique en même temps l'adhésion à des règles de la formation pédagogique. Depuis plus d'une vingtaine d'années, le système éducatif centrafricain connait de sérieux problèmes de personnel enseignant au niveau du Fondamental I, tant à Bangui que dans les provinces. On peut avoir un ou deux titulaires pour un cycle complet. Les horaires, les programmes et leurs contenus sont ainsi modifiés par rapport à ce manque. Face à ces difficultés compromettantes, les Associations des Parents d'Elèves (APE), vue la charge matérielle et financière du Gouvernement, ont pris la décision d'engager des maître-parents ou encore maîtres-d'enseignement afin d'instruire leurs enfants.

Ces maître-parents, quelque soit leur niveau d'étude et n'ayant aucune notion pédagogique initiale sont appelés des enseignants non formés. Ceux-ci accomplissent cette lourde tâche selon leur souvenir d'enfance dans des manuels scolaires de différentes disciplines. Cependant, certains parents n'accordent pas totalement du crédit à l'instruction de leurs enfants par ces enseignants non formés. Une telle situation ne peut nous laisser indifférent. C'est ainsi que dans le cadre de cette conférence sur « l'importance du rôle de l'enseignant dans la société » qui vise à renforcer le partenariat éducatif, nous avons choisi partager la réflexion sur « le processus de formation des enseignants et le mécanisme de suivi –évaluation en RCA ».

L'enseignant éducateur est la pièce maîtresse du système éducatif. Alors, comment celui-ci est formé ? Et quels sont les mécanismes mis en place pour son suivi sur le terrain et qui permettent de se rendre compte qu'il fait bien son travail ? Pour répondre à cette problématique, nous avons élaboré un plan souple en 3 chapitres (points) : le premier porte sur la définition des concepts essentiels ; le deuxième présente le processus historique de la formation professionnelle des enseignants en RCA ; et le troisième met l'accent sur les différents mécanismes conçus pour suivre et évaluer le travail des enseignants Centrafricains.

3.3.4.2- Historique : différentes périodes de la formation initiale

Dans l'esprit de la réforme éducative aux finalités tracées par l'ordonnance présidentielle du 14 Mai 1984 portant organisation de l'enseignement en RCA, l'INEF avait organisé du 4 au 9 Juin 1984 et du 27 Septembre au 4 Octobre de la même année, deux séminaires de réflexion sur la « formation des enseignants de l'école fondamentale 1 ».

Le but de ces deux séminaires était de réunir tous les enseignants de l'ENI de Bangui, de Bambari et les conseillers de l'INEF afin d'élaborer un programme commun de formation pour les instituteurs. Le séminaire de Juin faisait suite à une journée pédagogique et a permis de fixer les grandes orientations qu'il convenait de donner à la formation des maîtres et de tracer les grandes lignes de l'école centrafricaine. Celui du 4 Octobre 1984 fut un prolongement logique du séminaire et a permis d'approfondir les réflexions sur la formation des instituteurs.

Notre pays, la République Centrafricaine était colonisé par la France. Ses peuples ne savaient ni lire ni écrire mais ils avaient leur système de comptage et de transmission des messages d'un village à un autre. Tous les enfants étaient éduqués de manière socio-économique traditionnelle. Pendant la pénétration française en Oubangui-Chari, les explorateurs de colonisation cherchaient les voies et moyens enfin de les instruire. Comment fallait-il procéder ? La seule voie était de scolariser la population jeune pour avoir des intellectuels qui doivent être des futurs encadreurs.

3.3.4.2.1- Période des années de l'Indépendance (1960-1969)

Notre pays en effet, est proclamé République Centrafricaine le 1er Décembre 1958 et devient indépendant le 13 Août 1960. Mais les finalités de l'enseignement demeurent coloniales et visent de faire en sorte que l'indépendance acquise soit nominale et n'ait aucun impact sur les nouvelles aspirations du peuple centrafricain comme la réhabilitation culturelle, le refus d'assimilation, le désir d'assurer une éducation de masse. Nous pouvons donc affirmer sans exagération que 1960 à 1965 malgré l'indépendance octroyée, l'école centrafricaine est demeurée une école néocoloniale. Mais il faut tout de même louer l'application du désir de démocratisation de l'enseignement car le taux de scolarisation connaitra une évolution spectaculaire.

Soucieux de former des cadres valables en nombre suffisant, le Gouvernement a pris des mesures pour créer de nouveaux établissements de formation. C'est ainsi que l'ancien centre de formation accéléré des agents contractuels créé en 1957, a été transféré par décret n° 62/130 du 27 Juin 1962 en une section de formation professionnelle pratique des agents supérieurs de l'enseignement. Cette section recrutait les candidats des deux sexes sur titre parmi les élèves de la classe de troisième ayant échoué au BEPC ou après l'oral de contrôle avec une moyenne de 8/20. La durée de formation était d'une année scolaire.

En 1964, les élèves des classes de quatrième et troisième étaient recrutés sur concours pour suivre la même formation en deux ans. Suspendue en 1968, cette formation a été reprise par l'institut normal permanent de perfectionnement du personnel enseignant. Les candidats étaient dans ce centre par voie de concours et étaient recrutés parmi les élèves de la classe de troisième avec ou sans BEPC ou BE.

Les titulaires de BE ou BEPC étaient nommés instituteurs-adjoints stagiaires. Les études duraient une année scolaire. Le redoublement n'était pas admis. Le Collège normal de Bambari étant érigé en lycée moderne, l'école normale de Fatima l'a suppléé en 1965. Les candidats étaient recrutés sur titre parmi les titulaires du BEPC ou BE. En 1970, le Cours Normal des jeunes filles commença à former les agents supérieurs de l'enseignement. Les candidats étaient sélectionnés parmi les élèves de la classe de quatrième des collèges, titulaires de CEPE.

3.3.4.2.2- Période de la réforme éducative (1970-1983)

Lorsque la République Centrafricaine a décidé de réformer son système éducatif en 1970, il fallait également remanier les programmes de formation des maîtres afin de les adapter aux réalités locales. Ainsi, tous les centres seront suspendus et d'autres seront créés à savoir : l'école normale des instituteurs et l'école normale des instituteurs-adjoints. En effet, l'ENI a été créée par décret n°70/366 du 7 Décembre 1970. Elle recrutait par voie de concours les candidats de deux sexes, âgés de moins de 23 ans, titulaires du BEPC ou BE et sur titre les bacheliers. La formation durait trois années. Depuis Octobre 1981, l'ENI ne recrute plus que les bacheliers sur titre. Après quelques années d'existence à Bangui, l'ENI était transférée à Bambari en Octobre 1984 suite à une aide de la construction des bâtiments scolaires de la Banque Mondiale. L'entrée dans cette école était soumise à un concours réservé uniquement aux bacheliers de deux sexes.

3.3.4.2.3- Période de la formation de 1990-1998

Lors du départ volontaire assisté (DVA) initié par le gouvernement en 1990, bon nombre d'enseignants s'étaient engagés laissant à vide les écoles. Certaines ont été fermées par manque d'enseignants. Les rapports des responsables administratifs et pédagogiques motivent davantage le gouvernement à repenser à la question de l'éducation des enfants Centrafricains. Les cris des parents d'élèves, des Maires et Députés sur les ondes et dans les journaux, ont poussé le gouvernement à demander une aide auprès des institutions financières pour la formation des enseignants du fondamental 1. La Banque Mondiale a répondu favorablement à cet appel.

Ainsi deux volets de formation ont été initiés à savoir : la formation initiale à l'Ecole Normale d'Instituteurs et la formation accélérée dans les centres pédagogiques régionaux.

a) La formation à l'ENI

Cette formation se fait sur deux années avec un effectif de 120 étudiants recrutés par année. Auparavant, cette école ne pouvait former que 25 à 50 enseignants compte tenu de la capacité d'accueil. L'ENI éprouvait d'énormes difficultés à loger les étudiants et à les nourrir. Malgré les difficultés, la Direction de l'école a réussi à produire de bons résultats scolaires.

Les Écoles Normales d'Instituteurs (ENI) délivrant des Certificats d'Aptitudes Pédagogiques à l'Enseignement Fondamental 1 (CAPEF1), sous forme d'une formation de 2 ans. L'entrée aux ENI se fait sur concours pour les détenteurs d'un baccalauréat.

b) La formation accélérée

Cette formation des enseignants avait eu lieu dans les cinq centres pédagogiques régionaux : Bangui, Bossangoa, Bambari, Bangassou, Berbérati. L'effectif des étudiants envoyés dans chaque C.P.R était de cinquante (50) soit un total de (250) enseignants formés par année. Les programmes de cette formation étaient condensés compte tenu de la durée de formation très réduite. Ces enseignants sortaient avec un grade d'instituteurs comme ceux de l'ENI.

Les Centres Pédagogiques régionaux (CPR) délivrant également des CAPEF1 sous forme d'une formation accélérée de 9 mois. Cette formation est plus courte mais s'adresse à des étudiants ayant un niveau à l'entrée supérieur à ceux de l'ENI, à savoir deux années d'études après le bac. L'entrée à cette formation se fait également sur concours. Cependant, cette formation accélérée n'est pas récurrente mais ponctuelle, selon les financements disponibles. Avec l'appui de la Banque mondiale, elle a mis sur le marché de l'emploi cinq promotions : 4 entre 1990/91 et 1994/95 et une en 2006/07.

3.3.4.2.4- Période de la formation de 2009

Ayant constaté que l'effectif des enseignants du fondamental 1 est toujours insuffisant pour répondre aux besoins des écoles centrafricaines, sur un financement des organismes, le gouvernement a recruté sept cent cinquante (750) étudiants qui reçoivent leur formation à l'ENI (300) et le reste dans les neuf (9) C.P.R.

Puisque les candidats étaient recrutés sur la base du BC, on ne pouvait pas faire des instituteurs. Ils sont désormais appelés « maître de l'enseignement ».

Plusieurs personnes s'interrogent sur cette formation par rapport à la baisse de niveau des élèves actuels dans les lycées et collèges. La question qui reste posée est de savoir s'ils peuvent mieux faire ? Nous disons tout simplement qu'ils soient formés correctement à la pédagogie et s'appliquer à l'enseignement.

3.3.4.3- La formation continue des enseignants

3.3.4.3.1- Le Centre National de Formation Continue

Une fois intégrée et ayant la charge d'une classe, l'enseignant est appelé à se cultiver à tout temps. L'inspecteur du département d'éducation Français VAAST a dit : « la servitude du métier d'instituteur et sa grandeur, c'est justement de réclamer à l'homme un constant perfectionnement, une étude permanente. A ce prix seul, on reste digne d'enseigner. Une manœuvre n'a plus rien à apprendre au bout d'un an, après vingt ans d'enseignement, l'instituteur reste toujours étudiant ».

De même, LÊ THANH KHOÏ dans son ouvrage signale qu'un enseignant en Afrique tropicale a dit : « les problèmes les plus urgents pour les pays africains consistent d'une part à améliorer la qualification des enseignants du fondamental 1 dont le bas niveau est, on l'a vu, l'un des obstacles majeurs à l'élévation de la qualité, d'autre part à les rendre plus performants et productifs ».

En tenant compte de ces citations, la formation et le perfectionnement pédagogique s'imposent pour tous sans exception. Cette formation doit être continue car elle doit tenir compte de l'évolution du changement des techniques et méthodes pédagogiques. **Le nouvel enseignant du fondamental 1 est**

nécessairement un animateur dans sa classe et dans son milieu de vie. Il est appelé à contribuer au développement socio-économique et culturel.

Enfin, c'est un homme cultivé et chercheur. L'acquisition d'un haut niveau de culture repose d'abord sur un savoir suffisamment riche. Pour cela, il doit compléter son savoir et savoir-faire pendant l'exercice de sa profession pour avoir un rendement satisfaisant. Cette formation continue se poursuit selon sa volonté et avec l'apport des institutions d'encadrement. L'institution éducative chargée de la formation continue et du perfectionnement est le Centre National de Formation Continue (CNFC).

Le Centre National de Formation Continue (CNFC) est créé par décret n°86/272 du 23 Septembre 1986 et n'est devenu opérationnel qu'en 1988. Sa mission est définie de manière suivante par l'Arrêté n°029/MEFTCIS/CAB/SG du 31 Mars 1992 : « recycler le personnel enseignant de tous les niveaux dans l'esprit de **la réforme éducative instituée par l'ordonnance n°84/031 du 14 Mai 1984**, afin de les adapter en permanence aux innovations pédagogiques et aux impératifs du développement national. Animer tous le personnel administratif de l'enseignement fondamental, secondaire et technique pour une meilleure gestion du patrimoine de l'éducation ».

Le CNFC coordonne également sur le plan national toutes les opérations visant à améliorer la qualité pédagogique des enseignants et leur encadrement administratif en organisant à leur intention des stages, des séminaires, des ateliers et des cours par correspondance. Cet organe est directement relié à l'INRAP. De 1989 à 1985, un financement a été octroyé par la Banque Mondiale pour les différents stages et formations. Le CNFC était l'un des bénéficiaires de lot. Depuis plus d'une dizaine d'années, cette institution est bloquée en ce qui concerne la formation des enseignants. Ceci faute de moyens financiers adéquats pour son fonctionnement.

Cette formation est d'une durée de 2 semaines et a lieu pendant les vacances scolaires. Elle est à destination des enseignants titulaires, quel que soit leur diplôme initial. Pour les maîtres parents, il n'existe pas de structure leur offrant la possibilité d'être formés ou recyclés. Cependant, quelques projets ponctuels permettent d'offrir à ces maîtres une formation courte (15 jours). En 2005/2006 par exemple, 439 maîtres parents ont été formés dans le cadre d'un projet de l'UNICEF.

En R.C.A, les textes juridiques de la fonction publique prévoyaient qu'après cinq ans, un enseignant doit prétendre à un concours professionnel. Alors que le 03 Janvier 1980, la lettre circulaire n°02/MENSLCRS/DOECN du Ministre de l'éducation suspendait tous les concours professionnels. Elle stipule : « En conséquence, ces examens de D.A.E, C.A.E, C.E.A.P, C.A.P, des instituteurs, C.A.E.T 1, C.A.E.T 2, réunis n'auront plus lieu cette année... »2. Les raisons de cette suspension n'étaient pas évoquées. Alors que ce sont les Agents Supérieurs, les Instituteurs Adjoints qui gèrent le système éducatif centrafricain, que c'est sur eux que repose le système.

C'est pourquoi, toute distorsion sur cette catégorie d'enseignants peut avoir une incidence sur la qualité de l'enseignement, donc les résultats scolaires. La suspension des concours professionnels aux enseignants du fondamental 1 apparait comme préjudiciable à l'amélioration de la qualité de l'enseignement.

Donc, que nous voulions ou non, ils sont les tenants du système éducatif. Raison pour laquelle le Ministre de l'éducation a intérêt à les ménager, les encourager et les stimuler, en créant un environnement meilleur pour éviter un dépeuplement du fondamental 1 au profit du fondamental 2.

3.3.4.3.2- Les animations pédagogiques

L'une des composantes de la formation professionnelle de l'enseignant du fondamental 1 est l'animation pédagogique. Elle renforce techniquement l'enseignant dans sa pratique quotidienne de la tenue de classe. Il s'agit là d'un atout en plus de la formation initiale de l'enseignant. **Dans les instructions officielles de 1991, il était question de parler de la méthode active. Dix ans après, c'est le temps de la technique de l'approche par compétence (APC).** Si l'instituteur n'est pas animé sur ces innovations, comment peut-il faire pour instruire correctement ses apprenants ?

De cette manière, les personnes ressources appelées à accompagner ce processus doivent s'investir résolument. Il s'agit des inspecteurs, chefs de circonscription scolaire, des conseillers pédagogiques et des directeurs d'écoles. Ceux-ci ont pour tâche d'encadrer les enseignants afin de réussir l'objectif fixé par le gouvernement. Il y a des institutions éducatives comme le CPR qui ont un rôle prépondérant dans le renforcement de la capacité intellectuelle des enseignants et des élèves. Les CPR sont de véritables unités régionales pédagogiques, des instruments d'encadrement rapproché et de vérification constante des compétences des enseignants.

La mission actuelle des CPR est de produire des manuels didactiques comportant des leçons modèles pour les différentes disciplines, d'organiser les visites de classe, les travaux de recherche, la vulgarisation des innovations pédagogiques.

3.3.4.3.3- Les recyclages

Le recyclage est un élément de renforcement de la formation initiale de l'enseignant en général. Par définition, le recyclage est une formation complémentaire donnée à un professionnel pour lui permettre de s'adapter aux progrès scientifiques de l'éducation. P.BERNARD dans l'ouvrage « la dissertation pédagogique par l'exemple », cite : « l'école qui n'allume pas la flamme de la curiosité intellectuelle manque son but. Elle ne met pas dans l'esprit de ceux qui la quitteront un jour, le ferment du développement ultérieur ; au lieu d'animer, elle mortifie ». Cette opinion démontre que l'école est un lieu d'interaction des formateurs et des apprenants. Si celui qui forme n'a pas les compétences requises, son enseignement sera voué à l'échec. Les enseignants doivent être recyclés afin de ne pas tomber dans la routine et d'adapter l'enseignement aux réalités socioculturelles et économique de l'élève.

L'Institut National de Recherche et d'Animation Pédagogique (INRAP) est un institut qui a été créé par décret n°87/120 du 5 Mai 1987. Tout comme les autres institutions pédagogiques antérieures comme le BP, le CRAP, l'INEF, l'INRAP travaille essentiellement à la conception et à la production pédagogique destinée aux éducateurs mais aussi aux élèves. Il participe au perfectionnement des enseignants dans le cadre de la réforme du système éducatif. Toutes les précautions prises par ces institutions en vue de la formation professionnelle des enseignants du fondamental 1 aboutissent à la recherche des résultats scolaires meilleurs.

3.3.4.3.4- Culture personnelle

De toutes les définitions relatives au concept « culture », nous retenons celle que nous livre l'ouvrage de J.LEIF Vocabulaire technique et critique de la pédagogie et des sciences de l'éducation, la culture est définie comme le « développement des facultés et des possibilités de l'intelligence, de la sensibilité du corps en vue de la formation du jugement, du sens esthétique, en vue d'acquérir l'équilibre physique les moyens de se reconnaître soi-même, de connaître les autres et le monde, de percevoir les rapports qu'impliquent ces connaissances. La culture est par nature et les objectifs des exercices et des activités qu'elle met en jeu, l'une des visées essentielles de l'enseignement de toute éducation ».

Avant de rentrer dans le développement de cette pensée, nous voulons savoir pourquoi est-il nécessaire pour l'enseignant d'avoir une culture personnelle. Tout d'abord, il convient de faire savoir à nos collègues enseignants que la culture personnelle est indispensable et indépendante des conditions de vie ou des conditions de travail même si celles-ci sont déplorables. Il serait acceptable d'être malheureux mais en ayant une forte culture. L'instituteur qui fait une bonne préparation se sent compris de ses élèves, voit réussir ses méthodes, éprouve satisfaction et croit au succès de son enseignement.

Ceci étant, en plus de sa formation professionnelle, l'instituteur doit compléter ses connaissances par une culture personnelle pour être à la hauteur de sa tâche et démontrer aussi sa valeur. Lorsqu'on parle d'un maître, ce mot démontre que celui-ci est polyvalent car il doit agir sur toutes choses, dans sa classe, son école et son milieu.

Il ne doit pas se contenter seulement de la pédagogie spéciale liée à sa profession mais étendre également le champ de ses connaissance aux domaines tel que : les sciences sociales, l'économie, la médecine, et autres. Il doit aussi lire des ouvrages propres à élever l'âme susceptible de lui apporter les plus nobles pensées. Procéder à des recherches personnelles par des correspondances sur internet, l'enseignant qui dispose des moyens financiers peut voyager pour élargir ses idées et ses horizons. Pour mieux dominer sa profession, l'enseignant s'instruit sans cesse.

3.3.4.4- Les mécanismes de suivi-évaluation des enseignants

Il est naturellement important que les enseignants formés et déployés sur le terrain, puissent être suivis afin de se rendre compte de leur efficacité.

En RCA, l'Inspection Générale de l'Education Nationale (IGEN) assume cette tâche, en collaboration avec les CPR et les IEF1. Il s'agit d'un mécanisme de contrôle des aptitudes des enseignants dans leurs établissements. C'est à cet effet que l'IGEN est instaurée et que les circonscriptions scolaires dirigées par les IEF1 ont été instituées. L'IGEN comprend au moins une dizaine d'inspecteurs sous les ordres d'un Inspecteur Général, tous nommés par Décret.

Dans les CPR et les circonscriptions scolaires de Bangui et des provinces, existent des Conseillers Pédagogiques et des Animateurs Pédagogiques et des Animateurs chargés du suivi-évaluation des enseignants du Fondamental 1 et du Fondamental 2. Les inspecteurs généraux sillonnent les établissements et les académies pour effectuer ces suivis au cours desquels des notes sont attribuées aux enseignants ; ceux dont les résultats ne sont pas satisfaisants, sont appelés à subir des recyclages en vue de renforcer leur capacité pédagogique.

Ce mécanisme fonctionne plus ou moins bien ; le manque de moyens matériels et logistiques dont souffrent l'IGEN et les circonscriptions et les CPR, ne permet pas de mener régulièrement ces suivis.

3.3.4.5- La formation des enseignants du secondaire

Pour le secondaire, la formation des enseignants est délivrée par l'Ecole Normale Supérieure (ENS) délivrant les diplômes suivants :

- Pour les enseignants du F2, le Certificat d'Aptitudes Professorales au Premier Cycle (CAPPC), après une formation de 3 ans après le baccalauréat,
- Pour les enseignants du Secondaire Général, le Certificat d'Aptitudes Professorales à l'Enseignement Secondaire (CAPES), après une formation de 2 ans après la licence,
- Pour les professeurs d'enseignement technique,
  o Le Certificat d'Aptitudes Professorales à l'Enseignement Technique (CAPET) après une formation de 2 ans à destination des professeurs titulaires,
  o le Certificat d'Aptitudes Professorales pour le Collège d'Enseignement Technique (CAPCET) après une formation de 2 ans après le baccalauréat.

Cette formation des enseignants du secondaire a également été réalisée (1995-1998 et 1997- 2000) par l'Institut National de Recherche et d'Animation Pédagogique (INRAP) délivrant, dans le cadre du Projet d'Appui au Secteur Educatif Centrafricain (PASECA) [224] :

---

[224] *le PASECA était une initiative de la Coopération française en matière d'éducation et surtout en matière de formation du personnel de l'éducation en réponse au Plan National de Développement de l'Éducation (PNDE). Le PASECA a mené une action de formation continue orientée auprès de 130 cadres pédagogiques de l'enseignement primaire. Cette formation consistait à améliorer et/ou à*

o   Un Diplôme à l'Enseignement au Premier cycle, après une formation de 3 ans, à destination des instituteurs et

o   un Diplôme de Professeur de lycée après une formation de 3 ans et à destination des professeurs de collège.

La formation des formateurs du fondamental 1 est assurée par l'Ecole Normale Supérieure (ENS) :

• Pour les conseillers pédagogiques par une formation de 2 ans à destination des instituteurs,
• Pour les inspecteurs du Fondamental 1 par une formation de 2 ans à destination des conseillers pédagogiques et des professeurs de collège et
• Pour les professeurs d'ENI par une formation de 4 ans à destination des bacheliers et des instituteurs.

La formation des enseignants du Fondamental 1 a connu une évolution très erratique, du fait des formations ponctuelles délivrées par les Centres Pédagogiques Régionaux. En effet, chaque fois que ces formations ont eu lieu, les effectifs d'enseignants formés ont doublé ou triplé. Si l'on ne considère que la formation régulière d'enseignants de l'Ecole Normale d'Instituteurs, les effectifs formés ont progressé régulièrement et à un rythme soutenu entre 1990/91 et 2000/01 (taux annuel moyen de 14%). En revanche, ils ont fortement décrus entre 2000/01 et 2003/04, les effectifs diminuant chaque année de 9% en moyenne. Enfin, sur la dernière période (2003/04 à 2006/07), la croissance des effectifs de l'ENI a été élevée, avec un taux annuel moyen de 19%, permettant d'obtenir un nombre d'enseignants formés de 255, chiffre légèrement supérieur au record atteint précédemment, en 1992/93, à savoir 225 instituteurs.

Quand aux effectifs de l'Ecole Normale Supérieure, formant les enseignants du Fondamental 2, ils ont connu 3 évolutions différentes :

• Ils ont décru fortement entre 1984/85 et 1991/92, leur nombre étant divisé par 3 sur la période,
• Ils ont augmenté entre 1991/92 et 2002/03, à un taux annuel moyen de 12%

---

renouveler leurs pratiques et leurs compétences. Au secondaire, il a contribué à requalifier 103 instituteurs en professeurs de collège et 77 professeurs de collège en professeurs de lycée dans les disciplines du français, des mathématiques, des sciences physiques et des sciences naturelles. Enfin, le PASECA a permis la publication et la diffusion des instructions officielles de 1991 dans toutes les écoles du pays614.

- Ils ont quasiment stagné sur la période 2002/03 à 2004/05, avec un taux de croissance annuel moyen de 1,6%.

3.3.5- Certaines causes des échecs des politiques éducatives

3.3.5.1- Causes profondes au-delà de la seule RCA

3.3.5.1.1- Indépendance des pays francophones dans la communauté française

En 1958 l'Oubangui Chari devint République Centrafricaine et accéda à une « autonomie » et à la laïcisation progressive de l'enseignement. Même à partir de cette date fatidique de la création de l'Etat de la République Centrafricaine, toute organisation administrative, politique, éducative... demeurait métropolitaine. Car l'Etat centrafricain n'étant que l'ombre de lui-même ; tout est « verrouillé » dans la constitution française de la Vème République en son titre XII relatif aux Etats ayant opté pour la Communauté française (Namyouïssé, 2007) :

Article 78 : « La politique étrangère, la défense, la monnaie, la politique économique, financière, éducative ainsi que la politique des matières premières stratégiques relèvent de la compétence de la communauté.

Article 80 : « Le président de la République Française est le président de la communauté et le chef de l'Etat pour les Etats membres ».

Cette situation de Communauté optée par certains nouveaux Etats d'Afrique Noire surtout francophones, particulièrement la République Centrafricaine, a jeté la base d'un nouveau positionnement stratégique et politique des puissances occidentales sur ces pays dont ils ne se remettront peut être jamais pour une raison principale : La privation des instruments de souveraineté[225].

3.3.5.1.2- La conférence d'Addis-Abeba des Ministres de l'Education nationale des pays d'Afrique en 1961

Les luttes politiques ayant conduit à l'indépendance eurent aussi comme argument la démocratisation de l'enseignement c'est à dire vulgariser la scolarisation à l'ensemble de la population. Les premiers dirigeants africains de cette période ont cru à l'importance de l'Education scolaire dans le processus de développement de leurs jeunes Nations.

Dès 1961, les ministres de l'Education nationale des pays d'Afrique se réunirent à Addis-Abeba en Ethiopie pour re-définir l'orientation scolaire. L'ambition de la

---

[225] *ENGELBERT MVENG, In La revue Quart Monde « Pauvreté et paupérisation », décembre 2004*

plupart des pays représentés était de revoir leur système éducatif respectif afin de l'adapter aux nouvelles orientations économiques, sociales et politiques dont ils voulaient doter leurs Nations. Ils voulaient, au clair, rompre avec le système scolaire dit « colonial » décrié par tous.

Mais ces représentants ou cette « oligarchie[226] » africaine (Demunter 1975) avaient-ils conscience qu'ils étaient eux-mêmes issus de cette école coloniale ? Etaient-ils prêts à revoir « à la baisse » leur propre statut social « gagné » grâce à cette école coloniale ? A cette question, comme nous l'avions vu précédemment au niveau du cadre historique, la qualité de l'enseignement, en tout cas en Oubangui-Chari, ne peut permettre à un Oubanguien nouvellement Centrafricain, de débattre des grands enjeux liés à la situation de l'éducation de son pays au sommet de cette importance (Namyouïssé, 2007).

Pour revenir à la question, personne n'était prêt à revoir à la baisse ses privilèges (postes de responsabilité avec avantages connexes), pour cause de l'éducation comme nous souligne l'état d'esprit de l'époque (Rey 1971) : «...*Maintenant tous ces postes sont occupés par des gens qui n'ont aucune envie de laisser leur place à plus jeune et instruit qu'eux (...), il en est sans doute de même dans toutes les néocolonies* »[227]. Cet état d'esprit est loin d'être éradiqué, il se cristallise davantage.

L'autre question est de savoir si les nouvelles propositions de Addis-Abeba ne sont- elles pas téléguidées ? Ou encore ces jeunes Etats avaient-ils les moyens de leur ambition ? L'intention du sommet de Addis-Abeba, bien que bonne sur la forme demeure lacunaire sur le fond.

Dans le cas particulier des pays francophones, la privation des instruments de souveraineté notamment en moyens humain et économique a été l'un des obstacles importants non travaillés en amont avant l'accès à l'indépendance de Centrafrique. Les conséquences directes seront l'une des causes des échecs des différentes réformes du système éducatif centrafricain occasionnant des abandons scolaires, ce qui nous intéresse ici. Les cadres formés initialement par le système métropolitain avaient un but précis : compenser le déficit numérique en administrateurs coloniaux comme nous l'écrit sans ambiguïté A. Sarraut alors ministre des colonies ; « *Instruire les indigènes est assurément notre devoir (...)*

---

[226] *Le sens donné par Demunter à ce mot cadre bien avec le contexte au lendemain des indépendances des pays africains. Demunter parlait de l'oligarchie zaïroise : « C'est le transfert de souveraineté et le départ précipité des fonctionnaires européens qui ont amené certains petits bourgeois à occuper des postes de direction et de commandement au sein de l'appareil de l'Etat. En occupant ces postes, ils ont pu non seulement bénéficier des avantages matériels et des privilèges qui y sont attachés, mais encore en créer de nouveaux ». In Masses rurales et luttes politiques au Zaïre, Editions Anthropos, pp 304, 1975*
[227] *REY, PP, Colonialisme, néocolonialisme et transition au capitalisme. Exemple de la « Comilog » au Congo-Brazzaville « Economie et socialisme »15, Paris, Maspero, pp.509*

mais ce devoir fondamental s'accorde par surcroît avec nos intérêts économiques, administratifs, militaires et politiques les plus évidents[228].»

Ceci étant, ces cadres indigènes subalternes se retrouvant au lendemain de l'indépendance, placés à de hautes fonctions de l'Etat, n'ont malheureusement pas assez de capacités et d'expériences requises pour assumer avec efficacité ces hautes fonctions qui leur sont confiées. Leur formation dans la plupart des cas, rappelons-le, n'était que sommaire (Namyouïssé, 2007). Car ils n'avaient pas accès à l'enseignement supérieur de qualité jugé trop coûteux comme c'était le cas en Oubangui-Chari: *«nous avons besoin sur les différents chantiers de maçons, ouvriers, de mécaniciens, de surveillants lettrés capables de seconder la main d'œuvre européenne ou même d'y suppléer en quelque mesure, car l'administration comme le commerce et l'industrie, a intérêt à en restreindre l'emploi strict minimum, en raison des prix élevés qu'elle réclame »[229].*

3.3.5.1.3- Nécessité de l'aide extérieure après la conférence d'Addis-Abeba

Notons que l'esprit de l'indépendance suivi de celui de la conférence d'Addis-Abeba en matière de scolarisation, rappelons-le, était celui de la massification et de la réorientation de l'éducation : « Etant donné que le contenu actuel de l'Education ne correspond ni à la réalité africaine, ni à l'hypothèse de l'indépendance politique, ni aux caractéristiques d'un siècle essentiellement technique, ni aux exigences d'un développement économique comportant une industrialisation rapide, mais qu'il fait appel à des références à un milieu non africain et ne permet pas à l'intelligence, à l'esprit d'observation et à l'imagination créatrice de l'enfant de s'exercer librement, et de l'aider à se situer dans le monde, que les autorités chargées de l'éducation dans les pays africains révisent le contenu de l'enseignement en ce qui concerne les programmes, les manuels scolaires et les méthodes, en tenant compte du milieu africain, du développement de l'enfant, de son patrimoine culturel et des exigences du progrès technique et du développement économique, notamment de l'industrialisation »[230]

Ces nouveaux états indépendants vont se rendre compte au cours de la conférence de Addis-Abeba qu'ils n'avaient pas les moyens de leur ambition : « (...) Conscients du fait que les ressources sont insuffisantes à l'heure actuelle, et le resteront pendant une vingtaine d'années, les Etats africains se rendent compte qu'il leur est impossible de financer eux-mêmes entièrement la mise en œuvre de ces plans. Ils savent que pour atteindre leurs buts, ils auront besoin d'aide étrangère dont l'ampleur ira croissant pendant dix ans et diminuera ensuite

---

[228] SARRAUT, A, *La mise en valeur des colonies françaises, Paris, Payot, 1923 pp.25*
[229] *Historique et organisation générale de l'enseignement en A.E.F opcit pp.49*
[230] *Rapport final, Conférence d'Etats Africains sur le Développement de l'Education en Afrique du 15-25 mai, Addis-Abéba, 1961*

pendant les dix années suivantes. Ils accueilleront donc volontiers l'assistance internationale qui leur sera nécessaire »[231].

Ainsi, ils vont demander des aides internationales c'est-à-dire s'endetter. La République Centrafricaine va devoir de l'aide européenne : «(...) Il faut souligner l'aide apportée par la F.A.C. (Fonds d'Action et de Coopération) et le F.E.D (Fonds Européens et de Développement) pendant les premières années de l'indépendance au pays. Cette aide a servi essentiellement à la construction des bâtiments scolaires, dont le nombre a plus que doublé en cinq (5) ans »[232].

3.3.5.2- Autres causes précises en RCA

***

*« Au lendemain de l'indépendance, on a noté un effort de massification scolaire mais non maîtrisé par des moyens conséquents. La politique éducative était mal définie car orientée vers un travail dans l'administration et non vers **un épanouissement personnel de l'individu à la transformation et l'implication personnelle ou collective dans les activités économiques du pays** comme l'agriculture. » (Namyouïssé, 2007)*

***

*« L'arrogance des fonctionnaires de l'État est en cause. Ce qui amène les parents à espérer voir leurs enfants qu'ils envoient à l'école, être comme ces fonctionnaires comme nous le résume R. Dumont (1962) : « **L'école représente d'abord le moyen d'accéder à la caste privilégiée de la fonction publique** »[233]. Cet état d'esprit peut paraître une motivation à une scolarisation de masse mais pour quel but et quel objectif ? **Des questions qui n'étaient pas ou mal posées pour une meilleure politique éducative au lendemain de l'indépendance.** »*
(Idem)

***

3.3.5.2.1- Les troubles sociopolitiques et leurs incidences sur l'éducation

Ces différentes situations politiques ne sont pas linéaires. Elles ont eu des conséquences positives et négatives sur le fonctionnement des institutions de l'Etat. L'institution éducative a, pour sa part, été sévèrement affectée par ces situations.

De manière spécifique quels en sont les incidences sur l'éducation ?

La République Centrafricaine depuis 1960 a connu six (6) présidents[234]. L'accès à la magistrature suprême de ces présidents ne s'est pas fait de la même manière.

---

[231] *Idem*

[232] *DANAGORO, J.P, Education et développement en République Centrafricaine : La problématique éducative face aux aléas du développement communautaire en rural. Doctorat de 3ème cycle, Sociologie, Ecole de Hautes Etudes en Sciences Sociales, Paris, 1981.*

[233] *DUMONT, R, L'Afrique noire est mal partie, Paris, Seuil, 1962, pp.79*

[234] *Neuf (9) présidents de 1960 à 2025, car Bozizé sera suivi de Ndotodja, Mme Samba-Panza et Touadéra.*

Certains y sont parvenus par la voie du peuple, d'autres par des coups de force et enfin ceux qui y sont arrivés par le hasard des circonstances.

(a)- Les troubles à la rentrée scolaire 1978- 1979

Les premiers troubles les plus retentissants commencèrent à la rentrée scolaire 1978- 1979 avec l'instauration des tenues scolaires obligatoires même si l'on peut évoquer avant cette période les: «*...grèves des lycéens en 1971 et 1972 pour protester contre les mauvaises conditions de vie scolaire, 1974, 1975, 1975,1976 grèves à l'université de Bangui*».[235]

Rappelons que le pays vient de vivre un grand évènement un an plus tôt : Le couronnement de l'empereur Bokassa 1er. Cet évènement n'est pas sans conséquences sur le trésor public qui commence à éprouver des difficultés pour faire face à ses dépenses de souveraineté. Les salaires, bourses et pensions ne sont pas versés à terme échu. Alors, évoquer le port de tenues obligatoires a rappelé aux fonctionnaires, élèves et étudiants qu'ils devaient se les acheter alors que les salaires et bourses ne sont pas payés (Namyouïssé, 2007).

Des grèves furent déclenchées où des massacres, disparitions et arrestations des élèves et étudiants sont perpétrés en janvier et avril 1979. Ces journées sont encore commémorées de nos jours ! De cette période sombre, certains élèves et étudiants ont pris le chemin de l'exil et de clandestinité compromettant leur scolarité. D'ailleurs les écoles, collèges, lycées et l'université étaient fermés pendant plus de trois mois. A la reprise des cours certains élèves ont tout simplement abandonné l'école (idem).

(b)- Les troubles liées au renversement de l'empire en septembre 1979

Le renversement de l'empire en septembre 1979 a occasionné des actes négatifs au nom de « grâce à Dacko ». Deux significations s'imposent à ce groupe de mots : L'une positive et l'autre négative :

- Signification positive : « Grâce à Dacko » signifie la reconnaissance envers Dacko qui a débarrassé le pays d'un dictateur sanguinaire en la personne de Jean-Bedel Bokassa.
- Signification négative : « Grâce à Dacko » signifie la destruction systématique de tout ce qui a été bâti par Bokassa ou qui en portait son symbole. Ainsi des infrastructures scolaires, universitaires, sportives, hospitalières, les magasins, entreprises, usines... ont été pillés, vandalisés ou détruits. Et ce, tant dans la capitale qu'en provinces.

---

[235] Zoctizoum, Y, *Les mécanismes de l'ordre colonial, néocolonial et d'appauvrissement en Centrafrique : 1879-1979, Doctorat d'université, Sociologie, Paris 7, 1981, pp.794.*

Quand tout fut rentré dans « l'ordre» après cette chute de l'empire, il a fallu faire le bilan, du moins en ce qui concernait l'Education :

- Manque crucial d'infrastructures scolaires ;
- Les fournitures scolaires sont désormais achetées par les parents et non offertes gratuitement par l'Etat ;
- La carte d'abonnement sanitaire (équivalent de la Couverture Médicale Universelle en France) des élèves est supprimée, ils doivent supporter les frais médicaux ;
- Les bus de transport des élèves et étudiants sont supprimés également ;
- Les réquisitions de transport pour élèves et étudiants supprimées ; ils doivent payer eux-mêmes leur voyage même si c'est un voyage pédagogique.

Tous ces acquis sociaux en faveur de l'Education ne sont pas supprimés par la volonté manifeste du gouvernement mais tout simplement par l'incapacité financière de l'Etat, la mauvaise gestion des dépenses publiques et d'autres causes exogènes évoquées ci-dessus, d'en assurer la pérennité. Car le tissu économique étant détruit, l'Etat ne perçoit plus grand-chose au niveau des recettes fiscales et douanières. La population centrafricaine étant pauvre, la prise en charge de ces acquis sociaux désormais par les parents constituerait pour ces derniers le début d'un défi épouvantable non prévu à relever et ce, jusqu'à nos jours. (Namyouïssé, 2007)

(c)- Les contestations des résultats des élections présidentielles de mars 1981

Les multiples contestations des résultats des élections présidentielles de mars 1981 ont également porté un coup dûr à l'éducation. L'organisation des élections elles mêmes se déroulent souvent en pleine année scolaire. La plupart des enseignants ont des responsabilités politiques : directeurs de campagne d'un tel candidat à l'élection présidentiel - présidents de section de tel parti politique ; candidats aux élections législatives ou municipales ; etc.

Ces enseignants ont du abandonner les salles de classe pour plus de cinq mois. C'est dire que : la date du vote étant fixé le 15 mars 1981, les campagnes électorales auraient démarré deux semaines plus tôt ; le dépôt de candidature aurait été enregistré au moins deux mois auparavant, ; enfin il fallait deux ou trois semaines pour connaître les résultats du premier tour !; deux ou trois semaines pour entreprendre la campagne pour le 2ème tour durant deux semaines environ ; deux ou trois semaines pour enfin connaître le résultat final.

Pendant toute cette période électorale la fréquentation scolaire subit un rythme quasi nul. Quand survinrent les contestations des résultats suivies de grèves à répétition, attentats... ce fut la fermeture pure et simple des établissements scolaires entraînant la démotivation et les abandons scolaires.

3.3.5.2.2- Des causes de la formation des enseignants

L'appréciation des causes de l'échec de la politique éducative en RCA conduit naturellement à se demander si la formation des enseignants ne serait pas en cause. Si l'on considère le niveau de certains enseignants comme les agents supérieurs, les instituteurs-adjoints, on serait tenté de répondre positivement à cette interrogation. Or lorsqu'on considère les ressources disponibles destinées au financement dans le domaine de la formation des formateurs, on ne peut attendre de la RCA qu'elle ait résolu un problème crucial que connaissent tous les pays d'Afrique Noire.

Les responsables de l'éducation semblent se préoccuper du « relèvement du niveau de compétence des enseignants par un recyclage systématique de tous les cadres et enseignants en service »[236]. Il faut dire que la RCA n'a pas méconnu l'importance de la formation des formateurs car les responsables de l'éducation semblent lui accorder « beaucoup d'attention et de moyens ». En témoignent les charges récurrentes pour le traitement des enseignants qui ont connu un accroissement allant de :

- 81,75 millions de FCFA en 1966 à
- 95,25 millions de FCFA en 1968 pour atteindre
- 266 millions de CFA en 1986[237].

Hormis les sources de financement, on peut dire que la qualification du personnel enseignant a connu une progression sensible et qu'elle est d'un niveau estimable. Si cet accroissement semble spectaculaire, il faut toute fois préciser qu'en 1990, le personnel du primaire comprenait encore des instituteurs titulaires du BEPC et des moniteurs qui n'ont pas ce diplôme. A noter cependant que si en 1966-67, alors que l'effectif du corps enseignant ne s'élevait qu'à 340 personnes, la proportion des moniteurs était de 22%, elle n'est plus que de 17% en 1970-71[238]. En revanche, l'effectif des maitres a plus que doublé. Par ailleurs, la proportion des instituteurs-adjoints dont le niveau est fort honorable est en comparaison fort élevée. On peut estimer qu'il faudrait encore relever leur niveau de formation pour l'accorder au besoin du moment ; ce qui demanderait beaucoup d'argent. L'argent constitue à cet effet la condition sine qua none de la formation.

Et si on observe les limites budgétaires dont on sait infranchissables en RCA, la dépense supplémentaire pourrait être faite au détriment d'autres chapitres. Par

---

[236] *Ministère du Plan et des Statistiques – Bangui 1986.*
[237] *Plans de développement économique et social 1967-70 et 1986.*
[238] *Ministère de l'Éducation Nationale.*

conséquent, l'hypothèse du niveau des enseignants comme cause de l'échec de la politique scolaire est insoutenable dans la mesure où ce niveau est assez honorable comme ci-haut dit.

3.3.5.2.3- Des causes de ressources disponibles destinées au financement du secteur

Cependant, quelles que soient les tendances visant à l'amélioration de la situation scolaire en RCA (problème de ratio maitre-élèves, tentative d'adaptation du contenu de l'enseignement), on se heurte toujours malheureusement aux mêmes contraintes qui concernent beaucoup plus les contraintes budgétaires. Dans cette optique, il faut dire que si le budget de l'enseignement accapare à lui seul 27% du budget national, il est consacré pour 98% à la rémunération du personnel du Ministère de l'Éducation Nationale. Le poste concernant les investissements en locaux, en matériel didactiques ne représentent que 1% du budget de l'Éducation. A cet effet, on peut affirmer que pour obtenir un fonctionnement satisfaisant du système d'enseignement, il serait souhaitable de multiplier par 10 environ les sommes destinées au poste matériel.

Mais il faut se convaincre par ailleurs que les raisons matérielles ont pour corollaire d'autres facteurs non moins important. A ce sujet, l'une des raisons qui n'est pas d'ordre matériel directement concerne le contenu du programme d'enseignement. On peut se demander en effet si l'enseignement tel qu'il a été conçu et organisé est bien adapté aux étudiants et aux élèves. L'appréciation du contenu pédagogique débouche sur la question de rendement. Précisons que celui-ci est mesuré par l'appréciation qui est faite de la qualité et de la compétence des diplômés, par l'importance des taux de redoublement et des taux d'abandon qui s'expriment au travers du nombre d'années-élèves nécessaires à l'obtention d'un diplôme comparé à une scolarité normale et par le coût moyen annuel d'un étudiant et d'un élève. La description déjà faite de la situation des différents cycles d'enseignement laisse à penser qu'il n'en a rien car le problème du rendement est étroitement lié aux conditions matérielles et non seulement à la situation pédagogique. D'ailleurs celle-ci est fonction de la situation financière.

Par conséquent, on peut rappeler que les conditions matérielles qui sont faites aux enfants, les moyens mis à leur disposition tant à l'école qu'en dehors de l'école, c'est-à-dire dans leur famille, si on considère la situation socio-professionnelle et le revenu des parents, se prêtent mal au travail scolaire conçu pour un objectif précis et en fonction d'un environnement socio-culturel déterminé. Les conditions matérielles qui sont dérisoires en RCA sont la résultante des visées impérialistes orientées vers l'exploitation des ressources économiques de ce pays. Et les interrelations entre les facteurs politique, économique et culturel sont engendrés par le schéma de la politique générale de domination définie par les puissances occidentales. Les influences de ces interrelations sont considérables sur les structures d'enseignement. (Banyombo, 1990)

C'est pour « remédier » à ces échecs de politique éducative que les autorités centrafricaines ont adopté en 1984 le projet de la réforme et que des « mesures de redressement immédiat sont prises ou en voie de l'être »[239]. Entre autres mesures, on peut souligner le fait de « donner une finalité à l'enseignement en envisageant sa ruralisation »[240].

Ce problème complexe ne saurait recevoir une solution « immédiate » dans la mesure où le problème de l'éducation et surtout l'enseignement nécessite un travail minutieux de longue haleine. Des mesures « immédiates » ou urgentes ne sauraient garantir l'efficacité d'un projet de réforme qui implique la mise en œuvre d'un budget consistant et en premier lieu, la nécessité d'une étude aussi exhaustive que possible des réalités de la réforme.

Or les effets induits du manque de ressources aboutissent au fait suivant. Malgré quelques efforts d'adaptation, toujours partiels et isolés, les règles de vie de l'école, l'esprit et le contenu de l'enseignement jusqu'ici dispensé sont loin d'être toujours harmonisables avec les mœurs et les éléments de la culture qui caractérisent le milieu familial et social de l'enfant.

En somme, il faut souligner que la réussite de toute politique éducative dépend étroitement de moyens de financement qui conditionnent fondamentalement la construction des locaux pour éponger les effets de la croissance démographique, l'achat des matériels didactiques, le financement des études de faisabilité dans le cadre du projet de la réforme en vue de définir d'une manière adéquate le programme et le contenu pédagogiques.

Les ressources économiques et financières constituent la toile de fond où devrait s'édifier les structures scolaires pour garantir leur efficacité ou leur fiabilité. Mais si on considère que la RCA est un pays sous-équipé, un pays essentiellement agricole, on peur dire que sans les aides extérieures, l'ensemble du système scolaire serait complètement paralysé étant donné qu'il n'est pas possible, compte tenu des besoins concurrents et la nécessité de poursuivre une politique d'assainissement des finances publiques, d'envisager un redéploiement des moyens nécessaire à l'éducation et à la formation.

Mais paradoxalement, il faut préciser que l'aide extérieure, sous sa forme actuelle, induit des liens de dépendance qui accentue le sous-développement de la RCA. Ces liens de dépendances sont entretenus de l'intérieur par des acteurs politiques nationaux qui sont plutôt les garants des capitalistes. Leurs actions ne visent directement à promouvoir l'économie nationale, mais à renforcer ces liens de

---

[239] *Ministère du Plan et des Statistiques – Bangui 1986.*
[240] *Ibid.*

dépendance. Au regard de tout ceci, on peut dire que le système scolaire est dans une impasse financière. C'est pourquoi, on peut réitérer que l'échec de la politique éducative en RCA provient du manque de ressources économiques et financières.

3.3.6- Influence des instances internationale concernant le secteur éducatif privé

***

« D'abord, on peut remarquer des variations dans les politiques en faveur de l'éducation dans les pays du Tiers-Monde préconisées par ces institutions internationales. Ces « variations éducatives » ont suivi une évolution historique depuis un certain temps. Dans un premier temps, la position des instances internationales consistait à imposer aux États en voie de développement de se désengager du secteur éducatif pour le libéraliser exclusivement au profit du privé. Durant les années 1980, la République Centrafricaine, comme beaucoup d'autres pays africains, fut soumise aux injonctions des bailleurs de fonds tels que la Banque Mondiale et le Fonds Monétaire International, avec des plans drastiques d'ajustement structurel (PAS) qui ont laissé des conséquences plus néfastes que positives dans le domaine de l'éducation. »

***

« La décennie 1990 sera le tournant décisif pour adopter une approche différente de cette politique éducative impulsée par les institutions internationales. Les recommandations émanant de la rencontre de Jomtien en Thaïlande en 1990 préconisant le programme de l'Éducation Pour Tous suivie du Forum de Dakar au Sénégal en 2000 pour l'atteinte d'une éducation universelle d'ici 2015, vont totalement changer les orientations. Il ne peut plus être question pour les États d'abandonner le secteur éducatif et encore moins de s'en occuper tout seul, mais d'ouvrir le secteur éducatif comme un vaste chantier dans lequel peuvent prendre place des partenaires identifiés ayant des potentialités avérées pour participer aux côtés de l'État au le développement de l'éducation et de la formation par l'école. »

***

« Qu'il s'agisse des institutions internationales (UNESCO, Banque mondiale) ou des coopérations bilatérales régionales (UE/ACP), ou nationales (France/pays africains), les partenariats public-privé savamment construits peuvent contribuer à l'efficacité du système éducatif dans son ensemble, à savoir l'accès équitable au savoir au Nord comme au Sud. Le projet politique de l'école n'est pas seulement d'alphabétiser, mais aussi de contribuer au bien-être du sortant du système en lui permettant d'être autonome et de vivre dignement. »

***

3.3.6.1- Quelle Stratégie du Secteur de l'Éducation conseillée ?

Les progrès dans la mise en œuvre des successives et dynamiques politiques éducatives en Centrafrique apparaissent insignifiants. Le rapport de la Banque Mondiale, le Plan National d'Éducation Pour Tous établi pour la période de 2003 - 2015, et la Stratégie Nationale du Secteur de l'Éducation de 2008- 2020 révèlent les faiblesses du système éducatif centrafricain. Comment expliquer ces insuffisances ? Est-ce une mauvaise volonté politique ou juste un problème purement structurel ? Si l'on admet que c'est un problème structurel, comme suggère le rapport de la Banque Mondiale, que faudrait-il faire pour résoudre ce problème d'inefficacité chronique du système éducatif centrafricain ? Quelle stratégie mobiliser ?

Selon la théorie des jeux développée par Philippe HUGON, on distingue deux types de stratégie : la stratégie coopérative et la stratégie non coopérative. S'agissant de cette dernière, la stratégie de type "dilemme du prisonnier" consiste à ne rien faire et à attendre que l'autre entreprenne quelque chose pour en profiter. Par contre, la stratégie dite de la "poule mouillée", plus coopérative, induit une forte propension de tous à coopérer[241]. Faut-il toujours continuer d'attendre l'État Centrafricain qui, pour des raisons conjoncturelles, contribue à la reproduction d'un système éducatif désincarné ? Ou plutôt finalement opter pour la stratégie dite de la « poule mouillée » ? Quelle est la position des institutions internationales chargées de l'éducation dans ce type de situations quand il s'agit du rôle pilote ou catalyseur des institutions éducatives privées ?

3.3.6.2- Les politiques en faveur de l'éducation préconisées par ces institutions internationales

D'abord, on peut remarquer des variations dans les politiques en faveur de l'éducation dans les pays du Tiers-Monde préconisées par ces institutions internationales. Ces « variations éducatives »[242] ont suivi une évolution historique depuis un certain temps. Dans un premier temps, la position des instances internationales consistait à imposer aux États en voie de développement de se désengager du secteur éducatif pour le libéraliser exclusivement au profit du privé. Durant les années 1980, la République Centrafricaine, comme beaucoup d'autres pays africains, fut soumise aux injonctions des bailleurs de fonds tels que la Banque Mondiale et le Fonds Monétaire International, avec des plans drastiques d'ajustement structurel (PAS) qui ont laissé des conséquences[243] plus néfastes que positives dans le domaine de l'éducation. Ces plans s'étaient traduits par des mesures d'austérité en réduisant de manière drastique le budget à affecter au système éducatif national. Parmi les effets pervers de cette politique d'austérité, on peut compter la suppression de l'École normale d'instituteurs de Bangui, le recrutement et la formation des enseignants au rabais[244], la précarisation et la dévalorisation de la fonction enseignante, le manque d'entretien des bâtiments scolaires, etc. Mais l'acte le plus déterminant reste l'adoption du programme dit « Départ Volontaire Assisté » (DVA) qui a consisté à envoyer en retraite prématurée et à écarter de l'enseignement, une bonne partie des enseignants chevronnés. Cela s'est traduit et ressenti dans les écoles par des classes surchargées avec un ratio moyen de 96 élèves par enseignant et l'abandon de beaucoup de classes sans enseignant.

---

[241] *Cf. HUGON, P., (2005), idem.*

[242] *MEUNIER, O., (2009), Variations et diversités éducatives au Niger, Paris, l'Harmattan.*

[243] *Cf. le programme imposé par la Banque Mondiale en 1980 dans le cadre de l'assainissement des finances publiques à travers le programme du « Départ Volontaire Assisté » a laissé des conséquences négatives sur le système éducatif centrafricain.*

[244] *Pour combler le déficit numérique causé par le départ à la retraite anticipée des enseignants, la Banque Mondiale a mis en place et financé une série de formation dite « accélérée » des élèves instituteurs en seulement 9 mois. La qualité de la formation reste à désirer.*

La décennie 1990 sera le tournant décisif pour adopter une approche différente de cette politique éducative impulsée par les institutions internationales. Les recommandations émanant de la rencontre de Jomtien en Thaïlande en 1990 préconisant le programme de l'Éducation Pour Tous suivie du Forum de Dakar au Sénégal en 2000 pour l'atteinte d'une éducation universelle d'ici 2015, vont totalement changer les orientations. Il ne peut plus être question pour les États d'abandonner le secteur éducatif et encore moins de s'en occuper tout seul, mais d'ouvrir le secteur éducatif comme un vaste chantier dans lequel peuvent prendre place des partenaires identifiés ayant des potentialités avérées pour participer aux côtés de l'État au le développement de l'éducation et de la formation par l'école. Ainsi donc, des réformes d'ensemble peuvent être plus efficaces que des réformes parcellaires. Ainsi donc la privatisation des biens non marchands semble redonner au marché éducatif plus d'efficacité. Aujourd'hui, la privatisation croissante des systèmes éducatifs, le développement de l'éducation virtuelle et l'internationalisation des formations semblent susceptibles d'apporter des réponses appropriées aux besoins d'un bien public mondial insuffisant, voire défaillant dans bon nombre de pays du Sud, comme en Centrafrique. Si l'on reconnaît qu'une privatisation partielle et maîtrisée des services éducatifs favorise la diversification de l'offre de formations et des choix des étudiants, le secteur public reste néanmoins garant de l'équité (égalité des chances), mais plus forcément de la qualité. Qu'il s'agisse des institutions internationales (UNESCO, Banque mondiale) ou des coopérations bilatérales régionales (UE/ACP), ou nationales (France/pays africains), les partenariats public-privé savamment construits peuvent contribuer à l'efficacité du système éducatif dans son ensemble, à savoir l'accès équitable au savoir au Nord comme au Sud. Le projet politique de l'école n'est pas seulement d'alphabétiser, mais aussi de contribuer au bien-être du sortant du système en lui permettant d'être autonome et de vivre dignement.

3.3.6.3- Les partenariats public-privé préconisés : exemple de l'ECAC

Les institutions éducatives privées en Centrafrique sont nombreuses[245] de nos jours. Nous nous intéresserons uniquement à l'enseignement catholique qui a une grande tradition et compte de nombreux établissements répartis dans tous les diocèses du pays. Un organe exécutif, le secrétariat d'Enseignement Catholique en Centrafrique (ECAC) coordonne les activités de l'enseignement catholique et définit les grandes orientations en lien avec les objectifs du système éducatif en Centrafrique. En vertu du partenariat qui existe entre l'État Centrafricain et les évêques, représentants de l'Église catholique en Centrafrique, nous nous demandons si les écoles catholiques peuvent devenir des institutions pilotes d'un

---

[245] *En 2007, l'Enseignement Catholique Associé de Centrafrique (ECAC) scolarisait à lui seul 7 % de jeunes dans le primaire, d'après les informations recueillies auprès du Secrétariat Général de l'ECAC.*

enseignement adéquat et approprié en lien avec le développement intégral de l'homme et des besoins du marché national ? (Yérima Banga, 2017)

Certes, jusqu'à présent, cet enseignement quoique de qualité n'est pas allé loin dans l'offre d'une éducation et d'une formation technique et professionnelle plus indiquées et appropriées aux besoins du centrafricain et du marché national. Malgré ses modestes ressources, ne pourrait-on pas se donner pour objectif d'utiliser de la manière la plus efficace possible les ressources disponibles au service des finalités éducatives promotrices d'autonomie et d'initiative ? Ne devrait-il pas revenir à l'État de se saisir de ces lacunes pour créer des synergies et de coordonner les différentes actions menées par les partenaires sur le terrain afin d'arriver à des résultats satisfaisants et généralisés ? (idem)

3.4- Analyse et Diagnostic du fonctionnement du système éducatif centrafricain au début des années 2000

3.4.1- Le diagnostic des services éducatifs en 2004 - éducation de base [246]

La situation socio-économique de la RCA est d'autant plus grave et les ressources si limitées que l'ambition la plus judicieuse pour les trois prochaines années serait, pour réduire la pauvreté, de s'attaquer d'abord aux problèmes de la petite enfance, des enfants de 6 à 11 ans, de ceux qui malheureusement ont des services éducatifs hors de leur portée et de l'accès des parents, notamment les femmes, aux connaissances et savoir faire appropriés. Ces secteurs ont subi un impact négatif de la mauvaise gouvernance, perceptible sur les insuffisances des services, la faible capacité et la mauvaise qualité de l'offre éducative, l'iniquité et la dégradation de l'environnement scolaire.

L'offre des services éducatifs, au niveau de la petite enfance, est dérisoire et représente un taux d'accès de moins de 2%. Au niveau primaire, c'est au niveau des dix dernières années difficiles qu'elle a considérablement chuté. Le taux brut de scolarisation (TBS) est passé de 73,5% en 1988 à 68,4% en 2000 et à 47,8% en 2003 *(Ministère de l'Education : annuaire statistique scolaire 2004)*, tandis que la chute du taux net de scolarisation (TNS) est encore plus prononcée, passant de 47,8% en 1988, à 42,9% en 2000 et 40,7% en 2003. Le TBS de 68,7% *(Recensement général de la population et de l'habitation)*, relativement faible par rapport aux pays voisins, est plus élevé chez les garçons (78,3%) que chez les filles (58,77%), plus élevé en zone urbaine (106,5%) qu'en zone rurale (46,3%).

---

[246] *Extraits de l'« Annuaire statistique scolaire 2004, Ministère de l'Education »*

En zone urbaine, ce taux est de 113,4% chez les garçons contre 99,5% pour les filles, alors qu'en milieu rural, la situation est plus critique, avec un taux de 57,8% chez les garçons pour 34,2% chez les filles. En définitive, en 2003, en milieu urbain 88 filles pour 100 garçons fréquentent le primaire et seulement 59 filles pour 100 garçons sont scolarisées en zone rurale. Pour la même période, le TNS (40,7%) est encore plus critique. Il vaut 44,3% pour les garçons et 36,9%pour les filles. Selon le mileu de résidence, il est deux fois supérieur en milieu urbain (64,3%) qu'en milieu rural (26,7%). Si aucun redressement ne se fait rapidement, le TNS atteindrait 43% en 2015. Alors, 57% des enfants de 6 à 11 ans seraient privés des opportunités d'accéder à l'école. Les régions 1, 2 et 5 contribuant le plus à la pauvreté verraient le niveau d'accès des enfants aux services éducatifs baisser davantage.

En ce qui concerne la qualité de l'offre éducative, les dix dernières années de crise ont fortement contribué à sa dégradation générale. Ainsi, le taux d'abandon (TA) a progressivement avancé. Au cours d'initiation (CI), il est passé de 13% en 1998/1999 à 39% en 2002/2003 ; au CM2 de 11% en 1998/1999 à 31% en 2002/2003 ; le taux de redoublement (TR) est élevé, même si la tendance est légèrement en baisse. Au CI, il est passé de 32% en 1998/1999 à 20% en 2002/2003 et au CM2 de 28% en 1998/1999 à 21% en 2002/2003. Enfin le taux de promotion (TP) connait un déclin rapide. Au CI, il est passé de 55% en 1998/1999 à 41% en 2002/2003 et au CM2 de 71% en 1998/1999 à 48% en 2002/2003. En bref, cela signifie que sur 100 enfants centrafricains inscrits au CI, 49 seulement achèvent le cycle primaire. A ce rythme, 57% seulement d'élèves inscrits au CI achèveraient le cycle en 2015 au lieu des 100%, comme le recommandent les objectifs du Millénaire pour le Développement.

La mauvaise qualité et l'inégale répartition géographique des services éducatifs sont étroitement liées aus faibles capacités d'encadrement. Alors que la norme fixe le nombre d'élève à 50 par salle de classe (ratio élève/salle de classe), la moyenne nationale est d'environ 71, avec des cas extrêmes généralisés de plus de 200. En ce qui concerne les places assises, le ratio normal de 3 élèves par table banc (ratio élève/table banc) est largement dépassé, avec des taux moyens de plus de 9 élève par table banc, à tel enseigne que certains élèves, dans les basses classes, sont le plus souvent obligés de s'assoir à même le sol. Le ratio élèves par livre de lecture (ratio élève/livre de lecture) est de 5,6 soit moins de 2 livres pour 11 élèves, tandis que le ratio élèves par livre de calcul (ratio élève/livre de calcul) est 3,5 soit deux livre pour 7 élèves. Le ratio élève/maitre moyen est estimé à plus de 200 est quatre fois supérieur au ratio normal admis. La situation est très dramatique, car à défaut d'enseignants qualifiés, 7 classes sur 10 sont tenues par des maitres parents et agents communaux non formés pour cette charge. Les programmes ne prennent pas suffisamment en compte les dimensions de changement de comportement vis-à-vis du fléau du VIH/SIDA et de la nécessité de l'éducation à la vie familiale.

Enfin, le taux d'alphabétisation scolaire (TAS) n'est pas suffisamment attrayant. La plupart des écoles ne dispose pas de cantine, et pourtant plus de 60% des élèves en milieu rural vivent au-delà de 8 km de l'école. 80% d'écoles n'ont ni l'eau potable, ni des latrines. Elles ne sont pas aménagées pour créer les conditions de rétention des élèves. Les associations des parents, les communautés et les collectivités apportent des soutiens aux écoles. Malheureusement, les interventions sont peu efficaces et limitées dans le temps. L'ampleur de l'analphabétisme est telle qu'elle constitue des contraintes majeures à la prise en charge communautaire des écoles. Le taux d'alphabétisation est de 41,4%, soit 61,3% en zone urbaine et 27,2% en milieu rural, soit encore 52,8% pour les hommes et 30,2% pour les femmes (*Recensement général de la population et de l'habitation - RGPH*). La pauvreté monétaire des ménages et des communautés limite considérablement leurs contributions (*Enquête sur les conditions de vie des ménages en milieu urbain et rural 2002/2003*) à la prise en charge de l'éducation. 81,6% des centrafricains vivent dans des ménages pauvres et vulnérables, tant en milieu urbain que rural (Enquête prioritaire ECAM 92/93). Ils consacrent en 2003 environ 77% de leurs revenus aux dépenses alimentaires contre 60,1% en 1995 (EIBC 1995/1996). La part des dépenses scolaires et pour la santé des enfants est très dérisoire. Les associations des parents d'élèves mobilisent difficilement des ressources et ne disposent pas de clés d'affectation. Les communautés sensibilisées participent à la gestion de l'école. Malheureusement, elles manquent d'encadrement et de capacités de mobilisation des synergies, des potentiels locaux et des ressources en faveur de l'école. Les structures locales (comités locaux et communaux de l'éducation et les associations des parents d'élèves) crées à dessein de soutenir financièrement le fonctionnement de l'école n'y contribuent pas assez.

L'instabilité politique a entrainé une crise budgétaire sans pareille. L'Etat parvient de moins en moins à financer le fonctionnement des services éducatifs. Ses allocations budgétaires au secteur se réduisent d'année en année et sont tombées de 24,3% en 1991 à 13,19 en 2004. L'exécution budgétaire ne respecte pas les plans de dépenses et estcruellement inéquitable, car les 16% de la population centrafricaine concentrées à Bangui consomment plus de la moitié du budget national consacré à l'éducation, au détriment de l'arrière pays et surtout des zones rurales. Le non paiement des titres par le Trésor Public et l'accumulation des arriérés de salires non payés constituent l'une des explications à la dégradation de la qualité de services éducatifs.

Plusieurs analyses de la situation de l'offre éducative ont été faites. En 1982, le séminaire national a abordé cette question en termes de réforme pour accroître la capacité d'accueil et la qualité des programmes. En 1994, les états généraux de l'éducation et de la formation ont recommandé un Plan National du développement de l'Education, disponible en 2000, mais insuffisamment mis en œuvre. Enfin, en 2003, le Plan National d'Action de l'Education Pour Tous (PNAEPT) a été adopté, et connait le même sort que le précédent. Dans un cas comme dans l'autre, la cause fondamentale de la dérive à tous les degrés du système éducatif est l'insuffisance des capacités de financement du secteur, traduites de manière convergente et constante par : (i) l'insuffisance chronique des ressources financières de l'Etat et des collectivités, (ii) leur mauvaise gestion, (iii) leur inégale répartition aux détriments des couches les plus pauvres et des zones marginales.

Enfin, le secteur a cessé d'être l'une des zones de concentration privilégiée pour les partenaires au développement, il a vu baisser, de manière importante, le niveau des investissements extérieurs (2% en 2002, 4,5% en 2003 et 3,9% en 2004) et celui de l'aide technique au fonctionnement. Les associations de la société civile (à part les confessions religieuses) et le secteur privé accordent peu d'intérêt au financement du secteur.

3.4.2- Dernière analyse du fonctionnement du système éducatif centrafricain et perspectives en 2017[247]

3.4.2.1- Vers un Rapport d'Etat sur le Systéme Educatif National (RESEN)

La RCA est en pleine élaboration de son prochain Rapport d'Etat sur le Système Educatif National (RESEN) dans la perspective d'actualiser son Plan Sectoriel de l'Education et son Equipe Nationale PASEC est à pied d'œuvre sur la finalisation des tests d'évaluation diagnostique des niveaux du Cours Préparatoire (CP) et du

---

[247] Extraits de l'« *Annuaire statistique scolaire 2016-2017, Ministère chargé de l'Education* »

Cours Moyen 2 (CM2) en prélude de la mise en œuvre de la première évaluation d'ici 2019.

La disponibilité des données de cet annuaire statistique qui prend en compte tous les secteurs de l'éducation que sont : le Préscolaire, le Fondamental 1, le Fondamental 2, l'Enseignement Secondaire Général, Technique et Professionnel, l'Enseignement Supérieur, l'Alphabétisation et l'Education Non Formelle est un outil important pour le processus de réforme du système éducatif national entamé.

Le contenu de l'annuaire statistique de l'éducation 2016-2017 se limite principalement aux principales données de base sur les établissements, les élèves, les enseignants et non enseignants, les infrastructures scolaires, les équipements de l'environnement scolaire et les manuels. Ces données de base couvraient les sous-secteurs du Préscolaire, du Fondamental 1, du Fondamental 2, du Secondaire Général et de l'Enseignement Technique et professionnel. Cet annuaire statistique était accompagné d'un rapport d'analyse des données qui pressait les principaux indicateurs scolaires ainsi que les premiers éléments d'analyse.

3.4.2.2- Synthèse des principaux chiffres par niveau d'enseignement

Les établissements par statut et niveaux d'enseignement

Tableau 44 : Répartition en nombre des établissements par statut et niveaux d'enseignement (2016-2017)

Niveaux d'enseignement	Public		Total Public	Privé				Total Privé	Total général
	Public	Communal		Privé catholique	Privé laïc	Privé protestant	Franco – arabe		
Préscolaire	72	5	77	72	69	21	3	165	242
Ens. Fondamental 1	2 191	156	2 347	207	138	106	3	454	2 801
Ens. Fondamental 2 et Secondaire General	89		89	43	44	12	3	102	191
Ens. Technique et Professionnel	7		7	5	4			9	16
Alphabétisation	114	2	116	5	42	67		114	230
Total général	2 473	163	2 636	332	297	206	9	844	3 480

Tableau 45 : Répartition en pourcentage des établissements par statut et niveaux d'enseignement (2016-2017)

Niveaux d'enseignement	Public		Total Public	Privé				Total Privé	Total général
	Public	Communal		Privé catholique	Privé laïc	Privé protestant	Franco – arabe		
Préscolaire	29,8%	2,1%	31,8%	29,8%	28,5%	8,7%	1,2%	68,2%	100,0%
Ens. Fondamental 1	78,2%	5,6%	83,8%	7,4%	4,9%	3,8%	0,1%	16,2%	100,0%
Ens. Fondamental 2 et Secondaire General	46,6%	0,0%	46,6%	22,5%	23,0%	6,3%	1,6%	53,4%	100,0%
Ens. Technique et Professionnel	43,8%	0,0%	43,8%	31,3%	25,0%	0,0%	0,0%	56,3%	100,0%
Alphabétisation	49,6%	0,9%	50,4%	2,2%	18,3%	29,1%	0,0%	49,6%	100,0%
Total général	71,1%	4,7%	75,7%	9,5%	8,5%	5,9%	0,3%	24,3%	100,0%

Les Tableaux 44 et 45 donnent les répartitions en nombre et en pourcentages des établissements par statut et niveaux d'enseignement.

En analysant, du point de vue statut, les tableaux 44 et 45 ci-dessus, on remarque au total 3,480 établissements scolaires en RCA dont 2,636 établissements publics, soit 75,7%, et 844 établissements privés, soit 24,3%. Les 2,636 établissements publics proviennent essentiellement de l'Etat soit 2,473 et dans une moindre mesure des communes soit 163 ; ce qui représente respectivement 71,1% et 4,7% de l'ensemble des établissements scolaires du pays. Alors que les 844 établissements privés proviennent essentiellement des catholics soit 322 unités, des laics soit 297 unités, des Protestants soit 206 unités, et dans une moindre mesure des franco-arabes soit 9 ; ce qui représente respectivement 9,5%, 8,5%, 5,9% et 0,3% de l'ensemble des établissements scolaires du pays.

Du point de vue niveaux des enseignements, le tableau 36 se prête bien à une analyse alors que ce n'est pas le cas pour le tableau 37 parce que les caculs de pourcentages sont faits par rapport aux lignes et donc par rapport aux statuts, et non par rapport aux colonnes et donc par rapport aux niveaux d'enseignement. Néanmoins, les 3,480 établissements scolaires sont essentiellement de l'ensemble du Fondamental 1, soit 2,801 unités, puis du Préscolaire soit 242, de l'Alphabétisation soit 230, de l'ensemble du Fondamental 2 et Secondaire general soit 191, et de l'ensemble Technique et Professionnel soit 16 ; ce qui représente respectivement 80,5%, 6,95%, 6,61%, 5,49% et 0,46% de l'ensemble des établissements scolaires du pays. En considérant les 2,636 établissements publics, ils sont essentiellement de l'ensemble du Fondamental 1, soit 2,347 unités, puis de l'Alphabétisation soit 116, l'ensemble du Fondamental 2 et Secondaire general soit 89, du Préscolaire soit 77, et de l'ensemble Technique et Professionnel soit 7;

ce qui représente respectivement 89,0%, 4,40%, 3,38%, 2,92% et 0,27% de l'ensemble des établissements publics du pays. Quant aux 844 établissements privés, ils sont aussi essentiellement de l'ensemble du Fondamental 1, soit 454 unités, puis du Préscolaire soit 165, de l'ensemble du Fondamental 2 et Secondaire general soit 114, de l'Alphabétisation soit 102, et de l'ensemble Technique et Professionnel soit 79; ce qui représente respectivement 53,8%, 19,6%, 13,5%, 12,1% et 1,07% de l'ensemble des établissements privés du pays.

Les élèves par statut et niveaux d'enseignement

Tableau 46 : Répartition en nombre des élèves par statut et niveaux d'enseignement (2016-2017)

Niveaux d'enseignement	Public		Total Public	Privé				Total Privé	Total général
	Public	Communal		Privé catholique	Privé laïc	Privé protestant	Franco-arabe		
Préscolaire	8 404	358	8 762	8 335	7 290	2 178	602	18 405	27 167
Ens. Fondamental 1	838 952	27 332	866 284	75 894	58 490	26 813	1 358	162 555	1 028 839
Ens. Fondamental 2 et Secondaire General	202 912	0	202 912	23 556	26 005	8 552	1 354	59 467	262 379
Ens. Technique et Professionnel	5 612	0	5 612	670	774	0	0	1 444	7 056

Les Tableaux 46 et 47 (ci-après) donnent les répartitions en nombre et en pourcentages des élèves par statut et niveaux d'enseignement. Cependant les totaux par colonnes, c'est à dire par niveaux d'enseignement ne sont pas donnés, néanmoins les données de base sont là pour le faire. Par ailleurs, l'Alphabétisation n'est pas considéré dans ces tableaux.

En analysant ces tableaux, du point de vue statut, on remarque au total 1,325,441 élèves dans les établissements scolaires en RCA dont 1,083,570 dans les établissements publics, soit 81,8%, et 241,871 dans les établissements privés, soit 18,2%. Les 1,083,570 élèves des établissements publics proviennent essentiellement de l'Etat soit 1,055,880 et dans une moindre mesure des communes soit 27,690 ; ce qui représente respectivement 79,7% et 2,09% de l'ensemble des élèves du pays. Alors que les 241,871 élèves dans les établissements privés proviennent essentiellement des établissements catholics soit 108,455 élèves, des établissements laics soit 92,559 élèves, des établissements Protestants soit 37,543 élèves, et dans une moindre mesure des établissements franco-arabes soit 3,314 élèves ; ce qui représente respectivement 8,18%, 6,98%, 2,83% et 0,25% de l'ensemble des élèves du pays.

Tableau 47 : Répartition en pourcentage des élèves par statut et niveaux d'enseignement (2016-2017)

Niveaux d'enseignement	Public		Total Public	Privé				Total Privé	Total général
	Public	Communal		Privé catholique	Privé laïc	Privé protestant	Franco-arabe		
Préscolaire	30,9%	1,3%	32,3%	30,7%	26,8%	8,0%	2,2%	67,7%	100,0%
Ens. Fondamental 1	81,5%	2,7%	84,2%	7,4%	5,7%	2,6%	0,1%	15,8%	100,0%
Ens. Fondamental 2 et Secondaire General	77,3%	0,0%	77,3%	9,0%	9,9%	3,3%	0,5%	22,7%	100,0%
Ens. Technique et Professionnel	79,5%	0,0%	79,5%	9,5%	11,0%	0,0%	0,0%	20,5%	100,0%

Du point de vue niveaux des enseignements, les 1,325,441 élèves dans les établissements scolaires sont essentiellement de l'ensemble du Fondamental 1, soit 1,028,839 élèves, puis de l'ensemble du Fondamental 2 et Secondaire general soit 262,379 élèves, du Préscolaire soit 27,167 élèves, et de l'ensemble Technique et Professionnel soit 7,056 élèves ; ce qui représente respectivement 77,6%, 19,8%, 2,05%, et 0,53% des élèves de l'ensemble des établissements scolaires du pays. Quant aux 241,871 élèves des établissements privés, ils sont aussi essentiellement de l'ensemble du Fondamental 1, soit 162 555 élèves, puis de l'ensemble du Fondamental 2 et Secondaire general soit 59 467 élèves, du Préscolaire soit 18 405 élèves, et de l'ensemble Technique et Professionnel soit 1 444 élèves; ce qui représente respectivement 67,2%, 24,6%, 7,61%, et 0,60% des élèves de l'ensemble des établissements privés du pays.

Données et Analyse par Inspection d'Académie des niveaux d'enseignement

Tableau 48 : Principaux chiffres par Inspection d'Académie du Préscolaire (Public et Privé) – 2016-2017 -

IA	Nombre écoles	F	G	T	ENS_F	ENS_H	T_ENS	Ratio élèves/enseignant	PA_H	PA_F	T_PA	Nombre de salles de classes	% En mauvais état	% Salles en dur	% Salles en semi-dur	% Salles de classe en hangar
Inspection d'Académie de Bangui (IAB)	79	6 847	6 580	13 427	326	28	354	38	48	69	117	233	3,0%	46,4%	51,5%	2,1%
Inspection d'Académie du Centre (IAC)	9	252	219	471	14	11	25	19	3	2	5	15	6,7%	86,7%	6,7%	6,7%
Inspection d'Académie du Centre Est (IACE)	16	878	924	1 802	35	6	41	44	7	5	12	34	35,3%	32,4%	47,1%	20,6%
Inspection d'Académie du Centre sud (IACS)	52	2 217	2 171	4 388	90	27	117	38	35	32	67	106	10,4%	59,4%	34,9%	5,7%
Inspection d'Académie du Nord (IAN)	24	1 114	1 149	2 263	43	13	56	40	13	18	31	42	14,3%	76,2%	11,9%	11,9%
Inspection d'Académie du Nord Est (IANE)	1	27	29	56	1	0	1	56	1	0	1	1	0,0%	100,0%	0,0%	0,0%
Inspection d'Académie de l'Ouest (IAO)	49	1 893	1 823	3 716	107	11	118	31	36	20	56	85	16,5%	62,4%	35,3%	2,4%
Inspection d'Académie du Sud Est (IASE)	12	583	461	1 044	30	0	30	35	6	14	20	21	19,0%	81,0%	14,3%	4,8%
Total général	242	13 811	13 356	27 167	646	96	742	37	149	160	309	537	10,2%	55,5%	39,5%	5,0%

Du point de vue du Préscolaire, le nombre d'école est de 242 sur les 3,480 du nombre total des établissements scolaire, soit 6,95%. Et du point de vue répartition régionale, ces 242 écoles du Préscolaire, sont réparties par Inspection d'Académie: d'abord en grande partie soit 32,6% à l'IA de Bangui, 21,5% à l'IA du Centre-Sud, 20,2% à l'IA de l'Ouest; puis dans une moindre mesure soit 9,92% à l'IA du Nord, 6,61% à l'IA du Centre-Est, 4,96% à l'IA du Sud-Est, et 3,72% à l'IA du Centre; enfin faiblement soit 0,41% à l'IA du Nord-Est.

Du point de vue effectif, sur les 1,325,441 élèves dans tous les établissements scolaires du pays, seulement 27,167 sont du Préscolaire soit 2,05% et se trouvent surtout dans l'IA de Bangui avec 49,4%, et une légère dominance des garcons sur les filles soit 49,6% et 49,3% par rapport au pays. L'IA de Bangui est suivie de loin par les IAs du Centre-Sud et Ouest respectivement de 16,2% et 13,7% de l'effectif du Préscolaire avec une légère dominance des filles sur les garcons au Centre-Sud soit 16,3% contre 16,1% par rapport au pays, alors que l'Ouest a 13,7% des garcons contre 13,6% des filles. Ensuite viennent les IAs du Nord, du Centre-Est et du Sud-Est avec respectivement 8,33%, 6,63% et 3,84% de l'effectif du Préscolaire ; on y Remarque une légère dominance des filles sur les garcons dans les IAs du Nord et du Centre-Est. Enfin et de très loin viennent les IAs du Centre et du Nord-Est avec respectiviement 1,73% et 0,21% de l'effectif du Préscolaire ; on note une légère dominance des filles sur les garcons dans l'IA du Nord-Est (0,22% contre 0,20% par rapport au pays).

262

Tableau 49 : Principaux chiffres par Inspection d'Académie du Fondamental 1 (Public et Privé) – 2016-2017

IA	CIRCONSCRIPTION	Nombre écoles	Elèves Filles	Elèves Garçons	Total Elèves	Enseignants Hommes	Enseignants Femmes	Total Enseignants	Ratio élèves enseignant	Personnel admin Homme	Personnel admin Femme	Total Personnel admin	Nombre de salles de classes	% En mauvais état	% Salles en dur	% Salles en semi-dur	% Salles de classe en hangar
Inspection d'Académie de Bangui (IAB)	Bangui 1	61	28 996	33 238	62 234	360	334	694	90	83	38	121	810	9,9%	59,5%	38,6%	1,9%
	Bangui 2	47	17 218	17 318	34 536	244	209	453	76	58	32	90	548	10,6%	62,4%	36,1%	1,5%
	Bangui 3	55	22 710	20 750	43 460	314	278	592	73	84	66	150	773	10,5%	70,5%	24,3%	5,2%
	Bangui Application	13	7 611	8 666	16 277	78	90	168	97	20	11	31	175	13,1%	52,0%	46,9%	1,1%
Total Inspection d'Académie de Bangui (IAB)		176	76 535	79 972	156 507	996	911	1 907	82	245	147	392	2 298	10,5%	63,3%	33,9%	2,8%
Inspection d'Académie du Centre (IAC)	Kémo	97	16 796	22 070	38 966	407	65	472	82	40	4	44	355	23,7%	35,5%	41,1%	23,4%
	Nana Gribizi	79	15 199	20 215	35 414	346	35	381	93	36	7	43	307	53,7%	55,7%	18,9%	27,4%
Total Inspection d'Académie du Centre (IAC)		176	31 995	42 285	74 280	753	100	853	87	76	11	87	662	37,6%	44,9%	29,9%	25,2%
Inspection d'Académie du Centre Est (IACE)	Bambari Application	31	3 970	5 492	9 462	79	17	96	99	10	1	11	127	28,3%	44,1%	49,6%	6,3%
	Haute Kotto	70	9 716	11 601	21 317	171	15	186	115	6	2	8	213	34,3%	43,2%	23,0%	33,8%
	Ouaka	175	20 175	31 120	51 295	515	38	553	93	51	3	54	675	24,3%	40,9%	43,9%	15,3%
Total Inspection d'Académie du Centre Est (IACE)		276	33 861	48 213	82 074	765	70	835	98	67	6	73	1 015	26,9%	41,8%	40,2%	18,0%
Inspection d'Académie du Centre sud (IACS)	Lobaye	199	32 570	41 500	74 070	676	133	809	92	59	15	74	841	20,5%	65,0%	18,9%	16,1%
	Ombella Mpoko	271	48 195	56 401	104 596	929	356	1 285	81	198	60	258	1 351	16,3%	59,1%	30,0%	11,0%
Total Inspection d'Académie du Centre sud (IACS)		470	80 765	97 901	178 666	1 605	489	2 094	85	257	75	332	2 192	17,9%	61,4%	25,7%	12,9%
Inspection d'Académie du Nord (IAN)	Ouham	361	48 930	74 621	123 551	1 194	78	1 272	97	171	8	179	1 252	51,7%	35,7%	15,6%	48,7%
	Ouham Pendé	340	44 904	86 687	111 591	1 027	85	1 112	100	296	55	351	1 168	35,4%	51,5%	14,6%	34,0%
Total Inspection d'Académie du Nord (IAN)		701	93 834	141 308	235 142	2 221	163	2 384	99	467	63	530	2 420	43,8%	43,3%	15,1%	41,6%
Inspection d'Académie	Bamingui Bangoran	64	7 132	8 569	15 701	151	36	187	84	33	2	35	172	52,3%	29,7%	20,9%	49,4%

IA	CIRCONSCRIPTION	Nombre écoles	Elèves Filles	Elèves Garçons	Total Elèves	Enseignants Hommes	Enseignants Femmes	Total Enseignants	Ratio élèves enseignant	Personnel admin Homme	Personnel admin Femme	Total Personnel admin	Nombre de salles de classes	% En mauvais état	% Salles en semi-dur	% Salles en dur	% Salles de classe en hangar
du Nord Est (IANE)	Vakaga	45	4 681	6 647	11 328	97	6	103	110	2	0	2	119	48,7%	17,6%	35,3%	47,1%
Total Inspection d'Académie du Nord Est (IANE)		109	11 813	15 216	27 029	248	42	290	93	35	2	37	291	50,9%	24,7%	26,8%	48,5%
Inspection d'Académie de l'Ouest (IAO)	Mambéré Kadéi	267	40 172	57 014	97 186	737	86	823	118	171	9	180	885	20,1%	52,1%	17,1%	30,8%
	Nana Mambéré	173	26 345	32 295	58 640	498	124	622	94	126	46	172	705	25,7%	56,0%	27,0%	17,0%
	Sangha Mbaéré	83	10 503	14 721	25 224	276	55	331	76	77	18	95	292	28,1%	36,0%	26,4%	37,7%
Total Inspection d'Académie de l'Ouest (IAO)		523	77 020	104 030	181 050	1 511	265	1 776	102	374	73	447	1 882	23,4%	51,1%	22,2%	26,7%
Inspection d'Académie du Sud Est (IASE)	Basse Kotto	211	16 442	31 102	47 544	568	29	597	80	43	12	55	761	44,0%	34,0%	31,9%	34,0%
	Haut Mbomou	30	3 907	4 041	7 948	116	12	128	62	2	2	4	117	43,6%	35,0%	46,2%	18,8%
	Mbomou	129	17 619	20 980	38 599	396	74	470	82	31	5	36	502	23,7%	61,8%	23,1%	15,1%
Total Inspection d'Académie du Sud Est (IASE)		370	37 968	56 123	94 091	1 080	115	1 195	79	76	19	95	1 380	36,6%	44,2%	29,9%	25,9%
Total général		2 801	443 791	585 048	1 028 839	9 179	2 155	11 334	91	1 597	396	1 993	12 140	27,3%	51,2%	26,5%	22,3%

Du point de vue du Fondamental 1, le nombre d'école est de 2,801 sur les 3,480 du nombre total des établissements scolaire, soit 89,0% et donc le premier en importance comme niveau d'enseignement. Et du point de vue répartition régionale, ces 2,801 écoles du Fondamental 1, sont réparties par Inspection d'Académie: d'abord en majeure partie et suivant plus ou moins la démographie du pays, les IAs du Nord, de l'Ouest, du Centre-Sud et Sud-Est avec respectivement, 25,0%, 18,7%, 16,6% et 13,2% ; puis ceux-ci sont suivis par les IAs de Centre-Est, Centre et Bangui avec respectivement, 9,85%, 6,28% et 6,28% ; enfin suit l'IA du Nord-Est avec 3,89%.

Du point de vue effectif, sur les 1,325,441 élèves dans tous les établissements scolaires du pays, la majeure partie soit 1,028,839 sont du Fondamental 1 ou

77,6% et se trouvent surtout dans les IAs du Nord, de l'Ouest, du Centre-Sud et de Bangui avec respectivement, 22,9%, 17,6%, 17,4% et 17,0% ; on remarque une légère dominance des filles sur les garcons à Bangui (21,5% contre 13,7% par rapport au pays) et au Centre-Sud (18,2% contre 16,7% par rapport au pays). Ces IAs sont suivis de 8 points au moins de ceux de Sud-Est, Centre-Est et Centre respectivement de 9,15%, 7,98% et 7,22%. Enfin et de loin vient l'IA du Nord-Est avec 2,63% de l'effectif du Fondamental 1 ; on note une légère dominance des filles sur les garcons avec 2,66% contre 0,60% par rapport au pays.

Tableau 50 : Principaux chiffres du Fondamental 2 et Secondaire par Inspection d'Académie (2016-2017)

IA	Nbre Etablissements	Eléves F	Eléves garçons	Eléves Total	Enseignants F	Enseignants H	Enseignants Total	Salles de classe en dur	Salles de classe en semi-dur	Total salles de classes	% salles en hangar
Inspection d'Académie de Bangui (IAB)	60	34 034	41 584	75 618	271	1 728	1 999	510	180	699	1,3%
Inspection d'Académie du Centre (IAC)	10	1 171	3 165	4 336	10	206	216	44	25	69	0,0%
Inspection d'Académie du Centre Est (IACE)	11	2 092	4 753	6 845	4	142	146	81	11	93	1,1%
Inspection d'Académie du Centre sud (IACS)	40	7 091	14 079	21 170	73	555	628	143	154	299	0,7%
Inspection d'Académie du Nord (IAN)	24	2 661	8 501	11 162	10	274	284	112	39	157	3,8%
Inspection d'Académie du Nord Est (IANE)	6	608	2 040	2 648	3	54	57	21	11	32	0,0%
Inspection d'Académie du Sud Est (IASE)	19	3 352	7 780	11 132	12	185	197	96	22	118	0,0%
Inspection d'Académie de l'Ouest (IAO)	21	6 382	12 768	19 150	11	314	325	152	18	170	0,0%
Total général	191	57 391	94 670	152 061	394	3 458	3 852	1 159	460	1 637	1,1%

Du point de vue du Fondamental 2 et Secondaire général, le nombre d'école est de 191 sur les 3,480 du nombre total des établissements scolaire, soit 5,49% precedent le Technique et Professionnel et donc l'avant-dernier en importance comme niveau d'enseignement. Et du point de vue répartition régionale, ces 191 écoles du Fondamental 2 et Secondaire général, sont réparties par Inspection d'Académie: d'abord et de loin l'IA de Bangui avec 31,4%; suivis des IAs de Centre-Sud, Nord, Ouest et Centre-Sud avec respectivement, 20,9%, 12,6%, 11,0% et 9,95% ; enfin ceux-ci sont suivis par les IAs de Centre-Est, Centre et Nord-Est avec respectivement, 5,76%, 5,24% et 3,14%.

Du point de vue effectif, sur les 1,325,441 élèves dans tous les établissements scolaires du pays, après le Fondamental 1 en importance vient le Fondamental 2 et Secondaire general avec 262,379 élèves ou 19,8% de l'effectif, et qui se trouvent surtout dans l'IA de Bangui avec 49,7% avec une nette dominance des filles sur les garcons, 53,9% contre 49,3% par rapport au pays. L'IA de Bangui est suivit par ceux de Centre-Sud et Ouest avec respectivement 13,9% et 12,6%; ceux-ci sont suivis par les IAs de Nord et Centre-Est avec respectivement 7,34% et 4,50%; et enfin les IAs de Centre et Nord-Est avec respectivement 2,85% et 1,74%. On note à part l'IA de Bangui il y a une nette dominance des garçons sur les filles.

Tableau 51 : Principaux chiffres de l'Enseignement technique et Professionnel par Inspection d'Académie (2016-2017)

IA	Public	Privé		Total général
	Public	Privé catholique	Privé laïc	
Inspection d'Académie de l'Ouest (IAO)	1	3		4
Inspection d'Académie de Bangui (IAB)	3		3	6
Inspection d'Académie du Centre Est (IACE)	1			1
Inspection d'Académie du Centre sud (IACS)		1		1
Inspection d'Académie du Nord (IAN)	1	1	1	3
Total général	6	5	4	15

Du point de vue de Technique et Professionnel, le nombre d'établissement est de 16 sur les 3,480 du nombre total des établissements scolaires, soit 0,46% et donc le dernier en importance comme niveau d'enseignement. Et du point de vue répartition régionale, ces 16 établissements de l'ensemble Technique et Professionnel, sont réparties par Inspection d'Académie: d'abord et de loin l'IA de Bangui avec 40,0%; suivis des IAs de Ouest, Nord, Centre-Sud et Centre-Est avec respectivement, 26,7%, 20,0%, 6,67% et 6,67% ; il faut noter que jusqu'à lors il n' y aucun établissement technique et professionnel dans les IAs de Centre, Sud-Est et Nord-Est.

Du point de vue effectif, sur les 1,325,441 élèves dans tous les établissements scolaires du pays, après le Fondamental 1 en importance vient le Fondamental 2 et Secondaire general avec 262,379 élèves ou 19,8% de l'effectif, et qui se trouvent surtout dans l'IA de Bangui avec 49,7% avec une nette dominance des filles sur les garcons, 53,9% contre 49,3% par rapport au pays. L'IA de Bangui est suivit par ceux de Centre-Sud et Ouest avec respectivement 13,9% et 12,6%; ceux-ci sont suivis par les IAs de Nord et Centre-Est avec respectivement 7,34% et 4,50%; et enfin les IAs de Centre et Nord-Est avec respectivement 2,85% et 1,74%. On note à part l'IA de Bangui il y a une nette dominance des garçons sur les filles. On Remarque aussi qu'il n' y a pas de données sur les effectifs des élèves des Technique et Professionnel.

Chapitre 4 : La planification de l'éducation de 2020 à 2029[248]

Le *Plan Sectoriel de l'Éducation 2020-2029* de la République centrafricaine (PSE) représente un engagement de l'État à œuvrer en faveur du relèvement du système éducatif et une reconnaissance formelle et publique que l'avenir du pays est étroitement lié au développement de l'éducation. L'éducation constitue l'un des leviers les plus importants pour améliorer les conditions de vie sociales, économiques, et culturelles d'une nation. Le développement de la République centrafricaine a été entravé par des décennies de conflits et de crises ; l'éducation a un rôle fondamental à tenir dans la décennie à venir pour renforcer la paix et la cohésion sociale du pays. La signature de l'Accord Politique pour la Paix et la Réconciliation en République centrafricaine (APPR) en février 2019 offre une fenêtre d'opportunité pour le relèvement du secteur éducatif. Les améliorations dans le secteur de l'éducation constitueront en elles-mêmes un gage de la volonté du gouvernement d'améliorer les conditions de vie sur toute l'étendue du territoire, et d'offrir des opportunités à la jeunesse centrafricaine pour rompre le cercle vicieux des conflits et de la détérioration des conditions de vie.

4.1- Situation du système éducatif en RCA en 2020 avant le PSE

4.1.1- L'organisation du système éducatif

Les orientations du système éducatif centrafricain sont définies dans la Loi n°97/014 du 10 décembre 1997[249]. Le système éducatif centrafricain est organisé en quatre niveaux d'enseignement (voir la Figure 3) : (i) préscolaire ; (ii) primaire (ou Fondamental 1) ; (ii) secondaire général, technique et professionnel (y compris l'alphabétisation) ; (iv) supérieur (dont les formations techniques et professionnelles). La gouvernance du système éducatif est détaillée plus loin, dans la section §V.1.1.

---

[248] *D'après le Plan sectoriel de l'éducation 2020-2029 de la République centrafricaine : Résumé exécutif.*
[249] *Celle-ci était en cours de révision au moment de la rédaction du PSE.*

Figure 11 : Organisation du système éducatif centrafricain

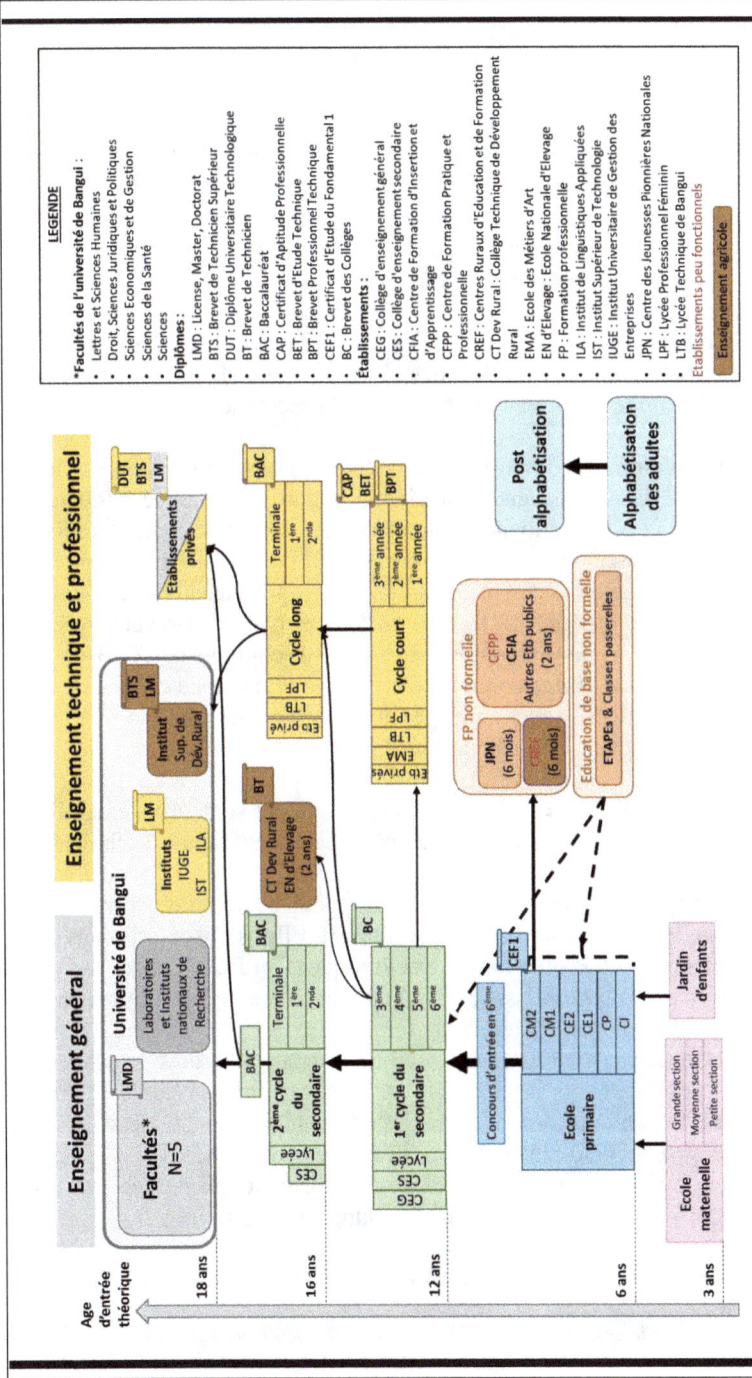

Source : Plan sectoriel de l'éducation 2020-2029

L'enseignement préscolaire est facultatif et destiné aux enfants âgés de 3 à 5 ans. Il est organisé en trois sections (petite, moyenne et grande). Il est dispensé dans quelques rares écoles maternelles sous la tutelle du ministère de l'Enseignement Primaire et Secondaire (MEPS) et, plus souvent, dans les jardins d'enfants relevant du ministère de la Promotion de la Femme de la Famille et de la Protection de l'Enfant (MPFFPE).

L'enseignement primaire est obligatoire[250] et dure six ans, de 6 à 11 ans en l'absence de redoublement. Il est organisé en trois sous-cycles de deux ans chacun : le premier est composé du cours ini□al et du cours préparatoire, le second des cours élémentaires et le troisième des cours moyens. Le cycle primaire est sanctionné par le Certificat d'Études du Fondamental 1 (CEF1). Un second examen sélectionne l'accès au premier cycle du secondaire.

Le cycle secondaire se compose de deux cycles. Le premier cycle est dénommé Fondamental 2 dans l'enseignement général, il dure quatre années (de la sixième à le troisième) et est sanctionné par le brevet des collèges. Dans l'enseignement technique et professionnel (ETP), ce cycle est dit court (§II.1.5.2(a)) et ne dure que trois ans. L'entrée s'y fait, selon les cas, après la classe de sixième, de cinquième ou de quatrième. Il est sanctionné par un Brevet Professionnel Technique (BPT, 2 ans), un Brevet d'Études Technique (BET, 3 ans) ou un Certificat d'Aptitude Professionnelle (CAP, 3 ans). Le second cycle du secondaire dure trois ans ; il est sanctionné par un baccalauréat général, technique ou professionnel. Ce cycle est désigné sous le terme de cycle long dans l'ETP.

L'enseignement agricole[251] est accessible après la classe de troisième ; il s'étend sur une période de trois ans, et est sanctionné par un Brevet de Technicien.

La formation professionnelle non formelle a pour vocation d'assurer l'insertion professionnelle des sortants du système éducatif. Elle est dispensée dans quelques Centres de Formation Professionnelle et Pratique (CFPP), le Centre de Formation et d'Insertion par l'Apprentissage (CFIA) de Bangui, et des établissements privés qui sont directement sous la tutelle du ministère de l'Enseignement Technique et de l'Alphabétisation (META). Le recrutement se fait après le CM2 (niveau minimal requis), sauf pour le CFIA où l'entrée se fait après la classe de cinquième, et concerne les enfants déscolarisés. Les formations durent deux ans et sont sanctionnées par la délivrance d'un certificat de compétence. Il existe également des centres de formation professionnelle non formelle qui ne dépendent pas du META et offrent des formations d'une durée de six mois : les centres de la

---

[250] *Selon l'article n°6 de la Loi n°97/0.14 du 10 décembre 1997 (en cours de révision au 17/03/2020) : « la scolarité est obligatoire de six à quinze ans »*
[251] *Il est sous la tutelle des ministères de l'Agriculture et du Développement Rural, et de l'Élevage et de la Santé Animale.*

Jeunesse Pionnière Nationale (JPN), les Centres Ruraux d'Éducation et de Formation[252] (CREF) et les centres de Promotion féminine.

L'éducation de base non formelle est délivrée via des programmes dispensés dans les espaces temporaires d'apprentissage (ETAPE) et des programmes d'éducation alternative. Ceux-ci sont destinés aux enfants qui n'ont jamais été scolarisés, qui sont sortis prématurément du système éducatif ou dont la scolarité a été interrompue. Il est possible de poursuivre des études dans le système formel après avoir achevé ces programmes.

Les programmes d'alphabétisation à destination des adultes recouvrent les activités portées vers l'acquisition de l'aptitude à lire, écrire et compter. Les programmes de post-alphabétisation concernent le développement des compétences de vie courante ainsi que des activités génératrices de revenus.

Enfin, l'enseignement supérieur est dispensé par l'université de Bangui et des établissements privés. Il est accessible aux titulaires du baccalauréat. A noter que l'accès à l'École normale supérieure et l'Institut Supérieur de Technologie est subordonné à la réussite à un concours. L'enseignement supérieur est subdivisé en trois niveaux conformément au système Licence, Master, Doctorat (LMD) : le cycle de licence dure trois ans, le master deux ans et le doctorat trois ans.

4.1.2- Le financement du secteur de l'éducation

4.1.2.1- L'évolution des dépenses publiques d'éducation

Le financement du secteur de l'éducation est pour l'essentiel assuré par les quatre ministères directement en charge de l'éducation. Notons que huit autres ministères[253] et la Présidence de la République financent également des activités du système éducatif.

Les dépenses publiques (exécutées) des quatre ministères directement en charge de l'éducation ne représentaient que 1,2 % du PIB en 2012 (15 945 millions de FCFA). Elles ont atteint 2,1 % du PIB en 2014 (19 794 millions de FCFA), mais sont redescendues à 1,6 % en 2019 (22 296 millions de FCFA). En proportion de l'ensemble des dépenses publiques exécutées de l'État, la part du budget du

---

[252] *Ils étaient inactifs au moment de la rédaction du PSE.*
[253] *Il s'agit des ministères : de la Promotion de la Jeunesse, des Sports ; de la Promotion de la Femme, de la Famille et de la Protection de l'Enfant ; de l'Agriculture et du Développement Rural ; de l'Elevage et de la Santé Animale ; des Arts et de la Culture ; de la Sécurité, de l'Immigration et de l'Ordre Public ; du Travail, de l'Emploi, de la Formation Professionnelle ; et de la Protection Sociale ; et chargé du Secrétariat du Gouvernement.*

secteur éducatif a augmenté de seulement 1 point de pourcentage entre 2012 et 2019, passant de 12,3 % à 13,3%[254]. Corollairement, les dépenses d'éducation en proportion du PIB ont légèrement augmenté entre 2012 et 2019 (+0,4 point).

Les dépenses publiques affectées à l'éducation et exécutées par les autres ministères et la Présidence de la République ont représenté en moyenne 471 millions de FCFA, soit environ 0,5% des dépenses publiques totales exécutées par l'État de 2012 à 2017. Cependant, à partir de l'année 2018, ces dépenses se sont fortement accrues pour atteindre en moyenne 2 962 millions de FCFA (soit 1,8 % des dépenses publiques totales exécutées par l'État). Cette forte augmentaton provient entièrement des dépenses du ministère de la Sécurité, de l'Immigration et de l'Ordre Public qui se sont élevées à, respectivement, 2 858 et 2 400 millions[255] de FCFA en 2018 et 2019, alors qu'elles n'avaient jamais dépassées 350 millions de FCFA auparavant.

Comparativement à d'autres pays, le niveau des dépenses publiques consacrées au système éducatif de la RCA reste relativement faible. Les dépenses publiques allouées à l'éducation par la RCA ont représenté seulement 1,9 % du PIB et 10,6 % des dépenses publiques totales en 2018, contre respectivement 4,6 % et 17,8 % pour l'Afrique subsaharienne. Ces proportions sont encore plus faibles pour le Liberia, mais elles sont bien plus élevées pour des pays comme le Burundi, le Kenya, le Sénégal et le Burkina Faso qui ont consacré de 19 % à 23 % de leurs dépenses totales publiques à l'éducation en 2018.

---

[254] *La forte augmentation de cette proportion en 2014 (à 22 %) s'explique par la baisse drastique des dépenses publiques (seulement 89 956 millions de FCFA contre 129 839 millions en 2012) et l'incompressibilité d'une part importante des dépenses d'éducation (salaires). Par ailleurs, les dépenses d'éducation se sont significativement accrues en valeur à partir de 2017. La mise en œuvre de la Stratégie de Relèvement et de Consolidation de la Paix en Centrafrique (RCPCA) 2017–2021 expliquerait la forte augmentation des dépenses publiques totales, et de celles de l'éducation, en 2017 par rapport aux années précédentes. En novembre 2017, le Gouvernement Centrafricain a convoqué une conférence des bailleurs à Bruxelles au cours de laquelle les partenaires au développement de la RCA ont engagé 1 700 millions de dollars américains pour la période 2017-2019. En juin, 2019, 43% des 1 700 millions ont été décaissé. (voir le Rapport du FMI N°20/1 de janvier 2020).*
[255] *Les dépenses du MSIOP étaient notamment destinées à l'École nationale de police et à l'École nationale de la gendarmerie afin de former plus d'agents pour renforcer la sécurité : ces montants sont destinés au fonctionnement de ces écoles et le paiement des bourses des élèves. Les dépenses les plus élevées concernent les frais d'alimentation (630 millions pour l'école de police et 830 millions pour la gendarmerie) et les frais d'habillement (300 millions pour la police et 430 millions pour la gendarmerie). Cependant ces dépenses étaient très faibles (voire nulles) avant 2016.*

De 2012 à 2019, les dépenses courantes[256] ont représenté en moyenne 16,2% des dépenses courantes totales de l'État (hors service de la dette) pour les quatre ministères en charge de l'éducation[257] (Tableau 52 ci-après). Ces dépenses étaient en moyenne de 17 286 millions de FCFA pour la période 2012-2014. Elles ont diminué en 2015 et 2016 (respectivement 13 613 et 13 971 millions de FCFA), avant de connaître une forte augmentation de 2017 à 2019 (19 469 millions de FCFA en moyenne) qui serait liée aux paiements d'arriérés de salaires et de bourses étudiantes des années antérieures.

---

[256] *Les dépenses courantes représentent la somme des dépenses de personnel, de fonctionnement et d'intervention.*
[257] *En considérant l'ensemble des ministères et la Présidence de la République, les dépenses courantes pour l'éducation ont représenté en moyenne 17,2% des dépenses courantes totales de l'État (hors service de la dette) au cours de la même période.*

Tableau 52 : Dépenses publiques (DP) d'éducation, selon le scénario de référence, 2020-2029

	2012	2013	2014	2015	2016	2017	2018	2019
Dépenses courantes de l'Etat hors dette (exécutées)								
En % des ressources totales de l'Etat	55,2%	151,2%	63,5%	67,8%	65,5%	70,9%	59,2%	59,7%
En millions de FCFA	105 094	94 290	83 611	90 900	93 288	109 165	124 640	146 134
Dépenses d'investissement de l'Etat (exécutées)								
En % des ressources totales de l'Etat	38,2%	20,4%	60,3%	32,6%	22,3%	35,0%	44,2%	30,6%
En millions de FCFA	72 673	12 690	79 399	43 700	31 800	53 845	93 133	75 001
Dépenses courantes des 4 ministères en charge de l'éducation (exécutées)								
En % des dépenses courantes de l'Etat (hors dette)	15,1%	17,4%	23,4%	15,0%	13,9%	15,9%	15,9%	14,6%
En millions de FCFA	15 860	16 396	19 602	13 613	12 971	17 372	19 773	21 273
Dépenses d'investissement des 4 ministères en charge de l'éducation sur ressources propres (exécutées)								
En % des dépenses d'investissement de l'Etat	0,1%	1,0%	0,2%	0,0%	0,0%	4,5%	0,7%	1,4%
En millions de FCFA	94	127	193	18	11	2 402	657	1 023
Dépenses totales courantes pour l'education (exécutées)								
En % des dépenses courantes de l'Etat (hors dette)	15,5%	14,4%	12,8%	17,6%	16,8%	17,1%	19,2%	16,0%
En millions de FCFA	16 263	16 794	19 833	14 134	13 483	18 130	22 973	23 998

Source: Calculs basés sur les données du ministère des Finances et du Budget et les Perspectives Economiques Mondiales (Décembre 2019)

Les dépenses d'investissement pour l'éducation (exécutées) sur ressources propres[258] sont très faibles : elles ont représenté en moyenne seulement 0,47 % (303 millions de FCFA) des dépenses totales d'investissement de la RCA sur la période 2012-2019 non compris l'année 2017. Ces valeurs ne correspondent cependant pas au niveau réel des dépenses d'investissement pour l'éducation car la plupart d'entre elles sont réalisées grâce aux appuis directs des projets des PTF et ne sont alors pas comptabilisées au sein des dépenses d'investissements de l'État sur ressources propres. Les dépenses d'investissement pour l'éducation de l'État ont été supérieures en 2017 (2 402 millions de FCFA) à celles cumulées de toutes les autres années de la période 2012- 2019. Ces dépenses exceptionnelles correspondent presque entièrement à des dépenses de construction, d'agrandissement, et de réhabilitation du bâtiment administratif qui abrite les ministères de l'Education, du Commerce et de l'Industrie ; de l'Administration du Territoire et de la Décentralisation ; et des Petites et Moyennes Entreprises et de l'Artisanat[259] (2 244 millions de FCFA)[260].

4.1.2.3- L'aide publique au développement (APD)

4.1.2.3.1- Les appuis directs aux projets

Tableau 53 : Ressources extérieures – projets 2018-2019

	— 2018 —		— 2019 —	
	Prévue	Realisée	Prévue	Realisée
Total (en million de FCFA)	62 436	52 581	58 115	44 375
Secteur éducation (en million de FCFA)	4 502	3 129	6 383	2 323
Part du secteur éducation	7,2%	6,0%	11,0%	5,2%

Source: Calculs des auteurs basés sur les données du ministère de l'Economie et du Plan (Décembre 2019)

---

[258] *Les ressources propres incluent les appuis budgétaires. En revanche, les dépenses d'investissement concernent uniquement les quatre ministères directement en charge de l'éducation (MEPS, META, MES et MRSIT) ; les lignes budgétaires de l'État attribuées aux ministères associés et à la Présidence de la République pour financer des activités éducatives correspondent seulement à des dépenses de fonctionnement et à des dépenses salariales. Quant aux dépenses salariales, celles-ci concernent uniquement le MPFPPE dont 43 fonctionnaires travaillent dans les jardins d'enfants et émargent sur le budget de l'État. Ces dépenses salariales ont été ajoutées aux dépenses totales d'éducation. Les autres ministères n'ont pas de fonctionnaire intégré à la fonction publique qui opère directement dans les structures éducatives. Ils recrutent des vacataires et des contractuels pour dispenser des cours; ces dépenses sont comptabilisées comme dépenses de fonctionnement.*
[259] *Bien que cette dépense d'investissement apparaisse sur le budget du ministère de l'éducation, elle correspond à la dépense de quatre ministères qui ont tous cotisé pour financer la rénovation du bâtiment administratif (pour rappel, il y avait un seul ministère de l'éducation en 2017.*
[260] *Cette catégorie de dépenses n'avait jamais dépassé 14 millions de FCFA les années précédentes. Il n'y avait même eu aucune dépense de constructions en 2015 et 2016. En 2018 et 2019, ces dépenses étaient respectivement de 151 et 265 millions.*

Selon les données collectées par le ministère de l'Économie, du Plan et de la Coopération (MEPC) le montant total des projets d'APD (ou aides-projets) s'élevait à 58 milliards de FCFA en 2019. En décembre 2019 ; 76,4% de ces financements prévus avaient été réalisés. Selon les bailleurs, le décaissement et les retards dans la mise en œuvre des projets « reflètent plusieurs contraintes telles que : l'insécurité et la présence continue de groupes armés ; le manque de leadership et de coordination ; la lourde réglementation du travail des ONG ; la faible responsabilisation et les liens entre l'accord de paix scellé en février 2019 (APPR) et le RCPCA. »[261]

Les données du MEPC permettent d'identifier le secteur d'activité auquel se rattache chaque composante des projets d'aide mais elles ne permettent pas d'attribuer un montant à chaque composante. Les projets ont donc dû être classés, dans leur totalité, comme relevant du secteur de l'éducation en fonction de leur objet principal. Outre les montants des projets qui ne concernent que le secteur de l'éducation (tel le Projet d'Urgence de Soutien à l'éducation de Base financé par la Banque mondiale), ceux des projets qui, bien qu'étant multisectoriels, apparaissent comme étant « majoritairement » dédiés au secteur de l'éducation (tel le Projet d'Appui à la Reconstruction des Communautés de Base phase 1 financé par la Banque africaine de développement) ont donc été pris en compte pour déterminer le montant total des appuis directs à ce secteur[262]. La part réelle des financements attribués au secteur de l'éducation sur la base de cette catégorisation est très faible : 6% en 2018 et 5,2% en 2019. Par ailleurs, le taux de réalisation de ces dépenses d'éducation sur ressources extérieures a été de 69,5% en 2018 et 36,4% en 2019.

4.1.2.3.2- Les appuis budgétaires

En plus des interventions directes, les PTF soutiennent indirectement le système éducatif centrafricain via les appuis budgétaires consentis à l'État. Ceux-ci sont versés directement à l'État centrafricain via le ministère des Finances et du Budget mais la plupart sont conditionnés par des indicateurs de déclenchements[263], dont certains sont liés au système éducatif et destinés à en appuyer les réformes. C'est le cas des appuis budgétaires[264] de la Banque mondiale (BM) et de l'Union

---

[261] *Fonds monétaire international 2020. Request for a three-year-arrangement under the Extended Credit Facility – Press Release; Staff Report; Staff Supplement; and Statement by the Executive Director for the Central African Republic. No 20/1, page 6.*
[262] *A l'inverse, les montants des projets dont la composante liée au secteur de l'éducation est minoritaire ne sont pas pris en compte dans le montant total des appuis directs à ce secteur.*
[263] *Un indicateur de déclenchement est un indicateur auquel est conditionné le déclenchement des décaissements de l'appui budgétaire.*
[264] *Cependant, notons que les appuis budgétaires par l'AFD ne sont pas conditionnés par des indicateurs de déclenchement. Selon un expert de l'AFD, l'agence aurait proposé que pour l'année*

Européenne (EU). Une partie de celui de la Banque mondiale pour la période 2018-2019 était conditionné à l'adoption d'un décret pour la décentralisation du recrutement des enseignants au niveau des inspections académiques pour les cinq prochaines années. L'UE avait inclut six indicateurs de déclenchement liés à l'éducation pour son appui budgétaire de la période 2017- 2019 : (i) l'adoption du Plan de transition de l'éducation (2018-2019) par le Conseil des Ministres ; (ii) la publication de l'annuaire statistique 2017-2018 ; (iii) une allocation budgétaire (hors investissement) au secteur de l'éducation d'au moins 17% dans la Loi de finances 2019 ; (iv) un taux d'exécution du budget de l'éducation de 2018 égal ou supérieur à 70% (y compris les dépenses de personnel) ; (v) un taux net de scolarisation pour les filles au cycle primaire égal ou supérieur à 70% (selon l'annuaire statistique 2017-2018) ; (vi) l'organisation des examens et concours[265] avant le 30 août 2019 dans au moins 96% des centres d'examens prévus. Notons que le Gouvernement n'a pas atteint en 2019 la cible (iii) et que l'appui budgétaire associé à cet objectif n'a donc pas été versé.

4.2- PSE:Accroitre l'accès à l'éduction et à la formation, et le rendre plus équitable

Le secteur de l'éducation de la République centrafricaine a été considérablement affecté par les crises politiques, économiques et sécuritaires des années 2010. Les difficultés de l'État à assurer l'accès aux services d'éducation ont été accrues[266], et «le système scolaire formel a cessé de fonctionner pendant deux années scolaires entières » dans la plupart des régions du pays. En 2019-2020, les conditions d'accès à l'éducation restent difficiles (classes pléthoriques, cycles incomplets) et peu équitables (fortes disparités territoriales et socio-économiques, inégalités selon le genre) pour la grande majorité des enfants et adolescents.

4.2.1- Accroitre les capacités d'accueil pour tous les niveaux d'enseignement

Un plan de construction et de réhabilitation de salles de classe pour tous les sous-secteurs.

2019, l'appui budgétaire de 10 millions d'Euros soit affecté en quasi-totalité (9,7 millions d'Euros) au paiement des arriérés de salaires et pensions et pour 300 000 € au paiement d'audits d'entités publiques.

[265] Il s'agit du Certificat d'Études du Fondamental 1, le concours d'entrée en 6eme, le Brevet des Collèges et le Baccalauréat.

[266] « Les enseignants non payés ont quitté leurs postes, les structures scolaires ont été pillées ou détruites et des milliers d'enfants ont perdu plusieurs années de scolarisation. Le recrutement et la formation des enseignants ont été interrompus, ce qui a d'autant plus ralenti le déploiement d'enseignants qualifiés. » (Plan de Relèvement et de Consolidation de la Paix en Centrafrique (PRCPC) 2017-2021, p.7).

En 2018-2019, dans le secteur public, il y avait seulement une salle de classe *en bon état* pour 148 élèves dans le cycle primaire et une pour 158 élèves dans l'enseignement secondaire général (Tableau 54). Étant donné l'accroissement des effectifs scolaires et la baisse de la taille des classes (groupes pédagogiques) souhaités, il est nécessaire de réaliser un très important effort de construction, réhabilitation et équipement de salles de classe, pour tous les sous-secteurs, au cours de la décennie 2020-2029. Selon le scénario de référence du PSE, même en utilisant certaines salles en double vacation (préscolaire et primaire) ou avec des horaires élargis (secondaire), il sera nécessaire de construire près de 12 000 salles de classe et d'en réhabiliter près de 4 700 afin de disposer d'un stock suffisant de salles en bon état à la rentrée 2029[267].

Tableau 54 : Ratio élèves/salle de classe (RES) et nombre de salles de classe « en bon état » en 2018-2019

	— Total —		— Public —	
	RES	Salles en bon état	RES	Salles en bon état
Préscolaire	62,6	590	79,4	153
Primaire	125,2	9 331	148,0	6 682
F2 & SG	97,2	1 750	157,9	764
ETP	53,6	113	64,5	83
Total		11 784		7 682
Source: SIGE 2018-2019				

Le plan de construction et de réhabilitation de salles de classe devra s'appuyer sur une nouvelle carte scolaire, et des critères de décision pour le choix des sites de construction devront être préalablement définis afin d'assurer l'équité territoriale de ce processus. En outre, les modèles de salle (format, type) devront être adaptés à l'environnement et aux capacités de financement, ce qui impliquera, entre autres, de réaliser des arbitrages entre le nombre de salles de classe construites et leur qualité (salles complètes ou hangars améliorés). Enfin, l'équipement des salles devra prioriser les solutions durables pour le mobilier scolaire[268] et l'intersectorialité devra être favorisée afin d'intégrer les besoins des secteurs de l'eau, l'hygiène et l'assainissement, de la santé, et de la nutrition (cantines scolaires).

Il sera nécessaire de recourir à différentes modalités de réalisation des constructions/réhabilitations, dont des appels d'offre à destination du secteur privé et des ONG et un plan de constructions communautaires. Un tel plan présente plusieurs avantages pour les communautés et pour l'État :

---

[267] *Environ 18 500 salles, soit 2,4 fois le stock de 2018-2019 (7 700 salles en bon état).*
[268] *Par exemple des tables-bancs en béton lorsque les vols sont réguliers.*

(i) réduire les coûts, en particulier dans les zones peu accessibles et/ou peu sécurisées;

(ii) contribuer à la reconstitution des moyens de subsistance des communautés et à leur redynamisation économique[269] ;

(iii) faire bénéficier les communautés, et en particulier les jeunes sans qualification, de formations pratiques et de l'acquisition de compétences professionnelles.

4.2.1.1- Accroitre l'offre d'enseignement secondaire

Afin d'améliorer le maillage du territoire pour l'enseignement Fondamental 2 (premier cycle du secondaire) et ainsi d'en favoriser l'accès, un plan de construction de *collèges de proximité* sera lancé. Il s'agit de collèges de petite taille (une à deux classes par niveau), localisés dans les zones d'habitat peu dense, avec un corps enseignant spécifique et des curricula adaptés.

Le développement de cette nouvelle offre d'éducation se fera en complément de la construction ou de l'extension de collèges et lycées « classiques » dans les zones suffisamment denses. L'accroissement des capacités d'accueil dans ces zones est indispensable car la plupart des établissements y sont surchargés. En outre, l'extension de cette offre doit être accompagnée d'une réflexion sur les questions des transports scolaires et de l'hébergement, publics ou communautaires (confiage, tuteurs, locations collectives, etc.), les plus adaptés au contexte centrafricain.

4.2.1.2- Accroitre et déconcentrer l'offre d'enseignement supérieur

L'université de Bangui, créée en 1969, est la seule institution publique d'enseignement supérieur et de recherche (ESR) en RCA. En 2018-2019, 12 918 des 16 450 étudiants y étaient inscrits (78,5 %). Notons que seul un quart de l'ensemble des étudiants étaient inscrits dans une filière scientifique[270] (16 %), technique (9 %) ou agricole (0,7 %) (voir Tableau 55). Au total, la RCA comptait seulement 353 étudiants pour 100 000 habitants, soit la proportion la plus faible de tous les pays d'Afrique subsaharienne pour lesquels ces données sont disponibles[271].

Tableau 55 : Répartition des effectifs de l'enseignement supérieur par filière, en 2018-2019

---

[269] *Les membres des communautés qui participent à la réalisation des ouvrages seront rémunérés.*

[270] *Faculté des sciences (10 %), santé et protection sociale (6 %).*

[271] *La moyenne pour ces pays est de 782 étudiants pour 100 000 habitants, soit le double de la RCA, et plusieurs pays sont au- dessus du seuil d'un étudiant pour 100 habitants (Soudan, Bénin, Sénégal, Cameroun, Togo).*

	Effectifs	% Filière	% Filles	% Privé
Sciences sociales, Droit et Gestion	10 245	62,3%	42,7%	23,8%
Sciences économiques et Gestion	3 894	23,7%	39,3%	5,7%
Droit	2 086	12,7%	27,8%	10,4%
Sciences sociales	1 995	12,1%	48,1%	0,0%
Lettres et Arts	1 417	8,6%	27,5%	3,0%
Education	537	3,3%	27,6%	0,0%
Sciences	1 683	10,2%	18,7%	0,0%
Ingénierie, Industrie, Transformation & Production	1 443	8,8%	21,5%	69,4%
Santé et Protection Sociale	953	5,8%	28,8%	0,0%
Agriculture	119	0,7%	12,6%	0,0%
Services	53	0,3%	81,1%	100,0%
Total	**16 450**	100,0%	5 869	3 532

Source: Annuaire Statistique 2018-2019

Les deux ministères qui ont la charge de l'ESR ont chacun élaboré un document stratégique[272] dont les orientations pour améliorer l'équité de l'accès à un enseignement supérieur de qualité et renforcer la gouvernance de ce sous-secteur sont reprises et approfondies dans ce PSE. Le principal axe stratégique qui est développé consiste à accroitre et déconcentrer l'offre d'enseignement supérieur grâce à la création d'établissements régionaux, sur le modèle des *community colleges* étatsuniens, c'est-à-dire des établissements offrant (i) des cycles courts (deux à trois ans) ; et (ii) des formations prioritairement professionnalisantes et liées au marché de l'emploi local[273]. Il existe également un projet de construction d'une seconde université nationale à Bangui[274].

4.2.2- Favoriser une éducation inclusive, équitable et protectrice

4.2.2.1- Favoriser l'accès à l'éducation des filles

Le processus d'élaboration du PSE a suivi les recommandations du PME d'intégrer la discussion des questions de genre de manière transversale dans tout le rapport. En conséquence, des éléments de stratégie liés à la scolarisation des filles sont disséminés au sein du PSE.

---

[272] *Respectivement le Plan Stratégique du Ministère de l'Enseignement Supérieur (PSMES, 2018-2021) et la Politique Nationale de la Recherche Scientifique et de l'Innovation Technologique (PNRSIT, 2020-2030).*

[273] *Ces établissements pourront aussi offrir quelques formations académiques traditionnelles (mathématiques ; lettres ; etc.) qui pourront ensuite être poursuivies au niveau master à l'université de Bangui.*

[274] *Un site de 50 hectares à 15 kilomètres de Bangui a été attribué et un appel à projet pour un partenariat public-privé a été lancé mais n'avait pas abouti au moment de la rédaction du PSE.*

Des mesures déjà en vigueur seront poursuivies et approfondies, telles (i) les actions de sensibilisation en faveur de la scolarisation des filles[275] ; (ii) les interventions destinées à créer un environnement sanitaire favorable (distribution de kits scolaires et de kits dits de « dignité » ; construction de latrines séparées) ; et (iii) la lutte contre les violences basées sur le genre en milieu scolaire. En outre, des mesures complémentaires sont aussi prévues : (i) la formation des enseignants et l'introduction ou le renforcement de modules sur l'éducation sexuelle et la parité des genres dans les curricula ; (ii) l'allocation de bourses d'étude pour les filles dans l'enseignement secondaire.

Notons aussi que les intervenants du secteur de l'éducation reconnaissent l'impact important, mais parfois indirect, que peuvent avoir certaines politiques sur la scolarisation des filles. C'est en particulier le cas des stratégies suivantes du PSE : (i) la réduction des distances parcourues pour aller à l'école (et donc des problèmes de sécurité) grâce à la construction de nouvelles écoles primaires et de collèges de proximité ; (ii) la promotion de la participation des femmes et des filles à toutes les activités économiques et sociales, en particulier au sein du corps enseignant ; (iii) l'enseignement dans la langue maternelle et la suppression des frais de scolarité qui ont un impact positif plus important sur les taux de scolarisation et de transition des filles que sur ceux des garçons.

4.2.2.2- Favoriser l'accès à l'éducation des enfants à besoins spécifiques ou à besoin d'assistance humanitaire dans le domaine de l'éducation

L'accès à l'école des enfants à besoins spécifiques[276] est souvent limité par un manque de compréhension de leurs besoins, d'enseignants formés, de soutien en classe, de ressources pédagogiques et d'infrastructures adaptées. Les lignes directrices de la stratégie proposée pour favoriser l'accès à l'éducation de ces enfants[277] sont : (i) la promotion de l'éducation inclusive, ce qui implique entre autres de mener des campagnes de communication et de sensibilisation, d'améliorer les infrastructures scolaires pour y accueillir tous les enfants, et de former des enseignants ; (ii) l'offre de solutions d'éducation alternatives pour les enfants à besoins spécifiques qui ne peuvent pas être pris en charge dans les écoles standards (handicaps lourds, problèmes de santé mentale, etc.).

---

[275] *En particulier au niveau des associations de parents d'élève, des chefs de communautés et des leaders religieux.*
[276] *Selon les données de l'annuaire statistique de 2018-2019 du MEPS, environ 140 000 enfants scolarisés dans les cycles primaire et secondaire seraient des enfants orphelins et vulnérables (enfants de la rue, enfants déplacés, et enfants libérés par les groupes armés). La population des enfants à besoins spécifiques est cependant bien plus importante puisqu'elle comprend aussi les enfants avec un handicap physique (moteur, auditif ou visuel) ou psychique (y compris les chocs post-traumatiques), lesquels sont nombreux dans un pays qui sort de plusieurs années de conflits armés.*
[277] *Les progrès de la politique d'inclusion du système éducatif de la RCA seront suivis grâce au Tableau de bord mondial des politiques de l'éducation élaboré par la Banque mondiale.*

Le système éducatif doit tenir compte de la situation post-conflit et proposer des offres d'éducation alternatives qui permettent d'inclure dans le système tous les enfants qui ont souffert des conflits, en particulier les enfants déplacés, non-scolarisés, sur-âgés, orphelins et vulnérables. Lorsque cela est possible, il s'agit d'assurer à ces enfants « l'accès et le maintien à une éducation de qualité par l'intégration, la réintégration et/ou le maintien dans le système formel à travers le programme approprié en fonction de leurs besoins et de leurs profils »[278]. Dans les autres cas, des offres d'éducation alternatives doivent être proposées : (i) des offres d'éducation de base non- formelle et de formation professionnelle ; (ii) des interventions en situation d'urgence ; (iii) des cours de rattrapage pendant les vacances scolaires.

4.2.2.3- Développer le cycle préscolaire en favorisant l'équité

L'enseignement préscolaire est encore embryonnaire, avec un taux brut de scolarisation (TBS) de 8,6 % pour les trois années du cycle en 2018-2019, et son accès est très inégalitaire entre Bangui (TBS = 37 %) et le reste du pays (TBS = 4 %) et selon le niveau de richesse des familles[279].

Le développement du secteur préscolaire doit se faire prioritairement en faveur des enfants issus des ménages les plus défavorisés car, comme le montrent les études, ce sont ceux qui en retirent le plus de bénéfice. L'enseignement préscolaire aide en particulier les enfants déplacés et « retournés » à s'adapter à un nouvel environnement et à retrouver leur équilibre émotionnel et leur confiance. En outre, comme le recommande l'UNICEF[280], la RCA fait le choix de commencer par généraliser la grande section du préscolaire. La stratégie du présent PSE est donc d'offrir une année d'enseignement préscolaire préparatoire à l'entrée au cycle primaire au plus grand nombre d'enfants de cinq ans[281] puis de compléter progressivement ce cycle d'enseignement.

4.2.2.4- L'enseignement technique et agricole, la formation professionnelle, et l'alphabétisation (ETA-FP-A)

---

[278] *MEPSTA et Cluster Education. 2018. Cadre Stratégique Opérationnel – Éducation en Situation d'Urgence (dit Plan d'Urgence). Juillet 2018 ; p.16. Voir par exemple la stratégie actuelle de l'UNICEF concernant les ETAPEs*

[279] *TBS = 4 % versus 24 % selon que les enfants appartiennent au quintile de richesse le plus bas ou le plus élevé.*

[280] *UNICEF 2019. Un monde prêt à apprendre,. Notons également que l'indicateur 4.2.2 des objectifs de développement durable pour l'enseignement préscolaire est le taux de participation à des activités organisées d'apprentissage un an avant l'âge officiel de scolarisation dans le primaire (par sexe).*

[281] *L'objectif est d'atteindre en grande section, un taux brut d'accès de 95% en 2029.*

Le diagnostic des sous-secteurs ETA-FP-A fait apparaitre que ce sous-secteur n'occupe qu'une place mineure dans l'enseignement post-primaire en République centrafricaine : l'offre est très limitée (il n'y existe par exemple qu'un seul lycée technique public, à Bangui) et les filières ont peu de lien avec les besoins de l'économie. Pourtant ces sous-secteurs ont un rôle fondamental à jouer dans le contexte centrafricain pour : (i) offrir des secondes chances aux nombreux jeunes qui n'ont plus la possibilité de participer au système éducatif formel ; (ii) intégrer les jeunes sur le marché du travail ; et (iii) contribuer au développement économique du pays. Une *Stratégie Nationale de l'Enseignement Technique et de la Formation Professionnelle en Centrafrique* (SNETFP) a été élaborée en 2018 avec l'appui de l'AFD ; ses grandes lignes sont reprises dans ce PSE. En outre, une étude sur la *Formation axée sur les compétences et employabilité des jeunes* (FACEJ), en cours de réalisation au moment de la rédaction du PSE, permettra de prolonger et d'approfondir les stratégies pour ces sous-secteurs.

La stratégie générale pour développer les sous-secteurs ETA-FP-A afin d'atteindre un nombre plus élevé d'apprenants dans un plus grand nombre de domaines de formation consiste à (i) déconcentrer l'enseignement technique et relancer l'enseignement agricole, grâce à la construction et l'équipement d'un *Collège d'enseignement technique et agricole* (CETA ; filières courtes adaptées au contexte local) dans chaque inspection académique, et d'un lycée agricole (il n'en existe actuellement aucun) ; et (ii) « piloter le dispositif de formation professionnelle par la demande et l'orienter vers la maîtrise des métiers » ; en (iii) priorisant « l'objectif de l'insertion, grâce à une relation étroite entre emploi et formation »[282].

Les sous-secteurs de la formation professionnelle, de l'alphabétisation et de l'éducation non-formelle font face à des enjeux communs qui doivent les conduire à une collaboration étroite. Celle-ci se fera dans le cadre de nouveaux *Centres de Formation Professionnelle et d'alphabétisation*[283] (CFPA) qui pourront proposer une offre adaptée à chaque population cible (enfants, adolescents, ou adultes) en fonction de ses besoins : (i) des programmes d'éducation accélérée ; (ii) des programmes d'alphabétisation ; (iii) des formations professionnelles ; (iv) des combinaisons entre éducation de base/alphabétisation et formation à un métier.

4.2.2.5- Auditer puis supprimer progressivement les frais de scolarité

Les frais de scolarité supportés par les ménages sont un frein à la scolarité et ils pèsent sur le niveau de vie des plus démunis. Afin de faciliter l'accès à

---

[282] *AFD. 2018. Stratégie Nationale de l'Enseignement Technique et de la Formation Professionnelle en Centrafrique. (SNETFP)*
[283] *Ils seraient basés les Centres de Formation Professionnelle Pratique (CFPP), étendus et modernisés.*

l'éducation, l'objectif de long terme affirmé dans ce PSE est donc la suppression complète des frais de scolarité. Cependant deux étapes préliminaires devront être menées : (i) d'abord ; la réalisation d'une étude sur la collecte et l'utilisation de chacun des frais de scolarité (court terme) ; (ii) ensuite la réduction ou la suppression des frais qui peuvent l'être (moyen terme).

4.2.2.6- Garantir un environnement éducatif sécurisé et protecteur

Afin de sécuriser les établissements scolaires et mitiger l'impact des conflits, les mesures envisagées consistent à : (i) mettre en place de mécanismes de veille sur les attaques et occupations d'école ; (ii) sensibiliser les communautés, les autorités, et même les groupes armés sur le thème de la sécurisation des infrastructures scolaires ; (iii) renforcer les capacités des enseignants en environnement protecteur et en éducation à la paix ; et (iv) automatiser les interventions pour l'éducation en situation d'urgence destinées à assurer la continuité de l'offre éducative et renforcer les capacités de la cellule d'urgence du MEPS.

4.3- PSE: Former, recruter, et affecter des enseignants sur l'ensemble du territoire

4.3.1- La pénurie d'enseignants qualifiés

« La pénurie d'enseignants qualifiés est la plus grande des difficultés que doit affronter le système éducatif centrafricain. »[284]. L'évolution du corps enseignant est une question centrale de ce PSE : les enseignants sont en nombre très insuffisant et la grande majorité des enseignants en-dehors de Bangui ne sont pas pris en charge par l'État et ne sont pas qualifiés. Les ratios élèves/enseignant dans le secteur public étaient en 2018-2019 de 101 dans le cycle primaire et 54 dans le cycle secondaire.

Le dispositif de formation des enseignants du cycle Fondamental 1 est constitué d'une École normale des instituteurs (ENI), située à Bambari, et de dix Centres pédagogiques régionaux (CPR) répartis dans les huit inspections académiques (voir Figure 12)[285].

---

[284] *Plan de transition 2014-2017 (p.17).*
[285] *Il n'existe pas de filière de formation pour les enseignants du préscolaire au niveau du MEPS.*

Figure 12 : Carte des inspections académiques (IA) et des centres pédagogiques régionaux

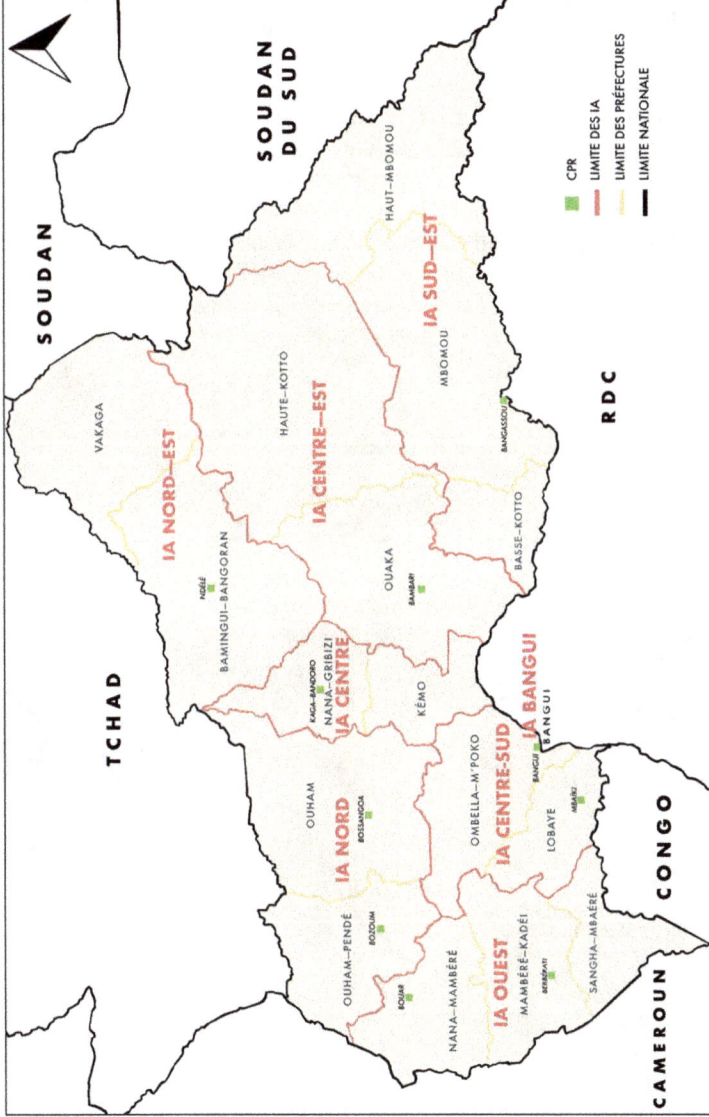

Source : Plan sectoriel de l'éducation 2000-2029

283

Les cohortes de l'ENI (150 élèves) sont recrutées au niveau du baccalauréat tandis que celles des CPR (50 élèves chacun) le sont au niveau du brevet des collèges. Les diplômés des CPR sont des maîtres d'enseignement ; leur grade dans la fonction publique est inférieur à celui des instituteurs. En 2018-2019, les instituteurs et les maîtres d'enseignement représentaient, au total et à part égale, 42 % du corps enseignant du cycle primaire. Les autres enseignants de ce cycle sont des maîtres-parents (maîtres communautaires) recrutés et payés par les associations de parents d'élève pour pallier l'absence d'enseignants titulaires ou contractuels ; la plupart sont peu ou pas formés[286]. Les proportions de maîtres-parents à Bangui et dans le reste de la RCA sont radicalement différentes et cette divergence tend à s'approfondir : elles étaient respectivement de 11 % et 65 % en 2017-2018, elles sont passées à 8 % et 68 % en 2018-2019 (cette proportion est même supérieure à 80 % dans six préfectures ; voir la Figure 13).

---

[286] *Très peu ont bénéficié de formation professionnelle initiale, mais ils sont nombreux à recevoir des formations courtes destinées à renforcer leurs capacités, souvent dans le cadre de programmes mis en œuvre par des ONG et financés par l'UNICEF. Seulement 8 % des maîtres-parents ont atteint la terminale ; près d'un quart n'a pas atteint la classe de 3ième.*

Figure 13 : Proportion des maitres parents par préfecture

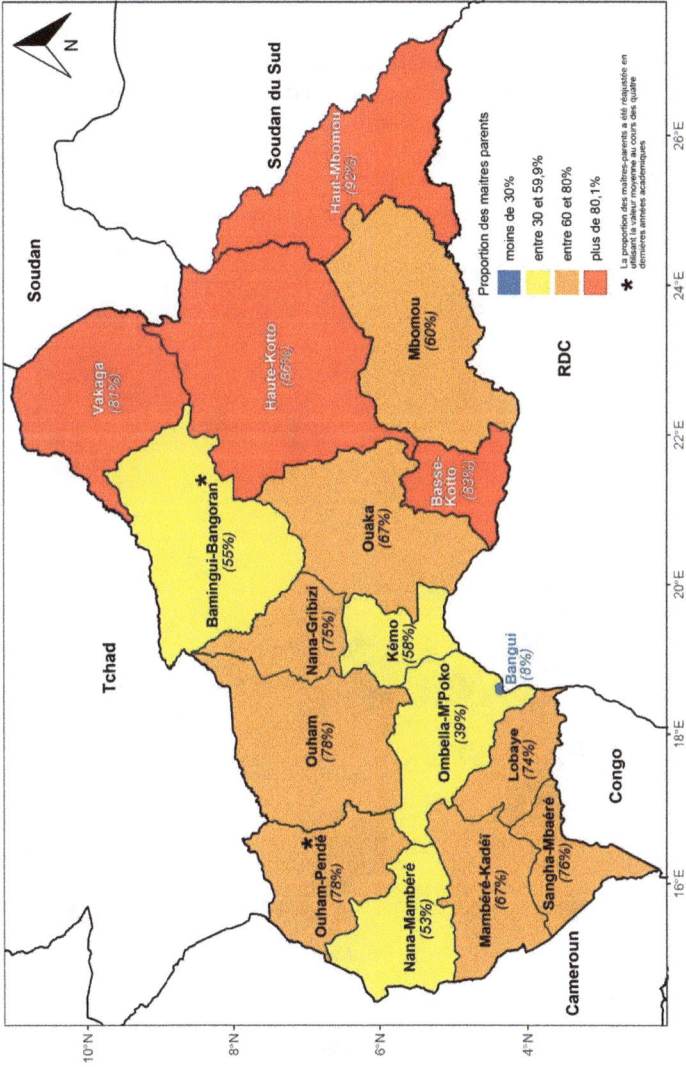

Source : Plan sectoriel de l'éducation 2000-20

L'École Normale Supérieure (ENS) de Bangui assure le recrutement par un concours national et la formation initiale des enseignants du cycle secondaire[287], dans toutes les disciplines sauf l'éducation physique et sportive[288] (EPS). Mais la moitié (49% en 2018-2019) des enseignants du cycle secondaire sont des enseignants vacataires[289] qui, pour la plupart, n'ont pas reçu de formation pour enseigner : ce sont souvent des fonctionnaires qui dispensent des heures de cours en complément de leur activité principale ou des (anciens) étudiants[290]. Hors de Bangui, deux tiers des enseignants du cycle secondaire étaient des vacataires en 2018-2019 (cette proportion est supérieure à 80 % dans sept préfectures), tandis qu'ils n'étaient que 31 % à Bangui.

---

[287] *Les futurs professeurs de collège ou des cycles courts de l'ETP (niveau licence) sont recrutés au niveau du baccalauréat tandis que les professeurs de lycée (niveau master) sont recrutés au niveau de la licence.*
[288] *Les enseignants d'EPS sont recrutés au niveau du baccalauréat et formés en deux ans à l'Institut National de la Jeunesse et des Sports (INJS).*
[289] *Le contrat des enseignants vacataires correspond à environ 15 heures de cours par semaine pendant neuf mois (30 000 FCFA par mois), payées en une seule fois en fin d'année scolaire.*
[290] *Certains sont des diplômés de l'ENS en attente d'intégration.*

Figure 14 : Organigramme de la structure décentralisée des Ministères de l'éducation

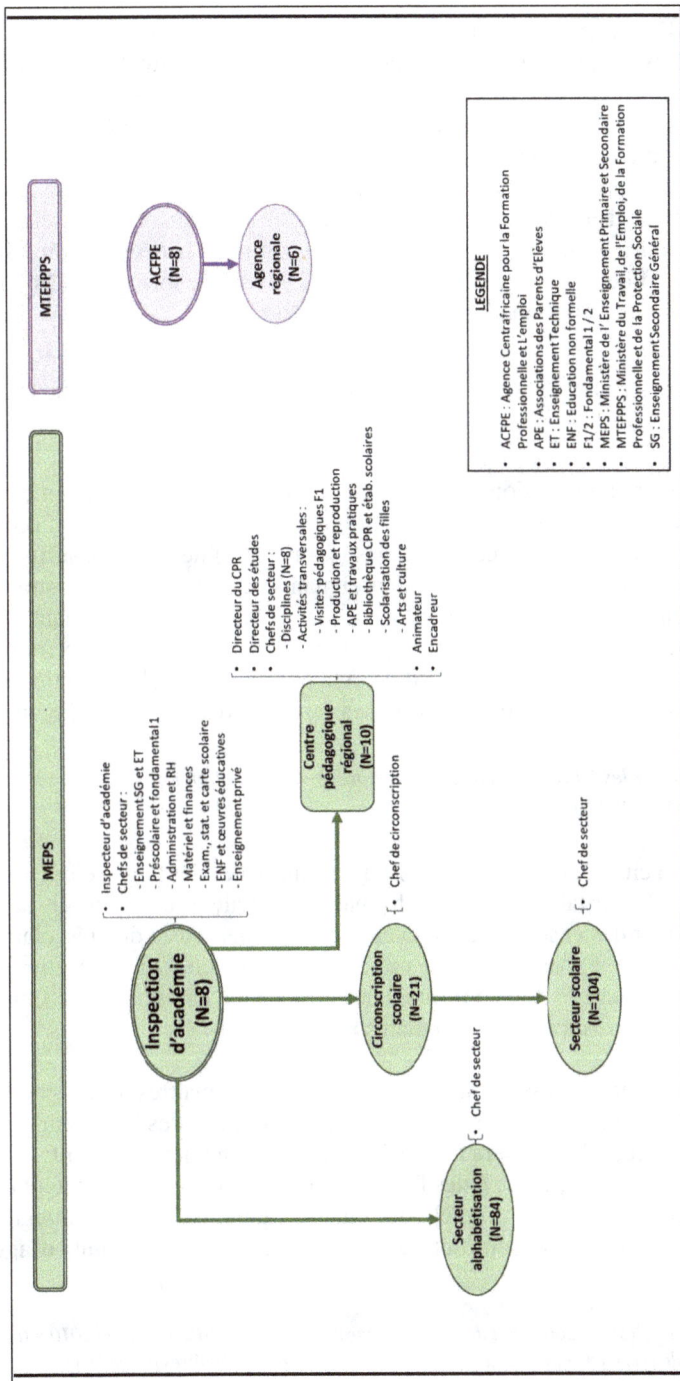

Source : Plan sectoriel de l'éducation 2000-2029

L'objectif de l'élimination des maîtres-parents et des enseignants vacataires qui avait été fixé lors des précédentes stratégies n'a pas pu être atteint[291]. Au contraire, les proportions de ces deux catégories d'enseignants au sein des cycles primaire et secondaire se sont accrues en raison de la demande croissante d'éducation, des capacités de formation des enseignants limitées, et de l'impact des conflits qui ont affecté le pays depuis 2013. La stratégie proposée dans ce PSE est donc plus pragmatique et réaliste : le remplacement des maîtres-parents et des enseignants vacataires ne pourra se faire que progressivement, sur toute la décennie du PSE et sans doute au-delà, et en partie grâce à leur formation et leur intégration/contractualisation au sein du système formel.

4.3.2- Accroître les capacités de formation et diversifier les recrutements des enseignants

L'évolution de la composition du corps enseignant dépend prioritairement de l'évolution des capacités de formation. Or, les capacités d'accueil (ENI/ENS/CPR) et les ressources humaines (formateurs) ne sont pas suffisantes pour pouvoir former les cohortes d'enseignants nécessaires à la stratégie d'accroissement des effectifs et de réduction des ratios élèves/enseignant. Pour former un grand nombre d'enseignants, il sera donc nécessaire d'accroitre le nombre et la capacité des structures dédiées à la formation initiale et continue des enseignants (voir la nouvelle organisation des capacités de formation ; Figure 15)

4.3.2.1- Transformer les CPR aux Centres Préfectoraux de Formation des Enseignants (CPFE) et former les maîtres-parents

Le rôle, les capacités d'accueil et les ressources humaines des CPR seront accrus afin d'en faire de véritables écoles de formation, initiale et continue. Ils seront chargés de former des enseignants du cycle primaire mais aussi du préscolaire et du cycle secondaire. En outre, chaque préfecture sera dotée d'un tel centre (sept nouveaux seront donc bâtis), conformément à leur nouveau nom de « Centres Préfectoraux de Formation des Enseignants » (CPFE).

Les CFPE continueront à assurer la formation initiale des maîtres d'enseignement pour le cycle primaire. Une filière de formation initiale des moniteurs pour l'enseignement préscolaire y sera aussi développée[292]. En outre, les CPFE auront aussi la charge d'assurer, grâce à des filières de formation continue, l'intégration dans le système éducatif formel des maîtres-parents et des moniteurs communautaires. Ceux-ci pourront accéder à un nouveau statut **d'agent**

---

[291] *Un objectif de la SNSE de 2008 était de « faire disparaître les Maîtres-Parents d'ici 2010 » (p.38).*

[292] *Même niveau de recrutement et même grade à la sortie que pour les maîtres d'enseignement.*

d'éducation après avoir suivi et validé une formation pendant un à trois ans (selon leur niveau initial). Ces formations auront lieu pendant les congés scolaires et seront accompagnées par un suivi en salle de classe par le directeur de l'école et/ou un conseiller pédagogique. Enfin, les CPFE offriront une formation continue pluridisciplinaire (en lettres/sciences humaines ou en mathématiques/sciences) pendant les congés scolaires à des enseignants vacataires du secondaire et à des instituteurs afin qu'ils puissent accéder au nouveau statut de **professeur polyvalent du secondaire** (PPS) et enseigner dans les collèges de proximité.

4.3.2.2- Créer des Écoles normales du Fondamental (ENF)

De nouvelles *Écoles normales du fondamental*[293] (ENF) se substitueront à l'École normale des instituteurs. Leur périmètre sera élargi puisque, outre la formation d'instituteurs pour le cycle primaire, ces écoles formeront aussi des instituteurs pour le cycle préscolaire et les professeurs de collège pour le premier cycle du secondaire. Selon le **scénario de référence** de ce PSE, la RCA devra disposer de quatre ENF d'ici la fin de la mise en œuvre du plan, soit deux écoles supplémentaires à celles déjà existante (l'ENI, qui sera transformée) ou prévue (une ENF doit être construite dans le cadre du PUSEB). Ces écoles seront réparties sur l'ensemble du territoire centrafricain (une école pour deux inspections académiques).

4.3.2.3- Faire évoluer la mission de l'ENS et créer une ENS-ETAFPA

L'École normale supérieure (ENS) est actuellement la seule institution de formation des cadres de l'éducation et des enseignants du cycle secondaire. Ces dernières années, elle a accueilli un nombre d'élèves nettement inférieur à sa capacité maximale en raison de difficultés de recrutement (filières scientifiques) et de la fermeture temporaire de certaines filières. Cependant, les besoins en enseignants du secondaire au cours de la prochaine décennie (plusieurs milliers) excèdent très largement ses capacités d'accueil. En outre, la formation à l'ENS présente l'inconvénient d'être entièrement centralisée alors que la majorité des postes seront créés en province au cours de la prochaine décennie. Enfin, le développement du secteur nécessitera la formation d'un nombre important de cadres et de formateurs.

La stratégie proposée pour faire face à ces défis consiste à : (i) concentrer la mission de l'ENS sur la formation des cadres, des formateurs, et des professeurs de lycée (second cycle du secondaire) de l'enseignement général ; (ii) déconcentrer la formation des professeurs de collège (premier cycle du

---

[293] *Pour rappel, le cycle Fondamental 1 est le cycle primaire et le cycle Fondamental 2 est le premier cycle de l'enseignement secondaire (de la classe de 6ème à la classe de 3ème).*

secondaire) dans les nouvelles ENF (voir ci-avant) ; (iii) créer une seconde École normale supérieure entièrement dédiée au secteur de l'enseignement technique et agricole, la formation professionnelle et l'alphabétisation (ENS-ETAFPA).

4.3.3- Recruter massivement les enseignants

4.3.3.1- Le cycle primaire

Le nombre d'enseignants du primaire nécessaire pour la rentrée 2029 dépend essentiellement du ratio élèves/enseignant (REE) ciblé. Pour atteindre un REE de 50 (objectif du PSE), ce nombre est d'environ 20 000[294]. En 2018-2019, le nombre total d'enseignants du primaire est déjà de près de 13 000, mais seulement 5 400 d'entre eux ont un diplôme pour enseigner. Il faudra donc presque quadrupler le nombre actuel d'enseignants formés pour atteindre un REE de 50 en 2029. Le scénario de référence du modèle de simulation permet d'atteindre cet objectif dans le secteur public, tout en ayant presque éliminé les maîtres-parents (N=579 en 2029), grâce à la formation continue et la contractualisation ou l'intégration de ceux-ci en tant qu'agents d'éducation (N=4 088 en 2029) et à la formation d'un grand nombre de maîtres d'enseignement (N=7460) et d'instituteurs (N=3 802).

4.3.3.2- Le cycle secondaire général[295]

La formation des enseignants du cycle secondaire dont le système éducatif centrafricain aura besoin au cours de la décennie du PSE sera un défi au moins aussi difficile à relever que celui de la formation des enseignants du cycle primaire. Un développement modéré de ce sous-secteur avec un ratio élèves/enseignant relativement élevé (47,5) nécessitera de disposer de près de 11 000 enseignants[296] en 2029 (dont 8 660 pour le secteur public) alors que le nombre d'enseignants non vacataires n'était que de 2 244 en 2018-2019 (dont 718 dans le secteur public)[297]. Les objectifs en termes de REE et d'effectifs scolarisés sont atteints dans le scénario de référence grâce à la formation d'un grand nombre de **professeur polyvalent du secondaire** (N=2 905 en 2029), de professeurs de collège (N=2 368), de professeurs de lycée (N=1 779), et au recours encore

---

[294] *Il est d'environ 17 000 pour un REE de 60. Ces chiffres sont d'environ 16 000 (REE=50) et 13 000 (REE=60) si l'on ne considère que les enseignants du secteur public.*

[295] *Le cas du corps enseignant de l'enseignement technique et professionnel (ETP) est similaire à celui de l'enseignement secondaire général : peu d'enseignants en 2018-2019 (393 dont 227 vacataires) et des besoins importants pour accompagner le développement de ce sous-secteur (§III.3.3).*

[296] *L'unité de ce chiffre est l'enseignant-équivalent professeur de collège (EEPC), ce qui correspond à un enseignant réalisant 21 heures de cours dans la semaine*

[297] *Lorsque les enseignants vacataires sont pris en compte, les effectifs des enseignants du secondaire général sont multipliés par trois pour le secteur public (N=2 119) et deux au total (N=4 816).*

important à des enseignants vacataires[298] (N=1807, soit un cinquième des enseignants du secondaire).

4.3.3.3- Le cycle préscolaire

Au début de la période couverte par le présent PSE, le corps enseignant pour l'enseignement préscolaire compte environ un millier de personnes dont la plupart n'ont pas été formées (moniteurs communautaires et bénévoles) et la grande majorité sont employées dans le secteur privé (69,3%). Selon le scénario de référence, pour atteindre un REE de 30[299] à la rentrée 2029, 6 700 enseignants seraient nécessaires (soit sept fois plus qu'en 2018), dont 5 400 dans le secteur public. Ces objectifs sont atteints dans le scénario de référence du modèle de simulation grâce aux nombreux enseignants formés dans les CPFE et les ENF au cours de la décennie du PSE[300], mais aussi, encore, grâce au recours à des moniteurs communautaires (N=574).

4.3.4- Réformer l'allocation et la gestion des personnels de l'Éducation nationale

Le contrat moral entre l'État et les enseignants doit être renouvelé. L'État doit revenir à la pratique vertueuse de la contractualisation/intégration automatique des diplômés de l'enseignement. Il doit aussi améliorer les modalités de paiement et la gestion des personnels de l'Éducation nationale, en particulier en accroissant les opportunités de mobilité entre les différents statuts d'enseignant grâce à une offre étendue de formation continue. Parallèlement, les personnels de l'Éducation nationale devront être mieux suivis et contrôlés.

4.3.4.1- Mettre en œuvre un plan de contractualisation/intégration de tous les enseignants diplômés

Depuis le début des années 2010, les enseignants diplômés ne sont plus intégrés automatiquement à la fonction publique. Dans le cycle primaire, certains se voient

---

[298] *Ces enseignants, à la différence des maîtres-parents du cycle primaire, ne sont pas tous amenés à disparaître au cours de ce PSE. Leur apport au système éducatif restera nécessaire à court et moyen terme.*

[299] *Dans le rapport « Un monde prêt à apprendre » (MPA, 2019), l'UNICEF recommande de viser un ratio élèves/enseignant (REE) de 20 maximum au niveau préscolaire. Cependant, étant donné le point départ (REE=43 dans le secteur public) et les ressources disponibles limitées, l'objectif-retenu est plus modeste (arbitrage accès/qualité) mais proche de la moyenne des pays d'Afrique subsaharienne en 2018.*

[300] *En 2029, sont en activité 561 instituteurs du préscolaire, 2 433 moniteurs et 1 798 agents d'éducation du préscolaire.*

néanmoins proposer un contrat et deviennent des *instituteurs contractuels[301]*. Dans le cycle secondaire, certains deviennent enseignants vacataires et cumulent parfois des cours dans les secteurs publics et privés. Selon les reconstitutions réalisées par les auteurs sur la base des arrêtés de contractualisation et d'intégration dans la fonction publique, environ 3 400 enseignants diplômés du primaire[302] et plus d'un millier de diplômés de l'ENS (promotions de 2012 à 2019) étaient en attente d'intégration dans la fonction publique en 2019.

Cette situation est inefficace et elle conduit les jeunes diplômés à se détourner des formations d'enseignant. Aussi, l'État doit avoir pour priorité de : (i) procéder à la contractualisation/intégration des enseignants qui ont été formés au cours des années 2010 ; (ii) revenir à la pratique vertueuse de la contractualisation/intégration automatique dans la fonction publique des diplômés de l'enseignement. Un plan d'intégration/contractualisation est proposé dans le PSE[303] qui permettra de revenir à un équilibre stable à partir de 2024, dans lequel tous les diplômés de l'enseignement seront automatiquement contractualisés pendant un an et intégrés dès l'année suivante.

4.3.4.2- Redéployer des enseignants sur tout le territoire

Déjà en 2008, il était noté que « l'affectation et la rétention des maîtres hors de Bangui, dans les villages, est l'un des enjeux les plus cri☐ques de la stratégie visant la scolarité primaire universelle en RCA. »[304]. Cet enjeu est d'autant plus prégnant aujourd'hui en raison de la mauvaise situation sécuritaire. De nombreux enseignants titulaires ou contractuels ont abandonné leur poste pour fuir les combats ; en 2019, peu d'enseignants encore y étaient retournés.

L'allocation des enseignants sur l'ensemble du territoire nécessite l'élaboration d'un plan de (re)déploiement dans lequel seront précisées des stratégies destinées à les inciter à prendre ou reprendre un poste dans une zone excentrée. Ce plan doit donc inclure des mesures pérennes telles : (i) la régionalisation des concours de recrutement et la généralisation de l'engagement quinquennal à l'ensemble des diplômés des écoles de formation de l'Éducation nationale (ENF, CPR/CFPE, ENS) ; (ii) des primes et des plans de carrière incitatifs pour les enseignants qui ont passé plusieurs années dans une zone excentrée (priorité pour entrer dans un

---

[301] *Ce contrat est identique pour les diplômés de l'ENI et des CPR ; son montant est de 60 000 FCFA par mois pour une période de neuf mois.*
[302] *Ils ont été formés à l'ENI ou dans les CPR ; seulement 1 461 d'entre eux bénéficiaient d'un contrat. En outre 650 nouveaux diplômés s'ajouteront à la rentrée 2020.*
[303] *De 2020 à 2024, l'État intégrera chaque année un nombre d'enseignants équivalent aux cohortes de nouveaux diplômés augmenté d'environ un cinquième du « stock » des enseignants à intégrer. L'intégration se fera par ordre d'ancienneté. Les nouveaux diplômés se verront d'abord proposer un contrat, renouvelé chaque année jusqu'à leur intégration.*
[304] *SNSE, p.96.*

processus de formation continue ascendante et dans le choix d'une nouvelle affectation) ; (iii) La suppression des mutations par mesure individuelle ; (iv) des contrôles de la présence des enseignants à leur poste, avec l'implication des communautés et de la structure de gouvernance décentralisée, et des sanctions associées.

4.3.4.3- Moderniser le mode de paiement des enseignants

Les difficultés du portage matériel des salaires près des lieux d'exercice des personnels de l'Éducation nationale (faiblesse du déploiement des services bancaires) est un des freins à leur déploiement effectif dans les zones excentrées de la RCA. Le paiement mobile (et/ou les « caisses déplacées ») est une solution prometteuse, expérimentée par le ministère des Finances et du Budget, pour résoudre ce problème. D'autres pistes sont aussi explorées et peuvent s'avérer complémentaires : les bureaux de poste ; le paiement *via* des tiers de confiance (par exemple les églises), etc. Afin de continuer à traiter cette question seront mis en place : (i) un groupe de travail chargé de faire le point régulièrement sur les solutions testées ; et (ii) un plan d'action destiné à résoudre ce problème, basé sur une cartographie détaillée et la recherche de solutions pertinentes pour chaque localité.

4.3.4.4- Développer la mobilité au sein de l'Éducation nationale

L'existence de différents statuts – et donc des rémunérations différentes – pour des enseignants qui occupent les mêmes fonctions sera mieux acceptée s'il est possible d'évoluer d'un statut à un autre. Un enseignant qui débute avec un statut peu favorable doit pouvoir évoluer progressivement vers des statuts plus favorables. En outre, la mobilité entre les postes (fonction différente) est nécessaire pour mieux répondre à l'évolution des besoins de l'Éducation nationale, et incitative pour les enseignants qui souhaitent avoir une carrière évolutive.

La mobilité au sein de l'Éducation nationale doit donc concerner à la fois (i) le passage d'un statut à un autre pour un même poste occupé et (i) le passage d'une fonction à une autre pour un même statut. Ainsi, des passerelles ascendantes entre les différents statuts et fonctions sont prévues dans le schéma du nouveau système de formation des enseignants proposé dans ce PSE (Figure 15). Les formations diplômantes associées à ces passerelles seront prioritairement des formations continues dispensées pendant les périodes de congés scolaires dans les écoles de formation (CFPE/ENF/ENS).

Figure 15 : Nouvel organigramme des capacités de formation des enseignants du PSE

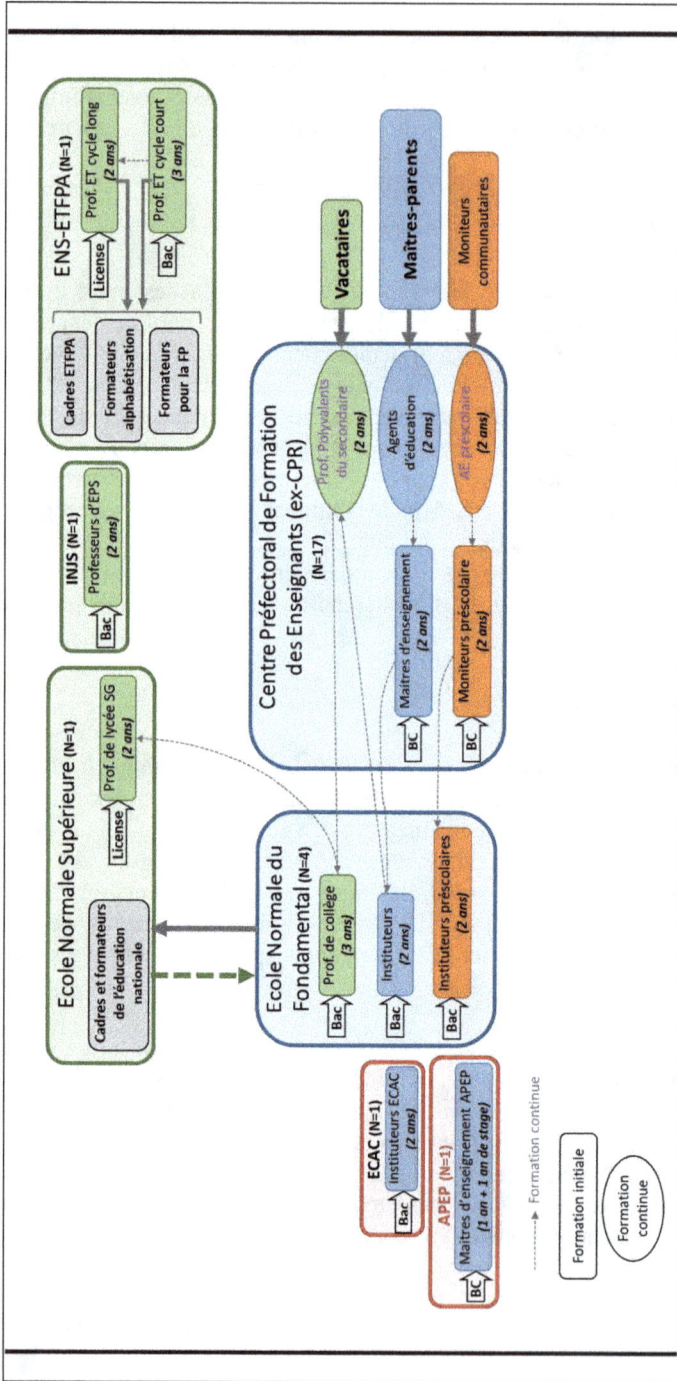

Source : Plan sectoriel de l'éducation 2000-2029

4.3.4.5- Prendre en charge les maîtres-parents

Les maîtres-parents sont peu et irrégulièrement rémunérés par des communautés déjà pauvres. L'absentéisme des enfants et des enseignants s'en trouve accru. En outre, l'État n'exerce aucun contrôle sur cette catégorie d'enseignants. Il parait donc nécessaire, pendant la période de relèvement du système éducatif, de prendre en charge les maîtres-parents. Cette prise en charge ne pourra cependant se faire qu'à la suite d'un recensement de tous les maîtres-parents déjà en service (afin d'éviter les effets d'aubaine), et les communautés et l'inspection académique devront être associées à l'élaboration et au suivi cette mesure.

4.4- PSE: Améliorer la qualité de l'enseignement

Des résultats d'apprentissage très faibles

La République centrafricaine dispose de peu de données sur le niveau d'apprentissage des élèves. Un test d'Évaluation des compétences fondamentales en lecture (*Early Grade Reading Assessment* ou EGRA) a été réalisé à la fin de l'année scolaire 2018-2019 auprès de 1 228 élèves scolarisés aux niveaux 2 à 4 du cycle primaire (CP, CE1 et CE2) dans les écoles publiques et privées de l'inspection académique de Bangui (IAB). Les résultats moyens ont été très bas : respectivement 57 %, 41 % et 20 % des élèves de CP, CE1 et CE2 de l'IAB n'ont pas été capables de lire un seul mot familier en une minute parmi une liste de 50 mots isolés[305]. Les résultats de ce test sont seulement représentatifs pour l'IAB. Mais, comme cette académie est moins défavorisée que le reste de la RCA selon tous les indicateurs socio-économiques et éducatifs, alors les résultats de ce test EGRA doivent être considérés comme une borne supérieure du niveau dans les autres régions.

4.4.1- Réformer, enrichir, et développer des curricula

4.4.1.1- Introduire l'enseignement en langue sango au cycle primaire

La RCA se distingue de la plupart des autres pays d'Afrique subsaharienne par l'utilisation quasi-généralisée d'une langue vernaculaire nationale, le sango, et la loi d'orientation de l'Éducation nationale de 1997 stipule que « le sango et le français sont les deux langues d'enseignement ». Cependant, à l'encontre des

---

[305] *Les effets « plancher » pour la lecture chronométrée de mots isolés varient considérablement selon les types d'écoles : en CP, 88 % des élèves testés dans les écoles publiques de garçons n'ont pu lire aucun mot ni isolé ni en contexte, alors qu'ils ne sont que 6 % dans ce cas dans les écoles privées catholiques.*

enseignements de la littérature académique[306], le français reste la seule langue d'enseignement dans presque toute la RCA. La période de mise en œuvre du plan sectoriel de l'éducation représente une fenêtre d'opportunité pour expérimenter l'enseignement en sango. Cette initiative, complémentaire et coordonnée avec les autres innovations pédagogiques du PSE (leçons scriptées, évaluation des acquis, politique du livre, etc.) pourrait permettre à la RCA d'obtenir de bons résultats dans le domaine de l'éducation malgré des conditions initiales difficiles, et de devenir alors un exemple à suivre dans le secteur éducatif.

Les principaux éléments de la stratégie d'introduction de l'enseignement en sango au cycle primaire qui doivent être développés sont : (i) une campagne de sensibilisation auprès de tous les acteurs du système éducatif pour d'obtenir un large consensus national pour l'utilisation de la langue sango dans les premières années du cycle primaire ; (ii) un nouveau curriculum[307] et le matériel pédagogique associé ; (iii) la formation des formateurs et des enseignants ; (iv) un calendrier pour l'expérimentation, le développement et la généralisation de l'enseignement en sango (succession et organisation des étapes décrites dans les points précédents).

L'introduction de l'enseignement dans la langue vernaculaire du pays lors des premières années du cycle primaire doit se faire en fonction de l'objectif premier d'améliorer l'apprentissage de la lecture et de l'écriture par les enfants. Aussi, le sango qui sera utilisé comme langue d'enseignement doit être celui qui est compris et accessible au plus grand nombre. Un effet secondaire de l'enseignement en sango sera de promouvoir et diffuser une langue vraiment commune à l'ensemble des centrafricains (un sango unifié). Il sera donc possible, dans un second temps, d'introduire progressivement des variations dans la langue pour progresser vers le sango académique.

4.4.1.2- Réformer et enrichir les curricula

Les curricula actuellement en vigueur sont ceux de 2009. Ils ne reflètent donc pas les changements qui ont eu lieu au cours de la dernière décennie. Il conviendra de les adapter à la situation de sortie de conflit du pays en y ajoutant/renforçant : (i) l'éducation à la paix et à la citoyenneté ; (ii) l'apprentissage des technologies de l'information et de la communication (TIC) ; (iii) l'éducation à l'urgence et à la

---

[306] *N. Dutcher (2004), par exemple, a fait valoir qu'« on ne saurait trop insister sur l'importance de l'utilisation de la langue maternelle de l'enfant à l'école ».*

[307] *Le développement du nouveau curriculum impliquera de prendre des décisions quant au modèle d'enseignement à suivre. Il est généralement conseillé de commencer par un programme dont à peu près 80 % se fait en langue nationale et 20 % en français. La transition vers l'utilisation plus intense du français s'effectue alors à l'approche de la fin du cycle Fondamental 1.*

sécurité; (iv) l'éducation sexuelle et à la parité des genres; et (v) l'entrepreneuriat (dans les curricula de formation technique et professionnelle).

4.4.1.3- Développer une politique des manuels scolaires et du livre

Il est nécessaire de développer une *politique nationale du livre et des manuels scolaires* dont les objectifs seront de (i) doter chaque élève d'un nombre suffisant de manuels pour les disciplines fondamentales[308] ; (ii) mettre en place et équiper des bibliothèques scolaires dans les établissements des cycles primaire et secondaire ; (ii) développer et mettre à la disposition des élèves des livres de lecture nivelés.

Les investissements dans les manuels scolaires doivent être envisagés plutôt pour le moyen terme que pour le court terme car (i) l'introduction du sango dans les premières années du primaire et le développement de l'enseignement explicite devraient permettre d'accélérer nettement le rythme des apprentissages par rapport à la situation actuelle ; et (ii) les méthodes d'acheminement et de gestion des stocks de manuels scolaires doivent être préalablement évaluées et, le cas échéant, réformées. Il est donc préférable de commencer par produire des fiches pédagogiques, de concert avec les enseignants et d'autres acteurs de terrain de la RCA, puis d'investir à nouveau dans des manuels scolaires lorsque les curricula et les rythmes d'apprentissage seront stabilisés. En outre, la politique des manuels scolaires ne pourra être soutenable que si le coût unitaire des manuels est analysé et peut être drastiquement réduit[309].

4.4.1.4- Relancer les filières scientifiques et techniques de l'enseignement secondaire et supérieur

Le nombre de diplômés des filières scientifiques du secondaire (seulement 10,4 % des bacheliers en 2019) et du supérieur est faible. Il y a donc peu de candidats à l'ENS dans ces filières et peu d'enseignants dans ces disciplines. La pénurie d'enseignants de mathématiques et de sciences limite alors l'offre de filières scientifiques dans les lycées (en 2018-2019, il n'y avait aucune terminale scientifique dans sept préfectures).

Afin de rompre ce cercle vicieux, il est nécessaire de concevoir un plan de relance des filières scientifiques. Les mesures suivantes sont proposées : (i) offrir une

---

[308] *Selon les données du SIGE (2018-2019), il y a en moyenne moins d'un manuel de lecture et de calcul pour deux élèves au primaire, et très peu de manuels de SVT et d'histoire-géographie (respectivement un pour 15 et 46 élèves en classe de CM2).*
[309] *Le coût unitaire des manuels récemment acquis pour la RCA était compris entre 4 000 et 5 500 FCFA (7 à 9 USD), non compris leur coût de distribution. Ce coût est nettement supérieur aux standards internationaux.*

seconde chance (année de rattrapage) aux nombreux élèves qui ont échoué à un baccalauréat ou une licence scientifique ou technique et les former comme enseignant dans cette filière ; (ii) cibler les bourses d'étude prioritairement dans les filières scientifiques et techniques de l'enseignement secondaire et supérieur ; (iii) revoir les curricula des disciplines scientifiques et techniques pour les rendre plus attractifs et mieux adaptés aux ressources disponibles ; et (iv) renforcer la formation scientifique des élèves-enseignants du cycle primaire.

4.4.1.5- Élaborer des programmes d'enseignement adaptés et un cadre d'assurance-qualité pour l'enseignement préscolaire

Les compétences et le nombre d'enseignants sont des facteurs essentiels et nécessaires pour avoir un enseignement préscolaire de qualité, mais ils ne sont pas suffisants. Des programmes adaptés à l'enseignement préscolaire doivent être conçus et un cadre solide d'assurance-qualité (normes, évaluations, inspections) doit être mis en œuvre. À moyen terme, l'Institut National de Recherche et de l'Animation Pédagogiques (INRAP) devra développer des compétences pour le préscolaire et prendre en charge ces activités[310]. La langue d'enseignement pour le préscolaire sera le sango[311] ; il sera donc essentiel d'utiliser des outils dans cette langue.

4.4.1.6- Promouvoir un enseignement supérieur et une recherche-innovation de qualité

L'enseignement supérieur en RCA est confronté à la fois à l'inadéquation entre les filières de formation et les besoins de l'économie, et à un marché de l'emploi qualifié restreint. Pour améliorer la pertinence et la qualité de l'enseignement supérieur, les offres de formation des futurs établissements d'enseignement supérieur régionaux seront centrées sur « les besoins socioéconomiques et géostratégiques de chaque région »[312]. Par ailleurs, la participation de la République centrafricaine aux initiatives internationales en faveur de l'enseignement supérieur et une collaboration accrue avec le Conseil Africain et Malgache pour l'Enseignement Supérieur (CAMES) peuvent contribuer à l'amélioration de la qualité des formations et au renforcement des liens avec le secteur privé.

Pour promouvoir la recherche scientifique et l'innovation technologique et résoudre le problème de la « faible coordination des activités de recherche en

---

[310] *MES. Plan Stratégique du Ministère de l'Enseignement Supérieur (PSMES, 2018-2021)*
[311] *MRSIT Politique Nationale de la Recherche Scientifique et de l'Innovation Technologique (PNRSIT, 2020-2030)*
[312] *MES. Plan Stratégique du Ministère de l'Enseignement Supérieur (PSMES, 2018-2021)*

termes de capitalisation des données et des indicateurs de recherche »[313] , il est prévu de : (i) mettre en place un Conseil National de la Recherche Scientifique et de l'Innovation Technologique (CNRSIT) destiné à renforcer la coordination des activités de recherche, et (ii) développer des partenariats avec le secteur privé, les universités ainsi que les organismes internationaux pour favoriser l'introduction de nouvelles technologies[314].

4.4.2- Améliorer la formation et le suivi pédagogique des enseignants

4.4.2.1- Promouvoir l'enseignement explicite et développer des leçons scriptées

Étant donné les niveaux faibles de compétences et de formation des enseignants, les effectifs pléthoriques des classes, et le manque de matériel pédagogique, l'enseignement dispensé en RCA devrait, au moins à court terme, être plus structuré et plus systématique. Les interventions visant à améliorer la qualité de l'enseignement, en particulier celles à destination des maîtres-parents, devront **passer de l'approche actuelle par les compétences, peu adaptée, à une approche explicite**[315]. Le développement de la pratique de cet enseignement explicite s'appuiera sur l'élaboration (i) de fiches pédagogiques par discipline et par année d'enseignement, et (ii) de leçons scriptées pour appuyer les enseignants en classe.

4.4.2.2- Développer l'encadrement par les directeurs d'établissement

Le management du chef d'établissement est identifié dans la littérature académique comme un important facteur explicatif des résultats d'apprentissage des élèves. Il est donc important de valoriser et de renforcer leur rôle pédagogique. Dans le cadre de la mise en œuvre du PSE, les directeurs d'établissement, pour tous les sous-secteurs, devront être au centre d'une réforme de la gouvernance du système qui leur accordera un rôle plus important pour le suivi pédagogique des enseignants et une plus grande autonomie pour la gestion de leur établissement.

Pour le cycle primaire, ces responsabilités accrues devront s'accompagner de la création d'un statut de directeur d'école qui fixera les conditions d'entrée dans le métier, les attributions, les responsabilités, et les conditions de travail. En outre,

---

[313] *MRSIT Politique Nationale de la Recherche Scientifique et de l'Innovation Technologique (PNRSIT, 2020-2030)*
[314] *Il est ajouté dans le PSE qu'une étude devrait être menée pour évaluer les besoins nationaux de transfert de technologies dans tous les secteurs porteurs de l'économie.*
[315] *« L'enseignement explicite est un terme qui résume un type d'enseignement dans lequel les leçons sont conçues et dispensées aux élèves pour les aider à développer des connaissances de base facilement disponibles sur un sujet particulier. » (Gauthier, Bissonnette et Richard, 2013)*

des critères pour l'affectation des directeurs déchargés devront être établis (en fonction des effectifs des enseignants et des élèves de l'école) et ils devront être redéployés en conséquence.

4.4.3- Améliorer l'efficacité interne et le contrôle de la qualité

4.4.3.1- Réduire les taux de redoublement et d'abandon

Le taux de redoublement est actuellement très élevé en RCA, pour tous les cycles (supérieur à 20 %) et toutes les années d'étude. Or, de nombreux travaux de recherche mettent en doute l'efficacité pédagogique du redoublement, tant sur les performances scolaires des redoublants que sur leur trajectoire scolaire. Il conviendrait donc de réduire de façon significative les taux de redoublement pour limiter le gaspillage de ressources humaines et financières qu'il représente. Cette stratégie de baisse du taux de redoublement pourra : (i) être initiée par des mesures administratives, telle la suppression complète des redoublements dans les sous-cycles – entre le CI et le CP, puis entre les deux cours élémentaires et entre les deux cours moyens ; (ii) être accompagnée de mesures destinées à améliorer le niveau des élèves, en particulier ceux en difficulté (cours de rattrapage estivaux).

La réduction des taux d'abandon ne peut guère provenir de mesures administratives. En revanche, elle doit résulter de la stratégie globale du PSE, dont entre autres, (i) le meilleur accès à l'éducation ; (ii) la meilleure qualité de l'éducation (environnement plus sécurisé et plus protecteur ; ratios élèves/enseignant réduits ; langue d'enseignement comprise, etc.) ; (iii) les campagnes de sensibilisation sur l'importance de la scolarisation pour tous les enfants.

4.4.3.2- Mettre en place un dispositif d'évaluation des apprentissages

Il est important pour la République centrafricaine de développer un dispositif d'évaluation des apprentissages pour guider les décisions de politique éducative et améliorer la qualité du système éducatif actuel. Il faudrait en particulier (i) décider de la participation future de la RCA aux évaluations régionales (PASEC), internationales (PISA) et hybrides (EGRA) qui permettent des comparaisons avec d'autres pays ; (ii) auditer et, le cas échéant, revoir le système des évaluations internes au système centrafricain (évaluations nationales et au sein des écoles). Un dispositif d'évaluation des apprentissages doit permettre d'avoir une approche réfléchie et stratégique à tous ces niveaux.

4.4.3.3- Améliorer le suivi de la qualité

Le Système d'information de gestion de l'éducation (SIGE) devra continuer à être amélioré et enrichi. De nouvelles informations nécessaires à la gestion du système doivent y être incluses et des défauts doivent être corrigés. En outre, des projets s'appuyant sur les technologies de l'information et de la communication (TIC) devraient permettre d'enrichir le SIGE et donc la gestion du système[316].

Par ailleurs, il serait bénéfique pour la RCA de participer à l'initiative panafricaine des **Indicateurs de Prestations de Services**. Celle-ci vise à recueillir des données sur le fonctionnement des écoles (et les établissements de santé) afin d'en évaluer la qualité et les performances.

Enfin, le suivi pédagogique par les conseillers pédagogiques devra être réformé : (i) il serait nécessaire de revoir l'ensemble de la cartographie scolaire : les circonscriptions et les secteurs scolaires doivent être redécoupés afin d'être plus homogènes ; (ii) Les inspections académiques pourraient se concentrer sur le suivi des directeurs et des écoles, tandis que les directeurs assureraient le suivi pédagogique des enseignants.

4.5- PSE: Réformer la gouvernance et accroitre le financement du système éducatif

4.5.1- Déconcentrer le secteur éducatif

La République centrafricaine est un pays vaste, peu densément peuplé, et dont les différentes régions sont distinctes tant d'un point de vue culturel que climatique. Pourtant le système éducatif et sa gouvernance sont très centralisés. La stratégie générale de ce PSE vise à déconcentrer tant la gouvernance que l'offre d'éducation afin d'accroître l'efficacité du système et d'en améliorer l'équité territoriale.

Les différents acteurs de la structure de gouvernance déconcentrée – les inspections académiques (IA), les chefs de secteur et de circonscription, et les directeurs d'établissement – devront être directement impliqués dans la gestion quotidienne du système éducatif. La répartition des rôles entre les ministères de l'Éducation et les IA devra être réévaluée en faveur de ces dernières. Les IA devraient avoir la responsabilité de toutes les activités qui sont plus facilement et mieux gérées au niveau déconcentré qu'au niveau central (principe de subsidiarité) tandis que l'inspection générale de l'enseignement primaire et

---

[316] *Dont l'Étude sur le Système d'Information, de Gestion Administrative et Pédagogique des Enseignants (ESIGAPE) développée dans le cadre du Projet d'Appui au secteur de l'Éducation (PNEDU) financé par l'AFD.*

secondaire se concentrera sur la supervision, la coordination et le contrôle des activités des IA. Le rôle de la structure de gouvernance déconcentrée doit en particulier être renforcé dans les deux domaines suivants : (i) Le suivi pédagogique de tous les enseignants des cycles préscolaire, primaire, et secondaire ; et (ii) L'affectation et le suivi administratif des enseignants titulaires et contractuels.

Afin de rendre l'accès à tous les cycles d'enseignement plus équitable pour tous les jeunes de République centrafricaine (réduction des difficultés financières et sécuritaires liées à l'éloignement), la stratégie du PSE consiste à déconcentrer l'offre de l'enseignement secondaire général (collèges de proximité), de l'enseignement technique, agricole, et professionnel (CETA et CFPA), et de l'enseignement supérieur (établissements d'enseignement supérieur régionaux et écoles de formation des enseignants, CFPE et ENF).

4.5.2- Renforcer la gouvernance centrale du système

Depuis février 2019, la gouvernance du secteur de l'éducation est, pour l'essentiel, assurée par quatre ministères en charge de l'éducation. Il s'agit des ministères de - l'Enseignement Primaire et Secondaire (MEPS), l'Enseignement Technique et de l'Alphabétisation (META) ; l'Enseignement Supérieur (MES), et la Recherche Scientifique et de l'Innovation Technologique (MRSIT)[317]. L'analyse de l'organigramme des quatre ministères de l'Éducation (Figure 8 et Figure 9) a fait apparaitre de nombreux postes vacants (N=27), l'existence d'une direction générale et de deux services redondants, et une structure de coordination (rattachée au cabinet du MEPS) peu formalisée et normalement transitoire.

---

[317] *Notons que huit autres ministères ainsi que la Présidence de la République financent également des activités du système éducatif (voir Figure 16).*

Figure 16 : Organigramme du secteur de l'éducation en République Centrafricaine

| Ministère de l'Enseignement Primaire et Secondaire (MEPS) | Ministère de l'Enseignement Technique et de l'Alphabétisation (META) | Ministère de l'Enseignement Supérieur (MES) | Ministère de la Recherche Scientifique et de l'Innovation Technologique (MRSIT) |

CABINETS DU MINISTRE

Direction de cabinet
Direction des Ressources et des Affaires Juridiques
Service du Secrétariat Commun
Service de la Communication et de la presse

| Attaché de cabinet Secrétariat particulier du Ministre Service du Protocole Chargé de mission (N=1+1) Inspection générale Inspections académiques (N=8) | Attaché de cabinet Secrétariat particulier du Ministre Service du Protocole Chargés de mission (N=2) Inspection centrale | Attaché de cabinet Secrétariat particulier du Ministre Service du Protocole Chargés de mission (N=2) Inspection centrale | Attaché de cabinet Secrétariat particulier du Ministre Service du Protocole Chargés de mission (N=2) Inspection centrale |

Secrétariat Technique et Permanent - Cellule du Secteur Education (STP-CSE)

DG des Etudes, des Statistiques et de la Planification (DGESP)

| DG des Enseignements Fondamental I, II et Secondaire Général (DGEFSG) | DG de l'Enseignement Technique et de la Formation Professionnelle (DGETFP) | DG de l'Enseignement Supérieur (DGES) | DG de la Recherche Scientifique et de l'Innovation Technologique (DGRSIT) |

Institut National de la Recherche et Animation Pédagogique (INRAP)

DG de l'Alphabétisation, de l'éducation permanente, de l'éducation non formelle, et de la réinsertion scolaire (DGAEPFRS)

DG des Bourses et des Stages (DGBS)

DG des Etudes, des Statistiques et à l'évaluation (DGES)

Laboratoires et Instituts nationaux de Recherche

Université de Bangui

Agence Nationale d'Assurance Qualité

DG-Direction générale
EN=Ecole nationale
Poste vacant
○ Structure sous tutelle
■ Organisme en doublon

Présidence de la République (PR)	Direction Générale de la Jeunesse Nationale Pionnière
Ministère de la Promotion de la Femme, de la Famille et de la Protection de l'Enfant (MPFFPE)	Direction Générale des Affaires Sociales
Ministère du Travail, de l'Emploi, de la Formation Professionnelle et de la Protection Sociale (MTEFPPS)	Agence Centrafricaine pour la Formation Professionnelle et l'Emploi
Ministère de l'Agriculture et du Développement Rural (MADR)	Agence Centrafricaine de Développement Agricole
Ministère de l'Elevage et de la Santé Animale (MESA)	Agence Nationale de Développement de l'Elevage
Ministère de la Promotion de la Jeunesse et des Sports (MPJS)	Institut National de la Jeunesse et des Sports
Ministère des Arts et de la Culture (MAC)	EN des Arts
Ministère de la Sécurité, de l'Immigration et de l'Ordre Public (MSIOP)	Ecole de la Gendarmerie Nationale / EN de Police
Ministère en charge du Secrétariat du Gouvernement (MCSG)	EN Administration et Magistrature

Source : Plan sectoriel de l'éducation 2000-2029

303

Figure 17 : Organigramme des Ministères de l'éducation centrafricains

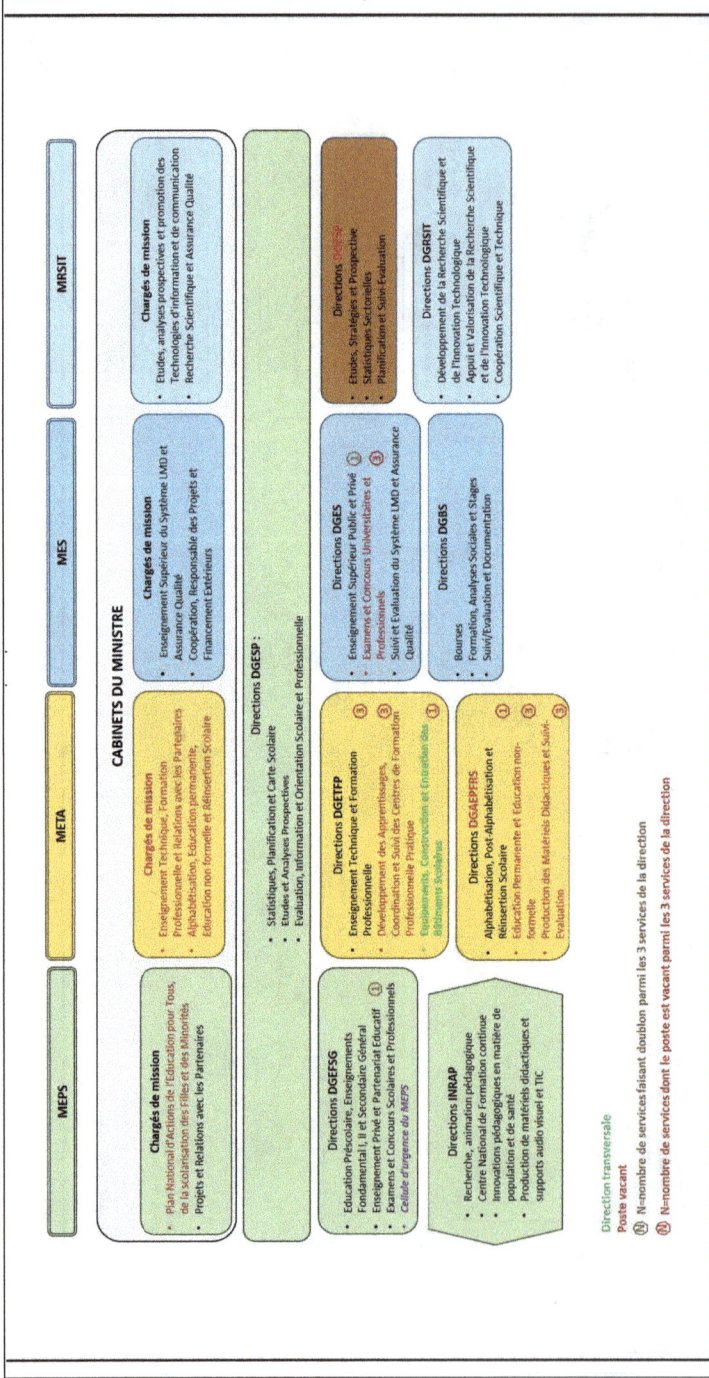

MEPS | META | MES | MRSIT

CABINETS DU MINISTRE

Chargés de mission
- Plan National d'Actions de l'Éducation pour Tous, de la scolarisation des Filles et des Minorités
- Projets et Relations avec les Partenaires

Chargés de mission
- Enseignement Technique, Formation Professionnelle et Relations avec les Partenaires
- Alphabétisation, Éducation permanente, Éducation non formelle et Réinsertion Scolaire

Chargés de mission
- Enseignement Supérieur du Système LMD et Assurance Qualité
- Coopération, Responsable des Projets et Financement Extérieurs

Chargés de mission
- Études, analyses prospectives et promotion des Technologies, d'information et de communication
- Recherche Scientifique et Assurance Qualité

Directions DGESP :
- Statistiques, Planification et Carte Scolaire
- Études et Analyses Prospectives
- Évaluation, Information et Orientation Scolaire et Professionnelle

Directions DGEFSG
- Éducation Préscolaire, Enseignements Fondamental I, II et Secondaire Général
- Enseignement Privé et Partenariat Éducatif ⓵
- Examens et Concours Scolaires et Professionnels
- Cellule d'urgence du MEPS

Directions DGETFP
- Enseignement Technique et Formation Professionnelle
- Développement des Apprentissages, ⓷
- Coordination et Suivi des Centres de Formation Professionnelle Pratique ⓷
- Équipements, Construction et Entretien des Bâtiments Scolaires ⓵

Directions DGAEPERS
- Alphabétisation, Post-Alphabétisation et Réinsertion Scolaire ⓵
- Éducation Permanente et Éducation non-formelle ⓷
- Production des Matériels Didactiques et Suivi-Évaluation ⓷

Directions DGES
- Enseignement Supérieur Public et Privé ⓵
- Examens et Concours Universitaires et Professionnels ⓷
- Suivi et Évaluation du Système LMD et Assurance Qualité

Directions DGBS
- Bourses
- Formation, Analyses Sociales et Stages
- Suivi/Évaluation et Documentation

Directions DGRSD
- Études, Stratégies et Prospective
- Statistiques Sectorielles
- Planification et Suivi-Évaluation

Directions DGRSIT
- Développement de la Recherche Scientifique et de l'Innovation Technologique
- Appui et Valorisation de la Recherche Scientifique et de l'Innovation Technologique
- Coopération Scientifique et Technique

Directions INRAP
- Recherche, animation pédagogique
- Centre National de Formation continue
- Innovations pédagogiques en matière de population et de santé
- Production de matériels didactiques et supports audio visuel et TIC

Direction transversale
Poste vacant
Ⓝ N=nombre de services faisant doublon parmi les 3 services de la direction
Ⓝ N=nombre de services dont le poste est vacant parmi les 3 services de la direction

Source : Plan sectoriel de l'éducation 2000-2029

Pour pouvoir mettre en œuvre efficacement le présent PSE, il sera donc nécessaire de : (i) réaliser un audit du fonctionnement de la structure de gouvernance du système éducatif et d'établir un plan de renforcement des capacités techniques et opérationnelles ; (ii) enrichir et améliorer la qualité des données du Système d'Information de la Gestion de l'éducation (SIGE), établir un comité tripartite (DGESP, ICASEES, PTF) pour la validation des données de l'éducation, et diffuser ces données à tous les niveaux du système éducatif *via* des tableaux de bord ; (iii) réviser le statut de l'Institut National de la Recherche et d'Animation Pédagogique pour l'élever au rang d'un véritable institut de recherche pédagogique.

4.5.3- Améliorer l'allocation et la gestion des ressources humaines

Le système éducatif centrafricain sort d'une période de crise et entre dans une phase de relèvement. La gestion des ressources humaines a été très désorganisée ; il est maintenant nécessaire de revenir vers un équilibre stable et de renouveler le contrat social entre les enseignants et l'État. La plupart des mesures qui doivent le permettre ont déjà été évoquées : (i) un plan d'intégration et de contractualisation des enseignants diplômés ; (ii) un plan de redéploiement des enseignants titulaires ou contractuels dans toutes les zones du territoire où les conditions sécuritaires le permettent ; (iii) la création de nouveaux statuts qui permettront de contractualiser/intégrer dans le système éducatif les maîtres-parents et les moniteurs communautaires (agents d'éducation) et les enseignants vacataires du cycle secondaire (professeurs polyvalents du secondaire) ; (iv) la généralisation de l'engagement quinquennal à tous les enseignants contractualisés et intégrés et pour tous les cycles d'enseignement ; (v) l'accroissement des opportunités de carrière des enseignants (passerelles entre les statuts et les fonctions) ; (vi) l'accroissement de la transparence de la gestion des paiements, des carrières, et des mutations des enseignants grâce à l'implication des communautés et des inspections d'académie.

Cette gestion des ressources humaines de l'Éducation nationale ne sera possible que si un système d'information de gestion des ressources humaines (SIGRH) est mis en place au sein des ministères de l'Éducation. Ce SIGRH devra, entre autres : (i) être relié avec les données de la solde du ministère des Finances et du Budget ; (ii) communiquer avec le SIGE ; (iii) être accessible et utilisé par les IA ; (iv) permettre d'identifier et d'inclure les informations disponibles (dont les formations) sur toutes les catégories d'enseignant, y compris les maîtres-parents.

4.5.4- Réformer la gouvernance et accroitre le financement des sous-secteurs de l'éducation encore sous développés

4.5.4.1- L'enseignement préscolaire

Bien que la Loi d'orientation de l'Educattion Nationale de 1997 reconnaisse le préscolaire comme un niveau d'enseignement au même titre que l'enseignement primaire, le ministère de la Promotion de la Femme, de la Famille et de la Protection de l'Enfant (MPFFPE) reste le principal acteur de ce sous-secteur à travers des jardins d'enfants[318]. Il convient d'aller vers une meilleure répartition des rôles entre les deux ministères, le MEPS doit effectivement assurer la tutelle de l'enseignement préscolaire (enfants de 3 à 5 ans) tandis que le MPFFPE doit se concentrer sur ses missions de protection de l'enfance et sur la très petite enfance (0 à 2 ans). Cette évolution de la gouvernance du sous-secteur implique de réaliser un transfert de compétence et de ressources matérielles et humaines (jardins d'enfants) entre les deux ministères. En outre, le développement de l'enseignement préscolaire sur tout le territoire (établissements et formation) nécessite la mise en place d'une structure déconcentrée actuellement inexistante au ministère de l'Éducation.

Comme pour la plupart des pays à faible revenu, l'enseignement préscolaire a été négligé jusqu'à récemment, tant par l'État centrafricain que par les partenaires techniques et financiers (PTF), et le secteur privé. La part actuelle du budget de l'éducation de la République centrafricaine qui y est consacré, est assurément marginale (0,2% du budget total de l'éducation). Face à ce faible financement, il est recommandé d'attribuer une part croissante des dépenses du secteur éducatif à l'enseignement préscolaire. Dans le scénario de référence du PSE, cette part atteint 10% en 2029.

4.5.4.2- Le sous-secteur ETA-FP-A

Le META a théoriquement le contrôle du sous-secteur de l'enseignement technique et de l'alphabétisation. En revanche, il n'exerce guère de tutelle sur les très nombreux acteurs de la formation professionnelle. Un cadre instutionnel devrait donc être mis en place pour coordonner et assurer la synergie des actions de tous les acteurs. Cette recommandation rejoint l'objectif 4 de la SNETPF qui vise à instaurer « une Gouvernance performante et innovante en impliquant les [opérateurs privés], les ONG et les communautés régionales dans le dispositif, en ouvrant les établissements de la Formation Professionnelle sur leur environnement, en les responsabilisant sur l'insertion [des jeunes], et en garantissant un financement pérenne ».

---

[318] *Le MEPS finance seulement six écoles maternelles à Bangui.*

Le financement du secteur ETA-FP-A est très faible et représente à peine 1% du budget de l'éducation. Par ailleurs, il n'existe pas de mécanisme de financement stable pour la formation professionnelle et l'alphabétisation ; ces sous-secteurs ne fonctionnent qu'avec le financement des PTF[319]. Pour développer le secteur ETA-FP-A, il sera nécessaire de passer d'une approche par projet à un modèle systémique, et donc d'accroître significativement la proportion du budget qui est allouée à ce sous-secteur grâce à un mécanisme de financement pérenne et soutenable.

4.5.4.3- Le sous-secteur ESR

Afin d'améliorer la transparence et l'efficacité de la gouvernance de l'ESR, il apparait nécessaire de : (i) élargir le conseil d'administration de l'université de Bangui (en incluant des représentants des secteurs productifs[320]) et le réunir chaque année[321] ; (ii) réunir les deux ministères actuellement en charge de l'ESR en un seul ministère quand les conditions politiques le permettront[322] ; (iii) préciser les modalités d'encadrement de l'enseignement supérieur privé pour favoriser son développement.

Malgré des effectifs limités, le budget de l'ESR a représenté en moyenne 38,0 % du budget total de l'éducation de la RCA (hors les ressources externes) en 2018 et 2019. Plus du tiers de ce budget était consacré aux œuvres sociales (bourses[323], restaurants, logement). Étant donnée les besoins de financement des autres cycles d'enseignement et les ressources limitées de l'État centrafricain, il sera nécessaire de maitriser les dépenses de ce sous-secteur[324], et, pour cela, de procéder à un audit des dépenses actuelles pour l'ESR (pertinence et rapport coût/bénéfice de chaque filière d'enseignement ; analyse des critères d'attribution des dépenses sociales). En outre, comme les besoins liés au développement de l'ESR seront néanmoins très importants, il sera nécessaire de chercher à diversifier les sources

---

[319] *Par exemple, les programmes d'alphabétisation dépendent des initiatives des ONG ou des associations de bénévoles.*

[320] *Cette stratégie devra s'appliquer également aux conseils d'administrations des futurs établissements d'enseignement supérieur régionaux.*

[321] *Le conseil d'administration de l'université de Bangui ne s'est tenu que deux fois depuis sa création en 1969.*

[322] *Deux ministères ont la tutelle des activités relatives à l'enseignement supérieur, la recherche et l'innovation alors que ces sous-secteurs sont interdépendants et concentrés dans l'unique université publique de RCA, l'université de Bangui.*

[323] *Environ 20% de l'ensemble des étudiants (inscrits dans les secteurs public ou privé) recevaient une bourse dite interne en 2018-2019 et 989 étudiants inscrits dans une université étrangère recevaient une bourse dite externe.*

[324] *L'objectif fixé dans le modèle de simulation est de revenir à une part de 20 % du budget de l'éducation (hors ressources extérieures) pour l'ESR en 2029.*

de financement du sous-secteur (contrat de performance ; réalisation de recherches sous contrat et de services de consultance ; mobilisation des fonds de la diaspora et des organismes d'aide extérieure ; développement des partenariats public-privé ; accroissement de la participation financière des étudiants).

4.6- Mise en œuvre et financement du Plan Sectoriel de l'Éducation

4.6.1- Les disposifs institutionnels de pilotage, de coordination, et de suivi-évaluation pour la mise en œuvre du PSE

4.6.1.1- Les dispositifs institutionnels de coordination et de suivi-évaluation

La mise en œuvre du *Plan Sectoriel de l'Education 2020-2029* de la République centrafricaine sera accompagnée de la mise en place d'un dispositif institutionnel de coordination et de suivi-évaluation (Figure 18) qui couvrira l'ensemble des interventions dans tous les sous-secteurs. Ce dispositif institutionnel est constitué de : (i) un Comité de pilotage (interministériel, PTF, société civile) ; (ii) un Groupe local des partenaires de l'éducation qui assure la supervision stratégique du PSE ; et (iii) une structure de coordination et de suivi-évaluation, la Direction générale des études, des statistiques et de la planification (DGESP) du MEPS.

Figure 18 : Dispositif institutionnel pour le pilotage, le suivi-évaluation et la mise en œuvre du Plan sectoriel de l'éducation

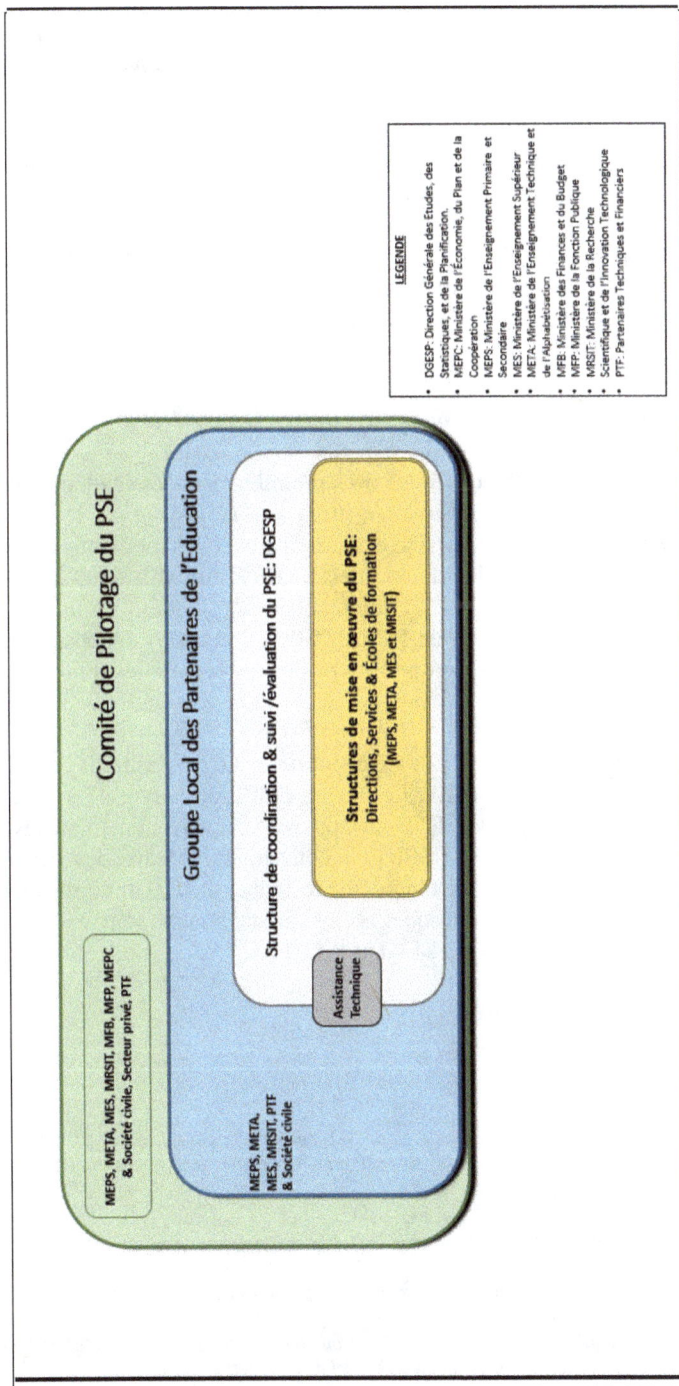

Comité de Pilotage du PSE

MEPS, META, MES, MRSIT, MFB, MFP, MEPC & Société civile, Secteur privé, PTF

Groupe Local des Partenaires de l'Education

MEPS, META, MES, MRSIT, PTF & Société civile

Structure de coordination & suivi /évaluation du PSE: DGESP

Assistance Technique

Structures de mise en œuvre du PSE:
Directions, Services & Écoles de formation
(MEPS, META, MES et MRSIT)

LEGENDE

- DGESP: Direction Générale des Etudes, des Statistiques, et de la Planification.
- MEPC: Ministère de l'Économie, du Plan et de la Coopération
- MEPS: Ministère de l'Enseignement Primaire et Secondaire
- MES: Ministère de l'Enseignement Supérieur
- META: Ministère de l'Enseignement Technique et de l'Alphabétisation
- MFB: Ministère des Finances et du Budget
- MFP: Ministère de la Fonction Publique
- MRSIT: Ministère de la Recherche Scientifique et de l'Innovation Technologique
- PTF: Partenaires Techniques et Financiers

Source : Plan sectoriel de l'éducation 2020-2029

Les structures responsables de la mise en œuvre du plan sont des directions et services, centraux ou déconcentrés, et des écoles de formation des ministères de l'éducation. Des plans de travail annuels et des fiches de suivi basés sur le plan d'action (PA-RCA) et le cadre de résultats (CR-RCA) du PSE seront élaborés pour chacune d'entre elles et permettront à la DGESP de réaliser des rapports d'activité et le suivi financier mensuels et semestriels.

Le suivi-évaluation du PSE s'articulera autour de trois activités distinctes : (i) le suivi régulier des activités et des indicateurs de résultat par la DGESP ; (ii) les revues sectorielles annuelles et (iii) triennales réalisées conjointement par la DGESP et le GLPE[325].

4.6.1.2- Le plan d'Action (PA-RCA) du PSE

Le plan d'action (PA-RCA)[326] couvre les trois premières années académiques du PSE, de 2020-2021 à 2022-2023. Sa durée (trois ans) se justifie par le contexte incertain de la République centrafricaine et s'articule avec les modalités de suivi-évaluation[327]. Le coût total du plan d'action est de 65,9°milliards de FCFA, dont 17,2 milliards de FCFA (26,1°%) correspondent à des rémunérations exceptionnelles[328] et 3,3 milliards de FCFA (5,0 %) sont des dépenses d'eau, hygiène et assainissement (EHA) qui ne sont pas exécutées par les ministères de l'éducation.

Les dépenses d'éducation du PA-RCA s'élèvent donc à 62,6 milliards de FCFA, soit 95,0% du coût total du PA-RCA. Le budget de l'État couvre 47,3°% et les projets en cours financés par les PTF en couvrent 16,4%. Les financements attribués à l'allocation du PME (ESPIG[329]) couvriraient 15,5% des dépenses d'éducation du PA-RCA et, enfin, le cinquième restant (soit 13,0 milliards FCFA) correspond à des activités pour lesquelles les financements sont encore « à rechercher » et devra être fourni par l'État et les PTF.

4.6.1.3- Le cadre de résultat (CR-RCA) du PSE

---

[325] *Les revues sectorielles annuelles feront le bilan de (i) l'avancement des activités ; (ii) l'exécution financière du PSE ; et (iii) l'évolution des indicateurs de suivi. Les revues sectorielles triennales seront plus approfondies (analyses stratégiques).*

[326] *Fichier Excel® PA-RCA joint au PSE*

[327] *La première revue triennale permettra de faire le bilan de cette première phase de mise en œuvre du PSE et de valider un nouveau plan d'action.*

[328] *Plan d'intégration/contractualisation des enseignants diplômés et prise en charge des maîtres-parents.*

[329] *En anglais, ESPIG signifie Education Sector Program Implementation Grant. L'ESPIG est le financement pour la mise en œuvre du programme sectoriel de l'éducation.*

Le cadre de résultat (CR-RCA)[330] du PSE contient 89 indicateurs repartis selon les quatre axes stratégiques du PSE. Ces indicateurs sont, en quasi-totalité, quantitatifs[331] ; ils permettront de suivre, entre autres : (i) la convergence vers la parité des genres (sept indicateurs) ; (ii) les progrès vers une plus grande équité territoriale pour les taux de scolarisa☐on et l'alloca☐on des ressources, matérielles et humaines, pour tous les cycles d'enseignement (11 indicateurs) ; (iii) l'amélioration des taux de scolarisation (bruts ou nets) et d'accès et d'achèvement des cycles (huit indicateurs) ; (iv) l'évolution des ratios élèves/enseignant (cinq indicateurs) et élèves/salle de classe (quatre indicateurs) pour les différents niveaux d'enseignement ; (v) la répartition des financements de l'éducation entre les sous-secteurs et au sein de chaque sous-secteur (10 indicateurs).

4.6.1.4- Les risques et les mesures de mitigation

Les risques majeurs dont la réalisation pourrait ralentir ou bloquer la mise en œuvre du PSE, et les mesures de mitigation envisagées pour y faire face, sont présentés dans la matrice des risques[332]. Les risques ont été regroupés en quatre grandes catégories : (i) les risques politiques et sécuritaires ; (ii) les risques sanitaires et les risques naturels ; (iii) les risques socio-économiques ; et (iv) les risques spécifiques au secteur de l'éducation.

4.6.2- Le financement du PSE

4.6.2.1- Le financement du secteur éducatif

Comparativement à d'autres pays, le niveau des dépenses publiques consacrées au système éducatif de la RCA reste relativement faible. Hors ressources externes, les dépenses publiques (exécutées) des quatre ministères directement en charge de l'éducation (23 3 milliards de FCFA) ne représentaient en 2019 que 1,6 % du PIB et 13,3 % de l'ensemble des dépenses publiques exécutées de l'État.

Les PTF soutiennent le système éducatif centrafricain *via* les appuis budgétaires consentis à l'État et des interventions directes (aides-projets). La part des financements totaux des aides-projets attribués au secteur de l'éducation est faible : 6% (soit 3 milliards de FCFA) en 2018 et 5,2% (2 milliards de FCFA) en 2019. La plupart des appuis budgétaires sont conditionnés par des indicateurs de

---

[330] *Fichier Excel® CR-RCA joint au PSE*
[331] *Les indicateurs qualitatifs – tels la publication des arrêtés, la réalisation des études et expertises, etc. – sont déjà suivis à travers le plan d'action qui accompagne la mise en œuvre du PSE.*
[332] *Fichier Excel® MR-RCA joint au PSE*

déclenchement, dont certains sont liés au système éducatif et destinés à en appuyer les réformes.

4.6.2.2- Le modèle de simulaton du PSE (MS-RCA)

Un modèle de simulation a été élaboré spécialement pour ce PSE (MS-RCA). Il est adapté au contexte de la RCA et permet de simuler les orientations stratégiques du PSE[333]. Le fonctionnement du MS-RCA et les hypothèses sur lesquelles il repose sont décrits. Trois scénarios principaux sont d'abord étudiés[334]. Ils correspondent à trois niveaux d'accès à l'éducation – haut, moyen et bas –, se traduisent par des projections des effectifs scolarisés, et sont associés à des niveaux de la qualité de l'éducation compatibles avec les hypothèses de l'accès[335]. La confrontation des trois scénarios initiaux d'accès à l'éducation et des besoins de financement a permis d'élaborer un scénario dit *« de référence »* qui combine des éléments des trois scénarios inititiaux pour obtenir un plan réaliste d'un point de vue financier et cohérent au regard des recommandations sectorielles (par exemple, accorder environ 45 % du budget de l'éducation au secteur primaire).

Les principaux paramètres non-financiers de décision du MS-RCA, outre les objectifs-cibles sur l'accès, sont : (i) les ratios élèves/enseignant ; (ii) les ratios élèves/salle ; (iii) les capacités de formation ; (iv) les statuts des enseignants. Le cadrage macroéconomique du MS-RCA est basé sur les réalisations des dépenses et des recettes budgétaires enregistrées au 31 décembre 2019 et communiquées par le ministère des Finances et du Budget, et sur les projections du Fonds monétaire international (FMI) les plus récentes au moment de la rédaction de ce PSE (décembre 2019)[336].

4.6.2.3- Le coût du PSE

Les dépenses de fonctionnement sont directement liées à la qualité du système éducatif puisqu'elles couvrent, entre autres, les supports d'apprentissage et d'enseignement, la formation des enseignants, la conception de programmes et les mécanismes d'assurance qualité. Pour chaque sous-secteur, un objectif a été fixé pour la part des dépenses de fonctionnement dans les dépenses courantes atteinte en 2029 : 25 % pour le cycle préscolaire (recommandation de l'UNICEF)

---

[333] *Ce modèle a été conçu avec le tableur Excel® ; il est joint avec le PSE. Il peut être simplement et directement utilisé et, le cas échéant, reparamétré, grâce à des onglets de gestion des scénarios.*

[334] *Ces scénarios sont basés sur des objectifs-cibles pour le taux brut d'accès (préscolaire) ou pour les taux de redoublement et d'abandon (cycles primaire et secondaire).*

[335] *Un niveau d'accès élevé (taux de redoublement et d'abandon faibles) n'est pas compatible avec une qualité de l'éducation faible (par exemple un ratio élèves/enseignant très élevé).*

[336] *Ces projections ne prennent donc pas en compte les conséquences macroéconomiques de la crise économique liée à la pandémie de la COVID-19 ; elles n'étaient pas encore disponibles au 30/04/2020.*

; 33 % pour le cycle primaire (recommandation du PME) ; 20 % pour l'enseignement secondaire (général et ETP) ; et enfin 25 % pour l'ESR afin d'accompagner le développement tant de l'enseignement supérieur que de la recherche et innovation.

Les besoins en constructions, réhabilitations et équipements sont si importants, pour tous les sous-secteurs, que les dépenses d'investissement s'accroissent progressivement en proportion des dépenses totales d'éducation et en représentent en moyenne le quart au cours de la décennie du PSE (scénario de référence). En revanche, les dépenses pour les rémunérations[337] se réduisent en proportion des dépenses totales d'éducation[338]. Elles passent de 66 % en 2020 à 59 % en 2029 dans le scénario de référence, mais elles s'accroissent néanmoins fortement en valeur puisque la masse salariale double en 10 ans (de 21 à 42 milliards de FCFA de 2020).

La proportion des dépenses publiques totales d'éducation allouée au cycle primaire est supérieure ou égale à 45 % pendant les trois premières années du PSE (Tableau 56). Cependant, cette proportion décroit régulièrement, de 47,7 % en 2020 à 38,8 % en 2029 (42,5 % en moyenne sur la décennie du PSE[339]), en raison : (i) du développement important de l'enseignement préscolaire, dont les dépenses atteignent 10,9 % du budget de l'éducation en 2029 ; et (ii) de l'expansion de l'enseignement secondaire (général et ETP) qui amène à y consacrer en 2029 plus de 30 % des dépenses d'éducation[340].

---

[337] *Y compris les traitements des enseignants contractuels et vacataires et des maîtres-parents pris en charge.*

[338] *Cette baisse s'explique à la fois par l'importance des dépenses d'investissement et par la hausse progressive des dépenses de fonctionnement (objectif stratégique du PSE).*

[339] *Si seules les dépenses publiques courantes d'éducation sont prises en compte, alors la part des dépenses allouées au cycle primaire décroit moins rapidement, de 46,8 % en 2020 à 39,9 % en 2029 (44,7 % en moyenne sur la décennie du PSE).*

[340] *Rappelons que l'ODD 4 cible l'achèvement universel des études des cycles primaire et secondaire d'ici 2030.*

Tableau 56 : Dépenses publiques (DP) d'éducation par sous secteur, selon le scénario de référence, 2020-2029

		2020	2021	2022	2023	2024	2025	2026	2027	2028	2029	Moyenne 2020-2029
DP d'éducation pour le primaire	En % DP totales d'éducation	47,7%	46,1%	45,0%	44,3%	42,2%	41,5%	40,8%	39,9%	39,1%	38,8%	42,5%
	En millions de FCFA	15 488	18 439	20 207	22 851	21 992	23 662	24 205	25 679	27 623	29 870	
DP d'éducation pour le secondaire	En % DP totales d'éducation	17,1%	20,0%	20,5%	20,8%	22,1%	23,2%	24,4%	25,4%	26,3%	26,9%	22,7%
	En millions de FCFA	5 536	7 975	9 181	10 759	11 510	13 260	14 459	16 320	18 612	20 703	
DP d'éducation pour l'ETP	En % DP totales d'éducation	2,6%	3,1%	3,6%	5,1%	3,8%	3,8%	4,1%	4,3%	4,5%	4,8%	4,0%
	En millions de FCFA	837	1 225	1 606	2 618	1 986	2 176	2 435	2 779	3 201	3 672	
DP d'éducation pour le préscolaire	En % DP totales d'éducation	3,8%	5,9%	6,8%	7,5%	8,0%	8,5%	8,9%	9,4%	10,1%	10,9%	8,0%
	En millions de FCFA	1 240	2 367	3 053	3 864	4 159	4 837	5 282	6 048	7 111	8 362	
DP totales d'éducation hors ESR-FPA	En % DP totales d'éducation	71,2%	75,1%	75,9%	77,7%	76,2%	77,0%	78,2%	79,1%	80,0%	81,3%	77,1%
	En millions de FCFA 2020	23 101	30 006	34 047	40 092	39 648	43 935	46 381	50 826	56 546	62 606	
DP courantes hs ESR-FPA	En % DP courantes hs dette	10,7%	11,6%	12,5%	13,7%	13,7%	14,6%	16,4%	17,8%	19,4%	21,4%	15,2%
	En millions de FCFA	16 856	19 096	21 968	25 149	26 640	29 711	33 627	38 112	43 872	49 960	
DP d'investissement hs ESR-FPA	En % DP édu. hs ESR-FPA	27,0%	36,4%	35,5%	37,3%	32,8%	32,4%	27,5%	25,0%	22,4%	20,2%	29,6%
	En millions de FCFA	6 245	10 910	12 079	14 943	13 008	14 224	12 754	12 714	12 675	12 646	
DP d'éducation pour la FPA	En % DP totales d'éducation	1,0%	1,1%	1,3%	1,4%	1,7%	1,7%	1,7%	1,7%	1,7%	1,7%	1,5%
	En millions de FCFA	332	433	562	705	879	977	1 015	1 109	1 224	1 312	
DP d'éducation pour l'ESR (budg. min. de l'éducation)	En % DP totales d'éducation	27,8%	23,9%	22,9%	21,0%	22,1%	21,3%	20,1%	19,2%	18,3%	17,0%	21,4%
	En millions de FCFA	9 014	9 536	10 255	10 834	11 528	12 128	11 942	12 358	12 925	13 123	
DP totales d'éducation (inc. les aides-projets)	En millions de FCFA 2020	32 447	39 975	44 864	51 630	52 056	57 039	59 338	64 293	70 696	77 042	

Source : Plan sectoriel de l'éducation 2000-2029

4.6.2.4- L'écart de financement du PSE

Dans le scénario de référence, les dépenses publiques totales d'éducation s'accroissent de façon continue en proportion du PIB, de 1,8 % en 2019 à 3,7 % en 2029 (Tableau 57), ce qui reste inférieur à la moyenne des pays d'Afrique subsaharienne en 2018 (4,6 % ; Graphique 7). Cependant, étant donné le faible niveau de ressources propres de l'État centrafricain, le financement du PSE nécessite l'apport de ressources extérieures.

Tableau 57 : Dépenses publiques (DP) d'éducation, selon le scénario de référence, 2020-2029

		2020	2021	2022	2023	2024	2025	2026	2027	2028	2029	Moyenne 2020-2029
DP totales d'éducation (Inc. les aides-projets)	En % du PIB	2,2%	2,6%	2,8%	3,0%	2,9%	3,1%	3,1%	3,3%	3,5%	3,7%	3,0%
	En millions de FCFA 2020	32 447	39 975	44 864	51 630	52 056	57 039	59 338	64 293	70 696	77 042	
DP courantes (DPC) pour l'éducation	En % DP courantes totales	16,3%	17,2%	18,2%	19,4%	19,3%	20,3%	22,1%	23,4%	24,9%	26,9%	20,8%
	En millions de FCFA 2020	25 760	28 436	31 944	35 567	37 606	41 286	45 111	50 067	56 454	62 818	
Total rémunérations	En % DP totales d'éducation	65,7%	58,1%	57,3%	54,7%	56,6%	56,0%	58,0%	58,6%	59,3%		58,4%
	En millions de FCFA 2020	21 320	23 225	25 729	28 220	29 456	31 924	34 415	37 694	41 937	45 986	
DP de fonctionnement	En % DPC pour l'éducation.	17,2%	18,3%	19,5%	20,7%	21,7%	22,7%	23,7%	24,7%	25,7%	26,8%	22,1%
	En millions de FCFA 2020	4 440	5 211	6 215	7 347	8 150	9 362	10 695	12 372	14 517	16 832	
DP d'investissement pour l'éducation	En % DP totales d'éducation	20,6%	28,9%	28,8%	31,1%	27,8%	27,6%	24,0%	22,1%	20,1%	18,5%	24,9%
	En % DP d'invest. totales	5,8%	10,6%	11,3%	13,4%	11,2%	11,4%	10,5%	10,0%	9,5%	9,2%	10,3%
	En millions de FCFA 2020	6 687	11 539	12 920	16 063	14 450	15 753	14 227	14 227	14 242	14 224	
DP d'éducation des min. de l'éducation	En % du budget hors RE	14,9%	15,8%	16,7%	17,6%	18,5%	19,4%	20,3%	21,2%	22,1%	23,0%	18,9%
	En millions de FCFA 2020	27 688	30 921	35 104	39 147	43 974	48 834	50 759	55 452	61 220	65 616	
Ecart de financement	En millions de FCFA 2020	4 758	9 053	9 760	12 484	8 082	8 205	8 579	8 842	9 476	11 426	9 067
	En millions d'USD 2020	8,1	15,3	16,5	21,2	13,7	13,9	14,5	15,0	16,1	19,4	15,2
	En % DP totales d'éducation	14,7%	22,6%	21,8%	24,2%	15,5%	14,4%	14,5%	13,8%	13,4%	14,8%	17,0%
	En % DP totales hors RE	2,6%	4,6%	4,6%	5,6%	3,4%	3,3%	3,4%	3,4%	3,4%	4,0%	3,8%
	En % du total aides-projets	6,3%	12,1%	12,9%	16,1%	10,1%	10,0%	10,1%	10,3%	11,0%	13,2%	11,2%

Source : Plan sectoriel de l'éducation 2000-2029

Graphique 7 : Dépenses publiques totales d'éducation en 2018

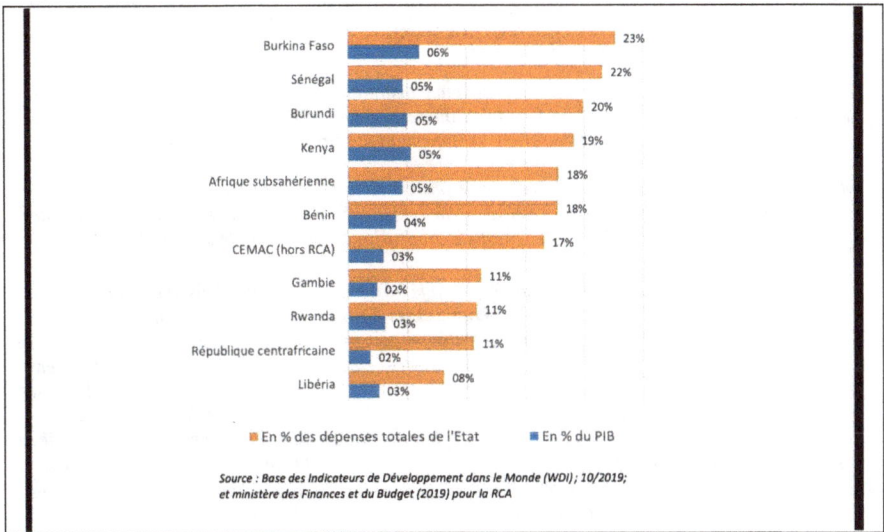

Le besoin de financement externe total du PSE dépend de l'engagement de l'État centrafricain pour le secteur éducatif, lequel se traduit par la proportion de ses dépenses totales allouées à ce secteur (14 % en moyenne en 2018 et 2019). Étant donné le rôle primordial de l'éducation dans le développement du pays et de sa population, et les besoins financiers immenses de ce secteur pour se relever, alors l'engagement de l'État centrafricain pour ce PSE est d'accroitre progressivement et continûment, tout au long de la décennie, la part du budget de l'éducation dans le budget total pour atteindre le seuil de 20 % recommandé par le PME en 2026 et aller jusqu'à 23 % en 2029.

Dans le scénario de référence, et avec cet engagement, l'écart de financement annuel moyen au cours de la décennie du PSE est alors d'un peu plus de 9 milliards de FCFA de 2020 (soit 15,2 millions d'USD de 2020). Ce montant représente en moyenne pour chaque année la moitié du financement apporté par le PME avec l'ESPIG pour trois ans[341] (31,6 millions d'USD). En supposant que ce financement sera renouvelé au terme des trois ans, et en prenant en compte les financements directement apportés par les autres PTF (dont l'UE, la BAD, l'AFD, la BM, etc.), il parait raisonnable d'espérer réunir ce montant.

---

[341] *Dit autrement, le financement du PME pour trois ans (31,6 millions d'USD) représente les deux tiers du financement moyen nécessaire pour trois années (3×15,2 millions d'USD).*

Chapitre 5 : La contribution des écoles communautaires d'inspiration baha'ie au processus éducatif (à but de bâtir des référentiels)

*****

*« « le partenariat est une tentative de réponse à une mutation de société liée à une globalisation de l'économie mondiale »[342]. Christian MAROY s'intéresse à la notion de partenariat en cherchant à **bâtir des référentiels afin d'établir un développement des pratiques.** » (Yérima Banga, 2017)*

*****

*« Ensuite (2ème objectif spécifique), le concept de partenariat comme objectif spécifique pour en faire le point central de notre étude vient en deuxième lieu pour nous **aider à explorer des pistes possibles afin de répondre aux besoins et aux insatisfactions d'une école en perte de souffle.** » (idem)*

*****

*« …, la loi d'unification de 1962 avait plongé la jeunesse centrafricaine dans une situation de récession intellectuelle, culturelle et éducative et les États Généraux de l'Éducation et de la Formation de 1994 ont permis de l'en sortir par l'appel aux partenaires sociaux qui ont l'expertise de mettre la main à la patte. Des recommandations avaient été lancées à l'endroit de seize entités en passant par l'État, l'Assemblée Nationale, les syndicats et les médias etc. Aux confessions religieuses en général, il est recommandé « **d'accepter de créer des écoles privées et de faire agir les communautés de base confessionnelles pour la création d'écoles, leur entretien, et l'extension de la sensibilisation en matière éducative** ». Et à l'État, une des recommandations fortes l'obligera à «négocier avec les confessions religieuses, et particulièrement l'Église Catholique les conditions de reprise et de création des écoles privées» (idem) [343]*

*****

Enfin dans ce chapitre, il est question de la contribution des écoles communautaires d'inspiration baha'ie au processus éducatif, tant en RCA que dans certains pays d'Afrique francophone, et ceci dans le cadre des activités de la Fondation Nahid & Hushabg AHDIEH (FoNaHA). Comme mentionné en introduction certains aspect des efforts de la FoNaHA ont déjà fait l'objet de publications ; ainsi, les principes de base et idéaux d'enseignement baha'is sont considérés dans l'ouvrage « Les écoles communautaires d'inspirations baha'ie : processus d'expansion en Afrique francophone » en cours de publication par l'Éditeur *Generis Publishing* ; ouvrage où nous pouvons nous y reférer. Néanmoins, du point de vue idéologique, ce que nous pouvons garder en esprit est cette citation de Baha'u'lláh : « L'unique mission des Prophètes et Messagers de Dieu est de guider l'humanité dans le droit sentier de la vérité. Et l'objet fondamental de leur révélation est **d'instruire tous les hommes de telle sorte qu'à l'heure de leur mort ils puissent, dans un état de pureté, de sainteté et**

---

[342] *Nous avons pensé exploiter le Dictionnaire encyclopédique de l'éducation et de la formation réalisé sous la direction de Philippe CHAMPY et Christiane ETEVE sur la notion et le concept de partenariat, mais nous nous sommes rendu compte que c'était une reprise et un résumé des travaux de Danielle ZAY déjà largement étudiés en profondeur et présentés dans la revue Éducation Permanente, n° 131 de 1997. Nous nous contentons donc que de ce qui a été publié dans cette revue ; p. 209*

[343] *Cf. Le Bulletin Spécial « KURU GO », n° 21 de septembre 1994, p. 2. Reportage spécial sur les États Généraux de l'Éducation et de la Formation de 1994.*

de parfait détachement, s'élever jusqu'au trône du Très-Haut. »[344] ; en pratique, éclairant nos efforts actuels, « ... il n'existe pas encore jusqu'à présent de programme d'études bahá'íes ... puisque les enseignements de Bahá'u'lláh et d''Abdu'l-Bahá ne présentent **pas un système éducatif défini ni détaillé, mais simplement offrent certains principes de base et énoncent un nombre d'idéaux d'enseignement** qui devraient guider, dans leurs efforts, les futurs éducateurs bahá'ís à formuler un programme d'enseignement adéquat qui serait **en harmonie complète avec l'esprit des enseignements bahá'ís et répondrait ainsi aux nécessités et aux besoins de l'âge moderne.** »[345]

Ainsi, dans ce chapitre, il sera plutôt question de considérer l'applicabilité de ces principes et idéaux baha'is, à travers les écoles communautaires d'inspiration baha'ie, pour avancer vers un système éducatif aussi d'inspiration baha'ie. Alors le programme et contenu de l'éducation doit être apprécier par cette citation d''Abdu'l-Bahá : « Certains piliers ont été établis en tant que supports inébranlables de la Foi de Dieu. Les plus puissants sont **l'étude et l'utilisation de l'esprit, le développement de la conscience et la connaissance intime des réalités de l'univers et des mystères de Dieu Tout-Puissant.**»[346] Cependant, le processus de mise en place sous forme d'un système est régi par cette citation de Shoghi Effendi : « **Ces principes fondamentaux sont valables dans les écrits sacrés de la Cause et devraient être soigneusement étudiés et graduellement intégrés aux divers programmes des collèges et des universités. ...**»[347]

5.1- Qui est l'Educateur en réalité pour cette époque ?

***

*« O vous, amis de Dieu! **Parce qu'en cet âge, important entre tous, le Soleil de Vérité (Baha'u'llah) s'est levé à l'apogée de l'équinoxe du printemps et a dardé ses rayons sur chaque contrée de la terre,** Il provoquera un tel tourbillon d'enthousiasme, dégagera de telles vibrations dans le monde de l'existence, provoquera un tel essor, jaillira dans une telle gloire lumineuse, déversera, des nuages de sa grâce, de telles prolifiques ondées, fera fourmiller les champs et les plaines d'une telle diversité de plantes et de fleurs aux suaves senteurs, que cette terre, ici-bas, deviendra le royaume d'Abha et ce bas monde, le monde d'En-Haut. **Alors cette parcelle de poussière sera comme le vaste cercle des cieux, cette humaine demeure deviendra la cour du palais divin et cette tache de terre glaise, la source des faveurs infinies du Seigneur des Seigneurs.** »[348]*

***

---

[344] *Bahá'u'lláh, Extraits des Écrits de Bahá'u'lláh, cité dans Compilation sur l'éducation baha'ie n°1*

[345] *Shoghi Effendi, Extrait d'une lettre datant du 7 juin 1939 écrite au nom de Shoghi Effendi, cité dans Compilation sur l'éducation baha'ie n°131*

[346] *'Abdu'l-Bahá, Sélection des écrits d'Abdu'l-Bahá, Chapitre: 97*

[347] *Shoghi Effendi, Extrait d'une lettre datant du 7 juin 1939 écrite au nom de Shoghi Effendi, cité dans Compilation sur l'éducation baha'ie n°131*

[348] *'Abdu'l-Bahá, Op. Cit., Chapitre: 102.b*

5.1.1- L'Educateur en réalité : Les Manifestations de Dieu et Baha'u'llah pour cette époque

***

« Considère ... la révélation de la lumière de ce Nom de Dieu, l'Educateur. ... Cette éducation est de **deux sortes. L'une est universelle.** *Son influence imprègne toutes choses et les soutient. C'est pour cette raison que Dieu s'est donné le titre de "Seigneur de tous les mondes ".* **L'autre est réservée à ceux qui se sont mis à l'ombre de ce Nom, et ont cherché l'abri de cette puissante révélation.** *Quant à ceux qui l'ont dédaignée, ils se sont eux-mêmes frustrés de ce privilège et ne peuvent bénéficier de la nourriture spirituelle envoyée par la grâce céleste de ce Plus Grand Nom (Baha'u'llah). »[349]*

***

5.1.1.1- La Manifestation de Dieu Elle-même

L'unique mission des Prophètes et Messagers de Dieu est de guider l'humanité dans le droit sentier de la vérité

« **L'unique mission des Prophètes et Messagers de Dieu est de guider l'humanité dans le droit sentier de la vérité.** Et l'objet fondamental de leur révélation est d'instruire tous les hommes de telle sorte qu'à l'heure de leur mort ils puissent, **dans un état de pureté, de sainteté et de parfait détachement, s'élever jusqu'au trône du Très-Haut.** »[350]

Toute l'humanité est semblable à des enfants à l'école, dont les éducateurs prodigieux et sans pareils sont les aurores de lumière, les sources de révélation divine

« O compagnons véritables! **Toute l'humanité est semblable à des enfants à l'école, dont les éducateurs prodigieux et sans pareils sont les aurores de lumière, les sources de révélation divine.** A l'école des réalités, ils éduquent ces fils et ces filles conformément aux enseignements de Dieu et les élèvent dans un environnement de grâce, afin qu'ils puissent progresser dans tous les domaines, manifester les dons et bénédictions du Seigneur, associer les perfections humaines, se distinguer dans toutes les formes d'entreprises humaines - qu'elles soient extérieures ou intérieures, visibles ou cachées, matérielles ou spirituelles - **jusqu'à ce qu'ils fassent de ce monde mortel un gigantesque miroir reflétant cet autre monde, qui ne meurt pas.** »[351]

5.1.1.2- À travers des âmes restées fidèles

L'âme qui est restée fidèle à la cause de Dieu, ... fournit, ... le pur levain qui fait lever le monde de l'être, et crée la puissance par laquelle se produisent tous les arts et toutes les merveilles du monde

---

[349] *Bahá'u'lláh, Op. Cit. n°3*
[350] *Bahá'u'lláh, Op. Cit. n°1*
[351] *'Abdu'l-Bahá, Op. Cit., Chapitre: 102.a*

« **L'âme qui est restée fidèle à la cause de Dieu**, qui s'est tenue fermement dans son chemin sans en dévier jamais, possédera, après son ascension, un tel pouvoir que tous les mondes créés par le Tout-Puissant en bénéficieront. **Une telle âme fournit,** par ordre du Roi de perfection, le divin Éducateur, **le pur levain qui fait lever le monde de l'être, et crée la puissance par laquelle se produisent tous les arts et toutes les merveilles du monde.** »[352]

5.1.2- L'Education en question

***

« *Cette éducation est de deux sortes. L'une est universelle. Son influence imprègne toutes choses et les soutient. C'est pour cette raison que Dieu s'est donné le titre de "Seigneur de tous les mondes". L'autre est réservée à ceux qui se sont mis à l'ombre de ce Nom, et ont cherché l'abri de cette puissante révélation. … Quel abîme sépare l'une de l'autre ces deux sortes d'éducation !* »[353]

***

« *Bien que la plus grande gloire de l'homme soit d'acquérir les sciences et les arts, ceci l'est à la seule condition que l'homme remonte à ses origines et qu'il puise dans l'inspiration de l'ancienne source de Dieu. Quand cela sera, chaque enseignant deviendra un océan sans bornes, chaque élève une fontaine prodigue de connaissance.* »[354]

***

Cette éducation est de deux sortes. L'une est universelle. … L'autre est réservée à ceux qui se sont mis à l'ombre de ce Nom, et ont cherché l'abri de cette puissante révélation

« **Considère ... la révélation de la lumière de ce Nom de Dieu, l'Educateur.** Vois comme en toutes choses se manifestent les preuves de cette révélation et comme l'amélioration de tous les êtres en dépend. **Cette éducation est de deux sortes. L'une est universelle.** Son influence imprègne toutes choses et les soutient. C'est pour cette raison que Dieu s'est donné le titre de "Seigneur de tous les mondes ". **L'autre est réservée à ceux qui se sont mis à l'ombre de ce Nom, et ont cherché l'abri de cette puissante révélation.** Quant à ceux qui l'ont dédaignée, ils se sont eux-mêmes frustrés de ce privilège et ne peuvent bénéficier de la nourriture spirituelle envoyée par la grâce céleste de ce Plus Grand Nom. **Quel abîme sépare l'une de l'autre ces deux sortes d'éducation !** »[355]

ô Toi qui as répandu Ta splendeur sur les réalités lumineuses de l'homme, versant sur eux les lumières resplendissantes de la connaissance et de la direction

« **Ô Dieu, ô Toi qui as répandu Ta splendeur sur les réalités lumineuses de l'homme, versant sur eux les lumières resplendissantes de la connaissance et de la direction,** tu les as choisis entre toutes choses créées pour cette grâce céleste, **et tu les as conduits à considérer toutes choses, à les comprendre dans leur**

---

[352] *Baha'u'llah, Op. Cit., cité dans Compilation sur l'importance des arts pour promouvoir la Foi n°5*
[353] *Ibid., cité dans Compilation sur l'éducation baha'ie n°3*
[354] *'Abdu'l-Baha,Tablette non encore traduite, cité dans Compilation sur l'éducation baha'ie n°29*
[355] *Bahá'u'lláh, Op. Cit. n°3*

essence intime et à divulguer leurs mystères, les amenant ainsi de l'obscurité à la lumière ! … "En vérité, Il accorde Sa miséricorde toute particulière à qui Il veut [*nota: Qur'án 3.67*]" »[356]

O bien-aimés de Dieu! Faites un immense effort afin que vous soyez vous-mêmes les signes de ce progrès et de toutes ces confirmations, …

« C'est pourquoi, O bien-aimés de Dieu! Faites un immense effort **afin que vous soyez vous-mêmes les signes de ce progrès et de toutes ces confirmations, et que vous deveniez des foyers de bénédictions de Dieu, des sources de la lumière de Son unicité, des promoteurs des bienfaits et des grâces de la vie civilisée. Soyez, dans ce pays, les pionniers des perfections humaines; propagez les diverses branches du savoir, soyez actifs et progressistes dans le domaine des inventions et des arts. Efforcez-vous de rectifier la conduite de vos semblables et cherchez à surpasser le monde entier sur le plan du caractère et de la morale.** Alors que les enfants sont encore dans leur plus jeune âge, nourrissez-les à la mamelle de la grâce céleste, élevez-les dans le berceau de toutes les excellences, dans le sein de toutes les générosités. Accordez-leur l'avantage de connaître toute sorte de savoir utile. Qu'ils prennent part à la création de chaque art nouveau, rare et prodigieux. Enseignez-leur le travail et l'effort, habituez-les aux épreuves. Apprenez-leur à consacrer leurs vies aux affaires de grande importance, et encouragez-les à entreprendre des études qui profiteront à l'humanité. »[357]

Etudie, à l'école de Dieu les leçons de l'esprit, et apprends de l'Enseignant de l'amour les vérités les plus intimes

« **Ô toi ami véritable ! Etudie, à l'école de Dieu les leçons de l'esprit, et apprends de l'Enseignant de l'amour les vérités les plus intimes.** Trouve les secrets du Ciel, et parle de la grâce et de la faveur débordante de Dieu." … "**Bien que la plus grande gloire de l'homme soit d'acquérir les sciences et les arts, ceci l'est à la seule condition que l'homme remonte à ses origines et qu'il puise dans l'inspiration de l'ancienne source de Dieu.** Quand cela sera, chaque enseignant deviendra un océan sans bornes, chaque élève une fontaine prodigue de connaissance. Quel but excellent, si les efforts pour s'instruire mènent vers la beauté de Celui qui est l'Objet de toute connaissance." … "**Mais si ce n'est pas le cas une simple goutte priverait peut-être l'homme de la grâce abondante, car l'érudition amène l'arrogance et l'orgueil, et produit l'erreur et l'indifférence envers Dieu."** … "Les sciences de ce monde sont des gouttelettes de réalité; si donc elles ne nous mènent pas vers la réalité, quel fruit peut venir de l'illusion ? Par le seul vrai Dieu ! Si l'érudition n'est pas une voie d'accès vers Lui, le plus Manifeste, ce n'est que perte évidente." … "**Il t'appartient d'acquérir les**

---

[356] *'Abdu'l-Baha, Op. Cit. n°28*
[357] *Ibid., Sélection des écrits d'Abdu'l-Bahá, Chapitre: 102.c*

différentes branches de la connaissance et de tourner ton visage vers la splendeur de la Beauté manifeste, afin d'être un signe de direction parmi les peuples du monde et un foyer de compréhension dans ce domaine duquel le sage et sa sagesse sont exclus, sauf pour celui qui pénètre dans le Royaume de Lumières et s'informe du mystère voilé et ignoré, du secret bien gardé." »[358]

O vous, jeunes enfants bahá'ís, vous qui cherchez la compréhension et la connaissance véritables! De nombreux aspects permettent de distinguer un être humain d'un animal

« O vous, jeunes enfants bahá'ís, vous qui cherchez la compréhension et la connaissance véritables! De nombreux aspects permettent de distinguer un être humain d'un animal. C'est, en premier lieu, le fait que **l'homme est créé à l'image de Dieu, qu'il ressemble à la Lumière céleste**; comme Dieu le dit dans la Tora: "Faisons l'homme à notre image, à notre ressemblance". **Cette image divine témoigne de toutes les qualités de perfection dont les lumières, émanant du Soleil de Vérité, éclairent les réalités humaines** et figurent parmi les attributs d'excellence résidant au coeur de la sagesse et de la connaissance. **C'est pourquoi vous devez faire un immense effort, lutter nuit et jour, sans trêve et sans repos, pour acquérir une part abondante de toutes les sciences et de tous les arts, afin que l'image divine, qui brille au Soleil de Vérité, illumine le miroir des coeurs des hommes.** C'est le désir ardent d'Abdu'L-Bahá que chacun d'entre vous soit considéré comme le plus éminent des professeurs au sein des académies et qu'à l'école des significations spirituelles, chacun devienne un guide en matière de sagesse. »[359]

5.1.3- L'Acte éducatif en question

***

*« Il doit donc apprendre aux hommes à organiser et à diriger les affaires matérielles, et à former un ordre social (**l'éducation matérielle**) … De la même manière, il doit instaurer **l'éducation humaine**, c'est-à-dire qu'il doit éduquer l'intelligence et la pensée … " Il fera également **l'éducation spirituelle**; afin que la raison et l'intelligence pénètrent le monde métaphysique, et reçoivent les bienfaits des brises sacrées du Saint-Esprit et communiquent avec l'Assemblée suprême. " »[360]*

***

Mais il y a trois sortes d'éducation : l'éducation matérielle, l'éducation humaine, l'éducation spirituelle

« "Mais il y a trois sortes d'éducation : l'éducation matérielle, l'éducation humaine, l'éducation spirituelle. **L'éducation matérielle a pour but les progrès et le développement du corps,** en acquérant les moyens de subsistance, le confort et le bien-être matériel. Cette éducation est commune aux animaux et aux hommes."

---

[358] *Ibid., Tablette non encore traduite, cité dans Compilation sur l'éducation baha'ie n°29*
[359] *Ibid., Sélection des écrits d'Abdu'l-Bahá, Chapitre: 118*
[360] *Ibid., Some Answered Questions, cité dans Compilation sur l'éducation baha'ie n°35*

... **"L'éducation humaine signifie civilisation et progrès**; elle comprend le gouvernement, l'administration, les œuvres charitables, le commerce, les arts et l'artisanat, les sciences, les grandes inventions et les découvertes, des institutions élaborées, qui sont les activités essentielles qui distinguent l'homme de l'animal."
... **"L'éducation divine est celle du royaume de Dieu**; elle consiste à acquérir les perfections divines, et c'est la véritable éducation. Dans cette condition l'homme devient le centre des bénédictions divines, **la manifestation des mots : Faisons l'homme à notre image et à notre ressemblance. Ceci est le but du monde de l'humanité."** »[361]

<u>Maintenant, il nous faut un éducateur qui soit qualifié à la fois sur le plan matériel, humain et spirituel et dont l'autorité sera effective en toutes circonstances</u>

« **"Maintenant, il nous faut un éducateur qui soit qualifié à la fois sur le plan matériel, humain et spirituel et dont l'autorité sera effective en toutes circonstances**. Ainsi, si quelqu'un disait : je possède une raison et une intelligence parfaites et je n'ai pas besoin d'un tel éducateur, il nierait l'évidence, comme un enfant qui dirait : je n'ai pas besoin d'éducation; j'agirai selon ma raison et mon intelligence et ainsi j'atteindrai les perfections de l'existence, ou comme un aveugle qui dirait : je n'ai pas besoin de vue puisqu'il y a tant d'autres aveugles qui vivent sans difficultés." ... **"Il est donc clair et évident que l'homme a besoin d'un éducateur, qui doit être incontestablement et indubitablement parfait sous tous les rapports et supérieur à tous les hommes.** Autrement dit s'il était comme le reste de l'humanité il ne pourrait être leur éducateur. D'autant plus qu'il doit être en même temps leur éducateur matériel aussi bien que spirituel. **Il doit donc apprendre aux hommes à organiser et à diriger les affaires matérielles, et à former un ordre social** afin d'établir la coopération et l'aide mutuelle dans la vie, de sorte que ces questions matérielles soient arrangées et réglées pour toutes les circonstances. **De la même manière, il doit instaurer l'éducation humaine, c'est-à-dire qu'il doit éduquer l'intelligence et la pensée** de telle façon qu'elles puissent atteindre l'épanouissement complet, afin que la connaissance et la science se développent, que la réalité des choses, les mystères des créatures et les qualités particulières de l'existence soient découvertes; et que, de jour en jour, l'instruction, les inventions et les institutions soient améliorées; et que des conclusions se rapportant aux choses intellectuelles soient déduites de ce qui est perceptible par les sens." ... " **Il fera également l'éducation spirituelle; afin que la raison et l'intelligence pénètrent le monde métaphysique, et reçoivent les bienfaits des brises sacrées du Saint-Esprit et communiquent avec l'Assemblée suprême.** Il doit éduquer la réalité humaine de sorte qu'elle devienne le foyer des qualités divines, au point que les attributs et les noms de Dieu resplendissent dans le miroir de cette réalité et que le verset sacré : **'Nous ferons l'homme à notre image et à notre ressemblance'** soit réalisé." »[362]

---

[361] *Idem*
[362] *Idem*

Tous les hommes sont comme des enfants à l'école et les Points d'Aurore, sources de révélation divine, sont les professeurs merveilleux et sans pareil

« "O fidèles compagnons ! **Tous les hommes sont comme des enfants à l'école et les Points d'Aurore, sources de révélation divine, sont les professeurs merveilleux et sans pareil.** Dans l'école des réalités, on éduque les fils et les filles selon des enseignements de Dieu et ils sont nourris au sein de la grâce, afin qu'ils puissent se développer sous tous les aspects, faire preuve des dons et bénédictions excellentes du Seigneur et y ajouter les perfections humaines, qu'ils puissent aussi progresser dans tous les genres de réalisations humaines, soit extérieures soit intérieures, cachées ou visibles, matérielles ou spirituelles, jusqu'à ce qu'ils fassent de ce monde mortel un miroir universel qui reflète cet autre monde qui ne meurt pas." ... "**Ô vous amis de Dieu ! Parce qu'en cette magistrale époque, le Soleil de Vérité** [*nota: id. Baha'u'llah*] **s'est levé au sommet de l'équinoxe de printemps et baigne chaque pays de ses rayons, il provoquera une excitation telle, émettra de telles vibrations dans le monde de l'existence, stimulera une telle croissance et un tel développement, une telle splendeur de lumière jaillira et les nuages de grâce déverseront des torrents d'eau si abondants, les champs et les plaines foisonneront d'une telle constellation de plantes et de fleurs parfumées, que cette humble terre deviendra le royaume d'Abhá et ce bas-monde le monde d'en-haut.** Alors cette particule de poussière deviendra comme la vaste étendue des cieux. cette résidence des hommes comme la cour royale de Dieu, et ce lieu d'argile sera comparable à l'aube des faveurs sans fin du Seigneur des Seigneurs." »[363]

5.2- L'homme et son éducation

***

« L'homme est le Talisman suprême. ... Voyez en l'homme une mine riche en gemmes d'une inestimable valeur. Mais, seule, l'éducation peut révéler les trésors de cette mine et permettre à l'humanité d'en profiter. »[364]

***

« " Déployez tous vos efforts pour acquérir des perfections intérieures et extérieures, car les fruits de l'arbre humain ont toujours été et seront pour toujours les perfections apparentes et intrinsèques." ...
" Il n'est pas souhaitable qu'un homme n'ait ni connaissance, ni métier, car alors il n'est qu'un arbre nu. Donc, autant que capacités et facultés le permettent, il faut couvrir l'arbre de l'existence avec des fruits tels que la connaissance, la sagesse, la perception spirituelle et la parole éloquente." »[365]

***

« La Foi bahá'íe... préconise l'éducation obligatoire... »[366]

***

---

[363] *Ibid., Tablette non encore traduite, cité dans Compilation sur l'éducation baha'ie n°55*
[364] *Bahá'u'lláh, Extraits des Écrits de Bahá'u'lláh, cité dans Compilation sur l'éducation baha'ie n°4*
[365] *Ibid., Tablette non encore traduite, cité dans Compilation sur l'éducation baha'ie n°9*
[366] *Shoghi Effendi, Extrait d'une lettre, cité dans Compilation sur l'éducation baha'ie n°124*

5.2.1- La connaissance de l'homme

***

« La raison de la mission des prophètes est d'éduquer l'homme, afin **que ce morceau de charbon devienne un diamant et que cet arbre stérile soit greffé et donne les fruits les plus sucrés et les plus doux.** *Quand l'homme parvient à la plus noble condition du monde, alors il peut faire de nouveaux progrès de perfection,* **mais non passer dans un autre état; car les nombres d'états sont limités mais les perfections divines sont illimitées.** *»[367]*

***

5.2.1.1- Le microcosme humain

***

« Le Très-Miséricordieux a conféré à l'homme la faculté de voir et l'a doué du pouvoir d'entendre. **D'aucuns l'ont appelé le « microcosme », alors qu'il doit être considéré comme le « macrocosme ».** *Les potentialités inhérentes à la condition de l'homme, la pleine mesure de sa destinée sur la terre, l'excellence innée de sa réalité essentielle doivent toutes être manifestées en ce jour promis de Dieu. »[368]*

***

Lorsque nous examinons **la réalité du microcosme**, nous découvrons que trois réalités y sont déposées.[369]

5.2.1.1.1- La réalité extérieure ou physique de l'homme

« L'homme est doté d'une réalité extérieure ou physique. Elle appartient au domaine matériel, au règne animal, parce qu'elle a jailli du monde matériel. Cette réalité animale, l'homme la partage avec les animaux. Comme les animaux, le corps humain est soumis aux lois de la nature. »[370]

5.2.1.1.2- La réalité rationnelle ou intellectuelle de l'homme

« Mais l'homme est doté d'une deuxième réalité, la réalité rationnelle ou intellectuelle; et la réalité intellectuelle de l'homme prédomine la nature. Toutes ces sciences dont nous jouissons étaient les secrets cachés et profonds de la nature, inconnaissables à la nature, mais la capacité de découvrir ces mystères fut donnée à l'homme, et il les amena du plan de l'invisible au plan du visible. »[371]

5.2.1.1.3- La réalité spirituelle de l'homme

---

[367] *'Abdu'l-Baha, Les Leçons de Saint-Jean d'Acre, cité dans Compilation sur l'éducation baha'ie n°31*
[368] *Bahá'u'llah, Florilège des Écrits de Bahá'u'llah, n0 162 para. 1 (confer Extraits des Écrits de Bahá'u'llah)*
[369] *'Abdu'l-Bahá, Les Bases de l'unité du monde, chap. 13*
[370] *Idem*
[371] *Idem*

« Cependant, il y a dans l'homme une troisième réalité, la réalité spirituelle. Par son intermédiaire on découvre les révélations spirituelles, une faculté céleste qui est infinie en ce qui concerne les royaumes intellectuels aussi bien que physiques. Ce pouvoir est conféré à l'homme par le souffle de l'Esprit Saint. C'est une réalité éternelle, une réalité indestructible, une réalité qui appartient au royaume divin, surnaturel; une réalité par laquelle le monde est illuminé, une réalité qui accorde à l'homme la vie éternelle. »[372]

« Cette troisième réalité, cette réalité spirituelle est celle qui découvre les événements passés et regarde vers les perspectives du futur. C'est l'éclat du Soleil de Réalité. Le monde spirituel en est illuminé, tout le royaume est illuminé par elle. Elle jouit du monde de la béatitude, un monde qui n'a ni commencement ni fin. Cette réalité céleste, la troisième réalité du microcosme, délivre l'homme du monde matériel. Par son pouvoir l'homme échappe au monde de la nature. »[373]

« Libéré, il trouvera une réalité qui illumine, transcendant la réalité limitée de l'homme et lui permettant d'atteindre l'infinité de Dieu, le soustrayant au monde des superstitions et des imaginations, et le plongeant dans l'océan des rayons du Soleil de Réalité. Ce fait est prouvé aussi bien par évidence scientifique que par évidence spirituelle. »[374]

5.2.1.2- L'homme en potentiel

***

« On dit que l'homme est le signe suprême de Dieu, c'est le livre de la création car tous les mystères des créatures existent en lui. Donc, s'il vient à l'ombre du véritable Educateur, et s'il est éduqué correctement, il devient l'essence des essences, la lumière des lumières, l'esprit des esprits; il devient le centre des apparitions divines, la source de qualités spirituelles, l'aurore des lumières célestes et le réceptacle des inspirations divines. Si, au contraire il est privé de cette éducation, il devient la manifestation des attributs sataniques, la somme des vices de l'animal et la source de toutes les situations ténébreuses. »[375]

***

L'homme est le Talisman suprême. Mais, faute d'une éducation convenable, il a été frustré de ce qui lui appartient en propre

« **L'homme est le Talisman suprême**. Mais, faute d'une éducation convenable, il a été frustré de ce qui lui appartient en propre. D'un mot sorti de la bouche de Dieu, il fut appelé à l'existence; d'un autre il fut conduit à reconnaître la Source où il doit puiser son enseignement; par encore un autre mot, lui furent garanties sa condition et sa destinée. Le Grand Être a dit : **Voyez en l'homme une mine**

---

[372] *Idem*

[373] *Idem*

[374] *Idem*

[375] *Ibid., Les Leçons de Saint-Jean d'Acre, cité dans Compilation sur l'éducation baha'ie n°31*

327

riche en gemmes d'une inestimable valeur. Mais, seule, l'éducation peut révéler les trésors de cette mine et permettre à l'humanité d'en profiter. »[376]

L'homme est comme l'acier dont l'essence est cachée : par des admonitions et des explications, de bons conseils et une éducation, cette essence viendra à la lumière

« L'homme est comme l'acier dont l'essence est cachée : par des admonitions et des explications, de bons conseils et une éducation, cette essence viendra à la lumière. Si, cependant, il est laissé dans sa condition première, en fait, la corrosion des désirs et des appétits le détruira. »[377]

On dit que l'homme est le signe suprême de Dieu, c'est le livre de la création car tous les mystères des créatures existent en lui

« On dit que l'homme est le signe suprême de Dieu, c'est le livre de la création car tous les mystères des créatures existent en lui. Donc, s'il vient à l'ombre du véritable Educateur, et s'il est éduqué correctement, il devient l'essence des essences, la lumière des lumières, l'esprit des esprits; il devient le centre des apparitions divines, la source de qualités spirituelles, l'aurore des lumières célestes et le réceptacle des inspirations divines. Si, au contraire il est privé de cette éducation, il devient la manifestation des attributs sataniques, la somme des vices de l'animal et la source de toutes les situations ténébreuses. ... "La raison de la mission des prophètes est d'éduquer l'homme, afin que ce morceau de charbon devienne un diamant et que cet arbre stérile soit greffé et donne les fruits les plus sucrés et les plus doux. Quand l'homme parvient à la plus noble condition du monde, alors il peut faire de nouveaux progrès de perfection, mais non passer dans un autre état; car les nombres d'états sont limités mais les perfections divines sont illimitées." »[378]

5.2.1.3- L'individualité humaine

***

« Ô assemblée de Dieu ! L'ancienne Souveraineté a distribué à chacun sa part de perfection, sa vertu déterminée et sa qualité particulière, pour qu'il puisse devenir un symbole dénotant la sublimité du véritable Éducateur de l'humanité et que chacun puisse, tel un miroir cristallin, parler de la grâce et de la splendeur du Soleil de Vérité." ... »[379]

***

L'ancienne Souveraineté a distribué à chacun sa part de perfection, sa vertu déterminée et sa qualité particulière

---

[376] *Bahá'u'lláh, Extraits des Écrits de Bahá'u'lláh, cité dans Compilation sur l'éducation baha'ie n°4*
[377] *Ibid., Tablette non encore traduite, cité dans Compilation sur l'éducation baha'ie n°10*
[378] *'Abdu'l-Baha, Op. Cit. n°31*
[379] *Ibid., Tablette non encore traduite, cité dans Compilation sur l'éducation baha'ie n°28*

« Ô assemblée de Dieu ! L'ancienne Souveraineté a distribué à chacun sa part de perfection, sa vertu déterminée et sa qualité particulière, pour qu'il puisse devenir un symbole dénotant la sublimité du véritable Éducateur de l'humanité et que chacun puisse, tel un miroir cristallin, parler de la grâce et de la splendeur du Soleil de Vérité." … " Parmi toutes les créatures, il a choisi l'homme, pour lui accorder son don le plus prodigieux, et lui révéler les bontés de l'Assemblée céleste. Ce plus précieux des dons est l'accession à Sa direction infaillible, pour que cette réalité intérieure de l'humanité devienne un refuge pour cette lampe; et quand les splendeurs diffuses de cette lumière frappent contre le verre poli du cœur, la pureté du cœur fait flamboyer les rayons encore plus qu'auparavant et les fait briller dans la gloire sur les esprits et les âmes des hommes." … "L'obtention de la plus grande direction dépend de la connaissance et de la sagesse et du fait d'être informé des mystères des Paroles sacrées. Pour cette raison, les bien-aimés de Dieu qu'ils soient jeunes ou vieux, hommes ou femmes, chacun selon ses capacités, doit tâcher d'acquérir les différentes branches de la connaissance, d'augmenter sa compréhension des livres saints et son habileté à exposer les preuves et arguments divins." »[380]

Certaines qualités innées et le naturel de certains hommes paraissent blâmables mais ne le sont pas réellement

« Dans la création le mal n'existe pas, tout est bon. Certaines qualités innées et le naturel de certains hommes paraissent blâmables mais ne le sont pas réellement. Ainsi, dès le début de sa vie, on peut remarquer chez le nourrisson des signes d'avidité, de colère et d'humeur. Alors, on pourrait dire que le bien et le mal sont innés à la nature de l'homme, et ceci est contraire au bien absolu dans la nature et la création. La réponse à cela est que l'avidité, qui est la demande de quelque chose en plus, est une qualité louable pourvu qu'elle s'exerce à propos. Par exemple, il est très louable qu'un homme soit avide de sciences et de connaissances, qu'il désire devenir compatissant, généreux et juste; il est très louable qu'il exerce sa colère et son courroux contre les tyrans sanguinaires qui sont comme des bêtes féroces; mais s'il n'emploie pas ces qualités à bon escient, elles sont blâmables. »[381]

Les manifestations de Dieu, d'autre part, affirment que les différences (entre les êtres humains) sont sans conteste innées

« Les manifestations de Dieu, d'autre part, affirment que les différences (entre les êtres humains) sont sans conteste innées et que la citation 'Nous avons fait en sorte que certains d'entre vous surpassent les autres' [nota: Qur'án 17:22] est un fait prouvé et inéluctable. Il est certain que les êtres humains sont, par leur nature même, différents les uns des autres. Observez un petit groupe d'enfants nés des

---

[380] *Idem*

[381] *Ibid., Some Answered Questions, cité dans Compilation sur l'éducation baha'ie n°38c*

mêmes parents, allant à la même école, recevant la même éducation et s'alimentant du même régime : certains seront instruits, atteindront un haut degré d'avancement; certains atteindront un niveau moyen et d'autres encore seront incapables d'étudier. Il est par conséquent clair que la disparité entre les individus est due à des différences de degré qui sont innées." ... "Mais les Manifestations considèrent également que l'instruction et l'éducation sans aucun doute exercent une influence énorme. Si par exemple, un enfant est privé d'instruction il restera certainement ignorant et ses connaissances seront limitées à ce qu'il peut découvrir par lui-même, mais si on le confie à un professeur qualifié pour étudier les sciences et les arts, il apprendra ce que des milliers d'autres êtres humains ont découvert. L'éducation guide ainsi les égarés; elle rend la vue aux aveugles; elle donne du discernement aux insensés et les improductifs récoltent la grandeur; elle fait parler les muets et change l'aurore trompeuse en vraie lumière du matin; par elle, la graine minuscule deviendra un très haut palmier et l'esclave fugitif, un roi régnant." ... "Il est donc certain que l'éducation exerce une influence, et pour cette raison les Manifestations de Dieu, les sources de Sa grâce, apparaissent dans le monde, afin que par les souffles de sainteté elles puissent éduquer la race humaine et fassent du nourrisson un homme courageux. Par elles, les déchus de la terre seront les compagnons chéris du ciel et les défavorisés recevront leur dû." »[382]

" Combien de sortes de caractères y a-t-il chez l'homme et d'où proviennent les différences et les variétés ?" ... " Il y a le caractère inné, le caractère héréditaire et le caractère acquis provenant de l'éducation."

« Question : " **Combien de sortes de caractères y a-t-il chez l'homme et d'où proviennent les différences et les variétés ?"** ... Réponse : " Il y a le caractère inné, le caractère héréditaire et le caractère acquis provenant de l'éducation." ... "**Quant au caractère inné, bien que la création divine soit purement bonne, les variétés de qualités naturelles chez l'homme proviennent de la différence de degrés : tous sont excellents mais ils le sont plus ou moins selon le degré.** Ainsi toute l'humanité possède intelligence et capacités mais l'intelligence, la capacité et le mérite varient chez l'homme. Cela est évident." ... "Par exemple, réunissez un certain nombre d'enfants d'une même famille, d'une même école, instruits par un même maître, qui soient élevés avec la même nourriture, sous le même climat, avec les mêmes vêtements et qui étudient les mêmes sujets, certainement, parmi ces enfants quelques-uns seront savants, d'autres seront d'aptitude moyenne et d'autres lents. Il est donc clair que, dans la nature elle-même, il y a des différences de degré et des variétés de mérite et de capacité. Mais cette différence n'implique pas le bien ou le mal, c'est simplement une différence de degré. L'un est au niveau le plus élevé, l'autre au niveau moyen, l'autre au niveau le plus bas. Ainsi l'homme existe; l'animal, la plante et le minéral existent aussi mais les degrés de ces quatre existences varient. Quelle différence entre l'existence de l'homme et celle de l'animal ! Cependant tous deux existent. Il est

---

[382] *Ibid., Tablette non encore traduite, cité dans Compilation sur l'éducation baha'ie n°37*

évident que dans l'existence il y a des différents degrés." ... "**La variété des caractères héréditaires tient à la force ou à la faiblesse de la constitution**; ainsi, lorsque les deux parents sont faibles de constitution, les enfants seront faibles; s'ils sont forts, les enfants seront robustes. De même la pureté du sang a des conséquences importantes, car le germe sain est comme la race supérieure qui se retrouve chez les plantes et chez les animaux. Par exemple, vous verrez que des enfants nés d'un père et d'une mère faibles auront naturellement une constitution chétive et des nerfs faibles; ils seront affligés de différents maux, n'auront ni patience, ni endurance, ni fermeté, ni persévérance et seront irritables; car les enfants héritent de la faiblesse et de la débilité de leurs parents." ... "**En dehors de cela, certaines familles et certaines générations sont l'objet d'une bénédiction spéciale. Ainsi c'est une bénédiction spéciale que tous les prophètes des enfants d'Israël soient issus de la descendance d'Abraham.** C'est une bénédiction que Dieu a conférée à cette descendance dont Moïse est issu par son père et sa mère, le Christ par sa mère, ainsi que Muhammad, le Báb et tous les prophètes et saintes Manifestations d'Israël. La Beauté bénie descend aussi en ligne directe d'Abraham car il avait d'autres fils qu'Ismaël et Isaac, en ces jours là, ces derniers émigrèrent vers la Perse et l'Afghanistan, et la Beauté bénie est un de leurs descendants." ... "Donc il est évident que le caractère héréditaire a aussi son importance au point que, si les caractères ne sont pas conformes aux origines, bien qu'ils appartiennent physiquement à une lignée, spirituellement ils ne seront pas considérés de la famille, comme Canaan [*nota: Cf. Genèse 9:25*] qui n'est pas considéré comme appartenant à la race de Noé." ... "**Mais la différence de qualités due à la culture est considérable car l'éducation a une grande influence.** L'éducation rend l'ignorant instruit, le lâche courageux; la culture redresse la branche tordue, fait du fruit aigre et amer des montagnes et des bois un fruit doux et sucré, et la fleur à cinq pétales est centuplée. L'éducation civilise les nations sauvages et même les animaux sont domestiqués. Il faut faire grand cas de l'éducation car comme les maladies dans le monde des corps sont très contagieuses, de la même manière les qualités d'esprit et de cœur sont aussi très contagieuses. L'influence de l'éducation est universelle et cause de très grandes différences." ... »[383]

<u>Peut-être quelqu'un va-t-il dire que, puisque l'aptitude et le mérite des hommes varient, cette différence d'aptitude est certainement à l'origine des différences de caractère</u>

« **Peut-être quelqu'un va-t-il dire que, puisque l'aptitude et le mérite des hommes varient, cette différence d'aptitude est certainement à l'origine des différences de caractère** [*nota: C'est-à-dire que par conséquent il ne faut pas blâmer les gens pour leur caractère*]." ... "**Mais c'est une erreur; car il y a deux sortes d'aptitudes : l'aptitude naturelle et l'aptitude acquise.** La première, qui est la création de Dieu, est purement bonne - dans la création de Dieu il n'y a pas

---

[383] *Ibid., Some Answered Questions, cité dans Compilation sur l'éducation baha'ie n°38*

de mal; mais l'aptitude acquise est devenue la cause de l'apparition du mal. Par exemple, Dieu a créé tous les hommes et leur a donné une constitution et des dispositions telles que le miel et le sucre leur profitent, et que le poison les rend malades et les tue. Cette nature et ces dispositions sont innées et Dieu les a données également à toute l'humanité. L'homme, cependant, commence à s'accoutumer petit à petit au poison, en prenant chaque jour une petite quantité qu'il augmente progressivement jusqu'au moment où il ne peut plus vivre sans son gramme d'opium par jour. Les aptitudes naturelles sont ainsi complètement perverties. **Remarquez combien les aptitudes et dispositions naturelles peuvent être modifiées au point d'être entièrement altérées par les habitudes et l'entraînement.** On ne reproche pas aux gens corrompus leurs aptitudes et leurs dispositions innées mais bien leurs nouvelles dispositions acquises." »[384]

5.2.1.4- La personnalité humaine

***

« L'homme est au rang suprême de la matérialité et au commencement de la spiritualité : c'est-à-dire qu'il est la fin de l'imperfection et le commencement de la perfection. Il est au dernier degré des ténèbres et au commencement de la lumière; aussi a-t-on dit que la condition de l'homme était la fin de la nuit et le commencement du jour; c'est-à-dire qu'il réunit tous les degrés des imperfections et possède les degrés de perfection. Il a le côté animal aussi bien que le côté angélique; la raison d'être de l'éducateur est d'instruire les hommes de telle façon que le côté angélique l'emporte sur le côté animal. »[385]

***

« L'individualité de chaque chose créée est basée sur la sagesse divine, car dans la création de Dieu, il n'y a pas d'imperfection. Cependant, la personnalité n'a pas d'élément permanent. C'est une qualité quelque peu susceptible de changement chez l'homme, qui peut tourner vers une direction ou l'autre. Car, s'il acquiert des qualités louables, celles-ci renforceront l'individualité de l'homme et libéreront ses pouvoirs latents. Mais s'il acquiert des imperfections, la beauté et la simplicité de l'individualité seront perdues pour lui et les qualités dont Dieu l'a doté seront étouffées dans l'infâme atmosphère de l'égoïsme. »[386]

***

L'homme est au rang suprême de la matérialité et au commencement de la spiritualité

« L'homme est au rang suprême de la matérialité et au commencement de la spiritualité : c'est-à-dire qu'il est la fin de l'imperfection et le commencement de la perfection. Il est au dernier degré des ténèbres et au commencement de la lumière; aussi a-t-on dit que la condition de l'homme était la fin de la nuit et le commencement du jour; **c'est-à-dire qu'il réunit tous les degrés des imperfections et possède les degrés de perfection.** Il a le côté animal aussi bien que le côté angélique; **la raison d'être de l'éducateur est d'instruire les hommes de telle façon que le côté angélique l'emporte sur le côté animal. »[387]**

---

[384] *Idem*
[385] *Ibid., Les Leçons de Saint-Jean d'Acre, cité dans Compilation sur l'éducation baha'ie n°30*
[386] *'Abdu'l-Bahá, Divine Philosophy, p.131, traduction provisoire*
[387] *Ibid., Les Leçons de Saint-Jean d'Acre, cité dans Compilation sur l'éducation baha'ie n°30*

La réalité intime de l'homme est une ligne de démarcation entre l'ombre et la lumière, un endroit où deux océans se rejoignent

« **La réalité intime de l'homme est une ligne de démarcation entre l'ombre et la lumière, un endroit où deux océans se rejoignent** [*nota: Qur'án 25.55, 35.13, 55.19-25; voir aussi la prière du mariage révélée par 'Abdu'l-Bahá commençant par : " Il est Dieu ! O Seigneur incomparable ! En ta suprême sagesse, Tu as enjoint aux humains de se marier,..."*], **c'est le point inférieur de l'arc de descente et pour cette raison même elle est capable de monter jusqu'aux niveaux supérieurs.** Par l'éducation, cette réalité intime peut atteindre l'excellence; dépourvue d'éducation, elle demeurera au point le plus bas de l'imperfection." … " **Chaque enfant est la lumière du monde en puissance, mais en même temps son obscurité; pour ce motif, la question d'éducation doit être estimée primordiale.** Dès sa prime jeunesse, l'enfant doit être nourri de l'amour de Dieu et élevé au sein de Sa connaissance, afin qu'il puisse rayonner de lumière, croître en spiritualité, être pénétré de sagesse et de savoir, et se revêtir des caractéristiques de l'hôte angélique." … "Comme vous avez été nommé à cette sainte tâche, vous devez faire tous vos efforts pour rendre cette école célèbre à tous égards dans le monde et pour en faire la cause de l'exaltation de la parole du Seigneur." »[388]

L'individualité de chaque chose créée est basée sur la sagesse divine, … Cependant, la personnalité n'a pas d'élément permanent

« **L'individualité de chaque chose créée est basée sur la sagesse divine**, car dans la création de Dieu, **il n'y a pas d'imperfection.** Cependant, **la personnalité n'a pas d'élément permanent. C'est une qualité quelque peu susceptible de changement chez l'homme, qui peut tourner vers une direction ou l'autre. Car, s'il acquiert des qualités louables**, celles-ci renforceront l'individualité de l'homme et libèreront ses pouvoirs latents. Mais s'il acquiert des imperfections, la beauté et la simplicité de l'individualité seront perdues pour lui et les qualités dont Dieu l'a doté seront étouffées dans l'infâme atmosphère de l'égoïsme. »[389]

5.2.2- L'homme et l'éducation

***

" Le Très-Miséricordieux a créé l'humanité pour orner notre monde afin que les hommes puissent illuminer la terre des multiples bénédictions du ciel, et que la réalité interne de l'être humain, comme la lampe de l'esprit, entraîne la communauté humaine à devenir tel un miroir face au concours d'en-haut." … *"Il est clair que l'érudition est le plus grand don de Dieu, que la connaissance et son acquisition sont une bénédiction du ciel. Il appartient donc aux amis de Dieu de faire de tels efforts et de tâcher de promouvoir la connaissance divine, la culture et les sciences, avec un tel*

---

[388] *Ibid., Tablette non encore traduite, cité dans Compilation sur l'éducation baha'ie n°56*
[389] *'Abdu'l-Bahá, Divine Philosophy, p.131, traduction provisoire*

empressement que, sous peu, ceux qui sont aujourd'hui des écoliers, deviendront les plus érudits de
toute la fraternité des sages. "[390]

***

5.2.2.1- Le besoin humain en éducation

***

« *Certains croient qu'un sens inné de la dignité humaine empêchera l'homme de commettre des*
actions mauvaises et assurera sa perfection spirituelle et matérielle, … Cependant, si nous
réfléchissons aux leçons de l'histoire il devient évident que ce sens de l'honneur et de la dignité est lui-
même un des bienfaits provenant des enseignements des prophètes de Dieu. … Il est donc clair que
l'émergence de ce sens naturel de dignité humaine et d'honneur est le résultat de l'éducation. . »[391]

***

Certains croient qu'un sens inné de la dignité humaine empêchera l'homme de
commettre des actions mauvaises et assurera sa perfection spirituelle et matérielle

« **Certains croient qu'un sens inné de la dignité humaine empêchera l'homme**
de commettre des actions mauvaises et assurera sa perfection spirituelle et
matérielle, c'est-à-dire qu'un individu caractérisé par une intelligence naturelle,
une ferme résolution et un zèle inlassable s'abstiendra instinctivement, sans
considération des châtiments sévères découlant d'actions mauvaises ou de grandes
récompenses découlant de la droiture, de nuire à son prochain et aura faim et soif
de bien. **Cependant, si nous réfléchissons aux leçons de l'histoire il devient**
évident que ce sens de l'honneur et de la dignité est lui-même un des bienfaits
provenant des enseignements des prophètes de Dieu. Nous observons aussi
chez les enfants les signes d'agression et d'anarchie et si un enfant est privé de
l'enseignement d'un maître, ces manifestations indésirables s'amplifient d'un
moment à l'autre. **Il est donc clair que l'émergence de ce sens naturel de dignité**
humaine et d'honneur est le résultat de l'éducation. Ensuite même si nous
admettons, pour suivre ce raisonnement, qu'une intelligence instinctive et la
qualité morale innée empêcheraient de faire le mal, il est évident que les individus
ainsi caractérisés sont aussi rares que la pierre philosophale. Une telle hypothèse
ne peut être validée par de simples mots; elle doit être basée sur des faits. Voyons
dans la création quel pouvoir pousse les masses vers des buts et des actes vertueux
!" … "**A part cela, si ce rare individu possédant une telle faculté devait aussi**
posséder la crainte de Dieu, il est certain que ses tendances à la vertu en
seraient grandement accrues." »[392]

Le Très-Miséricordieux a créé l'humanité pour orner notre monde afin que les
hommes puissent illuminer la terre des multiples bénédictions du ciel

« **O vous, amis de Dieu, le Très-Miséricordieux a créé l'humanité pour orner**
notre monde afin que les hommes puissent illuminer la terre des multiples
bénédictions du ciel, et que la réalité interne de l'être humain, comme la lampe

---

[390] *Ibid., Extraits des Ecrits de 'Abdu'l-Baha, cité dans Compilation sur l'éducation baha'ie n°73*
[391] *Ibid., Le Secret de la Civilisation Divine, cité dans Compilation sur l'éducation baha'ie n°36*
[392] *Idem*

de l'esprit, entraîne la communauté humaine à devenir tel un miroir face au concours d'en-haut." ... "**Il est clair que l'érudition est le plus grand don de Dieu, que la connaissance et son acquisition sont une bénédiction du ciel.** Il appartient donc aux amis de Dieu de faire de tels efforts et de tâcher de promouvoir la connaissance divine, la culture et les sciences, avec un tel empressement que, sous peu, ceux qui sont aujourd'hui des écoliers, deviendront les plus érudits de toute la fraternité des sages. **C'est un service rendu à Dieu Lui-même et c'est un de ses commandements inéluctables.**" »[393]

5.2.2.2- Les individus diffèrent en degré

***

« *"Quant aux différences entre les êtres humains et la supériorité ou l'infériorité de certains individus par rapport à d'autres, il existe deux écoles de pensée chez les matérialistes : les uns pensent que ces différences et les qualités supérieures de certains individus sont naturelles et sont, comme ils disent, une nécessité de la nature. ... "L'autre école de philosophie traditionnelle prétend que les différences parmi les individus et les divers niveaux d'intelligence et de talents découlent de l'éducation. ... "Les manifestations de Dieu, d'autre part, affirment que les différences sont sans conteste innées et que la citation 'Nous avons fait en sorte que certains d'entre vous surpassent les autres' est un fait prouvé et inéluctable. ... Il est par conséquent clair que la disparité entre les individus est due à des différences de degré qui sont innées." ... "Mais les Manifestations considèrent également que l'instruction et l'éducation sans aucun doute exercent une influence énorme. "* »[394]

***

Quant aux différences entre les êtres humains et la supériorité ou l'infériorité de certains individus par rapport à d'autres

« Quant aux différences entre les êtres humains et la supériorité ou l'infériorité de certains individus par rapport à d'autres, il existe deux écoles de pensée chez les matérialistes : **les uns pensent que ces différences et les qualités supérieures de certains individus sont naturelles et sont, comme ils disent, une nécessité de la nature.** Selon eux, il est évident que les différences dans les espèces sont naturelles. Il y a par exemple, dans la nature, différentes sortes d'arbres; la nature des animaux est également très variée; et même les minéraux varient naturellement entre eux : ici vous avez une carrière de pierres, là une mine de rubis translucides et d'un rouge éclatant, ici un coquillage renfermant une perle et là seulement un peu d'argile." ... "**L'autre école de philosophie traditionnelle prétend que les différences parmi les individus et les divers niveaux d'intelligence et de talents découlent de l'éducation.** Le polissage d'une branche tordue peut la redresser et un arbre nu du désert peut s'acclimater et être greffé pour porter des fruits, peut-être amers, mais qui avec le temps s'adouciront. D'abord, ses fruits seront petits puis ils grossiront seront savoureux et délicieux." ... "La meilleure preuve fournie par la seconde école est que les tribus d'Afrique sont en général, ignorantes et sauvages, alors que les gens civilisés d'Amérique sont, en général, sages et raisonnables, ce qui prouve que la différence entre ces

---

[393] *Ibid., Extraits des Ecrits de 'Abdu'l-Baha, cité dans Compilation sur l'éducation baha'ie n°73*
[394] *Ibid., Tablette non encore traduite, cité dans Compilation sur l'éducation baha'ie n°37*

deux peuples est due à l'éducation et à l'expérience. Telles sont les opinions exprimées par les philosophes." ... "**Les manifestations de Dieu, d'autre part, affirment que les différences sont sans conteste innées et que la citation 'Nous avons fait en sorte que certains d'entre vous surpassent les autres' [*nota: Qur'án 17:22*] est un fait prouvé et inéluctable.** Il est certain que les êtres humains sont, par leur nature même, différents les uns des autres. Observez un petit groupe d'enfants nés des mêmes parents, allant à la même école, recevant la même éducation et s'alimentant du même régime : certains seront instruits, atteindront un haut degré d'avancement; certains atteindront un niveau moyen et d'autres encore seront incapables d'étudier. **Il est par conséquent clair que la disparité entre les individus est due à des différences de degré qui sont innées.**" ... "**Mais les Manifestations considèrent également que l'instruction et l'éducation sans aucun doute exercent une influence énorme.** Si par exemple, un enfant est privé d'instruction il restera certainement ignorant et ses connaissances seront limitées à ce qu'il peut découvrir par lui-même, mais si on le confie à un professeur qualifié pour étudier les sciences et les arts, il apprendra ce que des milliers d'autres êtres humains ont découvert. **L'éducation guide ainsi les égarés; elle rend la vue aux aveugles; elle donne du discernement aux insensés et les improductifs récoltent la grandeur; elle fait parler les muets et change l'aurore trompeuse en vraie lumière du matin; par elle, la graine minuscule deviendra un très haut palmier et l'esclave fugitif, un roi régnant.**" ... "Il est donc certain que l'éducation exerce une influence, et pour cette raison les Manifestations de Dieu, les sources de Sa grâce, apparaissent dans le monde, afin que par les souffles de sainteté elles puissent éduquer la race humaine et fassent du nourrisson un homme courageux. Par elles, les déchus de la terre seront les compagnons chéris du ciel et les défavorisés recevront leur dû." »[395]

<u>Un grand nombre d'érudits partagent l'opinion selon laquelle la diversité des esprits et l'écart dans les degrés de perception sont dus à des différences d'éducation</u>

« O bien-aimés de Dieu et servantes du Miséricordieux! Un grand nombre d'érudits partagent l'opinion selon laquelle la diversité des esprits et l'écart dans les degrés de perception sont dus à des différences d'éducation, de formation et de culture. **Ainsi, selon eux, les esprits sont égaux à la naissance, mais la formation et l'éducation détermineront des variations dans les facultés mentales et les niveaux intellectuels,** ces variations n'étant nullement inhérentes à la personnalité de chacun, mais résultant de l'éducation; aucun d'entre nous ne posséderait une supériorité innée sur ses semblables ... De la même manière, les manifestations de Dieu s'accordent à penser que l'éducation exerce la plus forte influence possible sur l'humanité. **Elles affirment, toutefois, que les différences au niveau intellectuel sont innées; c'est là un fait évident, qu'il serait vain de discuter.** Nous constatons, en effet, que des enfants de même âge, de même

---

[395] *Idem*

nationalité, appartenant à la même race et - qui plus est - à la même famille, et formés par le même éducateur, diffèrent pourtant quant à leur niveau de compréhension et d'intelligence. L'un d'eux fera de rapides progrès; un autre ne sera instruit que graduellement et un autre encore demeurera au stade inférieur. En effet, quelle que soit la manière dont vous polissez une coquille, elle ne deviendra jamais une perle scintillante, et vous ne pourrez transformer un simple coquillage en une pierre précieuse aux rayons purs illuminant le monde. Jamais, grâce à la formation et à la culture, le coloquinte et l'arbre de Zaqqum ne se transformeront en arbre de la bénédiction. **En d'autres termes, l'éducation ne peut modifier la nature intime d'un être humain, mais elle exerce une énorme influence sur lui et, grâce à ce pouvoir, elle peut révéler chez un individu toutes les perfections et les capacités qu'il recèle en lui-même.** Un grain de blé, lorsqu'il est cultivé par le fermier, produira toute une récolte, et une semence, par les soins du jardinier, se transformera en un arbre majestueux. **Grâce aux efforts affectionnés d'un enseignant, les enfants de l'école primaire peuvent parvenir aux plus hauts degrés de la réussite; en vérité, ses bienfaits peuvent contribuer à élever un enfant de peu d'importance à un trône sublime.** Il est donc clairement démontré que, de par leur nature essentielle, les esprits varient quant à leurs capacités, tandis que l'éducation, elle aussi, joue un rôle important et exerce un effet déterminant sur leur développement. »[396]

5.2.2.3- L'Acte éducatif sur l'homme

***

*« Le pouvoir intellectuel naturel est un pouvoir de recherche; par ses recherches, il découvre les réalités des créatures et les particularités des existences. **Mais le pouvoir intellectuel du royaume de Dieu, qui est en dehors de la nature, embrasse les choses, les connaît, les comprend, perçoit les mystères, les réalités et les significations divines, et découvre les vérités cachées du royaume.** Ce pouvoir intellectuel divin est spécial aux saintes manifestations et aux orients de la prophétie; **un rayon de cette lumière frappe le miroir du cœur des fidèles, et une part et une portion de ce pouvoir leur parviennent par l'intermédiaire des saintes manifestations.** »[397]*

***

5.2.2.3.1- Les trois piliers ou supports inébranlables de la Foi de Dieu

Certains piliers ont été établis comme supports inébranlables de la Foi de Dieu

« "Certains piliers ont été établis comme supports inébranlables de la Foi de Dieu. Le plus puissant de ceux-ci est **l'étude et l'usage de l'intelligence, l'élargissement de la conscience et la pénétration des réalités de l'Univers et les mystères cachés du Dieu Tout-Puissant.**" ... "Promouvoir la connaissance est donc un devoir inévitable imposé à chacun des amis de Dieu." »[398]

---

[396] *Ibid., Sélection des écrits d'Abdu'l-Bahá, Chapitre : 104.*

[397] *Ibid., Les leçons de Saint-Jean d'Acre, Chap: IV.58*

[398] *Ibid., Tablette non encore traduite, cité dans Compilation sur l'éducation baha'ie n° 44*

5.2.2.3.2- Ou bien les trois sortes d'éducation

***

*« Mais il y a trois sortes d'éducation : **l'éducation matérielle, l'éducation humaine, l'éducation spirituelle.** »*[399]

***

L'éducation matérielle

« L'éducation matérielle **a pour but les progrès et le développement du corps**, en acquérant les moyens de subsistance, le confort et le bien-être matériel. Cette éducation est commune aux animaux et aux hommes. »[400]

L'éducation humaine

« L'éducation humaine **signifie civilisation et progrès**; elle comprend le gouvernement, l'administration, les œuvres charitables, le commerce, les arts et l'artisanat, les sciences, les grandes inventions et les découvertes, des institutions élaborées, qui sont les activités essentielles qui distinguent l'homme de l'animal. »[401]

L'éducation divine

« L'éducation divine est celle du royaume de Dieu; **elle consiste à acquérir les perfections divines, et c'est la véritable éducation.** Dans cette condition l'homme devient le centre des bénédictions divines, la manifestation des mots : Faisons l'homme à notre image et à notre ressemblance. Ceci est le but du monde de l'humanité. »[402]

5.2.2.3.3- Les actes éducatifs pour ces trois sortes d'éducation

***

*« Nous pensons que les amis doivent tourner leur attention vers l'éducation et l'instruction de tous les enfants de Perse afin que **tous, ayant acquis, dans une école du vrai savoir, le pouvoir de compréhension et appris les réalités intérieures de l'univers, ils continuent de découvrir les signes et les mystères de Dieu et se trouvent éclairés par les lumières de la connaissance du Seigneur et par Son amour.** Ceci est véritablement la meilleure façon d'éduquer tous les peuples. »*[403]

***

(a)- L'Éducateur en premier

***

*« **Il est donc clair et évident que l'homme a besoin d'un éducateur, qui doit être incontestablement et indubitablement parfait sous tous les rapports et supérieur à tous les hommes.** Autrement dit s'il était comme le reste de l'humanité il ne pourrait être leur éducateur. »*[404]

---

[399] *Ibid., Some Answered Questions, cité dans Compilation sur l'éducation baha'ie n° 35*

[400] *Idem*

[401] *Idem*

[402] *Idem*

[403] *Ibid., Extraits des Écrits de 'Abdu'l-Baha, cité dans Compilation sur l'éducation baha'ie n°71*

[404] *Ibid., Some Answered Questions, cité dans Compilation sur l'éducation baha'ie n° 35*

***

<u>il nous faut un éducateur qui soit qualifié à la fois sur le plan matériel, humain et spirituel et dont l'autorité sera effective en toutes circonstances</u>

« Maintenant, **il nous faut un éducateur qui soit qualifié à la fois sur le plan matériel, humain et spirituel et dont l'autorité sera effective en toutes circonstances.** Ainsi, si quelqu'un disait : je possède une raison et une intelligence parfaites et je n'ai pas besoin d'un tel éducateur, il nierait l'évidence, comme un enfant qui dirait : je n'ai pas besoin d'éducation; j'agirai selon ma raison et mon intelligence et ainsi j'atteindrai les perfections de l'existence, ou comme un aveugle qui dirait : je n'ai pas besoin de vue puisqu'il y a tant d'autres aveugles qui vivent sans difficultés." … "**Il est donc clair et évident que l'homme a besoin d'un éducateur, qui doit être incontestablement et indubitablement parfait sous tous les rapports et supérieur à tous les hommes.** Autrement dit s'il était comme le reste de l'humanité il ne pourrait être leur éducateur. " »[405]

(b)- L'acte d'éducation matérielle ou du corps
***

*« …que chacun d'eux soit formé à **faire usage de sa raison, à acquérir la connaissance,** dans l'humilité et la modestie, dans la dignité, dans l'ardeur et dans l'amour. »*[406]
***

*« … que des conclusions **se rapportant aux choses intellectuelles soient déduites de ce qui est perceptible par les sens.** »*[407]
***

*« … les professeurs de ce monde **emploient l'éducation humaine pour développer les forces spirituelles ou matérielles de l'humanité,** alors que toi tu prends soin de ces jeunes plantes dans les jardins de Dieu selon l'éducation du Ciel et tu leur donnes les leçons du royaume. »*[408]
***

L'éducation matérielle

(i) « L'éducation matérielle **a pour but les progrès et le développement du corps**, en acquérant les moyens de subsistance, le confort et le bien-être matériel. Cette éducation est commune aux animaux et aux hommes. »[409]

(ii) « D'autant plus qu'il doit être en même temps leur éducateur matériel aussi bien que spirituel. Il doit donc apprendre aux hommes **à organiser et à diriger les affaires matérielles, et à former un ordre social afin d'établir la coopération et l'aide mutuelle dans la vie**, de sorte que ces questions matérielles soient arrangées et réglées pour toutes les circonstances. »[410]

---

[405] *Idem*
[406] *Ibid., Tablette non encore traduite, cité dans Compilation sur l'éducation baha'ie n° 60*
[407] *Ibid., Some Answered Questions, cité dans Compilation sur l'éducation baha'ie n° 35b*
[408] *Ibid., Extraits des Ecrits de 'Abdu'l-Baha, cité dans Compilation sur l'éducation baha'ie n° 66*
[409] *Ibid., Some Answered Questions, cité dans Compilation sur l'éducation baha'ie n° 35*
[410] *Idem*

339

Le caractère héréditaire et le caractère acquis

« " Il y a le caractère inné, le caractère héréditaire et le caractère acquis provenant de l'éducation." ... " **La variété des caractères héréditaires tient à la force ou à la faiblesse de la constitution**; ainsi, lorsque les deux parents sont faibles de constitution, les enfants seront faibles; s'ils sont forts, les enfants seront robustes. De même la pureté du sang a des conséquences importantes, car le germe sain est comme la race supérieure qui se retrouve chez les plantes et chez les animaux. Par exemple, vous verrez que des enfants nés d'un père et d'une mère faibles auront naturellement une constitution chétive et des nerfs faibles; ils seront affligés de différents maux, n'auront ni patience, ni endurance, ni fermeté, ni persévérance et seront irritables; car les enfants héritent de la faiblesse et de la débilité de leurs parents." ... " **En dehors de cela, certaines familles et certaines générations sont l'objet d'une bénédiction spéciale. Ainsi c'est une bénédiction spéciale que tous les prophètes des enfants d'Israël soient issus de la descendance d'Abraham.** ... "Donc il est évident que le caractère héréditaire a aussi son importance au point que, si les caractères ne sont pas conformes aux origines, bien qu'ils appartiennent physiquement à une lignée, spirituellement ils ne seront pas considérés de la famille, comme Canaan [*nota: Cf. Genèse 9:25*] qui n'est pas considéré comme appartenant à la race de Noé." ... " **Mais la différence de qualités due à la culture est considérable car l'éducation a une grande influence.** L'influence de l'éducation est universelle et cause de très grandes différences." ... »[411]

Le plus humble degré de perception : la sensation physique

« Sachez qu'il y a deux sortes de perceptions : **le plus humble degré de perception correspond aux sentiments des animaux, c'est-à-dire à la sensation physique qui apparaît par le pouvoir des sens.** Cette perception est appelée sensation : là, l'homme et l'animal sont égaux; bien plus, certains animaux sont supérieurs à l'homme. »[412]

Cinq facultés physiques externes qui sont les agents de la perception

« Il y a dans l'homme cinq facultés physiques externes qui sont les agents de la perception; **c'est-à-dire que, par ces cinq facultés, l'homme perçoit les existences physiques.** La vue perçoit les formes visibles. L'ouïe perçoit les formes auditives. L'odorat perçoit les odeurs. Le goût perçoit la saveur des aliments. Le toucher, qui s'étend à tout le corps de l'homme, perçoit les choses tangibles. **Ces cinq facultés nous font connaître le monde extérieur.** »[413]

---

[411] *Ibid. nO 38*

[412] *Ibid., Les leçons de Saint-Jean d'Acre, Chap: IV.58*

[413] *Ibid., chap: IV.56.*

Ceux-ci (les cinq sens) ont été engendrés par l'intermédiaire de ce signe de Dieu

« Il serait tout à fait inexact de prétendre que la raison se confond, par exemple, avec le sens de la vue, car ce sens procède de la raison et fonctionne sous son contrôle. Il serait également puéril de soutenir qu'elle s'identifie avec l'ouïe, puisque ce sens en reçoit l'énergie nécessaire pour accomplir ses fonctions. **La même relation unit cette faculté à tout ce qui, dans le temple humain, est le dépositaire de ces noms et attributs.** Ceux-ci ont été engendrés par l'intermédiaire de ce signe de Dieu. Ce signe est, en son essence, immensément exalté au-delà de ces noms et attributs. Que dire ! Tout en dehors de lui s'évanouit en pur néant et devient chose oubliée, comparé à sa gloire. »[414]

(c)- L'acte d'éducation humaine ou de l'intellect
***
*« ...que chacun d'eux soit formé **à faire usage de sa raison, à acquérir la connaissance**, dans l'humilité et la modestie, dans la dignité, dans l'ardeur et dans l'amour. »[415]*
***
*« A tout moment, j'implore le Dieu Tout-Puissant de faire de vous **les instruments qui éclairent la raison de ces enfants, qui insufflent la vie à leurs cœurs et qui sanctifient leurs âmes**. »[416]*
***
*« Puissent-ils, **par le truchement de l'esprit, bien apprendre les mystères cachés**; si bien que dans le royaume du Tout-Glorieux chacun d'eux puisse clamer les secrets du royaume céleste, tel un rossignol doté de parole et tel un amant impatient de manifester son ardente inspiration et d'exprimer son désir d'être en la présence du Bien-Aimé. »[417]*
***
*« ... les professeurs de ce monde emploient **l'éducation humaine pour développer les forces spirituelles ou matérielles de l'humanité**, alors que toi tu prends soin de ces jeunes plantes dans les jardins de Dieu selon l'éducation du Ciel et tu leur donnes les leçons du royaume. »[418]*
***
*« ... ayant acquis, **dans une école du vrai savoir, le pouvoir de compréhension et appris les réalités intérieures de l'univers**, ils continuent de découvrir les signes et les mystères de Dieu et se trouvent éclairés par les lumières de la connaissance du Seigneur et par Son amour. »[419]*
***

L'éducation humaine

(i) « L'éducation humaine **signifie civilisation et progrès**; elle comprend le gouvernement, l'administration, les œuvres charitables, le commerce, les arts et l'artisanat, les sciences, les grandes inventions et les découvertes, des institutions élaborées, qui sont les activités essentielles qui distinguent l'homme de l'animal. »[420]

---

[414] *Baha'u'llah, Florilège des Écrits de Bahá'u'llah, n° 83*
[415] *'Abdu'l-Baha, Tablette non encore traduite, cité dans Compilation sur l'éducation baha'ie n° 60*
[416] *Ibid., n° 58*
[417] *Ibid., n° 59*
[418] *Ibid., Extraits des Ecrits de 'Abdu'l-Baha, cité dans Compilation sur l'éducation baha'ie n° 66*
[419] *Ibid., n°71*
[420] *Ibid., Some Answered Questions, cité dans Compilation sur l'éducation baha'ie n° 35*

(ii) « De la même manière, il doit instaurer l'éducation humaine, **c'est-à-dire qu'il doit éduquer l'intelligence et la pensée de telle façon qu'elles puissent atteindre l'épanouissement complet**, afin que la connaissance et la science se développent, que la réalité des choses, les mystères des créatures et les qualités particulières de l'existence soient découvertes; et que, de jour en jour, l'instruction, les inventions et les institutions soient améliorées; et que **des conclusions se rapportant aux choses intellectuelles soient déduites de ce qui est perceptible par les sens**. »[421]

Acquis le pouvoir de compréhension et appris les réalités intérieures de l'univers

« Nous pensons que les amis doivent tourner leur attention vers l'éducation et l'instruction de tous les enfants de Perse afin que tous, ayant acquis, dans une école du vrai savoir, le pouvoir de compréhension et appris les réalités intérieures de l'univers, **ils continuent de découvrir les signes et les mystères de Dieu et se trouvent éclairés par les lumières de la connaissance du Seigneur et par Son amour.** Ceci est véritablement la meilleure façon d'éduquer tous les peuples. »[422]

Les différences au niveau intellectuel sont innées

« Elles (les manifestations de Dieu) affirment, toutefois, que les différences au niveau intellectuel sont innées; c'est là un fait évident, qu'il serait vain de discuter. … **En d'autres termes, l'éducation ne peut modifier la nature intime d'un être humain, mais elle exerce une énorme influence sur lui et, grâce à ce pouvoir, elle peut révéler chez un individu toutes les perfections et les capacités qu'il recèle en lui-même.** … Il est donc clairement démontré que, de par leur nature essentielle, les esprits varient quant à leurs capacités, tandis que l'éducation, elle aussi, joue un rôle important et exerce un effet déterminant sur leur développement. »[423]

La perception varie, et elle est différenciée selon les différentes aptitudes de l'homme

« … Mais dans l'humanité, la perception varie, et elle est différenciée selon les différentes aptitudes de l'homme. **Au premier rang de la nature est la perception de l'âme douée de raison; par cette perception et cette faculté, tous les hommes sont égaux, qu'ils soient négligents, attentifs, croyants ou mécréants.** Dans l'œuvre de Dieu, cette âme douée de raison embrasse et dépasse les autres créatures. Comme elle est plus noble et plus élevée, elle englobe les

---

[421] *Idem*

[422] *Ibid., Extraits des Ecrits de 'Abdu'l-Baha, cité dans Compilation sur l'éducation baha'ie n°71*

[423] *Ibid., Sélection des écrits d'Abdu'l-Bahá, Chapitre: 104.*

choses. **Le pouvoir de l'âme douée de raison peut découvrir la réalité des choses, comprendre les particularités des créatures et pénétrer les mystères des existences,** Toutes ces sciences, ces connaissances, ces arts, ces merveilles, ces institutions, ces découvertes, ces entreprises proviennent des facultés de l'âme douée de raison. Il fut un temps où c'étaient des mystères préservés, des secrets cachés et inconnus; l'âme douée de raison les a peu à peu découverts et amenés du domaine de l'invisible et du caché à celui de l'évidence. **C'est le plus grand pouvoir de la perception dans la nature; son essor et sa portée suprême consistent à comprendre la réalité, les particularités et les caractéristiques des contingences.** »[424]

L'homme a également des facultés intellectuelles

« L'homme a également des facultés intellectuelles : **l'imagination qui conçoit les choses, la pensée qui réfléchit aux réalités, l'intelligence qui perçoit les réalités, la mémoire qui conserve ce que l'homme imagine, pense, comprend. L'intermédiaire entre les cinq facultés externes et les facultés internes est la faculté commune,** c'est-à-dire une faculté qui agit entre les facultés internes et les facultés externes, et transmet à celles-là ce que celles-ci ont perçu. **On l'appelle faculté commune parce qu'elle appartient aux facultés externes et aux facultés internes.** Par exemple, la vue qui est une faculté externe voit cette fleur et la perçoit, et la faculté commune fait part de cette perception aux facultés internes. Elle transmet cette vision à la faculté de l'imagination, laquelle la représente, la conçoit et la transmet à la pensée qui, à son tour, la réfléchit et, en ayant saisi la réalité, la transmet à l'intelligence. L'intelligence, lorsqu'elle a compris, transmet à la mémoire l'image de cette chose perçue, la mémoire la conserve, et elle demeure en dépôt dans son sanctuaire. »[425]

(d)- L'acte d'éducation spirituelle ou du caractère et comportement

***

« A tout moment, j'implore le Dieu Tout-Puissant de faire de vous les instruments qui éclairent la raison de ces enfants, qui insufflent la vie à leurs cœurs et qui sanctifient leurs âmes. »[426]

***

« Puissent-ils, par le truchement de l'esprit, bien apprendre les mystères cachés; si bien que dans le royaume du Tout-Glorieux chacun d'eux puisse clamer les secrets du royaume céleste, tel un rossignol doté de parole et tel un amant impatient de manifester son ardente inspiration et d'exprimer son désir d'être en la présence du Bien-Aimé. »[427]

***

« ... les professeurs de ce monde emploient l'éducation humaine pour développer les forces spirituelles ou matérielles de l'humanité, alors que toi tu prends soin de ces jeunes plantes dans les jardins de Dieu selon l'éducation du Ciel et tu leur donnes les leçons du royaume. »[428]

---

[424] *Ibid., Les leçons de Saint-Jean d'Acre, Chap: IV.58*
[425] *Ibid., chap: IV.56.*
[426] *Ibid., Tablette non encore traduite, cité dans Compilation sur l'éducation baha'ie n° 58*
[427] *'Abdu'l-Baha, Tablette non encore traduite, cité dans Compilation sur l'éducation baha'ie n° 59*
[428] *'Abdu'l-Baha, Extraits des Ecrits de 'Abdu'l-Baha, cité dans Compilation sur l'éducation baha'ie n° 66*

***

*« … ayant acquis, **dans une école du vrai savoir, le pouvoir de compréhension** et appris les réalités intérieures de l'univers, **ils continuent de découvrir les signes et les mystères de Dieu et se trouvent éclairés par les lumières de la connaissance du Seigneur et par Son amour**. »*[429]

***

L'éducation spirituelle

(i) « L'éducation divine est celle du royaume de Dieu; **elle consiste à acquérir les perfections divines, et c'est la véritable éducation.** Dans cette condition l'homme devient le centre des bénédictions divines, la manifestation des mots : Faisons l'homme à notre image et à notre ressemblance. Ceci est le but du monde de l'humanité. »[430]

(ii) « Il fera également l'éducation spirituelle; **afin que la raison et l'intelligence pénètrent le monde métaphysique, et reçoivent les bienfaits des brises sacrées du Saint-Esprit et communiquent avec l'Assemblée suprême.** Il doit éduquer la réalité humaine de sorte qu'elle devienne le foyer des qualités divines, au point **que les attributs et les noms de Dieu resplendissent dans le miroir de cette réalité** et que le verset sacré : 'Nous ferons l'homme à notre image et à notre ressemblance' soit réalisé. »[431]

Le caractère inné … et le caractère acquis provenant de l'éducation

« " Il y a le caractère inné, le caractère héréditaire et le caractère acquis provenant de l'éducation." … "**Quant au caractère inné, bien que la création divine soit purement bonne, les variétés de qualités naturelles chez l'homme proviennent de la différence de degrés : tous sont excellents mais ils le sont plus ou moins selon le degré.** Ainsi toute l'humanité possède intelligence et capacités mais l'intelligence, la capacité et le mérite varient chez l'homme. Cela est évident." … Mais cette différence n'implique pas le bien ou le mal, c'est simplement une différence de degré. … "**Mais la différence de qualités due à la culture est considérable car l'éducation a une grande influence.** … L'influence de l'éducation est universelle et cause de très grandes différences." … »[432]

Mais l'intelligence universelle divine, qui est en dehors de la nature, … embrasse les réalités existantes

« Mais l'intelligence universelle divine, qui est en dehors de la nature, c'est la bonté du pouvoir du Préexistant. **Cette intelligence universelle divine embrasse les réalités existantes, et elle perçoit les lumières des mystères divins. C'est un pouvoir de conscience, non un pouvoir de recherche et d'expérience.** Au

---

[429] *Ibid., n°71*
[430] *Ibid., Some Answered Questions, cité dans Compilation sur l'éducation baha'ie n° 35*
[431] *Idem*
[432] *Ibid, n0 38*

contraire, le pouvoir intellectuel naturel est un pouvoir de recherche; par ses recherches, il découvre les réalités des créatures et les particularités des existences. **Mais le pouvoir intellectuel du royaume de Dieu, qui est en dehors de la nature, embrasse les choses, les connaît, les comprend, perçoit les mystères, les réalités et les significations divines, et découvre les vérités cachées du royaume.** Ce pouvoir intellectuel divin est spécial aux saintes manifestations et aux orients de la prophétie; **un rayon de cette lumière frappe le miroir du coeur des fidèles, et une part et une portion de ce pouvoir leur parviennent par l'intermédiaire des saintes manifestations.** »[433]

5.3- Conseils et exhortations aux enseignants et promoteurs

***

« Quiconque parmi vous se lève pour enseigner la cause de son Seigneur doit d'abord s'instruire lui-même afin que ses discours attirent le cœur de ceux qui l'écoutent. S'il ne s'instruit pas lui-même, les paroles qui sortiront de sa bouche ne pourront influencer le cœur du chercheur. Prenez garde, ô peuple, d'être du nombre de ceux qui donnent aux autres de bons conseils qu'eux-mêmes oublient de suivre. Leurs paroles, et par-delà ces paroles la réalité de toutes choses, et par-delà cette réalité, les anges qui approchent Dieu, les accuseraient de mensonge. »[434]

***

« Si toutefois, un de ces hommes réussissait jamais à influencer quelqu'un, ce succès ne devrait pas lui être attribué, mais attribué plutôt à l'influence des paroles de Dieu, ainsi qu'il a été décrété par celui qui est le Tout-Puissant, le Très-Sage. Aux yeux de Dieu, il est considéré comme une lampe qui répand sa lumière et qui, cependant, ne cesse de se consumer au-dedans d'elle-même. »[435]

***

*« C'est pourquoi, O bien-aimés de Dieu! Faites un immense effort afin **que vous soyez vous-mêmes les signes de ce progrès et de toutes ces confirmations, et que vous deveniez des foyers de bénédictions de Dieu, des sources de la lumière de Son unicité, des promoteurs des bienfaits et des grâces de la vie civilisée.** Soyez, dans ce pays, les pionniers des perfections humaines; propagez les diverses branches du savoir, soyez actifs et progressistes dans le domaine des inventions et des arts. **Efforcez-vous de rectifier la conduite de vos semblables et cherchez à surpasser le monde entier sur le plan du caractère et de la morale.** »[436]*

***

*« Alors que les enfants sont encore dans leur plus jeune âge, **nourrissez-les à la mamelle de la grâce céleste, élevez-les dans le berceau de toutes les excellences, dans le sein de toutes les générosités. Accordez-leur l'avantage de connaître toute sorte de savoir utile.** Qu'ils prennent part à la création de chaque art nouveau, rare et prodigieux. Enseignez-leur le travail et l'effort, habituez-les aux épreuves. Apprenez-leur à consacrer leurs vies aux affaires de grande importance, et **encouragez-les à entreprendre des études qui profiteront à l'humanité.** »[437]*

***

5.3.1- Le privilège d'être un enseignant

***

*« "Il s'ensuit que **toute âme qui offre son aide pour accomplir cela sera assurément reçue au Seuil céleste et exaltée par l'Assemblée suprême."** ... "Comme vous avez fait beaucoup d'efforts pour **atteindre ce but de la plus haute importance**, j'espère que vous recueillerez votre récompense du*

---

[433] *Ibid., Les leçons de Saint-Jean d'Acre, Chap: IV.58*
[434] *Bahá'u'llah, Op. Cit., n0 128 para. 6*
[435] *Ibid., n0 128 para. 7*
[436] *'Abdu'l-Bahá, Sélection des écrits d'Abdu'l-Bahá, Chapitre: 102.*
[437] *Idem*

*Seigneur par des témoignages et des signes évidents, et que **les traits de grâce céleste se dirigeront vers vous.**" »[438]*

***

*« Il demande que **des bontés vous soient envoyées ainsi que la tranquillité d'esprit** pour que vous réussissiez à rendre avec joie et sans difficulté ce service si louable. »[439]*

***

*« Ô Toi, le grand Pourvoyeur ! **Ces âmes font le bien. Rends-les chères aux deux mondes, fais-en les bénéficiaires de la grâce infinie.** Tu es le Tout-Puissant, Tu es le Compétent, Tu es le Donateur, le Dispensateur, le Seigneur incomparable. »[440]*

***

Sachez qu'aux yeux de Dieu, le meilleur moyen de L'adorer est d'éduquer les enfants et de les former

« O vous, mères aimantes, **sachez qu'aux yeux de Dieu, le meilleur moyen de L'adorer est d'éduquer les enfants et de les former à acquérir toutes les perfections humaines;** aucune action ne saurait être plus noble que celle-là. »[441]

O toi précepteur ! De sa plus grande prison, le visage de l'Ancien des Jours est tourné vers toi, et Il t'enseigne ce qui te rapprochera de Dieu

« O Husayn ! O toi précepteur ! De sa plus grande prison, le visage de l'Ancien des Jours est tourné vers toi, et Il t'enseigne ce qui te rapprochera de Dieu, le Seigneur de l'humanité. ... **"Béni l'enseignant qui se lèvera pour instruire les enfants et guider les peuples vers les sentiers de Dieu, le Donateur, le Bien-Aimé. »[442]**

Béni l'enseignant qui reste fidèle au covenant de Dieu, et s'occupe de l'éducation des enfants

« "Béni l'enseignant qui reste fidèle au covenant de Dieu, et s'occupe de l'éducation des enfants. C'est pour lui que la Plume suprême a inscrit **cette récompense qui a été révélée dans le Très-Saint Livre."** ... **"Béni, béni soit-il !"** »[443]

Nous avons été grandement réconfortés et rafraîchis en apprenant que vous aviez organisé des réunions pour l'éducation des enfants

« "O vous deux, serviteurs au Seuil sacré ! **Nous avons été grandement réconfortés et rafraîchis en apprenant que vous aviez organisé des réunions pour l'éducation des enfants."** ... "Quiconque est actif dans ces réunions que ce

---

[438] *Ibid., Extraits des Ecrits de 'Abd'ul-Baha, cité dans Compilation sur l'éducation baha'ie n°67*
[439] *Ibid, n°70*
[440] *Idem*
[441] *Ibid., Sélection des écrits d'Abdu'l-Bahá, Chapitre: 114.*
[442] *Baha'u'llah, Tablette non encore traduite, cité dans Compilation sur l'éducation baha'ie n°26*
[443] *Ibid., n°27*

soit comme enseignant des enfants ou comme promoteur, deviendra certainement le bénéficiaire des confirmations du royaume invisible et sera enveloppé de générosité sans fin. **C'est donc avec joie que nous vous encourageons pour cet effort hautement louable, puissiez-vous être témoins d'une très grande récompense**." ... "Attendez les confirmations sûres et certaines du Très-Miséricordieux." »[444]

<u>Loué soit Dieu que tu aies réussi à devenir professeur de jeunes bahá'ís, arbrisseaux du Paradis d'Abhá et sois en même temps capable d'en faire profiter aussi d'autres enfants</u>

« "O toi, ferme dans l'Alliance ! En réponse à ta lettre, je suis obligé d'être bref. **Loué soit Dieu que tu aies réussi à devenir professeur de jeunes bahá'ís**, arbrisseaux du Paradis d'Abhá et sois en même temps capable d'en faire profiter aussi d'autres enfants." ... "**Selon le texte divin formel, l'enseignement des enfants est indispensable et obligatoire**. Il s'ensuit que les enseignants sont les serviteurs du Seigneur Dieu, puisqu'ils se sont levés pour accomplir cette tâche en tous points égale à l'adoration. **Tu dois pour cette raison offrir à chaque instant de la vie des louanges à Dieu car c'est à tes enfants spirituels que tu prodigues tes enseignements**." ... "Le père spirituel est supérieur au père naturel, car ce dernier donne seulement la vie de ce monde, alors que le premier dote son enfant de la vie éternelle. **C'est pourquoi, dans la loi de Dieu, Les enseignants figurent parmi Ses héritiers**." ... "Maintenant par la grâce de Dieu tous ces enfants spirituels te sont confiés, et c'est mieux que d'avoir des enfants physiques car ceux-ci ne sont pas reconnaissants envers leur père puisqu'ils croient que c'est une obligation pour lui de s'occuper d'eux, aussi n'y prêtent-ils aucune attention, quoi que ceux-ci fassent pour eux. **Les enfants spirituels, cependant, apprécient toujours la tendre bonté de leur père.** En vérité, c'est par la grâce du Seigneur, le Bienfaisant." »[445]

<u>O toi qui es ferme dans l'Alliance ! Tu as fourni de grands efforts à éduquer des enfants</u>

« " **O toi qui es ferme dans l'Alliance ! Tu as fourni de grands efforts à éduquer des enfants**. J'ai été et je suis extrêmement content de toi. Loué soit Dieu, il t'a été permis de servir dans ce domaine. **Il est certain que les confirmations du royaume d'Abhá te seront largement dispensées et que tu obtiendras prospérité et succès**." ... "Aujourd'hui l'instruction et l'éducation des enfants des croyants sont le but par excellence des élus. **Cela équivaut à la servitude au Seuil sacré et au service de la Beauté bénie.** Pour cette raison, tu peux t'enorgueillir joyeusement." »[446]

---

[444] *'Abdu'l-Baha, Tablette non encore traduite, cité dans Compilation sur l'éducation baha'ie n°52*
[445] *Ibid., Extraits des Ecrits de 'Abdu'l-Baha, cité dans Compilation sur l'éducation baha'ie n°64*
[446] *Ibid., n°65*

<u>O toi instructeur des enfants du royaume ! Tu t'es levé pour rendre un service qui te donnerait le droit de te vanter au-dessus de tous les enseignants de la terre</u>

« "**O toi instructeur des enfants du royaume ! Tu t'es levé pour rendre un service qui te donnerait le droit de te vanter au-dessus de tous les enseignants de la terre** car les professeurs de ce monde emploient l'éducation humaine pour développer les forces spirituelles ou matérielles de l'humanité, **alors que toi tu prends soin de ces jeunes plantes dans les jardins de Dieu selon l'éducation du Ciel et tu leur donnes les leçons du royaume.**" … "**Le résultat de ce genre d'enseignement sera d'attirer les bénédictions de Dieu et de rendre manifestes les perfections de l'homme.**" … "Sois ferme dans ce genre d'enseignement car les fruits en seront importants. Les enfants doivent, dès leur prime jeunesse, être élevés de telle sorte qu'ils deviennent des pieux et spirituels bahá'ís. **Si telle est leur instruction, toute difficulté leur sera épargnée.**" »[447]

5.3.2- Ce que l'enseignant doit « être »

***

*« Le grand Être déclare : **l'homme très érudit et le sage doté d'une sagesse pénétrante sont les deux yeux du corps de l'humanité**. Si Dieu le veut, la terre ne sera jamais privée de ces deux plus grands dons... »[448]*

***

<u>Une enquête serrée démontrera que la première cause d'oppression, … est le manque de foi religieuse et l'absence d'éducation des gens</u>

« "**Une enquête serrée démontrera que la première cause d'oppression, d'injustice, de malhonnêteté d'irrégularité et de désordre est le manque de foi religieuse et l'absence d'éducation des gens.** Quand, par exemple, les gens sont véritablement religieux, éduqués, instruits et qu'une difficulté se présente ils peuvent s'adresser aux autorités locales. S'ils n'y trouvent pas la justice et la reconnaissance de leurs droits et s'ils voient que la conduite du gouvernement local n'est pas en harmonie avec le bon plaisir divin et la justice royale, ils peuvent présenter leur cause devant des cours supérieures et décrire les manquements apportés par l'administration locale à la loi spirituelle. Ces cours peuvent alors exiger la remise du dossier local et ainsi justice sera faite." … "**Présentement, toutefois, à cause d'une scolarité inadéquate, la majeure partie de la population ne possède même pas le vocabulaire nécessaire pour expliquer ce qu'elle veut.**" »[449]

---

[447] *Ibid., n°66*

[448] *Bahá'u'lláh, Op. Cit., n°23*

[449] *'Abdu'l-Bahá, Le Secret de la Civilisation divine, cité dans Compilation sur l'éducation baha'ie n°32*

La différence entre la civilisation matérielle qui règne actuellement et la civilisation divine qui sera un des avantages amenés par la Maison de Justice, est la suivante :

« "La différence entre la civilisation matérielle qui règne actuellement et la civilisation divine qui sera un des avantages amenés par la Maison de Justice, est la suivante : **la civilisation matérielle empêche les gens de commettre des actes criminels par la force de lois punitives et répressives**; en dépit de cela, alors que les lois pour punir l'homme prolifèrent continuellement, comme vous pouvez le constater, il n'y a pas de lois pour le récompenser. Dans toutes les villes d'Europe et d'Amérique, de vastes immeubles ont été érigés pour servir de prisons aux criminels." ... "**La civilisation divine, cependant, forme chaque membre de la société de telle sorte que, à l'exclusion d'une quantité négligeable, nul ne commette de crime.** Il y a donc une grande différence entre la prévention contre les crimes par des mesures violentes et répressives, et l'instruction des gens, leur enseignement et leur spiritualisation, pour que, sans crainte aucune de punition ou de vengeance, ils évitent tout acte criminel." ... "En effet, ils considéreront la perpétration même d'un crime comme une infamie et l'acte même comme la plus dure des punitions. Ils s'attacheront aux perfections humaines et consacreront leurs vies à tout ce qui pourra apporter la lumière au monde et favoriser ces qualités agréables au Seuil Sacré de Dieu." ... "**Voyez alors l'énorme différence entre la civilisation matérielle et la civilisation divine.** Par la force et les châtiments, la civilisation matérielle cherche à empêcher les gens de nuire, de léser la société et de commettre des crimes. Dans une civilisation divine, par contre, l'individu est conditionné de telle façon que sans crainte de punition, il évite la perpétration de crimes, qu'il considère le crime en lui-même comme le plus rigoureux tourment et qu'avec empressement et joie il se mette à acquérir les vertus propres à l'humanité, à favoriser le progrès humain et à répandre la lumière à travers le monde." »[450]

Mais à la base indispensable de tout est le développement des caractéristiques spirituelles et des vertus louables de l'humanité

« "Mais à la base indispensable de tout est le développement des caractéristiques spirituelles et des vertus louables de l'humanité. C'est la considération primordiale. **Si une personne est illettrée mais cependant revêtue des qualités divines et vit par les souffles de l'Esprit,** cet individu contribuera au bien-être de la société et son incapacité à lire et à écrire ne lui sera pas nuisible. Par contre, **si une personne est versée dans les arts et dans plusieurs branches de la connaissance et ne vit pas une vie religieuse, ni n'acquiert les caractéristiques de Dieu, ni n'est dirigée par une intention pure et reste absorbée dans la vie de la chair,** elle est alors la malice personnifiée et rien de bon ne résultera de tout son savoir, ni de ses accomplissements intellectuels, si ce n'est scandales et

---

[450] *Ibid., Tablette non encore traduite, cité dans Compilation sur l'éducation baha'ie n°39*

tourments." ... **"Si cependant, un individu a des caractéristiques spirituelles et des vertus qui rayonnent et que son but dans la vie soit spirituel et que ses penchants soient dirigés vers Dieu et qu'il étudie également d'autres branches de la connaissance**, alors c'est lumière sur lumière [nota: Qur'án 24.35] : car son être extérieur est lumineux, son caractère individuel radieux, son cœur sain, sa pensée noble, sa compréhension rapide, son rang noble." ... **"Béni est celui qui atteint ce rang élevé."** »[451]

5.3.3- Ce que l'enseignant doit « faire »

***

*« Je vous donne mon conseil : **formez ces enfants selon les exhortations divines. Dès leur enfance, inspirez-leur l'amour de Dieu pour que dans leurs vies ils puissent manifester la crainte de Dieu et avoir confiance en ses dons.** Enseignez-leur à se libérer des imperfections humaines et à acquérir les perfections divines latentes dans le cœur de tout homme. »[452]*

***

Que votre esprit et votre volonté se consacrent à l'éducation des peuples et des tribus de la terre

« **Que votre esprit et votre volonté se consacrent à l'éducation des peuples et des tribus de la terre**, afin que de sa face disparaissent par le pouvoir du Plus Grand Nom, toutes les dissensions qui la divisent, et **que tous les hommes ne soient plus que les défenseurs d'un même Ordre et les habitants d'une même cité**. »[453]

Faites un effort considérable jusqu'à ce que vous réalisiez cet avancement et toutes ces confirmations

« **Pour cela, ô aimés de Dieu ! Faites un effort considérable jusqu'à ce que vous réalisiez cet avancement et toutes ces confirmations, et que vous deveniez le siège des bénédictions de Dieu, l'aube de la lumière de son unité, le promoteur des sons et des grâces d'une vie civilisée.** Dans ce pays soyez les pionniers des perfections de l'humanité, faites progresser les diverses branches de la connaissance, soyez actifs et à l'avant-garde dans les domaines de l'invention et des arts. **Tâchez de corriger la conduite des hommes et essayez de surpasser le monde entier par la moralité de votre caractère.** »[454]

Mets-toi à la recherche d'une enseignante

---

[451] *Ibid., Extraits des Ecrits de Abd'ul-Baha, cité dans Compilation sur l'éducation baha'ie n°77*
[452] *Ibid., The Promulgation of Universal Peace, cité dans Compilation sur l'éducation baha'ie n°101*
[453] *Bahá'u'lláh, Extraits des Écrits de Bahá'u'lláh, Op. Cit., n° 5*
[454] *'Abdu'l-Bahá, Op. Cit., n°55*

« Mets-toi à la recherche d'une enseignante. **Elle doit être extrêmement modeste, d'humeur égale, patiente et bien élevée, et elle doit être experte dans la langue anglaise.** »[455]

O toi professeur spirituel ! Dans ton école, enseigne aux enfants les coutumes du royaume

« "**O toi professeur spirituel ! Dans ton école, enseigne aux enfants les coutumes du royaume.** Enseigne l'amour dans une école d'unité. Instruis les enfants des amis du Miséricordieux dans les règles et les voies de sa tendre bonté. Soigne les arbrisseaux du paradis d'Abhá avec les eaux jaillissantes de Sa grâce, de Sa paix et de Sa joie. Fais les fleurir sous les averses de Sa bonté. **Fais tout ce qui est en ton pouvoir pour que les enfants puissent s'affirmer et croître en fraîcheur, en délicatesse et en douceur comme les arbres parfaits dans les jardins du Ciel.** ... "Tous ces dons et toutes ces bontés de l'amour de la Beauté du Tout-Glorieux et des bénédictions sont promises dans les enseignements du Très-Haut, et des instructions spirituelles de l'Assemblée Suprême. **Tous ces dons dépendent aussi de la ferveur, de l'ardeur et de la poursuite diligente de tout ce qui contribuera à l'honneur éternel de la communauté de l'homme.**" »[456]

Je vous donne mon conseil : formez ces enfants selon les exhortations divines

« Je vous donne mon conseil : **formez ces enfants selon les exhortations divines. Dès leur enfance, inspirez-leur l'amour de Dieu pour que dans leurs vies ils puissent manifester la crainte de Dieu et avoir confiance en ses dons.** Enseignez-leur à se libérer des imperfections humaines et à acquérir les perfections divines latentes dans le cœur de tout homme. **La vie de l'homme est utile s'il atteint les perfections humaines. S'il devient le centre des imperfections du monde des hommes, la mort vaut mieux que la vie, et la non-existence mieux que l'existence.** Pour cela, faites un effort afin que ces enfants soient convenablement formés et éduqués, et afin que chacun d'eux atteigne la perfection dans le monde des réalités humaines. Appréciez la valeur de ces enfants car ce sont tous mes enfants. »[457]

'Abdu'l-Bahá chérit l'espoir que ces jeunes âmes dans les classes de la connaissance profonde soient surveillées par quelqu'un qui les prépare à aimer

« 'Abdu'l-Bahá chérit l'espoir que ces jeunes âmes dans les classes de la connaissance profonde soient surveillées par quelqu'un qui les prépare à aimer. Puissent-ils, par le truchement de l'esprit, bien apprendre les mystères cachés; **si bien que dans le royaume du Tout-Glorieux chacun d'eux puisse clamer les**

---

[455] *Ibid., n°61*

[456] *Ibid., n°62*

[457] *Ibid., The Promulgation of Universal Peace, cité dans Compilation sur l'éducation baha'ie n°101*

secrets du royaume céleste, tel un rossignol doté de parole et tel un amant impatient de manifester son ardente inspiration et d'exprimer son désir d'être en la présence du Bien-Aimé. »[458]

<u>Le guide doit donc aussi être un médecin; il doit, tout en instruisant l'enfant, remédier à ses fautes</u>

« Le guide doit donc aussi être un médecin; il doit, tout en instruisant l'enfant, remédier à ses fautes; **il doit lui inculquer le savoir et, en même temps, le former à acquérir une nature spirituelle.** Que l'éducateur soigne, tel un médecin, le caractère de l'enfant, et ainsi guérira-t-il les maux spirituels des enfants des hommes. **Si l'humanité déploie tous ses efforts pour accomplir cette tâche essentielle, elle étincellera de mille feux dans de nouvelles parures et projettera la plus belle des lumières**; alors ce monde obscur sera illuminé et cette terrestre demeure se transformera en paradis. **Les démons eux-mêmes deviendront des anges, les loups seront les bergers du troupeau et les hordes de chiens sauvages, des gazelles paissant dans les plaines de l'unité: les bêtes enragées se rassembleront en paisibles troupeaux et les oiseaux de proie, aux serres aiguisées comme des couteaux, deviendront des oiseaux au doux gazouillis.** »[459]

<u>Il t'appartient de leur faire respirer les souffles de l'amour de Dieu, de les diriger vers les choses spirituelles, de les tourner vers Dieu, de leur faire acquérir de bonnes manières, ...</u>

« Voyons maintenant ta question concernant l'éducation des enfants. Il t'appartient **de leur faire respirer les souffles de l'amour de Dieu, de les diriger vers les choses spirituelles, de les tourner vers Dieu, de leur faire acquérir de bonnes manières, de bonnes habitudes et de louables qualités et vertus, de leur faire étudier les Sciences avec la plus grande assiduité, de leur donner le sens du spirituel, de les sensibiliser, dès leur enfance, aux parfums de spiritualité et de les élever dans un climat de religiosité et de spiritualité célestes.** En vérité, je prie Dieu de les confirmer en ces choses. Les aimés de Dieu et les servantes du Miséricordieux doivent, d'une manière vivante et affectueuse, élever leurs enfants à l'école de la vertu et de la perfection. Ils ne doivent se permettre, en ce domaine, ni la mollesse ni la grande indulgence. **En vérité, si un enfant ne vivait pas, ce serait meilleur pour lui que de grandir ignorant, car alors, cet enfant innocent serait la victime, dans le cours de sa vie, d'innombrables carences, il serait incapable de répondre aux questions de Dieu, dénigré et tenu à l'écart par tous.** Quel péché ce serait, et quelle grave omission... Voici le premier devoir des aimés de Dieu et des servantes du Miséricordieux: **s'efforcer, par tous les**

---

[458] *Ibid., Tablette non encore traduite, cité dans Compilation sur l'éducation baha'ie n°59*
[459] *Ibid., Sélection des écrits d'Abdu'l-Bahá, Chapitre: 103.*

moyens possibles, d'éduquer les filles aussi bien que les garçons. Il n'y a pas la moindre différence entre eux. »[460]

5.3.3- A propos de l'éducation des enfants

***

*« L'exigence primordiale la plus urgente est la promotion de l'éducation. Il est inconcevable qu'une nation quelconque atteigne à la prospérité et au succès sans qu'on se préoccupe de ce problème suprême et fondamental. **La première raison du déclin et de la chute des peuples est l'ignorance.** »[461]*

***

Nous prescrivons à tous les hommes ce qui mènera à l'exaltation de la Parole de Dieu parmi Ses serviteurs, et aussi au progrès du monde de l'existence et à l'élévation des âmes

« "Nous prescrivons à tous les hommes ce qui mènera à l'exaltation de la Parole de Dieu parmi Ses serviteurs, et aussi au progrès du monde de l'existence et à l'élévation des âmes. **A cette fin, le meilleur moyen est l'éducation de l'enfant.** Tous sans exception doivent s'y conformer strictement. En vérité, Nous vous avons imposé cette obligation dans de multiples tablettes ainsi que dans mon Très-Saint Livre. Bienheureux celui qui s'y soumet." ... "**Nous demandons à Dieu qu'Il aide chacun à obéir à ce commandement imposé, qui est apparu et a été envoyé par la Plume de l'Ancien des Jours.**" »[462]

Il y a beaucoup de choses qui, si elles sont négligées, seront gâchées et n'aboutiront à rien

« Il y a beaucoup de choses qui, si elles sont négligées, seront gâchées et n'aboutiront à rien. **Combien de fois voyons-nous dans ce monde un enfant qui a perdu ses parents et qui, à moins que l'on se préoccupe de son éducation et de sa formation, ne peut produire de fruits.** Mieux vaut être mort que vivant si on ne produit pas de fruits. »[463]

L'exigence primordiale la plus urgente est la promotion de l'éducation

« **L'exigence primordiale la plus urgente est la promotion de l'éducation.** Il est inconcevable qu'une nation quelconque atteigne à la prospérité et au succès sans qu'on se préoccupe de ce problème suprême et fondamental. **La première raison du déclin et de la chute des peuples est l'ignorance.** De nos jours la masse est ignorante même des questions courantes; elle peut d'autant moins

---

[460] *Ibid., cité dans L'art divin de vivre, Chapitre: VIII*
[461] *'Abdu'l-Bahá, Le Secret de la Civilisation divine, cité dans Compilation sur l'éducation baha'ie n°33*
[462] *Bahá'u'lláh, Tablette non encore traduite, Op. Cit., n°6*
[463] *Ibiid., n°11*

comprendre d'une manière complète les importants problèmes et les besoins complexes actuels. »[464]

Comment l'éducation et les arts de la civilisation apportent l'honneur, la prospérité, l'indépendance et la liberté à un peuple et à son gouvernement

« Observez attentivement **comment l'éducation et les arts de la civilisation apportent l'honneur, la prospérité, l'indépendance et la liberté à un peuple et à son gouvernement.** »[465]

La cause première du mal est l'ignorance. Nous devons pour cela nous attacher aux moyens de perception et de connaissance. Il faut forger de bons caractères.

« **"La cause première du mal est l'ignorance. Nous devons pour cela nous attacher aux moyens de perception et de connaissance. Il faut forger de bons caractères.** La lumière doit être propagée au loin, afin que, à l'école de l'humanité, tous puissent sans le moindre doute, acquérir les caractéristiques célestes de l'esprit et se rendre compte par eux-mêmes qu'il n'y a pas d'enfer plus cruel, pas de gouffre plus funeste que d'avoir un caractère méchant et vicieux; il n'y a pas de trou plus sombre, ni de tourment plus affreux que de montrer des défauts condamnables." ... **"L'éducation de l'individu doit être si poussée qu'il se laisserait plutôt couper la gorge que de mentir, et penserait qu'il est plus facile d'être tailladé par l'épée ou transpercé par la lance que de calomnier ou d'être emporté par la colère." ... "Le sens de la dignité et la fierté humaine seront ainsi éveillés pour détruire les tendances aux appétits lascifs.** Chacun des bien-aimés de Dieu luira comme une lune brillante par les qualités de l'esprit. La relation de chacun avec le Seuil Sacré de son Seigneur ne sera pas illusoire mais saine et réelle; celle-ci sera comme la fondation de l'édifice et non un quelconque embellissement de sa façade." ... **"Il en découle que l'école des enfants doit être un lieu d'ordre et de discipline extrêmes, que l'instruction doit être complète. Les dispositions nécessaires doivent être prises pour corriger et purifier le caractère, afin que pendant les premières années, au for intérieur de l'enfant, se dépose un fond religieux et s'élève la structure de sainteté."** ... "Sachez qu'instruire, rectifier et purifier le caractère, donner du cœur et encourager l'enfant sont d'une importance extrême car tels sont les principes divins de base." ... "Par conséquent, si Dieu le veut, de ces écoles spirituelles, des enfants éclairés se lèveront, parés des plus belles vertus de l'humanité, qui répandront leur lumière non seulement à travers la Perse mais à travers le monde." ... **"Il est extrêmement difficile d'enseigner l'individu et de purifier son caractère une fois passée la puberté.** A ce moment, comme l'expérience l'a démontré, même si on multiplie les efforts pour modifier une de ses tendances,

---

[464] 'Abdu'l-Bahá, *Le Secret de la Civilisation divine, cité dans Compilation sur l'éducation baha'ie n°33*
[465] *Ibid., n°34*

cela ne sert à rien. Il est possible, peut-être de l'améliorer quelque peu aujourd'hui, mais laissez passer quelques jours et il oublie et retombe dans son état ordinaire et ses habitudes. C'est pour cela qu'il faut poser une fondation ferme dès la prime enfance. Quand la branche est verte et tendre, elle peut facilement être redressée." … "**Notre opinion est que les qualités de l'esprit sont les fondations divines de base dont s'orne la véritable essence de l'homme, et le savoir est la cause du progrès de l'homme.** Les bien-aimés de Dieu doivent attacher une grande importance à ce sujet et s'y appliquer avec enthousiasme et zèle." »[466]

<u>Certains piliers ont été établis comme supports inébranlables de la Foi de Dieu</u>

« "**Certains piliers ont été établis comme supports inébranlables de la Foi de Dieu. Le plus puissant de ceux-ci est l'étude et l'usage de l'intelligence, l'élargissement de la conscience et la pénétration des réalités de l'Univers et les mystères cachés du Dieu Tout-Puissant.**" … "Promouvoir la connaissance est donc un devoir inévitable imposé à chacun des amis de Dieu. **Il appartient à cette Assemblée spirituelle, cette réunion de Dieu, de faire tous ses efforts pour éduquer les enfants, afin que, dès l'enfance, ils soient élevés dans l'atmosphère bahá'íe et les voies de Dieu.** Ils sont comme de jeunes plantes se développant et croissant dans cette eau tranquille que sont les conseils et admonitions de la Beauté bénie. Travaillez donc corps et âme, déliez vos langues pour favoriser cette tentative, sacrifiez vos possessions pour que l'école d'"Ishqábád [*nota: Voir Dieu passe près de nous, pp. 376, 377, 452*] progresse toujours en discipline et en ordre." »[467]

<u>Les actes les plus méritoires du genre humain sont l'éducation et l'instruction des enfants, ils attirent la grâce et la faveur du Tout-Miséricordieux</u>

« "Les actes les plus méritoires du genre humain sont l'éducation et l'instruction des enfants, ils attirent la grâce et la faveur du Tout-Miséricordieux, car **l'éducation est la fondation indispensable à toute qualité humaine et permet à l'homme de gagner les hauteurs de gloire immuable.** Si un enfant est instruit dès sa première jeunesse, il boira, grâce aux tendres soins du saint Jardinier, les eaux cristallines de l'esprit et de la connaissance, comme un arbrisseau parmi les ruisseaux coulant doucement. Il recueillera certainement les rayons éclatants du Soleil de Vérité et par sa lumière et sa chaleur, il grandira harmonieusement dans le jardin de la vie. … "**Pour cette raison le mentor doit également être médecin; c'est-à-dire qu'il doit, en instruisant l'enfant, remédier à ses défauts; il doit l'enseigner et en même temps développer en lui une nature spirituelle.**" … "Plaise au ciel que l'enseignant soit également un médecin pour le caractère de l'enfant, ainsi il guérira les maladies spirituelles des enfants des hommes." … "**Si on fournit de grands efforts pour l'accomplissement de cette tâche, le monde**

---

[466] *Ibid., Tablette non encore traduite, cité dans Compilation sur l'éducation baha'ie n°41*
[467] *Ibid., n°44*

des hommes sera éclairé par d'autres attributs et répandra une splendide **lumière.** Alors ce lieu sombre deviendra lumineux et cette demeure terrestre se transformera en paradis. Les démons eux-mêmes se changeront en anges et les loups en bergers du troupeau, et la bande de chiens sauvages en gazelles paisibles broutant l'herbe des plaines de l'unicité, et les bêtes voraces en troupeaux pacifiques, et les oiseaux de proie aux serres acérées en oiseaux chanteurs gazouillant leur mélodie." »[468]

Parmi les plus grands de tous les services qui peuvent être rendus par l'homme au Dieu Tout-Puissant se trouvent l'éducation et l'instruction des enfants

« **"Parmi les plus grands de tous les services qui peuvent être rendus par l'homme au Dieu Tout-Puissant se trouvent l'éducation et l'instruction des enfants,** afin que ces jeunes plantes du paradis d'Abhá, stimulées par la grâce dans la voie du salut, et grandissant comme des perles de la bonté divine dans la coquille de l'éducation se parent un jour de la couronne de la gloire immuable." ... **"Il est cependant très difficile d'entreprendre ce service et plus difficile encore d'y réussir.** J'espère que vous vous acquitterez bien de cette tâche très importante, que vous serez victorieux et deviendrez un signe de la grâce abondante de Dieu; puissent ces enfants, tous sans exception, élevés dans les enseignements sacrés, développer des natures aussi douces que l'air qui souffle sur les jardins du Tout-Glorieux et porter leur parfum autour du monde." »[469]

Béni es-tu, puisque tu rends ce service, l'éducation et l'instruction des enfants, qui fera briller ton visage dans le Royaume d'Abhá !

« "O serviteur de la Beauté bénie ! Béni es-tu, puisque tu rends ce service, l'éducation et l'instruction des enfants, qui fera briller ton visage dans le Royaume d'Abhá ! **Si quelqu'un enseignait et instruisait les enfants de la bonne manière, il rendrait un service qui ne peut être surpassé au Seuil sacré.** D'après ce que nous avons appris vous y réussissez. **Vous devez, cependant, lutter sans cesse pour vous perfectionner et mener à bien des réalisations toujours plus nobles."** ... "A tout moment, j'implore le Dieu Tout-Puissant de faire de vous les instruments qui éclairent la raison de ces enfants, qui insufflent la vie à leurs cœurs et qui sanctifient leurs âmes." »[470]

'Abdu'l-Bahá a toujours attaché une très grande importance à l'éducation des enfants

« **'Abdu'l-Bahá a toujours attaché une très grande importance à l'éducation des enfants,** et nous saisissons cette occasion pour vous féliciter de votre succès

---

[468] _Ibid., n°56_
[469] _Ibid., n°57_
[470] _Ibid., n°58_

remarquable dans ce champ de service. **Nous espérons qu'un jour votre travail s'étendra largement en orient où cela est tellement nécessaire.** »[471]

<u>L'éducation et la formation des enfants sont au nombre des actes les plus méritoires de l'humanité et attirent les grâces et les faveurs du Très-Miséricordieux</u>

« L'éducation et la formation des enfants sont au nombre des actes les plus méritoires de l'humanité et attirent les grâces et les faveurs du Très-Miséricordieux, car **l'éducation est l'indispensable fondement de toute excellence humaine et permet à l'homme de se frayer un chemin vers les sommets de gloire éternelle.** Si un enfant est formé dès son plus jeune âge, il pourra, grâce aux soins affectueux du saint Jardinier, boire à la source cristalline de l'esprit et de la connaissance, tel un jeune arbre parmi les ruisseaux. Il recueillera assurément les brillants rayons du Soleil de Vérité et, par sa lumière et sa chaleur, continuera à croître, éternellement frais et gracieux, dans le jardin de la vie. »[472]

5.4- La responsabilité première des parents

***

*« **Dans les textes divins du Plus Saint Livre ainsi que dans d'autres tablettes, il est dit:** Il incombe au père et à la mère d'apprendre à leurs enfants à bien se conduire et à étudier; autrement dit, l'étude doit atteindre le minimum requis pour qu'aucun enfant - garçon ou fille - ne demeure illettré. ... un enfant ne doit, en aucun cas, être privé d'éducation. **C'est là un des commandements rigoureux et inéluctables, dont la désobéissance provoquerait l'indignation courroucée de Dieu Tout-Puissant.** »[473]*

***

*« Les parents doivent faire tout leur effort pour enseigner à leurs enfants à croire en Dieu, car **si les enfants sont privés de cette grande faveur ils n'obéiront pas à leurs parents, ce qui dans un certain sens signifie qu'ils n'obéiront pas à Dieu.** En effet, de tels enfants n'auront de considération pour personne et feront exactement ce qui leur plaît. »[474]*

***

5.4.1- Le devoir des parents, père et mère

***

*« Pour cette raison, **les pères et les mères doivent veiller attentivement à leurs petites filles et leur donner une instruction approfondie dans les écoles par des enseignantes hautement qualifiées** pour qu'elles puissent se familiariser avec toutes les sciences et les arts, s'initier et être élevées en apprenant ce qui est nécessaire à la vie humaine et donnera le réconfort et la joie à son futur foyer. »[475]*

***

---

[471] *Shoghi Effendi, OP. Cit., n°113*

[472] *'Abdu'l-Bahá, Sélection des écrits d'Abdu'l-Bahá, Chapitre: 103.*

[473] *Ibid., Chapitre: 101*

[474] *Baha'u'llah, Op. Cit., n0 14*

[475] *'Abd'ul-Baha, Extraits des Ecrits de 'Abd'ul-Baha, cité dans Compilation sur l'éducation baha'ie n0 87*

*« En ce qui concerne votre petite fille...; il est vraiment réjoui et encouragé en se rendant compte combien **tous deux vous désirez ardemment lui donner une véritable formation bahá'íe** et il a confiance que, par vos soins dévoués et avisés, et par la protection et la direction infaillible de Bahá'u'lláh, elle s'épanouira en une servante dévouée et loyale de la Foi. »*[476]

***

Hommes et femmes doivent donner une partie de ce qu'ils gagnent ... pour l'éducation et l'instruction des enfants

« Hommes et femmes doivent donner une partie de ce qu'ils gagnent par le commerce, l'agriculture ou autre activité, à une personne digne de confiance, qui l'utilisera pour l'éducation et l'instruction des enfants. Ce dépôt doit être investi dans l'éducation des enfants, suivant le conseil des administrateurs de la Maison de Justice. »[477]

C'est le devoir impérieux des parents d'apprendre à leurs enfants d'être inébranlables dans la Foi

« C'est le devoir impérieux des parents d'apprendre à leurs enfants d'être inébranlables dans la Foi, la raison en est qu'un enfant qui s'éloigne de la religion de Dieu n'agira pas de façon à gagner le bon plaisir de ses parents et de son Seigneur. **Tout acte naît de la lumière de la religion** et sans ce don suprême l'enfant ne se détournera d'aucun mal louable ni ne se rapprochera d'aucun bien. »[478]

Les parents doivent faire tout leur effort pour enseigner à leurs enfants à croire en Dieu

« Les parents doivent faire tout leur effort pour enseigner à leurs enfants à croire en Dieu, car si les enfants sont privés de cette grande faveur ils n'obéiront pas à leurs parents, ce qui dans un certain sens signifie qu'ils n'obéiront pas à Dieu. En effet, de tels enfants n'auront de considération pour personne et feront exactement ce qui leur plaît. »[479]

S'il n'y avait pas d'éducateur, toutes les âmes resteraient sauvages, et sans enseignant, les enfants seraient des créatures ignorantes

« S'il n'y avait pas d'éducateur, toutes les âmes resteraient sauvages, et sans enseignant, les enfants seraient des créatures ignorantes. ... "C'est pour cette raison que dans ce nouveau cycle, l'éducation et l'instruction sont consignés dans le livre de Dieu comme obligatoires et non volontaires. **C'est-à-dire, que c'est**

---

[476] *Shoghi Effendi, Op. Cit., n0 134*
[477] *Bahá'u'lláh, Extrait de Tablet of the World, Bahá'í World Faith, n°8*
[478] *Ibid., Tablette non encore traduite, cité dans Compilation sur l'éducation baha'ie n°12*
[479] *Ibid., n°14*

un devoir imposé au père et à la mère de s'efforcer d'instruire leur fille et leur fils, de les nourrir à la mamelle de la connaissance et de les élever dans le giron des sciences et des arts.** S'ils négligeaient cela, ils seraient tenus pour responsables et mériteraient les reproches de leur Seigneur sévère. »[480]

<u>Aie pour eux (les enfants) beaucoup d'amour et dépense-toi à les former, pour que leur être puisse grandir par le lait de l'amour de Dieu</u>

« "Transmets mes plus vifs souhaits et mes salutations à la " consolation de tes yeux " [nota: "Consolation de tes yeux" expression idiomatique persane signifiant "enfant"], ..., et à ton plus jeune fils... En vérité, je les aime tous deux comme un père attendri aime ses chers enfants. **Quant à toi, aie pour eux beaucoup d'amour et dépense-toi à les former, pour que leur être puisse grandir par le lait de l'amour de Dieu puisque c'est le devoir des parents de former leurs enfants parfaitement et consciencieusement."** ... "Il y a également certains devoirs sacrés des enfants envers les parents, ces devoirs inscrits dans le Livre de Dieu appartiennent à Dieu (1). **La prospérité (des enfants) dans ce monde et dans le royaume dépend du bon plaisir des parents, et sans cela ils seraient vraiment perdus."** »[481]

<u>La question de l'instruction et de l'éducation d'enfants au cas où l'un des parents est un non-bahá'í concerne uniquement les parents eux-mêmes</u>

« **La question de l'instruction et de l'éducation d'enfants au cas où l'un des parents est un non-bahá'í concerne uniquement les parents eux-mêmes** qui devraient en décider suivant la façon qu'ils estiment être la meilleure et la plus propice au **maintien de l'unité de leur famille et du bien-être futur de leurs enfants**. Une fois que l'enfant atteint sa maturité, on lui donnera cependant pleine liberté de choisir sa religion, indépendamment des vœux et des désirs de ses parents. »[482]

<u>Au sujet de votre question, il pense que c'est une affaire qui doit être réglée entre vous et votre mari surtout en ce qui concerne son attitude vis-à-vis de la Cause</u>

« **Au sujet de votre question, il pense que c'est une affaire qui doit être réglée entre vous et votre mari surtout en ce qui concerne son attitude vis-à-vis de la Cause;** les enfants, étant mineurs, sont sous votre juridiction et vous avez **tous les deux des droits et une responsabilité sacrée au sujet de leur avenir** [nota: Ce conseil fut donné en réponse à une demande au sujet de la participation d'enfants de parents bahá'ís à des écoles du Dimanche non-bahá'íes]. »[483]

---

[480] *'Abd'ul-Bahá, Tablets of 'Abd'ul-Bahá, Op. Cit., n°42*
[481] *Ibid., n°92*
[482] *Shoghi Effendi, Extrait d'une lettre écrite au nom de Shoghi Effendi, Op. Cit., n°136*
[483] *Idem*

5.4.2- La première éducatrice est la mère

***

« Dès le début, les enfants doivent recevoir l'éducation divine et on doit leur rappeler sans cesse de se souvenir de leur Dieu. Que l'amour de Dieu, intimement mêlé au lait de leur mère, pénètre au plus profond d'eux-mêmes. »[484]

***

« Considérez que si, la mère est croyante, les enfants le deviendront également, même si le père dénie la foi; alors que, si la mère n'est pas croyante, les enfants sont privés de foi même si le père est un croyant ferme et convaincu. Tel est le résultat habituel, à quelques rares exceptions près. »[485]

***

« Elles devraient aussi se préoccuper de leur enseigner les diverses branches de la connaissance, la bonne conduite, la façon correcte de vivre, l'acquisition d'un bon caractère, la chasteté et la constance, la persévérance, la force, la détermination, la fermeté d'intention; elles devraient les préparer à la gestion du ménage, à l'éducation des enfants et à tout ce qui s'adresse spécialement aux besoins des filles afin que ces filles élevées dans la forteresse des perfections et sous la protection d'un bon caractère, élèvent, quand, elles-mêmes, deviendront mères, leurs enfants dès les premières années, de façon qu'ils aient un bon caractère et se conduisent bien. »[486]

***

« Nous référant à la question de la formation des enfants, étant donné l'importance donnée par Bahá'u'lláh et 'Abdu'l-Bahá à la nécessité pour les parents de former leurs enfants quand ils sont encore en âge tendre, il semblerait préférable qu'ils reçoivent de leur mère leur première formation plutôt que de les envoyer dans une crèche, si les circonstances, cependant, obligeaient une mère bahá'íe à suivre cette voie il ne peut y avoir aucune objection. »[487]

***

Une des sauvegardes de la Foi Sacrée est l'éducation des enfants, et cela est le principe majeur dans tous les enseignements divins

« "Une des sauvegardes de la Foi Sacrée est l'éducation des enfants, et cela est le principe majeur dans tous les enseignements divins. **Ainsi dès le berceau, les mères doivent élever leurs nouveau-nés dans les bonnes mœurs** - car ce sont les mères qui sont les premières éducatrices - afin que, l'enfant lorsqu'il atteint la maturité, prouve qu'il est doté de toutes les vertus et qualités dignes de louange. **En outre, selon les commandements divins, chaque enfant doit apprendre à lire et à écrire, et acquérir les diverses connaissances qui sont utiles et nécessaires, ainsi qu'apprendre un art ou un métier.** La plus grande attention doit être accordée à ces choses; aucune négligence, ni aucun manquement à ce sujet n'est permis." ... "Remarquez combien d'institutions pénales, de maisons de détention et d'endroits de torture sont prêts à recevoir les fils des hommes, dans le but de les empêcher, par des mesures punitives, à commettre des crimes affreux, alors que, par ce supplice et cette punition même, on accroît leur dépravation et par de telles mesures, le but recherché ne peut être convenablement atteint. **Pour cette raison l'individu doit, dès son enfance, être éduqué de manière à ce qu'il ne commette jamais de crime, il doit plutôt diriger toute son énergie à acquérir des qualités, et envisager la perpétration même d'une action**

[484] 'Abdu'l-Baha, Tablette non encore traduite, cité dans Compilation sur l'éducation baha'ie n°45
[485] Ibid., Extraits des Ecrits de Abdu'l-Baha, Op. Cit., n°87
[486] Ibid., Op. Cit., n°88
[487] Shoghi Effendi, Op. Cit., n°135

malfaisante comme la plus dure de toutes les punitions, et considérer que l'acte coupable lui-même est plus grave que toute peine de prison. Bien que le crime ne puisse pas complètement disparaître, il est possible d'éduquer l'individu de façon telle que cela devienne très rare." ... "Ceci signifie qu'éduquer le caractère des hommes est un des commandements les plus importants de Dieu. L'influence d'une telle éducation est la même que celle du soleil sur l'arbre et le fruit. **Il faut veiller attentivement sur les enfants, les protéger et les éduquer. C'est cela la vraie parenté et la miséricorde parentale."** ... "Autrement les enfants retourneront comme les mauvaises herbes à l'état sauvage, et deviendront l'Arbre Infernal [*nota: Le Zaqqum, Qur'án 37.60, 44.43*] maudit; ils ne feront pas de différence entre le bien et le mal, ne distinguant pas les qualités humaines les plus nobles de tout ce qui est méprisable et vil; ils seront éduqués dans la vanité et ils seront détestés du Seigneur le Clément, l'Indulgent." ... **"Pour cela, tout enfant qui naît dans le jardin de l'Amour céleste, requiert une excellente éducation et les plus grands soins."** »[488]

Les croyantes ont organisé des réunions où elles apprendront à enseigner la Foi, répandront les doux arômes des Enseignements et feront des plans pour l'instruction des enfants

« "Ô servantes de la Beauté d'Abhá ! Votre lettre est arrivée et sa lecture a apporté une grande joie. **Loué soit Dieu, les croyantes ont organisé des réunions où elles apprendront à enseigner la Foi, répandront les doux arômes des Enseignements et feront des plans pour l'instruction des enfants.** " ... "Cette rencontre doit être totalement spirituelle; c'est-à-dire que les discussions doivent être limitées à exposer les preuves claires et concluantes prouvant que le Soleil de Vérité s'est vraiment levé. De plus, les femmes qui sont en fonction, devraient se préoccuper de trouver tous les moyens pour former les enfants. **Elles devraient aussi se préoccuper de leur enseigner les diverses branches de la connaissance, la bonne conduite, la façon correcte de vivre, l'acquisition d'un bon caractère, la chasteté et la constance, la persévérance, la force, la détermination, la fermeté d'intention; elles devraient les préparer à la gestion du ménage, à l'éducation des enfants et à tout ce qui s'adresse spécialement aux besoins des filles** afin que ces filles élevées dans la forteresse des perfections et sous la protection d'un bon caractère, élèvent, quand, elles-mêmes, deviendront mères, leurs enfants dès les premières années, de façon qu'ils aient un bon caractère et se conduisent bien. ... **"Laissez-les également apprendre tout ce qui entretiendra la santé du corps et sa solidité physique, et comment protéger leurs enfants des maladies."** ... "Quant tout est organisé ainsi, chaque enfant deviendra une plante incomparable dans les jardins du paradis d'Abhá'." »[489]

---

[488] *'Abdu'l-Baha, Op. Cit., n°40*
[489] *Ibid., Extraits des Ecrits de Abd'ul-Baha, Op. Cit., n°88*

<u>C'est l'obligation des bien-aimés de Dieu et leur devoir impératif d'éduquer les enfants dans la lecture, l'écriture, dans les différentes branches de la connaissance et d'élargir leur conscience</u>

« "Aujourd'hui, **c'est l'obligation des bien-aimés de Dieu et leur devoir impératif d'éduquer les enfants dans la lecture, l'écriture, dans les différentes branches de la connaissance et d'élargir leur conscience** pour qu'ils puissent progresser jour après jour à tous les niveaux." ... "**La mère est le premier professeur de l'enfant.** Car au début de leur vie ils sont malléables et tendres comme un jeune rameau et peuvent être formés de la manière qu'on désire. Si on élève l'enfant à être droit, il grandira droit en parfaite harmonie. **Il est clair que la mère est le premier professeur et que c'est elle qui établit le caractère et la conduite de l'enfant.**" ... "Pour cela, sachez, ô mères affectueuses, qu'aux yeux de Dieu, **la meilleure façon de L'adorer est d'éduquer les enfants et de les former pour avoir toutes les perfections humaines** et l'on ne peut imaginer d'action plus noble..." »[490]

<u>La réunion spirituelle que vous avez instaurée dans cette cité éclairée est très judicieuse</u>

« "Ô servantes du Seigneur ! La réunion spirituelle que vous avez instaurée dans cette cité éclairée est très judicieuse. Vous avez fait de grands progrès; vous avez surpassé les autres, vous vous êtes levées pour servir le Seuil sacré et avez obtenu les dons célestes. Maintenant de tout votre zèle spirituel, vous devez vous réunir dans cette assemblée éclairée et réciter les Écrits sacrés et vous efforcer de vous souvenir du Seigneur. Exposez Ses arguments et Ses preuves. **Travaillez pour guider les femmes dans ce pays, enseignez les jeunes filles et les enfants pour que les mères puissent éduquer leurs petits dès les premiers jours.** Formez-les parfaitement, élevez-les pour qu'ils aient un bon caractère et de bonnes mœurs, guidez-les vers toutes les vertus de l'humanité, empêchez le développement de toute conduite qui serait blâmable et amenez-les davantage dans le sein de l'éducation bahá'íe. **Ainsi ces tendres nouveau-nés seront nourris au sein de la connaissance de Dieu et de Son amour; et ils grandiront et se développeront, et on leur enseignera la droiture et la dignité de l'homme, la fermeté et la volonté de faire des efforts et de souffrir avec patience.** Ainsi ils apprendront la persévérance en toutes choses, la volonté de progresser, la grandeur d'âme et les nobles déterminations, la chasteté et la pureté de vie. Ainsi, ils seront capables de mener à bien tout ce qu'ils entreprendront." ... "**Que les mères considèrent tout ce qui concerne l'éducation des enfants comme de la première importance.** Qu'elles fassent tous les efforts à cet égard, car, quand la branche est verte et tendre, elle grandira dans la direction où vous la conduisez. Pour cette raison, il incombe aux mères d'élever leurs petits comme un jardinier soigne ses plantes. **Laissez-les s'efforcer jour et nuit d'affirmer, dans leurs enfants, foi**

---

[490] *Ibid., n°89*

et certitude, crainte de Dieu, amour du Bien-Aimé des mondes et toutes les autres qualités et attributs. Chaque fois qu'une mère voit que son enfant a bien fait, qu'elle le loue et l'applaudisse et réjouisse son cœur, et si le moindre trait indésirable se manifestait, qu'elle conseille l'enfant, le punisse et emploie des moyens basés sur la raison, même un léger châtiment verbal si cela s'avère nécessaire. Il n'est pas permis cependant, de frapper un enfant ou de le vilipender, car le caractère de l'enfant sera totalement perverti s'il est sujet à des coups ou des insultes." »[491]

Il vous appartient de former les enfants dès leur bas-âge ! Il vous appartient d'embellir leurs mœurs !

« "Ô servantes du Miséricordieux ! **Il vous appartient de former les enfants dès leur bas-âge ! Il vous appartient d'embellir leurs mœurs !** Il vous incombe de veiller sur eux à tous points de vue et en toutes circonstances, **car Dieu - glorifié et exalté soit-il ! - a ordonné aux mères d'être les premières éducatrices des enfants et des nouveau-nés.** C'est une question très importante et une haute position exaltée, et il n'est pas permis de se relâcher un tant soit peu." ... "**Si vous marchez dans ce droit chemin, vous deviendrez une véritable mère pour les enfants, aussi bien spirituellement que matériellement.**" »[492]

Rendez grâces à l'Ancienne Beauté de vous avoir élevées et réunies en ce siècle, le plus puissant de tous, en cet âge illuminé entre tous

« O servantes du Miséricordieux! Rendez grâces à l'Ancienne Beauté de vous avoir élevées et réunies en ce siècle, le plus puissant de tous, en cet âge illuminé entre tous. **En remerciement d'une telle munificence, demeurez constantes et fermes dans l'Alliance et, conformément aux préceptes de Dieu et à la Loi sacrée, nourrissez vos enfants, dès leur plus jeune âge, au lait d'une éducation universelle; élevez-les de telle manière que, dès leur entrée dans la vie, soit fermement ancré dans leur coeur et leur plus intime nature un mode de vie en tous points conforme aux enseignements divins.** Les mères sont, en effet, les premiers éducateurs, les premiers guides de l'enfant; c'est d'elles, en vérité, que dépendent le bonheur, la grandeur future, la noblesse de conduite, le savoir et le jugement, la compréhension et la foi de leurs jeunes enfants. »[493]

Votre responsabilité de mère et spécialement de mère bahá'íe, dont l'obligation sacrée est de veiller à la formation des enfants selon les principes bahá'ís, est en fait immense

---

[491] *Ibid., n°90*
[492] *Ibid., Tablets of 'Abdu'l-Bahá, Op. Cit., n°91*
[493] *Ibid., Sélection des écrits d'Abdu'l-Bahá, Chapitre: 96*

« "Il a été profondément satisfait d'apprendre que votre situation matérielle s'améliore et il espère sincèrement que cela vous donnera l'occasion de donner à ... et ... la meilleure formation scolaire, **pour qu'ils puissent devenir, dans un proche avenir les serviteurs dévoués et les défenseurs de la Cause."** ... **"Votre responsabilité de mère et spécialement de mère bahá'íe, dont l'obligation sacrée est de veiller à la formation des enfants selon les principes bahá'ís, est en fait immense.** Nous espérons que par l'aide et la direction de Dieu vous serez capable d'accomplir pleinement vos devoirs." »[494]

Qu'ils (vos enfants) puissent ... recevoir la formation qui les mènera à reconnaître pleinement et à accepter sans réserve la Foi

« "Le Gardien désire vous assurer, notamment de ses supplications au nom de vos enfants afin **qu'ils puissent par les confirmations et l'assistance divine et par votre protection et vos soins affectueux, recevoir la formation qui les mènera à reconnaître pleinement et à accepter sans réserve la Foi** et leur donnera les moyens spirituels nécessaires pour promouvoir et servir efficacement et loyalement ses intérêts dans l'avenir." ... **"En temps que mère bahá'íe, vous avez certainement une responsabilité très sacrée et très lourde concernant leur développement spirituel dans la Cause;** à partir de maintenant, vous devriez vous efforcer d'inspirer à leurs cœurs l'amour de Bahá'u'lláh et **les préparer ainsi à la pleine reconnaissance et acceptation de son rang** une fois qu'ils auront atteint l'âge et la capacité de le faire." »[495]

La tâche d'élever un enfant bahá'í comme il est souligné et répété à plusieurs reprises dans les écrits bahá'ís, est la responsabilité principale de la mère

« **La tâche d'élever un enfant bahá'í comme il est souligné et répété à plusieurs reprises dans les écrits bahá'ís, est la responsabilité principale de la mère** dont l'unique privilège est en effet de créer dans sa maison les conditions les plus favorables à son bien-être et à son progrès matériel et spirituel. **La formation qu'un enfant reçoit d'abord de sa mère constitue la plus solide fondation pour son développement futur**, et le souci suprême de votre femme, pour cette raison, devrait être de s'efforcer dès maintenant de **donner à son fils nouveau-né la formation spirituelle qui lui permettra plus tard d'assumer pleinement et de s'acquitter convenablement de tous les devoirs et responsabilités de la vie bahá'íe.** »[496]

Il t'appartient de les nourrir aux mamelles de l'amour de Dieu et de les encourager vers les choses de l'esprit, afin qu'ils tournent leur visage vers Dieu

---

[494] *Shoghi Effendi, Op. Cit., n°125*
[495] *Ibid., n°129*
[496] *Ibid., n°133*

« Je voudrais répondre à ta question concernant l'éducation des enfants: **il t'appartient de les nourrir aux mamelles de l'amour de Dieu et de les encourager vers les choses de l'esprit, afin qu'ils tournent leur visage vers Dieu**, que leur attitude soit conforme aux règles de bonne conduite et que leur réputation soit sans égale; qu'ils fassent leur toutes les grâces et les louables qualités de l'humanité; qu'ils acquièrent une solide connaissance des diverses branches du savoir **afin que, dès la prime enfance, ils deviennent des êtres spirituels, des habitants du Royaume, épris des suaves brises de sainteté, et qu'ils reçoivent une éducation religieuse, spirituelle, celle qui procède du céleste empire**. En vérité, je prierai Dieu de leur accorder la réussite dans leur entreprise. »[497]

<u>Les aimés de Dieu et les servantes du Miséricordieux doivent, d'une manière vivante et affectueuse, élever leurs enfants à l'école de la vertu et de la perfection</u>

« Les aimés de Dieu et les servantes du Miséricordieux doivent, d'une manière vivante et affectueuse, élever leurs enfants à l'école de la vertu et de la perfection. Ils ne doivent se permettre, en ce domaine, ni la mollesse ni la grande indulgence. **En vérité, si un enfant ne vivait pas, ce serait meilleur pour lui que de grandir ignorant, car alors, cet enfant innocent serait la victime, dans le cours de sa vie, d'innombrables carences, il serait incapable de répondre aux questions de Dieu, dénigré et tenu à l'écart par tous.** Quel péché ce serait, et quelle grave omission... Voici le premier devoir des aimés de Dieu et des servantes du Miséricordieux: **s'efforcer, par tous les moyens possibles, d'éduquer les filles aussi bien que les garçons.** Il n'y a pas la moindre différence entre eux. »[498]

5.4.3- L'obligation du père

***

« Dans les textes divins du Plus Saint Livre ainsi que dans d'autres tablettes, il est dit: ... Si le père venait à faillir à son devoir, il devrait alors être contraint de faire face à ses responsabilités ... un enfant ne doit, en aucun cas, être privé d'éducation. C'est là un des commandements rigoureux et inéluctables, dont la désobéissance provoquerait l'indignation courroucée de Dieu Tout-Puissant. »[499]

***

<u>A chaque père il a été enjoint d'instruire son fils et sa fille dans l'art de lire et d'écrire, et dans tout ce qui a été prescrit dans la sainte Tablette</u>

« **A chaque père il a été enjoint d'instruire son fils et sa fille dans l'art de lire et d'écrire, et dans tout ce qui a été prescrit dans la sainte Tablette.** A celui qui rejette cette ordonnance, les administrateurs doivent retirer ce qui est nécessaire à l'instruction de ses enfants, s'il est riche; s'il ne l'est pas, l'affaire est

---

[497] 'Abdu'l-Bahá, Op. Cit., Chapitre: 122.

[498] Ibid., cité dans L'art divin de vivre, Chapitre: VIII

[499] Ibid., Sélection des écrits d'Abdu'l-Bahá, Chapitre: 101

du ressort de la Maison de Justice. En vérité, nous en avons fait un abri pour le pauvre et le nécessiteux. **Celui qui élève son fils ou celui d'un autre, a élevé l'un de mes fils; sur lui reposent ma gloire, ma tendre bonté et ma miséricorde qui ont enveloppé le monde. »**[500]

<u>Il incombe aux jeunes de marcher dans les pas d'Hakim et d'être formés dans ses usages</u>

« "**Il incombe aux jeunes de marcher dans les pas d'Hakim et d'être formés dans ses usages,** car une âme aussi grande que la sienne et celles qui lui ressemblent, sont maintenant montées au royaume d'Abhá !" … "**Les jeunes doivent grandir se développer et prendre la place de leur père**, afin que cette grâce abondante dans la postérité de chacun des bien-aimés de Dieu qui ont supporté de si grands supplices, puisse jour après jour augmenter jusqu'à ce qu'à la fin elle porte ses fruits sur terre et dans le ciel ." »[501]

<u>Shoghi Effendi a été très intéressé d'entendre parler des plans que vous faites pour l'éducation de vos enfants</u>

« **Shoghi Effendi a été très intéressé d'entendre parler des plans que vous faites pour l'éducation de vos enfants**. Il espère qu'ils deviendront tous des **adhérents ardents** de la Cause bahá'íe, des **serviteurs compétents** du Seuil sacré, des **orateurs éloquents** sur les sujets religieux et sociaux. »[502]

Extrait du post-scriptum de Shoghi Effendi:

« ... **je prie spécialement pour vos chers enfants**, qu'eux aussi, solidement ancrés par **un plan bien dirigé d'une éducation saine,** puissent dans les jours à venir **servir efficacement et effectivement la Cause de Dieu.** Ils sont richement dotés de talents, et ma prière est qu'une formation adéquate leur permette **d'utiliser ces talents pour la propagation de la Foi de Dieu.** »[503]

<u>Shoghi Effendi désire que vous accordiez particulièrement toute votre attention à l'éducation de vos garçons pour qu'ils puissent devenir des bahá'ís sincères, loyaux et actifs</u>

« **Shoghi Effendi désire que vous accordiez particulièrement toute votre attention à l'éducation de vos garçons pour qu'ils puissent devenir des bahá'ís sincères, loyaux et actifs.** C'est vers la jeunesse que nous devrions nous

---

[500] *Bahá'u'lláh, Synopsis & Codification of the Kitáb-i-Aqdas, Op. Cit., n°7*

[501] *'Abdu'l-Baha, Extraits des Ecrits de 'Abd'ul-Baha, cité dans Compilation sur l'éducation baha'ie n°95*

[502] *Shoghi Effendi, Op. Cit., n°116*

[503] *Ibid., n°117*

tourner pour trouver de l'aide et pour cette raison, **c'est l'obligation sacrée des parents de munir leurs enfants d'une formation bahá'íe approfondie.** »[504]

Nonobstant l'urgence et l'importance des nécessités du travail d'enseignement, vous ne devriez, en aucune circonstance, négliger l'éducation de vos enfants

« "En ce qui concerne vos plans le Gardien approuve, en effet, entièrement votre point de vue que, nonobstant l'urgence et l'importance des nécessités du travail d'enseignement, vous ne devriez, en aucune circonstance, **négliger l'éducation de vos enfants puisque vous avez vis-à-vis d'eux une obligation non moins sacrée qu'envers la Cause.**" ... "Tout plan ou arrangement auxquels vous pourriez arriver qui combineraient votre double devoir envers votre famille et envers la Cause, et vous permettraient de reprendre le travail actif dans le domaine de l'enseignement en tant que pionnier et **également de bien prendre soin de vos enfants pour ne pas compromettre leur avenir dans la Cause, rencontreraient l'approbation sincère du Gardien.**" »[505]

Concernant vos activités relatives à la formation et à l'éducation d'enfants bahá'ís, il est inutile de vous dire l'importance vitale que le Gardien attache à de telles activités

« **Concernant vos activités relatives à la formation et à l'éducation d'enfants bahá'ís,** il est inutile de vous dire l'importance vitale que le Gardien attache à de telles **activités dont doit nécessairement dépendre une si grande part de la force, du bien-être et du développement de la communauté.** Quel privilège plus sacré mais aussi quelle responsabilité plus lourde que la tâche d'élever la nouvelle génération de croyants et **d'inculquer à leurs esprits jeunes et réceptifs les principes et les enseignements de la Cause, de les préparer ainsi à assumer pleinement et à s'acquitter proprement des lourdes responsabilités et obligations de leur vie future dans la communauté bahá'íe.** »[506]

A la naissance de l'enfant, c'est à la mère que Dieu a donné le lait qui sera sa première nourriture

« A la naissance de l'enfant, c'est à la mère que Dieu a donné le lait qui sera sa première nourriture. C'est pourquoi il est souhaitable que la mère reste près de son bébé pour l'élever et le nourrir durant les premiers mois de sa vie. **Cela ne veut pas dire que le père ne soit pas attaché à son enfant, qu'il ne prie pas pour lui et ne l'entoure pas de ses soins mais, étant d'abord responsable de l'entretien de sa famille, il ne pourra lui consacrer qu'un temps limité.** La mère, par contre, vivra étroitement avec son bébé à un moment où son développement et sa

---

[504] *Ibid., n°123*
[505] *Ibid. n°128*
[506] *Ibid., n°130*

croissance sont les plus rapides. **Lorsque l'enfant grandira et s'affranchira davantage, ses relations avec ses parents se modifieront et le père pourra alors remplir un rôle plus important.** »[507]

5.4.4- Ceux qui n'ont pas d'enfants

"Celui qui élève son fils ou celui d'un autre, a élevé l'un de mes fils"

« En vérité, nous en avons fait un abri pour le pauvre et le nécessiteux. **Celui qui élève son fils ou celui d'un autre, a élevé l'un de mes fils; sur lui reposent ma gloire, ma tendre bonté et ma miséricorde qui ont enveloppé le monde.** »[508]

C'est le devoir de tous de s'occuper des enfants

« 'Abdu'l-Bahá insista grandement sur l'éducation. Il dit: "L'éducation de la fille est aujourd'hui d'une plus grande importance que l'éducation du garçon, car elle est la mère de la génération future. C'est le devoir de tous de s'occuper des enfants. **Ceux qui n'ont pas d'enfants devraient, si possible, se rendre responsables de l'éducation d'un enfant".** »[509]

5.4.5- L'attitude des enfants vis à vis des parents et de la communauté

***

« Considérez ce que le Seigneur miséricordieux a révélé dans le Qur'án, exaltées soient ses paroles : "Adorez Dieu, ne lui ajoutez ni pair ni égal, et soyez bons et charitables avec vos parents..." Voyez comme la tendre bonté envers ses propres parents a été liée à la reconnaissance du seul vrai Dieu ! »[510]

***

*« Il y a également **certains devoirs sacrés des enfants envers les parents**, ces devoirs inscrits dans le Livre de Dieu appartiennent à Dieu (1). **La prospérité (des enfants) dans ce monde et dans le royaume dépend du bon plaisir des parents**, et sans cela ils seraient vraiment perdus. »[511]*

***

*[nota: (1) Dans Questions et réponses, un appendice du Kitáb-i-Aqdas, **Bahá'u'lláh impose aux enfants l'obligation de servir leurs parents et affirme catégoriquement qu'après la reconnaissance de l'unicité de Dieu, le plus important de tous les devoirs des enfants est d'avoir une considération juste pour les droits de leurs parents**].*

***

*« Le Gardien, dans sa remarque à Madame Maxwell au sujet des relations parents/enfants, mari et femme, en Amérique, voulait dire **qu'il y a dans ce pays une tendance des enfants à être trop indifférents aux souhaits de leurs parents et à manquer au respect qui leur est dû.** »[512]*

***

---

[507] *Maison Universelle de Justice, Extraits de lettres écrites de la part de la Maison Universelle de Justice à un croyant, cité dans Compilation La Femme n0 76*

[508] *Baha'u'llah, Op. Cit., n°7*

[509] *'Abdu'l-Bahá, cité dans 'Abdu'l-Bahá à Londres, n0 2.29*

[510] *Baha'u'llah, Kitab-i-Aqdas, Verset: 7.106 Q&R*

[511] *'Abd'ul-Bahá, Tablets of 'Abd'ul-Bahá, cité dans Compilation sur l'éducation baha'ie n°92*

[512] *Shoghi Effendi, Op. Cit., n°141*

« Les enfants de parents bahá'ís en dessous de quinze ans, sont considérés comme étant bahá'ís. »[513]
***

Mais le plus important après la reconnaissance de l'unité de Dieu, loué et glorifié soit-Il, est la considération pour les droits dûs à ses parents

« **Les fruits qui conviennent le mieux à l'arbre de la vie humaine sont la loyauté et la piété, la véracité et la sincérité ;** mais le plus important après la reconnaissance de l'unité de Dieu, loué et glorifié soit-Il, est la considération pour les droits dûs à ses parents. Cet enseignement a été mentionné dans tous les Livres de Dieu, et réaffirmé par la Plume la plus exaltée. Considérez ce que le Seigneur miséricordieux a révélé dans le Qur'án, exaltées soient ses paroles : "**Adorez Dieu, ne lui ajoutez ni pair ni égal, et soyez bons et charitables avec vos parents...**" Voyez comme la tendre bonté envers ses propres parents a été liée à la reconnaissance du seul vrai Dieu !** Heureux ceux qui sont doués d'une sagesse et d'une compréhension véritables, qui voient et qui perçoivent, qui lisent et qui comprennent, et qui observent ce que Dieu a révélé dans les Livres saints du passé et dans cette Tablette incomparable et merveilleuse. »[514]

Sois le fils de ton père et le fruit de cet arbre. Sois un fils né de son âme et de son cœur, et non seulement d'eau et d'argile

« Ô bien-aimé d'Abdu'l-Bahá ! Sois le fils de ton père et le fruit de cet arbre. Sois un fils né de son âme et de son cœur, et non seulement d'eau et d'argile. **Un véritable fils est celui qui est issu de la partie spirituelle d'un homme.** Je demande à Dieu que tu puisses être confirmé et fortifié en tout temps. »[515]

Votre père est compatissant, clément et miséricordieux pour vous et désire votre succès, votre prospérité et la vie éternelle dans le royaume de Dieu

« Ô vous chers enfants ! Votre père est compatissant, clément et miséricordieux pour vous et désire votre succès, votre prospérité et la vie éternelle dans le royaume de Dieu. **Pour cela, chers enfants il vous incombe de chercher son bon plaisir, d'être guidés par ses directives, d'être attirés par l'aimant de l'amour de Dieu et d'être éduqués dans le sein de l'amour de Dieu**; que vous puissiez devenir de belles branches verdoyantes et arrosées par l'abondance des bontés de Dieu dans le jardin d'El-Abhá. »[516]

---

[513] *Ibid., n°149*
[514] *Baha'u'llah, Op. Cit., Verset: 7.106 Q&R*
[515] *'Abdu'l-Bahá,* Op. Cit., *n°93*
[516] *Ibid. Op. Cit., n°94*

<u>Etant Bahá'í, vous êtes certainement conscient du fait que Bahá'u'lláh considérait l'instruction comme l'un des facteurs les plus fondamentaux de la véritable civilisation</u>

« Votre courte mais impressionnante lettre adressée à Shoghi Effendi nous est parvenue. Il l'a lue attentivement avec beaucoup d'intérêt et m'a chargé de vous remercier en son nom et d'exprimer l'espoir qu'il berce de vous voir poursuivre vos études académiques avec un zèle constant. **Etant Bahá'í, vous êtes certainement conscient du fait que Bahá'u'lláh considérait l'instruction comme l'un des facteurs les plus fondamentaux de la véritable civilisation.** Cette instruction, cependant, afin d'être adéquate et de porter des fruits, devrait être de nature complète et **ne devrait pas seulement prendre en considération le côté physique et intellectuel de l'homme mais aussi ses aspects spirituels et éthiques. Ceci devrait être le programme de la jeunesse bahá'íe dans le monde entier.** »[517]

<u>Ton désir est de servir ton père, qui t'est cher, et aussi le royaume de Dieu, mais tu es perplexe</u>

« O toi, fille du royaume! J'ai bien reçu tes lettres dans lesquelles tu m'informes de l'ascension de ta mère vers l'invisible royaume, te laissant dans la solitude. Ton désir est de servir ton père, qui t'est cher, et aussi le royaume de Dieu, mais tu es perplexe, ne sachant vers laquelle de ces tâches tu devrais te tourner. **Engage-toi, assurément, à servir ton père et, chaque fois que tu en trouveras le temps, répands également les divines fragrances.** »[518]

<u>O vous, jeunes enfants bahá'ís, vous qui cherchez la compréhension et la connaissance véritables!</u>

« O vous, jeunes enfants bahá'ís, vous qui cherchez la compréhension et la connaissance véritables! De nombreux aspects permettent de distinguer un être humain d'un animal. C'est, en premier lieu, le fait que l'homme est créé à l'image de Dieu, qu'il ressemble à la Lumière céleste; comme Dieu le dit dans la Tora: "Faisons l'homme à notre image, à notre ressemblance". **Cette image divine témoigne de toutes les qualités de perfection dont les lumières, émanant du Soleil de Vérité, éclairent les réalités humaines et figurent parmi les attributs d'excellence résidant au coeur de la sagesse et de la connaissance.** C'est pourquoi vous devez faire un immense effort, lutter nuit et jour, sans trêve et sans repos, pour acquérir une part abondante de toutes les sciences et de tous les arts, afin que l'image divine, qui brille au Soleil de Vérité, illumine le miroir des coeurs des hommes. C'est le désir ardent d'Abdu'L-Bahá que chacun d'entre vous soit considéré comme le plus éminent des professeurs au sein des académies et qu'à

---

[517] *Shoghi Effendi, Op. Cit., n°119*
[518]*Ibid., Op. Cit.,, Chapitre: 116.*

l'école des significations spirituelles, chacun devienne un guide en matière de sagesse. »[519]

Il incombe aux enfants bahá'ís de surpasser les autres enfants dans l'acquisition des sciences et des arts, car ils ont été bercés dans la grâce de Dieu

« Il incombe aux enfants bahá'ís de surpasser les autres enfants dans l'acquisition des sciences et des arts, car ils ont été bercés dans la grâce de Dieu. Ce que d'autres apprennent en une année, que les enfants bahá'ís l'apprennent en un mois. Le coeur d'Abdu'l-Bahá languit, en son amour, de constater que tous les jeunes bahá'í, sans exception, sont connus de par le monde pour leurs réalisations sur le plan intellectuel. Il est hors de doute qu'ils déploieront tous leurs efforts, leur énergie et leur sens de l'honneur, afin d'assimiler les sciences et les arts. »[520]

5.4.6- A défaut des parents, c'est la responsabilité de la communauté

***

« Celui qui élève son fils ou le fils d'un autre, c'est comme s'il avait éduqué l'un de Mes fils; sur lui reposent Ma gloire, Ma tendre bonté, Ma miséricorde qui ont enveloppé le monde. »[521]

***

« Chaque enfant doit être autant que cela lui est nécessaire, instruit dans les sciences. Si les parents peuvent assumer les dépenses de cette éducation, c'est bien, sinon la communauté doit procurer les fonds pour l'instruction de cet enfant. »[522]

***

Chaque enfant doit être autant que cela lui est nécessaire, instruit dans les sciences

« Parmi les enseignements de Bahá'u'lláh nous avons la promotion de l'éducation. Chaque enfant doit être autant que cela lui est nécessaire, instruit dans les sciences. **Si les parents peuvent assumer les dépenses de cette éducation, c'est bien, sinon la communauté doit procurer les fonds pour l'instruction de cet enfant.** »[523]

Si vous deviez faire un voyage en Terre sainte ou garder l'argent pour défrayer un jeune homme que vous éduquez

« A propos de la question que vous aviez posée : **Si vous deviez faire un voyage en Terre sainte ou garder l'argent pour défrayer un jeune homme que vous éduquez,** Shoghi Effendi souhaite que je vous écrive que, bien que ce soit un grand plaisir pour lui et pour les membres de la sainte famille de vous accueillir

---

[519] *'Abdu'l-Bahá, Sélection des écrits d'Abdu'l-Bahá, Chapitre: 118.*
[520] *Ibid. Chapitre: 119.*
[521] *Shoghi Effendi, Op. Cit., n° 115*
[522] *'Abdu'l-Bahá, From a letter written by 'Abdu'l-Bahá to the Central Organization for a Durable Peace, cité dans Compilation sur l'éducation baha'ie, n°43*
[523] *Idem*

dans la Maison de votre bien-aimé Maître et de partager avec vous les effusions de sa grâce au Tombeau béni, **il estime plus important pour vous de continuer à aider le jeune garçon que vous avez entrepris d'éduquer**. En vous pénétrant de cette parole de Bahá'u'lláh très chargée de sens, il conseille : celui qui éduque son enfant ou celui d'un autre c'est comme s'il éduquait un enfant de Bahá'u'lláh lui-même. Ceci est son conseil. »[524]

<u>Hommes et femmes doivent donner une partie de ce qu'ils gagnent ... à une personne digne de confiance, qui l'utilisera pour l'éducation et l'instruction des enfants</u>

« **Hommes et femmes doivent donner une partie de ce qu'ils gagnent par le commerce, l'agriculture ou autre activité, à une personne digne de confiance, qui l'utilisera pour l'éducation et l'instruction des enfants**. Ce dépôt doit être investi dans l'éducation des enfants, suivant le conseil des administrateurs de la Maison de Justice. »[525]

<u>Que votre esprit et votre volonté se consacrent à l'éducation des peuples et des tribus de la terre</u>

« Que votre esprit et votre volonté se consacrent à l'éducation des peuples et des tribus de la terre, **afin que de sa face disparaissent par le pouvoir du Plus Grand Nom, toutes les dissensions qui la divisent, et que tous les hommes ne soient plus que les défenseurs d'un même Ordre et les habitants d'une même cité.** »[526]

<u>Nous prescrivons à tous les hommes ce qui mènera à l'exaltation de la Parole de Dieu parmi Ses serviteurs, et aussi au progrès du monde de l'existence et à l'élévation des âmes</u>

« "Nous prescrivons à tous les hommes ce qui mènera à l'exaltation de la Parole de Dieu parmi Ses serviteurs, et aussi au progrès du monde de l'existence et à l'élévation des âmes. **A cette fin, le meilleur moyen est l'éducation de l'enfant.** Tous sans exception doivent s'y conformer strictement. En vérité, **Nous vous avons imposé cette obligation dans de multiples tablettes ainsi que dans mon Très-Saint Livre**. Bienheureux celui qui s'y soumet." ... "Nous demandons à Dieu qu'Il aide chacun à obéir à ce commandement imposé, qui est apparu et a été envoyé par la Plume de l'Ancien des Jours." »[527]

---

[524] *Shoghi Effendi, Op. Cit., n°114*
[525] *Baha'u'llah, Extrait de Tablet of the World, cité dans Compilation sur l'éducation baha'ie n°8*
[526] *Ibid., Op. Cit., n° 5*
[527] *Ibid., Tablette non encore traduite. Op. Cit. ,n° 6*

5.4.7- Le rôle des institutions, les assemblées spirituelles baha'ie et leurs agences

***

« Il incombe au corps exalté des Mains de la Cause de veiller et de protéger ces écoles de toutes les manières, et de voir quels sont leurs besoins afin que les instruments pour leur progrès soient toujours disponibles et que les lumières de l'érudition éclairent le monde entier... »[528]

***

« Un des devoirs incombant aux membres des Assemblées spirituelles est, avec le soutien des amis, de consacrer toute leur énergie, à l'établissement d'écoles pour instruire garçons et filles dans les choses de l'esprit, les fondements de l'enseignement de la Foi, la lecture des Ecrits sacrés, l'histoire de la Foi, les branches séculaires de la connaissance, les divers arts et métiers, et les différentes langues, ... »[529]

***

« La tâche d'aider les enfants des pauvres à acquérir ces talents et spécialement à apprendre les sujets de base, incombe aux membres des Assemblées spirituelles, ceci est compté parmi les obligations imposées à la conscience des administrateurs de Dieu dans chaque pays. »[530]

***

« Parmi les obligations sacrées des Assemblées spirituelles se trouvent la promotion de l'instruction, la fondation d'écoles et la création de l'équipement et des possibilités académiques nécessaires pour chaque garçon et chaque fille. »[531]

***

Pour cela, il appartient à l'Assemblée spirituelle d'"Ishqábád d'être la première dans cette affaire très urgente

« Pour cela, il appartient à l'Assemblée spirituelle d'"Ishqábád d'être la première dans cette affaire très urgente pour que, par la grâce et la faveur de Dieu, **elle puisse établir une institution qui sera une source de sécurité et de joie à jamais.** »[532]

Aux membres du Comité de travail pour l'éducation des enfants

« Aux membres du Comité de travail pour l'éducation des enfants... J'implore l'assistance divine que Dieu puisse avec bienveillance les aider dans **un travail si proche et si cher au cœur du Maître,** et leur permettre d'encourager de futurs serviteurs dévoués et efficaces de la Cause de Dieu à se lever. »[533]

Elles (les Assemblées spirituelles locales) doivent promouvoir par tous les moyens en leur pouvoir ce qui est nécessaire à l'éducation des enfants

« Elles (les Assemblées spirituelles locales) doivent promouvoir par tous les moyens en leur pouvoir ce qui est nécessaire à l'éducation des enfants et à

---

[528] *'Abdu'l-Bahá, Tablette non encore traduite, Op. Cit., n°63b*
[529] *Shoghi Effendi, Op. Cit., n° 111*
[530] *Ibid., Op. Cit., n° 115*
[531] *Idem*
[532] *'Abd'ul-Baha, Extraits des Ecrits de 'Abd'ul-Baha, Op. Cit., n°87*
[533] *Shoghi Effendi, Op. Cit., n°108*

l'illumination aussi bien matérielle que spirituelle de la jeunesse, **créer si possible des institutions éducatives bahá'íes,** organiser et superviser leur travail et fournir les meilleurs moyens pour leur progrès et leur développement. »[534]

<u>Un des devoirs incombant aux membres des Assemblées spirituelles est, avec le soutien des amis, de consacrer toute leur énergie, à l'établissement d'écoles pour instruire garçons et filles</u>

« Une exigence fondamentale et vitale de cette époque est l'éducation des garçons et des filles. **Un des devoirs incombant aux membres des Assemblées spirituelles est, avec le soutien des amis, de consacrer toute leur énergie, à l'établissement d'écoles pour instruire garçons et filles** dans les choses de l'esprit, les fondements de l'enseignement de la Foi, la lecture des Ecrits sacrés, l'histoire de la Foi, les branches séculaires de la connaissance, les divers arts et métiers, et les différentes langues, **de telle sorte que les méthodes bahá'íes d'instruction soient si universellement connues** que les enfants de tous les niveaux de la société chercheront à acquérir les enseignements divins ainsi que la connaissance séculaire dans les écoles bahá'íes et ainsi vous serez munis de moyens pour promouvoir la Cause de Dieu. »[535]

<u>Le Magazine des Enfants du Royaume dont je viens de recevoir le dernier numéro ..., a éveillé en moi de si grands espoirs</u>

« "**Le Magazine des Enfants du Royaume dont je viens de recevoir le dernier numéro** de la pionnière inlassable de votre cause, Mademoiselle Robarts, a éveillé en moi de si grands espoirs que je me sens poussé à vous envoyer ce message exprimant l'amour et la confiance pour le grand rôle que vous êtes destinés à jouer dans l'avenir de la Cause." ... "Je sens qu'il est urgent et important que ce premier et unique organe de la jeunesse bahá'íe à travers le monde, **imprègne ses lecteurs, et particulièrement chaque enfant bahá'í, du sentiment de sa chance unique et de ses futures possibilités dans la grande tâche qui l'attend dans l'avenir.**" ... " **Le devoir de ce journal est d'initier, de promouvoir et de refléter les diverses activités de la génération montante à travers le monde bahá'í,** pour établir et renforcer un lien véritable de camaraderie entre tous les enfants d'"Abdu'l-Bahá, que ce soit dans l'Est ou dans l'Ouest, **et de proposer à leur regard la vision d'un âge d'or qui s'ouvrira devant eux dans le futur.** Il devrait graver dans leur cœur, maintenant qu'ils sont encore d'âge tendre, une fondation ferme pour leur mission dans la vie." ... "**La Cause des Enfants du Royaume, que le Maître aimait tant** et qu'il a comblés de nombreuses bénédictions et de sa tendre bonté, est, je vous l'assure, toujours cher et proche de notre cœur. Sur vous, descendants des pionniers héroïques d'un mouvement mondial, repose l'espoir d'achever **la tâche qu'ils ont si noblement commencée, pour le service et le**

---

[534] *Ibid., Op. Cit., n°109*
[535] *Ibid., Op. Cit., n°111*

salut de tout le genre humain." ... "Quant à mon humble part de service et de soutien, je ne peux que prier pour vous et implorer aux trois Tombeaux sacrés, durant mes heures de prières, les bénédictions et l'assistance de Bahá'u'lláh, **le suppliant avec ferveur de vous permettre dans les jours heureux à venir, d'établir son royaume et d'accomplir sa parole.**" ... "Puisse votre magazine vous inspirer pour atteindre votre objectif." »[536]

<u>Quand la nation sera sortie de son sommeil de négligence et que le gouvernement aura commencé à considérer la promotion et l'expansion de sa structure éducative</u>

« "A ce moment-là, quand la nation sera sortie de son sommeil de négligence et que le gouvernement aura commencé à considérer la promotion et l'expansion de sa structure éducative, **il conviendrait que les représentants bahá'ís se lèvent afin que des mesures préliminaires soient prises comme résultat à leurs nobles efforts en vue de l'établissement d'institutions pour l'étude des sciences, des arts libéraux et de la religion dans chaque hameau, chaque village et chaque ville, chaque province et chaque district.** Il faudrait aussi que les enfants bahá'ís, sans exception, apprennent les bases de la lecture et de l'écriture, et se familiarisent avec les règles de conduite, les coutumes, les pratiques et les lois telles qu'elles sont exposées dans le Livre de Dieu, **et que, dans les nouvelles branches de la connaissance, dans les arts et la technologie du jour, dans les caractéristiques pures et louables, la conduite bahá'íe, la façon bahá'íe de vivre, ils se distinguent tellement de leurs semblables** que toutes les autres communautés qu'elles soient islamiques, zoroastriennes, chrétiennes, juives ou matérialistes mènent leurs enfants de leur propre gré et avec joie vers ces institutions bahá'íes d'étude avancée et les confient aux soins des instructeurs bahá'ís." ... "**La promotion et l'exécution des lois sont également inscrites dans les Livres de Dieu.**" »[537]

<u>Il a été profondément satisfait d'entendre que les amis attachent une si grande importance à l'instruction et à la formation d'enfants bahá'ís</u>

« Il a été profondément satisfait d'entendre que les amis attachent une si grande importance à l'instruction et à la formation d'enfants bahá'ís. L'éducation de la jeunesse est, sans aucun doute, d'une importance suprême puisqu'elle sert à **approfondir leur compréhension de la Cause et à canaliser leurs énergies selon les lignes les plus bénéfiques.** Cependant, étant donné que les dépenses nationales de la Cause en Amérique s'accroissent quotidiennement, les membres de votre comité devraient **veiller soigneusement à ne pas étendre leur sphère d'activités au-delà de leurs ressources financières.** Les plans, que votre comité

---

[536] *Ibid., Op. Cit., n°112*
[537] *Ibid., Op. Cit., n°118*

a fait, ne doivent pas s'étendre au point d'entraver le progrès du travail du temple. »[538]

Le principe général ... est qu'une demande pour être excusé dès séances d'école les jours saints bahá'ís est souhaitable

« "Le principe général ... est qu'une demande pour être excusé dès séances d'école les jours saints bahá'ís est souhaitable. Ceci est applicable à tous les enfants bahá'ís peu importe leur âge. **Les enfants de parents bahá'ís en dessous de quinze ans, sont considérés comme étant bahá'ís."** ... **"Ce qu'un parent bahá'í ou votre Assemblée devrait faire, est de demander au conseil de l'école d'accorder la permission aux enfants de ne pas venir à l'école les jours saints bahá'ís** et alors de s'incliner quelle que soit la décision que le conseil de l'école puisse prendre, et en aucune façon il ne faut essayer de forcer la chose." »[539]

Certains piliers ont été établis en tant que supports inébranlables de la Foi de Dieu ... Promouvoir la connaissance est donc un devoir inéluctable imposé à chacun des amis de Dieu

« Certains piliers ont été établis en tant que supports inébranlables de la Foi de Dieu. **Les plus puissants sont l'étude et l'utilisation de l'esprit, le développement de la conscience et la connaissance intime des réalités de l'univers et des mystères de Dieu Tout-Puissant.** Promouvoir la connaissance est donc un devoir inéluctable imposé à chacun des amis de Dieu. Il incombe à cette assemblée spirituelle, à cette divine assemblée, de déployer le plus grande zèle dans l'éducation des enfants afin que, dès leur plus jeune âge, ils soient formés à se conduire en bahá'ís et à suivre les voies de Dieu, qu'ils croissent et prospèrent, telles de jeunes plantes, dans les eaux limpides que sont les conseils et exhortations de la Beauté Bénie. »[540]

Dans les textes divins du Plus Saint Livre ainsi que dans d'autres tablettes, il est dit:

« O vous qui connaissez la paix de l'âme! Dans les textes divins du Plus Saint Livre ainsi que dans d'autres tablettes, il est dit: **Il incombe au père et à la mère d'apprendre à leurs enfants à bien se conduire et à étudier; autrement dit, l'étude doit atteindre le minimum requis pour qu'aucun enfant - garçon ou fille - ne demeure illettré.** Si le père venait à faillir à son devoir, il devrait alors être contraint de faire face à ses responsabilités et, s'il était incapable de s'y conformer, la Maison Universelle de Justice devrait prendre en main l'éducation des enfants; **un enfant ne doit, en aucun cas, être privé d'éducation.** C'est là

---

[538] *Ibid., Op. Cit., n°122*
[539] *Ibid., Op. Cit., n°149*
[540] *'Abdu'l-Bahá, Sélection des écrits d'Abdu'l-Bahá, Chapitre: 97*

un des commandements rigoureux et inéluctables, dont la désobéissance provoquerait l'indignation courroucée de Dieu Tout-Puissant. »[541]

Il convient que ... les ... fonctionnaires du gouvernement convoquent une assemblée et choisissent l'une des diverses langues, et également l'une des écritures déjà existantes

« Il convient que ... les ... fonctionnaires du gouvernement convoquent une assemblée et choisissent l'une des diverses langues, et également l'une des écritures déjà existantes, ou qu'ils créent une nouvelle langue et une nouvelle écriture pour l'enseigner aux enfants dans les écoles à travers le monde. De cette façon, ils apprendraient seulement deux langues, l'une leur langue maternelle, l'autre celle dans laquelle tous les peuples du monde parleraient. Si l'homme s'attachait fermement à ce qui a été mentionné, toute la terre serait considérée comme un seul pays, et les peuples seraient affranchis et libérés de la nécessité d'apprendre et d'enseigner différentes langues. »[542]

L'éminent Sadru's-Sudur … qui a, en vérité, atteint le plus haut rang dans les retraites de félicité, a inauguré les réunions d'enseignement

« "L'éminent Sadru's-Sudur [*note: un croyant persan remarquable qui a fondé les premières classes d'instructions pour enseignants bahá'ís*] qui a, en vérité, atteint le plus haut rang dans les retraites de félicité, a inauguré les réunions d'enseignement. Il était la première âme bénie à poser les fondations de cette mémorable institution. Dieu soit loué, au cours de sa vie il éduqua des personnes qui aujourd'hui sont des défenseurs forts et éloquents du Seigneur Dieu, des disciples qui sont véritablement des descendants purs et spirituels de celui qui était si proche du Seuil sacré. Après son décès, certains individus bénis prirent les mesures nécessaires pour perpétuer son travail d'enseignement et quand il apprit ceci, le cœur de ce captif en fut réjoui." … "**Ainsi je demande avec insistance aux amis de Dieu de concentrer maintenant tous leurs efforts sur ce travail dans les limites de leurs possibilités.** Plus ils s'efforceront d'étendre leur connaissance, meilleur et plus satisfaisant sera le résultat. **Que les bien-aimés de Dieu, jeunes ou vieux, hommes ou femmes, chacun selon ses capacités se mettent en action et n'épargnent aucun effort pour acquérir les différentes branches courantes de la connaissance spirituelle et laïque, et pour étudier les arts.** Chaque fois qu'ils se réunissent, que leur conversation soit limitée à des sujets savants et à l'information sur les connaissances et sciences du jour." … "Quand cela sera, ils inonderont le monde de la Lumière manifeste et changeront cette terre poussiéreuse en jardins du Royaume de Gloire." »[543]

---

[541] *Ibid., Op. Cit., Chapitre: 101*
[542] *Bahá'u'lláh, Epistle to the Son of the Wolf, Op. Cit., n°20*
[543] *'Abdu'l-Bahá, Tablette non encore traduite, cité dans Compilation sur l'éducation baha'ie n°28*

<u>Ce dépôt doit être investi dans l'éducation des enfants, suivant le conseil des administrateurs de la Maison de Justice</u>

« Hommes et femmes doivent donner une partie de ce qu'ils gagnent par le commerce, l'agriculture ou autre activité, à une personne digne de confiance, qui l'utilisera pour l'éducation et l'instruction des enfants. **Ce dépôt doit être investi dans l'éducation des enfants, suivant le conseil des administrateurs de la Maison de Justice**. »[544]

5.5- A propos de l'école

***
*« Les amis s'efforcent maintenant par leur travail de mettre l'école en ordre et ont nommé des professeurs qualifiés pour leur travail et qu'à partir de maintenant, **le plus grand soin sera accordé à la supervision et à l'administration de l'école**. »*[545]
***
*« Cette école est **l'une des institutions vitales et essentielles qui, en effet, soutiennent et fortifient d'édifice de l'humanité**. »*[546]
***
*« … **la base et le principe fondamental d'une école sont d'abord et avant-tout l'éducation morale, la formation du caractère et la correction de la conduite**. »*[547]
***

5.5.1- La mission de l'école

***
*« **Les écoles doivent d'abord instruire les enfants dans les principes de la religion** pour que la promesse et la menace inscrites dans les livres de Dieu les empêchent de faire les choses interdites et les parent du manteau des commandements; mais dans une mesure telle que cela ne puisse nuire aux enfants en se transformant en fanatisme ignorant et en bigoterie. »*[548]
***
*« Faites tous vos efforts pour améliorer l'école … et développer l'ordre et la discipline dans cette institution. Employez tous les moyens pour faire de cette école un jardin Très-Miséricordieux, **d'où les lumières de l'érudition projetteront leurs rayons et où les enfants bahá'ís ou autres, seront éduqués de façon à devenir le don de Dieu à l'homme et la fierté de la race humaine**. »*[549]

*« Ces centres d'études académiques doivent en même temps être **des centres de formation pour le comportement et la conduite de l'individu**, et ils doivent donner la priorité au caractère et à la conduite, avant les sciences et les arts. »*[550]
***
*« … faire de l'école … **un centre de lumière et une source de vérité** afin que les enfants de Dieu puissent refléter les rayons du savoir illimité et que ces tendres plantes du jardin divin puissent grandir et fleurir sous la grâce que déversent sur eux les nuages de la connaissance et de la véritable compréhension, et qu'ils progressent au point d'étonner l'assemblée de ceux qui savent. »*[551]

---

[544] *Baha'u'llah, Extrait de Tablet of the World, Op. Cit., n°8*
[545] *'Abdu'l-Bahá, Extraits des Ecrits de Abd'ul-Baha, Op. Cit., n°69*
[546] *Ibid., Op. Cit., n° 71*
[547] *Ibid., Op. Cit., n°72*
[548] *Baha'u'llah, The Eighth Leaf of Paradise, Bahá'í World Faith, Op. Cit., n° 15*
[549] *'Abd'ul-Baha, Idem*
[550] *Idem*
[551] *Ibid., Op. Cit., n°73*

<u>Etablis une école à la gloire de Dieu et sois un professeur dans cette maison d'étude</u>

« O toi servante de Dieu ! Etablis une école à la gloire de Dieu et sois un professeur dans cette maison d'étude. **Instruis les enfants dans les choses de Dieu et tels des perles, cultive-les au cœur de la coquille de la direction divine.** Lutte de toute ton âme ; veille à ce que les enfants soient élevés afin d'incarner les plus hautes perfections de l'humanité, à un point tel que **chacun d'eux soit formé à faire usage de sa raison, à acquérir la connaissance, dans l'humilité et la modestie, dans la dignité, dans l'ardeur et dans l'amour.** »[552]

<u>Faites tous vos efforts pour acquérir la connaissance la plus avancée qui soit et déployez tout votre courage pour faire progresser la civilisation divine</u>

« Faites tous vos efforts pour acquérir la connaissance la plus avancée qui soit et déployez tout votre courage pour faire progresser la civilisation divine. **Fondez des écoles bien organisées et favorisez les principes de l'instruction dans les diverses branches de la connaissance** par des professeurs qui soient purs et sanctifiés, se distinguant par le haut niveau de leur conduite et de leurs qualités générales, et fermes dans la foi, **qu'ils soient également des éducateurs dotés d'une connaissance approfondie des sciences et des arts.** »[553]

<u>Dans ce nouvel âge prodigieux le fondement inébranlable est l'enseignement des sciences et des arts</u>

« "O vous bénéficiaires des faveurs de Dieu ! **Dans ce nouvel âge prodigieux le fondement inébranlable est l'enseignement des sciences et des arts.** Selon les textes saints formels, il faut enseigner à chaque enfant les métiers et les arts jusqu'au niveau requis. **Pour cela, il est nécessaire de fonder des écoles dans chaque ville et dans chaque village, et chacun des enfants de cette ville ou de ce village doit étudier autant qu'il le faut."** … "Il s'ensuit que toute âme qui offre son aide pour accomplir cela sera assurément reçue au Seuil céleste et exaltée par l'Assemblée suprême." … "**Comme vous avez fait beaucoup d'efforts pour atteindre ce but de la plus haute importance, j'espère que vous recueillerez votre récompense du Seigneur par des témoignages et des signes évidents**, et que les traits de grâce céleste se dirigeront vers vous." »[554]

<u>Elle révélait de plus, vos efforts très louables pour éduquer les enfants, garçons ou filles</u>

---

[552] *Ibid., Tablette non encore traduite, Op. Cit., n°60*
[553] *Ibid., Op. Cit., n°63a*
[554] *Ibid., Extraits des Ecrits de Abd'ul-Baha, Op. Cit., n°67*

« "Ô vous aux nobles résolutions et aux buts élevés ! Votre lettre était éloquente, son contenu original et exprimé de manière sensible, **elle révélait de plus, vos efforts très louables pour éduquer les enfants, garçons ou filles**. ... "Loué soit Dieu, les amis d''Ishqábád ont posé une fondation solide et une base inattaquable. C'est dans la cité de l'Amour que la première maison d'adoration bahá'íe fut érigée et aujourd'hui dans cette ville, **on développe également le matériel d'éducation pour les enfants** puisque, même durant les années de guerre, ce devoir ne fut pas négligé et on peut dire en fait, qu'il faut remédier à certaines déficiences. Dès maintenant, élargissez votre rayon d'action et **concevez des plans pour fonder des écoles d'enseignement supérieur pour que la cité de l'Amour devienne le foyer de la science et des arts.**" ... "Les besoins seront satisfaits grâce à la généreuse assistance de la Beauté bénie." »[555]

<u>Une lettre au sujet de l'école d''Ishqábád annonçant que, ... les amis s'efforcent maintenant par leur travail de mettre l'école en ordre et ont nommé des professeurs qualifiés</u>

« " Ô vous, les bien-aimés chers à 'Abdu'l-Baha' ! Un des amis nous a envoyé une lettre **au sujet de l'école d''Ishqábád** annonçant que, loué soit Dieu, les amis s'efforcent maintenant par leur travail de mettre l'école en ordre et ont nommé des professeurs qualifiés pour leur travail et qu'à partir de maintenant, **le plus grand soin sera accordé à la supervision et à l'administration de l'école.**" ... "J'espère également que les faveurs et les dons de Dieu, le Roi généreux, vous envelopperont afin que les amis en arrivent à surpasser les autres en toutes choses." ... **"Une des entreprises les plus importantes est l'éducation des enfants, car le succès et la prospérité dépendent du service et de l'adoration voués à Dieu, le Saint, le Tout-Glorieux."** ... "L'éducation des enfants et la promotion des diverses sciences, métiers et arts sont parmi les plus importants des grands services. Loué soit Dieu, tous vos efforts tendent à cette fin. Plus vous persévérerez dans cette tâche primordiale, plus vous serez témoins des confirmations de Dieu à tel point que vous en serez vous-mêmes étonnés." ... "Ceci, en vérité, est, un engagement qui, sans nul doute, sera tenu avec certitude." »[556]

<u>Les services que vous rendez pour soutenir l'école Ta'yid méritent toutes les louanges.</u>

« "Ô vous fidèles serviteurs du Seigneur des cohortes célestes ! **Les services que vous rendez pour soutenir l'école Ta'yid [nota: Une école bahá'íe de garçons à Hamadán, Perse] méritent toutes les louanges.** Il est certain que Dieu dans Sa générosité vous enverra Ses multiples bénédictions divines." ... "**Les croyants**

---

[555] *Ibid., Op. Cit., n°68*
[556] *Ibid., Op. Cit., n°69*

ont le devoir de fonder des écoles où les enfants peuvent acquérir la connaissance, et comme ces amis se sont engagés à faire des sacrifices à cet égard et contribuent à soutenir l'école Ta'yid, 'Abdu'l-Bahá, en toute humilité et soumission, offre ses remerciements et ses louanges au royaume des Mystères." ... "Il demande que des bontés vous soient envoyées ainsi que la tranquillité d'esprit pour que vous réussissiez à rendre avec joie et sans difficulté ce service si louable." ... "Ô Toi, le grand Pourvoyeur ! **Ces âmes font le bien. Rends-les chères aux deux mondes, fais-en les bénéficiaires de la grâce infinie.** Tu es le Tout-Puissant, Tu es le Compétent, Tu es le Donateur, le Dispensateur, le Seigneur incomparable." »[557]

<u>Ce que tu as écrit au sujet de l'école me cause une grande joie et me réjouit tout le cœur</u>

« "Ô toi qui t'es levé pour servir la Cause de Dieu de tout ton être ! Ce que tu as écrit au sujet de l'école me cause une grande joie et me réjouit tout le cœur. Tous les amis, sans exception, étaient heureux et réconfortés par cette nouvelle." ... "**Cette école est l'une des institutions vitales et essentielles qui, en effet, soutiennent et fortifient d'édifice de l'humanité.** Si Dieu le veut, elle sera développée et améliorée sous tous les aspects. Une fois que cette école aura ainsi été perfectionnée à tous les niveaux, une fois qu'elle aura fleuri et surpassé toutes les autres écoles, **il faudra ensuite fonder, l'une après l'autre, de plus en plus d'écoles.**" »[558]

<u>Faites tous vos efforts pour améliorer l'école Tarbi'yat ... et développer l'ordre et la discipline dans cette institution</u>

« "**Faites tous vos efforts pour améliorer l'école Tarbi'yat** [nota: La première école appartenant et exploitée par la communauté bahá'íe de Perse située à Tihrán. Voir Dieu passe près de nous pour les références à la fondation et plus tard à la fermeture forcée des écoles bahá'íes en Perse] **et développer l'ordre et la discipline dans cette institution.** Employez tous les moyens pour faire de cette école un jardin Très-Miséricordieux, **d'où les lumières de l'érudition projetteront leurs rayons et où les enfants bahá'ís ou autres, seront éduqués de façon à devenir le don de Dieu à l'homme et la fierté de la race humaine.** Faites-les progresser à grands pas dans le délai le plus court, qu'ils ouvrent grands leurs yeux et découvrent la réalité intime de toutes choses, qu'ils soient versés dans tous les arts et les métiers et qu'ils apprennent à saisir les secrets de toutes choses telles qu'elles existent, **cette faculté étant l'un des effets nettement évidents de la servitude au Seuil sacré.** ... "Il est certain que vous ferez tous les efforts nécessaires pour l'accomplir et que vous concevrez également des plans pour ouvrir un certain nombre d'écoles. **Ces centres d'études académiques**

---

[557] *Ibid., Op. Cit., n°70*
[558] *Ibid., Op. Cit., n°71*

doivent en même temps être des centres de formation pour le comportement et la conduite de l'individu, et ils doivent donner la priorité au caractère et à la conduite, avant les sciences et les arts. Une bonne conduite et un caractère moral élevé doivent primer car, si le caractère n'est pas formé, l'acquisition de la connaissance ne sera que nuisible. La connaissance est louable quand elle est alliée à une conduite éthique et un caractère vertueux, sinon c'est un poison mortel, un danger effrayant. Un médecin de mauvais caractère et qui trahit la confiance, peut causer la mort et devenir la source de nombreuses infirmités et maladies. ... "Accordez la plus grande attention à ce sujet car la base et le principe fondamental d'une école sont d'abord et avant-tout l'éducation morale, la formation du caractère et la correction de la conduite." »[559]

C'est un service rendu à Dieu Lui-même et c'est un de ses commandements inéluctables

« "C'est un service rendu à Dieu Lui-même et c'est un de ses commandements inéluctables. Pour cette raison, ô amis affectionnés, efforcez-vous, cœur et âme, de faire de l'école de Tarbiyat un centre de lumière et une source de vérité afin que les enfants de Dieu puissent refléter les rayons du savoir illimité et que ces tendres plantes du jardin divin puissent grandir et fleurir sous la grâce que déversent sur eux les nuages de la connaissance et de la véritable compréhension, et qu'ils progressent au point d'étonner l'assemblée de ceux qui savent." ... "Je jure par la bonté de la sagesse divine que s'ils gagnent ce grand prix, les membres de l'école de Tarbiyat seront admis auprès de Dieu et qu'à n'en pas douter les portails de Sa grâce seront grand ouverts pour eux." »[560]

Vous avez réussi à fonder une école à Mihdiyábád et vous éduquez les enfants avec beaucoup d'énergie et d'enthousiasme

« "O fermes dans l'Alliance ! Dieu soit loué, vous avez réussi à fonder une école à Mihdiyábád [nota: Mihdiyábád, un village près de la ville de Yazd en Perse] et vous éduquez les enfants avec beaucoup d'énergie et d'enthousiasme." ... "Dans cette nouvelle cause religieuse, le progrès de toutes les branches de la connaissance est un principe établi et vital, et tous les amis, sans exception, sont obligés de porter tous leurs efforts vers cette fin pour que la cause de la Lumière Manifeste puisse être propagée à l'étranger et que chaque enfant reçoive, selon ses besoins, sa part de sciences et d'arts jusqu'à ce que l'on ne trouve même plus un seul enfant de paysan qui soit complètement dépourvu d'instruction." »[561]

---

[559] *Ibid., Op. Cit., n°72*
[560] *Ibid., Op. Cit., n°73*
[561] *Ibid., Op. Cit., n°74*

Il est essentiel qu'on enseigne les principes de la connaissance et que tous soient capables de lire et d'écrire

« "**Il est essentiel qu'on enseigne les principes de la connaissance et que tous soient capables de lire et d'écrire**. Pour cette raison, cette nouvelle institution est plus que louable et son programme doit être encouragé. **Nous espérons que d'autres villages vous prendront pour modèle et que, dans chacun d'eux, là où résident un certain nombre de croyants, on fondera une école où les enfants pourront apprendre à lire et à écrire, et où les connaissances de base leur seront prodiguées.**" ... "C'est ce qui apporte la joie au cœur d'"Abdu'l-Bahá, le réconfort et la paix à son âme." »[562]

Ô vous, enfants du royaume ! Nous avons reçu vos lettres avec vos photographies

« "**Ô vous, enfants du royaume ! Nous avons reçu vos lettres avec vos photographies**. Lors de la lecture de vos lettres nous avons éprouvé les plus sincères émotions, et à la vue de vos portraits nous avons ressenti une joie et un bonheur spirituels. Loué soit Dieu, **à travers ces lettres, on comprend que vos visages sont tournés vers le Royaume, et il est évident que la lumière et l'amour de Dieu sont manifestes et resplendissent sur les fronts.**" ... "**Je prie Dieu que le dimanche, dans ces écoles, vous puissiez acquérir la connaissance du divin,** que vous puissiez assurer la formation des caractéristiques miséricordieuses et que vous puissiez progresser jour après jour, **ainsi chacun de vous pourra devenir un arbuste incomparable dans la divine roseraie et pourra être paré de fleurs, de fruits et d'un feuillage touffu.**" »[563]

L'école du dimanche, où sont récités les tablettes et les enseignements de Bahá'u'lláh ainsi que la parole de Dieu est, en vérité, une institution bénie

« **L'école du dimanche, où sont récités les tablettes et les enseignements de Bahá'u'lláh ainsi que la parole de Dieu est, en vérité, une institution bénie.** Tu dois, certes, poursuivre sans relâche cette activité organisée et y attacher toute l'importance qu'elle mérite, afin qu'elle se développe jour après jour, encouragée par le souffle du Saint Esprit. Si cette activité est organisée de manière efficace, sois assuré qu'elle donnera de magnifiques résultats. **De la fermeté et de la constance sont toutefois nécessaires, faute de quoi cette oeuvre se poursuivra quelque temps encore, puis elle tombera progressivement dans l'oubli. La persévérance est une condition essentielle.** Dans la réalisation de chaque projet, constance et fermeté conduiront, sans nul doute, à l'obtention de résultats satisfaisants; sinon, le projet sera interrompu après quelques jours. »[564]

---

[562] *Idem*
[563] *Ibid., Op. Cit., n°97*
[564] *Ibid., Sélection des écrits d'Abdu'l-Bahá, Chapitre: 124.*

5.5.2 – A propos de l'école des filles

***

« Dédiez une attention particulière à l'école de filles car la grandeur de cet âge prodigieux sera manifestée comme le résultat du progrès du monde des femmes. Pour ce motif, on observe que, dans tous les pays le statut de la femme évolue. Ceci est dû à l'impact de la plus grande Manifestation et à la puissance des enseignements de Dieu. »[565]

***

« Il incombe aux amis de prévoir une école pour filles bahá'íes dont les enseignantes éduqueront leurs élèves selon les enseignements de Dieu. On doit y enseigner aux filles l'éthique spirituelle et une manière sainte de vivre. »[566]

***

« Certainement, les enseignantes d'Europe prodiguent l'instruction dans l'art de parler et d'écrire, les travaux ménagers, de couture et d'agréments, mais le caractère de leurs élèves est complètement altéré au point que les filles ne se soucient plus de leur mère, leur nature est gâchée; elles se conduisent mal et elles deviennent satisfaites d'elles-mêmes et orgueilleuses. »[567]

***

Quant à l'éducation des enfants, faites tous vos efforts pour la favoriser; c'est de la plus haute importance

« **Quant à l'éducation des enfants,** faites tous vos efforts pour la favoriser; c'est de la plus haute importance. **Il en est de même pour l'éducation des filles dans toutes les règles de la conduite vertueuse,** qu'elles puissent grandir avec un bon caractère et un niveau de comportement élevé car les mères sont les premières éducatrices de l'enfant et chaque enfant au début de la vie est comme une branche fraîche et tendre dans les mains de ses parents. **Son père et sa mère peuvent le former de la façon qu'ils préfèrent. »**[568]

L'école de filles prime sur l'école de garçons car il incombe aux filles de cette ère glorieuse d'être totalement versées dans les diverses branches de la connaissance

« "**Ô vous, servantes du Miséricordieux ! L'école de filles prime sur l'école de garçons** car il incombe aux filles de cette ère glorieuse d'être totalement versées dans les diverses branches de la connaissance, dans les sciences et les arts et toutes les merveilles de cette époque remarquable, **qu'elles puissent alors éduquer leurs enfants et les instruire dès les premiers jours dans les voies de la perfection."** … "Si, comme elle le devrait, la mère possède le savoir et les capacités propres à l'homme, ses enfants comme des anges, se développeront en qualité, bonne conduite et beauté. Pour cela l'école de filles, qui a été fondée en ce lieu, doit devenir l'objet des préoccupations majeures et des nobles efforts des amis. **Les professeurs de cette école sont les servantes proches du Seuil sacré car elles sont parmi celles qui, obéissant aux commandements de la Beauté bénie, se sont levées pour éduquer les fillettes.** "Le jour viendra où ces enfants

---

[565] *Ibid., Extraits des Ecrits de 'Abd'ul-Baha, cité dans Compilation sur l'éducation baha'ie n°68*
[566] *Ibid., Op. Cit., n°86*
[567] *Idem*
[568] *Ibid., Op. Cit., n°80*

seront mères, et chacune d'elles dans sa profonde gratitude offrira des prières et des supplications au Dieu Tout-puissant et demandera qu'on accorde à ses professeurs la joie et le bien-être pour toujours et un rang élevé dans le royaume de Dieu." … "**Appelez cette école, l'école de Mawhibat (l'école de Bonté)** [nota: Une école bahá'íe pour filles à Hamadán, Perse]." »[569]

Ô Servante du Très-Haut ! Nos cœurs ont été réjouis par ta lettre concernant une école de filles

« "**Ô Servante du Très-Haut ! Nos cœurs ont été réjouis par ta lettre concernant une école de filles** [nota: L'école de Tarbiyat, Tihrán, Perse]. … "Dieu soit loué qu'il y ait maintenant une école de ce type à Tihrán **où les jeunes filles peuvent, par Sa générosité, recevoir une éducation et avec une ferme volonté acquérir les vertus humaines**. Sous peu, les femmes marcheront de pair avec les hommes dans tous les domaines." … "Jusqu'à maintenant, en Perse, les moyens pour l'avancement des femmes étaient inexistants mais à l'heure actuelle, grâce à Dieu depuis que le Matin du Salut est apparu, elles ont progressé jour après jour. **Nous chérissons l'espoir qu'elles seront les premières en vertus et en connaissances, et les plus proches de la cour du Dieu Tout-Puissant et précéderont les autres en foi et en certitude.** Nous souhaitons vivement aussi que les femmes de l'Orient soient enviées par les femmes de l'Occident." … "Loué soit Dieu, tu es confirmée dans ton service, tu fais tous tes efforts dans ce travail et tu t'y appliques ainsi que le professeur de l'école, Miss Lilian Kappes [nota: Une école bahá'íe pour filles à Hamadán, Perse]. Donne-lui mes très affectueuses salutations." »[570]

O vous filles du royaume ! Dans les siècles passés, les fillettes de Perse furent privées de toute instruction.

« "**O vous filles du royaume ! Dans les siècles passés, les fillettes de Perse furent privées de toute instruction.** Elles n'avaient ni école, ni académie, pas de tuteur aimable, ni de professeur. Maintenant dans ce plus grand des siècles, la bonté du Très-Généreux a aussi protégé les filles et beaucoup d'écoles ont été fondées en Perse pour leur éducation, mais ce qui y manque est la formation du caractère et ceci malgré le fait que cette formation soit plus importante que l'instruction, car **c'est la première des vertus humaines**." … "Loué soit Dieu, on a maintenant fondé une école de filles à Hamadán [nota: L'école de Mawhibat, Hamadán, Perse]. **Vous qui en êtes les professeurs, vous devez consacrer plus d'efforts à la formation du caractère qu'à l'instruction,** et vous devez élever vos fillettes pour qu'elles soient modestes et chastes, qu'elles aient un bon caractère et une bonne conduite, et en outre, vous devez leur enseigner les différentes branches de la connaissance." … **"Si vous suivez cette voie, les**

---

[569] *Ibid., Op. Cit., n°81*
[570] *Ibid., Op. Cit., n°82*

confirmations du Très-Glorieux se révéleront et submergeront l'école telle une énorme houle." … "J'ai l'espoir que vous y réussirez." »[571]

La question de l'instruction des enfants et celle de veiller sur les orphelins sont extrêmement importantes

« "La question de l'instruction des enfants et celle de veiller sur les orphelins sont extrêmement importantes, **mais ce qui est primordial est l'éducation des fillettes car elles seront un jour mères, et la mère est la première éducatrice de l'enfant.** Quelle que soit la manière dont la mère éduque l'enfant, il sera comme elle l'aura éduqué et les résultats de la première éducation resteront gravés chez l'individu pour sa vie entière et il serait très difficile de les modifier. **Comment une mère, elle-même ignorante et inexpérimentée, peut-elle éduquer son enfant ?** Il est clair pour cela que l'éducation des filles a des conséquences plus importantes que celles des garçons. Ce fait est extrêmement important et il faut s'en occuper avec la plus grande énergie et le plus grand dévouement." … "Dieu dit dans le Qur'án que ceux qui ont la connaissance et ceux qui ne l'ont pas, ne seront pas égaux [Qur'án 39.12]. **L'ignorance doit donc absolument être blâmée, que ce soit chez l'homme ou chez la femme; en fait, chez la femme, le dommage est plus grand."** … "Pour cette raison, j'espère que les amis feront des efforts pour éduquer leurs enfants, aussi bien les filles que les fils. Ceci est vraiment la vérité et en dehors d'elle, il n'y a manifestement que perdition." »[572]

Loué soit Dieu, les croyantes ont organisé des réunions où elles apprendront à enseigner la Foi, … et feront des plans pour l'instruction des enfants

« "Ô servantes de la Beauté d'Abhá ! Votre lettre est arrivée et sa lecture a apporté une grande joie. **Loué soit Dieu, les croyantes ont organisé des réunions où elles apprendront à enseigner la Foi, répandront les doux arômes des Enseignements et feront des plans pour l'instruction des enfants.** " … "Cette rencontre doit être totalement spirituelle; c'est-à-dire que les discussions doivent être limitées à exposer les preuves claires et concluantes prouvant que le Soleil de Vérité s'est vraiment levé. De plus, les femmes qui sont en fonction, devraient se préoccuper de trouver tous les moyens pour former les enfants. **Elles devraient aussi se préoccuper de leur enseigner les diverses branches de la connaissance, la bonne conduite, la façon correcte de vivre, l'acquisition d'un bon caractère, la chasteté et la constance, la persévérance, la force, la détermination, la fermeté d'intention; elles devraient les préparer à la gestion du ménage, à l'éducation des enfants et à tout ce qui s'adresse spécialement aux besoins des filles** afin que ces filles élevées dans la forteresse des perfections et sous la protection d'un bon caractère, élèvent, quand, elles-mêmes, deviendront mères, leurs enfants dès les premières années, de façon qu'ils aient un bon

---

[571] *Ibid., Op. Cit., n°83*
[572] *Ibid., Op. Cit., n°85*

caractère et se conduisent bien. … " **Laissez-les également apprendre tout ce qui entretiendra la santé du corps et sa solidité physique, et comment protéger leurs enfants des maladies.**" … "Quant tout est organisé ainsi, chaque enfant deviendra une plante incomparable dans les jardins du paradis d'Abhá'." »[573]

L'éducation et la culture des filles sont plus nécessaires que celles des garçons, car ces filles deviendront des mères et marqueront de leur empreinte la vie de leurs enfants

« **L'ignorance est blâmable chez les unes comme chez les autres et la négligence dans l'un et l'autre cas est à réprouver.** L'ignorant vaut-il autant que le savant ? Le commandement est net concernant les deux sexes. Vues d'une façon réaliste, l'éducation et la culture des filles sont plus nécessaires que celles des garçons, car ces filles deviendront des mères et marqueront de leur empreinte la vie de leurs enfants. **Le premier éducateur de l'enfant est la mère.** Le bébé, semblable à une verte et tendre pousse, grandira selon la façon dont il sera dirigé. Si l'éducation est droite, il grandira dans la rectitude, et si elle est déviée, la croissance s'en ressentira et, jusqu'à la fin de sa vie, sa conduite en sera marquée. **Il est donc bien établi qu'une fille mal élevée et sans éducation sera, en devenant une mère, le premier facteur de privation, d'ignorance, de négligence et de manque d'éducation pour plusieurs enfants.** ô vous, aimés de Dieu et servantes du Miséricordieux, suivant les textes explicites de la Beauté Bénie (Bahá'u'lláh), l'enseignement et l'étude sont un devoir. Si quelqu'un reste indifférent à l'égard de ces choses, il se prive lui-même de la Grande Bonté. Veillez soigneusement à ne pas y manquer. **Consacrez tout votre coeur et votre vie à l'éducation de vos enfants, principalement de vos filles. Il n'y aura aucune excuse en cette matière.** »[574]

5.5.3 – L'école, une œuvre sociale de bienfaisance

***

« Nous espérons que, sous peu, les Bahá'ís seront même en mesure d'avoir des écoles qui donneront aux enfants l'éducation intellectuelle et spirituelle telle qu'elle est prescrite dans les écrits de Bahá'u'lláh et du Maître. »[575]

***

Dans cette cause sacrée, le problème des orphelins a la plus grande importance. On doit faire preuve d'une grande considération envers les orphelins

« "**Dans cette cause sacrée, le problème des orphelins a la plus grande importance.** On doit faire preuve d'une grande considération envers les orphelins;

---

[573] *Ibid., Op. Cit., n°88*
[574] *Ibid., cité dans L'art divin de vivre, Chapitre: VIII*
[575] *Shoghi Effendi, Op. Cit., n°120*

on doit les instruire, les former et les éduquer. Les enseignements de Bahá'u'lláh, en particulier, devraient absolument leur être donnés. ... "Je supplie Dieu que tu puisses devenir un bon père pour les orphelins, **les vivifiant par les parfums de l'Esprit Saint, pour qu'ils atteignent l'âge de maturité comme de véritables serviteurs du monde de l'humanité** et comme des flambeaux lumineux de tout le genre humain." »[576]

Ô vous, fermes dans l'Alliance ! Votre lettre est arrivée et a causé une joie extrême grâce à la nouvelle qu'à Hamadán, Dieu soit loué, on a fondé une œuvre sociale de bienfaisance

« "Ô vous, fermes dans l'Alliance ! Votre lettre est arrivée et a causé une joie extrême grâce **à la nouvelle qu'à Hamadán, Dieu soit loué, on a fondé une œuvre sociale de bienfaisance.** Je suis convaincu que cela deviendra une source d'assistance et de prospérité générale, et qu'elle fournira les moyens de tranquilliser les cœurs des pauvres et des faibles, et **d'éduquer les orphelins et les autres enfants."** ... "La question de l'instruction des enfants et celle de veiller sur les orphelins sont extrêmement importantes, ..." »[577]

Que dans les entreprises philanthropiques et les actes de charité, dans la promotion du bien-être général et du progrès du bien public... , les bien-aimés de Dieu attirent l'attention favorable de tous

« "Que dans les entreprises philanthropiques et les actes de charité, dans la promotion du bien-être général et du progrès du bien public incluant celui de chaque groupe sans aucune exception, **les bien-aimés de Dieu attirent l'attention favorable de tous et les guident dans la mesure du possible."** ... **"Qu'ils ouvrent librement et gratuitement les portes de leurs écoles et de leurs instituts supérieurs** pour l'étude des sciences et des arts libéraux, aux enfants et aux jeunes non-bahá'ís qui sont pauvres et dans le besoin." ... **"Ensuite vient la propagation du savoir et la promulgation de règles de conduite, de pratiques et de lois bahá'íes. "** »[578]

Le Gardien ne voit aucune objection à ce que l'on se réfère au fait que les classes et conférences d'enseignement ... puissent évoluer ... en départements d'étude ou en institutions scolaires

« Le Gardien ne voit aucune objection à ce que l'on se réfère au fait que **les classes et conférences d'enseignement qu'organisent maintenant les croyants,**

---

[576] *'Abdu'l-Bahá, Op. Cit., n°84*
[577] *Ibid., Op. Cit., n°85*
[578] *Shoghi Effendi, Op. Cit., n°118*

puisse**nt évoluer dans un avenir éloigné en départements d'étude ou en institutions scolaires** qui seront établies dans le futur ordre social bahá'í. »[579]

5.5.4– Les fruits attendus de l'éducation

***

« Etant Bahá'í, vous êtes certainement conscient du fait que Bahá'u'lláh considérait l'instruction comme l'un des facteurs les plus fondamentaux de la véritable civilisation. **Cette instruction, cependant, afin d'être adéquate et de porter des fruits, devrait être de nature complète et ne devrait pas seulement prendre en considération le côté physique et intellectuel de l'homme mais aussi ses aspects spirituels et éthiques.** *Ceci devrait être le programme de la jeunesse bahá'íe dans le monde entier. »[580]*

***

*« **Bien que maintenant vous soyez des élèves,** nous espérons que par les ondées de nuages de grâce, vous deviendrez des enseignants émérites; que vous vous épanouirez comme des fleurs et des herbes odoriférantes dans le jardin de cette connaissance qui vient de l'esprit et du cœur;* **que chacun de vous grandira comme un arbre jeune, beau, fort, chargé de doux fruits et qui produira une récolte abondante. »[581]**

***

Ô jeunes arbres et plantes, qui grandissent dans les prairies de la direction !

« Ô jeunes arbres et plantes, qui grandissent dans les prairies de la direction ! O vous, nouveaux venus, dans la communauté de vérité ! Bien que maintenant vous soyez des élèves, nous espérons que par les ondées de nuages de grâce, vous deviendrez des enseignants émérites; **que vous vous épanouirez comme des fleurs et des herbes odoriférantes dans le jardin de cette connaissance qui vient de l'esprit et du cœur**; que chacun de vous grandira comme un arbre jeune, beau, fort, chargé de doux fruits et qui produira une récolte abondante. »[582]

Que les confirmations cachées de Dieu fassent de chacun de vous une fontaine de connaissance

« Que les confirmations cachées de Dieu fassent de chacun de vous une fontaine de connaissance. Puissent vos cœurs recevoir toujours l'inspiration des habitants de l'assemblée d'en haut. **Puisse la goutte devenir un océan; puisse le grain de poussière éblouir comme le soleil éclatant. »[583]**

Si une minuscule fourmi désire en ce jour posséder la puissance permettant d'éclaircir les passages les plus obscurs et les plus déroutants du Qur'án, son vœu sera sans aucun doute exaucé

---

[579] *Ibid., Op. Cit., n°127*
[580] *Ibid., Op. Cit., n°119*
[581] *'Abdu'l-Baha, Op. Cit., n°98*
[582] *Idem*
[583] *Idem*

« Sa Sainteté le Báb a dit : **Si une minuscule fourmi désire en ce jour posséder la puissance permettant d'éclaircir les passages les plus obscurs et les plus déroutants du Qur'án, son vœu sera sans aucun doute exaucé,** puisque le mystère de puissance vibre éternellement au plus intime de toutes choses créées. Si une créature aussi faible peut être dotée d'une capacité si subtile, **combien plus efficace doit être la force libérée par les effusions prodigues de la grâce de Bahá'u'lláh !** Que de confirmations seront accumulées, que d'élans du cœur ! »[584]

Pour cette raison, ô vous jeunesse éclairée, efforcez-vous jour et nuit d'élucider les mystères de la raison et de l'esprit et de saisir les secrets du jour de Dieu

« "**Pour cette raison, ô vous jeunesse éclairée, efforcez-vous jour et nuit d'élucider les mystères de la raison et de l'esprit et de saisir les secrets du jour de Dieu**. Informez-vous des évidences prouvant que le plus grand Nom est apparu. Chantez des louanges. **Avancez des preuves et des arguments convaincants.** Menez les assoiffés vers la fontaine de vie; donnez la véritable santé à ceux qui souffrent. **Soyez les apprentis de Dieu; soyez les médecins dirigés par Dieu et guérissez les malades de l'humanité.** Amenez ceux qui ont été exclus dans le cercle d'amis intimes. Remplissez d'espoir les désespérés." … "Réveillez ceux qui sommeillent et faites que les insouciants soient attentifs." … "**Tels sont les fruits de cette vie terrestre. Telle est la condition de la gloire resplendissante.**" »[585]

Parmi ces enfants beaucoup d'âmes bénies se lèveront, s'ils sont formés selon les enseignements bahá'ís

« **Parmi ces enfants beaucoup d'âmes bénies se lèveront, s'ils sont formés selon les enseignements bahá'ís.** Si une plante est soigneusement entretenue par un jardinier, elle deviendra bonne et produira de meilleurs fruits. **Il faut donner à ces enfants une bonne éducation dès leur plus jeune âge.** Il faut leur donner une formation systématique qui favorisera leur développement jour après jour pour qu'ils puissent recevoir une plus grande connaissance afin d'élargir leur réceptivité. »[586]

Quant aux activités spirituelles des Enfants du Royaume en Amérique, j'espère et je prie que ces enfants puissent grandir et devenir des serviteurs efficaces de la Cause de Bahá'u'lláh

« **Quant aux activités spirituelles des Enfants du Royaume en Amérique,** j'espère et je prie que ces enfants puissent grandir et devenir des serviteurs efficaces de la Cause de Bahá'u'lláh. **Leur dévouement et leur sacrifice, leur**

---

[584] *Idem*
[585] *Idem*
[586] *Ibid., Bahá'í World, Vol. IX, p. 543 et aussi Star of the West, Op. Cit., n°99*

empressement à aider la cause du temple bahá'í, leur activité en ce qui concerne le Bahá'í Magazine, sont tous des signes qui ne laissent aucune place au doute quant à l'avenir glorieux de ce pays.** Puissent le soin et la tendre bonté du Père céleste les guider, les protéger et les aider dans leur future mission en cours. »[587]

<u>Le simple fait que vous êtes des enfants ne signifie pas que vous ne puissiez servir la Foi</u>

« **Le simple fait que vous êtes des enfants ne signifie pas que vous ne puissiez servir la Foi** et l'enseigner par votre exemple et par la façon dont vous laissez voir aux gens que vous êtes meilleurs et plus intelligents que la plupart des autres enfants. »[588]

5.6- Le contenu éducatif

***

*« C'est dans la cité de l'Amour que la première maison d'adoration bahá'íe fut érigée et aujourd'hui dans cette ville, **on développe également le matériel d'éducation pour les enfants puisque, même durant les années de guerre, ce devoir ne fut pas négligé et on peut dire en fait, qu'il faut remédier à certaines déficiences.** »[589]*

***

*« "Les sujets à enseigner aux enfants sont nombreux, ... **le premier et le plus important est de former le comportement et le bon caractère, de corriger les défauts, de susciter le désir de se réaliser et d'acquérir les perfections, de s'attacher à la religion de Dieu et de rester ferme dans Ses lois, d'accorder une obéissance totale à tout gouvernement juste, de faire preuve de loyauté et de fidélité au gouvernement du moment, d'être les amis sincères du genre humain et d'être bon envers tous."** ... "Favoriser autant les idéaux de caractère que l'instruction dans les arts, les sciences profitables et les langues étrangères. Il faut également répéter les prières pour le bien-être des dirigeants et des gouvernés. **Eviter les œuvres matérialistes, les histoires d'amour et les livres soulevant les passions, ...** "En résumé, que toutes les leçons soient entièrement dédiées à l'acquisition de perfections humaines."** ... "Voici donc en bref, les directives pour le programme d'études de ces écoles." »[590]*

***

5.6.1- Le programme d'études de ces écoles

***

*« Il n'existe pas encore jusqu'à présent de programme d'études bahá'íes ... puisque **les enseignements de Bahá'u'lláh et d''Abdu'l-Bahá ne présentent pas un système éducatif défini ni détaillé, mais simplement offrent certains principes de base et énoncent un nombre d'idéaux d'enseignement** qui devraient guider, dans leurs efforts, les futurs éducateurs bahá'ís à formuler un programme d'enseignement adéquat qui serait en harmonie complète avec l'esprit des enseignements bahá'ís et répondrait ainsi aux nécessités et aux besoins de l'âge moderne. »[591]*

***

[587] *Shoghi Effendi, Op. Cit., n°110*
[588] *Ibid., Op. Cit., n°148*
[589] *'Abd'ul-Baha, Extraits des Ecrits de Abd'ul-Baha, Op. Cit., n°68*
[590] *Ibid., Op. Cit., n°78*
[591] *Shoghi Effendi, Op. Cit., n°131a*

Vous avez demandé une information détaillée concernant le programme scolaire bahá'í; il n'existe pas encore jusqu'à présent de programme d'études bahá'íes

« **Vous avez demandé une information détaillée concernant le programme scolaire bahá'í**; il n'existe pas encore jusqu'à présent de programme d'études bahá'íes et il n'y a pas de publication bahá'íe exclusivement consacrée à ce sujet puisque **les enseignements de Bahá'u'lláh et d''Abdu'l-Bahá ne présentent pas un système éducatif défini ni détaillé, mais simplement offrent certains principes de base et énoncent un nombre d'idéaux d'enseignement** qui devraient guider, dans leurs efforts, les futurs éducateurs bahá'ís à formuler un programme d'enseignement adéquat qui serait en harmonie complète avec l'esprit des enseignements bahá'ís et répondrait ainsi aux nécessités et aux besoins de l'âge moderne. »[592]

Ces principes fondamentaux sont valables dans les écrits sacrés de la Cause et devraient être soigneusement étudiés et graduellement intégrés aux divers programmes des collèges et des universités

« **Ces principes fondamentaux sont valables dans les écrits sacrés de la Cause et devraient être soigneusement étudiés et graduellement intégrés aux divers programmes des collèges et des universités.** Mais la tâche de **formuler un système éducatif** qui serait officiellement reconnu par la Cause et appliqué comme tel à travers le monde bahá'í est une œuvre qui ne peut évidemment pas être entreprise par la génération actuelle des croyants et **doit être graduellement accomplie par les érudits bahá'ís et les éducateurs de l'avenir.** »[593]

Les sujets à enseigner aux enfants sont nombreux, et par manque de temps nous ne pouvons en effleurer que quelques-uns

« "Les sujets à enseigner aux enfants sont nombreux, et par manque de temps nous ne pouvons en effleurer que quelques-uns **le premier et le plus important est de former le comportement et le bon caractère,** de corriger les défauts, de susciter le désir de se réaliser et d'acquérir les perfections, de s'attacher à la religion de Dieu et de rester ferme dans Ses lois, d'accorder une obéissance totale à tout gouvernement juste, de faire preuve de loyauté et de fidélité au gouvernement du moment, d'être les amis sincères du genre humain et d'être bon envers tous." ... "**Favoriser autant les idéaux de caractère que l'instruction dans les arts, les sciences profitables et les langues étrangères.** Il faut également répéter les prières pour le bien-être des dirigeants et des gouvernés. **Eviter les œuvres matérialistes, les histoires d'amour et les livres soulevant les passions,** choses qui sont courantes parmi ceux qui voient seulement la causalité naturelle." ... "**En résumé, que toutes les leçons soient entièrement dédiées à l'acquisition de**

---

[592] *Ibid., Op. Cit., n°131*
[593] *Idem*

perfections humaines." ... "Voici donc en bref, les directives pour le programme d'études de ces écoles." »[594]

Apprenez à vos enfants ce qui fut révélé par la Plume Suprême, instruisez-les de ce qui fut envoyé du Ciel de Pouvoir et de Grandeur et, qu'ils retiennent les Tablettes du Miséricordieux

« Ainsi, puissent la Gloire Eternelle et la Suprématie Infinie briller, comme le soleil de Midi, dans l'Assemblée des peuples de Bahá, et puisse ainsi le coeur d'Abdu'l-Bahá rayonner de bonheur et de reconnaissance. **Apprenez à vos enfants ce qui fut révélé par la Plume Suprême, instruisez-les de ce qui fut envoyé du Ciel de Pouvoir et de Grandeur et, qu'ils retiennent les Tablettes du Miséricordieux.**

"Mon Dieu, Eduque ces enfants. Ce sont les plantes de Ton verger, les fleurs de Ta prairie, les roses de Ton jardin. Que ta pluie vienne les arroser, que le Soleil de Réalité brille sur eux de tout son amour. Que Ta brise les rafraîchisse afin qu'ils soient bien dirigés, qu'ils puissent croître, se développer et montrer les plus belles qualités. Tu es le Dispensateur, Tu es le Compatissant.

"ô, Seigneur sans égal. Sois un Protecteur pour cet enfant délaissé, sois bon et généreux pour ce faible et ce pécheur. ô Créateur, bien que nous soyons des herbes inutiles, nous sommes cependant de Ton jardin. Bien que nous soyons de jeunes arbres sans feuilles ni fleurs, nous sommes cependant de Ton verger. Nourris donc cette herbe par la pluie de Ta bonté, et, par les brises de Ton Printemps spirituel, rafraîchis et vivifie ces arbres frêles et languissants. Eveille-nous, éclaire-nous, soutiens-nous, donne-nous la vie éternelle et reçois-nous dans Ton Royaume. »[595]

5.6.2- La religion d'abord, les sciences et les arts ensuite

✱✱✱

« L'instruction dans les écoles doit commencer par l'étude de la religion. Après l'instruction religieuse et après avoir établi un lien entre le cœur de l'enfant et l'amour de Dieu, poursuivez par l'éducation dans les autres branches de la connaissance. »[596]

✱✱✱

« Nous avons décrété, ô peuple, que la fin la plus haute et dernière de tout savoir est la reconnaissance de Celui qui est l'Objet de toute science... »[597]

✱✱✱

---

[594] *'Abdu'l-Baha, Op. Cit., n°78*
[595] *Ibid., cité dans L'art divin de vivre, Chapitre: VIII*
[596] *Ibid., Extraits des Ecrits de 'Abd'ul-Baha, cité dans Compilation sur l'éducation baha'ie n°68*
[597] *Bahá'u'lláh, Extraits des Écrits de Bahá'u'lláh, cité dans Compilation sur l'éducation baha'ie n°2*

***

*« Enseignez à vos **enfants les mots qui ont été donnés par Dieu**, qu'ils les récitent d'une voix douce. Ceci a été révélé dans un livre puissant. »[598]*

***

*« Enseignez à vos enfants **les paroles qui ont été envoyées du ciel de majesté et de puissance** pour qu'ils récitent d'une voix mélodieuse les tablettes du Miséricordieux dans les Mashriqu'l-Adhkár. »[599]*

***

Nous avons ordonné que d'abord ils soient instruits dans les règles et les lois de la religion; et ensuite, dans les branches de la connaissance qui sont profitables

« "Pour ce qui est des enfants : **Nous avons ordonné que d'abord ils soient instruits dans les règles et les lois de la religion; et ensuite, dans les branches de la connaissance qui sont profitables, dans les carrières commerciales qui se distinguent par leur intégrité, et dans les actes qui favoriseront la victoire de la Cause de Dieu** ou aboutiront d'une manière ou d'une autre à rapprocher le croyant de son Seigneur." ... "Nous supplions Dieu d'assister les enfants de Ses bien-aimés et de les parer de sagesse, de bonne conduite, d'intégrité et de droiture." ... "Il est, en vérité, Celui qui pardonne, le Clément." »[600]

Nous prescrivons à tous les hommes ce qui mènera à l'exaltation de la Parole de Dieu parmi Ses serviteurs, et aussi au progrès du monde de l'existence et à l'élévation des âmes

« "Nous prescrivons à tous les hommes ce qui mènera à l'exaltation de la Parole de Dieu parmi Ses serviteurs, et aussi au progrès du monde de l'existence et à l'élévation des âmes. **A cette fin, le meilleur moyen est l'éducation de l'enfant.** Tous sans exception doivent s'y conformer strictement. **En vérité, Nous vous avons imposé cette obligation dans de multiples tablettes ainsi que dans mon Très-Saint Livre. Bienheureux celui qui s'y soumet."** ... "Nous demandons à Dieu qu'Il aide chacun à obéir à ce commandement imposé, qui est apparu et a été envoyé par la Plume de l'Ancien des Jours." »[601]

L'enseignement des lois de Dieu et de l'unicité de Dieu est d'une importance suprême pour les enfants et doit précéder toutes choses

« **L'enseignement des lois de Dieu et de l'unicité de Dieu est d'une importance suprême pour les enfants et doit précéder toutes choses.** Sans cela, **la crainte de Dieu ne peut pas être inculquée,** et à défaut de la crainte de Dieu une infinité

---

[598] *Ibid., Tablette non encore traduite, Op ; Cit., n°21*
[599] *Ibid., Kitáb-i-Aqdas, Op. Cit., n°22*
[600] *Ibid., Tablette non encore traduite, Op. Cit., n°25*
[601] *Ibid., Op. Cit., n°6*

d'actions odieuses et abominables surviendront, des sentiments qui dépassent toute mesure se manifesteront... »[602]

Il t'incombe de les abreuver au sein de l'amour de Dieu, et de les guider vers les choses de l'esprit pour qu'ils puissent tourner leurs visages vers Dieu

« **Au sujet de ta question sur l'éducation des enfants :** il t'incombe de les abreuver au sein de l'amour de Dieu, et de les guider vers les choses de l'esprit pour qu'ils puissent tourner leurs visages vers Dieu, que leurs manières puissent être conformes aux règles de bonne conduite et que l'on ne puisse trouver meilleur caractère, pour qu'ils s'identifient à toutes les grâces et qualités louables de l'humanité et qu'ils acquièrent une solide connaissance des différentes branches du savoir, **afin que, dès le début de leur vie, ils puissent devenir des êtres spirituels, des habitants du royaume épris du souffle pur de sainteté et puissent recevoir une éducation religieuse du royaume céleste.** En vérité j'invoquerai Dieu pour que, par Lui, ils obtiennent un résultat heureux. »[603]

L'instruction dans la morale et la bonne conduite est de loin plus importante que l'étude livresque

« **L'instruction dans la morale et la bonne conduite est de loin plus importante que l'étude livresque.** Un enfant propre, agréable, de bon caractère, poli - même s'il est ignorant - est préférable à un enfant impoli, sale, méchant et cependant très versé dans les sciences et les arts. **La raison en est que l'enfant qui se conduit bien, même s'il est ignorant, est bénéfique pour les autres, alors qu'un enfant méchant et désagréable est corrompu et nuisible aux autres.** Si, cependant, l'enfant est formé pour être à la fois érudit et bon, le résultat sera lumière sur lumière. »[604]

Les enfants sont comme une branche qui est fraîche et tendre; ils grandiront dans la direction où vous les dirigez

« **Les enfants sont comme une branche qui est fraîche et tendre; ils grandiront dans la direction où vous les dirigez.** Mettez le plus grand soin à leur donner des idéaux et des objectifs nobles, pour qu'une fois la maturité atteinte, ils déversent leurs rayons comme des chandelles brillantes sur le monde et ne soient pas souillés par les désirs et les passions bestiales, ni insouciants et inconscients, **mais au lieu de cela aient à cœur d'atteindre l'honneur et d'acquérir toutes les qualités humaines.** »[605]

---

[602] *Ibid., Op. Cit., n°14*
[603] *'Abdu'l-Baha,Tablette non encore traduite, Op. Cit., n°50*
[604] *Ibid., Extraits des Ecrits de 'Abdu'l-Baha, Op. Cit., n°79*
[605] *Idem*

5.6.2.2- Les sciences et les arts ensuite

***

*« Dans cette nouvelle cause religieuse, **le progrès de toutes les branches de la connaissance est un principe établi et vital**, ... que chaque enfant reçoive, selon ses besoins, sa part de sciences et d'arts jusqu'à ce que l'on ne trouve même plus un seul enfant de paysan qui soit complètement dépourvu d'instruction. »*[606]

***

*« Il est essentiel qu'on enseigne **les principes de la connaissance et que tous soient capables de lire et d'écrire**. ... on fondera une école où les enfants pourront apprendre à lire et à écrire, et où les connaissances de base leur seront prodiguées. »*[607]

***

Les arts, les métiers et les sciences élèvent le monde de l'existence et contribuent à le valoriser

« "**Les arts, les métiers et les sciences élèvent le monde de l'existence et contribuent à le valoriser.** La connaissance est comparable à une paire d'ailes dans la vie de l'homme et à une échelle pour son ascension. Il appartient à chacun de l'acquérir. **Cependant, il faudrait développer seulement la connaissance de ces sciences qui peuvent être profitables aux peuples de la terre** et non de celles qui commencent par des mots et qui finissent par des mots..." ... "**En vérité, la connaissance est un véritable trésor pour l'homme et une source de gloire, de bonté, de joie, d'exaltation, de gaieté et d'allégresse pour lui-même.**" ... "**Heureux l'homme qui s'y attache et malheur aux insouciants.**" »[608]

Les érudits du jour doivent diriger les gens vers l'acquisition de ces branches de connaissance qui sont utiles afin que les érudits eux-mêmes et l'humanité en général puissent en tirer profit

« **Les érudits du jour doivent diriger les gens vers l'acquisition de ces branches de connaissance qui sont utiles afin que les érudits eux-mêmes et l'humanité en général puissent en tirer profit.** Les études académiques qui commencent et finissent seulement par des mots n'ont jamais eu et n'auront jamais aucune valeur. **La majorité des docteurs instruits de Perse consacrent toute leur vie à l'étude d'une philosophie dont le rapport final n'est que bavardage.** »[609]

Les enfants doivent absolument s'efforcer d'apprendre l'art d'écrire et de lire

« "**Les enfants doivent absolument s'efforcer d'apprendre l'art d'écrire et de lire.** Pour certains, savoir écrire afin de parer aux besoins urgents suffira; **ensuite il vaut mieux et il est plus profitable qu'ils consacrent leur temps à étudier**

---

[606] *Ibid., Op. Cit., n°74*
[607] *Idem*
[608] *Bahá'u'lláh, Epistle to the Son of the Wolf, Op. Cit., n°16*
[609] *Ibid., Tablette non encore traduite, Op. Cit., n°17*

396

les **branches de connaissances qui sont utiles**." ... "La Plume suprême a initialement prescrit ceci, car **dans chaque art et métier, Dieu aime la plus grande perfection**." »[610]

Parmi les arts et les sciences, faites étudier à vos enfants ceux qui profiteront à l'homme, assureront son progrès et élèveront son rang

« **Au départ de tout effort, il convient d'en envisager la fin**. Parmi les arts et les sciences, faites étudier à vos enfants ceux qui profiteront à l'homme, assureront son progrès et élèveront son rang. Ainsi seront chassées les odeurs fétides du désordre et ainsi, par les nobles efforts des dirigeants des nations, tous vivront à l'abri, en sûreté et en paix. »[611]

Aide Tes bien-aimés à acquérir la connaissance, les sciences et les arts, et à éclaircir les secrets qui sont précieusement gardés dans la plus profonde réalité de tous les êtres créés

« "**O Seigneur, aide Tes bien-aimés à acquérir la connaissance, les sciences et les arts, et à éclaircir les secrets qui sont précieusement gardés dans la plus profonde réalité de tous les êtres créés**. Fais qu'ils apprennent les vérités cachées qui sont inscrites et scellées dans le cœur de tout ce qui existe. **Fais d'eux des signes de direction parmi les créatures et des rayons pénétrants de l'intelligence éclairant cette "première vie"** [*nota: Qur'án 56.62 (Dans une tablette 'Abdu'l-Bahá explique que ceci est une référence distinguant ce monde du prochain].* ... **"Fais qu'ils dirigent les hommes vers Toi, les guident sur Ton sentier, les encouragent à s'approcher de Ton royaume."** ... "En vérité, Tu es le Puissant, le Protecteur, le Suprême, le Défenseur, le Fort, le plus Généreux." »[612]

Concernant l'éducation des enfants dans la foi, dans la certitude, dans l'érudition et dans la connaissance spirituelle

« "Précédemment nous avons écrit et envoyé une lettre détaillée concernant **l'éducation des enfants dans la foi, dans la certitude, dans l'érudition et dans la connaissance spirituelle, et leur apprentissage dans l'invocation du royaume céleste d'un cœur suppliant**." ... "Il est certain que vous déploierez vos efforts à cette fin." »[613]

Efforcez-vous d'acquérir les différentes branches de connaissance et de véritable compréhension

---

[610] *Ibid., Op. Cit., n°18*
[611] *Ibid., Op. Cit., n°24*
[612] *'Abdu'l-Baha,Tablette non encore traduite, Ibid., Op. Cit., n°28*
[613] *Ibid., Op. Cit., n°49*

« "O bien chers amis! **Efforcez-vous d'acquérir les différentes branches de connaissance et de véritable compréhension. Déployez tous vos efforts pour mener à bien des réalisations matérielles et spirituelles."** … "Encouragez les enfants dès leur jeune âge à maîtriser toutes les sortes de sciences, et faites qu'ils désirent ardemment devenir compétents dans tous les arts, afin que par le soutien de la grâce de Dieu, le cœur de chacun puisse devenir tel un miroir divulguant tous les secrets de l'univers, pénétrant la plus intime réalité de toutes les choses; et que chacun puisse acquérir une renommée mondiale dans toutes les branches de la connaissance, de la science et des arts." … **"Surtout ne négligez pas l'éducation des enfants ! Elevez-les de telle sorte qu'ils possèdent des qualités spirituelles et soient assurés des dons et des faveurs du Seigneur."** »[614]

<u>Il incombe à chacun d'acquérir la connaissance; mais, ce qu'il faut connaître, ce sont les sciences utiles aux peuples de la terre</u>

« Il incombe à chacun d'acquérir la connaissance; mais, ce qu'il faut connaître, ce sont les sciences utiles aux peuples de la terre et non celles qui, commençant par de simples mots, se terminent encore par des mots. **Celui qui possède les Sciences ou les Arts possède un grand privilège vis-à-vis des peuples du monde. En vérité, le vrai trésor de l'homme est son savoir; c'est le chemin de l'honneur, de la prospérité, de la joie et du bonheur.** Puisque tu m'as questionné concernant l'abandon de tes études scientifiques à Paris pour te consacrer à la diffusion de cette Vérité, je te dirai que cette intention est vraiment admissible et aimable, mais, que si tu acquérais les deux choses ce serait meilleur et plus parfait, parce que, **en ce nouveau siècle, la connaissance des sciences, des arts et des belles-lettres, qu'elles soient divines ou terrestres, matérielles ou spirituelles est une chose acceptable devant Dieu et un devoir qu'il nous appartient de remplir.** Par conséquent, il ne faut jamais sacrifier le spirituel aux choses matérielles, on doit alors s'intéresser aux deux. Néanmoins, pendant que vous travaillez à l'acquisition de la science, vous devez rester sensible à l'attrait de l'amour de votre Seigneur Glorieux, et soucieux de mentionner partout Son Nom admirable. **Ceci étant, vous devez menez l'art que vous étudiez à sa perfection.** »[615]

5.6.3- Donner une éducation baha'ie

***

« Quand l'enfant a atteint l'âge de discernement, qu'il soit placé dans une école bahá'íe, où, au début, on récite les textes saints et où l'on enseigne les concepts religieux. Dans cette école, l'enfant doit apprendre à lire et à écrire ainsi que les principes essentiels des diverses branches de la connaissance qui peuvent être étudiées par des enfants. »[616]

***

---

[614] *Ibid., Op. Cit., n°51*

[615] *Ibid., cité dans L'art divin de vivre Chapitre : VIII*

[616] *Ibid., Extraits des Ecrits de 'Abdu'l-Baha, cité dans Compilation sur l'éducation baha'ie n°77*

« "Efforce-toi donc jusqu'aux limites de tes capacités de faire comprendre à ces enfants qu'un bahá'í est quelqu'un qui incarne toutes les perfections, qu'il doit briller comme un cierge allumé - et non être ténèbre dans les ténèbres, et cependant porter le nom de " bahá'í ". ... "Nomme cette école l'Ecole bahá'íe du Dimanche " »[617]

***

5.6.3.1- Dès l'enfance

***

« Le tout petit, quand il est encore un nourrisson doit recevoir une éducation bahá'íe, et l'esprit aimant du Christ et de Bahá'u'lláh doit lui être insufflé afin qu'il puisse être élevé en accord avec les vérités de l'Evangile et du Très-Saint Livre. »[618]

***

Mon désir est que ces enfants reçoivent une éducation bahá'íe, afin qu'ils puissent progresser à la fois ici et dans le royaume, et réjouir ton cœur

« **"Mon désir est que ces enfants reçoivent une éducation bahá'íe, afin qu'ils puissent progresser à la fois ici et dans le royaume, et réjouir ton cœur."** ... "Dans l'avenir, les mœurs dégénéreront jusqu'à un point extrême. Il est essentiel que les enfants soient éduqués d'une manière bahá'íe, qu'ils puissent trouver le bonheur aussi bien dans ce monde que dans le prochain. Sinon, ils seront assaillis de chagrins et de problèmes, **car le bonheur humain est fondé sur le comportement spirituel."** »[619]

L'éducation des enfants est un sujet d'une importance extrême

« O toi qui es épris du saint souffle de Dieu ! L'éducation des enfants est un sujet d'une importance extrême. **Le tout petit, quand il est encore un nourrisson doit recevoir une éducation bahá'íe, et l'esprit aimant du Christ et de Bahá'u'lláh doit lui être insufflé** afin qu'il puisse être élevé en accord avec les vérités de l'Evangile et du Très-Saint Livre. »[620]

Tu t'es engagé dans l'enseignement des enfants des croyants, que ces tendres petits ont appris les Paroles Cachées et les prières, et ce que cela signifie d'être bahá'í

« "Ô toi qui contemple le royaume de Dieu ! **Nous avons reçu ta lettre et nous remarquons que tu t'es engagé dans l'enseignement des enfants des croyants, que ces tendres petits ont appris les Paroles Cachées et les prières, et ce que cela signifie d'être bahá'í.** ... "L'instruction de ces enfants est pareille au travail d'un jardinier plein d'amour qui entretient ses jeunes plantes dans les champs fleuris du Tout-Glorieux. **Il n'y a pas de doute que cela produise les résultats désirés; ceci est surtout vrai à propos de l'instruction concernant les**

---

[617] *Ibid., Op. Cit., n°48*
[618] *Ibid., Op. Cit., n°47*
[619] *Ibid., Tablette non encore traduite, Op. Cit., n°46*
[620] *Ibid., Op. Cit., n°47*

obligations bahá'íes et la conduite bahá'íe, car les petits enfants doivent absolument être rendus conscients au plus intime de leur coeur et de leur âme que " bahá'í " n'est pas juste un nom mais une réalité. Chaque enfant doit être instruit dans les choses de l'esprit, pour qu'il puisse incarner toutes les vertus et devenir une source de gloire pour la Cause de Dieu. Autrement, le simple mot de " bahá'í ", s'il ne produit aucun fruit, n'aboutira à rien. … **"Efforce-toi donc jusqu'aux limites de tes capacités de faire comprendre à ces enfants qu'un bahá'í est quelqu'un qui incarne toutes les perfections, qu'il doit briller comme un cierge allumé - et non être ténèbre dans les ténèbres, et cependant porter le nom de " bahá'í ".** … "Nomme cette école l'Ecole bahá'íe du Dimanche " [*nota: Une classe pour enfants bahá'ís à Kenosha, Wisconsin*]. »[621]

Quoiqu'un homme dise, laissez-le en donner la preuve par les actes. S'il affirme être un croyant, alors laissez-le agir en accord avec les préceptes du royaume d'Abhá

« "Ô vous deux, bien-aimées servantes de Dieu ! **Quoiqu'un homme dise, laissez-le en donner la preuve par les actes. S'il affirme être un croyant, alors laissez-le agir en accord avec les préceptes du royaume d'Abhá.**" … "Loué soit Dieu, toutes deux vous avez démontré par vos actes la véracité de vos paroles et vous avec gagné les confirmations du Seigneur Dieu. **Chaque jour aux premières lueurs, vous réunissez les enfants bahá'ís et leur enseignez le recueillement et les prières.** C'est un acte très louable qui apporte la joie au cœur des enfants. Qu'ils tournent, chaque matin, leur visage vers le royaume et mentionnent le Seigneur en louant Son Nom et d'une voix douce chantent et récitent Ses versets." … "**Ces enfants sont comme de jeunes plantes et leur enseigner les prières est comme laisser tomber la pluie sur eux, puissent-ils croître en tendresse et en fraîcheur et les douces brises de l'amour de Dieu souffler sur eux à les faire trembler de joie.**" … "Vous serez bienheureuses et bien accueillies." »[622]

Votre lettre est arrivée et nous a comblés de joie en nous apprenant, loué soit Dieu, que les jeunes du paradis d'Abhá soient purs et innocents

« "O vous, fermes dans l'Alliance ! **Votre lettre est arrivée et nous a comblés de joie en nous apprenant, loué soit Dieu, que les jeunes du paradis d'Abhá soient purs et innocents grâce aux pluies déversées par les nuages de grâce céleste; qu'ils se développent et fleurissent sous les pluies printanières de la direction divine et progressent de jour en jour.**" … "Il est certain que chacun d'entre eux en arrivera peu à peu à être un étendard de direction, un symbole des dons qui viennent du royaume du Tout-Glorieux. Ils seront des rossignols mélodieux dans les jardins de la connaissance, des gazelles délicates et gracieuses

---

[621] *Ibid., Op. Cit., n°48*
[622] *Ibid., Op. Cit., n°53*

errant dans les plaines de l'amour de Dieu. **Vous devez attacher la plus grande importance à l'éducation des enfants car c'est la base de la loi de Dieu et le fondement de l'édifice de sa Foi."** ... "Si la joie que vous suscitez grâce à ce qui a été fait pour les enfants, était connue, les croyants éduqueraient certainement tous leurs enfants de la même manière." »[623]

Ces enfants bahá'ís ont une extrême importance pour l'avenir. Ils vivront dans une époque où ils se heurteront à des problèmes auxquels leurs aînés ne se sont jamais heurtés

« **Ces enfants bahá'ís ont une extrême importance pour l'avenir.** Ils vivront dans une époque où ils se heurteront à des problèmes auxquels leurs aînés ne se sont jamais heurtés. **Seule, la Cause peut les armer à l'avenir pour servir convenablement les besoins du genre humain qui sera las de la guerre, désillusionné et malheureux.** Ce sera donc une tâche très grande et pleine de responsabilités, et on ne prendra jamais trop de soins à éduquer et à préparer ces enfants. »[624]

O mes chers enfants! Votre lettre m'est bien parvenue. La nouvelle qu'elle m'apporte m'a rempli d'une joie telle que je ne saurais la décrire ni en paroles ni par écrit

« O mes chers enfants! Votre lettre m'est bien parvenue. La nouvelle qu'elle m'apporte m'a rempli d'une joie telle que je ne saurais la décrire ni en paroles ni par écrit; **ainsi, grâce à Dieu, le pouvoir du royaume de Dieu a formé des enfants qui, dès leur plus jeune âge, souhaitent vivement recevoir une éducation bahá'íe afin de pouvoir, dès l'enfance, servir l'humanité.** Mon souhait et mon désir les plus ardents, c'est que vous, qui êtes mes enfants, soyez éduqués conformément aux enseignements de Bahá'u'lláh, et que vous receviez une formation bahá'íe; que chacun d'entre vous devienne une lampe allumée dans le monde des hommes, qu'il se consacre au service de toute l'humanité, abandonnant ses loisirs et son confort, afin qu'il devienne source de quiétude pour le monde de la création. Tel est l'espoir que je formule pour vous, et j'ai confiance que vous deviendrez la cause de ma joie et de mon allégresse dans le royaume de Dieu. »[625]

O toi qui n'as que peu d'années, mais de nombreux dons d'intelligence! Combien d'enfants, malgré leur jeune âge, ont un jugement mûr et sain!

« O toi qui n'as que peu d'années, mais de nombreux dons d'intelligence! Combien d'enfants, malgré leur jeune âge, ont un jugement mûr et sain! Et, à l'inverse,

---

[623] *Ibid., Op. Cit., n°54*
[624] *Shoghi Effendi, Op. Cit., n°138*
[625] *'Abdu'l-Baha, Sélection des écrits d'Abdu'l-Bahá, Chapitre: 120.*

combien de personnes âgées sont ignorantes et ont l'esprit confus! **C'est qu'en effet la croissance et le développement dépendent de nos pouvoirs de compréhension et de raisonnement, et non de notre âge.** Bien que tu sois encore à l'âge de l'enfance, tu as pourtant reconnu ton Seigneur, alors que des multitudes de femmes Le tiennent dans l'oubli, sont écartées de son céleste Royaume et privées de ses bienfaits. **Rends grâce à ton Seigneur de ce merveilleux don qu'il t'a octroyé.** Je prie Dieu de guérir ta mère, qui est honorée dans le royaume des cieux. »[626]

5.6.3.2- L'esprit Baha'i par rapport à la connaissance
***
« Notre opinion est que les qualités de l'esprit sont les fondations divines de base dont s'orne la véritable essence de l'homme, et le savoir est la cause du progrès de l'homme. Les bien-aimés de Dieu doivent attacher une grande importance à ce sujet et s'y appliquer avec enthousiasme et zèle. »[627]
***

« "Ainsi je demande avec insistance aux amis de Dieu de concentrer maintenant tous leurs efforts sur ce travail dans les limites de leurs possibilités. Plus ils s'efforceront d'étendre leur connaissance, meilleur et plus satisfaisant sera le résultat. Que les bien-aimés de Dieu, jeunes ou vieux, hommes ou femmes, chacun selon ses capacités se mettent en action et n'épargnent aucun effort pour acquérir les différentes branches courantes de la connaissance spirituelle et laïque, et pour étudier les arts. Chaque fois qu'ils se réunissent, que leur conversation soit limitée à des sujets savants et à l'information sur les connaissances et sciences du jour." … "Quand cela sera, ils inonderont le monde de la Lumière manifeste et changeront cette terre poussiéreuse en jardins du Royaume de Gloire." »[628]

« "Les sciences de ce monde sont des gouttelettes de réalité; si donc elles ne nous mènent pas vers la réalité, quel fruit peut venir de l'illusion ? Par le seul vrai Dieu ! Si l'érudition n'est pas une voie d'accès vers Lui, le plus Manifeste, ce n'est que perte évidente." … "Il t'appartient d'acquérir les différentes branches de la connaissance et de tourner ton visage vers la splendeur de la Beauté manifeste, afin d'être un signe de direction parmi les peuples du monde et un foyer de compréhension dans ce domaine duquel le sage et sa sagesse sont exclus, sauf pour celui qui pénètre dans le Royaume de Lumières et s'informe du mystère voilé et ignoré, du secret bien gardé." »[629]

« Certains piliers ont été établis comme supports inébranlables de la Foi de Dieu. Le plus puissant de ceux-ci est l'étude et l'usage de l'intelligence, l'élargissement de la conscience et la pénétration des réalités de l'Univers et les mystères cachés

---

[626] *Ibid., Op. Cit., Chapitre: 121.*
[627] *Ibid., Tablette non encore traduite, cité dans Compilation sur l'éducation baha'ie n°41*
[628] *'Abdu'l-Baha, Tablette non encore traduite, cité dans Compilation sur l'éducation baha'ie n°28*
[629] *Ibid., Op. Cit., n°29*

du Dieu Tout-Puissant. ... Promouvoir la connaissance est donc un devoir inévitable imposé à chacun des amis de Dieu. Il appartient à cette Assemblée spirituelle, cette réunion de Dieu, de faire tous ses efforts pour éduquer les enfants, afin que, dès l'enfance, ils soient élevés dans l'atmosphère bahá'íe et les voies de Dieu. »[630]

« Pour cela, ô aimés de Dieu ! Faites un effort considérable jusqu'à ce que vous réalisiez cet avancement et toutes ces confirmations, et que vous deveniez le siège des bénédictions de Dieu, l'aube de la lumière de son unité, le promoteur des sons et des grâces d'une vie civilisée. Dans ce pays soyez les pionniers des perfections de l'humanité, faites progresser les diverses branches de la connaissance, soyez actifs et à l'avant-garde dans les domaines de l'invention et des arts. Tâchez de corriger la conduite des hommes et essayez de surpasser le monde entier par la moralité de votre caractère. Quand les enfants sont encore dans leur prime jeunesse nourrissez-les au sein de la grâce céleste, formez-les à l'école de l'excellence, élevez-les dans le giron de la bonté. Faites-les bénéficier de toutes sortes de connaissances utiles. Laissez-les s'intéresser à chaque nouvelle invention artisanale et artistique, même rare ou surprenante. Enseignez-leur le travail et l'effort, accoutumez-les aux épreuves. Conseillez-leur de se consacrer à des affaires de grande importance et inspirez-leur d'entreprendre des études profitables au genre humain. »[631]

5.6.4 – Les approches et méthodes éducatives et pédagogiques

***
« Bahá'u'lláh a apporté des enseignements et des lois pour mille ans à venir, nous pourrons aisément voir que chaque nouvelle génération pourra trouver dans les Ecrits une plus grande signification que celles qui les ont précédées n'auront pu le faire. »[632]
***

5.6.4.1 – Les approches et méthodes d'instruction
***
« La méthode d'instruction que vous avez établie est merveilleusement appropriée, vous commencez par les preuves de l'existence de Dieu et l'unicité de Dieu, puis la mission des prophètes et des messagers et leurs enseignements, et enfin les merveilles de l'univers. »[633]
***

5.6.4.1.1 – Les approches globales

La méthode d'instruction que vous avez établie est merveilleusement appropriée

---

[630] *Ibid., Op. Cit., n0 44*
[631] *Ibid., Op. Cit., n0 55*
[632] *Shoghi Effendi, Op. Cit., n°140*
[633] *'Abdu'l-Baha, Extraits des Ecrits de 'Abdu'l-Baha, Op. Cit., n°75*

« "O vous, fermes dans l'Alliance ! **La méthode d'instruction que vous avez établie est merveilleusement appropriée,** vous commencez par les preuves de l'existence de Dieu et l'unicité de Dieu, puis la mission des prophètes et des messagers et leurs enseignements, et enfin les merveilles de l'univers. Continuez-la. Il est certain que les confirmations de Dieu vous accompagneront. **Il est également très louable de mémoriser les tablettes, les versets divins et les traditions sacrées.**" ... "Vous ferez certainement tous les efforts nécessaires pour enseigner et pour favoriser la compréhension." »[634]

Vous devez considérer l'acquisition d'un caractère noble comme une affaire de première importance

« Vous devez considérer l'acquisition d'un caractère noble comme une affaire de première importance. **Il incombe à chaque père et à chaque mère de conseiller leurs enfants pendant une longue période, et de les orienter vers les qualités qui confèrent l'honneur éternel.** Encouragez-les, dès leur plus jeune âge. à prononcer des paroles de haute qualité afin que, dans leurs moments de loisir, ils se mettent à converser en termes pertinents et efficaces, s'exprimant avec éloquence et clarté. »[635]

Tout ce qu'ils apprennent dans ce premier stade de leur développement, laissera des traces dans toute leur vie. Cela devient une part de leur nature

« "Il est très heureux de savoir que vous attachez de l'importance à la formation des enfants, car **tout ce qu'ils apprennent dans ce premier stade de leur développement, laissera des traces dans toute leur vie. Cela devient une part de leur nature.**" ... "**Il n'y a pas de livre spécial que le Gardien puisse recommander.** Ce sont les amis plus âgés qui doivent tenter de composer une compilation adaptée à ce but, et, après beaucoup de tentatives, un bon recueil sera finalement produit." »[636]

Le bien-aimé Gardien a été ravi d'apprendre le succès de l'institut pour instruire les enfants indiens

« Le bien-aimé Gardien a été ravi d'apprendre le succès de l'institut pour instruire les enfants indiens. Il pense que c'est une très bonne méthode pour implanter les enseignements de la Foi dans les cœurs et les esprits des jeunes enfants pour qu'ils puissent s'épanouir et devenir des hommes virils et des femmes fortes qui serviront la Cause. **De même, par cet effort, il espère que vous serez capables d'attirer certains parents.** »[637]

---

[634] *Idem*
[635] *'Abdu'l-Baha, Sélection des écrits d'Abdu'l-Bahá, Chapitre: 108.*
[636] *Shoghi Effendi, Op. Cit., n°121*
[637] *Ibid., Op. Cit., n°159*

Dans cette dispensation universelle, les talents prodigieux que déploient les hommes sont reconnus comme des actes d'adoration de la Beauté resplendissante

« O toi, serviteur du seul vrai Dieu! **Dans cette dispensation universelle, les talents prodigieux que déploient les hommes sont reconnus comme des actes d'adoration de la Beauté resplendissante.** Quelle munificence et quelle bénédiction que les oeuvres des hommes soient considérées comme des actes d'adoration! **On croyait, dans le passé, que ces talents indiquaient l'ignorance, sinon une disgrâce empêchant l'homme de se rapprocher de Dieu.** Considère à présent combien ses bienfaits infinis et ses abondantes faveurs ont transformé les feux de l'enfer en un paradis de béatitude et ont fait, d'un tas de poussière obscure, un lumineux jardin. **Il incombe aux artisans du monde d'offrir à chaque instant, au seuil sacré, de multiples marques de gratitude, et de vouer tous leurs efforts et leur application à l'exercice de leur profession,** afin que ces efforts donnent naissance à une oeuvre qui, aux yeux de tous les hommes, manifestera la plus grande beauté et la perfection même. »[638]

Que tu seras toujours occupé à faire mention de ton Seigneur et t'efforceras de mener à bien la tâche qui est la tienne sur le plan professionnel

« J'ai bien reçu ta lettre, et j'espère que tu seras protégé et assisté par la providence du vrai Dieu, **que tu seras toujours occupé à faire mention de ton Seigneur et t'efforceras de mener à bien la tâche qui est la tienne sur le plan professionnel.** Tu dois déployer de grands efforts, afin que tes réalisations professionnelles ne puissent être égalées et que tu acquières la renommée dans ces régions, car **le fait d'atteindre la perfection dans son métier, en cet âge de miséricorde, est considéré comme un acte d'adoration envers Dieu** et, tout en exerçant ta profession, tu peux te souvenir du vrai Dieu. »[639]

5.6.4.1.2 – Quelques méthodes déterminées

Un fondement ferme des enseignements dans leurs esprits aidera largement à former leurs caractères

« Le Gardien est heureux de voir que vous instruisez les enfants, **puisqu'un fondement ferme des enseignements dans leurs esprits aidera largement à former leurs caractères,** et leur permettra de devenir des croyants bien équilibrés et utiles quand ils arriveront à leur maturité. »[640]

Le Maître attachait beaucoup d'importance à l'étude par cœur des Tablettes de Bahá'u'lláh et du Báb

---

[638] 'Abdu'l-Baha, Op. Cit., Chapitre : 127.
[639] Ibid., Op. Cit., Chapitre: 128.
[640] Shoghi Effendi, op. Cit., n°152

« **Le Maître attachait beaucoup d'importance à l'étude par cœur des Tablettes de Bahá'u'lláh et du Báb**. De son temps, le travail habituel des enfants de la famille, était d'apprendre par cœur des tablettes; maintenant, cependant, ces enfants ont grandi et n'ont pas le temps pour ce genre de choses. **Mais la coutume est très utile pour implanter dans l'esprit des enfants les idées et l'esprit que ces mots contiennent.** »[641]

<u>Il n'y a pas d'objection à ce que des enfants encore incapables de mémoriser une prière entière apprennent seulement certaines phrases.</u>

« "Au sujet des questions que vous lui avez posées : **il n'y a pas d'objection à ce que des enfants encore incapables de mémoriser une prière entière apprennent seulement certaines phrases.**" ... "Il ne pense pas que les amis doivent prendre l'habitude de dire les grâces ou de l'enseigner aux enfants. **Cela ne fait pas partie de la Foi bahá'íe, mais c'est un rite chrétien**, et comme la Cause embrasse des membres de toutes les races et de toutes les religions, nous devrions **être attentifs à ne pas y introduire les coutumes de nos anciennes croyances.** Bahá'u'lláh nous a donné les prières obligatoires, également les prières avant le coucher, pour voyager etc... **Nous ne devrions pas introduire un nouveau jeu de prières qu'Il n'a pas spécifié**, quand il nous en a déjà tellement données pour d'aussi nombreuses occasions. ... "Votre travail pour l'éducation des enfants est certainement important et il vous exhorte à le poursuivre." »[642]

<u>Avec The Dawn-Breakers en votre possession, vous pourriez également extraire ... des histoires intéressantes, que les enfants aimeraient entendre</u>

« "**Avec The Dawn-Breakers en votre possession, vous pourriez également extraire au sujet des premiers jours du mouvement, des histoires intéressantes, que les enfants aimeraient entendre.** Il y a également des histoires sur la vie du Christ, Muhammed et les autres prophètes qui, une fois racontées aux enfants, **briseront tous les préjugés religieux qu'ils auraient pu apprendre de gens plus âgés à l'esprit borné.**" ... "De telles histoires, concernant la vie des différents prophètes, jointes à leurs paroles, seront également utiles **pour mieux comprendre la littérature de la Cause**, car on se réfère constamment à eux. C'est, cependant, le travail de gens expérimentés, d'assembler ces matériaux et d'en faire des livres d'étude intéressants pour les enfants. **La Cause produira graduellement des gens qui répondront à ces besoins.** C'est seulement une question de temps. Ce que nous devrions nous efforcer de faire, est de stimuler les différents individus qui ont des talents pour s'attaquer à cette tâche." »[643]

---

[641] *Ibid., Op. Cit., n°121*
[642] *Shoghi Effendi, Op. Cit., n°145*
[643] *Ibid., Op. Cit., n°121*

On ne peut les enseigner par les livres. Beaucoup de sciences élémentaires doivent leur être expliquées dès leur tout jeune âge. Ils doivent les apprendre en jouant et en s'amusant

« **Dès l'enfance, ils doivent recevoir une instruction. On ne peut les enseigner par les livres. Beaucoup de sciences élémentaires doivent leur être expliquées dès leur tout jeune âge. Ils doivent les apprendre en jouant et en s'amusant.** La plupart des idées doivent leur être enseignées par la parole et non par l'étude des livres. Un enfant doit poser des questions sur ces sujets à un autre enfant et ce dernier doit donner la réponse. De cette façon, ils feront de grands progrès. **Par exemple, les problèmes mathématiques doivent également être enseignés sous forme de question-réponse.** Un des enfants pose une question et l'autre doit donner la réponse. Plus tard, les enfants parleront spontanément ensemble sur ces mêmes sujets. **Les enfants qui sont en tête de classe doivent recevoir des prix. Ils doivent être encouragés et pour leur développement ultérieur, quand l'un d'eux fait de grands progrès, il doit être loué et encouragé.** Il en est de même pour tout ce qui concerne Dieu. Il faut poser des questions oralement et les réponses doivent être données oralement. Ils doivent discuter entre eux de cette manière. »[644]

L'art de la musique est divin et produit un grand effet. C'est la nourriture de l'âme et de l'esprit. Par la puissance et le charme de la musique, l'esprit de l'homme s'élève

« **L'art de la musique est divin et produit un grand effet. C'est la nourriture de l'âme et de l'esprit.** Par la puissance et le charme de la musique, l'esprit de l'homme s'élève. Elle règne sur eux et a des conséquences sur l'âme des enfants car leurs cœurs sont purs et les mélodies ont une grande influence sur eux. **Les talents latents dont ces enfants sont dotés trouveront leur expression par l'intermédiaire de la musique.** Pour cette raison, vous devez contribuer à en faire des connaisseurs; enseignez leur à chanter d'une manière excellente et distinguée. Il appartient à chaque enfant de chanter d'une manière suave et vigoureuse. **Il appartient à chaque enfant de connaître quelque chose de la musique car sans connaissance de cet art, les mélodies des instruments et de la voix ne peuvent être proprement appréciées.** De même, il est nécessaire que les écoles l'enseignent pour que les âmes et les cœurs des élèves puissent être vivifiés et stimulés et leurs vies illuminées de joie. »[645]

Quand les enfants sont encore dans leur prime jeunesse … formez-les à l'école de l'excellence, … Laissez-les s'intéresser à chaque nouvelle invention artisanale et artistique …

---

[644] *'Abdu'l-Baha,* Bahá'í World, Vol. IX, p. 543 et aussi Star of the West, *cité dans Compilation sur l'éducation baha'ie, n°99*
[645] *Ibid.,* Extraits des Causeries de 'Abdu'l-Baha, *Op. Cit., n°101*

« Quand les enfants sont encore dans leur prime jeunesse nourrissez-les au sein de la grâce céleste, formez-les à l'école de l'excellence, élevez-les dans le giron de la bonté. Faites-les bénéficier de toutes sortes de connaissances utiles. **Laissez-les s'intéresser à chaque nouvelle invention artisanale et artistique, même rare ou surprenante. Enseignez-leur le travail et l'effort, accoutumez-les aux épreuves.** Conseillez-leur de se consacrer à des affaires de grande importance et inspirez-leur d'entreprendre des études profitables au genre humain. »[646]

Eduquez les enfants dans leur petite enfance de manière à ce qu'ils deviennent extrêmement bons et miséricordieux envers les animaux

« **"Eduquez les enfants dans leur petite enfance de manière à ce qu'ils deviennent extrêmement bons et miséricordieux envers les animaux.** Si un animal est malade, ils devraient essayer de le guérir; s'il a faim, ils devraient le nourrir ; s'il a soif, ils devraient satisfaire sa soif; s'il est fatigué, ils devraient lui permettre de se reposer." ... **"L'homme est généralement pécheur et l'animal est innocent; indiscutablement nous devons être plus aimables et plus miséricordieux envers l'innocent."** ... "Les animaux dangereux, tels le loup affamé, le serpent venimeux et d'autres animaux nuisibles font exception, **car être miséricordieux envers eux serait cruauté envers l'homme et envers d'autres animaux."** »[647]

5.6.4.2 – A propos de l'organisation pédagogique
***
*« "Un des amis nous a envoyé une lettre au sujet de l'école ... annonçant que, ... les amis s'efforcent maintenant par leur travail de **mettre l'école en ordre et ont nommé des professeurs qualifiés pour leur travail et qu'à partir de maintenant, le plus grand soin sera accordé à la supervision et à l'administration de l'école."** ... "L'éducation des enfants et la promotion des diverses sciences, métiers et arts sont parmi les plus importants des grands services." »[648]*
***

5.6.4.2.1 – Quelques étapes pédagogiques

Une fois les enfants versés dans la langue persane, ...

« **"Une fois les enfants versés dans la langue persane, que le professeur traduise d'abord des mots séparés et demande la signification de ces mots aux écoliers.** ... "De cette façon, en un court laps de temps, **c'est-à-dire en trois ans les enfants,** du fait d'avoir écrit les mots, auront totalement maîtrisé un certain nombre de langues et seront capables de traduire un passage d'une langue dans une autre. **Une fois compétents dans ces notions de base, qu'ils continuent à**

---

[646] *Ibid., Tablette non encore traduite, Op. Cit., n° 55*
[647] *Ibid., Bahá'í World Faith, p. 374; voir aussi The Bahá'í World, Op. Cit., n°100*
[648] *Ibid., Extraits des Ecrits de 'Abdu'l-Baha, Op. Cit., n°69*

étudier les éléments d'autres branches de la connaissance et une fois qu'ils ont achevé ces études, laissez ceux qui en sont capables et qui en ont le désir ardent, s'instruire dans les instituts d'études supérieures et étudier des cours approfondis dans les sciences et les arts." »[649]

Tous, cependant, ne seront pas capables d'entreprendre des études avancées

« Tous, cependant, ne seront pas capables d'entreprendre des études avancées. **C'est pourquoi ces enfants doivent être envoyés dans des écoles industrielles où ils pourront également acquérir des capacités techniques et une fois la maîtrise totalement acquise que les préférences et les penchants de l'enfant soient alors pris en considération.** Si l'enfant aime le commerce, laissez-le choisir le commerce; si c'est l'industrie, alors optez pour l'industrie; s'il préfère une instruction supérieure, alors ce sera le progrès dans la connaissance; s'il a une préférence pour d'autres responsabilités dans les activités sociales, qu'il suive cette voie. **Placez-le dans le domaine pour lequel il a un penchant, un attrait et un talent.** »[650]

Ces principes fondamentaux … devraient être soigneusement étudiés et graduellement intégrés aux divers programmes des collèges et des universités

« "**Les enseignements de Bahá'u'lláh et d''Abdu'l-Bahá ne présentent pas un système éducatif défini ni détaillé, mais simplement offrent certains principes de base et énoncent un nombre d'idéaux d'enseignement** qui devraient guider, dans leurs efforts, les futurs éducateurs bahá'ís à formuler un programme d'enseignement adéquat qui serait en harmonie complète avec l'esprit des enseignements bahá'ís et répondrait ainsi aux nécessités et aux besoins de l'âge moderne." … "**Ces principes fondamentaux sont valables dans les écrits sacrés de la Cause et devraient être soigneusement étudiés et graduellement intégrés aux divers programmes des collèges et des universités.**" »[651]

5.6.4.2.2 – L'organisation de la vie scolaire

Les enfants devraient tous, si possible, porter les mêmes habits, même si les tissus sont différents

« Pour ce qui est de l'organisation des écoles : **les enfants devraient tous, si possible, porter les mêmes habits, même si les tissus sont différents.** Il serait préférable que le tissu soit également uniforme. Si cependant, cela n'est pas faisable, ce n'est pas grave. **Plus les élèves sont propres, mieux cela sera; ils devraient être immaculés.** L'école doit être située à un endroit où l'air est doux

---

[649] *Ibid., Op. Cit., n°77*
[650] *Idem*
[651] *Shoghi Effendi, Op. Cit., n°131*

et pur. Il faut soigneusement apprendre aux enfants à être courtois et bien élevés. Ils doivent être constamment encouragés et stimulés afin de gagner les sommets de l'épanouissement humain, ainsi dès les premières années, on leur enseignera à avoir des buts élevés, à bien se conduire, à être chastes, purs et sans souillures. **Qu'ils apprennent à être forts dans leurs résolutions et fermes dans leurs buts.** Ne les laissez pas badiner et perdre leur temps en futilités, mais progressez sérieusement vers leurs objectifs, pour que, dans chaque situation, on les trouve résolus et fermes. »[652]

Les enseignants ne devraient pas être trop fréquemment changés et leur remplacement trop longtemps différé; il est préférable d'user de modération

« Les enseignants ne devraient pas être trop fréquemment changés et leur remplacement trop longtemps différé; il est préférable d'user de modération. Il n'est pas souhaitable que vous teniez vos réunions à l'heure où d'autres églises célèbrent leurs cultes; une telle pratique conduirait à une aliénation puisque les enfants bahá'ís, qui suivent leur propre enseignement religieux du dimanche, s'en trouveraient privés s'ils tentaient de fréquenter d'autres écoles dominicales. En outre, l'admission d'enfants dont les parents ne sont pas bahá'ís à l'école pour enfants bahá'ís peut être autorisée. Et si, dans cette école, sont enseignés aux enfants les principes fondamentaux qui sont à la base...de toutes les religions, il ne peut y avoir là aucun mal. Vu le nombre restreint des enfants bahá'ís, il est impossible d'organiser plusieurs classes et, naturellement, une seule suffit. Quant à la dernière question concernant les différences qui séparent les enfants, agissez comme vous le jugez souhaitable. »[653]

Le principe général ... est qu'une demande pour être excusé dès séances d'école les jours saints bahá'ís est souhaitable

« "Le principe général ... est qu'une demande pour être excusé dès séances d'école les jours saints bahá'ís est souhaitable. Ceci est applicable à tous les enfants bahá'ís peu importe leur âge. **Les enfants de parents bahá'ís en dessous de quinze ans, sont considérés comme étant bahá'ís."** ... **"Ce qu'un parent bahá'í ou votre Assemblée devrait faire, est de demander au conseil de l'école d'accorder la permission aux enfants de ne pas venir à l'école les jours saints bahá'ís** et alors de s'incliner quelle que soit la décision que le conseil de l'école puisse prendre, et en aucune façon il ne faut essayer de forcer la chose." »[654]

Les Bahá'ís peuvent, individuellement, insister pour que la religion soit enseignée dans les écoles publiques

---

[652] 'Abdu'l-Baha, Op. Cit., n°79
[653] Ibid., Sélection des écrits d'Abdu'l-Bahá, Chapitre: 125.
[654] Shoghi Effendi, Op. Cit., n°149

« Les Bahá'ís peuvent, individuellement, insister pour que la religion soit enseignée dans les écoles publiques. Mais comme nous ne sommes pas encore assez considérés, cela ne devrait pas être fait officiellement. »[655]

L'école du dimanche pour enfants où on lit les tablettes et les enseignements de Bahá'u'lláh et où la parole de Dieu est récitée par les enfants, est sans aucun doute une bénédiction

« L'école du dimanche pour enfants où on lit les tablettes et les enseignements de Bahá'u'lláh et où la parole de Dieu est récitée par les enfants, est sans aucun doute une bénédiction. Vous devez certainement continuer cette activité organisée sans interruption et y attacher de l'importance pour que, jour après jour elle grandisse et soit vivifiée par les souffles de l'Esprit saint. **Si cette activité est bien organisée, soyez assurés qu'elle produira de grands résultats;** cependant, fermeté et constance sont nécessaires sinon cela se prolongera quelques temps, mais sera plus tard graduellement oublié. **La persévérance est une condition essentielle.** Dans chaque projet, fermeté et constance mèneront sans aucun doute à de bons résultats; sinon cela durera quelques jours et ensuite prendra fin. »[656]

Soit les mères d'enfants bahá'ís, soit un comité … choisissent des extraits des Paroles sacrées pour être employés par l'enfant plutôt que quelque chose d'inventé

« Le Gardien pense qu'il vaudrait mieux que, soit les mères d'enfants bahá'ís, soit un comité auquel votre Assemblée pourrait déléguer la tâche, choisissent **des extraits des Paroles sacrées pour être employés par l'enfant plutôt que quelque chose d'inventé.** Bien sûr, la prière peut être purement spontanée, mais **beaucoup de phrases et de pensées combinées dans les Écrits bahá'ís de nature dévotionnelle sont faciles à saisir et la Parole révélée est dotée d'une force propre.** »[657]

Tout Bahá'í peut donner au fonds de la Cause, adulte ou enfant.

« Tout Bahá'í peut donner au fonds de la Cause, adulte ou enfant. Aucun écrit n'est requis à ce sujet; les enfants bahá'ís ont toujours et partout donnés à la Cause. **Quelle que soit la situation qui surgisse dans une classe à laquelle participent des enfants non-bahá'ís, elle doit être solutionnée par le professeur de la classe.** Aucune règle ne devrait être faite pour couvrir ce genre de choses. »[658]

---

[655] *Ibid., Op. Cit., n°154*
[656] *'Abdu'l-Baha, Extraits des Ecrits de Abd'ul-Baha, cité dans Compilation sur l'éducation baha'ie, n°96*
[657] *Shoghi Effendi, Op. Cit., n°139*
[658] *Ibid., Op. Cit., n°147*

5.6.4.3 – A propos de la discipline éducative

***

« **La crainte de Dieu a toujours été le facteur primordial dans l'éducation de Ses créatures.**
Heureux ceux qui l'éprouvent ! »[659]

***

« *En fait,* **l'éducation bahá'íe, comme tout autre système éducatif, est basée sur l'hypothèse qu'il y a certaines déficiences naturelles chez chaque enfant, quels que soient ses dons,** *auxquelles ses éducateurs, que ce soit ses parents, ses instituteurs ou ses guides spirituels ou ses précepteurs, devraient s'efforcer de porter remède.* **Une certaine sorte de discipline, soit physique, soit morale ou intellectuelle, est en effet indispensable, et aucune formation ne peut-être appelée complète et fructueuse si elle néglige cet élément.** »[660]

***

5.6.4.3.1 – Pourquoi la discipline ?

L'éducation bahá'íe, comme tout autre système éducatif, est basée sur l'hypothèse qu'il y a certaines déficiences naturelles chez chaque enfant, … auxquelles ses éducateurs, … devraient s'efforcer de porter remède

« En fait, **l'éducation bahá'íe, comme tout autre système éducatif, est basée sur l'hypothèse qu'il y a certaines déficiences naturelles chez chaque enfant, quels que soient ses dons,** auxquelles ses éducateurs, que ce soit ses parents, ses instituteurs ou ses guides spirituels ou ses précepteurs, devraient s'efforcer de porter remède. **Une certaine sorte de discipline, soit physique, soit morale ou intellectuelle, est en effet indispensable, et aucune formation ne peut-être appelée complète et fructueuse si elle néglige cet élément.** L'enfant à sa naissance est loin d'être parfait. Il n'est pas seulement faible mais est réellement imparfait et est même naturellement attiré vers le mal. **Il devrait être formé, ses penchants naturels mis en harmonie, ajustés et contrôlés, et si nécessaire supprimés ou régularisés afin d'assurer un développement sain, physique et moral.** Les parents bahá'ís ne peuvent pas simplement adopter une attitude de non-résistance envers leurs enfants; particulièrement envers ceux qui sont turbulents et violents par nature. Il n'est même pas suffisant qu'ils prient pour eux. **Ils devraient plutôt s'efforcer d'inculquer, avec douceur et patience, dans leurs jeunes esprits les principes moraux de conduite et les initier aux préceptes et enseignements de la Cause avec une attention si pleine de tact et si tendre** qu'elle leur permettrait de devenir de " véritables fils de Dieu " et de s'épanouir en citoyens loyaux et intelligents de Son royaume. **Ceci est le but élevé que Bahá'u'lláh a clairement défini comme l'objectif principal de toute éducation.** »[661]

5.6.4.3.2 – La crainte de Dieu en général

---

[659] *Bahá'u'lláh, Op. Cit., n°13*
[660] *Shoghi Effendi, Op. Cit., n°132*
[661] *Idem*

L'enseignement des lois de Dieu et de l'unicité de Dieu est d'une importance suprême pour les enfants et doit précéder toutes choses. Sans cela, la crainte de Dieu ne peut pas être inculquée

« "L'enseignement des lois de Dieu et de l'unicité de Dieu est d'une importance suprême pour les enfants et doit précéder toutes choses. **Sans cela, la crainte de Dieu ne peut pas être inculquée, et à défaut de la crainte de Dieu une infinité d'actions odieuses et abominables surviendront,** des sentiments qui dépassent toute mesure se manifesteront..." ... "**Les parents doivent faire tout leur effort pour enseigner à leurs enfants à croire en Dieu,** car si les enfants sont privés de cette grande faveur ils n'obéiront pas à leurs parents, ce qui dans un certain sens signifie qu'ils n'obéiront pas à Dieu. En effet, de tels enfants n'auront de considération pour personne et feront exactement ce qui leur plaît." »[662]

Les écoles doivent d'abord instruire les enfants dans les principes de la religion pour que la promesse et la menace inscrites ... les empêchent de faire les choses interdites

« Les écoles doivent d'abord instruire les enfants dans les principes de la religion pour que la promesse et la menace inscrites dans les livres de Dieu les empêchent de faire les choses interdites et les parent du manteau des commandements; **mais dans une mesure telle que cela ne puisse nuire aux enfants en se transformant en fanatisme ignorant et en bigoterie.** »[663]

Vous le questionnez au sujet de la crainte de Dieu, ... la majorité des êtres humains ont besoin de l'élément de crainte pour discipliner leur conduite

« **Vous le questionnez au sujet de la crainte de Dieu,** peut-être les amis ne se rendent-ils pas compte que **la majorité des êtres humains ont besoin de l'élément de crainte pour discipliner leur conduite.** Seule une âme qui est relativement très évoluée suivrait toujours une discipline simplement par amour. **La crainte de la punition et la crainte de la colère de Dieu si nous commettons le mal, sont nécessaires pour que les gens restent dans le droit chemin.** Bien sûr, nous devrions aimer Dieu, mais nous devrions aussi le craindre de la façon dont un enfant craint la colère et le châtiment justifié de ses parents, **ne pas courber l'échine devant Lui comme devant un tyran mais savoir que Sa miséricorde dépasse Sa justice.** »[664]

Lorsque vous expliquez la crainte de Dieu aux enfants, il n'y a pas d'objection à l'enseigner comme 'Abdu'l-Bahá enseignait généralement tout, sous forme de paraboles

[662] *Baha'u'llah, Tablette non encore traduite, Op. Cit., n°14*
[663] *Ibid., The Eighth Leaf of Paradise, Bahá'í World Faith, Op. Cit., n°15*
[664] *Shoghi Effendi, Op. Cit., n°143*

« **Lorsque vous expliquez la crainte de Dieu aux enfants, il n'y a pas d'objection à l'enseigner comme 'Abdu'l-Bahá enseignait généralement tout, sous forme de paraboles.** Il faudrait également faire comprendre à l'enfant que nous Le craignons parce qu'Il est juste; si nous faisons le mal et méritons d'être punis, dans Sa justice, Il peut juger bon de nous punir. **Nous devons aimer Dieu et le craindre.** »[665]

5.6.4.3.3 – Les méthodes basées sur la raison

<u>Chaque fois qu'une mère voit que son enfant a bien fait, ... et si le moindre trait indésirable se manifestait, ...</u>

« Chaque fois qu'une mère voit que son enfant a bien fait, qu'elle le loue et l'applaudisse et réjouisse son cœur, et si le moindre trait indésirable se manifestait, qu'elle conseille l'enfant, le punisse et **emploie des moyens basés sur la raison,** même un léger châtiment verbal si cela s'avère nécessaire. **Il n'est pas permis cependant, de frapper un enfant ou de le vilipender, car le caractère de l'enfant sera totalement perverti s'il est sujet à des coups ou des insultes.** »[666]

<u>Si on dit à un élève que son intelligence est moindre que celle de ses camarades, c'est un très grand obstacle et un handicap à son progrès</u>

« **Si on dit à un élève que son intelligence est moindre que celle de ses camarades, c'est un très grand obstacle et un handicap à son progrès.** Il doit être encouragé pour progresser... »[667]

<u>L'enfant ne doit pas être opprimé ou condamné parce qu'il est inculte</u>

« **L'enfant ne doit pas être opprimé ou condamné parce qu'il est inculte;** il doit être patiemment formé. » [668]

5.6.4.3.4 – Plus d'attention et d'amour : cas de "enfant problème"

***

*« Le Gardien vous conseille pour cela, **de n'entreprendre aucune action rigoureuse** concernant la participation de votre fille aux réunions... Car ainsi, il y aura beaucoup plus de chances de corriger son caractère que par la force ou toute autre méthode rigoureuse. **L'amour et la bonté ont bien plus d'influence sur l'amélioration du caractère humain que la punition.** »[669]*

***

*« **Ils devraient plutôt s'efforcer d'inculquer, avec douceur et patience, dans leurs jeunes esprits les principes moraux de conduite et les initier aux préceptes et enseignements de la Cause avec une***

---

[665] *Ibid., Op. Cit., n°153*
[666] *'Abdu'l-Baha, Op. Cit., n°90*
[667] *Ibid., The Promulgation of Universal Peace, Op. Cit., n°102*
[668] *Ibid., Op. Cit., n°105*
[669] *Shoghi Effendi, Op. Cit., n°126*

Shoghi Effendi a été profondément attristé d'apprendre par votre lettre... la situation assez sérieuse qu'ont créée la conduite de votre fille et son attitude générale envers la Cause

« **"Shoghi Effendi a été profondément attristé d'apprendre par votre lettre... la situation assez sérieuse qu'ont créée la conduite de votre fille et son attitude générale envers la Cause...**" ... "Bien qu'il déplore hautement ce fait et qu'il soit pleinement conscient des mauvaises répercussions que cela peut avoir sur la Cause, il sent, cependant, que **rien de moins que votre attention et votre amour maternel, et les conseils que vous et les amis peuvent lui prodiguer, pourront effectivement remédier à cette situation.** Par-dessus tout, vous devriez être patiente et assurée que vos efforts tendant à ce but sont soutenus et guidés par les confirmations de Bahá'u'lláh. Il entend certainement vos prières et les acceptera sans aucun doute et hâtera ainsi la matérialisation graduelle et complète de vos espérances et attentes pour votre fille et pour la Cause." »[671]

Le Gardien vous conseille pour cela, de n'entreprendre aucune action rigoureuse concernant la participation de votre fille aux réunions

« **"Le Gardien vous conseille pour cela, de n'entreprendre aucune action rigoureuse concernant la participation de votre fille aux réunions**... Car ainsi, il y aura beaucoup plus de chances de corriger son caractère que par la force ou toute autre méthode rigoureuse. **L'amour et la bonté ont bien plus d'influence sur l'amélioration du caractère humain que la punition.**" ... "Pour cette raison, le Gardien a la conviction que par ces moyens vous réussirez graduellement à introduire un changement fondamental dans la vie de votre fille et également à en faire une meilleure croyante plus sincère. **Il prie avec ferveur en son nom afin qu'elle puisse pleinement atteindre ce rang.**" »[672]

Concernant l'affirmation attribuée à 'Abdu'l-Bahá et que vous avez citée dans votre lettre au sujet d'un "enfant problème"

« Concernant l'affirmation attribuée à 'Abdu'l-Bahá et que vous avez citée dans votre lettre au sujet d'un "enfant problème", **ces affirmations du Maître bien que vraies en substance, ne devraient jamais être interprétées littéralement.** Il n'est pas possible qu'"Abdu'l-Bahá ait voulu dire qu'un enfant devrait être entièrement abandonné à lui-même. En fait, **l'éducation bahá'íe, comme tout autre système éducatif, est basée sur l'hypothèse qu'il y a certaines**

---

[670] *Ibid., Op. Cit., n°132*
[671] *Ibid., Op. Cit., n°126*
[672] *Idem*

déficiences naturelles chez chaque enfant, quels que soient ses dons, auxquelles ses éducateurs, que ce soit ses parents, ses instituteurs ou ses guides spirituels ou ses précepteurs, devraient s'efforcer de porter remède. » [673]

<u>Les parents bahá'ís ne peuvent pas simplement adopter une attitude de non-résistance envers leurs enfants; particulièrement envers ceux qui sont turbulents et violents par nature</u>

« Les parents bahá'ís ne peuvent pas simplement adopter une attitude de non-résistance envers leurs enfants; particulièrement envers ceux qui sont turbulents et violents par nature. Il n'est même pas suffisant qu'ils prient pour eux. **Ils devraient plutôt s'efforcer d'inculquer, avec douceur et patience, dans leurs jeunes esprits les principes moraux de conduite et les initier aux préceptes et enseignements de la Cause avec une attention si pleine de tact et si tendre** qu'elle leur permettrait de devenir de " véritables fils de Dieu " et de s'épanouir en citoyens loyaux et intelligents de Son royaume. **Ceci est le but élevé que Bahá'u'lláh a clairement défini comme l'objectif principal de toute éducation.** »[674]

<u>Concernant votre question au sujet d'enfants qui se battent : …</u>

« **Concernant votre question au sujet d'enfants qui se battent** : l'affirmation du Maître de ne pas rendre les coups, ne devrait pas être prise si littéralement au point que les enfants bahá'ís acceptent d'être brutalisés et battus. **S'ils arrivent à trouver une meilleure façon de vider les querelles que la défense légitime active,** ils devraient, évidemment, la suivre. »[675]

5.6.4.4 – Utilisation des arts : "un puissant instrument éducatif "
***
« "Le jour viendra où la Cause se répandra comme un feu de forêt lorsque son esprit et ses enseignements seront présentés sur scène, ou dans l'art et la littérature dans son ensemble. L'art a une plus grande capacité d'éveiller les sentiments nobles que la froide intellectualisation, spécialement parmi la masse populaire" »[676]
***
« Lorsque les enseignements sublimes de la Foi se reflèteront dans des œuvres d'art, le cœur des gens, y compris celui des artistes, sera touché. Une citation des Écrits sacrés ou une description de l'œuvre d'art dans sa relation avec les Écrits peut faire comprendre au spectateur la source de cette attraction spirituelle et l'amener à étudier davantage la Foi. »[677]
***

---

[673] *Ibid., Op. Cit., n°132*
[674] *Idem*
[675] *Ibid., Op. Cit., n°142*
[676] *Ibid., cité par la Maison Universelle de Justice dans Compilation sur l'importance des arts dans la promotion de la Foi n°69*
[677] *Maison Universelle de Justice, cité dans Compilation sur l'importance des arts dans la promotion de la Foi n°52*

« S'agissant de la musique et des beaux-arts, vous êtes, bien entendu, libres de les inclure dans le programme d'étude des écoles bahá'íes. De nombreuses autres Assemblées nationales, connaissant bien les Écrits bahá'ís concernant la musique et les arts, incorporent les méthodes et le matériel qu'ils trouvent disponibles à ce stade du développement de la communauté bahá'íe. Beaucoup de travail reste encore à faire par des enseignants dévoués et talentueux pour encourager, recueillir et publier la musique de valeur qui émerge actuellement dans le monde bahá'í, et l'utiliser systématiquement dans les écoles... » (Maison Universelle de Justice, cité dans Compilation sur l'importance des arts dans la promotion de la Foi n°58)

***

« Ce qui est néfaste de nos jours, ce n'est pas l'art en lui-même mais la corruption qui malheureusement accompagne souvent ces arts. En tant que bahá'ís, nous n'avons à éviter aucun de ces arts, mais ce sont les actes et l'ambiance qui vont parfois de pair avec ces professions qu'il nous faut éviter. » (Shoghi Effendi, Extraits de lettre écrite au nom de Shoghi Effendi, cité dans Compilation sur l'importance des arts dans la promotion de la Foi n°42)

***

5.6.4.4.1 – L'art est divin : du "Modeleur"

***

« De la seule révélation du mot "Modeleur", proclamant devant l'humanité son pouvoir de façonner, une puissance telle se dégage, qu'elle est capable d'engendrer, dans le cours des âges, tous les arts que la main de l'homme peut produire. Cela est d'une vérité certaine. Ce mot resplendissant n'a pas plutôt été prononcé que les énergies qui l'animent, entrant en action au sein de toutes choses créées, fournissent les moyens et les instruments par lesquels ces arts peuvent être mis au jour et portés à leur perfection. Toutes les merveilleuses réalisation humaines dont vous êtes témoins sont la conséquence directe de la révélation de ce Nom. » (Bahá'u'lláh, Extraits des Écrits de Bahá'u'lláh, cité dans Compilation sur l'importance des arts dans la promotion de la Foi n°4)

***

« Il n'y a, bien sûr, aucune objection à faire usage de l'expression "artiste bahá'í" mais, à ce stade de la Dispensation bahá'íe, nous ne devons pas utiliser les termes "art bahá'í", "musique bahá'íe", ou "architecture bahá'íe". » (Maison Universelle de Justice, cité dans Compilation sur l'importance des arts dans la promotion de la Foi n°67)

***

« ...vous soulevez la question de savoir quelle sera la source d'inspiration des musiciens et compositeurs bahá'ís: la musique du passé ou le Verbe? Alors que la culture bahá'íe n'est qu'à ses débuts, il ne nous est pas possible de prévoir quelles formes et caractéristiques prendront les arts du futur sous l'inspiration de cette nouvelle et puissante Révélation. Tout ce dont nous pouvons être sûrs c'est qu'ils seront merveilleux; comme chaque religion a donné naissance à une culture qui a fleuri sous différentes formes, on peut s'attendre à ce qu'il en soit de même pour notre Foi bien-aimée. Il est pour le moment prématuré d'essayer d'appréhender ce que seront ces arts. » [678]

***

« "La Chronique de Nabíl", ... aide les amis à comprendre, mieux et plus profondément, l'esprit qui anime ce Mouvement, ainsi que la vie exemplaire de ces âmes héroïques qui l'ont introduit dans le monde. ... Il est certainement vrai que l'esprit de ces âmes héroïques poussera de nombreux artistes à donner ce qu'ils ont de meilleur. Ce sont de telles vies qui ont, par le passé, inspiré les poètes et guidé le pinceau des artistes. » [679]

***

---

[678] Shoghi Effendi, Extraits de lettre écrite au nom de Shoghi Effendi, cité dans Compilation sur l'importance des arts dans la promotion de la Foi n°37
[679] Ibid., Op. Cit., n°29

(a) Du nom de Dieu le "Modeleur"

<u>Le Soleil de Vérité est le Verbe de Dieu dont dépend l'éducation de ceux qui sont dotés du pouvoir de la compréhension et de la parole</u>

« Le Soleil de Vérité est le Verbe de Dieu dont dépend l'éducation de ceux qui sont dotés du pouvoir de la compréhension et de la parole. C'est l'esprit véritable et l'eau céleste, qui par son aide et sa généreuse providence anime et animera toutes choses. **Son apparition dans chaque miroir est déterminée par la couleur de ce miroir.** Lorsque, par exemple, sa lumière se projette sur le miroir du cœur des sages, il fait apparaître la sagesse. De la même manière, lorsqu'il se manifeste dans le miroir du cœur des artistes, il fait naître des arts nouveaux et uniques, et lorsqu'il se reflète dans le cœur de ceux qui perçoivent la vérité, il révèle des signes merveilleux de savoir véritable et dévoile les vérités de la parole de Dieu. »[680]

<u>Toute parole qui sort de la bouche de Dieu est douée d'une telle puissance qu'elle peut insuffler en tout être humain une vie nouvelle</u>

« **Toute parole qui sort de la bouche de Dieu est douée d'une telle puissance qu'elle peut insuffler en tout être humain une vie nouvelle**, si vous êtes de ceux qui comprennent cette vérité. Tous les ouvrages merveilleux que vous contemplez en ce monde sont dus à sa souveraine et sublime volonté et à l'exécution de son inflexible et prodigieux dessein. **De la seule révélation du mot "Modeleur", proclamant devant l'humanité son pouvoir de façonner, une puissance telle se dégage, qu'elle est capable d'engendrer, dans le cours des âges, tous les arts que la main de l'homme peut produire.** Cela est d'une vérité certaine. Ce mot resplendissant n'a pas plutôt été prononcé que les énergies qui l'animent, entrant en action au sein de toutes choses créées, fournissent les moyens et les instruments par lesquels ces arts peuvent être mis au jour et portés à leur perfection. **Toutes les merveilleuses réalisation humaines dont vous êtes témoins sont la conséquence directe de la révélation de ce Nom.** »[681]

<u>L'âme qui est restée fidèle à la cause de Dieu, … possédera, après son ascension, un tel pouvoir que tous les mondes créés par le Tout-Puissant en bénéficieront</u>

« **L'âme qui est restée fidèle à la cause de Dieu**, qui s'est tenue fermement dans son chemin sans en dévier jamais, possédera, après son ascension, un tel pouvoir que tous les mondes créés par le Tout-Puissant en bénéficieront. **Une telle âme fournit**, par ordre du Roi de perfection, le divin Éducateur, **le pur levain qui fait

---

[680] *Bahá'u'lláh, Extraits des Ecrits de Bahá'u'lláh, cité dans Compilation sur l'importance des arts dans la promotion de la Foi n°1*
[681] *Ibid., Op. Cit., n°4*

lever le monde de l'être, et crée la puissance par laquelle se produisent tous les arts et toutes les merveilles du monde. »[682]

Tout art est un don de l'Esprit saint. Lorsque cette lumière traverse l'esprit d'un musicien, elle se manifeste par de merveilleuses harmonies

« 'Abdu'l-Bahá dit... : "**Tout art est un don de l'Esprit saint.** Lorsque cette lumière traverse l'esprit d'un musicien, elle se manifeste par de merveilleuses harmonies. De même, quand elle brille à travers l'esprit d'un poète, elle se traduit en poésie et prose poétique admirables. Lorsque la Lumière du Soleil de Vérité inspire l'esprit d'un peintre, il produit de merveilleuses peintures. **Ces dons remplissent leur plus haute fonction, lorsqu'ils glorifient Dieu."** »[683]

(b) A propos de l' "Art baha'i"

La musique est un art parmi d'autres, et les Prophètes de Dieu n'enseignent pas les arts; mais l'immense impulsion culturelle que la religion donne à la société fait naître peu à peu de nouvelles et merveilleuses formes d'art

« **La musique est un art parmi d'autres, et les Prophètes de Dieu n'enseignent pas les arts**; mais l'immense impulsion culturelle que la religion donne à la société fait naître peu à peu de nouvelles et merveilleuses formes d'art. **On peut le voir dans les différents styles d'architecture et de peinture associés aux civilisations chrétienne, musulmane, bouddhiste et autres.** La musique, elle aussi, s'est développée en tant qu'expression populaire. Nous croyons qu'à l'avenir, **lorsque l'esprit bahá'í aura pénétré le monde et profondément changé la société, il aura une influence sur la musique;** mais il n'existe pas de musique bahá'íe en tant que telle. Tout ce que nous disent les Écrits sur la musique **c'est qu'elle peut influencer très profondément le cœur et l'âme de l'homme, et l'ennoblir au plus haut point.** »[684]

Il est bien trop tôt dans la Dispensation bahá'íe pour parler de l'influence de la Foi sur les arts en général

« **Il est tout à fait vrai que certains artistes tels que Mark Tobey et d'autres ont sans aucun doute été inspirés et influencés par leur amour pour la Révélation de Bahá'u'lláh,** mais il est bien trop tôt dans la Dispensation bahá'íe pour parler de l'influence de la Foi sur les arts en général. En effet, **le bien-aimé Gardien lui-même a indiqué qu'il n'existe pas encore d'art bahá'í en tant que**

---

[682] *Ibid., Op. Cit., n°5*
[683] *'Abdu'l-Bahá, "The Chosen Highway", cité dans Compilation sur l'importance des arts dans la promotion de la Foi n°23*
[684] *Shoghi Effendi, Op. Cit., n°41*

tel, bien qu'il ne fasse aucun doute, d'après certains écrits, que l'on peut s'attendre à voir à l'avenir une merveilleuse floraison d'arts nouveaux et magnifiques. »[685]

Le bien-aimé gardien a clairement dit que la floraison des arts qui résulte d'une révélation divine ne se produit qu'au bout d'un certain nombre de siècles

« **Le bien-aimé gardien a clairement dit que la floraison des arts qui résulte d'une révélation divine ne se produit qu'au bout d'un certain nombre de siècles.** La Foi bahá'íe propose au monde la reconstruction complète de la société humaine, une reconstruction d'une telle portée que toutes les révélations du passé l'ont attendue avec impatience et qu'elle a été décrite comme étant l'établissement du Royaume de Dieu sur terre. **La nouvelle architecture à laquelle cette révélation donnera naissance ne s'épanouira pas d'ici de nombreuses générations.** Nous ne sommes maintenant qu'au début de ce grand processus. Nous traversons actuellement une période de troubles et de bouleversements. **L'architecture, comme tous les arts et toutes les sciences, connaît un développement très rapide;** il suffit de considérer les changements qui ont eu lieu au cours de ces dernières décennies pour avoir une idée de ce qui va probablement se passer dans les toutes prochaines années. Certains édifices modernes ont, sans aucun doute, des qualités de grandeur et ils dureront, mais beaucoup de ce qui se construit actuellement peut, d'ici quelques générations, devenir démodé et paraître laid. **L'architecture moderne, autrement dit, peut être considérée comme un nouveau développement dans sa phase primitive.** »[686]

(c) L'Art et la phase de transition : processus d'intégration et de désintégration

Les mêmes forces destructrices perturbent également l'équilibre politique, économique, scientifique, littéraire et moral du monde et détruisent les plus beaux fruits de la civilisation actuelle

« **Les mêmes forces destructrices perturbent également l'équilibre politique, économique, scientifique, littéraire et moral du monde et détruisent les plus beaux fruits de la civilisation actuelle...** Même la musique, l'art et la littérature, qui sont censés représenter et inspirer les sentiments les plus nobles et les aspirations les plus hautes, et qui devraient être une source de réconfort et de tranquillité pour les âmes troublées, se sont écartés du droit chemin et se font maintenant le miroir des cœurs souillés de cet âge désorienté, sans principes ni ordre. »[687]

---

[685] *Maison Universelle de Justice, Op. Cit., n°46*
[686] *Ibid., Op. Cit., n°47*
[687] *Ibid., Op. Cit., n°50*

Comme la société bahá'íe évolue et se compose de gens de nombreuses origines culturelles et de goûts divers, chacun avec sa conception de ce qui est esthétiquement acceptable et plaisant

« Comme la société bahá'íe évolue et se compose de gens de nombreuses origines culturelles et de goûts divers, chacun avec sa conception de ce qui est esthétiquement acceptable et plaisant, **les bahá'ís doués pour la musique, le théâtre et les arts plastiques sont libres d'exercer leurs talents d'une façon qui servira la Cause de Dieu.** Ils ne devraient pas se laisser troubler par le manque d'appréciation de divers croyants. Au contraire, sachant combien les Écrits de la Foi mettent l'accent sur la musique et l'expression artistique... **ils devraient poursuivre leurs efforts artistiques en rendant grâce à Dieu d'avoir fait des arts de puissants instruments au service de la Cause**, des arts qui, avec le temps, porteront leurs fruits. »[688]

Le Gardien a clairement indiqué qu'en ce tout début de la Dispensation, il n'existe pas d'art, de musique, d'architecture ou de culture qui soient bahá'ís

« La Maison de Justice souhaite **vous encourager à écrire votre livre, mais vous rappelle que le Gardien a clairement indiqué qu'en ce tout début de la Dispensation, il n'existe pas d'art, de musique, d'architecture ou de culture qui soient bahá'ís.** Sans aucun doute ils apparaîtront a l'avenir comme le résultat naturel d'une civilisation bahá'íe. Les prédilections du Gardien dans ces domaines ne devraient jamais être considérées comme la base de ces futurs développements. Comme l'indiqua clairement son rejet du plan proposé pour le Temple de Kampala... il ne pensait pas que la tendance moderne qui prévalait en architecture à son époque convenait pour une Maison d'adoration bahá'íe, mais cela ne veut en aucun cas dire qu'il instituait un style qui lui était propre. **Son choix du style classique pour les édifices sur le Mont Carmel tenait, selon Amatu'l-Bahá Rúhíyyih Khánum, à sa beauté, au fait qu'il convenait aux lieux et qu'il avait résisté à l'épreuve du temps.** Vous devriez donc prendre soin de ne pas indiquer ou laisser supposer que le Gardien a établi les bases des formes artistiques bahá'íes. Il a créé des jardins et des bâtiments magnifiques en utilisant ce qui était disponible et, dans le cas de la superstructure du Mausolée du Báb, il engagea des experts capables de concevoir, sous sa direction, des plans appropriés. »[689]

Les enseignements bahá'ís n'approuvent évidemment pas que les musiciens ou autres artistes soient maltraités

« La Maison Universelle de Justice est heureuse d'apprendre vos activités d'enseignement et votre dévotion constante pour la Cause de Dieu en dépit des difficultés que vous rencontrez en tant que musicien. Concernant vos questions:

---

[688] *Ibid., Op. Cit., n°53*
[689] *Ibid., Op. Cit., n°57*

les enseignements bahá'ís n'approuvent évidemment pas que les musiciens ou autres artistes soient maltraités, et les artistes ne sont pas non plus censés sacrifier leur libre-arbitre aux caprices ou même aux opinions bien arrêtées d'autres bahá'ís. Quant aux tensions et difficultés que vous rencontrez pour enseigner la Foi à travers la musique et en même temps satisfaire votre besoin d'indépendance financière, il est suggéré que ce sera à vous d'établir vos propres limites dans ce domaine. Nous trouvons, par exemple, les conseils suivants dans une lettre du 26 février 1933 écrite au nom de Shoghi Effendi à un croyant: Les conseils que Shoghi Effendi vous a donnés concernant le partage de votre temps entre servir la Cause et vous occuper de vos autres obligations fut également donnés à bien d'autres amis à la fois par Bahá'u'lláh et par le Maître. **Il s'agit d'un compromis entre les deux versets de "l'Aqdas", l'un stipulant qu'il incombe à chaque bahá'í de contribuer à la promotion de la Foi et l'autre que chaque âme doit s'adonner à une forme d'occupation qui profite à la société.** Dans l'une de ses tablettes, Bahá'u'lláh dit que la forme de détachement la plus élevée en ce jour est d'avoir une profession et d'être financièrement autonome. Un bon bahá'í, par conséquent, est celui qui organise sa vie de telle sorte qu'il consacre son temps à la fois à ses besoins matériels et au service de la Cause. »[690]

Les amis sont appelés à faire une plus grande place à l'utilisation des arts, non seulement a des fins de proclamation mais aussi en matière d'expansion et de consolidation

« Dans tous leurs efforts pour atteindre le but du Plan de quatre ans, les amis sont appelés à **faire une plus grande place à l'utilisation des arts, non seulement a des fins de proclamation mais aussi en matière d'expansion et de consolidation.** Les arts graphiques, scéniques et la littérature ont joué, et peuvent jouer, un rôle important dans l'accroissement de l'influence de la Cause. L'art folklorique quant à lui peut être exploité partout dans le monde, que ce soit dans les villages, les villes petites et grandes. **Shoghi Effendi fondait de grands espoirs dans l'expression artistique pour attirer l'attention sur les Enseignements.** Voici ce qu'il exprime à ce propos dans une lettre écrite de sa part a un individu: "Le jour viendra où la Cause se répandra comme un feu de forêt lorsque son esprit et ses enseignements seront présentés sur scène, ou dans l'art et la littérature dans son ensemble. L'art a une plus grande capacité d'éveiller les sentiments nobles que la froide intellectualisation, spécialement parmi la masse populaire" »[691]

5.6.4.4.2 – Les formes variées de l'expression artistique

***

*« Il (Shoghi Effendi) espère sincèrement qu'à mesure que la Cause se développera et que des personnes de talent se rangeront sous sa bannière, **celles-ci commenceront à incarner dans l'art***

---

[690] *Ibid., Op. Cit., n°64*
[691] *Ibid., Op. Cit., n°69*

l'esprit divin qui anime leur âme. Chaque religion a fait naître une certaine forme d'art -- attendons de voir quelles merveilles cette Cause va engendrer. Un esprit aussi glorieux devrait également donner naissance à un art glorieux. »[692]

***

« *Les arts graphiques, scéniques et la littérature ont joué, et peuvent jouer, un rôle important dans l'accroissement de l'influence de la Cause. L'art folklorique quant à lui peut être exploité partout dans le monde, que ce soit dans les villages, les villes petites et grandes.* **Shoghi Effendi fondait de grands espoirs dans l'expression artistique pour attirer l'attention sur les Enseignements.** »[693]

***

« **Il est tout à fait vrai que certains artistes tels que Mark Tobey et d'autres ont sans aucun doute été inspirés et influencés par leur amour pour la Révélation de Bahá'u'lláh,** *mais il est bien trop tôt dans la Dispensation bahá'íe pour parler de l'influence de la Foi sur les arts en général. En effet, le bien-aimé Gardien lui-même a indiqué qu'il n'existe pas encore d'art bahá'í en tant que tel, bien qu'il ne fasse aucun doute, d'après certains écrits, que l'on peut s'attendre à voir à l'avenir une merveilleuse floraison d'arts nouveaux et magnifiques.* »[694]

***

« **La publicité devrait elle-même être bien conçue, digne et révérencieuse.** *Une approche tapageuse peut réussir au départ à attirer beaucoup d'attention à la Cause mais produire finalement une certaine aversion qui exigerait d'énormes efforts pour la vaincre.* **Le critère de dignité et de révérence établi par le bien-aimé Gardien devrait toujours être observé, surtout dans les domaines de la musique et du théâtre; et il ne faudrait pas utiliser inconsidérément des photographies du Maître.** *Cela ne veut pas dire que les activités des jeunes, par exemple, devraient être restreintes; il est possible d'être exubérant sans pour cela manquer de respect ou porter atteinte à la dignité de la Cause.* »[695]

***

(a) Les arts scéniques ou dramatiques

La musique et le chanson

<u>Nous avons rendu licite l'écoute de la musique et du chant. Prenez garde, cependant, que cette écoute ne vous fasse dépasser les limites de la convenance et de la dignité</u>

« **Nous avons rendu licite l'écoute de la musique et du chant.** Prenez garde, cependant, que cette écoute ne vous fasse dépasser les limites de la convenance et de la dignité. Que votre joie soit cette joie née de mon Plus Grand Nom, un Nom qui ravit le cœur et remplit d'extase les esprits de tous ceux qui se sont approchés de Dieu. **En vérité, nous avons fait de la musique une échelle pour vos âmes, qui pourront ainsi s'élever jusqu'au royaume d'en haut; n'en faites donc point des ailes pour l'égoïsme et la passion.** Vraiment, nous répugnons à vous voir comptés au nombre des sots. »[696]

<u>Les chantres de l'amitié demeurant dans les jardins de sainteté doivent faire jaillir en ce jour une explosion de chants si triomphante</u>

---

[692] *Shoghi Effendi, Op. Cit., n°26*
[693] *Maison Universelle de Justice, Op. Cit., n°69*
[694] *Ibid., Op. Cit., n°46*
[695] *Ibid., Op. Cit., n°43*
[696] *Bahá'u'lláh, Kitáb-i-Aqdas, Op. Cit., n°2*

« Ô musicien de Dieu! ... Les chantres de l'amitié demeurant dans les jardins de sainteté doivent faire jaillir en ce jour une explosion de chants si triomphante que les oiseaux des champs prennent leur envol dans un transport de joie; et dans cette fête divine, ce banquet céleste, **ils doivent jouer du luth et de la harpe, de la viole et de la lyre,** de telle façon que les peuples de l'Est et de l'Ouest soient remplis d'une joie et d'une allégresse immenses, et transportés d'exultation et de bonheur. **Il t'incombe maintenant de produire la mélodie de cette lyre céleste et de jouer de ce luth divin, pour ainsi redonner la vie** à Barbud (1), consoler Rudaki (2), rendre Farabi (3) impatient et guider Ibn-i-Sina (4) jusqu'au Sinaï de Dieu. Salutations et louanges à toi. »[697]

<u>J'espère ardemment que vous mémoriserez tous les poèmes persans révélés par la Beauté bénie et les chanterez avec une voix d'une douceur incomparable</u>

« **J'espère ardemment que vous mémoriserez tous les poèmes persans révélés par la Beauté bénie et les chanterez avec une voix d'une douceur** incomparable dans les réunions et rassemblements bahá'ís. Le jour est proche où l'Occident **mettra ces poèmes en musique et où les doux accents de ces chants s'élèveront vers le Royaume d'Abhá dans une joie et une allégresse extrêmes.** »[698]

<u>L'art de la musique doit atteindre le stade de développement le plus élevé, car c'est l'un des arts les plus magnifiques</u>

« **L'art de la musique doit atteindre le stade de développement le plus élevé,** car c'est l'un des arts les plus magnifiques et, en cet âge glorieux du Seigneur de l'Unité, il est très important d'en acquérir la maîtrise. Toutefois, **on doit s'efforcer d'atteindre la perfection artistique et ne pas être de ceux qui ne vont pas jusqu'au bout des choses.** »[699]

<u>Le chant des mélodies apportera la vie et le bonheur au monde de l'humanité, ceux qui les entendront seront ravis et joyeux et seront touchés au plus profond de leur être</u>

« Ô rossignol de la roseraie de Dieu! **Le chant des mélodies apportera la vie et le bonheur au monde de l'humanité,** ceux qui les entendront seront ravis et joyeux et seront touchés au plus profond de leur être. Mais cette joie, cette émotion sont transitoires et s'oublieront rapidement. Cependant, Dieu soit loué, **vous avez imprégné votre musique des mélodies du Royaume, vous apporterez le réconfort au monde de l'esprit et susciterez sans cesse des sentiments**

---

[697] *'Abdu'l-Bahá, Op. Cit., n°7*
[698] *Ibid., Op. Cit., n°8*
[699] *Ibid., Op. Cit., n°9*

spirituels. Cela durera toujours et résistera au passage des époques et des siècles. »[700]

La musique est considérée au seuil du Tout-Puissant comme une science digne d'éloges

« Ô serviteur de Bahá! **La musique est considérée au seuil du Tout-Puissant comme une science digne d'éloges,** de sorte que vous pouvez dans les grandes assemblées et les grands rassemblements, **chanter des versets sur une exquise mélodie et entonner dans le Mashriqu'l-Adhkár des hymnes de louange à ravir le Concours céleste.** Considérez par conséquent à quel point l'art musical est admiré et loué. **Essayez, si vous le pouvez, d'utiliser des mélodies, des chants et des airs spirituels, et d'harmoniser la musique terrestre avec la mélodie céleste.** Vous remarquerez alors combien l'influence de la musique est grande et quelles joie et vie célestes elle confère. Mettez-vous à jouer une mélodie et un air qui remplissent de joie et d'extase les rossignols des mystères divins. »[701]

Certaines nations orientales considéraient la musique comme répréhensible, mais, en cet âge nouveau, … la musique, qu'elle soit chantée ou jouée, est, pour l'âme et le cœur, une nourriture spirituelle

« Ô oiseau dont le doux chant célèbre la Beauté d'Abhá! En cette nouvelle et merveilleuse Dispensation, les voiles de la superstition ont été déchirés et les préjugés des peuples de l'Orient sont condamnés. Certaines nations orientales considéraient la musique comme répréhensible, mais, en cet âge nouveau, la Lumière manifeste a proclamé, **dans ses tablettes sacrées, que la musique, qu'elle soit chantée ou jouée, est, pour l'âme et le cœur, une nourriture spirituelle.** L'art du musicien est un art des plus digne de louange, **car il remue les cœurs de tous les êtres affligés.** C'est pourquoi, ô Shahnaz (5), joue et chante donc les saintes paroles de Dieu dans les réunions d'amis, **afin que celui qui écoute soit libéré des chaînes du souci et de l'affliction, que son âme bondisse de joie et s'humilie en prière au royaume de gloire.** »[702]

Toute chose est profitable si elle s'accompagne de l'amour de Dieu et, sans son amour, toute chose est nuisible et agit comme un voile entre l'homme et le Seigneur du Royaume

« Ô toi, fils du Royaume! Toute chose est profitable si elle s'accompagne de l'amour de Dieu et, sans son amour, toute chose est nuisible et agit comme un voile entre l'homme et le Seigneur du Royaume. Lorsque son amour est présent, chaque amertume se fait douceur et chaque générosité procure un plaisir

---

[700] *Ibid., Op. Cit., n°10*
[701] *Ibid., Op. Cit., n°11*
[702] *Ibid., Sélections des Écrits de 'Abdu'l-Bahá, Op. Cit., n°14*

425

bénéfique. **Une mélodie douce à l'oreille, par exemple, apporte l'esprit même de la vie au cœur amoureux de Dieu, mais souille de luxure une âme absorbée par les désirs des sens.** »[703]

Remercie Dieu d'avoir appris la musique et la mélodie, de chanter d'une voix plaisante la glorification et la louange de l'Éternel, du Vivant

« Ô toi l'honorable! Remercie Dieu d'avoir appris la musique et la mélodie, de chanter d'une voix plaisante la glorification et la louange de l'Éternel, du Vivant. **Je prie Dieu que tu puisses appliquer ce talent à la prière et à la supplication, afin d'éveiller les âmes, d'attirer les cœurs et que tous s'embrasent du feu de l'amour de Dieu!** »[704]

La mélodie et les paroles du chant que nous venons d'entendre étaient très belles. L'art musical est divin et efficace

« Quelle merveilleuse assemblée que voilà! Ce sont là les enfants du Royaume. La mélodie et les paroles du chant que nous venons d'entendre étaient très belles. L'art musical est divin et efficace. **C'est la nourriture de l'âme et de l'esprit. Le pouvoir et le charme de la musique élèvent l'esprit de l'homme.** Elle a une emprise et un effet merveilleux sur le cœur des enfants, car ils ont le cœur pur, et les mélodies ont sur eux une grande influence. Les talents cachés dont sont dotés les cœurs de ces enfants trouveront leur expression à travers la musique. Il faut donc vous efforcer de les rendre compétents; apprenez-leur à chanter avec excellence et avec de l'effet. **Il incombe à chaque enfant d'avoir quelques connaissances en musique, car si on ne connaît rien de cet art, on ne peut pas vraiment apprécier les mélodies instrumentales et vocales.** Il est de même nécessaire de l'enseigner dans les écoles pour qu'elle vivifie et grise le cœur et l'âme des élèves, et illumine leur vie de joie. »[705]

Il est naturel que le cœur et l'esprit éprouvent du plaisir et de la joie pour tout ce qui présente symétrie, harmonie et perfection

« **Il est naturel que le cœur et l'esprit éprouvent du plaisir et de la joie pour tout ce qui présente symétrie, harmonie et perfection.** Par exemple: une belle maison, un jardin bien dessiné, une ligne symétrique, un mouvement gracieux, un livre bien écrit, des vêtements agréables -- en fait, **tout ce qui est imprégné de grâce ou de beauté réjouit le cœur et l'esprit --** par conséquent, il n'y a aucun doute qu'une belle voix procure un immense plaisir. »[706]

---

[703] *Ibid, Op. Cit., n°17*
[704] *Ibid., "Tablets of 'Abdu'l-Bahá Abbás", Op. Cit., n°19*
[705] *Ibid., The Promulgation of Universal Peace, Op. Cit., n°21*
[706] *Ibid., "A Brief Account of My Visit to Acca", Op. Cit., n°24*

Le Gardien apprécie les hymnes que vous composez avec tant de beauté. Ils contiennent certainement les réalités de la Foi et vous aideront sûrement la transmettre le message aux jeunes

« Le Gardien apprécie **les hymnes que vous composez avec tant de beauté.** Ils contiennent certainement les réalités de la Foi et vous aideront sûrement la transmettre le message aux jeunes. **C'est la musique qui nous aide à toucher l'esprit humain; c'est un outil important qui nous aide à communiquer avec l'âme.** Le Gardien espère que, par ce moyen, vous transmettrez le message aux autres et attirerez leurs cœurs. »[707]

Quant à la question principale que vous avez soulevée concernant le chant d'hymnes dans les réunions bahá'íes: il me demande de vous assurer qu'il n'y voit absolument aucune objection

« Quant à la question principale que vous avez soulevée **concernant le chant d'hymnes dans les réunions bahá'íes:** il me demande de vous assurer qu'il n'y voit absolument aucune objection. **La musique est sans aucun doute une importante composante de toutes les rencontres bahá'íes.** Le Maître lui-même a souligné son importance. Mais en cela comme en toute chose, les amis ne devraient pas dépasser les limites de la modération, et faire très attention de préserver le caractère strictement spirituel de toutes leurs rencontres. **La musique doit conduire à la spiritualité, et dans la mesure où elle crée une telle atmosphère, on ne peut aucunement s'y opposer.** Cependant, il est extrêmement important de faire clairement la distinction entre le chant d'hymnes composés par les croyants et celui des Paroles sacrées. »[708]

Le Gardien fut également très heureux d'apprendre que vous vous intéressez beaucoup à la musique et que vous souhaitez servir la Foi par ce moyen

« Le Gardien fut également très heureux d'apprendre que **vous vous intéressez beaucoup à la musique et que vous souhaitez servir la Foi par ce moyen.** Bien que nous ne soyons maintenant qu'au tout début de l'art bahá'í, les amis qui s'estiment doués dans ces domaines devraient néanmoins s'efforcer de développer et de cultiver leurs talents et, **à travers leurs œuvres, refléter, même de manière inadéquate, l'Esprit divin que Bahá'u'lláh a insufflé dans le monde.** »[709]

Vous soulevez la question de savoir quelle sera la source d'inspiration des musiciens et compositeurs bahá'ís: la musique du passé ou le Verbe?

---

[707] *Shoghi Effendi, Op. Cit., n°31*
[708] *Ibid, Op. Cit., n°34*
[709] *Ibid, Op. Cit., n°36*

« ...vous soulevez la question de savoir quelle sera la source d'inspiration des musiciens et compositeurs bahá'ís: la musique du passé ou le Verbe? **Alors que la culture bahá'íe n'est qu'à ses débuts, il ne nous est pas possible de prévoir quelles formes et caractéristiques prendront les arts du futur sous l'inspiration de cette nouvelle et puissante Révélation.** Tout ce dont nous pouvons être surs c'est qu'ils seront merveilleux; **comme chaque religion a donné naissance à une culture qui a fleuri sous différentes formes, on peut s'attendre à ce qu'il en soit de même pour notre Foi bien-aimée.** Il est pour le moment prématuré d'essayer d'appréhender ce que seront ces arts. »[710]

La musique, un art parmi d'autres, est un développement naturel dans toute culture, et le Gardien ne pense pas qu'il faille cultiver une "musique bahá'íe"

« La musique, un art parmi d'autres, est un développement naturel dans toute culture, et **le Gardien ne pense pas qu'il faille cultiver une "musique bahá'íe" pas plus que nous essayons de développer une école de peinture ou d'écriture bahá'íe. Les croyants sont libres de peindre, d'écrire et de composer en fonction de leurs talents.** Si quelqu'un compose une musique en y incorporant les Écrits sacrés, les amis sont libres de s'en servir, mais il ne faudrait jamais considérer que c'est une obligation d'avoir une telle musique dans les réunions bahá'íes. **Plus les amis s'écarteront de toutes formes établies, mieux ce sera, car ils doivent réaliser que la Cause est absolument universelle**, et ce qui pourrait sembler être un ajout superbe à leur façon de célébrer une Fête des dix-neuf jours, etc., pourrait peut-être sonner désagréablement aux oreilles de personnes d'un autre pays et vice versa. **Tant qu'on fait de la musique pour la musique, c'est très bien, mais on ne devrait pas la considérer comme de la musique bahá'íe.** »[711]

Des chants qui ont pour paroles les Écrits fondamentaux du Báb, de Bahá'u'lláh ou de 'Abdu'l-Bahá conviennent tout à fait pour la partie spirituelle de la Fête

« ...nous pensons qu'il vous sera utile de savoir que **des chants qui ont pour paroles les Écrits fondamentaux du Báb, de Bahá'u'lláh ou de 'Abdu'l-Bahá conviennent tout à fait pour la partie spirituelle de la Fête.** Les chants persans, issus d'une tradition différente, entrent bien dans cette catégorie; c'est une façon de mettre en musique la Parole sacrée, et chaque personne qui chante le fait d'une manière qui reflète son sentiment et sa compréhension des paroles qu'elle prononce. **Quant aux chansons dont les paroles sont poétiques et composées par des personnes autres que les Figures de la Foi, elles peuvent être souhaitables mais à leur juste place...** Étant donné que l'esprit de nos réunions est tellement influencé par le ton et la qualité de nos prières, par notre perception et notre compréhension de la Parole de Dieu pour ce jour, nous souhaiterions **que**

---

[710] *Ibid, Op. Cit., n°37*
[711] *Ibid, Op. Cit., n°38*

vous encouragiez dans vos communautés l'expression de l'esprit humain la plus belle possible, à travers la musique parmi d'autres modes d'expression. »[712]

Elle vous conseille de considérer cette activité professionnelle dans le contexte du service à la Foi et la promotion du travail de proclamation et d'enseignement

« La Maison de Justice est heureuse d'apprendre que vous réussissez dans votre profession. Elle vous conseille de considérer cette activité professionnelle dans le contexte du service à la Foi et la promotion du travail de proclamation et d'enseignement. **Votre réussite dans la musique vous permettra de toucher un large éventail de personnes et finalement leur transmettre le message de Bahá'u'lláh en exprimant ses valeurs dans votre musique.** A mesure que vos affaires se développeront, vous pourrez également établir des liens d'amitié précieux pour la Foi parmi les gens influents que vous rencontrerez. Ces considérations vous guideront dans la décision que vous devez prendre maintenant concernant la région où vous établir. **Les artistes bahá'ís qui acquièrent éminence et renommée dans leur domaine, et qui continuent à se consacrer à la promotion de la Foi, peuvent rendre un service unique à la Cause maintenant que la curiosité du public pour les enseignements bahá'ís s'éveille graduellement.** »[713]

Il est permis d'utiliser des passages des Écrits sacrés comme textes destinés à être accompagnés de composition musicale ainsi que de répéter des versets ou des mots.

« **"Il est permis d'utiliser des passages des Écrits sacrés comme textes destinés à être accompagnés de composition musicale ainsi que de répéter des versets ou des mots.** Les citations suivantes donnent des précisions supplémentaires sur ces questions. Par conséquent... **mettez en musique les versets et les paroles divines afin qu'ils soient chantés dans les Assemblées et les réunions sur une mélodie très émouvante, et que le cœur des auditeurs vibre et s'élève vers le Royaume d'Abhá en supplication et en prière."** ... "Sans aucun doute des prières et des passages des Tablettes, des "Paroles cachées", etc., seront appropriées, **mais il ne pense pas qu'il convienne d'en abréger quelque portion que ce soit, autrement dit, de laisser de côté certains passages d'un paragraphe ou d'une méditation et ainsi les raccourcir. "** ... "En réponse à une question d'un croyant concernant des changements mineurs de mots par souci d'accent correct ou l'ajout d'un mot par souci de rime parfaite, le bien-aimé Gardien a déclaré ce qui suit: **Il est permis d'apporter de légers changements au texte des prières et je vous conseillerais de donner une forme musicale à la parole révélée elle-même, ce qui sera, je crois, extrêmement**

---

[712] *Maison Universelle de Justice, Op. Cit., n°44*
[713] *Ibid, Op. Cit., n°61*

429

efficace. Je prierai pour que le Bien-Aimé vous inspire dans la réalisation de ce grand service pour sa Cause. Quant à la question d'accompagner les versets des Écrits bahá'ís de mélodies d'œuvres musicales existantes, en supposant que cela n'implique pas de restrictions légales ou de droits d'auteur, **il faut garder à l'esprit qu'une telle musique peut conserver des associations avec le morceau original, que ce soit dans le texte ou dans l'esprit, et peut ne pas satisfaire l'exigence de traiter les Textes sacrés avec dignité et révérence.** " »[714]

Le Théâtre

"L'art dramatique est de la plus grande importance" dit 'Abdu'l-Bahá. "Il a eu un grand pouvoir éducatif dans le passé; il l'aura encore."

« Un acteur mentionnait l'art dramatique et son influence. **"L'art dramatique est de la plus grande importance"** dit 'Abdu'l-Bahá. **"Il a eu un grand pouvoir éducatif dans le passé; il l'aura encore."** Il raconta que, lorsqu'il était enfant, il assista au Mystère de la trahison et de la passion de 'Alí, et cela l'affecta tellement qu'il pleura et ne put dormir pendant de nombreuses nuits. »[715]

Il espère sincèrement que tous les spectateurs ont été inspirés par le même esprit qui vous a animé lorsque vous avez monté ce spectacle

« **La nouvelle du succès de "Pageant of the Nations" [Le Défilé des Nations]** , dont vous êtes le producteur, a beaucoup intéressé Shoghi Effendi. Il espère sincèrement que **tous les spectateurs ont été inspirés par le même esprit qui vous a animé lorsque vous avez monté ce spectacle.** C'est par de telles représentations que nous pouvons amener le plus grand nombre de gens à s'intéresser à l'esprit de la Cause. **Le jour viendra où son esprit et son enseignement étant présentés sur scène, sous forme d'œuvres artistiques et littéraires, la Cause se répandra comme un feu de forêt.** En effet, pour la majorité, l'art a une plus grande capacité d'éveiller les sentiments nobles que la froide rationalisation. Il nous suffit **d'attendre quelques années pour voir comment l'esprit insufflé par Bahá'u'lláh trouvera son expression dans l'œuvre des artistes.** Ce que vous et certains autres bahá'ís essayez de réaliser ne sont que de faibles lueurs qui précèdent la resplendissante lumière d'un matin glorieux. Nous ne pouvons pas encore évaluer le rôle que la Cause est destinée à jouer dans la vie de la société. Il faut lui donner du temps. La matière que cet esprit doit modeler est trop grossière et indigne, mais elle finira par céder et la Cause de Bahá'u'lláh se révélera dans toute sa splendeur. »[716]

---

[714] *Ibid, Op. Cit., n°62*
[715] *'Abdu'l-Bahá, "'Abdu'l-Bahá in London", Op. Cit., n°22*
[716] *Shoghi Effendi, Op. Cit., n°30*

Quant à votre question de savoir s'il est approprié d'adapter pour la scène des épisodes de l'histoire bahá'íe: le Gardien approuverait certainement ... de telles activités littéraires

« Quant à votre question de savoir **s'il est approprié d'adapter pour la scène des épisodes de l'histoire bahá'íe:** le Gardien approuverait certainement et il encouragerait même les amis à entreprendre de telles activités littéraires qui, sans aucun doute, peuvent être extrêmement précieuses pour l'enseignement. **Ce qu'il souhaite que les croyants évitent, c'est de mettre en scène les personnes du Báb, de Bahá'u'lláh et de 'Abdu'l-Bahá, c'est-à-dire d'en faire des figures théâtrales, des personnages de scène.** Comme déjà indiqué, il pense que cela serait tout à fait irrespectueux. Le simple fait de les représenter sur scène constitue un manque de respect qui ne peut être en aucun cas compatible avec le rang hautement exalté qui est le leur. **Il serait préférable de mettre en scène leurs disciples pour transmettre et rapporter leur message ou leurs propres paroles.** »[717]

L'interdiction de représenter la Manifestation de Dieu en peinture, en dessin ou au théâtre s'applique à toutes les Manifestations de Dieu

« **L'interdiction de représenter la Manifestation de Dieu en peinture, en dessin ou au théâtre s'applique à toutes les Manifestations de Dieu.** Les dispensations du passé nous ont, bien entendu, laissé de grandes et merveilleuses œuvres d'art, dont beaucoup ont représenté les Manifestations de Dieu dans un esprit de respect et d'amour. **Dans cette Dispensation cependant, la maturité plus grande de l'humanité et la conscience plus aiguë de la relation entre la Manifestation suprême et ses serviteurs nous permettent de comprendre l'impossibilité de représenter la Personne de la Manifestation de Dieu,** sous quelque forme humaine que ce soit, qu'il s'agisse de représentation picturale ou théâtrale, ou de sculpture. C'est en énonçant cette interdiction bahá'íe, que le bien-aimé Gardien a précisé cette impossibilité. »[718]

Votre sincère désir d'utiliser le théâtre comme moyen de diffuser les principes de la Foi parmi les gens est louable

« **Votre sincère désir d'utiliser le théâtre comme moyen de diffuser les principes de la Foi parmi les gens est louable**; la Maison de Justice espère que vos efforts dévoués dans ce domaine seront pour vous une source de satisfaction et profiteront à la communauté. Toutefois, comme vous l'avez vous-même indiqué, vous êtes conscients des difficultés et des embûches éventuelles qu'impliquent les activités théâtrales bahá'íes en ce moment et dans le contexte d'intolérance qui règne dans votre pays. Pour ces raisons, **il est primordial de ne**

---

[717] *Ibid, Op. Cit., n°35*
[718] *Maison Universelle de Justice, Op. Cit., n°49*

pas produire de pièces de théâtre qui puissent susciter l'antipathie du public ou l'indignation d'extrémistes religieux. »[719]

(b) Les arts graphiques

Le symbolisme

Il est interdit de représenter le Báb et Bahá'u'lláh dans des œuvres d'art. … Toutefois, rien n'empêche que de telles Figures saintes soient représentées de façon symbolique

« Vous avez raison de penser **qu'il est interdit de représenter le Báb et Bahá'u'lláh dans des œuvres d'art. Le Gardien a clairement dit que cette interdiction s'applique à toutes les Manifestations de Dieu;** on peut utiliser des photographies ou des reproductions de portraits du Maître dans des livres, mais on ne doit pas essayer de le représenter dans des œuvres théâtrales ou autres, ou il serait l'un des personnages. **Toutefois, rien n'empêche que de telles Figures saintes soient représentées de façon symbolique, pourvu que cela ne devienne pas un rituel et que le symbole utilisé ne soit pas irrévérencieux.** »[720]

Nous ne voyons aucune objection à ce que des phénomènes naturels soient utilisés comme symboles pour illustrer l'importance des trois Figures centrales de la Foi, des lois bahá'íes, et de l'administration bahá'íe

« En ce qui concerne l'usage du symbolisme dans l'art, les extraits suivants de lettres écrites par la Maison Universelle de Justice à deux personnes vous fourniront peut-être la réponse que vous recherchez: **Nous ne voyons aucune objection à ce que des phénomènes naturels soient utilisés comme symboles pour illustrer l'importance des trois Figures centrales de la Foi, des lois bahá'íes, et de l'administration bahá'íe;** et nous comprenons également que l'utilisation de symboles visuels convient pour exprimer des concepts abstraits. »[721]

Vous donnez parfois une description écrite détaillée des symboles que vous utilisez dans vos peintures. Une telle pratique inaugurerait un mode d'interprétation excessif des concepts bahá'ís

« **Vous donnez parfois une description écrite détaillée des symboles que vous utilisez dans vos peintures.** Une telle pratique inaugurerait un mode d'interprétation excessif des concepts bahá'ís et finirait par déprécier vos efforts artistiques au lieu de les mettre en valeur. **Le symbolisme est la matière même**

---

[719] *Ibid, Op. Cit., n°65*
[720] *Ibid, Op. Cit., n°45*
[721] *Ibid, Op. Cit., n°59*

de l'art, mais les artistes interprètent rarement les symboles qu'ils utilisent, laissant ceux qui regardent leurs œuvres tirer leurs propres conclusions, parfois sans d'autres allusions que celles qui sont données dans le titre de ces œuvres. L'artiste a la prérogative d'intituler son œuvre comme il le désire; la seule objection serait l'utilisation d'un titre irrévérencieux pour une œuvre voulant représenter un sujet bahá'í. »[722]

Quant a votre question concernant la réalisation par un artiste "d'un tableau qui est une enluminure contemporaine d'un passage des Écrits sacrés"

« Quant a votre question **concernant la réalisation par un artiste "d'un tableau qui est une enluminure contemporaine d'un passage des Écrits sacres",** la Maison de Justice pense que les artistes qui veulent créer des calligraphies variées des Écrits sacrés ou du Plus Grand Nom ne devraient pas être inhibés par les institutions bahá'íes. Toutefois, de tels efforts devraient être de bon goût et ne pas donner lieu à des formes qui prêteraient au ridicule. **Concernant le symbole utilisé couramment pour le Plus Grand Nom, la Maison de Justice conseille de faire très attention de représenter avec exactitude la calligraphie persane, car tout écart de la représentation admise peut perturber les croyants iraniens. "** »[723]

Le graphisme

Nous avons bien reçu votre lettre... demandant des conseils à propos de la représentation visuelle des personnages liés à l'âge héroïque de la Foi

« Nous avons bien reçu votre lettre... demandant des conseils **à propos de la représentation visuelle des personnages liés à l'âge héroïque de la Foi.** La Maison Universelle de Justice souhaite que vous sachiez que rien dans les instructions du Gardien ou celles de la Maison de Justice,... n'interdit aux artistes... de représenter graphiquement des Lettres du Vivant dans des cadres historiquement exacts ou participant à des événements qui le sont aussi. **Bien entendu, en plus de l'exactitude, il est important de préserver la dignité des personnages représentés.** »[724]

La règle formulée par la Maison de Justice dans le but de décourager la reproduction de photographies de tableaux du Maître à des fins de diffusion n'implique aucun jugement sur la qualité d'un tableau

« **La règle formulée par la Maison de Justice dans le but de décourager la reproduction de photographies de tableaux du Maître à des fins de diffusion**

---

[722] *Idem*

[723] *Idem*

[724] *Ibid, Op. Cit., n°54*

n'implique aucun jugement sur la qualité d'un tableau. Les portraits du Maître présentent des qualités artistiques très diverses et la Maison de Justice ne souhaite pas montrer de préférence pour l'un ou pour l'autre. Elle a plutôt choisi d'adopter cette règle générale afin d'assurer que les représentations de 'Abdu'l-Bahá soient traitées avec le respect qui se doit, et **que des reproductions photographiques de peintures de mauvaise qualité ne soient pas distribuées.** Il existe une distinction importante entre la publication de photographies de peintures dans des livres et des magazines, qui n'est pas interdite car soumise à un certain jugement de la part de l'éditeur, et leur publication comme articles indépendants, qui n'est pas encouragée par la Maison de Justice. Plus généralement, **la Maison de Justice pense que l'un des grands défis pour les bahá'ís du monde entier, est de faire que les peuples du monde reprennent conscience de la réalité spirituelle.** Notre conception du monde est fort différente de celle de la majorité des gens, dans la mesure où nous percevons la création comme englobant des entités spirituelles aussi bien que matérielles, et nous considérons que le monde où nous nous trouvons a pour but de servir d'instrument à notre progrès spirituel. Cette conception a des implications importantes dans le comportement des bahá'ís et donne lieu à des pratiques tout à fait contraires à l'attitude qui prévaut dans la société dans son ensemble. »[725]

L'une des vertus caractéristiques soulignées dans les Écrits bahá'ís est le respect de ce qui est sacré

« L'une des vertus caractéristiques soulignées dans les Écrits bahá'ís est le respect de ce qui est sacré. **Un tel comportement n'a pas de sens pour ceux qui ont une conception purement matérialiste du monde, tandis que de nombreux disciples des religions établies l'ont réduit a une série de rituels dépourvus de véritable sens spirituel.** Dans certains cas, les Écrits bahá'ís contiennent des indications précises sur la manière de montrer du respect pour des objets ou des endroits sacrés, **par exemple: les restrictions concernant l'usage du Plus Grand Nom sur des objets, ou l'utilisation sans discernement de l'enregistrement de la voix du Maître.** Dans d'autres cas, il est demandé aux croyants de s'efforcer d'acquérir une compréhension plus profonde du concept du sacré dans les enseignements bahá'ís, et de déterminer ainsi leur propre façon de se conduire par laquelle révérence et respect doivent être exprimés. L'importance d'un tel comportement dérive du principe exprimé dans les Écrits bahá'ís, selon lequel l'extérieur a une influence sur l'intérieur. **Parlant du "peuple de Dieu", Bahá'u'lláh déclare: Leur conduite extérieure n'est qu'un reflet de leur vie intérieure, et leur vie intérieure un miroir de leur conduite extérieure.** »[726]

C'est dans ce contexte que la Maison Universelle de Justice souhaite que vous considériez les préoccupations exprimées ces dernières années

---

[725] *Ibid, Op. Cit., n°60*
[726] *Idem*

« C'est dans ce contexte que la Maison Universelle de Justice souhaite que vous considériez les préoccupations exprimées ces dernières années. **Les bahá'ís dotés de talent artistique sont dans la position unique, lorsqu'ils traitent de thèmes bahá'ís, d'utiliser leurs capacités de telle façon à dévoiler au genre humain l'évidence du renouveau spirituel que la Foi bahá'íe a apporté à l'humanité grâce à sa revitalisation du concept de révérence.** Les questions de liberté artistique n'entrent pas dans les considérations soulevées ici. **Les artistes bahá'ís sont libres d'exercer leurs talents sur n'importe quel sujet qui les intéresse.** Toutefois, il faut espérer qu'ils donneront l'exemple en redonnant à une société matérialiste le sens du respect comme élément vital pour parvenir à la vraie liberté et au bonheur éternel. »[727]

(c) L'art folklorique

Les danses et chorégraphies

Il n'y a rien dans les enseignements qui s'oppose à la danse, mais les amis devraient se rappeler que la norme établie par Bahá'u'lláh est la modestie et la chasteté

« En ce qui concerne les sujets que vous soulevez dans votre lettre, **il n'y a rien dans les enseignements qui s'oppose à la danse, mais les amis devraient se rappeler que la norme établie par Bahá'u'lláh est la modestie et la chasteté.** L'ambiance des discothèques modernes, ou les gens fument et boivent tant et sont dans une telle promiscuité, est très mauvaise, mais les danses décentes ne comportent en elles-mêmes rien de mal. **Il n'y a certainement aucun mal à pratiquer la danse classique ou à apprendre la danse à l'école. Il n'y a aucun mal non plus à jouer dans des pièces de théâtre, ou dans des films de cinéma.** Ce qui est néfaste de nos jours, ce n'est pas l'art en lui-même mais la corruption qui malheureusement accompagne souvent ces arts. En tant que bahá'ís, nous n'avons à éviter aucun de ces arts, mais ce sont les actes et l'ambiance qui vont parfois de pair avec ces professions qu'il nous faut éviter. »[728]

Il n'y a aucune objection à ce qu'une prière soit interprétée sous forme de mouvement ou de danse

« Il n'y a aucune objection à ce qu'une prière soit interprétée sous forme de mouvement ou de danse si cela est fait dans l'esprit de révérence qui se doit, mais il serait préférable de ne pas lire le texte. »[729]

---

[727] *Idem*
[728] *Shoghi Effendi, Op. Cit., n°42*
[729] *Maison Universelle de Justice, Op. Cit., n°63*

<u>Les danses traditionnelles associées à l'expression d'une culture sont permises dans les centres bahá'ís</u>

« ...**les danses traditionnelles associées à l'expression d'une culture sont permises dans les centres bahá'ís.** Toutefois, il faut garder à l'esprit que de telles danses traditionnelles ont généralement un thème sous-jacent ou évoquent une histoire. **Il faut prendre soin de s'assurer que les thèmes de ces danses sont en harmonie avec les règles éthiques élevées de la Cause et ne figurent rien qui puisse éveiller de bas instincts et d'indignes passions ... Quant aux danses chorégraphiées dont le but est de renforcer et proclamer les principes bahá'ís,** si elles peuvent être exécutées d'une manière qui reflète la noblesse de ces principes et suscite les attitudes appropriées de respect ou de révérence, on ne peut faire objection aux danses qui visent à interpréter des passages des Écrits; **cependant, il est préférable que les mouvements d'une danse ne soient pas accompagnés par la lecture des textes.** Le principe qui doit guider les amis dans leurs réflexions sur cette question est celui de l'observance de la **"modération dans tout ce qui touche à l'habillement, au langage, aux divertissements, et à toutes activités artistiques et littéraires."** »[730]

(d) Les arts plastiques

***

« Chaque religion a fait naître une certaine forme d'art -- attendons de voir quelles merveilles cette Cause va engendrer. Un esprit aussi glorieux devrait également donner naissance à un art glorieux. ***Le Temple, dans toute sa beauté, n'est que le premier rayon d'une aube naissante; l'avenir verra des réalisations encore plus merveilleuses.*** *»[731]*

***

La peinture

<u>Je me réjouis d'apprendre que vous vous donnez beaucoup de mal dans votre art, car en ce nouvel âge merveilleux, l'art est adoration</u>

« Je me réjouis d'apprendre que vous vous donnez beaucoup de mal dans votre art, **car en ce nouvel âge merveilleux, l'art est adoration. Plus vous vous efforcerez de le perfectionner, plus vous vous approcherez de Dieu.** Quelle faveur plus grande existe-t-il que celle de voir la pratique de son art égaler l'acte d'adoration du Seigneur? **Cela signifie que, lorsque vos doigts saisissent le pinceau, c'est comme si vous étiez en prière au Temple.** »[732]

---

[730] *Ibid, Op. Cit., n°66*
[731] *Shoghi Effendi, Op. Cit., n°26*
[732] *'Abdu'l-Bahá, Op. Cit., n°12*

L'Architecture

<u>La première tentative, aussi rudimentaire soit-elle, d'exprimer la beauté que l'art bahá'í, dans sa plénitude, dévoilera aux yeux du monde</u>

« Ce fut un Canadien, de souche française, qui, par sa vision et son talent, contribua à **concevoir le premier Mashriqu'l-Adhkár de l'Occident et à en dessiner les détails,** constituant ainsi la première tentative, aussi rudimentaire soit-elle, **d'exprimer la beauté que l'art bahá'í, dans sa plénitude, dévoilera aux yeux du monde. »[733]**

<u>La nouvelle architecture à laquelle cette révélation donnera naissance ne s'épanouira pas d'ici de nombreuses générations</u>

« **La nouvelle architecture à laquelle cette révélation donnera naissance ne s'épanouira pas d'ici de nombreuses générations.** Nous ne sommes maintenant qu'au début de ce grand processus. Nous traversons actuellement une période de troubles et de bouleversements. **L'architecture, comme tous les arts et toutes les sciences, connaît un développement très rapide;** il suffit de considérer les changements qui ont eu lieu au cours de ces dernières décennies pour avoir une idée de ce qui va probablement se passer dans les toutes prochaines années. Certains édifices modernes ont, sans aucun doute, des qualités de grandeur et ils dureront, mais beaucoup de ce qui se construit actuellement peut, d'ici quelques générations, devenir démodé et paraître laid. **L'architecture moderne, autrement dit, peut être considérée comme un nouveau développement dans sa phase primitive. »[734]**

<u>L'architecture, comme tous les aspects de notre civilisation, traverse actuellement une période de développement rapide, les goûts changeant d'une décennie à l'autre</u>

« **L'architecture, comme tous les aspects de notre civilisation, traverse actuellement une période de développement rapide, les goûts changeant d'une décennie à l'autre.** Personne ne peut savoir de façon certaine si un édifice bâti aujourd'hui dans un style moderne paraîtra encore beau aux yeux des gens dans cinquante ans. **Pour le Centre administratif mondial de la Foi, le Bien-Aimé Gardien a donc choisi le style d'architecture grec classique.** C'est un style mûr, très beau, qui dure depuis quelque 2000 ans. Il ne serait pourtant pas correct d'en déduire que l'architecture bahá'íe se caractérise par les styles grecs classiques. »[735]

---

[733] *Shoghi Effendi, Op. Cit., n°40*
[734] *Maison Universelle de JusticeOp. Cit., n°47*
[735] *Ibid, Op. Cit., n°55*

Mais vous rappelle que le Gardien a clairement indiqué qu'en ce tout début de la Dispensation, il n'existe pas d'art, de musique, d'architecture ou de culture qui soient bahá'ís

« La Maison de Justice souhaite **vous encourager à écrire votre livre, mais vous rappelle que le Gardien a clairement indiqué qu'en ce tout début de la Dispensation, il n'existe pas d'art, de musique, d'architecture ou de culture qui soient bahá'ís.** Sans aucun doute ils apparaîtront a l'avenir comme le résultat naturel d'une civilisation bahá'íe. **Les prédilections du Gardien dans ces domaines ne devraient jamais être considérées comme la base de ces futurs développements.** Comme l'indiqua clairement son rejet du plan proposé pour le Temple de Kampala... il ne pensait pas que la tendance moderne qui prévalait en architecture à son époque convenait pour une Maison d'adoration bahá'íe, mais cela ne veut en aucun cas dire qu'il instituait un style qui lui était propre. **Son choix du style classique pour les édifices sur le Mont Carmel tenait, selon Amatu'l-Bahá Rúhíyyih Khánum, à sa beauté, au fait qu'il convenait aux lieux et qu'il avait résisté à l'épreuve du temps.** Vous devriez donc prendre soin de ne pas indiquer ou laisser supposer que le Gardien a établi les bases des formes artistiques bahá'íes. **Il a créé des jardins et des bâtiments magnifiques en utilisant ce qui était disponible et, dans le cas de la superstructure du Mausolée du Báb, il engagea des experts capables de concevoir, sous sa direction, des plans appropriés.** »[736]

(e) La littérature

Le récital

Ceux qui récitent les versets de l'Infiniment Miséricordieux dans les tons les plus mélodieux y percevront ce à quoi ne peut jamais se comparer la souveraineté de la terre et du ciel

« **Ceux qui récitent les versets de l'Infiniment Miséricordieux dans les tons les plus mélodieux** y percevront ce à quoi ne peut jamais se comparer la souveraineté de la terre et du ciel. Dans ces versets, **ils humeront la divine fragrance de mes mondes** -- mondes qu'aujourd'hui nul ne peut entrevoir à l'exception de ceux qui furent dotés d'une vue pénétrante grâce à cette belle, cette sublime révélation. Dis: **Ces versets attirent les cœurs purs vers ces mondes spirituels qu'on ne peut ni exprimer en mots ni suggérer par allusions.** Bénis soient ceux qui prêtent l'oreille. »[737]

---

[736] *Ibid, Op. Cit., n°57*
[737] *Bahá'u'lláh, Kitáb-i-Aqdas, Op. Cit., n°3*

La poésie

<u>Chaque mot de ta poésie est en fait comme un miroir ou se reflètent les preuves de la dévotion et de l'amour que tu portes à Dieu et à ses élus</u>

« **Chaque mot de ta poésie est en fait comme un miroir ou se reflètent les preuves de la dévotion et de l'amour que tu portes à Dieu et à ses élus.** Heureux sois-tu, toi qui as bu le nectar de la parole et qui as goûté au doux flot de la rivière de la vraie connaissance. Bienheureux soit celui qui s'est désaltéré et est parvenu à Lui, et malheur aux insouciants. La lecture de ton poème a fait grande impression, car il suggérait à la fois la lumière de la réunion et le feu de la séparation. »[738]

<u>Nous avons lu ton petit recueil de très jolis poèmes. Ce fut une source de joie, car c'est un hymne spirituel et une mélodie de l'amour de Dieu</u>

« Ô toi, oiseau dont le chant est si plaisant! **Nous avons lu ton petit recueil de très jolis poèmes. Ce fut une source de joie, car c'est un hymne spirituel et une mélodie de l'amour de Dieu.** Continue aussi longtemps que tu peux à chanter cette mélodie dans les assemblées des bien-aimés; puissent ainsi les esprits trouver repos et joie et se mettre à l'unisson de l'amour de Dieu. **Lorsque l'éloquence de l'expression, la beauté du sens et la douceur de la composition s'unissent à de nouvelles mélodies, l'effet est vraiment grand, surtout s'il s'agit de l'hymne des versets sur l'unité et des chants à la louange du Seigneur de Gloire.** Fais de ton mieux pour composer de beaux poèmes qui soient chantés sur une musique céleste; **puisse alors leur beauté toucher les esprits et laisser leur empreinte dans le cœur de ceux qui écoutent. »[739]**

<u>Shoghi Effendi souhaite par là encourager ceux qui ont du talent à exprimer le merveilleux esprit qui les anime</u>

« Il souhaite lancer une nouvelle section dans "The Bahá'í World" **consacrée entièrement aux poèmes écrits par des bahá'ís.** Même s'il s'agit d'un modeste début, cela inaugure de grandes réalisations futures. Shoghi Effendi souhaite par là **encourager ceux qui ont du talent à exprimer le merveilleux esprit qui les anime.** Nous avons besoin de poètes et d'écrivains pour la Cause et c'est là certainement un bon moyen de les encourager. Certains de ces poèmes sont écrits par de très jeunes gens et pourtant ils sonnent si justes et expriment des pensées telles qu'on ne peut que s'arrêter et admirer. **En Perse, la Cause a engendré des poètes dont même des non-bahá'ís reconnaissent la grandeur. Nous espérons que d'ici peu de telles personnes se lèveront aussi en Occident. »[740]**

---

[738] *Ibid., Les Tablettes de Bahá'u'lláh, Op. Cit., n°6*
[739] *'Abdu'l-Bahá, Tablets of 'Abdu'l-Bahá Abbás, Op. Cit., n°18*
[740] *Shoghi Effendi, Op. Cit., n°27*

Je serais également heureux de recevoir d'autres poèmes écrits par votre plume talentueuse sur n'importe quelle phase ou épisode retracé dans le récit immortel de Nabil

« **Votre poème dédié à Nabil m'a profondément touché**... Je serais également heureux de recevoir d'autres poèmes écrits par votre plume talentueuse sur n'importe quelle phase ou épisode retracé dans le récit immortel de Nabil. Vous rendez à la Cause des services uniques et remarquables. Soyez heureux et persévérez dans vos nobles efforts. »[741]

La littérature

Sa plus grande récompense est de voir que cet ouvrage ("La Chronique de Nabil"), ... aide les amis à comprendre, mieux et plus profondément, l'esprit qui anime ce Mouvement, ...

« Shoghi Effendi souhaite que j'accuse réception de votre lettre du 18 mai 1932. Il est très content de savoir que vous avez aimé **"La Chronique de Nabil"**, car sa plus grande récompense est de voir que cet ouvrage, qui lui a coûté beaucoup de labeur et de souci, **aide les amis à comprendre, mieux et plus profondément, l'esprit qui anime ce Mouvement, ainsi que la vie exemplaire de ces âmes héroïques qui l'ont introduit dans le monde.** Le Gardien espère sincèrement que **la lecture de ce livre incitera les amis à être plus actifs et à faire davantage de sacrifices**, qu'ils auront une compréhension plus profonde de cette Cause dont l'expansion et la victoire finale sont confiées à leurs soins. Comme l'ont fait remarquer certains qui ont lu le livre, **on ne peut pas se familiariser avec ces vies et ne pas être inspiré à suivre leur chemin.** Il est certainement vrai que **l'esprit de ces âmes héroïques poussera de nombreux artistes à donner ce qu'ils ont de meilleur. Ce sont de telles vies qui ont, par le passé, inspiré les poètes et guidé le pinceau des artistes.** »[742]

Ce que nous voulons vous apporter, ... est la signification spéciale des épisodes de l'histoire de la Foi et la valeur unique de *La Chronique de Nabíl* comme la source de tels épisodes

« Ce que nous voulons vous apporter, cependant, est la signification spéciale des épisodes de l'histoire de la Foi et la valeur unique de *La Chronique de Nabíl* comme la source de tels épisodes. Le Gardien a fait référence à cette œuvre comme un ajout essentiel aux programmes d'enseignement et un **"manuel inégalable"** dans les écoles d'été. Plus loin, il l'a appelé **"source d'inspiration dans toutes les poursuites littéraires et artistiques"**, **"compagnon inestimable dans les moments de loisir"**, **"préliminaire indispensable au pèlerinage vers**

---

[741] *Ibid, Op. Cit., n°33*
[742] *Ibid, Op. Cit., n°29*

la terre natale de Bahá'u'lláh", et "instrument infaillible pour alléger l'affliction et résister aux attaques d'une humanité critique et désillusionnée". »[743]

"Utilise aussi amplement que tu le peux, la richesse du matériau que le récit émouvant et précieux de Nabíl contient"

« Sur l'importance de ce livre, il a écrit à un croyant: **"Utilise aussi amplement que tu le peux, la richesse du matériau que le récit émouvant et précieux de Nabíl contient et qu'il soit ton instrument principal avec lequel tu peux alimenter la flamme de l'enthousiasme qui luit dans chaque cœur bahá'í, et duquel le succès de tes efforts magnifiques et incessants doivent finalement dépendre."** »[744]

"Le récit de Nabíl n'est pas simplement un récit; c'est un livre de méditation. Il n'enseigne pas seulement. En fait, il inspire et incite à agir"

« Dans une lettre écrite en son nom, nous lisons: **"Le récit de Nabíl n'est pas simplement un récit; c'est un livre de méditation. Il n'enseigne pas seulement. En fait, il inspire et incite à agir. Il vivifie et stimule nos énergies dormantes et nous élève sur un plus haut plan. Il est ainsi d'une aide sans prix pour l'historien aussi bien que pour chaque enseignant et orateur de la Cause."** »[745]

Lorsque Bahá'u'lláh parlait des "sciences qui commencent et finissent par des mots", il faisait référence essentiellement aux traités et commentaires théologiques qui encombrent l'esprit humain

« Lorsque Bahá'u'lláh parlait des **"sciences qui commencent et finissent par des mots"**, il faisait référence essentiellement aux traités et commentaires théologiques qui encombrent l'esprit humain plutôt qu'ils ne l'aident à atteindre la vérité. Les étudiants consacraient leur vie à étudier mais cela ne les menait à rien. **Bahá'u'lláh n'a certainement jamais eu l'intention d'inclure dans cette catégorie l'art d'écrire des histoires**; et la dactylographie aussi bien que la sténographie sont deux talents très utiles et fort nécessaires dans notre vie sociale et économique actuelle. Ce que vous pourriez, et devriez faire, **c'est utiliser vos histoires de sorte qu'elles deviennent une source d'inspiration et de conseil pour ceux qui les lisent.** Avec un tel moyen à votre disposition, vous pouvez diffuser l'esprit et les enseignements de la Cause; vous pouvez mettre en évidence les maux qui existent dans la société, ainsi que la manière d'y remédier. **Si vous**

---

[743] *Ibid., 'Messages to America', cité dans Institut Ruhi Livre 7 Unité 3 Section 7*

[744] *Ibid., Post-scriptum à une lettre écrite en son nom, Op. Cit.*

[745] *Ibid., Extrait d'une lettre écrite au nom de Shoghi Effendi, Op. Cit.*

possédez un réel talent pour l'écriture, vous devez le considérer comme un don de Dieu et vous efforcer de l'utiliser pour améliorer la société. »[746]

Pour les Occidentaux, dont l'œil n'est pas formé à l'art de la calligraphie, pratiquement chaque Plus Grand Nom, s'il incorpore les éléments saillants, est le Plus Grand Nom

« ...Il désire attirer l'attention de votre Assemblée sur un sujet très important, celui du Plus Grand Nom. **Pour les Occidentaux, dont l'œil n'est pas formé à l'art de la calligraphie (l'art le plus développé en Orient), pratiquement chaque Plus Grand Nom, s'il incorpore les éléments saillants, est le Plus Grand Nom.** Mais un Oriental peut le considérer comme une monstruosité... Ce qui doit être respecté ce sont les proportions exactes. On ne doit pas agrandir le Plus Grand Nom ni en longueur ni en largeur pour l'insérer dans un espace oblong ou circulaire. »[747]

Le Gardien a clairement indiqué qu'en ce tout début de la Dispensation, il n'existe pas d'art, de musique, d'architecture ou de culture qui soient bahá'ís

« La Maison de Justice souhaite **vous encourager à écrire votre livre, mais vous rappelle que le Gardien a clairement indiqué qu'en ce tout début de la Dispensation, il n'existe pas d'art, de musique, d'architecture ou de culture qui soient bahá'ís**. »[748]

Le roman est un moyen d'expression qui offre a un auteur une grande latitude pour développer des idées et domaines de pensée jusqu'alors inexplorés

« **Le roman est un moyen d'expression qui offre a un auteur une grande latitude pour développer des idées et domaines de pensée jusqu'alors inexplorés.** Vous devriez cependant faire attention de ne pas... donner des interprétations qui peuvent ne pas être correctes, si la Foi et ses enseignements doivent être explicitement mentionnés dans le roman. Si, par contre, le roman n'a pas de lien évident avec la Foi, vous êtes libre de vous servir de votre imagination pour explorer toute idée dont la source est dans les principes de la Foi. »[749]

Les œuvres de fiction

D'une manière générale, des œuvres de fiction dont les auteurs espèrent qu'elles aideront à promouvoir la connaissance de la Cause de Dieu, ...

---

[746] *Ibid., Extraits de lettre écrite au nom de Shoghi Effendi, cité dans Compilation sur l'importance des arts dans la promotion de la Foi n°32*
[747] *Ibid, Op. Cit., n°39*
[748] *Maison Universelle de Justice, Op. Cit., n°57*
[749] *Ibid, Op. Cit., n°68*

« D'une manière générale, des œuvres de fiction dont les auteurs espèrent qu'elles aideront à promouvoir la connaissance de la Cause de Dieu, **rempliront mieux cet objectif si elles ont pour toile de fond des événements spécifiques ou des processus en développement au sein de la Cause de Dieu, et si elles ne servent pas à représenter en tant que tels les événements historiques eux-mêmes et les personnages qui y ont pris part.** Les événements réels et les personnages réels sont tellement plus convaincants que n'importe quel récit fictif. A cet égard, le secrétaire du Gardien a écrit en son nom : **Il ne recommanderait pas d'avoir recours à la fiction comme moyen d'enseignement; la situation du monde est trop critique pour se permettre de tarder à leur donner tels quels les enseignements associés au nom de Bahá'u'lláh.** Mais tout moyen approprié de présenter la Foi pour attirer tel ou tel groupe est certainement digne d'effort, vu que nous désirons enseigner la Cause à tous les hommes, de toutes conditions sociales, de toutes mentalités. »[750]

5.6.4.4.3 – Un instrument de communication et d'éducation

<u>Si une personne désire délivrer un discours, ce dernier s'avèrera plus efficace après des mélodies musicales</u>

« **Même si la musique est une affaire matérielle, son immense effet est spirituel, et son plus grand attachement est au royaume de l'esprit.** Si une personne désire délivrer un discours, ce dernier s'avèrera plus efficace après des mélodies musicales. Les Grecs anciens, ainsi que les philosophes perses avaient l'habitude de délivrer leurs discours de la manière suivante: d'abord, ils jouaient quelques mélodies musicales, puis quand leur public atteignait une certaine réceptivité, ils laissaient immédiatement leurs instruments et commençaient leur discours. Parmi les musiciens les plus renommés de Perse, il y en avait un du nom de Barbod. Son influence était telle que, dès qu'une grande question avait été plaidée à la cour du Roi et que les ministres avaient échoué à persuader le Roi, ils allaient immédiatement en avertir Barbod. Ce dernier se rendait alors avec son instrument à la cour et jouait la musique la plus appropriée et émouvante. **Le résultat était très vite atteint, parce que le Roi était immédiatement ému par les touchantes mélodies musicales, certains sentiments de générosité montaient dans son cœur et il abandonnait... »**[751]

<u>La musique est un moyen important pour l'éducation et le développement de l'humanité, mais le seul véritable moyen sont les Enseignements de Dieu</u>

« **La musique est un moyen important pour l'éducation et le développement de l'humanité, mais le seul véritable moyen sont les Enseignements de Dieu.**

---

[750] *Ibid, Op. Cit., n°51*
[751] *'Abdu'l-Bahá, cité dans Extracts from the Bahá'í Writings on Music, publié dans The Compilation of Compilations, vol. 2, p. 77*

La musique est comme ce verre, qui est parfaitement pur et poli. Il est précisément comme ce pur calice devant nous, et les Enseignements de Dieu, les paroles de Dieu, sont comme de l'eau. Quand le verre ou le calice sont absolument purs et clairs, et l'eau parfaitement fraîche et limpide, alors elle conférera la vie; **ainsi, les Enseignements de Dieu, qu'ils soient de la forme des hymnes, des chants communs ou des prières, lorsqu'ils sont mélodieusement chantés sont des plus impressionnants.** »[752]

5.6.4.4.4 – A propos de l'artisanat

L'expression artistique inclut un vaste domaine d'activités humaines que sont les artisanats

« **L'expression artistique inclut un vaste domaine d'activités humaines que sont les artisanats.** Une vingtaine de matériaux - le cuir, la laine, le coton, la soie, la pierre, l'argile, le verre, le métal, le bois, la cire, la paille, les fleurs séchées, etc.... - sont transformés de multiples façons par les mains douées des artisans en objets, utiles ou non, modelant les qualités inhérentes des matériaux pour créer la beauté. La liste des artisanats est en effet longue. Parmi les plus connus, il y a le tissage, la broderie, la tapisserie, le tricot, le cro- chet, la couture, la teinturerie, la poterie, la bijouterie, le travail du cuir, la céramique, la vannerie, la sculpture, le travail du bois, la confection de cadres, de bougies, de jouets, de marionnettes, de lacets, l'imprimerie et le matelassage. »[753]

L'un des noms de Dieu est le Créateur. Il aime l'artisanat. Ainsi ceux parmi Ses servants qui manifestent cet attribut sont bienvenus à la vue du Mésestimé

« L'un des noms de Dieu est le Créateur. Il aime l'artisanat. Ainsi ceux parmi Ses servants qui manifestent cet attribut sont bienvenus à la vue du Mésestimé. **L'artisanat est un livre parmi les livres des sciences divines, et un trésor parmi les trésors de sa sagesse céleste.** C'est une connaissance porteuse de sens, car certaines des sciences sont suscitées par des paroles et aboutissent à une fin avec les paroles »[754]

Le Dieu unique et vrai, si exalté soit-il, aime être témoin des travaux des artisanats élevés, produits par Ses bien-aimés

« Le Dieu unique et vrai, si exalté soit-il, aime être témoin des travaux des artisanats élevés, produits par Ses bien-aimés. **Béni sois-tu, car ce que ton talent a produit a atteint la présence de ton Seigneur, l'Exilé, le Mésestimé.** Plaît à

---

[752] *Idem*

[753] *Institut Ruhi, Livre 7 Unité 3 section 9*

[754] *Bahá'u'lláh, cité dans Extracts from the Writings concerning Arts and Crafts, publié dans The Compilation of Compilations vol. 1, p. 1*

Dieu que chacun de ses amis puisse être capable d'acquérir un de ces artisanats et à adhérer de manière inconditionnelle à ce qui a été ordonné dans le Livre de Dieu, le Très Glorieux, le Très Sage. »[755]

***

Vous avez demandé une information détaillée concernant le programme scolaire bahá'í; il n'existe pas encore jusqu'à présent de programme d'études bahá'íes

« "**Vous avez demandé une information détaillée concernant le programme scolaire bahá'í; il n'existe pas encore jusqu'à présent de programme d'études bahá'íes** et il n'y a pas de publication bahá'íe exclusivement consacrée à ce sujet puisque **les enseignements de Bahá'u'lláh et d'Abdu'l-Bahá ne présentent pas un système éducatif défini ni détaillé, mais simplement offrent certains principes de base et énoncent un nombre d'idéaux d'enseignement** qui devraient guider, dans leurs efforts, les futurs éducateurs bahá'ís à formuler un programme d'enseignement adéquat qui serait en harmonie complète avec l'esprit des enseignements bahá'ís et répondrait ainsi aux nécessités et aux besoins de l'âge moderne." ... "**Ces principes fondamentaux sont valables dans les écrits sacrés de la Cause et devraient être soigneusement étudiés et graduellement intégrés aux divers programmes des collèges et des universités.** Mais la tâche de **formuler un système éducatif** qui serait officiellement reconnu par la Cause et appliqué comme tel à travers le monde bahá'í est une œuvre qui ne peut évidemment pas être entreprise par la génération actuelle des croyants et **doit être graduellement accomplie par les érudits bahá'ís et les éducateurs de l'avenir.**" »[756]

Les divins enseignements et de judicieux conseils doivent être dispensés aux mères; ... car la mère est le premier éducateur de l'enfant

« O servante de Dieu. **Les divins enseignements et de judicieux conseils doivent être dispensés aux mères; elles doivent être encouragées et incitées à former leurs enfants, car la mère est le premier éducateur de l'enfant.** C'est elle qui, dès la naissance, allaite le nourrisson aux mamelles de la foi et de la loi de Dieu, afin que l'amour divin puisse pénétrer en lui avec le lait maternel et demeurer avec lui jusqu'à son dernier souffle. »[757]

Tant que la mère faillit à la formation de ses enfants, tant qu'elle ne leur inculque pas un mode de vie approprié, l'éducation reçue ultérieurement ne produira pas son plein effet.

---

[755] *Idem*
[756] *Shoghi Effendi, Op. Cit., n°131*
[757] *'Abdu'l-Baha, Op. Cit., Chapitre : 113.*

« Tant que la mère faillit à la formation de ses enfants, tant qu'elle ne leur inculque pas un mode de vie approprié, l'éducation reçue ultérieurement ne produira pas son plein effet. **Il incombe aux assemblées spirituelles de fournir aux mères un programme bien structuré en vue de l'éducation des enfants, leur montrant comment, dès son plus jeune âge, l'enfant doit être surveillé et instruit.** Ces instructions doivent être dispensées à toutes les mères afin qu'elles leur servent de guide; ainsi, chaque mère formera et élèvera ses enfants conformément aux enseignements de Bahá'u'lláh. Ainsi ces jeunes plantes du jardin de l'amour divin croîtront et fleuriront sous les chaudes rayons du Soleil de Vérité, animées par le souffle léger des brises printanières du ciel et guidées par la main maternelle. **Ainsi, au paradis d'Abha, chacune d'elle deviendra un arbre portant ses fruits et chacune, en cette saison nouvelle et prodigieuse, grâce aux générosités du printemps, sera parée de toutes les beautés et de toutes les grâces. »**[758]

---

[758] *'Abdu'l-Baha, Op. Cit., Chapitre: 113.*

CONCLUSION

Contexte d'études

La Fondation Nahid & Hushang AHDIEH (FoNaHA) est une Organisation Non Gouvernementale d'inspiration baha'ie à but non lucratif créée en 2003, qui a pour vocation de participer au développement durable du pays par la promotion d'une éducation tant spirituelle, intellectuelle que matérielle ; en formant des enseignants et en suscitant la création des écoles communautaires au sein de la population elle-même. Par ailleurs, la FoNaHA participe à la promotion de l'utilisation et de l'adaptation de matériels développés dans la communauté internationale baha'ie, notamment ceux de l'ONG Nosrat du Mali ; ces matériels se conforment au programme du système éducatif CURRICULA promu par l'Unesco et adopté par le Gouvernement malien et récemment par le Gouvernement centrafricain. Depuis l'An 2007, la FoNaHA a reçu mandat du Centre mondial Baha'i de la mise en place en son sein d'un Centre de Formation des Personnes Ressources des Ecoles Communautaires pour les pays africains francophones. Ce Centre est devenu opérationnel depuis Janvier 2008 et accompagne les neuf (9) Fondations sœurs suivantes dans sept (7) pays : en RDC les Fondations Erfan-Connaissance du Sud-Kivu, La Graine au Katanga et Tahirih au Kasaï Occidental ; au Tchad, la Fondation Ilm-Connaissance ; au Congo République, la Fondation Varqa ; en Côte d'Ivoire, la Fondation Muhajir ; au Togo, la Fondation Arc-En-Ciel ; au Mali, la Fondation Nosrat ; et au Burkina Faso, la Fondation Azamat. En vue d'assurer la soutenabilité et la durabilité des écoles communautaires et surtout des enseignants, principalement en milieu rural, la nécessité d'avoir d'autres programmes autour de l'école s'impose. Ainsi le programme « Recherche-Action » en Agriculture fut introduit en 2010, le programme de Préparation a l'Action Sociale (PAS) en 2012. De même, depuis 2011 la FoNaHA a commencé à collaborer avec le Groupe de travail mis en place par l'OSED (actuel BIDO) pour l'amélioration des infrastructures scolaires. Et enfin, à partir de 2012 un programme systématique de santé s'est naturellement installé au sein des écoles communautaires.

Au sein de cette institution et en collaboration avec l'université de Bangui, nos précédents travaux ont porté sur plusieurs aspects d'un système éducatif en lien avec les conceptions et principes pratiqués au sein des écoles communautaires d'inspiration baha'ie, en général dans certains pays francophones. Alors nous avons jugé utile de faire le point ici sur l'évolution des systèmes éducatifs dans ces pays francophones depuis la période traditionnelle dite aussi précoloniale jusqu'à lors. Il faut noter que ces pays ont eu des passés presque similaire, du point de vue traditionnelle que du point de vue coloniale, du moins colonies françaises (dans les cadres de l'AEF et l'AOF); exception faire de la RDC, ayant néanmoins la langue française en commun. Et d'une manière similaire aux travaux antérieurs, cette revue avec analyse des systèmes éducatifs qui se sont succédés a intégré également de la contribution des écoles communautaires d'inspiration baha'ie pour alimenter les réflexions en vue d'un système éducatif, non seulement performant, mais surtout répondant aux besoins socio-économiques et culturels particuliers de chaque peuple.

Problématique et Méthodologie

Ainsi, la problématique soulevée est celle de la quête d'un système éducatif idéal répondant aux aspirations ci-haut mentionnées. Sachant que c'est depuis une période d'un peu plus de vingt ans que la FoNaHA mène des activités de promotion d'écoles communautaires d'inspiration d'inspiration baha'ie en RCA et dans d'autres pays africains francophones, les hypothèses sur lesquelles ces expériences ont été construites, sont proposées ici dans cette quête de recherche d'un système éducatif approprié aux réalités socio-économique et culturelles.

L'approche utilisée est celle de la méthode historique qui nous conduit à identifier certains évènements survenus en RCA, notamment pendant la période précoloniale, puis et surtout la période coloniale avec ses courants idéologiques caractérisées par des faits qui ont fécondé la dépendance du pays et occasionné son appauvrissement (Banyombo, 1990). Cependant, la situation historique de la Centrafrique n'offre pas les mêmes possibilités sur l'ensemble du territoire, notamment la capitale Bangui et les Provinces. C'est pourquoi, l'adoption en plus d'une démarche comparative va aider à apprécier les différences structurelles au niveau économique et de l'organisation de l'enseignement. Par ailleurs, la situation historique de la RCA engendre des faits multidimensionnels dont la comparaison pourrait révéler des contradictions au plan organisationnel et fonctionnel. Dès lors, la méthode la plus appropriée pour appréhender et comprendre les contradictions relatives aux faits sociaux est la méthode dialectique. Enfin, la technique documentaire a fourni une documentation théorique et analytique de base se rapportant aux différents aspects de l'objet d'étude.

Enfin, les résultats se présentent de la manière suivante.

Présentation des résultats

1. Systèmes éducatifs traditionnels en RCA pendant la période précoloniale

Dans le chapitre premier abordant les systèmes éducatifs traditionnels en RCA pendant la période précoloniale; au niveau du contexte traditionnel et actuel du leadership rappelé chez différents peuples des trois principaux écosystèmes du pays (forêt, fleuve et savane), qui sont au fait les principaux acteurs de l'éducation traditionnelle qui, notamment élaborent la "politique éducative" définissant et organisant les "systèmes éducatifs", on peut noter les apprentissages suivants.

Contexte traditionnel et actuel du leaderships

Disposant de 90 ethnies et 10 groupes ethniques, la RCA est un pays avec une diversité cultures énormes à explorer. Le leadership traditionnel varie d'une ethnie à l'autre tout comme d'un groupe ethnique à l'autre, malgré l'identité commune autour de la langue parlée par tous « le Sango ». Les structures de leadership dans le passé partent d'une société acéphale plus égalitaire chez les (Aka et Ngbaka) à une Organisation étatique bien structurée chez les Nzakara-Zandé, passant par des sociétés autour d'un chef chez des groupes ethniques (Banda, Gbaya, Mandja, Gula etc ;), des sociétés au pouvoir centralisé (mono Céphale) chez les Mboum et (bicéphale) chez les Pana, des sociétés hiérarchisées chez les Sara, Haoussa et M'bororo et les sociétés égalitaires chez les Bantous. Dans tous les cas, les femmes ont soit une place officielle dans l'exercice du pouvoir comme chez les Sara, les Mandja, les Gula et les Banda, soit des places confidentielles et discrètes chez les Mbati, les Peulhs et les Ngbandi et Gbaya. Il convient de noter que la considération envers les femmes viennent soit de la culture soit de l'imposition faite par l'État.

De nos jours, l'administration a modifié la structure de la chefferie changeant certains éléments culturels et coutumiers. Le Maire prend la tête de la majeure structure actuelle et les autres personnages comme le sultan et les chefs de Terre ne sont que honorifiques malgré qu'ils ont une grande influence sur l'avis de leur peuple respectif. Bien que les chefs nommés et voulus par l'État soient actuellement en place, les peuples continuent de donner respect et considération aux leaders traditionnels. Malgré une influence pareille dans leurs clan et ethnie, la constitution du pays ne dispose d'aucune place bien définie pour le leadership traditionnel, à part les chefs de quartier reconnus par l'État. Les responsabilités et le rôle joués par les leaders traditionnels restent les mêmes dans le passé comme actuellement, même si une partie est prise par l'administration du territoire et une partie des aspects culturels supprimée.

Les Maires sont nommés ainsi que les Chefs de groupe, mais les Chefs de Terre, les Chefs de quartiers et villages sont élus par la population pour 10 ans pour les derniers. Bien que certains aspects des leaders ne soient pas clairs dans la constitution du pays, ceux-ci jouent encore un rôle déterminant dans les activités des peuples, dans la résolution des conflits et la perpétuation des bonnes mœurs.

Leurs relations avec les Chefs religieux sont relatives aux comportements et la vision de ces derniers pour les peuples ; parfois la relation est tendue, parfois elle est amicale et collaborative.

Les autres personnages restent, même si certains aspects de leur responsabilité ont changé tels que les Conseils des Sages, des Notables, et les forgerons, les guérisseurs et le juge traditionnel. Certains aspects culturels et sacrés conférés aux leaders dans le passé sont en train de disparaitre dans certains cas. On peut ainsi noter que certains leaders gardent leur influence vis-à-vis de leurs clan et ethnie.

Il est à noter que le gouvernement ne met en place qu'une formation et un renforcement des capacités pour les entités reconnues par l'état (Chef de village et quartier, chef de groupe, le Maire). Ainsi les chefs de Terre, les Sultans, les Chefs de clan ainsi que les autres personnages-cléss ne sont pas considérés dans ce renforcement des capacités. Il y a de nos jours, des Conseils des Sages, Notables, des chefs de Terre, de Clan, des Sultans, les Ardo et Lamido et autres personnages qui sont des leaders traditionnels.

Les systèmes éducatifs dans le contexte traditionnel et leur situation actuelle

Ensuite chacun des systèmes éducatifs de ces peuples est rappelé avec ces caractéristiques. Enfin le parallélisme de Desalmand est revu pour que soit visible la nécessité d'une complémentarité pour des interactions entre les systèmes éducatifs traditionnels et modernes.

Le but poursuivi par l'éducation (traditionnelle) est de parvenir à un équilibre naturel en faveur de la société, en préparant l'homme à prendre soin de lui et à se prendre en charge pour sa survie, de créer la paix et la prospérité dans l'existence du clan et de l'ethnie. C'est donc dans ce sens qu'est orientée l'éducation traditionnelle chez les peuples de la société centrafricaine avant l'arrivée de l'éducation moderne, laquelle éducation traditionnelle n'a pu résister face à l'introduction de l'enseignement colonial. « Toute société n'existe et ne survit que grâce à l'éducation, c'est-à-dire à travers la transmission d'une tradition, d'une culture » et « qu'il n'existe pas de société qui puisse se passer de l'éducation de sa jeunesse». Chez tous les peuples de la terre, l'éducation est un fait culturel qui s'impose. Et du point de vue culturel, l'éducation et la socialisation de l'enfant restent le domaine où se fait l'unité culturelle du monde négro-africain, puisque partout se trouve la même conception de l'enfant et de l'approche pour son intégration en société.

À travers l'éducation, l'homme acquiert donc des qualités purement humaines qui l'inscrivent dans un registre de disciplines, d'ordre et d'autorité préconisés par la société. C'est pour cela que l'éducation est pensée et planifiée par la société et qu'elle est mise en œuvre par les adultes (éducateurs) qui sont la représentation symbolique de l'ordre et de l'autorité de la société auprès des jeunes générations. La fixation des tranches d'âges en catégories qui correspondent aux différentes périodes de l'évolution de l'enfant et de l'adolescent et qui appellent l'adaptation des niveaux de formation conséquents (méthodologie et pédagogie), comme on en trouve dans l'organisation éducative occidentale. La première catégorie va de la naissance à six ans où l'enfant est confié essentiellement à la charge de la mère en famille. La deuxième est celle qui comprend les enfants âgés de six à dix ans, et qui sépare les garçons des filles. Les enfants formant cette catégorie sont impliqués dans le travail domestique. Ils s'adonnent également à des activités ludiques. Mais les filles sont toujours séparées des garçons. La troisième catégorie englobe les enfants ayant entre dix et quinze ans. Ils vont s'intégrer dans l'intimité des hommes ou des femmes selon leur sexe respectif. Ils prennent de plus en plus part aux travaux « genrés » et suivis de près par les adultes. Les manifestations publiques réservées aux adultes leur sont ouvertes pour qu'ils voient, entendent, découvrent et cherchent à comprendre ce qui se vit en société. C'est la période de l'apprentissage par excellence auprès des adultes et des professionnels reconnus comme tels par la communauté et qui forment les corporations professionnelles. Enfin, il y a la dernière catégorie qui commence à partir de quinze ans qui est l'âge marqué par le passage initiatique rituel avant de devenir pleinement responsable et autonome en société.

On remarque même de nos jours chez les pygmées, qui sont restés très primaires dans leur mode de vie et qui ne sont pas touchés par les préoccupations de la vie moderne à l'occidentale un profond ancrage à la tradition séculaire de leurs ancêtres dont l'éducation se perpétue. Pourtant ils sont manifestement autonomes et épanouis dans leur milieu de vie et ne connaissent pas le chômage parce que leur système d'éducation est conçu pour préparer les jeunes au travail, et les inviter à être productifs en économie domestique pour l'intérêt de leur communauté. Leur éducation les prépare à être responsables dans la vie, à mener leur existence de façon autonome, sans être à la charge des autres. C'est donc le côté pragmatique de l'éducation traditionnelle africaine à laquelle toute la société ancestrale était soumise.

L'objectif de l'éducation consiste à préparer les jeunes à respecter la tradition et les classes pour conférer à l'existence de la société, cohérence, paix, prospérité et bonheur afin de perpétuer l'existence du clan et de l'ethnie. Ainsi, l'éducation traditionnelle répondait à une logique interne bien pensée par la société traditionnelle qui prenait en compte les besoins personnels de l'enfant dans son développement, sa maturation et les besoins de la société dans ses attentes. Il existait bien un curriculum, bien que non écrit, qui était pris en compte par les adultes dans ce travail de formation et d'éducation que la société accréditait d'une manière ou d'une autre. C'est la société qui détermine et organise un corpus de savoirs à transmettre aux jeunes générations pour les besoins et le développement harmonieux de la communauté. Toute société établit aussi un ordre pour sa propre survie, ordre pour lequel repose l'autorité à travers les éducateurs.

La scolarisation n'est pas le seul mode de socialisation et de formation des nouvelles générations, car d'autres sociétés ne l'ont pas connu dans leur histoire culturelle et l'école n'était pas leur apanage. Par conséquent, l'école n'est pas le seul lieu de formation et de transmission des savoirs et des savoir-faire, des connaissances intellectuelles, techniques, humaines et morales, etc., même dans les sociétés hautement scolarisées, ce processus ne se réalise pas entièrement par l'école, celle-ci n'est qu'un mode parmi d'autres. Il en était de même pour l'éducation avant l'arrivée de l'Occident en Oubangui-Chari où la scolarisation n'était pas une forme connue dans la société traditionnelle. Mais elle avait sa forme spécifique pour socialiser et éduquer les jeunes générations. Le système éducatif traditionnel avant la colonisation a été profondément perturbé par l'introduction de l'école moderne en Afrique. Celle-ci a fini par évincer les structures autochtones de formation qui consistait à introduire le jeune dans son processus de maturation humaine et d'intégration sociale. En bouleversant les fondements sociétaux de la vie précoloniale, elle a déstructuré tout le paysage culturel qui pendant longtemps a porté les sociétés africaines dans leur existence et dans leur mode de vie.

Les travaux de Zoctizoum YARISSE (1983) sur le rôle de l'éducation traditionnelle en Centrafrique font ressortir que le système reposait essentiellement sur des sociétés secrètes ou initiatiques et il donne les principales sociétés dont le Gaza, le Ngarangué, le Labi et le Gombanda. Les jeunes étaient séparés de leurs familles et amenés à partir de dix à douze ans dans ces sociétés pour y être initiés et celles-ci se chargeaient de leur éducation pendant plusieurs années. Le nombre d'années était réduit pour les jeunes filles. La conception philosophique et sociale de ces sociétés reposait essentiellement sur l'ascétisme, l'honneur et la croyance au culte des ancêtres. La plupart des dirigeants des révoltes paysannes anticoloniales étaient formés dans ces sociétés ancestrales (par exemple Karinou).

En ce qui concerne les étapes de l'éducation traditionnelle, la fixation des tranches d'âges en catégories qui correspondent aux différentes périodes de l'évolution de l'enfant et de l'adolescent et qui appellent l'adaptation des niveaux de formation conséquents (méthodologie et pédagogie), comme on en trouve dans l'organisation éducative occidentale. La première catégorie va de la naissance à six ans où l'enfant est confié essentiellement à la charge de la mère en famille. La deuxième est celle qui comprend les enfants âgés de six à dix ans, et qui sépare les garçons des filles. Les enfants formant cette catégorie sont impliqués dans le travail domestique. Ils s'adonnent également à des activités ludiques. Mais les filles sont toujours séparées des garçons. La troisième catégorie englobe les enfants ayant entre dix et quinze ans. Ils vont s'intégrer dans l'intimité des hommes ou des femmes selon leur sexe respectif. Ils prennent de plus en plus part aux travaux « genrés » et suivis de près par les adultes. Les manifestations publiques réservées aux adultes leur sont ouvertes pour qu'ils voient, entendent, découvrent et cherchent à comprendre ce qui se vit en société. C'est la période de l'apprentissage par excellence auprès des adultes et des professionnels reconnus comme tels par la communauté et qui forment les corporations professionnelles. Enfin, il y a la dernière catégorie qui commence à partir de quinze ans qui est l'âge marqué par le passage initiatique rituel avant de devenir pleinement responsable et autonome en société. Aussi, l'enseignement initiatique vient comme pour assumer la totalité du processus éducatif. En effet, se plongeant dans certains rites traditionnels du Congo, Pierre ERNY reconnaît le rôle de l'enseignement initiatique qui est « d'instruire sur les techniques traditionnelles, les mystères de la vie et les forces bienveillantes, sur l'éloquence et la langue secrète, le rituel, la sagesse, le formulaire protocolaire, la hiérarchie sociale. Ils enseignent l'amour (dans tous les sens) et la solidarité clanique, les valeurs admises dans le groupe, les droits politiques et individuels ». Cet enseignement est donc appelé à être holistique, car il prend en compte les dimensions religieuse et civique, juridique et littéraire, économique et sociale pour permettre à la jeunesse de participer activement à la vie du groupe. Les thèmes de la cosmologie et de l'étiologie y sont abordés, les notions de valeurs de la société soulignées, les concepts de la femme idéale et de l'homme idéal sont exposés. Enfin pour être complet, l'instruction sur le plan technique, artisanal et agricole n'est pas mise de côté.

Dans le cas des Sara pour le passage de l'adolescence à l'âge adulte, l'enseignement initiatique vient comme pour assumer la totalité du processus éducatif. En effet, se plongeant dans certains rites traditionnels du Congo, Pierre ERNY reconnaît le rôle de l'enseignement initiatique qui est « d'instruire sur les techniques traditionnelles, les mystères de la vie et les forces bienveillantes, sur l'éloquence et la langue secrète, le rituel, la sagesse, le formulaire protocolaire, la hiérarchie sociale. Ils enseignent l'amour (dans tous les sens) et la solidarité clanique, les valeurs admises dans le groupe, les droits politiques et individuels ». Cet enseignement est donc appelé à être holistique, car il prend en compte les dimensions religieuse et civique, juridique et littéraire, économique et sociale pour permettre à la jeunesse de participer activement à la vie du groupe. Les thèmes de la cosmologie et de l'étiologie y sont abordés, les notions de valeurs de la société soulignées, les concepts de la femme idéale et de l'homme idéal sont exposés. Enfin pour être complet, l'instruction sur le plan technique, artisanal et agricole n'est pas mise de côté.

La perspicacité du travail de DESALMAND vient du parallélisme qu'il élabore et dresse entre les deux types d'éducation précoloniale et occidentale pour mieux poser le problème des perspectives destinées à l'éducation traditionnelle dans une démarche de complémentarité pour le bien du système éducatif africain et de l'école occidentale de nos jours, l'un pouvant tirer chez l'autre ce qui lui manque. Telle est la préoccupation développée par Jean-Claude QUENUM dans son ouvrage intitulé Interactions des systèmes éducatifs traditionnels et modernes en Afrique. Il reconnaît que « du point de vue de leur méthode, les deux ne sont pas comparables. Mais prenant racine, chacune dans une culture donnée, elles s'intéressent toutes deux, simultanément, à la seule et même personne. »

2. Les systèmes éducatifs de la période coloniale : Oubangui-Chari

Le deuxième chapitre a trait aux systèmes éducatifs de la période coloniale où la RCA était connue Oubangui-Chari. En effet, les premières écoles dites "modernes" ont été créées sur base d'idéologie liée à la colonisation dans l'espace de l'Afrique Équatoriale Française (AEF). Le système éducatif était ainsi doté d'un "esprit", d'une "forme" et d'une "substance"; cependant ces premières écoles faisaient partie des œuvres des missionnaires crétiens catholiques et, dans une moindre mesure, protestants. Les écoles publiques ont fait leur apparition un peu plus tard avec une politique éducative consistant en une organisation et des objectifs, des programmes pédagoggiques et un véritable mécanisme de "reproduction sociale".

Contextes de création des premières écoles

La réalité historique montre que l'effort de scolarisation demeura très limité et que la politique éducative mal prise en compte, pour autant que la population indigène fût victime de restriction volontaire ou involontaire à l'enseignement colonial. Sur le terrain, les réalisations scolaires sont souvent bien en deçà des déclarations officielles. D'ailleurs, n'est-ce pas qu'une croyance affichée poussait les Européens à craindre que l'école ne devienne un outil de sédition et permettant aux Noirs de s'émanciper socialement et politiquement puis devenir source de contestation de l'ordre politique établi ? Beaucoup de monographies de l'époque ainsi que celles les plus récentes affirment de manière patente que la question de l'éducation avait été minorée. Cependant, l'éducation a pu être à un certain moment donné, source d'intérêt pour la consolidation et le renforcement de la stratégie culturelle coloniale. C'est ce que montre l'analyse de Elikia M'BOKOLO, fin connaisseur de la situation :

« Souvent noyée dans des considérations humanitaires, la politique éducative coloniale avait pour objet principal, voire unique, le maintien et le développement du système colonial. L'enseignement devait permettre à l' 'indigène' d'assimiler les fondements de la culture occidentale, de les respecter et d'en reconnaître la supériorité. Il devait également permettre de fournir à l'économie les hommes dont elle avait besoin: techniciens, employés, auxiliaires, contremaîtres... »

Les bases idéologiques de la colonisation

Les incursions occidentales sont inhérentes à l'idéologie et à la politique colonialistes qui ont servi de base au système éducatif et qui se veulent un moyen de domination. De fait, l'idéologie considérée comme système cohérent de représentation, de jugement ou d'idée a deux fonctions essentielles : soit qu'elle justifie et légitime la situation coloniale ; soit qu'elle remet en cause l'ordre social traditionnel. Dans tous les cas, l'idéologie se donne toujours pour objectif d'orienter l'action historique dans un sens donné. Ainsi, les colons et les missionnaires ont proposé et imposé le futur schéma de la société oubanguienne selon leurs besoins en définissant et en assurant par ailleurs l'orientation du système éducatif conformément au changement souhaité.

D'où l'hypothèse suivante : le système éducatif en RCA continue de fonctionner selon la logique et le schéma du système colonial en dépit des réformes entreprises (Banyombo F., 1990). Et d'où, l'historique du système éducatif en RCA est inséparable de celle de la colonisation en Afrique Équatoriale Française (AEF), comprenant les territoires suivants : le Gabon, le Moyen-Congo (République actuelle du Congo), l'Oubangui-Chari (RCA actuelle), et le Tchad

Le système éducatif en Oubangui

La première école en AEF fut ouverte en 1844 par la Mission catholique au Gabon. Manquant de motivation réelle, le gouvernement colonial n'avait pas un agenda pour le développement scolaire en Afrique Équatoriale Française en général, et en Oubangui-Chari en particulier, seul le volet économique et politique mobilisait toutes les énergies. Pour preuve, la dotation budgétaire pour l'année 1911 consacrée à l'enseignement en AEF est nulle en termes de crédit pour l'Oubangui-Chari. Sur les 45.000 francs alloués à cette fédération coloniale, seuls le Gabon et le Congo-Brazzaville sont bénéficiaires : 25.000 francs pour le premier et 20.000 francs pour le second.

Concrètement, où en est la situation scolaire en cette année en ce qui concerne le territoire d'Oubangui-Chari à côté des autres territoires ? Le résultat est un manque d'impact : à Bangui, un cours est organisé sous la maîtrise d'un agent d'administration qui perçoit à cet effet une rétribution conséquente, et il est ouvert à un bon nombre d'indigènes. À Mobaye, une école professionnelle créée par le capitaine Jacquier fonctionne à merveille, ce qui a permis de construire un poste et ses dépendances en peu de temps et sans beaucoup de crédits par les élèves. Enfin, des directives ont été données aux chefs de poste de circonscriptions et de subdivisions administratives et militaires d'ouvrir des cours pour que la langue française soit enseignée aux indigènes. L'année 1911 devait être une année d'action en faveur de la scolarisation : il fallait doter les chefs-lieux d'une école primaire à cycle complet, y organiser un enseignement professionnel, développer l'école primaire en faisant usage du budget d'emprunt et des budgets locaux. La construction d'une école primaire à cycle complet à Bangui commencée depuis 1910 sera terminée vers la fin du 1er trimestre de 1911 et un instituteur de carrière va la diriger. Le Gouverneur général va veiller personnellement au fonctionnement régulier des écoles primaires dans chaque circonscription en dotant davantage les chefs-lieux de personnel militaire et civil afin d'y prendre part. Le texte annonce autorise de doter Bangui d'un groupe scolaire et de mettre à disposition un instituteur privé pour la région de la Haute-Sangha pour l'année 1911. On apprend dans ce texte que l'AEF jusque-là n'est pas encore dotée d'un programme d'enseignement ébauché et adopté et qu'un projet de décret sera bien soumis au Département pour créer un cadre du personnel enseignant avec 5 enseignants pour toute l'AEF.

C'est donc le 4 avril 1911 qu'un arrêté va voir le jour, organisant le service de l'enseignement dans toute l'AEF avec un programme d'école primaire à deux degrés d'une part et d'un enseignement professionnel d'autre part, comme l'atteste un document d'archives. Ce document a le mérite de souligner déjà l'orientation politique de l'éducation telle que perçue par les autorités coloniales de l'époque et reste très révélateur du type d'éducation réservé aux Africains à l'époque. On retient surtout qu'il ne doit pas avoir de visées pédagogiques ambitieuses, il faut envisager uniquement la solution pratique d'un problème plus modeste d'apparence, donner la plus large diffusion possible aux notions élémentaires d'instruction et de former une main-d'œuvre commerciale et industrielle nombreuse et bien préparée. Le Français doit donc être adopté comme langue de relation et de communication sociale et d'échange. Le but d'imposer le Français comme langue d'enseignement n'est pas neutre, car elle permettra aux indigènes de « transmettre ou d'exécuter correctement un ordre reçu, de lire et de copier une lettre, de manier un outil, de faire un employé ou un artisan connaissant bien sa tâche restreinte.

« Les instructions du 15 novembre 1911 relatives à l'arrêté du 4 avril 1911 permettent de déployer le programme d'enseignement primaire dans les écoles de circonscription et les écoles urbaines. À ce stade, peut-on se permettre de questionner la finalité du programme scolaire colonial ? À ne point en douter, telles que ressortent dans les dispositions officielles, l'indigène doit être confiné aux travaux subalternes et de basse besogne, puisque le programme de scolarisation devrait être dépouillé de toutes grandes ambitions pédagogiques et rester modeste, son niveau de qualification doit le mettre dans une situation d'infériorité à tel point qu'il ne doit attendre que des ordres et des directives à exécuter de la part des colons.

Les œuvres réalisées par la Préfecture apostolique de l'Oubangui-Chari

Initialement, …, la question de l'éducation était totalement ignorée de l'administration coloniale, puisqu'elle avait été abandonnée aux mains de l'Église[759]. L'étude de l'histoire de la période coloniale nous montre que l'autorité coloniale de l'époque s'est approprié progressivement cette question en développant une politique éducative. L'enseignement confessionnel a longtemps dominé le champ privé de l'éducation (Suzie GUTH, Éric LANOUE, Annie VINOKUR, Marc PILON. L'école à ses débuts fut d'abord l'œuvre de l'Église pour les besoins de sa cause, au point de servir de matrice à l'enseignement public. Ignorée par l'administration, l'école fut totalement abandonnée aux mains des missionnaires (cf. SURET-CANALE, J.). Dès leur arrivée, les missionnaires se sont intéressés à l'éducation des Noirs.

À une métropole d'un laïcisme anticlérical, aurait-on dû croire et s'attendre aussi à une logique correspondante d'un colonialisme non moins laïc et anticlérical. Comme partout dans les territoires occupés, les œuvres sociales étant généralement gérées par les missionnaires français, le temps que les administrateurs coloniaux s'adonnent tranquillement à l'exploitation économique et administrative et à pacifier les indigènes récalcitrants, les congrégations religieuses françaises devaient ainsi s'occuper de la diffusion de la culture et de la langue françaises. Ainsi, tous les gouvernements de la IIIe République, quelles que soient leurs orientations politiques, ne pouvaient qu'encourager et soutenir les missionnaires dans leurs œuvres visant à accroître dans les territoires conquis, l'influence français. Il est révélateur que GAMBETTA, partisan bien connu de la France Coloniale, ait bien déclaré que l'anticléricalisme n'était pas un article d'exportation. Comme il y en sera pour la loi de 1905 qui consacra la séparation entre l'Église et l'État, l'ouragan ne soufflera pas avec la même violence dans les colonies, la séparation ne sera ni totale ni rigide, des passerelles seront trouvées entre l'État et l'Église avec une neutralité bienveillante. Le choix persistant de la collaboration paradoxale entre colonisation et mission chrétienne est devenu alors manifeste. Bien qu'il y ait eu séparation juridique entre l'État et l'Église en France, il n'y a jamais eu de rupture structurelle entre les deux institutions, c'est ce qui pourrait expliquer le compagnonnage entre elles en dehors de la métropole.

---

[759] *Cf. SURET-CANALE, J., (1964), op. cit., p. 468.*

Les Missions et la création des premières écoles

En 1898, on comptait déjà 10 écoles des missions catholiques avec 640 élèves en Oubangui-Chari, alors qu'il faudra attendre l'année 1901 pour voir l'apparition de quelques écoles publiques. Jusqu'en 1930, on comptait 1403 élèves des établissements publics contre 1091 chez les missionnaires catholiques. Les premiers centres d'alphabétisation et de scolarisation en Centrafrique sont surtout des initiatives des missionnaires. Il faudra attendre 15 ans plus tard, c'est-à-dire en 1904, pour voir l'administration poser pour la première fois la question de l'éducation.

Mais cette question est posée en termes de guerre de leadership, et de querelles idéologiques entre l'État et l'Église en métropole. Nous sommes-là à une période très importante de l'histoire française qui voit les républicains au pouvoir. Il est inutile de rappeler que les relations entre le pouvoir politique et l'Église étaient à l'époque exécrables. En effet, le 7 juillet 1904, Émile COMBES, Président du Conseil, avait fait adopter une loi qui interdisait à toutes les congrégations religieuses d'enseigner. Plus de 2500 écoles appartenant à l'Église sont contraintes de fermer leurs portes et doivent disparaître du paysage scolaire en France. Mais déjà, la loi du 1er juillet 1901 avait décidé en son article 13 qu'aucune congrégation religieuse ne pourrait se former sans une autorisation préalable donnée par une loi et en son article 14, elle a interdit l'enseignement aux membres des congrégations religieuses non autorisées. La loi du 7 juillet 1904 est venue juste verrouiller davantage les dispositions de celle du 1er juillet 1901.

Les conséquences de ces lois vont se faire sentir non seulement dans l'œuvre coloniale, mais aussi dans l'œuvre missionnaire. Mais elles vont poser des questions d'ordre stratégique pour la vie coloniale, et donc pour l'intérêt de la Métropole. Faut-il appliquer ces lois aussi en terre coloniale où les missionnaires appartenant à des congrégations religieuses sont les principaux partenaires de l'État ? L'État a besoin de l'Église comme l'Église a besoin de l'État réciproquement, et le tout à l'avantage surtout de l'État pour asseoir son autorité et son hégémonie sur les peuples dominés, et pour assurer son prestige diplomatique auprès d'autres nations prises dans la fièvre expansionniste. La mise en œuvre de cette loi s'avère donc problématique et les républicains en sont bien conscients. Il leur faut trouver une forme d'accommodement et accepter une forme de cohabitation plus ou moins aisée.

L'article 2 de la loi du 7 juin 1904 établit que « les noviciats des congrégations exclusivement enseignantes seront dissous de plein droit, à l'exception de ceux qui sont destinés à former le personnel des écoles françaises à l'étranger, dans les colonies et les pays de protectorat ». On voit que tout est fait pour sauvegarder les intérêts des congrégations religieuses impliquées dans l'enseignement dans les colonies et les écoles en colonies vont bénéficier des avantages de cette disposition.

Les débuts de l'enseignement public

Ainsi, a-t-on vu des congrégations quitter la France et se replier en Afrique et dans d'autres parties du monde sous l'effet de cette loi du 7 juillet 1904. Dans les faits, cette loi par son effet a contribué à renforcer le rôle de l'Église en pays coloniaux. Cependant, comme le montrent les articles 5 à 9, on constate combien l'État reste au contrôle et voudrait que tout se fasse avec son autorisation et sous sa supervision. C'est donc cette réalité que l'on va retrouver aussi en Oubangui-Chari en matière de politique scolaire. Les missionnaires ayant été les pionniers dans l'œuvre d'éducation dès le départ de l'établissement de l'empire colonial français sur ce territoire, quand l'administration coloniale avait d'autres priorités, il faudra attendre l'année 1911 pour trouver un texte officiel faisant état des préoccupations de l'administration centrale sur la question scolaire. En effet, l'intérêt de l'administration coloniale pour l'enseignement reste vraiment timide et ceci pour toute l'Afrique Équatoriale Française. Déjà, la création du Service de l'Inspection de l'Enseignement en colonie date de l'année 1904 pour les pays colonisés. Malgré la création de ce service, l'Oubangui-Chari fut très négligé et des opérations d'envergure dans ce domaine restent faibles et n'ont réellement pas été lancées.

Il était prévu un crédit de 900.000 francs pour les créations des écoles en AEF dans la loi d'emprunt de 1909 ... Mais en 1911, la dotation budgétaire consacrée à l'enseignement a considérablement diminué et se chiffrait seulement à 45.000 francs pour toute l'AEF. On comprend donc pourquoi l'Oubangui-Chari et le Tchad n'avaient rien reçu, seuls le Gabon et le Moyen-Congo en sont bénéficiaires : 25.000 francs pour le premier et 20.000 francs pour le second. Il faudra attendre l'année 1913 pour voir accorder la somme de 26.525 francs à l'Oubangui-Chari (sur un budget total de 119.485 francs pour l'enseignement à toute l'AEF) comme crédit pour l'enseignement inscrit au budget local et réparti comme suit : Personnel 19.225 francs, Matériel 7. 300 francs. Le Gabon a reçu 27.000 francs, le Moyen-Congo 45.270 francs et le Tchad 20.700 francs respectivement.. Ainsi, avons-nous une petite idée de l'organisation de l'enseignement en Oubangui-Chari à ses débuts qui est toutefois modeste au regard de l'effort budgétaire consenti par le Gouvernement colonial, l'essentiel étant dès le départ entre les mains des congrégations religieuses qui ont su allier nécessité d'évangélisation et besoin d'éducation et de scolarisation. Jusqu'à ce stade, on ne saurait parler du développement de l'enseignement, quand bien même on sent un début de tâtonnement comme effort fébrile réalisé.

Les caractères de l'éducation scolaire pendant la colonisation

Des hommes d'État comme le Gouverneur général de l'AEF, Félix ÉBOUÉ (1939-1944), avaient compris le service que les missions rendaient tant à l'influence française qu'à l'évolution des populations autochtones et n'hésitaient pas à chercher leur collaboration et à les encourager à faire mieux et davantage. Ainsi déclarait-il : « Ainsi, en sommes-nous venus à considérer que l'enseignement des écoles publiques et celui des écoles chrétiennes doivent être l'un et l'autre l'objet d'une égale sollicitude de la part du Gouvernement. Aux moyens financiers qui seront définitivement attribués à l'enseignement chrétien, correspondra de sa part une activité scolaire plus grande. Ennemi de tout ce qui bride l'initiative, je n'entends pas étatiser les écoles des missions... Nous créons l'entraide et l'harmonie dans l'effort libéralement donné». Mais en sera-t-il ainsi de la période après 1958 qui ouvre sur l'indépendance du pays où les Africains seront désormais amenés à donner leur avis et à définir les politiques et à résoudre les questions de l'enseignement qui concernent le devenir de leur pays ?

Organisation et objectifs

l'éducation était purement religieuse et les établissements scolaires étaient en général aux environs des églises. La classe débutait par une courte prière d'introduction et d'illumination. Les bénéficiaires de cette éducation sont en général choisis parmi les fils des chefs, des notables et des employés. En Oubangui-Chari, l'élite intellectuelle et/ou bureaucratique formée pendant la colonisation, évolue selon les pratiques façonnées par la France ; ces mêmes pratiques s'imposent, selon leur logique propre, aux enfants issus de ce milieu d'intellectuels. Les comportements socio-culturels de ces enfants se traduisent purement et simplement par une forme d'adaptation scolaire.

L'école est ainsi considérée comme le lieu privilégié de la transformation de l'homme noir pour que l'âme du jeune centrafricain soit une âme blanche dans un corps noir (Banyombo F., 1990). Cet objectif est la résultante des résolutions de la Conférence de Brazzaville en 1944 qui ont prescrit l'institutionnalisation de la langue française comme la seule langue d'enseignement et l'interdiction dans toutes les colonies de faire usage des langues locales dans les situations pédagogiques.

Programmes pédagogiques

L'application des programmes d'enseignement reflète les tendances quelque peu encyclopédiques que l'enseignement colonial a adoptées. Cet enseignement contrôle l'acquisition d'un savoir relativement étendu. Son objectif est de permettre aux enfants d'acquérir les mécanismes de base en français. Par le compte-rendu de lecture, on s'attache à discerner à la fois si l'élève est capable de comprendre et s'il possède une maitrise pratique suffisante de la langue. Cet exercice présente à bien des égards une valeur fondamentale, car bien plus que la rédaction, il peut permettre de se rendre compte si les enfants sont capables d'assimiler l'essentiel d'un récit ou de maitriser la langue parlée.

Un véritable mécanisme de « reproduction sociale »

Notons que l'enseignement à l'école coloniale était plus ou moins discriminatoire : l'instruction était prioritairement réservée aux fils et neveux des chefs traditionnels que l'église a alors christianisés même si dans quelques régions certains chefs étaient réticents d'y envoyer leurs enfants, potentiels successeurs aux trônes. L'intention était de se baser et se constituer sur une élite liée au rang social traditionnel existant. Au clair l'instruction de cette période procédait déjà à une « reproduction sociale» des élites pour renforcer la base autochtone tout en remplaçant mécaniquement les mœurs locales comme le souligne le gouverneur général de l'A.O.F :«...*Considérant l'instruction comme une chose précieuse qu'on ne distribue qu'à bon escient et limitons-en le bienfait à des bénéficiaires qualifiés. Choisissons nos élèves tout d'abord parmi les fils de chefs et de notables, la société indigène est très hiérarchisée. Les classes sont nettement déterminées par l'hérédité et la coutume. C'est sur elles que s'appuie notre autorité dans l'administration de ce pays, c'est avec elles surtout que nous avons un rapport de service. Le prestige qui s'attache à la naissance doit se renforcer par le respect que confère le savoir »*. Cet état d'esprit « transférable » dans les colonies est le reflet du mécanisme de reproduction sociale mis en place en métropole avant la Révolution.

Synthèse de la politique éducative de la période de pré-indépendance

La période de 1920 à 1960 est une période charnière très chargée en histoire de l'éducation coloniale en Afrique Équatoriale Française en général, et en Oubangui-Chari en particulier. ... comment à travers les textes réglementaires, l'administration coloniale décidait de l'orientation à donner à l'éducation et portait in fine les réformes scolaires engagées à partir de 1920 jusqu'en 1958 qui est l'année de l'Indépendance.

La politique éducative pendant la période de 1920 à 1958 est marquée par le souci de l'administration coloniale de tracer un cadre institutionnel officiel dans le paysage scolaire à travers la régulation de l'exercice de l'enseignement et de la scolarisation. On a vu à plusieurs reprises les textes officiels qui ont été initiés pour imposer ce cadre à l'enseignement public et privé. Le souci a été de ne pas créer un enseignement exclusivement privé à côté de l'enseignement public, mais d'étendre le contrôle de l'État sur tout ce qui relève de l'éducation en Oubangui-Chari. L'administration coloniale s'intéressait donc à toute question relative à l'éducation, à travers les conditions d'existence des écoles, les conditions imposées aux moniteurs et enseignants pour être opérationnels en classe, les préoccupations de rendre l'éducation effective aux élèves indigènes par le contrat de scolarité, la définition des programmes scolaires et des directives pédagogiques à suivre, l'aide à assurer aux écoles qui relèvent du privé à travers les subventions à accorder et une attention particulière aux initiatives scolaires des missions religieuses.

3. Les systèmes éducatifs après l'indépendance : République Centrafricaine

Le troisième chapitre aborde les systèmes éducatifs après l'indépendance dans l'espace République Centrafricaine. Les acquis de la colonisation sont rappelés, ainsi que leurs perpétuations au-delà de l'indépendance. Il y a maintenant de nouvelles structures d'éducation et de formation aux niveaux primaire, secondaire, supérieure et aussi une préoccupation pour l'Enseignement technique et la Formation professionnelle. Une synthèse des différentes politiques éducatives et certaines causes de leurs échecs, est faite, de 1960 à 1992 et un peu au-delà, par régime politique. Puis suite aux États Généraux de l'Éducation et de la Formation en 1994, une réforme est amorcée par la Loi No 97.014 du 10 Décembre 1997 pour le retour de l'enseignement privé avec de nouvelles structures d'éducation et de formation aux différents niveaux d'enseignement. Parallèlement, vu son importance, la situation de la formation des enseignants est faite de 1960 à 2009 avec les données disponibles. Enfin en 2000, une Analyse et un Diagnostic du fonctionnement du système éducatif centrafricain, ainsi qu'un Rapport d'Etat sur le Systéme Educatif National (RESEN) en 2017.

Telle qu'elle a été conçus en Oubangui-Chari, l'école apparait comme un élément répressif qui exclut toute possibilité d'expression libre des aptitudes qui sommeillent au niveau de chaque enfant. De même on estime que si l'école fonctionnait, évoluait en tenant compte de son milieu social, le comportement socio-culturel du jeune oubanguien serait orienté selon la dialectique de l'évolution de toute société. Malheureusement, on sait que tout ce qui a trait à l'éducation véhicule une certaine idéologie. Celle que véhicule l'école oubanguienne est celle des colonisateurs qui a entrainé la disparition progressive des valeurs propres aux oubanguiens. Ce fait s'exprime de manière systématique dans les programmes pédagogiques institués.

Le problème qui se pose est celui de la valeur pratique de ces études. En tenant compte de l'enseignement dispensé, on peut déduire que le but essentiel des œuvres scolaires visait surtout à instruire les jeunes plutôt qu'à les éduquer. Il s'agissait de l'application des techniques d'apprentissage. Cette instruction dont le véhicule principal est la langue française propage un discours idéologique qui « ne leur (enfants) parle ni d'eux, ni des conditions matérielles d'existence qui sont les leurs, ni de leur expérience concrète de tous les jours. A l'heure actuelle, de nombreuses stratégies ont été élaborées pour tenter, selon les discours politiques, d'écarter l'école de l'idéologie colonialiste en définissant de nouvelles approches pour intégrer le système d'enseignement hérité de la colonisation aux réalités du pays.

Les acquis de la colonisation et leurs perpétuations au-delà de l'indépendance

À partir de 1920 jusqu'à l'indépendance (1958), une série de textes officiels vont ponctuer la pratique scolaire, tentant toujours de la contrôler davantage, de favoriser et d'encourager des initiatives, d'organiser la collaboration, d'établir des programmes d'orientation et d'enseignement, etc. Des mesures seront prises au niveau de l'AEF de manière générale que vont mettre en œuvre les services locaux de chaque territoire. Les premiers textes en la matière remontent à fin décembre 1920.

Le Gouverneur Général Victor AUGAGNEUR sera le premier à s'y intéresser comme en témoignent les arrêtés qu'il prit à cet effet. Trois arrêtés fondateurs seront adoptés à cet effet, le premier réglementant « l'enseignement privé des indigènes », le deuxième réglementant « l'octroi de subventions à ces établissements privés des indigènes» et le troisième concédant une subvention à Mgr Prosper AUGOUARD pour les écoles indigènes pour l'année 1921. Entre 1894 et 1920, des centaines d'enfants oubanguiens étaient formés par les paroisses de Saint-Paul de Bangui et Sainte-Famille de Ndjoukou. C'est donc grâce au Christianisme que l'Oubangui-Chari va avoir ses premiers lettrés et ses premiers cadres, dont certains étaient techniquement compétents et politiquement conscients, à l'instar de Barthélemy Boganda, Fondateur de la République centrafricaine. On sait que sur les 4.656.000 habitants recensés dans la colonie, on comptait 1.098.000 habitants pour l'Oubangui-Chari, 2.448.000 pour le Tchad, et seulement 723.000 pour le Congo puis 387.000 pour le Gabon … le Congo abritait le siège du Gouvernorat général de l'AEF et le Gabon constituait le premier pays d'installation de la population coloniale.

Situation des structures d'éducation et de formation

La loi du 16 mai 1962 portant l'unification du système éducatif, nationalise tous les établissements scolaires confiés au ministère de l'Education nationale, de la Jeunesse, des Sports, des Arts et de la Culture au détriment de la direction politique, administrative et pédagogique de l'enseignement.

Et l'organisation de l'enseignement se présentera désormais comme suit : un enseignement pré-scolaire ; un enseignement primaire ;et un enseignement secondaire classique, moderne et technique. La volonté d'accroissement du rôle de l'État dans l'éducation et son souhait de mettre un terme au partage de compétences en matière d'éducation entre l'État et l'Église se vérifient davantage dans les principes et dispositions de la loi de l'unification. Ces principes et dispositions du législateur imprègneront la politique scolaire pendant plusieurs années et changeront radicalement la forme de la gestion partenariale de l'école. … Dans un esprit de véritable monopole, les dispositions envisagées visent à l'unité du corps enseignant désormais recruté par l'État ; l'unité des établissements scolaires ; l'unité des programmes scolaires arrêtés par le Gouvernement – ce qui se faisait déjà depuis longtemps – conformément au plan de développement économique et social de la nation.

Niveau primaire

La cession par l'Église de toutes ces infrastructures scolaires a permis aux pouvoirs publics d'augmenter le parc des établissements éducatifs et l'offre scolaire étatique publique sans que l'État ait à investir dans la construction de nouveaux bâtiments. Pendant longtemps, les écoles catholiques et autres vont disparaître de la carte scolaire centrafricaine. L'enseignement primaire s'est développé très rapidement depuis 1960 en dépit de l'exiguïté et du nombre limité des locaux. Les cartes scolaires concernant l'enseignement primaire permettent d'évaluer le nombre des établissements scolaires sur le territoire de la RCA. Si en 1965, 6 garçons sur 10 ont été scolarisé, il faut dire en revanche que ce nombre n'est pas le même au niveau des filles. Cette faiblesse numérique des filles pourrait s'expliquer par le poids de la coutume qui leur assignait la fonction sociale de ménagère.

Constatant que l'enseignement primaire manque d'efficacité et est malade depuis quelques années, les responsables de l'éducation ont perçu la nécessité de rendre opératoire l'école pour favoriser le développement des secteurs prioritaires : l'agriculture, l'industrie, la technologie. C'est la raison pour laquelle l'Ordonnance N° 84/031 du 14 Mars portant organisation de l'enseignement en RCA, définit une nouvelle politique éducative. L'articulation de cette nouvelle politique est une formation à la fois générale et professionnelle. L'une des innovations qui découlent de cette réforme est la création des structures de l'enseignement fondamental qui semble remplacer le cycle primaire et le premier cycle secondaire.

Niveau secondaire générale

Avec la loi du 9 mai 1962, tous les établissements scolaires des missions vont tomber sous la loi qui proclame l'unité de l'enseignement en Centrafrique. Ils seront dirigés et contrôlés par le Ministère de l'Éducation Nationale et, par lui seul, les Missions n'ont plus la haute direction ni l'inspection des écoles qu'elles ont créées. … dans le second degré et le technique, il y avait deux cours normaux dirigés par les Frères Maristes à Berbérati et par les Frères de Saint Gabriel à Bangassou (ils vont cesser en juillet 1966), un collège technique féminin à Bangui dirigé par les Sœurs du Saint-Esprit (elles vont l'abandonner en octobre 1969) ; un collège de jeunes filles à Bangui, le lycée Pie XII (qui survivra jusqu'à la reprise de l'enseignement Catholique Associé de Centrafrique en 1996) dirigé par les Sœurs du Saint- Esprit ; deux collèges de garçons dirigés par les Frères Maristes à Bangui (le lycée d'État des Rapides à Saint-Paul) et à Berbérati. La direction de ces deux établissements sera rendue en 1969 à l'État et les Frères vont se retirer définitivement pour d'autres types d'apostolat dans le pays. Seuls les séminaires, institutions scolaires pour la formation du clergé, n'ont pas été touchés par ces réformes.

Niveau supérieur

Selon la loi de 1962 relative au système éducatif, l'enseignement ne se limitait qu'au secondaire général classique, moderne et technique en RCA … Comme la plupart des pays francophones, l'enseignement supérieur était inexistant dans presque tous les pays africains francophones avant 1960 et plus longtemps après cette date. A part le Congo-Belge (devenu ZAÏRE puis Congo Démocratique) ayant un statut particulier, avait au moins trois universités de formation supérieure avant 1960 : Institut agronomique créé en 1933-1934, Université de Lovanium en 1956 devenue l'Université de Kinshasa, Université d'Elisabethville en 1956 devenue l'Université de Lubumbashi. A cela il faut tenir compte des séminaires qui donnaient une formation de type universitaire mais orientée exclusivement vers la théologie et la philosophie - séminaire de Kisantu.

Enseignement technique et Formation professionnelle

Le développement économique et la promotion de la société centrafricaine passe nécessairement par la formation de la main-d'œuvre qualifiée et des cadres techniques dont la tache est confiée à l'enseignement technique et la formation professionnelle qui sont placés sous la tutelle des Ministères de l'Éducation Nationale et de l'Agriculture. Il faut noter que la formation professionnelle relève surtout du Ministère du Travail, des autres Ministères, des organismes nationaux et régionaux et de certains services. Cela suppose que l'enseignement technique et la formation professionnelle manques de structures adéquates pour coordonner et centraliser les mesures et actions à mener pour dynamiser la formation des agents techniques.

Rappel des différentes politiques éducatives et certaines causes de leurs échecs

Le développement de la politique publique de scolarisation a été étroitement lié à l'essor des missions catholiques et protestantes dans le pays depuis la période coloniale jusque dans les premières années de l'indépendance. Alors que les missions protestantes étaient limitées dans leur effort de scolarisation, les missionnaires catholiques développèrent davantage les écoles afin de participer à l'effort de développement de l'administration et du pays. Dans les écoles ils créaient aussi des mouvements comme des structures de formation de la jeunesse (Scouts) dont beaucoup de leurs moniteurs furent des vaillants membres et ressortissants. Beaucoup d'entre eux d'ailleurs s'engageront dans le mouvement politique le MESAN (Mouvement de l'Évolution Sociale de l'Afrique Noire) de BOGANDA et en seront même des militants incontestés, tel Etienne NGOUNION qui deviendra le premier président de l'Assemblée Nationale à la veille de l'indépendance, puis sénateur et président du MESAN. Pour cela, le gouvernement du nouveau régime continuait à subventionner les écoles privées pour leur contribution effective à l'éducation et au développement de la scolarisation des futurs cadres nationaux, sur la base des textes réglementaires existant étudiés jusque-là. L'État et l'Église continueront à collaborer normalement malgré quelques difficultés dans l'octroi effectif des subventions conformément aux dispositions des textes en vigueur. Le dernier texte officiel en date (4 octobre 1958) est celui de M. BORDIER qui fixait les conditions de présentation des demandes de subvention aux écoles privées confessionnelles.

De manière générale, les luttes politiques ayant conduit à l'indépendance eurent comme argument la démocratisation de l'enseignement ; il fallait vulgariser la scolarisation à l'ensemble de la population. Les premiers dirigeants de l'époque avaient foi en l'importance de l'éducation scolaire dans le processus de développement de leur nation nouvellement indépendante. En 1961, les ministres de l'Éducation nationale des pays africains vont se réunir à Addis-Abeba en Éthiopie pour adopter de nouvelles orientations scolaires avec l'ambition de revoir leur système éducatif respectif pour mieux les adapter aux besoins économiques, politiques et sociaux. Cela peut être interprété comme une volonté de rompre avec le système colonial et affirmer une nouvelle ère qui commence. Mais pour le cas de la République Centrafricaine, les nouveaux responsables avaient-ils les moyens de leurs politiques, notamment les moyens humains et économiques ? Tout laisse entrevoir plutôt des obstacles aux conséquences directement néfastes qui seront comme sources d'échec : pas de personnels suffisamment formés au niveau supérieur ; le budget de l'État en 1960 « accuse un déficit apparent de 619 millions de francs cfa (pour 2381 milliards de recettes et 3 milliards de dépenses), et réel de 1500 milliards si l'on inclut les personnes employées par l'État et rémunérées sur d'autres fonds. La politique éducative post-indépendance sera à jamais marquée par ces situations de déficit et induira négativement les orientations retenues à Addis-Abeba : la démocratisation de la scolarisation et la qualité de l'enseignement en seront atteintes.

Synthèse des politiques éducatives de la période de l'indépendance

Les différents contextes politiques qui ont influencé et façonné le système éducatif et consacré le profil de l'école en Centrafrique. Autrement dit, comment a évolué l'action publique dans le cadre de l'expression « État Éducateur » pendant la période retenue en matière d'éducation quand on sait que « l'État, traditionnellement envisagé comme une entité qui domine, façonne et transcende la société, est engagé dans un processus de transformation » Le chapitre ... expose les continuités et les ruptures survenues après l'indépendance en faisant ressortir les figures des personnages publics et politiques qui ont façonné d'une manière ou d'une autre le visage de l'école centrafricaine.

Finalement, c'est le 9 mai 1962 que la loi n° 62/316 fut adoptée portant unification de l'enseignement sur tout le territoire national, infirmant par le même fait le prodigieux travail de collaboration patiemment mis en place depuis les premières années de la colonisation jusque-là. En France, la loi Debré avait trouvé en 1959 une parade juridique pour associer les établissements confessionnels et les autres institutions qui relèvent du droit privé au service public de l'éducation sous le terme de contrat d'association, permettant encore à l'État un droit de contrôle. En Centrafrique, la rupture a été radicale et unilatérale, elle était ainsi donc consommée entre l'État et l'Église et désormais les choses ne seront plus comme avant. Désormais, on ne peut que constater le véritable monopole de l'État sur l'enseignement et l'éducation attestant ainsi une volonté politique de laïcisation scolaire allant plus loin que celle connue en France de la part des nouvelles autorités. Une nouvelle manière d'envisager l'école impactera désormais la vie nationale en Centrafrique.

La première période du Président David DACKO : de 1960 à 1966

C'est sur cette base qu'on peut comprendre que les premières années de l'indépendance ont été marquées par la rupture de collaboration entre l'État et l'Église avec l'adoption par l'Assemblée Nationale de la loi d'unification n° 62/316 (cf. Annexe 34) promulguée par le Président David DACKO le 9 mai 1962 concernant l'enseignement et l'éducation. Le jeune gouvernement était confronté au problème de la coexistence d'un enseignement officiel et d'un enseignement confessionnel bien enraciné et prenant trop d'importance sur le plan social.

La volonté d'accroissement du rôle de l'État dans l'éducation et son souhait de mettre un terme au partage de compétences en matière d'éducation entre l'État et l'Église se vérifient davantage dans les principes et dispositions de la loi de l'unification. Ces principes et dispositions du législateur imprègneront la politique scolaire pendant plusieurs années et changeront radicalement la forme de la gestion partenariale de l'école. Concrètement, la loi du 9 mai 1962 formulée en un texte très court tranche totalement par son caractère austère et impérial et marque par son ton déclamatoire. La volonté d'accroissement du rôle de l'État dans l'éducation et son souhait de mettre un terme au partage de compétences en matière d'éducation entre l'État et l'Église se vérifient davantage dans les principes et dispositions de la loi de l'unification. Ces principes et dispositions du législateur imprègneront la politique scolaire pendant plusieurs années et changeront radicalement la forme de la gestion partenariale de l'école. … L'interprétation de ces dispositions est claire et simple, il n'existe plus sur le territoire national aucune institution scolaire autre que celle de l'État qui désormais prend en charge totalement le processus de scolarisation de tous les enfants, ou encore, seul l'État a désormais le monopole et la mainmise sur la responsabilité et la gestion de l'appareil éducatif sur le plan national, …

Une autre loi n° 62 360 du 14 décembre 1962 réaffirme en son article 6 que c'est l'État qui de manière unilatérale pourvoit à un enseignement primaire, secondaire, technique et supérieur dans le pays, Loi fixant les principes généraux d'organisation de l'enseignement en République Centrafricaine

La période du Président Jean-Bédel BOKASSA : de 1966 à 1979

Dix ans après la loi d'unification, c'est le Président Jean-Bédel BOKASSA qui, par ordonnance du 12 mai 1972, va abroger la loi du 9 mai 1962 ainsi que le décret d'application du 15 février 1963, ouvrant la voie de nouveau à la création d'établissements privés d'enseignement. Cette décision est motivée par le rythme d'accroissement de la population scolaire dans les différents ordres d'enseignement en Centrafrique. Selon ces données, la population a presque triplé entre 1960 et 1970 dans le primaire, passant de 60.903 à 170.048 élèves, ce qui peut justifier l'avènement de l'Ordonnance de 1972.

La nouveauté de cette Ordonnance qui tranche avec le passé est l'introduction du terme « laïc ». Ces écoles d'enseignement privé ne sont plus « confessionnelles », mais elles deviennent « laïques » et ouvertes au 1er, 2ème degré et technique, réservant l'enseignement supérieur à l'État seul (cf. article 5). Il affirme qu' « outre les écoles d'établissements scolaires d'État, peuvent être créées des écoles ou établissements privés d'enseignement laïc... » (article 2). Par établissement d'enseignement laïc, car c'est une nouveauté, il faut entendre un établissement créé par toute personne morale ou physique ayant obtenu l'autorisation d'ouvrir un ou plusieurs établissements privés pour dispenser le programme de l'enseignement officiel, à savoir l'enseignement primaire, secondaire et technique (articles 3 et 4). Jusque-là, l'enseignement privé était essentiellement confessionnel, c'est-à-dire entre les mains des missionnaires (catholiques comme protestants). L'introduction du terme « laïc » fait alors évoluer les mentalités pour dire qu'il faut désormais ouvrir l'enseignement privé à d'autres partenaires ou promoteurs potentiels de l'éducation que ceux traditionnellement connus jusque-là. Comme par le passé, tout établissement privé doit être autorisé par un décret pris en Conseil des Ministres après examen du dossier de demande introduit par son promoteur. Le personnel enseignant est aussi autorisé par l'autorité compétente après étude du dossier. L'autorité administrative étend son contrôle sur tout l'établissement dans les domaines pédagogiques, législation scolaire, inspection, formalités de recrutement du personnel, aux installations matérielles, à l'organisation des examens et collation des diplômes. Les promoteurs ont l'entière responsabilité financière pour la construction des locaux, l'acquisition des équipements scolaires et leur entretien et bien sûr la rémunération du personnel enseignant. Alors vu sous cet angle, on ne voit pas comment, sans soutien financier et matériel de l'État, des personnes morales et physiques seront encouragées à prendre des initiatives pour des créations d'écoles privées laïques.

Le décret d'application fait ressortir en détail les modalités et les conditions de demandes d'ouverture, les conditions de fonctionnement et de recrutement d'enseignants, les conditions et profils des directeurs d'établissement et leurs devoirs, etc.

La deuxième période du Président David DACKO : de 1979 à 1981

L'Ordonnance du Président BOKASSA, du 12 mai 1972 abrogant la loi du 9 mai 1962 ainsi que le décret d'application du 15 février 1963, n'a pas porté effet, car on ne vit aucune initiative dans ce sens comme par le passé dans la multiplication des écoles dans l'ensemble du pays. L'Église, gardant encore un très mauvais souvenir, ne se hasarda même pas à prendre des initiatives, elle qui s'intéresse bien à la question éducative auprès de la jeunesse. Le statu quo demeurera ainsi et traversera tous les autres gouvernements successifs jusqu'en 1994. On comptera seulement vers les années 1985 un établissement privé de niveau supérieur (Cours Préparatoire International = CPI), mais comme entreprise commerciale demandant les frais de scolarité assez élevés aux élèves et étudiants.

La période du Président André KOLINGBA : de 1981 à 1992

Idem comme la deuxième période du Président David DACKO : de 1979 à 1981.

Et en plus, en matière d'éducation et formation, le programme National d'Action (PNA) relève que la structure du système éducatif centrafricain n'a pas été modifiée depuis l'indépendance. Héritée de l'époque coloniale, elle se trouve peu adaptée aux besoins de la population centrafricaine. … Cette situation alarmante a conduit le Gouvernement à organiser un séminaire national de réflexion au mois de Mars-Avril 1982 au cours duquel plusieurs recommandations ont été prises et dont un grand nombre a été inscrit dans le PNA 1982-1985. L'ordonnance n°84.031 du 14 Mai 1984 constitue le véritable acte légal dudit séminaire. Cet acte aura pour caractéristique essentielle, en plus des principes généraux qui conduisent tous les enfants aux sources du savoir, de proposer une nouvelle organisation de l'enseignement en République Centrafricaine …

Les autres périodes présidentielles après 1992

Idem comme la période du Président André KOLINGBA : de 1981 à 1992

Les États Généraux de l'Éducation et de la Formation de 1994 : Pour le retour de l'Enseignement Privé

La loi d'unification de 1962 avait plongé la jeunesse centrafricaine dans une situation de récession intellectuelle, culturelle et éducative et les États Généraux de l'Éducation et de la Formation de 1994 ont permis de l'en sortir par l'appel aux partenaires sociaux qui ont l'expertise de mettre la main à la patte. Des recommandations avaient été lancées à l'endroit de seize entités en passant par l'État, l'Assemblée Nationale, les syndicats et les médias etc. Aux confessions religieuses en général, il est recommandé « d'accepter de créer des écoles privées et de faire agir les communautés de base confessionnelles pour la création d'écoles, leur entretien, et l'extension de la sensibilisation en matière éducative ». Et à l'État, une des recommandations fortes l'obligera à «négocier avec les confessions religieuses, et particulièrement l'Église Catholique les conditions de reprise et de création des écoles privées »

La Loi No 97.014 du 10 Décembre 1997 portant orientation de l'Education en République Centrafricaine

Organisation du système éducatif centrafricain

D'après la Loi No 97.014 du 10 Décembre 1997, portant orientation de l'Education en République Centrafricaine, le système éducatif centrafricain est organisé en quatre cycles principaux : un enseignement préscolaire délivré dans des jardins d'enfants ou des écoles maternelles et accueillant des enfants âgés entre 3 et 5 ans ; un enseignement primaire, le Fondamental 1, constitué de 6 années d'études et accueillant les élèves âgés théoriquement de 6 à 11 ans. La fin du cycle est sanctionnée par l'obtention du Certificat d'études du fondamental 1 (CEF1) ; un enseignement secondaire composé de deux cycles. Le premier cycle, le Fondamental 2 (F2), qui correspond au niveau collège, dure 4 ans et accueille des élèves âgés théoriquement de 12 à 15 ans ; il est sanctionné par le Brevet des Collèges (BC). Le second cycle, le Secondaire Général (SG) est de 3 ans ; il est sanctionné par le baccalauréat. L'enseignement secondaire est réparti en deux branches : la formation générale et la formation technique. L'enseignement technique est dispensé dans les collèges techniques pour une formation de 3 ans sanctionnée par le Certificat d'aptitude professionnelle (CAP) et dans les lycées techniques pour une formation également de 3 ans sanctionnée par le baccalauréat technique ; un enseignement supérieur dont la durée d'étude varie de 2 ans à 7 ans (pour les études de médecine).

L'éducation non formelle

L'éducation non formelle est réalisée en grande partie en Centrafrique sous formes de projet par des ONG, des opérateurs privés, souvent confessionnels, ou des organismes de coopération. Malheureusement, les informations concernant ces projets ne sont pas centralisées et par conséquent difficiles à recenser. Une partie de ces projets est sous la tutelle de l'Etat et plus précisément du Ministère de l'Education lorsqu'ils concernent les adultes en général et du Ministère des Affaires Sociales lorsque la population visée est celle des femmes et des enfants de la rue. Cependant, en dehors des projets, l'Etat a créé deux structures visant à l'alphabétisation des adultes centrafricains, les Centres d'Alphabétisation Fonctionnelle et les Centres d'Education Permanente.

Plan National de Développement de l'Education (PNDE) 2000-2010

Le Plan National de Développement de l'Education (PNDE) 2000-2010 a modifié le système éducatif en introduisant la réforme selon laquelle la 1ère année du Fondamental 1, le CI, ne fasse plus partie du F1 mais du préscolaire. Cependant, si les textes actuels définissent le F1 comme un cycle de 5 ans, ces derniers n'ont jamais pu être mis en application.

Cas spécifique de la formation des enseignants

La formation initiale des enseignants dans les écoles normales (ENI et ENS), le Centre National de Formation Continue (CNFC), les recyclages, les animations pédagogiques organisés par les Centres Pédagogiques Régionaux (CPR) et les responsables pédagogiques semblent nécessaires pour donner une aptitude à l'enseignant afin de renforcer sa capacité de production de bons résultats scolaire. Depuis plus d'une vingtaine d'années, le système éducatif centrafricain connait de sérieux problèmes de personnel enseignant au niveau du Fondamental I, tant à Bangui que dans les provinces. On peut avoir un ou deux titulaires pour un cycle complet. Les horaires, les programmes et leurs contenus sont ainsi modifiés par rapport à ce manque. Face à ces difficultés compromettantes, les Associations des Parents d'Elèves (APE), vue la charge matérielle et financière du Gouvernement, ont pris la décision d'engager des maître-parents ou encore maîtres-d'enseignement afin d'instruire leurs enfants.

Ces maître-parents, quelque soit leur niveau d'étude et n'ayant aucune notion pédagogique initiale sont appelés des enseignants non formés. Ceux-ci accomplissent cette lourde tâche selon leur souvenir d'enfance dans des manuels scolaires de différentes disciplines. Cependant, certains parents n'accordent pas totalement du crédit à l'instruction de leurs enfants par ces enseignants non formés. Une telle situation ne peut continuer de nous laisser indifférent.

Certaines causes des échecs des politiques éducatives

Indépendance des pays francophones dans la communauté française

En 1958 l'Oubangui Chari devint République Centrafricaine et accéda à une « autonomie » et à la laïcisation progressive de l'enseignement. Même à partir de cette date fatidique de la création de l'Etat de la République Centrafricaine, toute organisation administrative, politique, éducative... demeurait métropolitaine. Car l'Etat centrafricain n'étant que l'ombre de lui-même ; tout est « verrouillé » dans la constitution française de la Vème République en son titre XII relatif aux Etats ayant opté pour la Communauté française. Cette situation de Communauté optée par certains nouveaux Etats d'Afrique Noire surtout francophones, particulièrement la République Centrafricaine, a jeté la base d'un nouveau positionnement stratégique et politique des puissances occidentales sur ces pays dont ils ne se remettront peut être jamais pour une raison principale : La privation des instruments de souveraineté. (Namyouïssé, 2007)

472

La conférence d'Addis-Abeba des Ministres de l'Education nationale des pays d'Afrique en 1961

Dès 1961, les ministres de l'Education nationale des pays d'Afrique se réunirent à Addis-Abeba en Ethiopie pour re-définir l'orientation scolaire. L'ambition de la plupart des pays représentés était de revoir leur système éducatif respectif afin de l'adapter aux nouvelles orientations économiques, sociales et politiques dont ils voulaient doter leurs Nations. Ils voulaient, au clair, rompre avec le système scolaire dit « colonial » décrié par tous. Mais ces représentants avaient-ils conscience qu'ils étaient eux-mêmes issus de cette école coloniale ? Etaient-ils prêts à revoir « à la baisse » leur propre statut social « gagné » grâce à cette école coloniale ? Personne n'était prêt à revoir à la baisse ses privilèges (postes de responsabilité avec avantages connexes), pour cause de l'éducation comme nous souligne l'état d'esprit de l'époque (Rey 1971) : «...*Maintenant tous ces postes sont occupés par des gens qui n'ont aucune envie de laisser leur place à plus jeune et instruit qu'eux (...), il en est sans doute de même dans toutes les néocolonies* ». Cet état d'esprit est loin d'être éradiqué, il se cristallise davantage.

L'autre question est de savoir si ces jeunes Etats avaient-ils les moyens de leur ambition ? Ces nouveaux états indépendants vont se rendre compte au cours de la conférence de Addis-Abeba qu'ils n'avaient pas les moyens de leur ambition. Ainsi, ils vont demander des aides internationales c'est-à-dire s'endetter. La République Centrafricaine va devoir de l'aide européenne : «(...) Il faut souligner l'aide apportée par la F.A.C. (Fonds d'Action et de Coopération) et le F.E.D (Fonds Européens et de Développement) pendant les premières années de l'indépendance au pays. Cette aide a servi essentiellement à la construction des bâtiments scolaires, dont le nombre a plus que doublé en cinq (5) ans »

Alors que l'esprit de l'indépendance suivi de celui de la conférence d'Addis-Abeba en matière de scolarisation était celui de la massification et de la réorientation de l'éducation, à savoir :

« Etant donné que le contenu actuel de l'Education ne correspond ni à la réalité africaine, ni à l'hypothèse de l'indépendance politique, ni aux caractéristiques d'un siècle essentiellement technique, ni aux exigences d'un développement économique comportant une industrialisation rapide, mais qu'il fait appel à des références à un milieu non africain et ne permet pas à l'intelligence, à l'esprit d'observation et à l'imagination créatrice de l'enfant de s'exercer librement, et de l'aider à se situer dans le monde, que les autorités chargées de l'éducation dans les pays africains révisent le contenu de l'enseignement en ce qui concerne les programmes, les manuels scolaires et les méthodes, en tenant compte du milieu africain, du développement de l'enfant, de son patrimoine culturel et des exigences du progrès technique et du développement économique, notamment de l'industrialisation »

Autres causes précises en RCA :

- Les troubles sociopolitiques et leurs incidences sur l'éducation:
- o Les troubles à la rentrée scolaire 1978- 1979;
- o Les troubles liées au renversement de l'empire en septembre 1979;
- o Les contestations des résultats des élections présidentielles de mars 1981.
- Des causes de la formation des enseignants ;
- Des causes de ressources disponibles destinées au financement du secteur ;
- Cas d'échec du projet de Réforme adopté en 1984.

Influence des instances internationale concernant le secteur éducatif privé

D'abord, on peut remarquer des variations dans les politiques en faveur de l'éducation dans les pays du Tiers-Monde préconisées par ces institutions internationales. Ces « variations éducatives » ont suivi une évolution historique depuis un certain temps. Dans un premier temps, la position des instances internationales consistait à imposer aux États en voie de développement de se désengager du secteur éducatif pour le libéraliser exclusivement au profit du privé. Durant les années 1980, la République Centrafricaine, comme beaucoup d'autres pays africains, fut soumise aux injonctions des bailleurs de fonds tels que la Banque Mondiale et le Fonds Monétaire International, avec des plans drastiques d'ajustement structurel (PAS) qui ont laissé des conséquences plus néfastes que positives dans le domaine de l'éducation.

La décennie 1990 sera le tournant décisif pour adopter une approche différente de cette politique éducative impulsée par les institutions internationales. Les recommandations émanant de la rencontre de Jomtien en Thaïlande en 1990 préconisant le programme de l'Éducation Pour Tous suivie du Forum de Dakar au Sénégal en 2000 pour l'atteinte d'une éducation universelle d'ici 2015, vont totalement changer les orientations. Il ne peut plus être question pour les États d'abandonner le secteur éducatif et encore moins de s'en occuper tout seul, mais d'ouvrir le secteur éducatif comme un vaste chantier dans lequel peuvent prendre place des partenaires identifiés ayant des potentialités avérées pour participer aux côtés de l'État au le développement de l'éducation et de la formation par l'école.

Qu'il s'agisse des institutions internationales (UNESCO, Banque mondiale) ou des coopérations bilatérales régionales (UE/ACP), ou nationales (France/pays africains), les partenariats public-privé savamment construits peuvent contribuer à l'efficacité du système éducatif dans son ensemble, à savoir l'accès équitable au savoir au Nord comme au Sud. Le projet politique de l'école n'est pas seulement d'alphabétiser, mais aussi de contribuer au bien-être du sortant du système en lui permettant d'être autonome et de vivre dignement.

4. La planification de l'éducation de 2020 à 2029

Il s'agit ici d'aborder les principaux éléments de ce Plan, notamment : Accroitre l'accès à l'éducation et à la formation et le rendre plus équitable ; Former, recruter et affecter des enseignants sur l'ensemble du territoire ; Améliorer la qualité de l'enseignement ; Réformer la gouvernance et accroitre le financement du système éducatif. Enfin, des considérations sont prises pour la mise en oeure et le financement de ce PSE.

Accroitre l'accès à l'éduction et à la formation, et le rendre plus équitable

Accroitre les capacités d'accueil pour tous les niveaux d'enseignement

Un plan de construction et de réhabilitation de salles de classe pour tous les sous-secteurs.

Étant donné l'accroissement des effectifs scolaires et la baisse de la taille des classes (groupes pédagogiques) souhaités, il est nécessaire de réaliser un très important effort de construction, réhabilitation et équipement de salles de classe, pour tous les sous-secteurs, au cours de la décennie 2020-2029. Selon le **scénario de référence** du PSE, même en utilisant certaines salles en double vacation (préscolaire et primaire) ou avec des horaires élargis (secondaire), il sera nécessaire de construire près de 12 000 salles de classe et d'en réhabiliter près de 4 700 afin de disposer d'un stock suffisant de salles en bon état à la rentrée 2029.

Afin d'améliorer le maillage du territoire pour l'enseignement Fondamental 2 (premier cycle du secondaire) et ainsi d'en favoriser l'accès, un plan de construction de *collèges de proximité* sera lancé. Il s'agit de collèges de petite taille (une à deux classes par niveau), localisés dans les zones d'habitat peu dense, avec un corps enseignant spécifique et des curricula adaptés.

Le développement de cette nouvelle offre d'éducation se fera en complément de la construction ou de l'extension de collèges et lycées « classiques » dans les zones suffisamment denses. L'accroissement des capacités d'accueil dans ces zones est indispensable car la plupart des établissements y sont surchargés. En outre, l'extension de cette offre doit être accompagnée d'une réflexion sur les questions des transports scolaires et de l'hébergement, publics ou communautaires (confiage, tuteurs, locations collectives, etc.), les plus adaptés au contexte centrafricain.

Les deux ministères qui ont la charge de l'ESR ont chacun élaboré un document stratégique dont les orientations pour améliorer l'équité de l'accès à un enseignement supérieur de qualité et renforcer la gouvernance de ce sous-secteur sont reprises et approfondies dans ce PSE. Le principal axe stratégique qui est développé consiste à accroitre et déconcentrer l'offre d'enseignement supérieur grâce à la création d'établissements régionaux, sur le modèle des *community colleges* étatsuniens, c'est-à-dire des établissements offrant (i) des cycles courts (deux à trois ans) ; et (ii) des formations prioritairement professionnalisantes et liées au marché de l'emploi local. Il existe également un projet de construction d'une seconde université nationale à Bangui.

Favoriser une éducation inclusive, équitable et protectrice

Le processus d'élaboration du PSE a suivi les recommandations du PME d'intégrer la discussion des questions de genre de manière transversale dans tout le rapport. En conséquence, des éléments de stratégie liés à la scolarisation des filles sont disséminés au sein du PSE. Des mesures déjà en vigueur seront poursuivies et approfondies, telles (i) les actions de sensibilisation en faveur de la scolarisation des filles ; (ii) les interventions destinées à créer un environnement sanitaire favorable (distribution de kits scolaires et de kits dits de « dignité » ; construction de latrines séparées) ; et (iii) la lutte contre les violences basées sur le genre en milieu scolaire. En outre, des mesures complémentaires sont aussi prévues : (i) la formation des enseignants et l'introduction ou le renforcement de modules sur l'éducation sexuelle et la parité des genres dans les curricula ; (ii) l'allocation de bourses d'étude pour les filles dans l'enseignement secondaire.

L'accès à l'école des enfants à besoins spécifiques est souvent limité par un manque de compréhension de leurs besoins, d'enseignants formés, de soutien en classe, de ressources pédagogiques et d'infrastructures adaptées. Les lignes directrices de la stratégie proposée pour favoriser l'accès à l'éducation de ces enfants sont : (i) la promotion de l'éducation inclusive, ce qui implique entre autres de mener des campagnes de communication et de sensibilisation, d'améliorer les infrastructures scolaires pour y accueillir tous les enfants, et de former des enseignants ; (ii) l'offre de solutions d'éducation alternatives pour les enfants à besoins spécifiques qui ne peuvent pas être pris en charge dans les écoles standards (handicaps lourds, problèmes de santé mentale, etc.).

Le développement du secteur préscolaire doit se faire prioritairement en faveur des enfants issus des ménages les plus défavorisés car, comme le montrent les études, ce sont ceux qui en retirent le plus de bénéfice. L'enseignement préscolaire aide en particulier les enfants déplacés et « retournés » à s'adapter à un nouvel environnement et à retrouver leur équilibre émotionnel et leur confiance. En outre, comme le recommande l'UNICEF, la RCA fait le choix de commencer par généraliser la grande section du préscolaire. La stratégie du présent PSE est donc d'offrir une année d'enseignement préscolaire préparatoire à l'entrée au cycle primaire au plus grand nombre d'enfants de cinq ans puis de compléter progressivement ce cycle d'enseignement.

La stratégie générale pour développer les sous-secteurs ETA-FP-A afin d'atteindre un nombre plus élevé d'apprenants dans un plus grand nombre de domaines de formation consiste à (i) déconcentrer l'enseignement technique et relancer l'enseignement agricole, grâce à la construction et l'équipement d'un *Collège d'enseignement technique et agricole* (CETA ; filières courtes adaptées au contexte local) dans chaque inspection académique, et d'un lycée agricole (il n'en existe actuellement aucun) ; et (ii) « piloter le dispositif de formation professionnelle par la demande et l'orienter vers la maîtrise des métiers » ; en (iii) priorisant « l'objectif de l'insertion, grâce à une relation étroite entre emploi et formation ».

Les sous-secteurs de la formation professionnelle, de l'alphabétisation et de l'éducation non-formelle font face à des enjeux communs qui doivent les conduire à une collaboration étroite. Celle-ci se fera dans le cadre de nouveaux *Centres de Formation Professionnelle et d'alphabétisation* (CFPA) qui pourront proposer une offre adaptée à chaque population cible (enfants, adolescents, ou adultes) en fonction de ses besoins : (i) des programmes d'éducation accélérée ; (ii) des programmes d'alphabétisation ; (iii) des formations professionnelles ; (iv) des combinaisons entre éducation de base/alphabétisation et formation à un métier.

Les frais de scolarité supportés par les ménages sont un frein à la scolarité et ils pèsent sur le niveau de vie des plus démunis. Afin de faciliter l'accès à l'éducation, l'objectif de long terme affirmé dans ce PSE est donc la suppression complète des frais de scolarité. Cependant deux étapes préliminaires devront être menées : (i) d'abord ; la réalisation d'une étude sur la collecte et l'utilisation de chacun des frais de scolarité (court terme) ; (ii) ensuite la réduction ou la suppression des frais qui peuvent l'être (moyen terme).

Afin de sécuriser les établissements scolaires et mitiger l'impact des conflits, les mesures envisagées consistent à : (i) mettre en place de mécanismes de veille sur les attaques et occupations d'école ; (ii) sensibiliser les communautés, les autorités, et même les groupes armés sur le thème de la sécurisation des infrastructures scolaires ; (iii) renforcer les capacités des enseignants en environnement protecteur et en éducation à la paix ; et (iv) automatiser les interventions pour l'éducation en situation d'urgence destinées à assurer la continuité de l'offre éducative et renforcer les capacités de la cellule d'urgence du MEPS.

Former, recruter, et affecter des enseignants sur l'ensemble du territoire

La pénurie d'enseignants qualifiés

La stratégie proposée dans ce PSE est donc plus pragmatique et réaliste : le remplacement des maîtres-parents et des enseignants vacataires ne pourra se faire que progressivement, sur toute la décennie du PSE et sans doute au-delà, et en partie grâce à leur formation et leur intégration/contractualisation au sein du système formel.

Accroître les capacités de formation et diversifier les recrutements des enseignants

Pour former un grand nombre d'enseignants, il sera donc nécessaire d'accroitre le nombre et la capacité des structures dédiées à la formation initiale et continue des enseignants.

- Transformer les CPR aux Centres Préfectoraux de Formation des Enseignants (CPFE) et former les maîtres-parents

Le rôle, les capacités d'accueil et les ressources humaines des CPR seront accrus afin d'en faire de véritables écoles de formation, initiale et continue. Ils seront chargés de former des enseignants du cycle primaire mais aussi du préscolaire et du cycle secondaire. En outre, chaque préfecture sera dotée d'un tel centre (sept nouveaux seront donc bâtis), conformément à leur nouveau nom de « Centres Préfectoraux de Formation des Enseignants » (CPFE).

Les CFPE continueront à assurer la formation initiale des maîtres d'enseignement pour le cycle primaire. Une filière de formation initiale des moniteurs pour l'enseignement préscolaire y sera aussi développée. En outre, les CPFE auront aussi la charge d'assurer, grâce à des filières de formation continue, l'intégration dans le système éducatif formel des maîtres-parents et des moniteurs communautaires. Ceux-ci pourront accéder à un nouveau statut **d'agent d'éducation** après avoir suivi et validé une formation pendant un à trois ans (selon leur niveau initial). Ces formations auront lieu pendant les congés scolaires et seront accompagnées par un suivi en salle de classe par le directeur de l'école et/ou un conseiller pédagogique. Enfin, les CPFE offriront une formation continue pluridisciplinaire (en lettres/sciences humaines ou en mathématiques/sciences) pendant les congés scolaires à des enseignants vacataires du secondaire et à des instituteurs afin qu'ils puissent accéder au nouveau statut de **professeur polyvalent du secondaire** (PPS) et enseigner dans les collèges de proximité.

- Créer des Écoles normales du Fondamental (ENF)

De nouvelles *Écoles normales du fondamental* (ENF) se substitueront à l'École normale des instituteurs. Leur périmètre sera élargi puisque, outre la formation d'instituteurs pour le cycle primaire, ces écoles formeront aussi des instituteurs pour le cycle préscolaire et les professeurs de collège pour le premier cycle du secondaire. Selon le **scénario de référence** de ce PSE, la RCA devra disposer de quatre ENF d'ici la fin de la mise en œuvre du plan, soit deux écoles supplémentaires à celles déjà existante (l'ENI, qui sera transformée) ou prévue (une ENF doit être construite dans le cadre du PUSEB). Ces écoles seront réparties sur l'ensemble du territoire centrafricain (une école pour deux inspections académiques).

- Faire évoluer la mission de l'ENS et créer une ENS-ETAFPA

La stratégie proposée pour faire face à ces défis consiste à : (i) concentrer la mission de l'ENS sur la formation des cadres, des formateurs, et des professeurs de lycée (second cycle du secondaire) de l'enseignement général ; (ii) déconcentrer la formation des professeurs de collège (premier cycle du secondaire) dans les nouvelles ENF (voir ci-avant) ; (iii) créer une seconde École normale supérieure entièrement dédiée au secteur de l'enseignement technique et agricole, la formation professionnelle et l'alphabétisation (ENS-ETAFPA).

Recruter massivement les enseignants

- Le cycle primaire

Le nombre d'enseignants du primaire nécessaire pour la rentrée 2029 dépend essentiellement du ratio élèves/enseignant (REE) ciblé. Pour atteindre un REE de 50 (objectif du PSE), ce nombre est d'environ 20 000. En 2018-2019, le nombre total d'enseignants du primaire est déjà de près de 13 000, mais seulement 5 400 d'entre eux ont un diplôme pour enseigner. Il faudra donc presque quadrupler le nombre actuel d'enseignants formés pour atteindre un REE de 50 en 2029. Le scénario de référence du modèle de simulation permet d'atteindre cet objectif dans le secteur public, tout en ayant presque éliminé les maîtres-parents (N=579 en 2029), grâce à la formation continue et la contractualisation ou l'intégration de ceux-ci en tant qu'agents d'éducation (N=4 088 en 2029) et à la formation d'un grand nombre de maîtres d'enseignement (N=7460) et d'instituteurs (N=3 802).

- Le cycle secondaire général

La formation des enseignants du cycle secondaire dont le système éducatif centrafricain aura besoin au cours de la décennie du PSE sera un défi au moins aussi difficile à relever que celui de la formation des enseignants du cycle primaire. Un développement modéré de ce sous-secteur avec un ratio élèves/enseignant relativement élevé (47,5) nécessitera de disposer de près de 11 000 enseignants en 2029 (dont 8 660 pour le secteur public) alors que le nombre d'enseignants non vacataires n'était que de 2 244 en 2018-2019 (dont 718 dans le secteur public). Les objectifs en termes de REE et d'effectifs scolarisés sont atteints dans le scénario de référence grâce à la formation d'un grand nombre de **professeur polyvalent du secondaire** (N=2 905 en 2029), de professeurs de collège (N=2 368), de professeurs de lycée (N=1 779), et au recours encore important à des enseignants vacataires (N=1807, soit un cinquième des enseignants du secondaire).

- Le cycle préscolaire

Selon le scénario de référence, pour atteindre un REE de 30 à la rentrée 2029, 6 700 enseignants seraient nécessaires (soit sept fois plus qu'en 2018), dont 5 400 dans le secteur public. Ces objectifs sont atteints dans le scénario de référence du modèle de simulation grâce aux nombreux enseignants formés dans les CPFE et les ENF au cours de la décennie du PSE, mais aussi, encore, grâce au recours à des moniteurs communautaires (N=574).

Réformer l'allocation et la gestion des personnels de l'Éducation nationale

Le contrat moral entre l'État et les enseignants doit être renouvelé. L'État doit revenir à la pratique vertueuse de la contractualisation/intégration automatique des diplômés de l'enseignement. Il doit aussi améliorer les modalités de paiement et la gestion des personnels de l'Éducation nationale, en particulier en accroissant les opportunités de mobilité entre les différents statuts d'enseignant grâce à une offre étendue de formation continue. Parallèlement, les personnels de l'Éducation nationale devront être mieux suivis et contrôlés.

- Réformer l'allocation et la gestion des personnels de l'Éducation nationale;
- Redéployer des enseignants sur tout le territoire;
- Moderniser le mode de paiement des enseignants;
- Développer la mobilité au sein de l'Éducation nationale;
- Prendre en charge les maîtres-parents.

Améliorer la qualité de l'enseignement

Réformer, enrichir, et développer des curricula

- Introduire l'enseignement en langue sango au cycle primaire

Les principaux éléments de la stratégie d'introduction de l'enseignement en sango au cycle primaire qui doivent être développés sont : (i) une campagne de sensibilisation auprès de tous les acteurs du système éducatif pour d'obtenir un large consensus national pour l'utilisation de la langue sango dans les premières années du cycle primaire ; (ii) un nouveau curriculum[760] et le matériel pédagogique associé ; (iii) la formation des formateurs et des enseignants ; (iv) un calendrier pour l'expérimentation, le développement et la généralisation de l'enseignement en sango (succession et organisation des étapes décrites dans les points précédents).

- Réformer et enrichir les curricula

---

[760] *Le développement du nouveau curriculum impliquera de prendre des décisions quant au modèle d'enseignement à suivre. Il est généralement conseillé de commencer par un programme dont à peu près 80 % se fait en langue nationale et 20 % en français. La transition vers l'utilisation plus intense du français s'effectue alors à l'approche de la fin du cycle Fondamental 1.*

Il conviendra de les adapter à la situation de sortie de conflit du pays en y ajoutant/renforçant : (i) l'éducation à la paix et à la citoyenneté ; (ii) l'apprentissage des technologies de l'information et de la communication (TIC) ; (iii) l'éducation à l'urgence et à la sécurité; (iv) l'éducation sexuelle et à la parité des genres; et (v) l'entrepreneuriat (dans les curricula de formation technique et professionnelle).

- Développer une politique des manuels scolaires et du livre

Les objectifs seront de (i) doter chaque élève d'un nombre suffisant de manuels pour les disciplines fondamentales ; (ii) mettre en place et équiper des bibliothèques scolaires dans les établissements des cycles primaire et secondaire ; (ii) développer et mettre à la disposition des élèves des livres de lecture nivelés.

Les investissements dans les manuels scolaires doivent être envisagés plutôt pour le moyen terme que pour le court terme car (i) l'introduction du sango dans les premières années du primaire et le développement de l'enseignement explicite devraient permettre d'accélérer nettement le rythme des apprentissages par rapport à la situation actuelle ; et (ii) les méthodes d'acheminement et de gestion des stocks de manuels scolaires doivent être préalablement évaluées et, le cas échéant, réformées. Il est donc préférable de commencer par produire des fiches pédagogiques, de concert avec les enseignants et d'autres acteurs de terrain de la RCA, puis d'investir à nouveau dans des manuels scolaires lorsque les curricula et les rythmes d'apprentissage seront stabilisés. En outre, la politique des manuels scolaires ne pourra être soutenable que si le coût unitaire des manuels est analysé et peut être drastiquement réduit.

- Relancer les filières scientifiques et techniques de l'enseignement secondaire et supérieur

Les mesures suivantes sont proposées : (i) offrir une seconde chance (année de rattrapage) aux nombreux élèves qui ont échoué à un baccalauréat ou une licence scientifique ou technique et les former comme enseignant dans cette filière ; (ii) cibler les bourses d'étude prioritairement dans les filières scientifiques et techniques de l'enseignement secondaire et supérieur ; (iii) revoir les curricula des disciplines scientifiques et techniques pour les rendre plus attractifs et mieux adaptés aux ressources disponibles ; et (iv) renforcer la formation scientifique des élèves-enseignants du cycle primaire.

- Élaborer des programmes d'enseignement adaptés et un cadre d'assurance-qualité pour l'enseignement préscolaire

Des programmes adaptés à l'enseignement préscolaire doivent être conçus et un cadre solide d'assurance-qualité (normes, évaluations, inspections) doit être mis en œuvre. À moyen terme, l'Institut National de Recherche et de l'Animation Pédagogiques (INRAP) devra développer des compétences pour le préscolaire et prendre en charge ces activités. La langue d'enseignement pour le préscolaire sera le sango ; il sera donc essentiel d'utiliser des outils dans cette langue.

- Promouvoir un enseignement supérieur et une recherche-innovation de qualité

Pour améliorer la pertinence et la qualité de l'enseignement supérieur, les offres de formation des futurs établissements d'enseignement supérieur régionaux seront centrées sur « les besoins socioéconomiques et géostratégiques de chaque région ». Par ailleurs, la participation de la République centrafricaine aux initiatives internationales en faveur de l'enseignement supérieur et une collaboration accrue avec le Conseil Africain et Malgache pour l'Enseignement Supérieur (CAMES) peuvent contribuer à l'amélioration de la qualité des formations et au renforcement des liens avec le secteur privé.

Pour promouvoir la recherche scientifique et l'innovation technologique et résoudre le problème de la « faible coordination des activités de recherche en termes de capitalisation des données et des indicateurs de recherche » , il est prévu de : (i) mettre en place un Conseil National de la Recherche Scientifique et de l'Innovation Technologique (CNRSIT) destiné à renforcer la coordination des activités de recherche, et (ii) développer des partenariats avec le secteur privé, les universités ainsi que les organismes internationaux pour favoriser l'introduction de nouvelles technologies.

Améliorer la formation et le suivi pédagogique des enseignants

- Promouvoir l'enseignement explicite et développer des leçons scriptées

Les interventions visant à améliorer la qualité de l'enseignement, en particulier celles à destination des maîtres-parents, devront **passer de l'approche actuelle par les compétences, peu adaptée, à une approche explicite**. Le développement de la pratique de cet enseignement explicite s'appuiera sur l'élaboration (i) de fiches pédagogiques par discipline et par année d'enseignement, et (ii) de leçons scriptées pour appuyer les enseignants en classe.

- Développer l'encadrement par les directeurs d'établissement

Dans le cadre de la mise en œuvre du PSE, les directeurs d'établissement, pour tous les sous-secteurs, devront être au centre d'une réforme de la gouvernance du système qui leur accordera un rôle plus important pour le suivi pédagogique des enseignants et une plus grande autonomie pour la gestion de leur établissement.

Pour le cycle primaire, ces responsabilités accrues devront s'accompagner de la création d'un statut de directeur d'école qui fixera les conditions d'entrée dans le métier, les attributions, les responsabilités, et les conditions de travail. En outre, des critères pour l'affectation des directeurs déchargés devront être établis (en fonction des effectifs des enseignants et des élèves de l'école) et ils devront être redéployés en conséquence.

Améliorer l'efficacité interne et le contrôle de la qualité

- Réduire les taux de redoublement et d'abandon

Cette stratégie de baisse du taux de redoublement pourra : (i) être initiée par des mesures administratives, telle la suppression complète des redoublements dans les sous-cycles – entre le CI et le CP, puis entre les deux cours élémentaires et entre les deux cours moyens ; (ii) être accompagnée de mesures destinées à améliorer le niveau des élèves, en particulier ceux en difficulté (cours de rattrapage estivaux).

La réduction des taux d'abandon ne peut guère provenir de mesures administratives. En revanche, elle doit résulter de la stratégie globale du PSE, dont entre autres, (i) le meilleur accès à l'éducation ; (ii) la meilleure qualité de l'éducation (environnement plus sécurisé et plus protecteur ; ratios élèves/enseignant réduits ; langue d'enseignement comprise, etc.) ; (iii) les campagnes de sensibilisation sur l'importance de la scolarisation pour tous les enfants.

- Mettre en place un dispositif d'évaluation des apprentissages

Il est important pour la République centrafricaine de développer un dispositif d'évaluation des apprentissages pour guider les décisions de politique éducative et améliorer la qualité du système éducatif actuel. Il faudrait en particulier (i) décider de la participation future de la RCA aux évaluations régionales (PASEC), internationales (PISA) et hybrides (EGRA) qui permettent des comparaisons avec d'autres pays ; (ii) auditer et, le cas échéant, revoir le système des évaluations internes au système centrafricain (évaluations nationales et au sein des écoles). Un dispositif d'évaluation des apprentissages doit permettre d'avoir une approche réfléchie et stratégique à tous ces niveaux.

- Améliorer le suivi de la qualité

Le Système d'information de gestion de l'éducation (SIGE) devra continuer à être amélioré et enrichi. De nouvelles informations nécessaires à la gestion du système doivent y être incluses et des défauts doivent être corrigés. En outre, des projets s'appuyant sur les technologies de l'information et de la communication (TIC) devraient permettre d'enrichir le SIGE et donc la gestion du système.

Par ailleurs, il serait bénéfique pour la RCA de participer à l'initiative panafricaine des **Indicateurs de Prestations de Services**. Celle-ci vise à recueillir des données sur le fonctionnement des écoles (et les établissements de santé) afin d'en évaluer la qualité et les performances.

Enfin, le suivi pédagogique par les conseillers pédagogiques devra être réformé : (i) il serait nécessaire de revoir l'ensemble de la cartographie scolaire : les circonscriptions et les secteurs scolaires doivent être redécoupés afin d'être plus homogènes ; (ii) Les inspections académiques pourraient se concentrer sur le suivi des directeurs et des écoles, tandis que les directeurs assureraient le suivi pédagogique des enseignants.

Réformer la gouvernance et accroître le financement du système éducatif

Déconcentrer le secteur éducatif

La stratégie générale de ce PSE vise à déconcentrer tant la gouvernance que l'offre d'éducation afin d'accroître l'efficacité du système et d'en améliorer l'équité territoriale.

Les différents acteurs de la structure de gouvernance déconcentrée – les inspections académiques (IA), les chefs de secteur et de circonscription, et les directeurs d'établissement – devront être directement impliqués dans la gestion quotidienne du système éducatif. La répartition des rôles entre les ministères de l'Éducation et les IA devra être réévaluée en faveur de ces dernières. Les IA devraient avoir la responsabilité de toutes les activités qui sont plus facilement et mieux gérées au niveau déconcentré qu'au niveau central (principe de subsidiarité) tandis que l'inspection générale de l'enseignement primaire et secondaire se concentrera sur la supervision, la coordination et le contrôle des activités des IA.

Le rôle de la structure de gouvernance déconcentrée doit en particulier être renforcé dans les deux domaines suivants : (i) Le suivi pédagogique de tous les enseignants des cycles préscolaire, primaire, et secondaire ; et (ii) L'affectation et le suivi administratif des enseignants titulaires et contractuels.

Afin de rendre l'accès à tous les cycles d'enseignement plus équitable pour tous les jeunes de République centrafricaine (réduction des difficultés financières et sécuritaires liées à l'éloignement), la stratégie du PSE consiste à déconcentrer l'offre de l'enseignement secondaire général (collèges de proximité), de l'enseignement technique, agricole, et professionnel (CETA et CFPA), et de l'enseignement supérieur (établissements d'enseignement supérieur régionaux et écoles de formation des enseignants, CFPE et ENF).

Renforcer la gouvernance centrale du système

L'analyse de l'organigramme des quatre ministères de l'Éducation (MEPS, META, MES et MRSIT) a fait apparaitre de nombreux postes vacants (N=27), l'existence d'une direction générale et de deux services redondants, et une structure de coordination (rattachée au cabinet du MEPS) peu formalisée et normalement transitoire.

Pour pouvoir mettre en œuvre efficacement le présent PSE, il sera donc nécessaire de : (i) réaliser un audit du fonctionnement de la structure de gouvernance du système éducatif et d'établir un plan de renforcement des capacités techniques et opérationnelles ; (ii) enrichir et améliorer la qualité des données du Système d'Information de la Gestion de l'éducation (SIGE), établir un comité tripartite (DGESP, ICASEES, PTF) pour la validation des données de l'éducation, et diffuser ces données à tous les niveaux du système éducatif *via* des tableaux de bord ; (iii) réviser le statut de l'Institut National de la Recherche et d'Animation Pédagogique pour l'élever au rang d'un véritable institut de recherche pédagogique.

Améliorer l'allocation et la gestion des ressources humaines

Cette gestion des ressources humaines de l'Éducation nationale ne sera possible que si un système d'information de gestion des ressources humaines (SIGRH) est mis en place au sein des ministères de l'Éducation. Ce SIGRH devra, entre autres : (i) être relié avec les données de la solde du ministère des Finances et du Budget ; (ii) communiquer avec le SIGE ; (iii) être accessible et utilisé par les IA ; (iv) permettre d'identifier et d'inclure les informations disponibles (dont les formations) sur toutes les catégories d'enseignant, y compris les maîtres-parents.

Réformer la gouvernance et accroitre le financement des sous-sevteurs de l'éducation encore sous développés

- L'enseignement préscolaire

Il convient d'aller vers une meilleure répartition des rôles entre les deux ministères, le MEPS doit effectivement assurer la tutelle de l'enseignement préscolaire (enfants de 3 à 5 ans) tandis que le MPFFPE doit se concentrer sur ses missions de protection de l'enfance et sur la très petite enfance (0 à 2 ans). Cette évolution de la gouvernance du sous-secteur implique de réaliser un transfert de compétence et de ressources matérielles et humaines (jardins d'enfants) entre les deux ministères. En outre, le développement de l'enseignement préscolaire sur tout le territoire (établissements et formation) nécessite la mise en place d'une structure déconcentrée actuellement inexistante au ministère de l'Éducation. Il est recommandé d'attribuer une part croissante des dépenses du secteur éducatif à l'enseignement préscolaire. Dans le scénario de référence du PSE, cette part atteint 10% en 2029.

- Le sous-secteur ETA-FP-A

Un cadre instutionnel devrait donc être mis en place pour coordonner et assurer la synergie des actions de tous les acteurs. Cette recommandation rejoint l'objectif 4 de la SNETPF qui vise à instaurer « une Gouvernance performante et innovante en impliquant les [opérateurs privés], les ONG et les communautés régionales dans le dispositif, en ouvrant les établissements de la Formation Professionnelle sur leur environnement, en les responsabilisant sur l'insertion [des jeunes], et en garantissant un financement pérenne ». Pour développer le secteur ETA-FP-A, il sera nécessaire de passer d'une approche par projet à un modèle systémique, et donc d'accroître significativement la proportion du budget qui est allouée à ce sous-secteur grâce à un mécanisme de financement pérenne et soutenable.

- Le sous-secteur ESR

Afin d'améliorer la transparence et l'efficacité de la gouvernance de l'ESR, il apparait nécessaire de : (i) élargir le conseil d'administration de l'université de Bangui (en incluant des représentants des secteurs productifs) et le réunir chaque année ; (ii) réunir les deux ministères actuellement en charge de l'ESR en un seul ministère quand les conditions politiques le permettront ; (iii) préciser les modalités d'encadrement de l'enseignement supérieur privé pour favoriser son développement.

Étant donnée les besoins de financement des autres cycles d'enseignement et les ressources limitées de l'État centrafricain, il sera nécessaire de maitriser les dépenses de ce sous-secteur, et, pour cela, de procéder à un audit des dépenses actuelles pour l'ESR (pertinence et rapport coût/bénéfice de chaque filière d'enseignement ; analyse des critères d'attribution des dépenses sociales). En outre, comme les besoins liés au développement de l'ESR seront néanmoins très importants, il sera nécessaire de chercher à diversifier les sources de financement du sous-secteur (contrat de performance ; réalisation de recherches sous contrat et de services de consultance ; mobilisation des fonds de la diaspora et des organismes d'aide extérieure ; développement des partenariats public-privé ; accroissement de la participation financière des étudiants).

Mise en œuvre et financement du Plan Sectoriel de l'Éducation

Les disposifs institutionnels de pilotage, de coordination, et de suivi-évaluation pour la mise en œuvre du PSE

- Les dispositifs institutionnels de coordination et de suivi-évaluation;
- Le plan d'Action (PA-RCA) du PSE;
- Le cadre de résultat (CR-RCA) du PSE;
- Les risques et les mesures de mitigation.

Le financement du PSE

- Le financement du secteur éducatif;

- Le modèle de simulaton du PSE (MS-RCA);
- Le coût du PSE;
- L'écart de financement du PSE.

5. La contribution des écoles communautaires d'inspiration baha'ie au processus éducatif (à but de bâtir des référentiels)

Enfin, le cinquième chapitre présente la contribution des écoles communautaires d'inspiration baha'ie au processus éducatif, en guise de principes à but de bâtir des référentiels, car ils ont été présentés comme hypothèses pour solutionner la problématique de systèmes éducatifs non appropriés aux réalités socio-économiques et culturelles. Ainsi, le premier aspect abordé est d'ordre philosophique car on doit s'interroger sur « Qui est l'Educateur en réalité pour cette époque ? », puis un aspect plutôt anthropologique considère « l'homme et son éducation » ; ensuite des conseils tirés des Écrits baha'is sont adressés aux enseignants et promoteurs des écoles relatifs à une harmonisation entre leur « être » et leur « faire ». Et enfin, en guise de principes ci-haut évoqués : la responsabilité première des parents dans l'éducation de leurs enfants ; ce que doit être la mission de l'école ; et enfin ce que doit aussi un contenu éducatif. Tout ceci s'insère dans le contexte globale de la contribution de la Foi Baha'ie à l'évolution de l'humanité :

« Le Plan de neuf ans (2022-2031) **repose sur un processus d'apprentissage vaste et mondial** qui est aussi efficace dans les montagnes de Bolivie que dans les banlieues de Sydney. Ce processus d'apprentissage a **donné naissance à des stratégies et à des actions adaptables à tous les contextes.** Il est systématique, il est organique, il est universel. Il crée des liens qui fleurissent en des relations dynamiques entre les familles, entre les voisins, entre les jeunes et entre tous ceux qui sont prêts à être les protagonistes de cette glorieuse entreprise. **Il fait émerger des communautés qui débordent de potentiel.** Il permet la **réalisation d'aspirations élevées partagées par des peuples** qui avaient été séparés par la géographie, la langue, la culture ou le conditionnement, mais qui ont maintenant entendu et **répondu à l'appel universel de Bahá'u'lláh à « s'évertuer sans relâche à améliorer la vie de leur prochain ».** Et il se fie entièrement au pouvoir revigorant de la parole de Dieu, cette « force unifiante », **« l'élément moteur des âmes, le liant et le régulateur du monde de l'humanité »,** et sur l'action soutenue qu'elle inspire. »

Contexte de la contribution des écoles communautaires d'inspiration baha'ie à travers la FoNaHA

« le partenariat est une tentative de réponse à une mutation de société liée à une globalisation de l'économie mondiale », Christian MAROY s'intéresse à la notion de partenariat en cherchant à **bâtir des référentiels afin d'établir un développement des pratiques.** » … Ensuite, le concept de partenariat comme objectif spécifique pour en faire le point central de notre étude vient en deuxième lieu pour nous **aider à explorer des pistes possibles afin de répondre aux besoins et aux insatisfactions d'une école en perte de souffle.** » (Yérima Banga, 2017)

« …, la loi d'unification de 1962 avait plongé la jeunesse centrafricaine dans une situation de récession intellectuelle, culturelle et éducative et les États Généraux de l'Éducation et de la Formation de 1994 ont permis de l'en sortir par l'appel aux partenaires sociaux qui ont l'expertise de mettre la main à la patte. Des recommandations avaient été lancées à l'endroit de seize entités en passant par l'État, l'Assemblée Nationale, les syndicats et les médias etc. Aux confessions religieuses en général, il est recommandé **« d'accepter de créer des écoles privées et de faire agir les communautés de base confessionnelles pour la création d'écoles, leur entretien, et l'extension de la sensibilisation en matière éducative ».** Et à l'État, une des recommandations fortes l'obligera à «négocier avec les confessions religieuses, et particulièrement l'Église Catholique les conditions de reprise et de création des écoles privées» (idem)

Qui est l'Educateur en réalité pour cette époque ?

« O vous, amis de Dieu! **Parce qu'en cet âge, important entre tous, le Soleil de Vérité (Baha'u'llah) s'est levé à l'apogée de l'équinoxe du printemps et a dardé ses rayons sur chaque contrée de la terre,** Il provoquera un tel tourbillon d'enthousiasme, dégagera de telles vibrations dans le monde de l'existence, provoquera un tel essor, jaillira dans une telle gloire lumineuse, déversera, des nuages de sa grâce, de telles prolifiques ondées, fera fourmiller les champs et les plaines d'une telle diversité de plantes et de fleurs aux suaves senteurs, que cette terre, ici-bas, deviendra le royaume d'Abha et ce bas monde, le monde d'En-Haut. **Alors cette parcelle de poussière sera comme le vaste cercle des cieux, cette humaine demeure deviendra la cour du palais divin et cette tache de terre glaise, la source des faveurs infinies du Seigneur des Seigneurs.** »[761]

---

[761] 'Abdu'l-Bahá, Op. Cit., Chapitre: 102.b

L'Educateur en réalité : Les Manifestations de Dieu et Baha'u'llah pour cette époque

« **Considère ... la révélation de la lumière de ce Nom de Dieu, l'Educateur. ...
Cette éducation est de deux sortes. L'une est universelle.** Son influence
imprègne toutes choses et les soutient. C'est pour cette raison que Dieu s'est donné
le titre de "Seigneur de tous les mondes ". **L'autre est réservée à ceux qui se
sont mis à l'ombre de ce Nom, et ont cherché l'abri de cette puissante
révélation.** Quant à ceux qui l'ont dédaignée, ils se sont eux-mêmes frustrés de ce
privilège et ne peuvent bénéficier de la nourriture spirituelle envoyée par la grâce
céleste de ce Plus Grand Nom (Baha'u'llah). »[762]

L'Education en question

« **Cette éducation est de deux sortes. L'une est universelle.** Son influence
imprègne toutes choses et les soutient. C'est pour cette raison que Dieu s'est donné
le titre de "Seigneur de tous les mondes ". **L'autre est réservée à ceux qui se
sont mis à l'ombre de ce Nom, et ont cherché l'abri de cette puissante
révélation.** ... Quel abîme sépare l'une de l'autre ces deux sortes d'éducation ! »[763]

« **Bien que la plus grande gloire de l'homme soit d'acquérir les sciences et les
arts, ceci l'est à la seule condition que l'homme remonte à ses origines et qu'il
puise dans l'inspiration de l'ancienne source de Dieu.** Quand cela sera, chaque
enseignant deviendra un océan sans bornes, chaque élève une fontaine prodigue
de connaissance. »[764]

L'Acte éducatif en question

« Il doit donc apprendre aux hommes à organiser et à diriger les affaires
matérielles, et à former un ordre social (**l'éducation matérielle**) ... De la même
manière, il doit instaurer **l'éducation humaine**, c'est-à-dire qu'il doit éduquer
l'intelligence et la pensée ... " Il fera également **l'éducation spirituelle**; afin que
la raison et l'intelligence pénètrent le monde métaphysique, et reçoivent les
bienfaits des brises sacrées du Saint-Esprit et communiquent avec l'Assemblée
suprême. " »[765]

---

[762] *Bahá'u'lláh, Op. Cit. n°3*
[763] *Ibid., cité dans Compilation sur l'éducation baha'ie n°3*
[764] *'Abdu'l-Baha,Tablette non encore traduite, cité dans Compilation sur l'éducation baha'ie n°29*
[765] *Ibid., Some Answered Questions, cité dans Compilation sur l'éducation baha'ie n°35*

L'homme et son éducation

« **L'homme est le Talisman suprême**. … **Voyez en l'homme une mine riche en gemmes d'une inestimable valeur. Mais, seule, l'éducation peut révéler les trésors de cette mine et permettre à l'humanité d'en profiter.** »[766]

« " **Déployez tous vos efforts pour acquérir des perfections intérieures et extérieures**, car les fruits de l'arbre humain ont toujours été et seront pour toujours les perfections apparentes et intrinsèques." … " **Il n'est pas souhaitable qu'un homme n'ait ni connaissance, ni métier, car alors il n'est qu'un arbre nu.** Donc, autant que capacités et facultés le permettent, il faut couvrir l'arbre de l'existence avec des fruits **tels que la connaissance, la sagesse, la perception spirituelle et la parole éloquente.**" »[767]

« **La Foi bahá'íe... préconise l'éducation obligatoire...** »[768]

La connaissance de l'homme

« La raison de la mission des prophètes est d'éduquer l'homme, afin **que ce morceau de charbon devienne un diamant et que cet arbre stérile soit greffé et donne les fruits les plus sucrés et les plus doux.** Quand l'homme parvient à la plus noble condition du monde, alors il peut faire de nouveaux progrès de perfection, **mais non passer dans un autre état; car les nombres d'états sont limités mais les perfections divines sont illimitées.** »[769]

- *Le microcosme humain*

« Le Très-Miséricordieux a conféré à l'homme la faculté de voir et l'a doué du pouvoir d'entendre. **D'aucuns l'ont appelé le « microcosme », alors qu'il doit être considéré comme le « macrocosme ».** Les potentialités inhérentes à la condition de l'homme, la pleine mesure de sa destinée sur la terre, l'excellence innée de sa réalité essentielle doivent toutes être manifestées en ce jour promis de Dieu. »[770]

---

[766] *Bahá'u'lláh, Extraits des Écrits de Bahá'u'lláh, cité dans Compilation sur l'éducation baha'ie n°4*
[767] *Ibid., Tablette non encore traduite, cité dans Compilation sur l'éducation baha'ie n°9*
[768] *Shoghi Effendi, Extrait d'une lettre, cité dans Compilation sur l'éducation baha'ie n°124*
[769] *'Abdu'l-Baha, Les Leçons de Saint-Jean d'Acre, cité dans Compilation sur l'éducation baha'ie n°31*
[770] *Bahá'u'llah, Florilège des Écrits de Bahá'u'llah, n0 162 para. 1 (confer Extraits des Écrits de Bahá'u'llah)*

- *L'homme en potentiel*

« On dit que l'homme est le signe suprême de Dieu, c'est le livre de la création car tous les mystères des créatures existent en lui. Donc, s'il vient à l'ombre du véritable Educateur, et s'il est éduqué correctement, il devient l'essence des essences, la lumière des lumières, l'esprit des esprits; il devient le centre des apparitions divines, la source de qualités spirituelles, l'aurore des lumières célestes et le réceptacle des inspirations divines. Si, au contraire il est privé de cette éducation, il devient la manifestation des attributs sataniques, la somme des vices de l'animal et la source de toutes les situations ténébreuses. »[771]

- *L'individualité humaine*

« Ô assemblée de Dieu ! L'ancienne Souveraineté a distribué à chacun sa part de perfection, sa vertu déterminée et sa qualité particulière, pour qu'il puisse devenir un symbole dénotant la sublimité du véritable Éducateur de l'humanité et que chacun puisse, tel un miroir cristallin, parler de la grâce et de la splendeur du Soleil de Vérité." … »[772]

- *La personnalité humaine*

« L'homme est au rang suprême de la matérialité et au commencement de la spiritualité : c'est-à-dire qu'il est la fin de l'imperfection et le commencement de la perfection. Il est au dernier degré des ténèbres et au commencement de la lumière; aussi a-t-on dit que la condition de l'homme était la fin de la nuit et le commencement du jour; c'est-à-dire qu'il réunit tous les degrés des imperfections et possède les degrés de perfection. Il a le côté animal aussi bien que le côté angélique; la raison d'être de l'éducateur est d'instruire les hommes de telle façon que le côté angélique l'emporte sur le côté animal. »[773]

« L'individualité de chaque chose créée est basée sur la sagesse divine, car dans la création de Dieu, il n'y a pas d'imperfection. Cependant, la personnalité n'a pas d'élément permanent. C'est une qualité quelque peu susceptible de changement chez l'homme, qui peut tourner vers une direction ou l'autre. Car, s'il acquiert des qualités louables, celles-ci renforceront l'individualité de l'homme et libèreront ses pouvoirs latents. Mais s'il acquiert des imperfections, la beauté et la simplicité de l'individualité seront perdues pour lui et les qualités dont Dieu l'a doté seront étouffées dans l'infâme atmosphère de l'égoïsme. »[774]

---

[771] *Ibid., Les Leçons de Saint-Jean d'Acre, cité dans Compilation sur l'éducation baha'ie n°31*
[772] *Ibid., Tablette non encore traduite, cité dans Compilation sur l'éducation baha'ie n°28*
[773] *Ibid., Les Leçons de Saint-Jean d'Acre, cité dans Compilation sur l'éducation baha'ie n°30*
[774] *'Abdu'l-Bahá, Divine Philosophy, p.131, traduction provisoire*

L'homme et l'éducation

" **Le Très-Miséricordieux a créé l'humanité pour orner notre monde** afin que les hommes puissent illuminer la terre des multiples bénédictions du ciel, et **que la réalité interne de l'être humain, comme la lampe de l'esprit, entraîne la communauté humaine à devenir tel un miroir face au concours d'en-haut.**" ... "Il est clair que l'érudition est le plus grand don de Dieu, que la connaissance et son acquisition sont une bénédiction du ciel. **Il appartient donc aux amis de Dieu de faire de tels efforts et de tâcher de promouvoir la connaissance divine, la culture et les sciences, avec un tel empressement que, sous peu, ceux qui sont aujourd'hui des écoliers, deviendront les plus érudits de toute la fraternité des sages.** "[775]

• *Le besoin humain en éducation*

« **Certains croient qu'un sens inné de la dignité humaine empêchera l'homme de commettre des actions mauvaises et assurera sa perfection spirituelle et matérielle**, ... Cependant, si nous réfléchissons aux leçons de l'histoire il devient évident que ce sens de l'honneur et de la dignité est lui-même un des bienfaits provenant des enseignements des prophètes de Dieu. ... **Il est donc clair que l'émergence de ce sens naturel de dignité humaine et d'honneur est le résultat de l'éducation. .** »[776]

• *Les individus diffèrent en degré*

« "**Quant aux différences entre les êtres humains et la supériorité ou l'infériorité de certains individus par rapport à d'autres, il existe deux écoles de pensée chez les matérialistes :** les uns pensent que ces différences et les qualités supérieures de certains individus sont naturelles et sont, comme ils disent, une nécessité de la nature. ... "L'autre école de philosophie traditionnelle prétend que les différences parmi les individus et les divers niveaux d'intelligence et de talents découlent de l'éducation. ... "**Les manifestations de Dieu, d'autre part, affirment que les différences sont sans conteste innées et que la citation 'Nous avons fait en sorte que certains d'entre vous surpassent les autres' est un fait prouvé et inéluctable**. ... Il est par conséquent clair que la disparité entre les individus est due à des différences de degré qui sont innées." ... "**Mais les Manifestations considèrent également que l'instruction et l'éducation sans aucun doute exercent une influence énorme.** " »[777]

---

[775] *Ibid., Extraits des Ecrits de 'Abdu'l-Baha, cité dans Compilation sur l'éducation baha'ie n°73*
[776] *Ibid., Le Secret de la Civilisation Divine, cité dans Compilation sur l'éducation baha'ie n°36*
[777] *Ibid., Tablette non encore traduite, cité dans Compilation sur l'éducation baha'ie n°37*

- *L'Acte éducatif sur l'homme*

« Le pouvoir intellectuel naturel est un pouvoir de recherche; par ses recherches, il découvre les réalités des créatures et les particularités des existences. **Mais le pouvoir intellectuel du royaume de Dieu, qui est en dehors de la nature, embrasse les choses, les connaît, les comprend, perçoit les mystères, les réalités et les significations divines, et découvre les vérités cachées du royaume.** Ce pouvoir intellectuel divin est spécial aux saintes manifestations et aux orients de la prophétie; **un rayon de cette lumière frappe le miroir du cœur des fidèles, et une part et une portion de ce pouvoir leur parviennent par l'intermédiaire des saintes manifestations.** »[778]

- *Il y a trois sortes d'éducation :*

« Mais il y a trois sortes d'éducation : **l'éducation matérielle, l'éducation humaine, l'éducation spirituelle.** »[779]

« L'éducation matérielle **a pour but les progrès et le développement du corps**, en acquérant les moyens de subsistance, le confort et le bien-être matériel. Cette éducation est commune aux animaux et aux hommes. »[780]

« L'éducation humaine **signifie civilisation et progrès**; elle comprend le gouvernement, l'administration, les œuvres charitables, le commerce, les arts et l'artisanat, les sciences, les grandes inventions et les découvertes, des institutions élaborées, qui sont les activités essentielles qui distinguent l'homme de l'animal. »[781]

« L'éducation divine est celle du royaume de Dieu; **elle consiste à acquérir les perfections divines, et c'est la véritable éducation**. Dans cette condition l'homme devient le centre des bénédictions divines, la manifestation des mots : Faisons l'homme à notre image et à notre ressemblance. Ceci est le but du monde de l'humanité. »[782]

- *Besoin d'un éducateur parfait sous tous les rapports et supérieur à tous les hommes*

---

[778] *Ibid., Les leçons de Saint-Jean d'Acre, Chap: IV.58*
[779] *Ibid., Some Answered Questions, cité dans Compilation sur l'éducation baha'ie n° 35*
[780] *Ibid., Some Answered Questions, cité dans Compilation sur l'éducation baha'ie n° 35*
[781] *Ibid., Some Answered Questions, cité dans Compilation sur l'éducation baha'ie n° 35*
[782] *Ibid., Some Answered Questions, cité dans Compilation sur l'éducation baha'ie n° 35*

« **Il est donc clair et évident que l'homme a besoin d'un éducateur, qui doit être incontestablement et indubitablement parfait sous tous les rapports et supérieur à tous les hommes**. Autrement dit s'il était comme le reste de l'humanité il ne pourrait être leur éducateur. »[783]

« D'autant plus qu'il doit être en même temps leur éducateur matériel aussi bien que spirituel. Il doit donc apprendre aux hommes **à organiser et à diriger les affaires matérielles, et à former un ordre social afin d'établir la coopération et l'aide mutuelle dans la vie**, de sorte que ces questions matérielles soient arrangées et réglées pour toutes les circonstances. »[784]

« De la même manière, il doit instaurer l'éducation humaine, **c'est-à-dire qu'il doit éduquer l'intelligence et la pensée de telle façon qu'elles puissent atteindre l'épanouissement complet**, afin que la connaissance et la science se développent, que la réalité des choses, les mystères des créatures et les qualités particulières de l'existence soient découvertes; et que, de jour en jour, l'instruction, les inventions et les institutions soient améliorées; et que **des conclusions se rapportant aux choses intellectuelles soient déduites de ce qui est perceptible par les sens**. »[785]

« Il fera également l'éducation spirituelle; **afin que la raison et l'intelligence pénètrent le monde métaphysique, et reçoivent les bienfaits des brises sacrées du Saint-Esprit et communiquent avec l'Assemblée suprême**. Il doit éduquer la réalité humaine de sorte qu'elle devienne le foyer des qualités divines, au point **que les attributs et les noms de Dieu resplendissent dans le miroir de cette réalité** et que le verset sacré : 'Nous ferons l'homme à notre image et à notre ressemblance' soit réalisé. »[786]

Conseils et exhortations aux enseignants et promoteurs

« Quiconque parmi vous se lève pour enseigner la cause de son Seigneur doit d'abord s'instruire lui-même afin que ses discours attirent le cœur de ceux qui l'écoutent. S'il ne s'instruit pas lui-même, les paroles qui sortiront de sa bouche ne pourront influencer le cœur du chercheur. Prenez garde, ô peuple, d'être du nombre de ceux qui donnent aux autres de bons conseils qu'eux-mêmes oublient de suivre. Leurs paroles, et par-delà ces paroles la réalité de toutes choses, et par-

---

[783] *Ibid., Some Answered Questions, cité dans Compilation sur l'éducation baha'ie n° 35*
[784] *Idem*
[785] *Idem*
[786] *Idem*

delà cette réalité, les anges qui approchent Dieu, les accuseraient de mensonge. »[787]

« Si toutefois, un de ces hommes réussissait jamais à influencer quelqu'un, ce succès ne devrait pas lui être attribué, mais attribué plutôt à l'influence des paroles de Dieu, ainsi qu'il a été décrété par celui qui est le Tout-Puissant, le Très-Sage. Aux yeux de Dieu, il est considéré comme une lampe qui répand sa lumière et qui, cependant, ne cesse de se consumer au-dedans d'elle-même. »[788]

« C'est pourquoi, O bien-aimés de Dieu! Faites un immense effort afin **que vous soyez vous-mêmes les signes de ce progrès et de toutes ces confirmations, et que vous deveniez des foyers de bénédictions de Dieu, des sources de la lumière de Son unicité, des promoteurs des bienfaits et des grâces de la vie civilisée.** Soyez, dans ce pays, les pionniers des perfections humaines; propagez les diverses branches du savoir, soyez actifs et progressistes dans le domaine des inventions et des arts.
Efforcez-vous de rectifier la conduite de vos semblables et cherchez à surpasser le monde entier sur le plan du caractère et de la morale. »[789]

« Alors que les enfants sont encore dans leur plus jeune âge, **nourrissez-les à la mamelle de la grâce céleste, élevez-les dans le berceau de toutes les excellences, dans le sein de toutes les générosités. Accordez-leur l'avantage de connaître toute sorte de savoir utile.** Qu'ils prennent part à la création de chaque art nouveau, rare et prodigieux. Enseignez-leur le travail et l'effort, habituez-les aux épreuves. Apprenez-leur à consacrer leurs vies aux affaires de grande importance, et **encouragez-les à entreprendre des études qui profiteront à l'humanité.** »[790]

Le privilège d'être un enseignant

« "Il s'ensuit que **toute âme qui offre son aide pour accomplir cela sera assurément reçue au Seuil céleste et exaltée par l'Assemblée suprême.**" ...
"Comme vous avez fait beaucoup d'efforts pour **atteindre ce but de la plus haute importance**, j'espère que vous recueillerez votre récompense du Seigneur par des témoignages et des signes évidents, et que **les traits de grâce céleste se dirigeront vers vous.**" »[791]

---

[787] *Bahá'u'lláh, Op. Cit., n0 128 para. 6*

[788] *Ibid., n0 128 para. 7*

[789] *'Abdu'l-Bahá, Sélection des écrits d'Abdu'l-Bahá, Chapitre: 102.*

[790] *Idem*

[791] *Ibid., Extraits des Ecrits de 'Abd'ul-Baha, cité dans Compilation sur l'éducation baha'ie n°67*

« Il demande que **des bontés vous soient envoyées ainsi que la tranquillité d'esprit** pour que vous réussissiez à rendre avec joie et sans difficulté ce service si louable. »[792]

« Ô Toi, le grand Pourvoyeur ! **Ces âmes font le bien. Rends-les chères aux deux mondes, fais-en les bénéficiaires de la grâce infinie.** Tu es le Tout-Puissant, Tu es le Compétent, Tu es le Donateur, le Dispensateur, le Seigneur incomparable. »[793]

Ce que l'enseignant doit « être »

« Le grand Être déclare : **l'homme très érudit et le sage doté d'une sagesse pénétrante sont les deux yeux du corps de l'humanité.** Si Dieu le veut, la terre ne sera jamais privée de ces deux plus grands dons... »[794]

A propos de l'éducation des enfants

« **L'exigence primordiale la plus urgente est la promotion de l'éducation.** Il est inconcevable qu'une nation quelconque atteigne à la prospérité et au succès sans qu'on se préoccupe de ce problème suprême et fondamental. **La première raison du déclin et de la chute des peuples est l'ignorance.** »[795]

La responsabilité première des parents

« **Dans les textes divins du Plus Saint Livre ainsi que dans d'autres tablettes, il est dit:** Il incombe au père et à la mère d'apprendre à leurs enfants à bien se conduire et à étudier; autrement dit, l'étude doit atteindre le minimum requis pour qu'aucun enfant - garçon ou fille - ne demeure illettré. ... un enfant ne doit, en aucun cas, être privé d'éducation. **C'est là un des commandements rigoureux et inéluctables, dont la désobéissance provoquerait l'indignation courroucée de Dieu Tout-Puissant.** »[796]

« Les parents doivent faire tout leur effort pour enseigner à leurs enfants à croire en Dieu, car **si les enfants sont privés de cette grande faveur ils n'obéiront pas à leurs parents, ce qui dans un certain sens signifie qu'ils n'obéiront pas à Dieu.** En effet, de tels enfants n'auront de considération pour personne et feront exactement ce qui leur plaît. »[797]

---

[792] *Ibid, n°70*
[793] *Idem*
[794] *Bahá'u'lláh, Op. Cit., n°23*
[795] *'Abdu'l-Bahá, Le Secret de la Civilisation divine, cité dans Compilation sur l'éducation baha'ie n°33*
[796] *Ibid., Chapitre: 101*
[797] *Baha'u'llah, Op. Cit., n0 14*

Le devoir des parents, père et mère

« Pour cette raison, **les pères et les mères doivent veiller attentivement à leurs petites filles et leur donner une instruction approfondie dans les écoles par des enseignantes hautement qualifiées** pour qu'elles puissent se familiariser avec toutes les sciences et les arts, s'initier et être élevées en apprenant ce qui est nécessaire à la vie humaine et donnera le réconfort et la joie à son futur foyer. »[798]

« En ce qui concerne votre petite fille...; il est vraiment réjoui et encouragé en se rendant compte combien **tous deux vous désirez ardemment lui donner une véritable formation bahá'íe** et il a confiance que, par vos soins dévoués et avisés, et par la protection et la direction infaillible de Bahá'u'lláh, elle s'épanouira en une servante dévouée et loyale de la Foi. »[799]

La première éducatrice est la mère

« Dès le début, les enfants doivent recevoir l'éducation divine et on doit leur rappeler sans cesse de se souvenir de leur Dieu. **Que l'amour de Dieu, intimement mêlé au lait de leur mère, pénètre au plus profond d'eux-mêmes.** »[800]

« Considérez que **si, la mère est croyante, les enfants le deviendront également, même si le père dénie la foi; alors que, si la mère n'est pas croyante, les enfants sont privés de foi même si le père est un croyant ferme et convaincu**. Tel est le résultat habituel, à quelques rares exceptions près. »[801]

« Elles devraient aussi se préoccuper de leur enseigner les diverses branches de la connaissance, la bonne conduite, la façon correcte de vivre, l'acquisition d'un bon caractère, la chasteté et la constance, la persévérance, la force, la détermination, la fermeté d'intention; **elles devraient les préparer à la gestion du ménage, à l'éducation des enfants et à tout ce qui s'adresse spécialement aux besoins des filles afin que ces filles élevées dans la forteresse des perfections et sous la protection d'un bon caractère, élèvent, quand, elles-mêmes, deviendront mères, leurs enfants dès les premières années, de façon qu'ils aient un bon caractère et se conduisent bien.** »[802]

« Nous référant à la question de la formation des enfants, étant donné l'importance donnée par Bahá'u'lláh et 'Abdu'l-Bahá à **la nécessité pour les parents de former**

---

[798] *'Abd'ul-Baha, Extraits des Ecrits de 'Abd'ul-Baha, cité dans Compilation sur l'éducation baha'ie n0 87*
[799] *Shoghi Effendi, Op. Cit., n0 134*
[800] *'Abdu'l-Baha, Tablette non encore traduite, cité dans Compilation sur l'éducation baha'ie n°45*
[801] *Ibid., Extraits des Ecrits de Abdu'l-Baha, Op. Cit., n°87*
[802] *Ibid., Op. Cit., n°88*

leurs enfants quand ils sont encore en âge tendre, il semblerait préférable qu'ils reçoivent de leur mère leur première formation plutôt que de les envoyer dans une crèche, si les circonstances, cependant, obligeaient une mère bahá'íe à suivre cette voie il ne peut y avoir aucune objection. »[803]

L'obligation du père

« Dans les textes divins du Plus Saint Livre ainsi que dans d'autres tablettes, il est dit: … Si le père venait à faillir à son devoir, il devrait alors être contraint de faire face à ses responsabilités … un enfant ne doit, en aucun cas, être privé d'éducation. C'est là un des commandements rigoureux et inéluctables, dont la désobéissance provoquerait l'indignation courroucée de Dieu Tout-Puissant. »[804]

L'attitude des enfants vis à vis des parents et de la communauté

« Considérez ce que le Seigneur miséricordieux a révélé dans le Qur'án, exaltées soient ses paroles : "Adorez Dieu, ne lui ajoutez ni pair ni égal, et soyez bons et charitables avec vos parents..." Voyez comme la tendre bonté envers ses propres parents a été liée à la reconnaissance du seul vrai Dieu ! »[805]

« Il y a également certains devoirs sacrés des enfants envers les parents, ces devoirs inscrits dans le Livre de Dieu appartiennent à Dieu (1). La prospérité (des enfants) dans ce monde et dans le royaume dépend du bon plaisir des parents, et sans cela ils seraient vraiment perdus. »[806]

[nota: (1) Dans Questions et réponses, un appendice du Kitáb-i-Aqdas, Bahá'u'lláh impose aux enfants l'obligation de servir leurs parents et affirme catégoriquement qu'après la reconnaissance de l'unicité de Dieu, le plus important de tous les devoirs des enfants est d'avoir une considération juste pour les droits de leurs parents].

« Le Gardien, dans sa remarque à Madame Maxwell au sujet des relations parents/enfants, mari et femme, en Amérique, voulait dire qu'il y a dans ce pays une tendance des enfants à être trop indifférents aux souhaits de leurs parents et à manquer au respect qui leur est dû. »[807]

[803] *Shoghi Effendi, Op. Cit., n°135*

[804] *Ibid., Sélection des écrits d'Abdu'l-Bahá, Chapitre: 101*

[805] *Baha'u'llah, Kitab-i-Aqdas, Verset: 7.106 Q&R*

[806] *'Abd'ul-Bahá, Tablets of 'Abd'ul-Bahá, cité dans Compilation sur l'éducation baha'ie n°92*

[807] *Shoghi Effendi, Op. Cit., n°141*

« Les enfants de parents bahá'ís en dessous de quinze ans, sont considérés comme étant bahá'ís. »[808]

A défaut des parents, c'est la responsabilité de la communauté

« Celui qui élève son fils ou le fils d'un autre, c'est comme s'il avait éduqué l'un de Mes fils; **sur lui reposent Ma gloire, Ma tendre bonté, Ma miséricorde** qui ont enveloppé le monde. »[809]

« Chaque enfant doit être autant que cela lui est nécessaire, instruit dans les sciences. **Si les parents peuvent assumer les dépenses de cette éducation, c'est bien, sinon la communauté doit procurer les fonds pour l'instruction de cet enfant.** »[810]

Le rôle des institutions, les assemblées spirituelles baha'ie et leurs agences

« **Il incombe au corps exalté des Mains de la Cause de veiller et de protéger ces écoles de toutes les manières**, et de voir quels sont leurs besoins afin que les instruments pour leur progrès soient toujours disponibles et **que les lumières de l'érudition éclairent le monde entier...** »[811]

« **Un des devoirs incombant aux membres des Assemblées spirituelles** est, avec le soutien des amis, de **consacrer toute leur énergie, à l'établissement d'écoles pour instruire garçons et filles** dans les choses de l'esprit, les fondements de l'enseignement de la Foi, la lecture des Ecrits sacrés, l'histoire de la Foi, les branches séculaires de la connaissance, les divers arts et métiers, et les différentes langues, ... »[812]

« La tâche d'aider les enfants des pauvres à acquérir ces talents et spécialement à apprendre les sujets de base, **incombe aux membres des Assemblées spirituelles, ceci est compté parmi les obligations imposées à la conscience des administrateurs de Dieu** dans chaque pays. »[813]

« **Parmi les obligations sacrées des Assemblées spirituelles se trouvent la promotion de l'instruction, la fondation d'écoles et la création de l'équipement et des possibilités académiques** nécessaires pour chaque garçon et chaque fille. »[814]

---

[808] *Ibid., n°149*
[809] *Shoghi Effendi, Op. Cit., n° 115*
[810] *'Abdu'l-Bahá, From a letter written by 'Abdu'l-Bahá to the Central Organization for a Durable Peace, cité dans Compilation sur l'éducation baha'ie, n°43*
[811] *'Abdu'l-Bahá, Tablette non encore traduite, Op. Cit., n°63b*
[812] *Shoghi Effendi, Op. Cit., n° 111*
[813] *Ibid., Op. Cit., n° 115*
[814] *Idem*

A propos de l'école

« Les amis s'efforcent maintenant par leur travail de mettre l'école en ordre et ont nommé des professeurs qualifiés pour leur travail et qu'à partir de maintenant, **le plus grand soin sera accordé à la supervision et à l'administration de l'école.** »[815]

« Cette école est **l'une des institutions vitales et essentielles qui, en effet, soutiennent et fortifient d'édifice de l'humanité.** »[816]

« ... **la base et le principe fondamental d'une école sont d'abord et avant-tout l'éducation morale, la formation du caractère et la correction de la conduite.** »[817]

La mission de l'école

« **Les écoles doivent d'abord instruire les enfants dans les principes de la religion** pour que la promesse et la menace inscrites dans les livres de Dieu les empêchent de faire les choses interdites et les parent du manteau des commandements; mais dans une mesure telle que cela ne puisse nuire aux enfants en se transformant en fanatisme ignorant et en bigoterie. »[818]

« Faites tous vos efforts pour améliorer l'école ... et développer l'ordre et la discipline dans cette institution. Employez tous les moyens pour faire de cette école un jardin Très-Miséricordieux, **d'où les lumières de l'érudition projetteront leurs rayons et où les enfants bahá'ís ou autres, seront éduqués de façon à devenir le don de Dieu à l'homme et la fierté de la race humaine.** »[819]

« Ces centres d'études académiques doivent en même temps être **des centres de formation pour le comportement et la conduite de l'individu,** et ils doivent donner la priorité au caractère et à la conduite, avant les sciences et les arts. » [820]

« ... faire de l'école ... **un centre de lumière et une source de vérité** afin que les enfants de Dieu puissent refléter les rayons du savoir illimité et que ces tendres plantes du jardin divin puissent grandir et fleurir sous la grâce que déversent sur eux les nuages de la connaissance et de la véritable compréhension, et qu'ils progressent au point d'étonner l'assemblée de ceux qui savent. »[821]

---

[815] *'Abdu'l-Bahá, Extraits des Ecrits de Abd'ul-Baha, Op. Cit., n°69*
[816] *Ibid., Op. Cit., n° 71*
[817] *Ibid., Op. Cit., n°72*
[818] *Baha'u'llah, The Eighth Leaf of Paradise, Bahá'í World Faith, Op. Cit., n° 15*
[819] *'Abd'ul-Baha, Idem*
[820] *Idem*
[821] *Ibid., Op. Cit., n°73*

A propos de l'école des filles

« **Dédiez une attention particulière à l'école de filles car la grandeur de cet âge prodigieux sera manifestée comme le résultat du progrès du monde des femmes.** Pour ce motif, on observe que, dans tous les pays le statut de la femme évolue. **Ceci est dû à l'impact de la plus grande Manifestation et à la puissance des enseignements de Dieu.** »[822]

« Il incombe aux amis de prévoir une école pour filles bahá'íes dont les enseignantes éduqueront leurs élèves selon les enseignements de Dieu. **On doit y enseigner aux filles l'éthique spirituelle et une manière sainte de vivre.** »[823]

« Certainement, les enseignantes d'Europe prodiguent l'instruction dans l'art de parler et d'écrire, les travaux ménagers, de couture et d'agréments, **mais le caractère de leurs élèves est complètement altéré au point que les filles ne se soucient plus de leur mère, leur nature est gâchée; elles se conduisent mal et elles deviennent satisfaites d'elles-mêmes et orgueilleuses.** »[824]

L'école, une œuvre sociale de bienfaisance

« Nous espérons que, sous peu, **les Bahá'ís seront même en mesure d'avoir des écoles qui donneront aux enfants l'éducation intellectuelle et spirituelle telle qu'elle est prescrite dans les écrits de Bahá'u'lláh et du Maître.** »[825]

Les fruits attendus de l'éducation

« Etant Bahá'í, vous êtes certainement conscient du fait que Bahá'u'lláh considérait l'instruction comme l'un des facteurs les plus fondamentaux de la véritable civilisation. **Cette instruction, cependant, afin d'être adéquate et de porter des fruits, devrait être de nature complète et ne devrait pas seulement prendre en considération le côté physique et intellectuel de l'homme mais aussi ses aspects spirituels et éthiques.** Ceci devrait être le programme de la jeunesse bahá'íe dans le monde entier. »[826]

« **Bien que maintenant vous soyez des élèves,** nous espérons que par les ondées de nuages de grâce, vous deviendrez des enseignants émérites; que vous vous épanouirez comme des fleurs et des herbes odoriférantes dans le jardin de cette connaissance qui vient de l'esprit et du cœur; **que chacun de vous grandira**

---

[822] *Ibid., Extraits des Ecrits de 'Abd'ul-Baha, cité dans Compilation sur l'éducation baha'ie n°68*
[823] *Ibid., Op. Cit., n°86*
[824] *Idem*
[825] *Shoghi Effendi, Op. Cit., n°120*
[826] *Ibid., Op. Cit., n°119*

comme un arbre jeune, beau, fort, chargé de doux fruits et qui produira une récolte abondante. »[827]

Le contenu éducatif

« C'est dans la cité de l'Amour que la première maison d'adoration bahá'íe fut érigée et aujourd'hui dans cette ville, **on développe également le matériel d'éducation pour les enfants puisque, même durant les années de guerre, ce devoir ne fut pas négligé et on peut dire en fait, qu'il faut remédier à certaines déficiences.** »[828]

« "Les sujets à enseigner aux enfants sont nombreux, … **le premier et le plus important est de former le comportement et le bon caractère, de corriger les défauts, de susciter le désir de se réaliser et d'acquérir les perfections, de s'attacher à la religion de Dieu et de rester ferme dans Ses lois, d'accorder une obéissance totale à tout gouvernement juste, de faire preuve de loyauté et de fidélité au gouvernement du moment, d'être les amis sincères du genre humain et d'être bon envers tous."** … "Favoriser autant les idéaux de caractère que l'instruction dans les arts, les sciences profitables et les langues étrangères. Il faut également répéter les prières pour le bien-être des dirigeants et des gouvernés. **Eviter les œuvres matérialistes, les histoires d'amour et les livres soulevant les passions,** … "En résumé, que toutes les leçons soient entièrement dédiées à l'acquisition de perfections humaines." … "Voici donc en bref, les directives pour le programme d'études de ces écoles." »[829]

Le programme d'études de ces écoles

« Il n'existe pas encore jusqu'à présent de programme d'études bahá'íes … puisque **les enseignements de Bahá'u'lláh et d''Abdu'l-Bahá ne présentent pas un système éducatif défini ni détaillé, mais simplement offrent certains principes de base et énoncent un nombre d'idéaux d'enseignement** qui devraient guider, dans leurs efforts, les futurs éducateurs bahá'ís à formuler un programme d'enseignement adéquat qui serait en harmonie complète avec l'esprit des enseignements bahá'ís et répondrait ainsi aux nécessités et aux besoins de l'âge moderne. »[830]

La religion d'abord, les sciences et les arts ensuite

« L'instruction dans les écoles **doit commencer par l'étude de la religion**. Après l'instruction religieuse et après avoir établi un lien entre le cœur de l'enfant et

[827] 'Abdu'l-Baha, Op. Cit., n°98
[828] 'Abd'ul-Baha, Extraits des Ecrits de Abd'ul-Baha, Op. Cit., n°68
[829] Ibid., Op. Cit., n°78
[830] Shoghi Effendi, Op. Cit., n°131a

l'amour de Dieu, **poursuivez par l'éducation dans les autres branches de la connaissance.** »[831]

« Nous avons décrété, ô peuple, que **la fin la plus haute et dernière de tout savoir est la reconnaissance de Celui qui est l'Objet de toute science**... »[832]

- *La religion d'abord, ...*

« Enseignez à vos **enfants les mots qui ont été donnés par Dieu**, qu'ils les récitent d'une voix douce. Ceci a été révélé dans un livre puissant. »[833]

« Enseignez à vos enfants **les paroles qui ont été envoyées du ciel de majesté et de puissance** pour qu'ils récitent d'une voix mélodieuse les tablettes du Miséricordieux dans les Mashriqu'l-Adhkár. »[834]

- *Les sciences et les arts ensuite*

« Dans cette nouvelle cause religieuse, **le progrès de toutes les branches de la connaissance est un principe établi et vital**, ... que chaque enfant reçoive, selon ses besoins, sa part de sciences et d'arts jusqu'à ce que l'on ne trouve même plus un seul enfant de paysan qui soit complètement dépourvu d'instruction. »[835]

« Il est essentiel qu'on enseigne **les principes de la connaissance et que tous soient capables de lire et d'écrire.** ... on fondera une école où les enfants pourront apprendre à lire et à écrire, et où les connaissances de base leur seront prodiguées. »[836]

Donner une éducation baha'ie

« **Quand l'enfant a atteint l'âge de discernement, qu'il soit placé dans une école bahá'íe, où, au début, on récite les textes saints et où l'on enseigne les concepts religieux.** Dans cette école, l'enfant doit apprendre à lire et à écrire ainsi que les principes essentiels des diverses branches de la connaissance qui peuvent être étudiées par des enfants. »[837]

« **"Efforce-toi donc jusqu'aux limites de tes capacités de faire comprendre à ces enfants qu'un bahá'í est quelqu'un qui incarne toutes les perfections, qu'il**

---

[831] *Ibid., Extraits des Ecrits de 'Abd'ul-Baha, cité dans Compilation sur l'éducation baha'ie n°68*
[832] *Bahá'u'lláh, Extraits des Écrits de Bahá'u'lláh, cité dans Compilation sur l'éducation baha'ie n°2*
[833] *Ibid., Tablette non encore traduite, Op ; Cit., n°21*
[834] *Ibid., Kitáb-i-Aqdas, Op. Cit., n°22*
[835] *Ibid., Op. Cit., n°74*
[836] *Idem*
[837] *Ibid., Extraits des Ecrits de 'Abdu'l-Baha, cité dans Compilation sur l'éducation baha'ie n°77*

doit briller comme un cierge allumé - et non être ténèbre dans les ténèbres, et cependant porter le nom de " bahá'í ". ... "Nomme cette école l'Ecole bahá'íe du Dimanche " »[838]

- *Dès l'enfance*

« Le tout petit, **quand il est encore un nourrisson doit recevoir une éducation bahá'íe, et l'esprit aimant du Christ et de Bahá'u'lláh doit lui être insufflé** afin qu'il puisse être élevé en accord avec les vérités de l'Evangile et du Très-Saint Livre. »[839]

- *L'esprit Baha'i par rapport à la connaissance*

« Notre opinion est que **les qualités de l'esprit sont les fondations divines de base dont s'orne la véritable essence de l'homme, et le savoir est la cause du progrès de l'homme.** Les bien-aimés de Dieu doivent attacher une grande importance à ce sujet et s'y appliquer avec enthousiasme et zèle. »[840]

Les approches et méthodes éducatives et pédagogiques

« Bahá'u'lláh a apporté des enseignements et des lois pour mille ans à venir, nous pourrons aisément voir que **chaque nouvelle génération pourra trouver dans les Ecrits une plus grande signification que celles qui les ont précédées n'auront pu le faire**. »[841]

Les approches et méthodes d'instruction

« La méthode d'instruction que vous avez établie est merveilleusement appropriée, **vous commencez par les preuves de l'existence de Dieu et l'unicité de Dieu, puis la mission des prophètes et des messagers et leurs enseignements, et enfin les merveilles de l'univers**. »[842]

- *A propos de l'organisation pédagogique*

« "Un des amis nous a envoyé une lettre au sujet de l'école ... annonçant que, ... les amis s'efforcent maintenant par leur travail de **mettre l'école en ordre et ont nommé des professeurs qualifiés** pour leur travail et qu'à partir de maintenant, **le plus grand soin sera accordé à la supervision et à l'administration de**

---

[838] *Ibid., Op. Cit., n°48*
[839] *Ibid., Op. Cit., n°47*
[840] *Ibid., Tablette non encore traduite, cité dans Compilation sur l'éducation baha'ie n°41*
[841] *Shoghi Effendi, Op. Cit., n°140*
[842] *'Abdu'l-Baha, Extraits des Ecrits de 'Abdu'l-Baha, Op. Cit., n°75*

l'école." ... "L'éducation des enfants et la promotion des diverses sciences, métiers et arts sont parmi les plus importants des grands services." »[843]

- *A propos de la discipline éducative*

« **La crainte de Dieu a toujours été le facteur primordial dans l'éducation de Ses créatures.** Heureux ceux qui l'éprouvent ! »[844]

« En fait, **l'éducation bahá'íe, comme tout autre système éducatif, est basée sur l'hypothèse qu'il y a à certaines déficiences naturelles chez chaque enfant, quels que soient ses dons,** auxquelles ses éducateurs, que ce soit ses parents, ses instituteurs ou ses guides spirituels ou ses précepteurs, devraient s'efforcer de porter remède. **Une certaine sorte de discipline, soit physique, soit morale ou intellectuelle, est en effet indispensable, et aucune formation ne peut-être appelée complète et fructueuse si elle néglige cet élément.** »[845]

- *Utilisation des arts : "un puissant instrument éducatif"*

« **"Le jour viendra où la Cause se répandra comme un feu de forêt lorsque son esprit et ses enseignements seront présentés sur scène, ou dans l'art et la littérature dans son ensemble.** L'art a une plus grande capacité d'éveiller les sentiments nobles que la froide intellectualisation, spécialement parmi la masse populaire" »[846]

« **Lorsque les enseignements sublimes de la Foi se reflèteront dans des œuvres d'art, le cœur des gens, y compris celui des artistes, sera touché.** Une citation des Écrits sacrés ou une description de l'œuvre d'art dans sa relation avec les Écrits peut faire comprendre au spectateur la source de cette attraction spirituelle et l'amener à étudier davantage la Foi. »[847]

« **S'agissant de la musique et des beaux-arts, vous êtes, bien entendu, libres de les inclure dans le programme d'étude des écoles bahá'íes.** De nombreuses autres Assemblées nationales, connaissant bien les Écrits bahá'ís concernant la musique et les arts, incorporent les méthodes et le matériel qu'ils trouvent disponibles à ce stade du développement de la communauté bahá'íe. **Beaucoup de travail reste encore à faire par des enseignants dévoués et talentueux pour encourager, recueillir et publier la musique de valeur qui émerge**

---

[843] *Ibid., Extraits des Ecrits de 'Abdu'l-Baha, Op. Cit., n°69*

[844] *Bahá'u'lláh, Op. Cit., n°13*

[845] *Shoghi Effendi, Op. Cit., n°132*

[846] *Ibid., cité par la Maison Universelle de Justice dans Compilation sur l'importance des arts dans la promotion de la Foi n°69*

[847] *Maison Universelle de Justice, cité dans Compilation sur l'importance des arts dans la promotion de la Foi n°52*

actuellement dans le monde bahá'í, et l'utiliser systématiquement dans les écoles... » (Maison Universelle de Justice, cité dans Compilation sur l'importance des arts dans la promotion de la Foi n°58)

« Ce qui est néfaste de nos jours, ce n'est pas l'art en lui-même mais la corruption qui malheureusement accompagne souvent ces arts. **En tant que bahá'ís, nous n'avons à éviter aucun de ces arts, mais ce sont les actes et l'ambiance qui vont parfois de pair avec ces professions qu'il nous faut éviter.** » (Shoghi Effendi, Extraits de lettre écrite au nom de Shoghi Effendi, cité dans Compilation sur l'importance des arts dans la promotion de la Foi n°42)

Vers un système éducatif d'inspiration baha'i (?)

« Ils (les enseignements) sont comme un nouveau monde merveilleux qui commence seulement à être exploré et quand nous nous rendrons compte que **Bahá'u'lláh a apporté des enseignements et des lois pour mille ans à venir, nous pourrons aisément voir que chaque nouvelle génération pourra trouver dans les Ecrits une plus grande signification que celles qui les ont précédées n'auront pu le faire.** »[848]

« **La tâche de formuler un système éducatif** qui serait officiellement reconnu par la Cause et appliqué comme tel à travers le monde bahá'í est une œuvre qui ne peut évidemment pas être entreprise par la génération actuelle des croyants et **doit être graduellement accomplie par les érudits bahá'ís et les éducateurs de l'avenir.** »[849]

« Tant que la mère faillit à la formation de ses enfants, tant qu'elle ne leur inculque pas un mode de vie approprié, l'éducation reçue ultérieurement ne produira pas son plein effet. **Il incombe aux assemblées spirituelles de fournir aux mères un programme bien structuré en vue de l'éducation des enfants, leur montrant comment, dès son plus jeune âge, l'enfant doit être surveillé et instruit.** »[850]

---

[848] *Shoghi Effendi, Extrait d'une lettre écrite au nom de Shoghi Effendi, cité dans Compilation sur l'éducation baha'ie n°140*
[849] *Ibid, Op. Cit., n°131*
[850] *'Abdu'l-Baha, Sélection des écrits d'Abdu'l-Bahá Chapitre: 113.*

BIBLIOGRAPHIE

1. **'Abdu'l-Baha' (1998),** *'Abdu'l-Baha' à Londres.* Maison d'Éditions Bahá'íes - D/1547/1998/1 - ISBN 2-87203-040-9. Source: www.bahai-biblio.org.

2. **'Abdu'l-Bahá (Ed. 1983),** *Sélection des Écrits d'Abdu'l-Bahá.* Maison d'Éditions Bahá'ie, 1ère édition 1983, D/1547/1983/1. Source : www.religare.org

3. **'Abdu'l-Baha (Ed. 1982),** *Les Leçons de Saint Jean d'Acre,* PUF, 5ième Edition 1982, ISBN 2-13-037588-X. Source: WWW.RELIGARE.ORG

4. **'Abdu'l-Bahá (1981),** *Les bases de l'unité du monde,* Maison d'Edition Baha'ie - D/1981/1547/10. Source: WWW.RELIGARE.ORG

5. **'Abdu'l-Bahá (Ed. 1973),** *Le secret de la Civilisation Divine,* Maison d'Edition Baha'ie - D/1973/1547/10. Source: WWW.RELIGARE.ORG

6. **'Abdu'l-Baha (1922),** *The Promulgation of Universal Peace,* Compilation Howard MacNutt. Vol. I Chicago : Baha'i Publishing Committee.

7. **'Abdu'l-Baha (1908),** *Some Answered Questions,* Compilation Laura Clifford Barney. London : Kegan, Paul, Trench, Trüber & Co.

8. Agence Centrafricaine pour la Formation Professionnelle et l'Emploi **ACFPE, (2019),** *Répertoire des centres de formation professionnelle et technique* Edition 2019. Septembre 2019.

9. **AFD, (2018),** *Stratégie Nationale de l'Enseignement Technique et de la Formation Professionnelle en Centrafrique.* (SNETFP)

10. **Amaye, M, (1984),** *Les missions catholiques et la formation de l'élite administrative et politique de l'Oubangui-Chari de 1920-1958, Doctorat 3ème cycle, Histoire, Aix-Marseille1, 1984, Tom1*

11. **Arom, S., Thomas, J.M.C. (1974)** *Les Mimbo, génies du piégeage et le monde surnatures des Ngbaka-Mabo.* Paris, ED Selaf.

12. **Ayesha M. I. (1991)** *Dossier 9-10: Généralisation de l'enfermement des femmes en pays Haoussa, le nord du Nigéria in* Dossier Articles *Afrique de*

*13.*Baha'i World Faith (the) (1956), *An International Record,* Vol. XII., 1950-1954. Wilmette, Illinois: Baha'i Publishing Trust, 1956.

*14.*Baha'i World Faith (the) (1928), *An International Record,* Vol. II., 1926-1928. New-York: Baha'i Publishing Committe, 1928.

15.Baha'u'llah (Réed. 2005), *Extraits des Ecrits de Bahá'u'lláh.* Maison d'Edition Baha'ie, ISBN 2-87203-017-4. Source: WWW.RELIGARE.ORG.

16.Baha'u'llah (1996), *Le Kitab-i-Aqdas.* Maison d'Edition Baha'ie - D 1547/1996/1 - ISBN 2-87203-038-7. Source: WWW.RELIGARE.ORG.

17.Baha'u'llah (1994), *Les Tablettes de Bahá'u'lláh révélées après le Kitáb-i-Aqdas,.* Maison d'Edition Baha'ie - ISBN 2-87203-032-8. Source: WWW.RELIGARE.ORG.

18.Baha'u'llah (1984), *Épitre au fils du loup.* Source: www.bahai-biblio.org.

19.Baha'u'llah (1931), *The Tablet of the World.* Chicago : Chicago Baha'i Center, 1931, 20 p.

20.Banque mondiale, (2019), *Global Education Policy Dashboard.*
21.https://www.worldbank.org/en/topic/education/brief/global-education-policy-dashboard

22.Banque mondiale, (2008), *Le système éducatif centrafricain : Contraintes et marges de manœuvre pour la reconstruction du système éducatif dans la perspective de la réduction de la pauvreté.* Document de travail 144. Washington : Banque mondiale.
23. http://documents.worldbank.org/curated/en/251541468228554480/pdf/48 350PUB097801sclo sed0July02802008.pdf

24.Banque mondiale, (1995), *L'enseignement supérieur : les leçons de l'expérience.*
http://documents.banquemondiale.org/curated/fr/502701468326672044/L enseignement- superieur-les-lecons-de-lexperience

25. **Banyombo F., (1990),** *Le système éducatif en République Centrafricaine :* *Bilan et Perspectives,* Université Nationale de La Côte d'Ivoire, Abidjan, Doctorat de 3ème cycle en Sociologie de l'éducation, 1990, 360p.

26. **Bevarrah, L (1985),** *Ethnocide Bantou (Gbaya) et la politique de* *rééducation, Doctorat 3ème cycle, Sciences de l'Education, Paris5, 1985,* pp.406

27. **Blamangin, O., (2005),** *Contestation altermondialiste In Manière de voir,* Le monde diplomatique n° 79, 2005, pp.10-11

28. **Bouchard J.R.P. (1957),** *Histoire universelle des Missions Catholiques.* Tome III Paris 1957.

29. **Boutrais J., (1990),** *Les savanes humides dernier refuge pastoral :* *l'exemple des Wodaabé, Mbororo de Centrafrique.* In Genève Afrique 28.

30. **Burssens, H. (1958)** *Les peuplades de l'entre Congo-Ubangi.* Tervuren.

31. **Champy, P, Eteve, C, (1998),** *Dictionnaire encyclopédique de l'éducation* *et de la formation,* Paris, 2ème édition Nathan, 1998, 1167p.

32. **Compilation (2004),** *Compilation sur l'éducation baha'ie,* Compilée par le département de recherches de la Maison Universelle de Justice. Centre Mondial Bahá'í. Source: www.bahai-biblio.org

33. **Compilation (1998),** *L' importance des arts pour promouvoir la Foi,* Maison d'éditions Bahá'íes - D/1547/1998/4 - ISBN 2-87203-045-X. Source: www.bahai-biblio.org

34. **Compilation, (1991),** *The Compilation of compilations,* Ingleside : Bahá'í Publications Australia, 1991, vol. 2, p. 79.

35. **Compilation (1984),** *La Femme,* Maison d'éditions Bahá'íes - Bruxelles
36. D 1986 / 1547 / 7. Source : www.bahai-biblio.org

37. **Compilation (1984),** *L'art divin de vivre,* Maison d'éditions Bahá'íes - 3ème édition 1984 - D/1984/1547/5. Source: WWW.RELIGARE.ORG.

38. **Conte, P. (1895)** *Les N'sakkaras.* Bar-L-Duc. Imp. Comte Jacquet.

39. Coulibaly Souleymane, Kouame Wilfried et Anicet Kouakou. 2019. *Cahiers Economiques de la République Centrafricaine : Renforcer la Mobilisa☐on des Rece☐es Intérieures pour Soutenir la Croissance dans un Etat Fragile.*

40. http://documents.banquemondiale.org/curated/fr/604601574327890279/Central-African-Republic-Economic-Update-Strengthening-Domestic-Revenue-Mobilization-to-Sustain-Growth- in-a-Fragile-State

41. **Dampierre, E. (1983)** *Des ennemis, des arabes, des histoires...*Ed Recherches Oubanguiennes.

42. **Daigre R.P. (1947)**, *Oubangui-Chari – Témoignage sur son évolution (1900-1940)*, Dilhui et Cie, Issoudum 1947, 164 p.

43. **Danagoro, J.P, (1981)**, *Education et développement en République Centrafricaine : La problématique éducative face aux aléas du développement communautaire en rural.* Doctorat de 3ème cycle, Sociologie, Ecole de Hautes Etudes en Sciences Sociales, Paris, 1981.

44. **De Dreux Breze**, (), *Le problème de regroupement en Afrique centrale*, Presses Universitaires de Droit - Paris P. 73.

45. **Demunter, P, (1975)**, *Masses rurales et luttes politiques au Zaïre : Le processus de politisation des masses rurales au bas-zaire*, Paris, Editions Anthropos, 336p

46. **Desalmand, P., (2008)**, *Histoire de l'éducation en Côte d'Ivoire, t.1 : Des origines à la Conférence de Brazzaville*, Abidjan, Les Éditions du CERAP (reprise des Éditions CEDA de 1983).

47. **Desalmand, P., (2004)**, *Histoire de l'éducation en Côte d'Ivoire, t.2 : De la Conférence de Brazzaville à 1984*, Abidjan, Les éditions du CERAP (reprise des Éditions CEDA de 1983).

48. **Doyari Dongomé, C., (2012)**, *L'Oubangui-Chari et son évangélisation dans le contexte de la politique coloniale française en Afrique Centrale (1889-1960)*, Paris, L'Harmattan.

49. **Dumont, R., (1962)**, *L'Afrique noire est mal partie*, Paris, Seuil, 1962, pp.79

50. **Dutcher Nadine, (2004)**, *Expanding Educational Opportunity in Linguistically Diverse Societies.* Washington DC: Center for Applied Linguistics. https://eric.ed.gov/?id=ED466099

51. **Eberhard, David M., Gary F. Simons, and Charles D. (2020)** Fennig (eds.). 2020. *Ethnologue: Languages of the World.* 93ème edition. Dallas, Texas: SIL International. https://www.ethnologue.com/country/CF

52. **Eggen, W., (1976),** *Peuple d'autrui, une approche anthropologique de l'œuvre pastorale en milieu centrafricain,* Éditions Pro Mundi-Vita, Bruxelles.

53. **Engelbert Mveng, (2004),** *Pauvreté et paupérisation,* La revue Quart Monde décembre 2004

54. **Erny, P., (1987),** *L'enfant et son milieu en Afrique noire,* Paris, L'Harmattan.

55. **Faraut F. (1972)** *Les Populations Mbum de l'Adamaoua (Cameroun),* In: L'Homme, 1972, tome 12 n°2. pp. 140-144.

56. **Feizouré C. T. (2025),** *Les écoles communautaires d'inspiration baha'ie: processus d'expansion en Afrique Francophone.* Generis Publishing, ISBN 979-8-89248-926-3, www.generis-publishing.com

57. **Feizouré C. T. (2025),** *Les écoles communautaires d'inspiration baha'ie: processus d'expansion en Afrique francophone.* Annales de l'Université de Bangui, Série A, en soumission. *https://surandara-ub.org/*

58. **Feizouré C. T. (2024),** *Les écoles communautaires d'inspiration baha'ie: conceptions et pratiques éducatives et de développement.* Generis Publishing, ISBN 979-8-89248-166-3, www.generis-publishing.com

59. **Feizouré C. T. (2023),** *Les écoles communautaires d'inspiration baha'ie dans la Préfecture de l'Ombella-Mpoko: conceptions et pratiques éducatives et de développement.* Annales de l'Université de Bangui, Série A, Vol.2, N° 20, ISSN 2663-3701. *https://surandara-ub.org/*

60. **Feizouré C. T. (2024),** *L'accompagnement des enseignants et établissements des écoles communautaires d'inspiration baha'ie.* Generis Publishing, ISBN 979-8-89248-166-3, www.generis-publishing.com

61. **Feizouré C. T. (2023b),** *Processus de mise en place d'un système éducatif d'inspiration baha'ie en Afrique centrale : état actuel de l'apprentissage*

(2004-2020) en République Centrafricaine. Thèse de doctorat, Université de Bangui.

62. **Feizouré C. T.** **(2023b),** *L'accompagnement des enseignants des écoles communautaires d'inspiration baha'ie en RCA.* Annales de l'Université de Bangui, Série A, Vol.1, N° 19, ISSN 2663-3701. *https://surandara-ub.org/*

63. **Feizouré C. T.** **(2023a),** *La formation des enseignants et autres ressources humaines des écoles communautaires d'inspiration baha'ie.* Generis Publishing, ISBN 979-8-88676-074-3, www.generis-publishing.com

64. **Feizouré C. T.** **(2022),** *La formation des enseignants et des formateurs pour écoles communautaires d'inspiration baha'ie en RCA.* Annales de l'Université de Bangui, Série A, Vol.1, N° 17, ISSN 2663-3701. *https://surandara-ub.org/*

65. **Feizouré C. T.** **(2021),** *La mise en œuvre de l'approche par compétence dans les cadres conceptuel Baha'i et contextuel de la RCA.* Annales de l'Université de Bangui, Série A, Vol.3, N° 16, ISSN 2663-3701. *https://surandara-ub.org/*

66. **Goddot J.C, (1985),** *Document du Ministère de l'éducation Nationale –* Bangui, 1985.

67. **Hugon, P., (2012),** *Géopolitique de l'Afrique,* SEDES, 3è édition.

68. **Hugon, A., (1998),** *Introduction à l'histoire de l'Afrique contemporaine,* Paris, Armand Colin, Collection Synthèse, n° 68.

69. **Institut Ruhi (2001),** *Livre 7 Marcher ensemble sur le sentier de service.* la Fondation Ruhi, Colombie. Palabra Publications. http://www.palabrapublications.com

70. **Kalck P. (1974),** *Histoire de la RCA des origines à nos jours.* Berger-Levrault, Paris 1974, 322 p.

71. **Kalck, P, (1971),** *La République Centrafricaine,* Editions Berger-Levrault, Paris pp. 1971, 15

72. **Ki-Zerbo Joseph (1968),** *Le Monde africain.* Hatier - Paris 1968.

73. **Koulaninga, A.,** **(2009)**, *L'éducation chez les pygmées de Centrafrique*, Paris, L'Harmattan.

74. **Lapostolle, G., Mabillon-Bonfils, B., (2010),** Fiche de Sciences de l'éducation, Paris, Ellipses, p. 178.

75. **Magnant, J. P (1986)** *La terre Sara, terre tchadienne.* Paris, Ed L'Harmattan

76. **Makanve-Bedoua Materne (2012),** *Le processus de la formation des enseignants et le mécanisme de suivi-évaluation en République Centrafricaine*, Actes de conférence sur le Discours sur l'Action sociale, FoNaHA.

77. **Martinelli, B. (1992)** *Agriculteurs métallurgistes et forgerons*, in *Revue Etudes rurales, n°125: 25-41.*

78. **M'Bokolo, E., (2008),** *Afrique noire, Histoire et civilisations, du XIXe siècle à nos jours*, tome 2, Paris, Hatier

79. **Mendiguren B. (2012),** *Etude anthropologique de l'organisation sociale et politique des communautés en Centrafrique et des organisations à assise communautaire*, UNICEF-RCA.

80. **Meunier, O., (2009),** *Variations et diversités éducatives au Niger*, Paris, l'Harmattan.

81. **Millet, M., (2005),** *Un cadre conceptuel pour l'élaboration d'un curriculum selon l'approche par les compétences, La refonte de la pédagogie en Algérie - Défis et enjeux d'une société en mutation*, Alger : UNESCO-ONPS, pp. 125-136.

82. *http://www.bief.be/docs/divers/elaboration_de_cv_070110.pdf et lu le 22/05/2016.*

83. **Ministère de l'Économie, du Plan et de la Coopération Internationale, (2017),** *Plan de Relèvement et de Consolidation de la Paix en Centrafrique (PRCPC) 2017-2021,* Bangui.

84. **Ministère de l'Économie, du Plan et de la Coopération Internationale, (2007),** *DSRP 2008 - 2010 : Document de Stratégie de Réduction de la Pauvreté*, Bangui.

85. **Ministère des Colonies (1945),** *Conférence Africaine Française : Brazzaville, 30 janvier 1944 - 8 février 1944,* Paris.

86. **Ministère des Enseignements, de la Coordination des Recherches et de la Technologie (1994),** *Les États Généraux de l'Éducation et de la Formation,* Bangui.

87. **Ministère de l'Éducation Nationale, (2020),** *Plan sectoriel de l'éducation 2020-2029 de la République centrafricaine,* Bangui.

88. **Ministère de l'Éducation Nationale, (2010),** *Annuaire des statistiques, 2008-2009,* Bangui.

89. **Ministère de l'Éducation Nationale (2010),** *Tableau de bord de l'éducation, Année scolaire 2008-2009,* réalisé par la Direction Générale des Études, des Statistiques et de la Planification, Bangui.

90. **Ministère de l'Éducation Nationale (2009),** *Biannuaire des statistiques de l'Éducation 2006-2007 et 2007-2008,* Bangui.

91. **Ministère de l'Éducation Nationale (2008),** *Rapport national sur les tendances récentes et la situation actuelle de l'éducation et de la formation des adultes de la RCA en préparation de la CONFINTEA VI* (Conférence Internationale sur l'Éducation des Adulte), Bangui.

92. **Ministère de l'Éducation Nationale (2007),** *Rapport d'État du Système Éducatif National (RESEN),* Unesco.

93. **Ministère de l'Éducation Nationale, de l'Alphabétisation, de l'Enseignement Supérieur et de la Recherche,** *Stratégie Nationale du Secteur de l'Éducation : 2008 - 2020,* Bangui.

94. **Ministère de l'Éducation Nationale (2004),** *Plan National d'Action de l'Éducation Pour Tous,* Bangui.

95. **Ministère de l'Éducation Nationale (2002),** *Annuaire des statistiques scolaires, 2001- 2002,* Bangui.

96. **Ministère de l'Éducation Nationale (2000),** *Plan National de Développement de l'Éducation : 2000 - 2010,* Bangui.

97. **Ministère de l'Éducation Nationale, (1997),** *Arrêté n° 0026 de 1997 fixant les conditions d'ouverture des écoles privées en Centrafrique,* 23 avril 1997.

98.Ministère de l'Enseignement Primaire et Secondaire, (2020), *Annuaire des statistiques, 2018-2019,* Bangui.

99.Ministère de l'Enseignement Primaire, Secondaire, Technique et de l'Alphabétisation, UNICEF pour le Cluster Education et en collaboration avec le Groupe Local de l'Education, (2018), *Programme d'appui au plan de transition du système éducatif centrafricain (PAPT).* Juin 2018.

100.   https://www.globalpartnership.org/sites/default/files/car_requete_p me_- _v0_revisee_100818.pdf

101.   Ministère de l'Enseignement Supérieur, (2018), *Plan Stratégique du Ministère de l'Enseignement Supérieur* (PSMES, 2018-2021)

102.   Ministère de la Recherche Scientifique et de l'Innovation Technologique, (2019), *Politique Nationale de la Recherche Scientifique et de l'Innovation Technologique* (PNRSIT, 2020-2030)

103.   Molet, L. (1971) « Aspects de l'organisation du monde des NGBANDI », in J. de la Soc. des Africanistes XLI, I, 1971, p. 35-69.

104.   Moumouni, A., (1998), *L'éducation en Afrique,* Paris, Présence Africaine.

105.   Muramira, F. (2006) *Mutation de la technologie du fer en Centrafrique: étude comparée de la forge entre Bangui-Bambari.* Université de Bangui.

106.   Namyouïssé, J-M., (2007), *Le système éducatif et les abandons scolaires en Centrafrique : cas de la région de l'Ouham,* Thèse de doctorat de l' Université Lille I, Sciences de l'éducation,

107.   Ndongmo, M., (2007), *Éducation scolaire et lien social en Afrique noire : Perspectives éthiques et théologiques de la mise en place d'une nouvelle philosophie de l'éducation,* Paris, L'Harmattan, p. 147.

108.   Nozati, F. (2001) *Les Pana de Centrafrique Une chefferie sacrée.* Ed L'Harmattan Paris.

109.   N'Zapa Komada Yakoma, R. (1975), *Guerre de Kongo-Wara.* Thèse de doctorat de 3ème cycle, Paris VII 1975.

110.   OSED (2012), *Action sociale,* Document préparé par le Bureau du développement social et économique. Centre Mondial Bahá'í.

111.   **Ozouf, M., (1982)**, *L'École, l'Église et la République 1871-1914*, Éditions Cana/Jean Offredo, p. 82.

112.   **Pairault, C. (1994***) Retour au pays d'Iro*. Paris. Ed Karthala

113.   **PNUD, (2008)**, *Rapport Mondial sur le développement humain*, Bangui.

114.   **PNUD, (2003)**, *Rapport Mondial sur le développement humain, Indicateurs DH*, Bangui.

115.   **PNUD (2000)**, *Rapport sur le développement humain en RCA*, Bangui.

116.   **Prudhomme, C., (2009, 2013)**, *Philippe DELISLE (sous la direction de), L'Anticléricalisme dans les colonies françaises sous la Troisième République*, Paris, Les Indes savantes, 2009, 244 p., *Chrétiens et sociétés* [En ligne], 16 | 2009, mis en ligne le 17 mai 2010, consulté le 29 juillet 2013. *URL : http://chretienssocietes.revues.org/2409*

117.   **Quenum, J-C., (1988)**, *Interactions des systèmes éducatifs traditionnels et modernes en Afrique*, Paris, L'Harmattan.

118.   **Rémond R., (1974)**, *Introduction à l'histoire de notre temps : le XIXè siècle 1814-1915*, Ed. du Seuil – Paris 1974 – P. 242.

119.   **Retel-Laurentin, A (1979)** *Un pays a la dérive Une société en régression démographique. Les Nzakara de l'est centrafricain* Ed. Jean Pierre Delarge.

120.   **Retel-Laurentin, A. (1969)** *Oracles et Ordalies chez les NZAKARA.* Ed Mouton.

121.   **Rey, P.P., (…)**, *Colonialisme, néocolonialisme et transition au capitalisme. Exemple de la « Comilog » au Congo-Brazzaville*, «Economie et socialisme»15, Paris, Maspero, pp.509

122.   **Riesman, P. (1966)** *Mariage et vol du feu. Quelques catégories de la pensée symbolique des Haoussa.* In: L'Homme, 1966, tome 6 n°4. pp. 82-103.

123. **Roulon-Doko, P. (1987)** *Entre la vie et la mort : la parole des oiseaux (Gbaya, République centrafricaine),* In: Journal des africanistes. 1987, tome 57 fascicule 1-2. pp. 175-206.

124. **Sarraut A., (1923),** *La mise en valeur des colonies,* ·Paris, Payot 1923.

125. **Sévy, G.V. (1972)** *Terre Ngbaka.* Paris, Ed Selaf.

126. **Sévy G., (1968),** *Terre Ngbaka,* Université de Paris-Sorbonne, thèse de doctorat de 3e cycle, 494 p.

127. **Snyders G., (1976),** *École – Classe et lutte des classes,* PUF, Paris 1976, *P. 19.*

128. **Suret-Canale, J., (1964),** *Afrique Noire : l'ère coloniale 1900 -1945,* Paris, Éditions Sociales.

129. **Suret-Canale (1912),** *L'Afrique Noire 1045-1960,* Éditions sociales, Paris 1912.

130. **Tachjian Vahe, (2004),** *La France en Cilicie et en Haute-Mésopotamie. Aux confins de la Turquie, de la Syrie et de l'Irak (1919-1933),* Paris, éditions Karthala.

131. **Thomas J., (1963),** *Les Ngbaka de la Lobaye : le dépeuplement rural chez une population forestière de la RCA,* Université de Paris-Sorbonne, thèse de doctorat de 3e cycle, 494 p.

132. **Touré A., (1974),** *La civilisation quotidienne en Côte d'Ivoire –* Abidjan, 1974 P. 78.

133. **UNESCO, (2019),** *Language of Instruction. Learning Portal Issue Brief 2.*
134. https://learningportal.iiep.unesco.org/en/issue- briefs/improve-
135. learning/curriculum-and-materials/language-of-instruction

136. **UNESCO, (2018),** *Analyse du secteur de l'éducation de la République centrafricaine, Pour une politique de reconstruction du système éducatif.*
137. https://unesdoc.unesco.org/ark:/48223/pf0000366412?posInSet=10 &queryId=N-3f2fa233- 444b-4e87-a5c4-0277499c4be4

138.   **UNESCO, (2017),** *Accès à une éduca☐on de qualité: Objectif de développement durable 4, dix cibles.*
139.   https://unesdoc.unesco.org/ark:/48223/pf0000259784_fre

140.   **UNESCO, (2015),** *Chiffrer le droit à l'éducation : le coût de la réalisation des nouvelles cibles d'ici à 2030.*
141.   https://unesdoc.unesco.org/ark:/48223/pf0000232197_fre

142.   **UNESCO, (2015),** *Gestion des enseignants, Unité 4, Allocation et utilisation des enseignants.*
143.   http://www.iiep.unesco.org/en/file/159571/download?token=EIKh3 2Iv

144.   **UNESCO, (2015),** *Rapport mondial de suivi sur l'EPT 2015.* https://unesdoc.unesco.org/ark:/48223/pf0000232433.locale=en

145.   **UNESCO, (2015),** *Chiffrer le droit à l'éduca☐on : le coût de la réalisation des nouvelles cibles d'ici à 2030.*
146.   https://unesdoc.unesco.org/ark:/48223/pf0000232197_fre

147.   **UNESCO, (2014),** *Rapport national sur le niveau d'atteinte des objectifs de l'EPT au Niger.*
148.   https://unesdoc.unesco.org/ark:/48223/pf0000229952

149.   **UNESCO, (2011),** *Classification Internationale Type de l'Education.*   http://uis.unesco.org/fr/glossary-term/enseignement-non-formel

150.   **UNESCO, (2008),** *Reformes de l'Enseignement Superieur en Afrique : Elements de Cadrage.*
151.   https://poledakar.iiep.unesco.org/sites/default/files/fields/publicatio n_files/reformes_de_lensei gnement_superieur_en_afrique_0.pdf

152.   **UNESCO, (2008),** *Stratégie nationale du secteur de l'éducation 2008-2020.*
153.   https://planipolis.iiep.unesco.org/en/2008/strat%C3%A9gie-na☐onale-du-secteur-de- 1%C3%A9ducation-2008-2020-4309

154.   **UNESCO, (2008),** *Les Réformes de l'Enseignement Supérieur en Afrique.*
https://poledakar.iiep.unesco.org/sites/default/files/fields/publication_files /reformes_de_lensei gnement_superieur_en_afrique_0.pdf

155. **UNESCO, (2007),** *Éléments de diagnostic du Système Éducatif Centrafricain (RESEN),* Bureau sous-régional de l'Unesco de Yaoundé.

156. **UNESCO, (2004),** Rapport mondial de suivi sur l'EPT 2005. https://unesdoc.unesco.org/ark:/48223/pf0000137403

157. **UNICEF, (2019),** *Un Monde Prêt à Apprendre.* https://www.unicef.org/media/57911/file/Un-monde-pret-a-apprendre-document- information.pdf

158. **UNICEF, IIPE-Pôle de Dakar – UNESCO, (2018),** *Analyse du secteur de l'éducation de la République centrafricaine, Pour une politique de reconstruction du système éducatif.*
159. https://unesdoc.unesco.org/ark:/48223/pf0000366412/PDF/366412f re.pdf.multi

160. **UNICEF, (2018),** *Programme d'Appui au Plan de Transition du Système Educatif Centrafricain.*
161. https://www.globalpartnership.org/sites/default/files/car_requete_p me_- _v0_revisee_100818.pdf

162. **UNICEF, (2000),** *Rapport final MICS 2000 RCA (Enquête à Indicateurs Multiples en matière de pauvreté sociale et d'inégalités en Centrafrique).*

163. **Vergiat, A.M. (1981)** *Mœurs et coutumes des Mandjas.* Ed L'harmattan

164. **Yérima Banga J.L., (2017),** *L'État, l'Église et l'éducation : le partenariat comme nouveau paradigme axiologique face aux défis de l'éducation en Centrafrique et ses enjeux,* Université de Picardie Jules Verne, thèse de doctorat de 3e cycle de Sciences de l'éducation, 502 p.

165. **Zoctizoum, Y., (1983),** *Histoire de la Centrafrique (1879-1959),* tome 1, Paris, L'Harmattan.

166. **Zoctizoum, Y, (1981),** *Les mécanismes de l'ordre colonial, néocolonial et d'appauvrissement en Centrafrique : 1879-1979,* Doctorat d'université, Sociologie, Paris 7, 1981, pp.794.

ANNEXES

N°2 – Les débats de l'enseignement public en Oubangui-Chari.

A. Décision n° 58, du 26 Janvier 1907, prescrivant un premier essai de cours d'adultes.

Le Lieutenant-Gouverneur de l'Oubangui-Chari-Tchad

Vu   L'Ordonnance organique du 7 Septembre 1840, ensemble le décret du 11 Février
      1906 … ;
Vu   Les crédits inscrits au Chapitre VIII, inscriptions publiques, du budget général du
      Congo français ;
Vu   l'arrivée à Bangui de Mr Sainval Noël, ancien Instituteur public du département de la
      Seine ;

DECIDE :

Article 1er. - Mr Sainval Noël (Albert), Adjoint de 2è classe des Affaires Indigènes, est chargé, à titre d'essai, d'un cours du soir pour les indigènes adultes du chef-lieu.

Il lui sera alloué, pour ce travail supplémentaire, une indemnité de 5 francs par vocation au compte du Chapitre VIII du budget général.

Les leçons auront lieu, à partir du 1er Février, les lundi, mercredi et vendredi, dans un local fourni par l'administration et dont l'aménagement et l'éclairage seront également au compte du budget général, Chapitre VIII.

Article 2.- Suivant les résultats de ce premier essai, le cours d'adultes recevra, s'il y a lieu, une organisation permanente par arrêté pris en Conseil d'Administration.

Article 3.- La présente décision sera enregistrée et communiquée partout où besoin sera, publié etc… »

Bangui, le 26 Janvier 1907
Signé : Émile Merwart

B. Arrêté n° 81, du 26 Janvier 1907, organisant à Bangui un cours
d'enseignement du soir.

Le Lieutenant-Gouverneur de l'Oubangui-Chari-Tchad, sous réserve de
l'approbation du Commissaire Général,

Vu   L'Ordonnance organique du 7 Septembre 1840, ensemble le décret du 11
Février
       1906 … ;
Vu   Les crédits inscrits au Chapitre VIII, inscriptions publiques, du budget
général du
       Congo français ;
Vu   La Décision locale n° 58, du 26 Janvier 1907, prescrivant un premier essai
de cours
       d'adultes ;
Vu   Les résultats satisfaisants obtenus dans cette tentative ;

Sur le rapport du chef de service local :

Le Conseil d'Administration entendu,

ARRETE :

Article 1ᵉʳ. – L'enseignement primaire gratuit à l'usage des indigènes fera l'objet
à Bangui d'un cours du soir qui aura lieu les lundi, mercredi et vendredi, dans un
local fourni par l'administration.

La fréquentation des cours sera obligatoire pour les indigènes au service de
l'administration locale, sauf dispenses individuelles accordées par le chef de la
colonie sur demande des chefs de service.

Article 2.- Le cours se subdivisera comme suit, en 3 classes : troisième classe :
débutants ; illettrés comprenant le français ; première classe : élèves commençant
à écrire couramment.

Article 3. – L'enseignement sera placé sous la direction d'un chargé de cours
désigné par décision du Chef de la Colonie et relevant du Chef de Service local.

Cet emploi sera attribué, de préférence, à un Agent de l'Administration pourvu de titres pédagogiques.

Le chargé de cours sera assisté de deux Moniteurs choisis au concours parmi les commis et les écrivains auxiliaires indigènes en service à Bangui. Le chargé de cours dirigera la première classe et surveillera les deux autres qui seront dirigés par les moniteurs.

Article 4. – Une Commission désignée par le chef de la colonie, sur la proposition du chef de service local, inspectera trimestriellement les classes et notera les élèves.

Cette Commission se composera de trois membres, dont un président et d'un secrétaire avec voix consultative.

Le programme d'étude de chacune des classes, préparé par le chargé de cours, sera délibéré par la Commission d'inspection et soumis par le Chef de service local à l'approbation du Chef de Colonie.

Article 5. – Des récompenses seront accordées, sur autorisation du chef de la colonie, aux élèves de chaque classe proposée à cet effet par la Commission d'inspection dans les conditions ci-après :

> 3) Trimestriellement aux élèves les mieux notés dans la dernière inspection trimestrielle ;
> 4) Annuellement, le 14 Juillet, aux élèves qui auront obtenu, dans l'ensemble des quatre derniers trimestres les moyennes les plus élevés.

Les récompenses consisteront en versement à la caisse locale de prévoyance, en livres et objets utiles.

Article 6. – Des certificats de fin d'études, signés du Président de la Commission d'inspection et visés par le chef du Service local, seront délivrés à ceux des élèves de la première classe qui quitteront Bangui après avoir suivi les cours d'une manière satisfaisante.

Article 7. – Il sera alloué au personnel enseignant des indemnités fixées à 1.200 francs l'an pour le Chargé de cours et à 300 francs l'an pour les moniteurs.

Il sera compté 10 francs par vocation, sur certificat de service fait à chacun des membres et au secrétaire de la Commission d'inspection.

Ces allocutions seront imputées au Chapitre VIII susvisé du budget global, ainsi que toutes les dépenses d'aménagement et d'éclairage des classes, de fournitures ou de récompenses scolaires.

Article 8. – Le présent arrêté, qui abroge la décision locale n°58 en date du 26 Février 1907, sera enregistré et communiqué partout où besoin sera, publié et inséré…

Bangui, le 25 Février 1907
Signé : Émile Merwart

P.S. 1°/ La décision locale n°90, du 1er Mars 1907, désigne Sainwal-Noël (Albert) comme chargé de cours, le commis de 4è classe des Affaires Indigènes Shono (Joseph) et l'écrivain auxiliaire Lézongar (Jules) comme moniteurs.

2°/ La décision locale n°98, du 4 Mars 1907, fixe la composition de la Commission d'inspection :

- Président : Docteur Doumanjou (Léon) médecin aide major de 1ère classe, chef du Service de Santé de l'Oubangui-Chari ;
- Membres :
  - Lehot (Lucien), chef du service des postes et télégraphes ;
  - Fouchet (Henri), chargé de l'imprimerie du gouvernement ;
- Secrétaire : Naudot (Albert), commis de 3ème classe du Secrétariat général.

C. Décision n° 186, du 24 Juillet 1907 prescrivant un essai de cours d'enseignement du soir à Fort-Possel.

…
Vu   L'Arrêté local n° 81 en date du 7 Février 1907, organisant à Bangui un cours
        d'enseignement du soir approuvé par arrêté du Commissaire Général en date du 23
        Mai 1907 ;
Vu   L'intérêt qui s'attache dans le même ordre d'idées, à utiliser la présence à Fort-Possel
        de Mr Sainwal-Noël, ancien Instituteur des écoles publiques du département de la
        Seine ; …

Article 1er. - Mr Sainval Noël (Albert), Adjoint de 2è classe des Affaires Indigènes, est chargé, à titre d'essai, d'un cours d'enseignement du soir pour les

525

indigènes de Fort-Possel. L'écrivain auxiliaire stagiaire Kane (Henri) l'assistera en qualité de moniteur.

P.S. Par décision locale n°162, du 23 Mai 1907, Mr Sainwal-Noël … est appelé à continuer ses services dans la région Krebedjé.

Annexe 2 : Loi n° 62/316 du 9 mai 1962 portant unification de l'Enseignement en République Centrafricaine (Source : SGECAC).

Loi n° 62/316 portant unification de l'Enseignement.

L'Assemblée Nationale de la République Centrafricaine a délibéré et adopté :

Le Président de la République, Président du Gouvernement promulgue la loi dont la teneur suit :

Titre I - Principe

Article 1er : Est proclamée solennellement l'unité de l'enseignement sur tout le territoire de la RCA

Article 2 : L'enseignement est prodigué par du personnel recruté ou agréé par l'Etat

Article 3 : L'enseignement est dispensé dans des écoles publiques, créées et entretenues par l'Etat.

Article 4 : Le programme des établissements scolaires est arrêté par le gouvernement conformément au plan de développement économique et social de la Nation;

Titre II - Dispositions transitoires

Article 5 : Les établissements privés d'enseignement ouverts sur le territoire de la République continueront de fonctionner à la charge exclusive et intégrale de leurs fondateurs, jusqu'au retrait des autorisations d'ouverture qui sera prononcé par arrêté du Ministre de l'Education Nationale.
Ces retraits seront opérés au fur et à mesure de la mise en application de la présente loi.

Article 6 : Le personnel d'enseignement privé de nationalité centrafricaine pourra être intégré dans les cadres de la Fonction Publique au fur et à mesure de la fermeture des établissements privés, sauf refus expresse de ce personnel.

Article 7 : La loi n°61/223 du 2 juin 1961 est provisoirement maintenue en vigueur dans ses dispositions non contraires à la présente loi.

Titre III - Dispositions diverses

Article 8 : En cas de nécessité et pour des besoins strictement scolaires, tout bien meuble ou immeuble servant à l'enseignement privé pourra être, soit réquisitionné, soit exproprié;

Article 9 : Des décrets pris en Conseil des Ministres détermineront les modalités d'application de la présente loi.

Article 10 : La présente loi sera publiée au journal officiel de la République Centrafricaine. Elle sera exécutée comme loi de l'Etat.

Bangui le 9 mai 1962

David DACKO

Annexe 3 : Résumés des ouvrages publiés relatifs aux écoles communautaires d'inspiration baha'ie

3.1. Les écoles communautaires d'inspiration baha'ie : conceptions et pratiques éducatives et de développement

Fort d'une expérience de 18 ans, la FoNaHA continue l'apprentissage sur les écoles communautaires d'inspiration baha'ie. En plus d'une éducation à la fois matérielle, humaine et spirituelle ; c'est aussi du développement : « développement des capacités d'une population donnée à se prendre en charge ». Voilà l'hypothèse soulevée par la problématique des types d'éducation et de développement.

Pour la conception et pratique éducatives, les trois types d'éducation ci-haut mentionnés sont promus au sein des écoles communautaires, avec priorité la formation du caractère et conduite avant les sciences et les arts.

Pour la conception et pratique du développement, ce dernier cherche à réaliser « une cohérence dynamique entre les exigences matérielles et spirituelles de la vie », en sus que « tout développement pour être durable et soutenable doit être organique. » Présentement 47 écoles ont été crées dans le pays avec des programmes connexes venant les renforcer en : agriculture, santé, environnement et habitat. Enfin, ont été formés 47 personnes ressources provenant de 14 organisations de 9 pays francophones.

Mots clés : Écoles communautaires, Éducation, Développement, Baha'ie.

3.2. La formation des enseignants et autres ressources humaines des écoles communautaires d'inspiration baha'ie

D'une expérience de 18 ans, avec ces injonctions baha'ies pour la formation *des professeurs qui soient purs et sanctifiés, des éducateurs dotés d'une connaissance approfondie des sciences et des arts.* nos efforts portent sur trois niveaux de capacité à développer. D'abord, la formation des enseignants avec trois composantes : spirituelles et morales, scientifiques et intellectuelles, et pédagogiques et didactiques. Ensuite, la formation des formateurs et animateurs pédagogiques étant préalablement des enseignants, en les renforçant et en ajoutant des spécificités relatives aux méthodes de l'andragogie. Enfin, la formation des personnes ressources locales étant préalablement des formateurs, avec objectifs d'en faire des responsables, d'une part du développement de ressources humaines dans leur région en fonction des besoins, d'autre part, du développement des capacités institutionnelles de l'Organisation à l'échelon régional. Pour les personnes ressources externes, leur formation adresse le développement des capacités pour les activités opérationnelles et stratégiques d'une organisation éducative d'inspiration baha'ie dans leur propre pays ou région du pays.

Mots clés : Écoles communautaires, Enseignants, Formateurs, Personnes ressources, Baha'ie.

3.3. L'accompagnement des enseignants et établissements des écoles communautaires d'inspiration baha'ie

D'une expérience de 18 ans dans un processus d'apprentissage de formation d'enseignant et surtout de leur accompagnement car « Ce n'est pas le simple fait d'offrir une formation qui entraîne un progrès. … si des dispositions ne sont pas rapidement prises en vue d'accompagner, dans le domaine du service, les personnes formées. » A cet effet, nos efforts sont orientés vers les Visites d'accompagnement pédagogiques des enseignants en relation avec leurs élèves et communauté. Il s'agit d'accompagnements relatifs : aux élèves et enseignants, à l'école en tant qu'institution, et à la communauté et aux autorités scolaires. Quant aux efforts orientés vers les Réunions de réflexion pédagogique des enseignants entre eux pour partage d'expériences, ils consistent en étude des directives pédagogiques et de quelques modules complémentaires, en réflexion sur les leçons ou activités défis, et en revue des activités administratives et partages d'expériences. Enfin, quant aux efforts orientés vers l'accompagnement pour la documentation des apprentissages par l'élaboration des mémoires de fin de formation, ceci concerne les enseignants finalistes, les personnes ressources interne et externes.

Mots clés : Écoles communautaires, Enseignants, Accompagnement, Baha'ie.

3.4. Les écoles communautaires d'inspiration baha'ie : processus d'expansion en Afrique francophone

En tant que centre de formation pour pays francophones, la FoNaHA est aussi en quête de solution à la problématique de l'intégration des programmes de formation et du profil de sortie des apprenants en lien avec les besoins réels de l'Afrique, une préoccupation des Écoles Normales Supérieures en Afrique francophone. Ainsi, notre but de promouvoir un programme d'éducation spirituelle et morale, intégré aux arts et sciences, répond à un programme avec des valeurs qui unissent et consolident l'unité dans la diversité.

Pour une unité commune de vision et d'action, les concepts et principes fondamentaux de l'éducation baha'ie en sont le socle même, et sont communs aux neuf organisations d'inspiration Baha'ie dans sept pays africains francophones ; cependant l'unité dans la diversité s'exprime par leurs expériences contextuelles. Ainsi, la FoNaHA en RCA peut être considérée comme une « organisation mère » pour ces organisations sœurs, et à ce titre elle leur assure une formation initiale et un accompagnement sur terrain. Enfin, les perspectives pour la génération et diffusion des connaissances, sont liées à la création de la Faculté d'inspiration Baha'ie à Bangui le 08 décembre 2024.

Mots clés : Centre de formation, Organisations des écoles communautaires.

Table des Matières

www.ingramcontent.com/pod-product-compliance
Lightning Source LLC
Chambersburg PA
CBHW060905220326
41599CB00020B/2854